"十三五"普通高等教育规划教材

数学建模简明教程

主编 司宛灵 孙玺菁
主审 司守奎
参编 邹海滨 周 刚 董 超 顾丽娟 丁 勇

国防工业出版社

·北京·

内容简介

本书各个章节相对独立,内容体系完整,涉及初等模型、高等数学、线性代数、概率论与数理统计的基本模型,综合评价方法、插值与拟合、图论、多元统计分析、数据挖掘、差分方程和灰色系统预测等模型,选取数学建模竞赛专科组竞赛题目和优秀论文作为教学案例,并对 MATLAB 和 LINGO 软件基础进行介绍,每一章理论后都有例题或小案例,给出了建模过程和计算程序。

本书作者长期从事各类数学建模竞赛的培训与辅导工作,在教学活动中总结了很多经验和心得。本书读者对象是高职高专的师生和本科低年级学生。本书可作为"数学建模"课程的教材,也可以作为本科和高职高专学生的扩展阅读材料或自主学习材料,还可以作为数学建模竞赛的参考用书。

图书在版编目(CIP)数据

数学建模简明教程/司宛灵,孙玺菁主编. —北京:国防工业出版社,2021.5 重印
 ISBN 978-7-118-11925-1

Ⅰ. ①数⋯ Ⅱ. ①司⋯ ②孙⋯ Ⅲ. ①数学模型-高等学校-教材 Ⅳ. ①O141.4

中国版本图书馆 CIP 数据核字(2019)第 182841 号

※

国防工業出版社 出版发行

(北京市海淀区紫竹院南路 23 号 邮政编码 100048)
北京天颖印刷有限公司印刷
新华书店经售

*

开本 787×1092 1/16 印张 30 字数 695 千字
2021 年 5 月第 1 版第 2 次印刷 印数 4001—6000 册 定价 58.00 元

(本书如有印装错误,我社负责调换)

国防书店:(010)88540777   书店传真:(010)88540776
发行业务:(010)88540717   发行传真:(010)88540762

前　言

在求解实际问题时,应对实际问题进行抽象和简化,将问题转化为数学问题,然后建立数学模型,并通过对数学模型的求解结果分析解决实际问题。数学是解决问题的重要工具,很多高新技术都是数学在多学科领域融合渗透的结果。传统数学课程的教学注重对学生进行严格科学思维方法的训练,但是对于学生应用数学的实践和创新能力的培养力度不够,而在解决实际问题中建立数学模型并求解的过程往往是充满创造性和实践性的工作过程。"数学建模"课程和数学建模相关的各项活动可以很好地培养学生的数学实践和创新能力。

目前,面向本科生的数学建模教材丰富多彩。但是,对高职高专的学生来说,大多数数学建模教材理论难度较大,案例较难,学生在学习的过程中容易因为学习难度高而产生畏难情绪,打击自信心和对数学建模学习的热情。很多一线的数学建模教师都希望能有适合高职高专院校学生使用的教材。

从高考数学改革的发展趋势来看,高考将更加注重学生能力的考查,探究性和开放性题目比例加大,而这些题目往往考查学生的实践创新能力,所以在高中开展数学建模相关课程的教学和活动是很有实践意义的。越来越多的高中生参加数学建模竞赛,从师生的反映来看,参赛对学生能力的培养有积极的促进作用。

针对以上需求,我们征求了山东赛区、军队院校高职高专数学建模教师和部分高中老师的意见,专门编写了本书,其中选择了数学建模经典模型和较为通俗易懂的案例,适用于高职高专和高中开设的"数学建模"课程,可作为教材或扩展阅读材料,也可作为广大参加数学建模竞赛师生的辅导书。高中数学对于高等数学、线性代数、概率论与数理统计方面的内容涉及较少,学生自身知识体系构建的局限性较大,高中学生借助教材进行自主学习的难度较大,因此,本书适合作为高中"数学建模"课程教材使用。

本书第 1~12 章介绍了初等模型、高等数学模型、线性代数模型、概率论与数理统计模型、数学规划模型、综合评价方法、插值与拟合、图论模型、多元统计分析、数据挖掘和其他模型,第 13 章选取两个数学建模竞赛专科组的题目和优秀求解方法作为教学案例,附录介绍了 MATLAB 软件和 LINGO 软件的基础。本书内容体系完整,每一章在知识理论后都有例题或小案例,例题给出了利用软件求解的程序,小案例给出了建模过程和求解程序,便于广大读者进行自学,但需要读者具备一定的计算机语言基础。由于篇幅所限,本书对关于软件基础的介绍相对较少,如果读者计算机语言零基础,建议先学习 MATLAB 语言的基础,特别是学会 MATLAB 软件的帮助使用方法后再来学习。

本书的 MATLAB 程序在 MATLAB 2018A 下全部调试通过，LINGO 程序在 LINGO 10 下全部调试通过。使用过程如发现问题，可以加入 QQ 群 204957415，和作者进行交流。需要本书源程序电子文档的读者，可到国防工业出版社网站"资源下载"栏目下载（www.ndip.cn），也可以发电子邮件联系索取，E-mail：896369667@qq.com，sishoukui@163.com。

由于编者的水平所限，书中的错误和纰漏在所难免，敬请同行不吝指正。

编　者
2019 年 2 月

目 录

第1章 数学建模概论 ·· 1
- 1.1 数学模型与数学建模 ·· 1
  - 1.1.1 模型的概念 ·· 1
  - 1.1.2 数学模型的概念 ··· 2
  - 1.1.3 数学模型的分类 ··· 2
  - 1.1.4 数学建模的重要意义 ··· 3
- 1.2 数学建模的基本方法和步骤 ··· 3
  - 1.2.1 对数学模型的一般要求 ·· 4
  - 1.2.2 数学建模的方法 ··· 4
  - 1.2.3 数学建模的一般步骤 ··· 4
  - 1.2.4 几个需要注意的方面 ··· 5
- 1.3 数学建模与能力培养 ··· 6
- 习题1 ·· 7

第2章 初等模型 ··· 9
- 2.1 人行走的最佳频率 ··· 9
  - 2.1.1 问题的提出 ·· 9
  - 2.1.2 模型假设 ··· 9
  - 2.1.3 模型建立 ··· 9
  - 2.1.4 模型求解与分析 ··· 10
- 2.2 代表名额的公平分配 ··· 11
  - 2.2.1 问题的背景与提出 ·· 11
  - 2.2.2 Hamilton方法 ··· 11
  - 2.2.3 相对不公平度和 Q 值法 ·· 12
  - 2.2.4 模型的公理化研究 ·· 15
- 2.3 称重问题 ··· 16
  - 2.3.1 第一类称重问题 ··· 16
  - 2.3.2 第二类称重问题 ··· 17
- 2.4 效益的合理分配 ··· 19
- 2.5 桌子能放平吗? ·· 23
- 2.6 银行借贷 ·· 24
- 习题2 ·· 29

第3章 高等数学模型 ··· 30

3.1 函数 ·········· 30
3.1.1 加油站的竞争 ·········· 30
3.1.2 交通信号灯的管理 ·········· 31
3.2 导数 ·········· 33
3.2.1 飞机的降落曲线问题 ·········· 33
3.2.2 飞行员对座椅的压力问题 ·········· 34
3.3 定积分 ·········· 36
3.3.1 火箭飞出地球问题 ·········· 36
3.3.2 侦察卫星覆盖面积问题 ·········· 37
3.4 多元函数微分学 ·········· 39
3.4.1 竞争性产品生产中的利润最大化 ·········· 39
3.4.2 航天飞机的水箱 ·········· 40
3.4.3 价格和收入变化对需求的影响 ·········· 42
3.4.4 经济增长模型 ·········· 44
3.5 微分方程 ·········· 46
3.5.1 暴雨中的飞行路线问题 ·········· 46
3.5.2 警犬缉毒最佳搜索路线问题 ·········· 48
3.5.3 战斗机安全降落跑道的长度问题 ·········· 49
3.5.4 油罐车排油问题 ·········· 50
3.5.5 伞兵的下降速度问题 ·········· 53
3.5.6 导弹系统改进问题 ·········· 56
3.5.7 人口数量增长的预测模型 ·········· 59
3.5.8 名画伪造案的侦破问题 ·········· 63
3.5.9 长沙马王堆一号墓葬的年代问题 ·········· 65
3.5.10 商品价格与供求关系变化之间的模型 ·········· 67
3.5.11 兰彻斯特战斗模型 ·········· 68
习题3 ·········· 76

第4章 线性代数模型 ·········· 79
4.1 行列式与矩阵 ·········· 79
4.1.1 过定点的多项式方程的行列式 ·········· 79
4.1.2 循环比赛名次模型 ·········· 80
4.1.3 平面图形的几何变换 ·········· 82
4.1.4 一种矩阵密码问题 ·········· 85
4.2 线性方程组 ·········· 89
4.2.1 化学方程式的平衡问题 ·········· 89
4.2.2 工资问题 ·········· 90
4.2.3 混凝土配料问题 ·········· 92
4.2.4 调整气象站观测问题 ·········· 93
4.2.5 齐王田忌赛马 ·········· 94

4.2.6　服务网点的设置问题 ································· 96
4.3　特征值与特征矢量 ··· 97
　　4.3.1　污染与工业发展关系问题 ··························· 98
　　4.3.2　递推数列的计算 ····································· 100
　　4.3.3　层次分析法案例 ····································· 101
　　4.3.4　马尔科夫链案例 ····································· 105
　　4.3.5　PageRank 排名技术 ································ 108
习题 4 ·· 112

第 5 章　概率论与数理统计模型 ································ 114
5.1　概率基础模型 ··· 114
　　5.1.1　有趣的蒙特莫特问题 ································ 114
　　5.1.2　考试成绩的标准分 ·································· 115
　　5.1.3　这样找庄家公平吗 ·································· 116
　　5.1.4　敏感性问题调查 ····································· 117
　　5.1.5　分赌本问题 ·· 118
　　5.1.6　几种保险理赔的概率分布及其在保险实务中的应用 ··· 120
5.2　统计基础模型 ··· 125
　　5.2.1　分布拟合检验 ·· 125
　　5.2.2　泊松分布与突发事件概率的计算 ···················· 127
　　5.2.3　货物的订购与销售策略 ······························ 130
　　5.2.4　男大学生的身高分布模型 ··························· 138
　　5.2.5　鱼群的数量估计模型 ································ 140
5.3　一元线性回归模型 ·· 141
　　5.3.1　一元线性回归方法 ·································· 142
　　5.3.2　一元线性回归应用举例 ····························· 145
5.4　方差分析与正交设计 ····································· 146
　　5.4.1　单因素方差分析 ····································· 146
　　5.4.2　双因素方差分析 ····································· 150
　　5.4.3　正交试验设计与方差分析 ··························· 156
习题 5 ·· 158

第 6 章　数学规划模型 ·· 160
6.1　线性规划 ··· 160
　　6.1.1　线性规划的基本概念 ································ 160
　　6.1.2　MATLAB 求解线性规划 ··························· 161
　　6.1.3　LINGO 求解线性规划 ······························· 163
　　6.1.4　灵敏度分析 ·· 165
6.2　整数规划 ··· 168
　　6.2.1　MATLAB 求解整数规划 ··························· 168
　　6.2.2　指派模型 ··· 171

VII

  6.2.3　整数规划实例——装箱问题 …………………………………………… 175
 6.3　非线性规划 …………………………………………………………………… 177
  6.3.1　非线性规划模型及其求解 …………………………………………… 177
  6.3.2　MATLAB 求解非线性规划 …………………………………………… 180
  6.3.3　非线性规划实例 ……………………………………………………… 181
 6.4　多目标规划求解简介 ………………………………………………………… 185
 习题 6 ……………………………………………………………………………… 189

第 7 章　综合评价方法 ……………………………………………………………… 192
 7.1　综合评价的基本理论和数据预处理 ………………………………………… 192
  7.1.1　综合评价的基本概念 ………………………………………………… 192
  7.1.2　综合评价体系的构建 ………………………………………………… 193
  7.1.3　评价指标的预处理方法 ……………………………………………… 196
  7.1.4　评价指标预处理示例 ………………………………………………… 199
 7.2　评价指标权重系数的确定方法 ……………………………………………… 200
  7.2.1　主观赋权法 …………………………………………………………… 200
  7.2.2　客观赋权法 …………………………………………………………… 201
  7.2.3　综合集成赋权法及指标赋权示例 …………………………………… 203
 7.3　常用的综合评价数学模型 …………………………………………………… 205
  7.3.1　几种综合评价模型 …………………………………………………… 205
  7.3.2　综合评价示例 ………………………………………………………… 208
 7.4　模糊综合评价决策模型 ……………………………………………………… 210
  7.4.1　模糊数学的基本概念和基本运算 …………………………………… 211
  7.4.2　模糊综合评价方法 …………………………………………………… 216
 习题 7 ……………………………………………………………………………… 222

第 8 章　插值与拟合 ………………………………………………………………… 225
 8.1　插值方法 ……………………………………………………………………… 225
  8.1.1　一般多项式插值 ……………………………………………………… 225
  8.1.2　分段线性插值 ………………………………………………………… 227
  8.1.3　样条插值 ……………………………………………………………… 228
  8.1.4　用 MATLAB 求解插值问题 …………………………………………… 230
 8.2　数据的拟合方法 ……………………………………………………………… 235
  8.2.1　最小二乘拟合 ………………………………………………………… 235
  8.2.2　数据拟合的 MATLAB 实现 …………………………………………… 237
 习题 8 ……………………………………………………………………………… 248

第 9 章　图论模型 …………………………………………………………………… 250
 9.1　图的基础理论 ………………………………………………………………… 250
  9.1.1　图的基本概念 ………………………………………………………… 250
  9.1.2　图的矩阵表示 ………………………………………………………… 252
 9.2　最短路算法及其 MATLAB 实现 ……………………………………………… 254

9.2.1 固定起点到其余各点的最短路算法 ·················· 254
9.2.2 每对顶点间的最短路算法 ·················· 256
9.2.3 最短路应用范例 ·················· 258
9.3 最小生成树算法及其 MATLAB 实现 ·················· 262
9.3.1 基本概念 ·················· 262
9.3.2 求最小生成树的算法 ·················· 263
9.3.3 用 MATLAB 求最小生成树及应用 ·················· 264
习题 9 ·················· 267

第 10 章 多元统计分析 ·················· 269
10.1 多元线性回归 ·················· 269
10.1.1 多元线性回归模型 ·················· 269
10.1.2 MATLAB 统计工具箱的回归分析命令 ·················· 271
10.2 聚类分析 ·················· 275
10.2.1 系统聚类法 ·················· 275
10.2.2 MATLAB 聚类分析的相关命令及应用 ·················· 278
10.2.3 动态聚类法 ·················· 283
10.2.4 模糊 K 均值聚类 ·················· 285
10.3 判别分析 ·················· 287
10.3.1 距离判别法 ·················· 287
10.3.2 判别准则的评价 ·················· 292
10.4 主成分分析 ·················· 294
10.4.1 主成分分析法 ·················· 294
10.4.2 主成分分析的案例 ·················· 295
习题 10 ·················· 297

第 11 章 数据挖掘简介 ·················· 301
11.1 数据挖掘的一般概念 ·················· 301
11.1.1 数据挖掘的概念及知识分类 ·················· 301
11.1.2 数据挖掘的功能、步骤和分类 ·················· 302
11.2 统计学习方法概述 ·················· 304
11.3 Logistic 回归 ·················· 304
11.3.1 Logistic 回归模型 ·················· 304
11.3.2 Logistic 回归模型的参数估计 ·················· 305
11.3.3 Logistic 回归模型的应用 ·················· 309
习题 11 ·················· 313

第 12 章 其他建模方法 ·················· 314
12.1 计算机模拟 ·················· 314
12.1.1 随机变量的模拟 ·················· 314
12.1.2 随机模拟的例子 ·················· 316
12.2 二分法 ·················· 318

12.3 差分方程 ··· 320
　　12.3.1 差分方程的概念 ··· 321
　　12.3.2 差分方程的解法 ··· 321
　　12.3.3 常系数线性差分方程的 Z 变换解法 ························· 325
　　12.3.4 Leslie 模型 ·· 327
12.4 灰色系统建模方法 ·· 332
　　12.4.1 GM(1,1)预测模型 ·· 332
　　12.4.2 GM(2,1)预测模型 ·· 336
12.5 坐标系统模型 ··· 338
　　12.5.1 常用坐标系 ·· 339
　　12.5.2 坐标系的转换 ··· 340
习题 12 ··· 343

第 13 章 数学建模案例 ··· 344
13.1 空中多目标威胁程度判别 ··· 344
　　13.1.1 题目 ·· 344
　　13.1.2 论文选编 1 ·· 345
13.2 古塔的变形 ·· 365
　　13.2.1 2013 年全国大学生数学建模竞赛 C 题 ····················· 365
　　13.2.2 论文选编 2 ·· 365

附录 A　MATLAB 基础 ·· 385
A.1 MATLAB 语言的数据结构 ·· 385
　　A.1.1 常量和变量 ··· 386
　　A.1.2 赋值语句 ·· 386
　　A.1.3 矩阵的 MATLAB 表示 ·· 387
　　A.1.4 多维数组的定义 ··· 388
A.2 MATLAB 的矩阵运算 ·· 389
　　A.2.1 操作符与运算符 ··· 389
　　A.2.2 特殊矩阵和矩阵的操作 ·· 390
A.3 M 文件与编程 ··· 392
　　A.3.1 M 文件 ··· 392
　　A.3.2 流程控制结构 ·· 393
A.4 MATLAB 绘图 ··· 395
　　A.4.1 二维绘图函数 ·· 396
　　A.4.2 三维绘图命令 ·· 401
　　A.4.3 四维空间绘图命令 ·· 405
A.5 代数方程的求解 ·· 406
　　A.5.1 线性方程组的求解 ·· 406
　　A.5.2 非线性方程的求解 ·· 409
　　A.5.3 矛盾方程组的最小二乘解 ······································· 410

  A.6 常微分方程的求解 ································· 412
    A.6.1 常微分方程的符号解 ···················· 412
    A.6.2 常微分方程的数值解 ···················· 414
  A.7 MATLAB 的数据处理 ··························· 417
    A.7.1 细胞数组和结构数组 ···················· 417
    A.7.2 一般文件操作 ····························· 418
    A.7.3 mat 文件 ···································· 421
    A.7.4 文本文件 ···································· 422
    A.7.5 Excel 文件 ································· 426
    A.7.6 图像文件 ···································· 428
  习题 A ··· 429
附录 B LINGO 使用简介 ······························· 432
  B.1 LINGO 中集合的概念 ··························· 432
  B.2 LINGO 数据部分和初始部分 ················ 436
    B.2.1 模型的数据部分 ·························· 436
    B.2.2 模型的初始部分 ·························· 439
  B.3 LINGO 函数 ··· 439
    B.3.1 运算符及其优先级 ······················ 439
    B.3.2 LINGO 函数简介 ························ 440
  B.4 LINGO 与其他文件的数据传递 ············· 447
    B.4.1 通过文本文件传递数据 ··············· 447
    B.4.2 LINGO 与 Excel 文件之间的数据传递 ··· 450
  B.5 LINGO 子模型 ······································ 453
    B.5.1 子模型的定义和求解 ·················· 453
    B.5.2 军事物流运输网络最小时间最大能力流模型 ··· 456
    B.5.3 数独的数学模型与 LINGO 求解 ··· 459
  习题 B ··· 465
参考文献 ·· 468

第1章 数学建模概论

随着电子计算机的出现和科学技术的迅猛发展,数学的应用已不再局限于传统的物理领域,而正以空前的广度和深度逐步渗透到人类活动的各个领域。生物、医学、军事、社会、经济、管理等各学科、各行业都涌现出大量的实际课题,亟待人们去研究、去解决。

利用数学知识研究和解决实际问题,遇到的第一项工作就是建立恰当的数学模型,简称数学建模,数学建模正在越来越广泛地受到人们的重视。从这一意义上讲,数学建模被看成是科学研究和技术开发的基础。没有一个较好的数学模型就不可能得到较好的研究结果,所以,从这一意义上讲,建立一个较好的数学模型是解决实际问题的关键步骤之一。

1.1 数学模型与数学建模

1.1.1 模型的概念

在日常生活和工作中,人们经常会遇到或用到各种实物模型,如飞机模型、水坝模型、火箭模型、人造卫星模型、大型水电站模型等;也会用到文字、符号、图表、公式、框图等描述客观事物的某些特征和内在联系的模型,如模拟模型、数学模型等抽象模型。

模型是客观事物的一种简化的表示和体现,它应具有如下特点:

(1) 它是客观事物的一种模仿或抽象;它的一个重要作用就是加深人们对客观事物如何运行的理解,为了使模型成为帮助人们合理思考的工具,因此要用一种简化的方式来表现一个复杂的系统或现象。

(2) 为了协助人们解决问题,模型必须具备所研究系统的基本特征和要素。此外,还应包括决定其原因和效果的各个要素之间的相互关系。有了这样的一个模型,人们就可以在模型内实际处理一个系统的所有要素,并观察它们的效果。

模型可以分为实物(形象)模型和抽象模型,抽象模型又可以分为模拟模型和数学模型。对我们来说,最感兴趣的是数学模型。

与各种各样的模型相对应的是它们在现实世界中的原型(原始参照物)。所谓原型,是指人们研究或从事生产、管理的实际对象,也就是系统科学中所说的实际系统,如电力系统、生态系统、社会经济系统等。而模型则是指为了某个特定目的,将原型进行适当地简化、提炼而构造的一种原型替代物。模型不是原型的复制品。原型有各个方面和各种层次的特征,模型只反映了与某种目的有关的那些方面和层次的特征。因此,对同一个原型,为了不同的目的,可以建立多种不同的模型。例如,作为玩具的飞机模型,在外形上与飞机相似,但不会飞;而参加航模竞赛的模型飞机,必须能够飞行,对外观则不必苛求;对于供飞机设计、研制用的飞机数学模型,要在数量规律上反映飞机的飞行动态特征,而不涉及飞机的实体。

1.1.2 数学模型的概念

现实世界中有大量的数学问题,但是,它们往往并不是自然地以现成数学问题的形式出现的。首先,我们对要解决的实际问题进行分析研究,简化提炼,将其归结为能够求解的数学问题,即建立该问题的数学模型。这是运用数学的理论与方法解决实际问题的关键步骤,然后,才能应用数学理论、方法进行分析和求解,进而为解决现实问题提供支持与指导。由此可见数学建模的重要性。

现实世界的问题往往比较复杂,在从实际问题抽象出数学问题的过程中,我们必须抓住主要因素,忽略一些次要因素,做出必要的简化,使抽象所得的数学问题能用适当的方法进行求解。

以解决某个现实问题为目的,经过分析简化,从中抽象、归纳出来的数学问题就是该问题的数学模型,这个过程称为数学建模。本书所讨论的数学模型主要是指用字母、数字和其他数学符号组成的关系式、图表、框图等描述现实对象的数量特征及其内在联系的一种模型。

一般地说,数学模型可以这样来描述:对于现实世界的一个特定的对象,为了一个特定的目的,根据特有的内在规律,做出一些必要的简化假设,运用适当的数学工具,得到的一个数学结构。其中,特定对象是指我们所要研究解决的某个具体问题;特定目的是指当研究一个特定对象时所要达到的特定目的,如分析、预测、控制、决策等;数学工具指数学各分支的理论和方法及数学的某些软件系统;数学结构包括各种数学方程、表格、图形等。

1.1.3 数学模型的分类

数学模型的分类方法很多,常用的有以下几种。

(1) 按照建模所用的数学方法的不同,可分为初等模型、运筹学模型、微分方程模型、概论统计模型、控制论模型等。

(2) 按照数学模型应用领域的不同,可分为人口模型、交通模型、经济预测模型、金融模型、环境模型、生态模型、企业管理模型、城镇规划模型等。

(3) 按照人们对建模机理的了解程度的不同可分为白箱模型、灰箱模型和黑箱模型。

① 白箱模型。主要指物理、力学等一些机理比较清楚的学科描述的现象及相应的工程技术问题,这些方面的数学模型大多已经建立起来,还需深入研究的主要是针对具体问题的特定目的进行修正与完善,或者优化设计与控制等。

② 灰箱模型。主要指生态、经济等领域中遇到的模型,人们对其机理虽有所了解,但还不很清楚,故称为灰箱模型。在建立和改进模型方面还有不少工作要做。

③ 黑箱模型。主要指生命科学、社会科学等领域中遇到的模型。人们对其机理知之甚少,甚至完全不清楚,故称为黑箱模型。

在工程技术和现代管理中,有时会遇到一类由于因素众多、关系复杂及观测困难等的问题,这些问题常常被当做灰箱或黑箱模型问题来处理。

应该指出的是,这三者之间并没有严格的界限,而且随着科学技术的发展,情况也是不断变化的。

(4) 按照模型的表现特性分类。

① 确定性模型与随机性模型。前者不考虑随机因素的影响,后者考虑随机因素的影响。

② 静态模型与动态模型。两者的区别在于是否考虑时间因素引起的变化。

③ 离散模型与连续模型。两者的区别在于描述系统状态的变量是离散的还是连续的。

1.1.4 数学建模的重要意义

数学建模越来越受到人们的重视,从以下两个方面可以看出数学建模的重要意义。

1. 数学建模是众多领域发展的重要工具

当前,在国民经济和社会活动的诸多领域,数学建模都有非常深入、具体的应用。例如,分析药物的疗效;用数值模拟设计新的飞机翼型;生产过程中产品质量预报;经济增长预报;最大经济效益价格策略;费用最小的设备维修方案;生产过程中的最优控制;零件设计中的参数优化;资源配置;运输网络规划;排队策略等。数学建模在众多领域的发展中扮演着重要工具的角色。即便在一般的工程技术领域,数学建模仍然大有可为。在声、光、电机、土木、水利等工程技术领域中,虽然已有基本模型,但由于新技术、新工艺的不断涌现,仍产生了许多需要数学方法解决的新问题,计算机的快速发展使得过去某些即使有了数学模型也无法求解的问题(如海量数据的处理)也有了求解的可能,随着数学向经济、人口、生态、地质等众多领域的渗透,用数学方法研究这些领域中的内在特征成为关键的步骤和这些学科发展与应用的基础。在这些领域里建立不同类型、不同方法、不同深浅程度的模型的余地相当大,数学建模的重要工具和桥梁作用得到进一步体现。

2. 数学建模促进对数学科学重要性的再认识

从某种意义上讲,说明数学科学的重要性是件容易的事情,从日常生活到尖端技术可以举出许多例子说明数学为什么是必不可少的。有些人虽然不反对所举的例子,但仍然认为数学没有多大用处,或者数学与其生活和工作没有多大关系。其原因是数学的语言比较抽象不容易掌握,以及传统数学教育重知识传授、轻实际应用等。传统的数学教学比较形式、抽象,只见定义、定理、推导、证明、计算,很少讲与我们周围的世界以至日常生活的密切联系,使得数学的重要性变得很空泛。随着计算机革命引起的深刻变化,数学与实际问题的结合变得更为密切和广泛,数学建模成为研究生、大学生乃至中学生的学习内容,其思想逐渐融入数学主干课程的教学内容,数学学科的重要性也显得更实在、更具体。数学建模在众多学科领域乃至日常生活中的广泛应用使越来越多的人认识到数学科学的重要性。

1.2 数学建模的基本方法和步骤

建立实际问题的数学模型,尤其是建立抽象程度较高的模型是一种创造性的劳动。因此,有人把数学建模看成一种艺术,而不是一种技术。我们不能期望找到一种一成不变的方法来建立各种实际问题的数学模型。现实世界中的实际问题是多种多样的,而且大多比较复杂,所以数学建模的方法也是多种多样的。但是,数学建模方法和过程也有一些共性的规律,掌握这些规律,将有助于数学建模任务的完成。

1.2.1 对数学模型的一般要求

（1）要有足够的精确度,就是要把本质的性质和关系反映进去,把非本质的东西去掉,而又不影响反映现实的本质的真实程度。

（2）模型既要精确,又要尽可能的简单。因为太复杂的模型难以求解,而且如果一个简单的模型已经可以使某些实际问题得到满意的解决,那我们就没有必要再建立一个复杂的模型。构造一个复杂的模型并求解它,往往要付出较高的代价。

（3）要尽量借鉴已有的标准形式的模型。

（4）构造模型的依据要充分,就是说要依据科学规律、经济规律来建立有关的公式和图表,并注意使用这些规律的条件。

1.2.2 数学建模的方法

数学建模的方法按大类来分,大体上可分为三类：

1）机理分析法

机理分析法就是根据人们对现实对象的了解和已有的知识、经验等,分析研究对象中各变量(因素)之间的因果关系,找出反映其内部机理的规律的方法。使用这种方法的前提是对研究对象的机理应有一定的了解。

2）测试分析法

当不清楚研究对象的机理时,可以把研究对象视为一个"黑箱"系统,对系统的输入输出进行预测,并以这些实测数据为基础进行统计分析来建立模型,这类方法称为测试分析法。

3）综合分析法

对于某些实际问题,人们常将上述两种建模方法结合起来使用,例如用机理分析法确定模型结构,再用测试分析法确定其中的参数,这类方法称为综合分析法。

1.2.3 数学建模的一般步骤

数学建模的步骤并没有固定的模式,常因问题性质、建模目的等而异。下面介绍的是用机理分析建模的一般步骤,如图1.1所示。

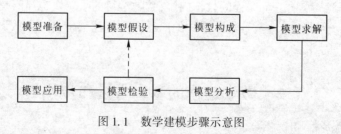

图1.1 数学建模步骤示意图

1. 模型准备

要建立现实问题的数学模型,首先要对需要解决的问题有一个清晰的提法,即要明确研究解决的问题是什么,以及建模所要达到的主要目的是什么。通常,当我们遇到某个实际问题时,在开始阶段,对问题的理解往往不是很清楚,所以,需要深入实际进行调查研究,收集与研究问题有关的信息、资料,与熟悉情况的有关人员进行讨论,查阅有关的文献资料,明确问题的背景和特征,由此初步确定它可能属于哪一类模型等。

2. 模型假设

对所研究的问题和收集的信息资料进行分析,弄清哪些因素是主要的、起主导作用的,哪些因素是次要的,并根据建模的目的抓住主要的因素,忽略次要的因素,即对实际问题作一些必要的简化,用精确的语言作出必要的简化假设。应该说这是一个十分困难的问题,也是建模过程中十分关键的一步,往往不可能一次完成,需要经过多次反复才能完成。

3. 模型构成

在前述工作的基础上,根据所作的假设,分析研究对象的因果关系,用数学语言加以刻划,就可得到所研究问题的数学描述,即构成所研究问题的数学模型,通常是描述问题的主要因素的变量之间的关系式或其他数学表示形式。在初步构成数学模型之后,一般还要进行必要的分析和化简,使数学模型达到便于求解的形式,并根据研究的目的对其进行检查,主要是看数学模型能否代表所研究的实际问题。

4. 模型求解

选择合适的数学方法求解经上述步骤得到的模型。在多数情况下,很难获得数学模型的解析解,而只能得到它的数值解,这就需要应用各种数值方法和软件,包括各种数值优化方法,线性和非线性方程组的数值方法,微分方程(或方程组)的数值解法,各种预测、决策和概率统计方法等,以及各种应用软件系统。当现有的数学方法不能很好地解决所归纳的数学问题时,需要针对数学模型的特点,对现有的方法进行改进或提出新的方法以适应需要。

5. 模型分析

对求解结果进行数学上的分析,如结果的误差分析、统计分析、模型对数据的灵敏度分析、对假设的强健性分析等。

6. 模型检验

把求解的分析结果翻译回到实际问题,与实际的现象、数据比较,检验模型的合理性和适用性,如果结果与实际不符,应该修改、补充假设,重新建模,如图1.1中的虚线所示。

7. 模型应用

模型应用就是把经过多次反复改进的模型及其解应用于实际系统,看能否达到预期的目的。若不能,则建模任务仍未完成,尚需继续努力。

应当指出,并不是所有问题的建模都要经过这些步骤,有时各步骤之间的界限也不那么分明,建模时不要拘泥于形式上的按部就班。

1.2.4 几个需要注意的方面

对于给定的实际问题(原型),为了建立合理的模型,需要注意以下几个方面:

(1) 根据需要对原型作一些合理的假设。一个原型常有众多的特性,这些特性所具有的数量特征常与众多的因素有关。在一定的条件下,有的因素是主要的、本质的,有的因素是次要的、非本质的,有的因素与我们所考虑的数量特征之间遵循某种理论规律(如物理学中的定律),有些因素却没有理论规律可以遵循(如地面上运动物体的速度与空气阻力之间的关系)。为了获得可靠的、通过计算机可以得到必要解答的数学模型,必须对原型做出适当的假设。例如,为了突出主体,可以略去次要的非本质的因素,达到简化的目的;又如,对那些没有理论规律可以遵循的关系,做出明确的假设,达到确定的目的。但所有假设都必须是合理的,即符合或近似地符合自然规律。

(2) 恰当地使用数学方法。很多数学方法可以用来建立实际问题的数学模型。然而,对于一个给定的原型,并非一切数学方法都是适用的。一般说来,对于不确定性问题常适宜于用概率统计等数学方法;对于确定性问题常适宜于用微分方程或代数方程等数学方法。例如,我国 1992 年大学生数学建模竞赛中的 A 题——施肥效果分析,因为所给实验数据具有随机性,因此只宜建立不确定性模型,如使用回归分析方法等。在建立数学模型之前,对原型作确定性与非确定性判断,再确定数学方法是非常重要的。此外,变量取连续值的模型称为连续型模型;变量取离散值的模型称为离散型模型。因为计算机的发展,直接以原型建立起离散模型(如差分方程模型)或对已建立的连续型模型寻找合理的离散方法,达到能使用计算机进行计算的目的,已成为当今科学计算方面的一个热门课题。

(3) 对建立起来的模型进行必要的分析和检验。怎么判断在建模过程中所作的假设是合理的,使用的数学方法也是恰当的呢? 一种有效的方法就是对建立起来的模型进行分析检验。当使用不确定性数学方法建模时,要对方法本身的适用性进行检验。例如,在进行回归分析时,要作回归效果的显著性检验;在作判别分析时要作判别效果的检验等。在使用确定性方法建模时,通常并没有完整的适用性检验方法,但仍需对所得结果进行分析,看是否与实际情况相符。例如,在使用微分方程或差分方程建立数学模型时,常希望某些平衡解具有稳定性,这需要对平衡解作稳定性分析。总之,对任何一个数学模型,都应进行分析和检验,以确定它是否能反映现实原型的有关特征。

1.3 数学建模与能力培养

数学建模活动要求大学师生对范围并不固定的各种实际问题予以阐明,分析并提出解法,鼓励师生积极参与并强调实现完整的模型构造的过程。这种贴近实际的教学活动形式对传统的教学模式形成了巨大的冲击,对现时期的数学教学改革产生了深远的影响。教学中应更加重视学生在教学活动中的学习主体地位,充分发挥学生的主观能动性,通过学生的积极参与来完成学生的能力培养和更高的教学目标的实现。在启发式教学的基础上,进一步强调教学过程中的交互活动,通过提升学生在教学活动中的主动性实现教学活动的有效性。自学加串讲、"研讨式"教学、学生专题报告等多种教学形式都可以引入教学过程中,各种教学方法的综合使用能提升教学的针对性,多媒体等现代化手段的使用及教学软件的结合能确保数学建模教学活动的有效性和完整性。

在数学建模教学中,要注意对以下能力的培养。

(1) 翻译能力,即把经过一定抽象、简化的实际问题用数学的语言表达出来形成数学模型(即数学建模的过程),对应用数学的方法进行推演或计算得到结果,用"常人"能懂的语言"翻译"(表达)出来。在美国大学生数学建模竞赛的问题中曾经有这样的要求,例如,MCM93 问题 A 中明确提出,"除了按竞赛规则说明中规定的格式写的技术报告外,请为餐厅经理提供一份用非技术术语表示的实施建议"。

(2) 综合应用与分析能力。应用已学到的数学方法进行综合应用和分析,并能理解合理的抽象和简化特别是数学分析的重要性。因为在数学建模中,数学是工具,要在数学建模中灵活应用数学,发展使用这个工具的能力。有了数学知识,并不意味着会使用它,更谈不上能灵活、创造性地使用它,只有多加练习、多方思考,才能逐步提高运算能力。

(3) 联想能力。对于许多完全不同的实际问题,在一定的简化层次下,它们的数学模型是相同的或相似的,这正是数学的应用广泛性的表现。因此,要培养学生有广泛的兴趣,多思考,勤奋踏实工作,通过熟能生巧而逐步达到触类旁通的境界。

(4) 洞察能力。通俗地讲就是一眼就能抓住(或部分抓住)要点的能力。为什么要发展这种能力?因为真正的实际问题的数学建模过程的参与者(特别是在一开始)往往不是很懂数学的人,他们提出的问题(及其表达方式)更不是数学化的,而是在交谈过程中由你"提问""换一种方式表达"或"启示"等方式(这里往往表现出你的洞察力)使问题逐渐明确。搞实际工作的人一般很愿意与洞察力较强的数学工作者打交道。

(5) 熟练使用技术手段的能力。目前主要是使用计算机及相应的数学软件,这有助于节省时间,并有利于进一步开展深入的研究。

(6) 科技论文的写作能力。科技论文的写作能力是数学建模的基本技能之一,也是科技人才的基本能力之一,是反映科研活动所做工作的重要方式。论文可以让人了解用什么方法解决了什么问题,结果如何,效果怎么样等。

数学建模还可以促进其他一些能力的培养,如获取情报信息的能力、自我更新知识的能力、团结协作的攻关能力等。开展好数学建模教学,有一些问题是必须解决好的,如教师要提高计算机及软件应用能力,注意与实际工作者的合作等。

习 题 1

1.1 举出两三个实例说明建立数学模型的必要性,包括实际问题的背景、建模目的、大体需要什么样的模型及怎样应用这种模型等。

1.2 从下面不太明确的叙述中确定要研究的问题,要考虑那些有重要影响的变量。
(1) 一家商场要建一个新的停车场,如何规划照明设施。
(2) 一农民要在一块土地上做出农作物的种植规划。
(3) 一制造商要确定某种产品的产量及定价。
(4) 卫生部门要确定一种新药对某种疾病的疗效。
(5) 一滑雪场要进行山坡滑道和上山缆车的规划。

1.3 怎样解决下面的实际问题,包括需要哪些数据资料,要做哪些观察、试验,以及建立什么样的数学模型等。
(1) 估计一个人体内血液的总量。
(2) 为保险公司制订人寿保险金计划(不同年龄的人应缴纳的金额和公司赔偿的金额)。

(3) 估计一批日光灯管的寿命。

(4) 确定火箭发射至最高点所需要的时间。

(5) 决定十字路口黄灯亮的时间。

(6) 为汽车租赁公司制订车辆维修、更新和出租计划。

(7) 一高层办公楼有 4 部电梯,上班时间非常拥挤,试制订合理的运行计划。

1.4 为了培养想像力、洞察力和判断力,考查对象时除了从正面分析外,还常常需要从侧面或反面思考。试尽可能迅速地回答下面的问题:

(1) 甲于早 8:00 从山下旅店出发,沿一条路径上山,下午 5:00 到达山顶并留宿。次日早 8:00 沿同一路径下山,下午 5:00 回到旅店。乙说,甲必在两天中的同一时刻经过路径中的同一地点,为什么?

(2) 37 支球队进行冠军争夺赛,每轮比赛出场的每两支球队中的胜者及轮空者进入下一轮,直至比赛结束。问共需进行多少场比赛,共需进行多少轮比赛。如果是 n 支球队比赛呢?

第 2 章 初 等 模 型

初等模型是指运用初等数学知识如函数、方程、不等式、简单逻辑、矢量、排列组合、概率统计、几何等知识建立起来的模型,并且能够用初等数学的方法进行求解和讨论。对于机理比较简单的研究对象,一般用初等方法就能够达到建模目的。但衡量一个模型的优劣,主要在于它的应用效果,而不在于是否采用了高等数学方法。对于用初等方法和高等方法建立起来的两个模型,如果应用效果相差无几,那么受到人们欢迎和被采用的一定是初等模型。

2.1 人行走的最佳频率

2.1.1 问题的提出

行走是正常人每天工作、学习及从事其他大多数活动的一项肢体运动。人行走时的两个基本动作是身体重心的位移和腿部的运动,所做的功等于抬高身体重心所需的势能与两腿运动所需的动能之和。试建立模型确定人行走时最不费力(即做的功最小)所应保持的最佳频率。

2.1.2 模型假设

1. 基本假设
(1) 不计人在行走时的空气阻力。
(2) 人行走时所做的功为人体重心抬高所需的势能与两腿运动所需的动能之和。
(3) 人的行走速度均匀。

2. 符号及变量
l 为腿长;d 为步幅;δ 为人体重心位移;v 为行走速度;m 为腿的质量;M 为人体质量;g 为重力加速度;u 为两腿运动动能;W 为人行走所做的功;n 为人的行走频率。

2.1.3 模型建立

1. 重心位移的计算
人行走时重心位置的升高近似等于大腿根部位置的升高,如图 2.1 所示。

由图 2.1 容易看出,人行走时重心位置的位移为

$$\delta = l - \sqrt{l^2 - (d/2)^2} = \frac{d^2}{4(l + \sqrt{l^2 - (d/2)^2})}$$

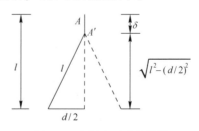

图 2.1 人行走时重心位置的变化示意

由于 $d<l$,因此 $\sqrt{l^2-(d/2)^2}\approx l$,从而

$$\delta \approx \frac{d^2}{8l}.\tag{2.1}$$

2. 两腿运动功率的计算

人的行走是一种复杂的肢体运动,下面主要基于两种不同的假设,计算行走时两腿运动的功率。

补充假设 1 将腿等效为均匀直杆,行走设为两腿绕髋部的转动。

由均匀直杆的转动惯量计算公式,得到行走时两腿的转动惯量为

$$J=\frac{1}{3}ml^2,$$

于是两腿的转动动能为

$$u=\frac{1}{2}J\omega^2=\frac{1}{6}mv^2.$$

而人每行走一步所需时间为 $t=d/v$,则单位时间内两腿的运动动能亦即运动功率为

$$p=\frac{u}{t}=\frac{mv^3}{6d}.\tag{2.2}$$

补充假设 2 将行走视为脚的匀速直线运动,腿的质量主要集中在脚上。此时,两腿的运动功率为

$$p=\frac{u}{t}=\frac{mv^3}{2d}.\tag{2.3}$$

3. 模型建立

相应于上面两个补充假设,可分别建立如下模型:

1) 均匀直杆模型

由于人的行走频率等于单位时间内行走的步数,所以 $v=nd$,从而得到两腿的运动功率为 $\frac{1}{6}mn^3d^2$。单位时间内人体重心抬高所需的势能为

$$nMg\delta \approx nMg\frac{d^2}{8l}=\frac{nMgd^2}{8l}.$$

最后即得单位时间内人行走所做的功为

$$W=\frac{1}{6}mn^3d^2+\frac{nMgd^2}{8l}=\frac{d^2}{2}\left(\frac{1}{3}mn^3+\frac{Mg}{4l}n\right).\tag{2.4}$$

2) 直线运动模型

类似地,可得单位时间内人行走所做的功为

$$W=\frac{1}{2}mn^3d^2+\frac{nMgd^2}{8l}=\frac{d^2}{2}\left(mn^3+\frac{Mg}{4l}n\right).\tag{2.5}$$

2.1.4 模型求解与分析

1. 模型求解

1) 均匀直杆模型

易得

$$W = \frac{d^2}{2}\left(\frac{1}{3}mn^3 + \frac{Mg}{4l}n\right) \geq d^2\sqrt{\frac{mn^3}{3} \cdot \frac{Mgn}{4l}},$$

当且仅当 $\frac{mn^3}{3} = \frac{Mgn}{4l}$，即 $n = \sqrt{\frac{3Mg}{4ml}}$ 时，做功最小。

2) 直线运动模型

类似地，可得当 $mn^3 = \frac{Mgn}{4l}$，即 $n = \sqrt{\frac{Mg}{4ml}}$ 时，做功最小。

2. 模型分析

根据上面求解出的行走频率计算公式，可看出人做功最小(即最省力)时的行走频率只与人体质量、腿的质量及腿长有关，而与步长无关。

2.2 代表名额的公平分配

2.2.1 问题的背景与提出

数学向各个领域的渗透可以说是当代科学发展的一个显著特点，代表名额的分配问题就是数学在人类政治活动中的一个应用。它起源于西方所谓的民主政治问题，美国宪法第1条第2款指出："众议院议员名额……将根据各州的人口比例分配……"。自1788年美国宪法生效以来，200多年中，美国的政治家和科学家们就如何"合理公正"地实现宪法中所规定的分配原则展开了激烈的争论。虽然设计并实践了许多方法，但没有一种方法能够得到公众普遍的认可。

这个问题可用数学语言表达为：设第 i 方人数为 $p_i (i = 1, 2, \cdots, s)$，总人数 $p = \sum_{i=1}^{s} p_i$，待分配的代表名额为 n，问题是如何寻找一组相应的整数 $n_i (i = 1, 2, \cdots, s)$，使得 $n = \sum_{i=1}^{s} n_i$，其中 n_i 为第 i 方获得的代表名额，并且"尽可能"地接近 $q_i = n \cdot p_i / p$，即按人口比例分配应得的代表名额。

2.2.2 Hamilton 方法

假设某校由甲、乙、丙3个系组成，分别有学生100名、60名和40名，校学生会现设20个代表席位，问应如何公平分配。简单的办法是按各系学生人数的比例进行分配，显然甲、乙、丙三系分别应占有学生会10,6,4个代表名额。现在如果从丙系分别转入甲、乙两系各3名学生，则此时各系人数如表2.1的第2列所示。如果仍按比例(表中第3列)分配则出现小数(表中第4列)，而代表名额又必须是整数，怎么办？一个自然的想法就是：对 q_i "四舍五入取整，或截尾取整"。这样将导致名额多余，或者名额不够分配。

表 2.1 学生会名额的分配

系别	学生人数	学生人数的比例/%	20 个席位的分配		21 个席位的分配	
			比例分配的席位/个	Hamilton 方法的结果	比例分配的席位/个	Hamilton 方法的结果
甲	103	51.5	10.3	10	10.815	11
乙	63	31.5	6.3	6	6.615	7
丙	34	17	3.4	4	3.57	3
总和	200	100	20	20	21	21

为此,美国开国元勋、第一位财政部长 A. Hamilton(1757—1804)于 1790 年提出了解决代表名额分配问题的方法,并于 1792 年被美国国会通过。

Hamilton 方法的具体操作过程如下:

(1) 先让各州取应得份额 q_i 的整数部分 $[q_i]$。

(2) 让 $r_i = q_i - [q_i]$ 按照从大到小的顺序排列,将余下的议员名额逐个分配给各相应的州,即小数部分最大的州优先获得余下名额的第 1 个,小数部分次大的州取得余下名额中的第 2 个,依此类推,直到名额分配完毕。

于是根据 Hamilton 方法,3 个系的 20 个学生会席位的名额分配结果见表 2.1 的第 5 列。由于 20 个席位的代表会议在表决提案时可能出现 10:10 的僵持局面,学生会决定在下一届增加 1 个席位,此时又应如何分配? 按照 Hamilton 方法重新分配 21 个席位,计算结果见表 2.1 第 7 列,显然新结果对丙系是不公平的,因为总席位增加了 1 席,而丙系却由 4 席减为 3 席,显然是不合理的。这反映出 Hamilton 方法在代表名额分配时存在严重缺陷,必须加以改进。

2.2.3 相对不公平度和 Q 值法

如何改进 Hamilton 方法呢? 数学家(Huntington)从不公平度的角度提出了另一种代表名额的分配方法。

"公平"是一个模糊的概念,因为在绝大多数情况下,现实世界没有绝对的公平。因此,必须从数学的角度给"公平"或"不公平"赋以某一量化指标,以之来衡量"公平"或"不公平"的程度。

对于某一群体 $(p_1, p_2, \cdots, p_s)$ 及其代表名额分配方案 $(n_1, n_2, \cdots, n_s)$,当且仅当 $\frac{p_i}{n_i}$($i = 1, 2, \cdots, s$)全相等时,分配方案才是公平的,这里 $\frac{p_i}{n_i}$ 表示第 i 方的每名代表所代表的群体人数。但是,由于人数和代表数必须是整数,因此 $\frac{p_i}{n_i}$ 一般不会相等,这说明名额分配不公平。

为叙述方便,以 $s = 2$ 为例说明。设 A,B 两方人数分别为 p_1 和 p_2,占有的席位数分别为 n_1 和 n_2,则两方每个席位代表的人数分别为 $\frac{p_1}{n_1}$,$\frac{p_2}{n_2}$,通常当 $\frac{p_1}{n_1} = \frac{p_2}{n_2}$ 时,A,B 两方的代表名额严格按双方的人数比例分配,因此认为分配是公平的。

如果$\frac{p_1}{n_1}>\frac{p_2}{n_2}$,则对 A 方不公平,此时不公平程度可用数值$\frac{p_1}{n_1}-\frac{p_2}{n_2}$衡量,称为对 A 方的绝对不公平度。它衡量的是不公平的绝对程度,通常无法区分两种程度明显不同的不公平情况。如表 2.2 所示,群体 A,B 与群体 C,D 的绝对不公平程度相同,但常识告诉我们,后面这种情况的不公平程度比起前面来已经大为改善了。因此,"绝对不公平"也不是一个好的衡量标准。

表 2.2 绝对不公平度

群 体	人数 p	名额 n	$\frac{p}{n}$	$\frac{p_1}{n_1}-\frac{p_2}{n_2}$
A	150	10	15	5
B	100	10	10	
C	1050	10	105	5
D	1000	10	100	

这时自然想到使用相对标准,下面给出相对不公平度的概念。

若$\frac{p_1}{n_1}>\frac{p_2}{n_2}$,则称

$$r_A(n_1,n_2)=\frac{\frac{p_1}{n_1}-\frac{p_2}{n_2}}{\frac{p_2}{n_2}} \tag{2.6}$$

为对 A 方的相对不公平度。类似地,若$\frac{p_2}{n_2}>\frac{p_1}{n_1}$,则称

$$r_B(n_1,n_2)=\frac{\frac{p_2}{n_2}-\frac{p_1}{n_1}}{\frac{p_1}{n_1}} \tag{2.7}$$

为对 B 方的相对不公平度。

现在的问题是,当总名额再增加一个时,应该给 A 方还是 B 方?

不失一般性,不妨设$\frac{p_1}{n_1}>\frac{p_2}{n_2}$,这时对 A 方不公平,当再增加一个名额时,则可分为以下两种情况讨论。

(1) 若$\frac{p_1}{n_1+1}>\frac{p_2}{n_2}$,则说明即使给 A 方再增加一个名额,对 A 方还是不公平,故增加的名额应该给 A 方。

(2) 若$\frac{p_1}{n_1+1}<\frac{p_2}{n_2}$,则说明增加一个名额给 A 方后,变为对 B 方不公平,但同时$\frac{p_1}{n_1}>\frac{p_2}{n_2}>\frac{p_2}{n_2+1}$,说明将增加的一个名额给 B 方,对 A 方又变为不公平,那增加的一个名额到底应该

给哪一方呢？

此时，必须计算 A,B 两方的相对不公平度。

① 若 $r_B(n_1+1,n_2)<r_A(n_1,n_2+1)$，则说明对 B 方的相对不公平度要小于 A 方，因此增加的一个名额应该给 A 方。

② 若 $r_B(n_1+1,n_2)>r_A(n_1,n_2+1)$，则增加的一个名额应该给 B 方。

注意：条件 $r_B(n_1+1,n_2)<r_A(n_1,n_2+1)$ 等价于

$$\frac{p_2^2}{n_2(n_2+1)}<\frac{p_1^2}{n_1(n_1+1)} \tag{2.8}$$

而且容易验证由情形①可推出上式成立。从而可得结论：当式(2.8)成立时，增加的一个名额应该给 A 方；否则，应该给 B 方。

将上述方法推广到一般情况：设第 i 方的人数为 p_i，已经占有 n_i 个代表名额，$i=1,2,\cdots,s$。当总的代表名额增加一个时计算

$$Q_i = \frac{p_i^2}{n_i(n_i+1)} \tag{2.9}$$

并将增加的名额分配给 Q 值最大的一方，这种方法称为 Q 值法或 Huntington 方法。

实际上，在 Q 值法中，我们作了如下两个假设：

(1) 每一方都享有平等的名额分配权利。

(2) 每一方至少应该分配到一个名额，如果某一方一个名额也分不到，则应把它剔除在分配范围之外。

设有 s 个群体、n 个代表名额，$n>s$，则 Q 值法的一般步骤如下：

(1) 每个群体分配一个代表名额。

(2) 计算 $Q_i=\dfrac{p_i^2}{1\times 2}$ ($i=1,2,\cdots,s$)，若 $Q_k=\max\limits_{1\leq i\leq s} Q_i$，则第 $s+1$ 个代表名额分配给第 k 个群体。

(3) 计算 $Q_k'=\dfrac{p_k^2}{2\times 3}$，再将 Q_k' 与步骤(2)中的各 Q_i ($i=1,2,\cdots,k-1,k+1,\cdots,s$)比较，并将第 $s+2$ 个代表名额分配给 Q 值最大的个体。

(4) 重复步骤(3)，直至 n 个代表名额分配完毕。

下面用 Q 值法为甲、乙、丙 3 个系重新分配 21 个代表名额，计算结果见表 2.3。表 2.3 的第 2 列第 2 行后的单元格内含两个数字，括号外的数字为各系在不同状态下相应的 Q 值，括号内的数字表示第几个名额分配给了相应的系。注意在第 2 行中，Q 值设为 $+\infty$，这表示甲、乙、丙 3 个系一开始即各自分得一个代表名额(根据 Q 值法的步骤(1))。

表 2.3　学生会名额的 Q 值法分配方案

	甲系($p_1=103$)	乙系($p_2=63$)	丙系($p_3=34$)
$p_i^2/(0\times 1)$	$+\infty$ (1)	$+\infty$ (2)	$+\infty$ (3)
$p_i^2/(1\times 2)$	5304.5(4)	1984.5(5)	578(9)
$p_i^2/(2\times 3)$	1768.2(6)	661.5(8)	192.7(15)
$p_i^2/(3\times 4)$	884.1(7)	330.8(12)	96.3(21)

(续)

	甲系($p_1=103$)	乙系($p_2=63$)	丙系($p_3=34$)
$p_i^2/(4\times5)$	530.5(10)	198.5(14)	57.8
$p_i^2/(5\times6)$	353.6(11)	132.3(18)	
$p_i^2/(6\times7)$	252.6(13)	94.5	
$p_i^2/(7\times8)$	189.4(16)		
$p_i^2/(8\times9)$	147.4(17)		
$p_i^2/(9\times10)$	117.9(19)		
$p_i^2/(10\times11)$	96.4(20)		
$p_i^2/(11\times12)$	80.4		

计算的 MATLAB 程序如下：

```
clc, clear, format long g
p=[103,63,34]; N=21; n=ones(1,3); Q=p.^2./(n.*(n+1));
m=[1,2,3]; k=3;              %k 为已分配代表个数
show=[n;m;Q]                 %显示各群体分配的代表个数,分配的次序及 Q 值
while k<N
    [mQ,ind]=max(Q);         %找 Q 的最大值及最大值的序号
    k=k+1; n(ind)=n(ind)+1; m(ind)=k;
    Q(ind)=p(ind)^2/(n(ind)*(n(ind)+1));
    show=[n;m;Q]
end
format                       %恢复到短小数的显示格式
```

由表 2.3 可以看出：Q 值法首先计算各群体的 Q 值,即

$$Q_i^{(m)}=\frac{p_i^2}{m(m+1)}(m=1,2,\cdots),$$

然后将这些 Q 值按由大到小排序,最后即得代表名额的分配方案。

2.2.4 模型的公理化研究

上面在发现了 Hamilton 分配方法的弊端之后,按照相对不公平度最小的原则,提出了 Q 值法(Huntington 分配方法)。当然,如果承认相对不公平度是衡量公平分配的合理指标,那么 Q 值法就是好的分配方法。但是,还可以有其他衡量公平的定量指标及分配方法(如习题 1),所以有人想到,能否先提出一些人们公认的衡量公平分配的理想化原则,然后看看哪些方法满足这些原则。

设第 i 方群体人数为 $p_i(i=1,2,\cdots,s)$,总人数 $p=\sum_{i=1}^{s}p_i$,待分配的代表名额为 n,理想化的代表名额分配结果为 n_i,满足 $n=\sum_{i=1}^{s}n_i$,记 $q_i=n\cdot\frac{p_i}{p}$,显然若 q_i 均为整数,则应有 $n_i=q_i$,以下研究 q_i 不全为整数的情形。

一般地，n_i 是 n 和 p_i 的函数，记 $n_i = n_i(n, p_1, p_2, \cdots, p_s)$。

1974 年，两位学者巴林斯基(Balinsky M. L.)与杨(Young M. H.)首先在名额分配问题的研究中引进了公理化方法，即事先根据具体的现实问题给出一系列合理的约束，称为"公理"。然后运用数学分析的方法证明哪一个数学结构或合适的函数或关系能满足所给定的公理，或者运用逻辑的方法去考查这些公理之间是否相容，如果不相容，则说明符合这些公理的对象并不存在。下面是他们关于名额分配问题提出的 5 条公理：

公理 I(人数单调性)某一方的人口增加不会导致其名额减少，即 n 固定时，若 $p_i < p'_i$，$p_j = p'_j (\forall j \neq i)$，则 $n_i \leq n'_i$。

公理 II(名额单调性)代表总名额的增加不会使某一方的名额减少，即
$$n_i(n, p_1, p_2, \cdots, p_s) \leq n'_i(n+1, p_1, p_2, \cdots, p_s).$$

公理 III(公平分摊性)任一方的名额都不会偏离其按比例的份额数，即
$$[q_i] \leq n_i \leq [q_i] + 1, i = 1, 2, \cdots, s.$$

公理 IV(接近份额性)不存在从一方到另一方的名额转让而使得它们都接近于各自应得的份额。

公理 V(无偏性)在整个时间上平均，每一方都应得到其分摊的份额。

从对模型的检验与分析可以看出，上面讨论的两种代表名额分配方法都有其自身的不足，Hamilton 方法满足公理 I，但不满足公理 II；Q 值法满足公理 II 却不满足公理 I。

1982 年，Balinsky 和 Young 证明了关于名额分配问题的一个不可能性定理，即不存在完全满足公理 I ~ V 的代表名额分配方法，从而为这一争论画上了问号。

2.3 称 重 问 题

在现行"人教版"小学数学五年级(上)教材中有这样一个称重问题：在一堆零件中有一个是次品，用天平作为度衡工具，至少需要几次才能将次品找出来？称重问题属于组合优化的范畴，主要包括两类：一是在砝码数目一定的条件下，使能称出的质量最多；二是使称重的次数最少。

2.3.1 第一类称重问题

例 2.1 要在天平上称出 1~40g 的不同整数克数的物体，至少需要多少个砝码？

众所周知，用天平称物体质量的方法有两种：

(1) 直接法：在天平的一边放置待称重的物体，天平的另一边放置一定数量的砝码，当天平平衡时，砝码质量之和即为物体的质量。

(2) 间接法：在天平的两边均放置砝码，同时在天平的一边放置物体，当天平平衡时，将不放物体的盘内砝码质量和减去放物体的盘内砝码质量和，所得的差即为物体的质量。

1. 直接法

意大利数学家塔尔塔利亚(Niccolò Tartaglia, 1499—1557)用 1g, 2g, 4g, 8g, 16g, 32g 的 6 个砝码给出了上述问题的一个解答，即 1~40g 中的任意一个整数克数的质量都可以表示成这 6 个砝码中的若干个之和。例如

$$27g = 1g + 2g + 8g + 16g,$$

事实上,用上述 6 个砝码可以称出 1~63g 内的任意一个整数克数物体的质量。

一般地,运用直接法及质量分别为 $1g,2g,\cdots,2^{n-1}g$ 的 n 个砝码可以称出 $1\sim(1+2+\cdots+2^{n-1})g$ 内即 $1\sim(2^n-1)g$ 内的任意整数克数物体的质量。

2. 间接法

法国数学家梅齐利亚克(Bachet de Méziriac,1581—1638)于 1624 年用间接法提出了对该问题的一个解法:

(1) 要称 1g,必须有质量为 1g 的砝码。

(2) 要称 2g,必须有质量为 2g 的砝码,用 1g,2g 的砝码可以分别称出 1g,2g,3g 的物体;但是用 1g,3g 的砝码可以分别称出 1~4g 的物体。换言之,用 1g,3g 的砝码可以称出 1~(1+3)g 即 1~4g 内任意一个整数克数物体的质量。

(3) 类似地,可得出结论:如果再添加一个 9g 的砝码,就能称出 1~(1+3+9)g 即 1~13g 内任意一个整数克数物体的质量;如果再添加一个 27g 的砝码,就能称出 1~(1+3+9+27)g 即 1~40g 内任意一个整数克数物体的质量。

一般地,运用间接法及质量分别为 $1g,3g,\cdots,3^{n-1}g$ 的 n 个砝码可以称出 $1\sim(1+3+\cdots+3^{n-1})g$ 即 $1\sim\frac{1}{2}(3^n-1)g$ 的所有整数克数物体的质量,而且此时所用砝码的个数最少。

2.3.2 第二类称重问题

例 2.2 有 95 颗钻石,已知其中有 1 颗是假的,而且假的钻石除质量与真的不一样外,其他完全相同。问用天平称重法来鉴定钻石的真伪,最少需称多少次?

假设所有真钻石在外观、色泽、质量等物理特征上毫无差异。

一般地,分下面 3 种情况展开讨论。

情形 1 真假钻石轻重已知,即真钻石要么比假钻石重,要么比假钻石轻。

假如,有 9 颗钻石(有且仅有 1 颗是假的),把它们均分为三堆。先将其中两堆称重,如果质量相同,那么假的在第三堆中;如果质量不同,则称重的两堆中必有一堆含假的钻石。再在含假的那堆中取两颗称重,如同重,则第三颗是假的;如不同重,则两颗中必有一颗是假的(由于已知真假钻石在质量上的差异性,故假钻石已经找出)。因此,此时两次称重即可找出假钻石。将上述情况推广,可知最多称重 n 次可在 3^n 颗真假钻石堆(有且仅有 1 颗是假的)中鉴别哪颗是假的。

情形 2 真假钻石轻重未知,但有一袋数量足够多的真钻石做砝码。

先考虑直接将情形 2 转化为情形 1,再讨论其改进结果。

命题 1 如果另有一袋钻石做砝码,称重 $n+1$ 次必可在 3^n 颗钻石中鉴别出假钻石。

事实上,将真假掺杂的钻石(尤其仅有 1 颗是假的)与相同数量的真钻石一起称重,即可知真假钻石在质量上孰轻孰重,此时即将情形 2 转化为情形 1。因此,最多称重 $n+1$ 次必可在 3^n 颗钻石中鉴别出假钻石。

下面讨论更进一步的结论。

例如,有 5 颗钻石,分为两堆:一堆 3 颗,一堆 2 颗。将 3 颗与真钻石比重,若同重,则假的在 2 颗那一堆中,继续称 1 次即可知道哪颗是假的(只需从中任取一颗与真钻石一起放在天平的两端称重,若不同重,则其本身必为假的;若同重,则 2 颗中的另一颗是假

17

的),因此,称重 2 次即可找出假钻石。若不同重,则假的在 3 颗那一堆中(同时即知真假钻石的轻重),运用情形 1 的结论,再称 1 次即可,同样称重 2 次可鉴别出假钻石。

又如,现有 14 颗钻石,分为两堆:一堆 9 颗,一堆 5 颗。将 9 颗与真钻石进行比较,若同重,则假的在 5 颗那一堆中,由上面的示例,可知此时称重 3 次可得结果。若不同重,则假钻石必在 9 颗这一堆中(同样已知真假钻石的轻重),由情形 1,同样称重 3 次可鉴别出假钻石。

以此类推,称重 4 次可在 41 颗钻石中鉴别出假钻石、称重 5 次可在 122 颗钻石中鉴别出假钻石(如何分堆?请读者思考)等。

命题 2 若另有一袋真钻石做砝码,则称重 n 次可在
$$1+1+3+3^2+3^3+\cdots+3^{n-1}=\frac{1+3^n}{2}$$
颗钻石中鉴别出假钻石。

由于 $3^{n-1}<\frac{1+3^n}{2}$,因此命题 2 改进了命题 1 的结果。下面运用数学归纳法给出命题 2 的证明。

证明 $n=1,2,3$,由前面的两个示例可知命题 2 为真。

假设 $n=m$ 时命题为真,即称重 m 次可在 $\frac{1}{2}(1+3^m)$ 颗钻石中鉴别出假钻石。

当 $n=m+1$ 时,先将 $\frac{1}{2}(1+3^{m+1})$ 颗钻石分为两堆:3^m 颗和 $\frac{1}{2}(1+3^m)$ 颗。再将 3^m 颗与真钻石进行比较,若同重,则假钻石在 $\frac{1}{2}(1+3^m)$ 颗钻石堆中,此时由归纳假设,继续称重 m 次即可找出假钻石。若不同重,则假钻石在 3^m 颗钻石堆中(同时亦已知道真假钻石的轻重),由情形 1 的结论,最多继续称重 m 次即可找出假钻石。因此,称重 $m+1$ 次必可在 $\frac{1}{2}(1+3^{m+1})$ 颗钻石中找出假钻石。

最后,由数学归纳法原理即知命题 2 为真。

情形 3 真假钻石轻重未知,也没有真钻石做砝码。

例如,现有 11 颗钻石,将其分为 3 堆:一堆 5 颗,其余两堆各 3 颗。先称后面两堆,若同重,则假的在 5 颗那一堆中,此时后面两堆均可以作为砝码(即已转化为情形 2),根据命题 2,继续称重 2 次可在 5 颗中找出假钻石。若不同重,则 5 颗那堆全是真的,再将两堆中重的那堆与真钻石进行比较,如果同重,则轻的那堆中含假钻石(同时,假钻石比真的轻),问题即转化为情形 1,最后再称重 1 次可找出假的。否则,假钻石在重的那堆中(假钻石比真的重),同样再称重 1 次可找出假的。总之,称重 3 次必可找出 11 颗中的假钻石。

命题 3 真假钻石轻重未知,也没有真钻石做砝码,则称重 n 次可在
$$3^{n-2}+3^{n-2}+\frac{1+3^{n-1}}{2}=\frac{1+4\cdot 3^{n-2}+3^{n-1}}{2}$$
颗钻石中鉴别出假钻石。

证明 将 $\dfrac{1+4\cdot 3^{n-2}+3^{n-1}}{2}$ 颗钻石分为三堆,即两堆 3^{n-2} 和一堆 $\dfrac{1+3^{n-1}}{2}$,将两堆 3^{n-2} 颗钻石称重,分为两种情况:

（1）若同重,则两堆均为真的,从而可作为砝码,于是问题即转化为情形2,由命题2可知结论成立。

（2）若不同重,则 $\dfrac{1+3^{n-1}}{2}$ 颗那堆钻石全为真的。再将 3^{n-2} 颗重的那堆与真钻石进行比较,如果同重,说明轻的那堆中有假钻石（而且假钻石比真的轻）,由情形1,最多继续称重 $n-2$ 次可找出假钻石。如果不同重,说明重的那堆中有假钻石（而且假钻石比真的重）,同样由情形1,最多继续称重 $n-2$ 次可找出假钻石。

总之,称重 n 次即可鉴别出假钻石。

现在回到例2.2, $95=3^3+3^3+(1+1+3+3^2+3^3)$,把两堆27颗钻石在天平上比较质量,若同重,则其余41颗钻石有假,由命题2即知最多再称重4次可找出假钻石。若不同重,则其余41颗钻石都是真的,从中任取27颗钻石与两堆中重的那堆比较,由命题3的证明可知继续称重3次可找出假钻石。因此,最多称重5次可找出95颗钻石中的假钻石。

上述问题虽然是初等的称重问题,但与信息论有着密切的关系。利用信息论的思想和技术,问题会变得十分简单,有兴趣的读者可参考相应的文献资料。

2.4 效益的合理分配

在经济活动中,若干经济实体(如个人或企业等)间的相互合作,常常能比单独经营获得更多的经济效益。确定合理的效益分配方案是促成各方开展长远合作的基本前提之一。这也是合作博弈所研究的内容。

设 n 个经济实体各自单独经营时的效益分别为 $x_1, x_2, \cdots, x_n (x_i \geq 0, i=1,2,\cdots,n)$,联合经营时总效益为 x,且 $x > \sum\limits_{i=1}^{n} x_i$。问应该如何合理分配效益?

分配原则:合作经营时各成员的效益应高于各自单独经营时的所得。

最简单的分配方法:各经济实体依据各自单独经营的效益水平获得相应比例的效益份额

$$x_k^* = x \cdot \dfrac{x_k}{\sum\limits_{i=1}^{n} x_i} (k=1,2,\cdots,n).$$

然而实际情况并非如此简单,下面看一个简单例子。

例2.3 设乙、丙两人受雇于甲经商,并已知甲单独经营每月可获利1万元,乙、丙单独经营时每月获利都为0,只雇乙每月可获利2万元,只雇丙每月可获利3万元,乙、丙都雇佣每月可获利4万元。问应如何合理分配这4万元的收入?

根据例2.3中所给条件,单独经营时,甲获利 $x_1=1$（单位:万元,下同）,乙获利 $x_2=0$,丙获利 $x_3=0$;联合经营时,总效益 $x=4$。如果按照上面的简单方法,甲、乙、丙三人分配的效益份额分别为

$$x_1^* = 4 \cdot \frac{1}{1} = 4, x_2^* = 4 \cdot \frac{0}{1} = 0, x_3^* = 4 \cdot \frac{0}{1} = 0,$$

显然这是不合理的。

假设在某一合理的分配原则下,甲、乙、丙三人分配应得的效益份额分别为 x_1^*, x_2^*, x_3^*,则应满足

$$\begin{cases} x_1^* + x_2^* + x_3^* = 4, \\ x_1^* + x_2^* \geq 2, \\ x_1^* + x_3^* \geq 3, \\ x_1^* \geq 1, x_2^* \geq 0, x_3^* \geq 0. \end{cases} \tag{2.10}$$

式(2.10)的解并不是唯一的,例如,(2.5,1.5,1)、(2.4,0.6,1)及 $(2+r,1-r,1)$ $(0<r<1)$ 均为其解。

这类问题称为 n 人合作对策,L. S. Shapley 在 1953 年给出了解决该问题的一种方法,称为 Shapley 值方法。现介绍如下。

定义 2.1 设有集合 $I = \{1,2,\cdots,n\}$,若对任何子集 $S \subset I$,对应一个实值函数 $v(S)$ 满足

(1) $v(\phi) = 0$。

(2) 当 $S_1 \cap S_2 = \phi$ 时,有

$$v(S_1 \cup S_2) \geq v(S_1) + v_2(S_2). \tag{2.11}$$

则称 $[I,v]$ 为 n 人合作对策,v 为对策的特征函数。

这里 I 可以是 n 个人或经济实体的集合,以下只理解为 n 人集合,S 为 n 人集合中的任一种合作,$v(S)$ 为合作 S 的效益函数。

定义 2.2 合作总获利 $v(I)$ 的分配(与 v 有关)定义为

$$\varphi(v) = (\varphi_1(v), \varphi_2(v), \cdots, \varphi_n(v)),$$

式中:$\varphi_i(v)$ 为局中人 i 所获得的收益。

为确定 $\varphi(v)$,Shapley 归纳了合理的分配原则所应满足的三条公理,统称为 Shapley 公理。

Shapley 公理 设 π 为 $I = \{1,2,\cdots,n\}$ 的一个排列。

(1) 对称性:若 $S = \{i_1, i_2, \cdots, i_s\} \subset I, \pi(S) = \{\pi(i_1), \pi(i_2), \cdots, \pi(i_s)\}$,对特征函数 $v(S), u(S) = v(\pi(S))$ 也是一个特征函数,且 $\varphi_{\pi(i)}(v) = \varphi_i(u)$,即每人分配应得的份额与其被赋予的记号或编号无关。

(2) 有效性:如果对所有包含 $\{i\}$ 的子集 S 都有 $v(S \setminus i) = v(S)$,则

$$\varphi_i(v) = 0, \text{且} \sum_{j=1}^n \varphi_j(v) = v(I),$$

即若成员 i 对于每一个他参加的合作都没有贡献,那么他不应从全体合作的效益中获得报酬,且各成员分配的效益之和等于全体合作的效益。

(3) 可加性:对于定义在 I 上的任意两个特征函数 v 和 u,有

$$\varphi(v+u) = \varphi(v) + \varphi(u).$$

这说明,当 n 人同时进行两项合作时,每人所得的分配是两项合作的分配之和。

定理 2.1 存在唯一的满足 Shapley 公理的映射 φ，且有

$$\varphi_i(v) = \sum_{S \in S_i} \frac{(n-|S|)!(|S|-1)!}{n!} \cdot [v(S) - v(S\setminus\{i\})], i = 1,2,\cdots,n, \quad (2.12)$$

式中：S_i 为 I 中包含 i 的一切子集所构成的集合；$|S|$ 为集合 S 中元素的个数。

记

$$w(|S|) = \frac{(n-|S|)!(|S|-1)!}{n!}, g_i(S) = v(S) - v(S\setminus\{i\}), \quad (2.13)$$

式中：$g_i(S)$ 为 i 在集合（合作）S 中产生的效益；$w(|S|)$ 为 $g_i(S)$ 的权函数。

现在回到例 2.3，借此解释式（2.12）的用法和意义。

甲、乙、丙三人记为 $I=\{1,2,3\}$，经商获利定义为 I 上的特征函数 v，即

$$v(\phi) = 0, v(\{1\}) = 1, v(\{2\}) = v(\{3\}) = 0,$$

$$v(\{1,2\}) = 2, v(\{1,3\}) = 3, v(\{2,3\}) = 0, v(\{1,2,3\}) = 4.$$

容易验证 v 满足式（2.11），为计算 $\varphi_1(v)$，首先找出 I 中包含 1 的所有子集 $S_1 = \{\{1\}, \{1,2\}, \{1,3\}, \{1,2,3\}\}$，再列表（见表 2.4），将表中最后一行相加得 $\varphi_1(v) = 2.5$（万元），同理可计算出 $\varphi_2(v) = 0.5$（万元），$\varphi_3(v) = 1$（万元）。

表 2.4 甲的分配效益 $\varphi_1(v)$ 的计算

S	$\{1\}$	$\{1,2\}$	$\{1,3\}$	$\{1,2,3\}$
$|S|$	1	2	2	3
$v(S)$	1	2	3	4
$v(S\setminus\{1\})$	0	0	0	0
$g_1(S)$	1	2	3	4
$w(|S|)$	1/3	1/6	1/6	1/3
$w(|S|)g_1(S)$	1/3	1/3	1/2	4/3

计算 $\varphi_1(v)$ 的 MATLAB 程序如下：

```
clc, clear, format rat              %有理数的显示格式
n=3; m=[1 2 3];
w=factorial(n-m).*factorial(m-1)/factorial(n)
g=[1 2 3 4]; s1=sum(w.*g)
format                              %恢复到短小数的显示格式
```

通过此例对式（2.12）解释如下：对表 2.4 的 S，如 $\{1,2\}$，$v(S)$ 是有甲参加时合作 S 的效益，$v(S\setminus\{1\})$ 是无甲参加时的效益，$v(S)-v(S\setminus\{1\})$ 可视为甲对这一合作的贡献。式（2.12）是甲对其所参加的所有合作的贡献的加权平均值，加权因子为 $w(|S|)$，即式（2.12）是按贡献大小分配效益的。

下面给出一个实际问题说明这个模型的应用。

例 2.4 有三个位于某河流同岸的城市，从上游到下游的编号依次为 1,2,3，污水需处理才能排入河中，三城市既可以单独建立污水处理厂，也可联合建厂，将污水集中处理。1,2 两地距离为 20km，2,3 两地距离为 38km。用 Q 表示污水排放量（m³/s），L 表示管道长度（km），按照经验公式建立处理厂的费用为 $p_1 = 73Q^{0.712}$（万元），铺设管道费用为 $p_2 =$

$0.66Q^{0.51}L$(万元),已知三城市的污水排放量分别为 $5m^3/s,3m^3/s,5m^3/s$,试从节约投资的角度为三市制定污水处理方案,如联合建厂,各城镇如何分担费用?

通常,管道假设只能从上游通往下游。因此,可能的污水处理方案及相应费用如下:

(1) 1,2,3 三市分别建厂,仅需建厂费,容易算出各需投资 229.61 万元、159.60 万元、229.61 万元,总投资为 618.82 万元。

(2) 1,2 两市合作在城 2 建厂,污水处理厂建设费用约为 320.87 万元,管道建设费用为 30.00 万元,加上城 3 的污水处理厂建设费用 229.61 万元,总投资为 580.48 万元。

(3) 1,3 两市合作在城 3 处建厂,投资为 463.10 万元,此时已经大于两市单独建污水处理厂的费用之和,合作没有效益,不需要考虑。

(4) 2,3 两市合作在城 3 处建厂,投资约为 364.79 万元,总投资为 594.39 万元。

(5) 1,2,3 三市合作在城 3 处建厂,总投资为 555.79 万元。

比较上述结果,三城合作的总投资最小,所以应选择联合建厂方案。

三城合作节约了投资,产生的效益是一个 n 人合作对策问题,可以用式(2.12)分配效益,将三城市记为 $I=\{1,2,3\}$,联合建厂比单独建厂节约的投资定义为特征函数,于是有(单位为万元)

$$v(\phi)=0;v(\{i\})=0,i=1,2,3;v(\{1,3\})=0,$$
$$v(\{1,2\})=(229.61+159.60)-(320.87+30.00)=38.35,$$
$$v(\{2,3\})=(229.61+159.60)-364.79=24.42,$$
$$v(\{1,2,3\})=618.82-555.79=63.03.$$

则 v 满足式(2.11),用式(2.12)计算这个效益的分配,具体计算见表 2.5,则城 1 应得的份额为

$$\varphi_1(v)=6.39+12.87=19.26(万元).$$

类似得 $\varphi_2(v)=31.47(万元),\varphi_3(v)=12.30(万元)$。

表 2.5 城 1 在合作建厂时节约的投资 $\varphi_1(v)$ 的计算

S	$\{1\}$	$\{1,2\}$	$\{1,3\}$	$\{1,2,3\}$
$\|S\|$	1	2	2	3
$v(S)$	0	38.35	0	63.03
$v(S\setminus\{1\})$	0	0	0	24.42
$g_1(S)$	0	38.35	0	38.90
$w(\|S\|)$	1/3	1/6	1/6	1/3
$w(\|S\|)g_1(S)$	0	6.39	0	12.87

1,2,3 三市承担的污水处理建设费用分别为 210.35(万元),128.13(万元),217.31(万元)。

计算 1 市承担的污水处理建设费用的 MATLAB 程序如下:

```
clc, clear
p1=@(Q)73*Q.^0.712; p2=@(Q,L)0.66*Q.^0.51.*L;
f1=p1([5,3,5])              %计算单独建厂的费用
```

```
t1 = sum(f1)                                    %计算单独建厂时的总投资
f2 = p1([8,5]), L2 = p2(5,20)
t2 = sum(f2)+L2                                 %计算1,2合作时的总投资
f3 = p1(10), L3 = p2(5,58)
t3 = f3+L3                                      %1,3合作建厂的总费用
f4 = p1([5,8]), L4 = p2(3,38)
t42 = f4(2)+L4, t4 = sum(f4)+L4                 %2,3合作建厂的总费用
t5 = p1(13)+p2(5,20)+p2(8,38)                   %1,2,3合作建厂的总费用
v12 = sum(f1(1:2))-(f2(1)+L2)                   %计算v({1,2})
v23 = sum(f1(2:3))-t42                          %计算v({2,3})
v123 = t1-t5                                    %计算v({1,2,3})
g14 = v123-v23                                  %计算g1(S)的最后一个分量
n = 3; m = [1 2 2 3];
w = factorial(n-m).*factorial(m-1)/factorial(n)
wg = w.*[0, 38.34, 0, g14]
s1 = sum(wg)                                    %计算城1应得的份额
c1 = f1(1)-s1                                   %计算城1承担的费用
```

2.5 桌子能放平吗?

1. 问题提出

将一张四条腿的方桌放在不平的地面上,不允许将桌子移到别处,但允许其绕中心旋转,问是否总能设法使其四条腿同时落地?

2. 问题分析

将方桌放在不平的地面上,在通常情况下只能做到三只脚着地、放不平稳,然而只需稍微转动一下,就可以使四只脚同时着地。

如果上述问题不附加任何条件,则答案应当是否定的,例如方桌放在某台阶上,而台阶的宽度又比方桌的边长小,自然无法将其放平;又如地面是平的,而方桌的四条腿却不一样长,自然也无法放平。可见,要想给出肯定的答案,必须附加一定的条件。基于对这些无法放平情况的分析,我们提出以下条件(假设),并在这些条件成立的前提下,证明通过旋转适当的角度必可使方桌的四条腿同时着地。

3. 模型假设

(1) 地面为连续曲面。

(2) 方桌的四条腿长度相同。

(3) 相对于地面的弯曲程度而言,方桌的腿足够长。

(4) 方桌的腿只要有一点接触地面就算着地。

假设(3)较为模糊,其中"足够长"的意思是总可以使三条腿同时着地。

现在证明:如果上述假设条件成立,那么答案是肯定的。

由假设(2),方桌四条腿的连线呈正方形,以方桌四条腿的对称中心为坐标原点建立

直角坐标系,如图 2.2 所示,方桌的四条腿分别在 A,B,C,D 处,A,C 的初始位置在 x 轴上,而 B,D 则在 y 轴上。当方桌绕中心 O 旋转 θ 角度后,正方形 $ABCD$ 转至 $A'B'C'D'$ 的位置,对角线 $A'C'$ 与 x 轴的夹角 θ 决定方桌的位置。

显然,方桌在不同位置时,四条腿到地面的距离不同,所以,腿到地面的距离是 θ 的函数。另外,当四条腿尚未全部着地时,腿到地面的距离是不确定的,例如,若只有 A 未着地,按下 A,在 A 到地面距离缩小的同时,C 到地面的距离则在增大。为消除这一不确定性,令 $f(\theta)$ 为 A,C 离地距离之和,$g(\theta)$ 为 B,D 离地距离之和,它们的值由 θ 唯一确定,且两者均为非负函数。由假设(1),$f(\theta),g(\theta)$ 均为 θ 的连续函数。又由假设(3),三条腿总能同时着地,所以对于任意的 θ,$f(\theta)$ 和 $g(\theta)$ 中至少有一个为零,故 $\forall \theta, f(\theta)g(\theta) = 0$ 恒成立。不妨设 $f(0) = 0, g(0) > 0$(若 $g(0) = 0$ 也成立,则初始时刻四条腿都已着地,不必再旋转),于是问题归结为:已知 $f(\theta), g(\theta)$ 均为 θ 的连续函数,$f(0) = 0, g(0) > 0$ 且 $\forall \theta$ 有 $f(\theta)g(\theta) = 0$,证明存在某一 θ_0,使 $f(\theta_0) = g(\theta_0) = 0$。

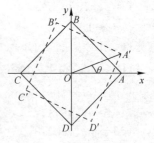

图 2.2 方桌旋转示意图

证明 将方桌旋转 $\dfrac{\pi}{2}$,对角线 AC 与 BD 互换位置,由 $f(0) = 0$ 和 $g(0) > 0$ 可知 $f\left(\dfrac{\pi}{2}\right) > 0$ 和 $g\left(\dfrac{\pi}{2}\right) = 0$。构造函数 $h(\theta) = f(\theta) - g(\theta)$,显然,由于 $f(\theta), g(\theta)$ 均为连续函数,$h(\theta)$ 也是 θ 的连续函数,且有 $h(0) = f(0) - g(0) < 0$,和 $h\left(\dfrac{\pi}{2}\right) = f\left(\dfrac{\pi}{2}\right) - g\left(\dfrac{\pi}{2}\right) > 0$,由闭区间上连续函数的性质可知,必存在角度 $\theta_0, 0 < \theta_0 < \dfrac{\pi}{2}$,使得 $h(\theta_0) = 0$,即 $f(\theta_0) = g(\theta_0)$。又由于 $f(\theta_0)g(\theta_0) = 0$,故必有 $f(\theta_0) = g(\theta_0) = 0$,证明完毕。

如果桌子表面的形状是长方形的,是否有类似的结果呢?有兴趣的同学可以试一试。

2.6 银行借贷

国内各商业银行根据存款期限不同将人民币储蓄业务分为活期储蓄和定期储蓄两大品种。活期储蓄是指不确定存期,储户可随时存取款且存取金额不限的一种储蓄方式。定期储蓄是储户在存款时约定存取,一次或按期分次存入本金,整笔或分期、分次支取本金或利息的一种储蓄方式。定期储蓄按照存取方式的不同分为整存整取、零存整取、整存零取、存本取息、定活两便和通知存款等多种类型。

储蓄存款利率由国家统一规定,人民银行挂牌公告。利率也称为利息率,是在一定日期内利息与本金的比率,一般分为年利率、月利率、日利率三种。年利率以百分比表示,月利率以千分比表示,日利率以万分比表示。例如,年息九分写为 9%,即每 100 元存款定期一年的利息为 9 元;月息六厘写为 6‰,即每 1000 元存款一个月的利息为 6 元;日息一毫五写为 0.15‰,即每 10000 元存款每日的利息为 1 元 5 角。为了计息方便,三种利率之间可以换算,其换算公式为:年利率÷12 = 月利率;月利率÷30 = 日利率;年利率÷360 = 日利率。

活期储蓄是居民储蓄存款中最基本和最重要的一种形式。银行规定各种储蓄存款除活期年度结息可将利息转入本金生息外,其他各种储蓄不论存期如何,一律于支取时利随本清,不计复息。活期储蓄每年6月30日结算一次利息并记入本金。银行还规定不论闰年、平年,不论月大、月小,全年按360天,每月均按30天计算。

设根据中国人民银行公告,活期储蓄存款年利率为0.3%。按照换算公式,月利率为$0.3\% \div 12 = 0.00025$,日利率为$0.3\% \div 360 = 0.00000833$。假如2018年1月1日存入活期10000元,一年之后于2018年12月31日全部取出。按照年利率的定义,本金加利息应为$10000 + 10000 \times 0.003 = 10030$元。

由于活期储蓄每年6月30日结算一次利息并记入本金,计算利息时应该分成两个阶段:2018年1月1日至6月30日和2018年7月1日至12月31日。两个阶段的时间均为6个月,因此计算利息时不能按照年利率来计算,而应按月利率计算。前一阶段结束时的本金和利息共为$10000 + 6 \times 10000 \times 0.00025 = 10015$元。根据银行规定,后一阶段的本金变为10015元,到2018年12月31日全部取出时,最终拿到的本金加利息应为$10015 + 6 \times 10015 \times 0.00025 = 10030.02$元。

为什么会比原来计算的10015元多出0.02元呢? 显然是因为6月30日结息一次并计入本金。结息一次,利息便多出0.02元,如果多结息几次呢? 银行规定活期储蓄每年只在6月30日结息一次并计入本金,我们可以利用活期储蓄随时存取款的特性,使银行为我们多结息几次并计入本金。如我们在2018年1月31日将本金和利息全部取出,银行必须为我们结息,当日将结息之后的本金和利息作为新的本金继续存成活期,到2月28日再将本金和利息全部取出并作为本金继续存成活期,以此类推,到12月31日全部结息取出,银行共需给我们结息12次。1月31日的本金和利息共为

$$10000 + 10000 \times 0.00025 = 10000 \times (1 + 0.00025) = 10002.5 \text{元},$$

2月28日的本金和利息共为

$$10002.5 + 10002.5 \times 0.00025 = 10002.5 \times (1 + 0.00025) = 10000 \times (1 + 0.00025)^2 \text{元},$$

依此类推,12月31日的本金和利息共为$10000 \times (1 + 0.00025)^{12} = 10030.04$元,又多了0.02元!

看来增加结息计入本金的次数确实可以增加利息! 我们再来试试让银行每天给我们结息并计入本金,也就是说,我们每天到银行将存款全部取出,并于当日将本金和利息作为新的本金继续存成活期,当然这个工作不胜其烦! 到12月31日,银行共需按日利率结息365次(因为不是按年存取,所以不受银行每年按360天计算的限制),得到的本金和利息共为

$$10000 \times (1 + 0.00000833)^{365} = 10030.45 \text{元},$$

比按360天计算的

$$10000 \times (1 + 0.00000833)^{360} = 10030.03 \text{元}$$

要多出0.42元! 当然,银行不可能让客户拿走这么多利息,因为银行规定计算储蓄存款利息时,本金以"元"为起息点,元以下的角、分不计利息,利息的金额算至分位,分位以下四舍五入。并且客户也不可能每天跑到银行去存取款,如果这样还不如存一年的定期,到期全部取出。根据当前定期一年的年利率1.75%计算,到期的本金和利息共为$10000 \times$

(1+0.0175)=10175元！从银行的角度看,虽然客户每日存取款,但10000元本金相当于在银行存了一年定期,银行却只需要支付比一年定期存款利息175元少得多的30多元。而对于客户而言,相当于损失了140多元的收入,并且又付出了太多的劳动,实在是得不偿失！

现在我们来考虑一个数学问题,假设本金不论元、角、分均计息,并且可以按小时、分钟、秒、毫秒甚至更短的时间单位存取款(存款所花费的时间不计),则2018年1月1日存入活期10000元,按照这些存取方法满一年之后于2018年12月31日全部取出时,根据前述的规律,按小时存取款比按日存取款得到的利息多,按分钟存取款又比按小时存取款得到的利息多等,即利息是存取次数的严格单调递增函数。问如果可以在任意时刻存取款,同样的10000元钱不断地存取再存取,满一年之后得到的利息是否会趋向于无穷大?

按照题意,可以在任意时刻存取款,也就是说在一年中可以存取款无穷多次。那么如何实现存取款无穷多次呢?我们可以对此问题做如下改进:先假设我们在一年中等间隔地(请读者考虑为何要等间隔)存取有限次,不妨计为 n 次,然后再令 n 趋向于无穷大。设按月取款,月利率＝年利率÷12,如果按日取款且每年按360天计算,则日利率＝年利率÷360,那么我们等间隔地取款,每次的利率应为年利率÷取款次数。与前面的计算方法一样,等间隔地存取 n 次之后本金和利息为 $10000(1+0.003/n)^n$,存取无穷多次之后的本金和利息为

$$\lim_{n\to+\infty}10000(1+0.003/n)^n,$$

而由熟知的公式 $\lim_{n\to+\infty}\left(1+\dfrac{1}{n}\right)^n=e$,马上可以得到

$$\lim_{n\to+\infty}10000(1+0.003/n)^n=\lim_{n\to+\infty}10000e^{0.003}\approx10030.05,$$

利息仅有30.05元,比定期存款的利息少得多！

下面考虑住房贷款问题,全国各大银行个人住房贷款品种齐全,既有针对在住房一级市场上购买商品房的个人发放的住房贷款,也有针对在住房二级市场购买二手房的个人发放的再交易住房贷款;既有公积金个人住房贷款,也有自营性个人住房贷款,还有组合贷款等。

现在,银行个人住房贷款的还款方式主要有两种:一种是等本不等息递减还款法,即每月偿还贷款本金相同,而利息随本金的减少而逐月递减,直至期满还清;另一种是等额本息还款法,即每月以相等的额度平均偿还贷款本息,直至期满还清。

例2.5 按照中国人民银行的规定,从2015年10月24日起,贷款期限为5年以上的,贷款年利率4.9%,假如为购买住房必须向银行申请个人住房贷款100万元,并分30年还清,应选择哪一种还款方式?

我们可以计算出,贷款的月利率大约为4.08333‰。如果按照第一种等本不等息递减还款方法,每月偿还的本金为 $\dfrac{1000000}{30\times12}=2777.78$ 元,而第一个月需还的利息为 $1000000\times0.00408333=4083.33$ 元,第一个月总还款额为6861.11元;第二个月由于已还本金2777.78元,需还的利息也相应地减少为 $(1000000-2777.78)\times0.00408333=4071.99$ 元,第二个月总还款额为6849.76元;以此类推,每月还款额的公式为

$$每月还款额 = \frac{贷款本金}{还款期数} + (贷款本金 - 累计已还本金) \times 月利率,$$

最后一个月还款额仅为 2777.78+2.777.78×0.00408333=2789.12 元。

这里给出一般的总还款额计算公式。假设贷款本金为 a_0，贷款月利率为 r，总贷款时间为 N 个月，用 x_k 记第 k 月的还款额，等本偿还的意思就是每月要还本 a_0/N，而且每月都要付清利息，因此每月要还的利息是不同的，第 k 月还的利息为 $a_0\left(1-\frac{k-1}{N}\right)r$，因此，第 k 月还款的模型为

$$x_k = \frac{a_0}{N} + a_0\left(1-\frac{k-1}{N}\right)r, k=1,2,\cdots,N, \qquad (2.14)$$

利用等差级数的求和公式，得到还款总额为

$$\sum_{k=1}^{N} x_k = a_0 + \frac{(N+1)a_0 r}{2}. \qquad (2.15)$$

因此，总利息为 $\frac{(N+1)a_0 r}{2}$，贷款 100 万元的还款总利息为 737041.66 元，累积还款总额为 1737041.66 元。

与每月平均偿还贷款本金的等本不等息递减还款方法不同的是，等额本息还款法需每月以相等的额度平均偿还贷款本息，那么这个相同的额度是多少？应当如何计算呢？

设每月还款额度为 x，第 k 个月后欠款金额为 $b_k(k=0,1,\cdots,N)$，这里 $b_0=a_0$，则有递推关系

$$b_{k+1} = (1+r)b_k - x, k=0,1,\cdots,N.$$

于是得

$$b_1 = (1+r)b_0 - x,$$
$$b_2 = (1+r)b_1 - x,$$
$$\vdots$$
$$b_k = (1+r)b_{k-1} - x,$$

可以计算得到

$$b_k = b_0(1+r)^k - x[(1+r)^{k-1} + (1+r)^{k-2} + \cdots + (1+r) + 1]$$
$$= b_0(1+r)^k - x\frac{(1+r)^k - 1}{r}, \quad k=0,1,\cdots,N.$$

即得到 b_k, b_0, x, r, k 之间的关系。

因而得到贷款总额 b_0、月利率 r、总贷款时间 N 个月、每月还款额 x 有如下关系：

$$b_N = b_0(1+r)^N - x\frac{(1+r)^N - 1}{r} = 0, \qquad (2.16)$$

已知贷款总额、月利率、总贷款时间、每月还款额这四个变量中的任意三个，即可通过求解式(2.16)计算出另外一个变量。

由式(2.16)，可得等额本息还款时，每月还款额的公式为

$$x = b_0 r \frac{(1+r)^N}{(1+r)^N - 1}. \qquad (2.17)$$

将贷款总额 $b_0 = 1000000$,月利率 $r = 4.08333\%$,以及还款期数 $N = 12 \times 30 = 360$ 代入式(2.17),得到利用等额本息还款法还款时每月还款额为 5307.27 元,累计还款总额为 1910616.19 元,还款总利息为 910616.19 元。

同样的贷款总额,同样的还款期数,而使用等额本息还款法还款要比用等本不等息递减还款法还款多付 173574.53 元利息,看来贷款买房还是有点学问的,到底采用哪种还款方式,要依每个人的还款能力而定。

计算的 MATLAB 程序如下:

```
clc, clear, format long g          %长小数的显示格式
N = 30 * 12; a0 = 1000000;
ry = 0.049;                        %年利率
rm = ry/12                         %计算月利率
mb = a0/N                          %计算每月偿还的本金
mx1 = a0 * rm                      %计算第一个月偿还的利息
mh1 = mb+mx1                       %计算等本还款时第一个月总还款额
mx2 = (a0-mb) * rm                 %计算第二个月偿还的利息
mh2 = mb+mx2                       %计算等本还款时第二个月总还款额
mhz = mb * (1+rm)                  %计算等本还款时最后一个月总还款额
tx1 = a0 * (N+1) * rm/2            %计算等本还款时的总利息
th1 = a0+tx1                       %计算等本还款时累计还款总额
x = a0 * rm * (1+rm)^N/((1+rm)^N-1) %计算等额还款时的月还款额
th2 = x * N                        %计算等额还款时的总还款额
tx2 = th2-a0                       %计算等额还款时的总利息
dtx = tx2-tx1                      %计算等额还款比等本还款多付的利息
format                             %恢复到短小数的显示格式
```

我们再举一个计算利息的问题。

例 2.6 已知贷款总额 $A_0 = 55000$ 元,贷款期限为 15 年,即 $N = 180$,每月还款额 $x = 514.58$ 元,试计算银行的贷款月利息 r 是多少?

解 由式(2.16),得

$$55000 \times (1+r)^{180} - 514.58 \times \frac{(1+r)^{180}-1}{r} = 0,$$

可以解得 $r = 0.006376$。

计算的 MATLAB 程序如下:

```
clc, clear, format long g          %长小数的显示格式
fr = @(r)55000 * r * (1+r)^180-514.58 * (1+r)^180+514.58;
r = fzero(fr,[0.0001,0.1])         %求贷款的月利率
format                             %恢复到短小数的显示格式
```

习 题 2

2.1 学校共有 1000 名学生,其中 235 人住在 A 宿舍,333 人住在 B 宿舍,432 人住在 C 宿舍,学生们要组织一个 10 人的委员会,试用下列办法分配各宿舍的委员会名额:

(1) 按比例分配取整数的名额后,剩下的名额按惯例分给小数部分较大者。

(2) Q 值法。

(3) D'Hondt 方法:将 A,B,C 三宿舍的人数分别用正整数 $n=1,2,3,\cdots$ 相除,其商数如表 2.6 所示。将所得商数从大到小取前 10 个(10 为席位数),在数字下标以横线,这就是 3 个宿舍分配的席位。你能解释这种方法的道理吗?

表 2.6 D'Hondt 分配方法计算数据

	1	2	3	4	5	…
A	<u>235</u>	<u>117.5</u>	78.3	58.75	…	…
B	<u>333</u>	<u>166.5</u>	<u>111</u>	83.25	…	…
C	<u>432</u>	<u>216</u>	<u>144</u>	<u>108</u>	86.4	…

如果委员会从 10 人增至 15 人,用以上三种方法再分配名额。将三种方法两次分配的结果列表比较。

(4) 你能提出其他的方法吗?用你的方法分配上面的名额。

2.2 雨滴匀速下降,假设空气阻力与雨滴表面积和速度的平方成正比,试建立合适的数学模型以确定雨速与雨滴质量间的关系。

2.3 甲、乙、丙三人合作经商。若甲、乙合作可获利 7 万元,甲、丙合作可获利 5 万元,乙、丙合作可获利 4 万元,三人合作则获利 10 万元,每人单干各获利 1 万元。则三人合作时应如何分配获利?

2.4 考虑一个数学模型,计算人的臂膀有多重。

2.5 将一张四条腿的桌子放在不平的地面上,桌子的四条腿的连线呈长方形,不允许将桌子移到别处,但允许围绕着其中心旋转,问是否总能设法使桌子的四条腿同时落地?若桌子的四条腿共圆,结果又如何?

2.6 为保障子女将来的教育费用,某家庭从他们的儿子出生时开始,每年在银行中存入若干元作为将来子女的教育基金。若年利率为 3.5%,儿子 18 岁入大学后共需受教育费用约 20 万元,则该家庭每年应存入银行多少钱?

第3章 高等数学模型

本章介绍一些针对高等数学知识点的数学模型。本章的案例对训练有素的建模者而言不算困难，但对于初学者来说并非易事，因此建议初学者采取循序渐进的学习方式，在开始阶段不要急于去尝试复杂的建模问题。现实生活中有许多值得我们思考的问题，不需要掌握过多的数学方法和知识就可以解决，从中可以了解建模艺术的概貌，体会建模的魅力。

3.1 函 数

3.1.1 加油站的竞争

1. 问题提出

甲、乙两个加油站位于同一条公路旁，为在公路上行驶的汽车提供同样的汽油，彼此激烈竞争。一天，甲站推出"降价销售"吸引顾客，结果造成乙站的顾客被拉走，影响了乙站的盈利。乙站为挽回损失，必须也采取"降价销售"这一对策来争取顾客。那么，乙站如何定价才能既可以同甲站竞争，又可以获取尽可能高的利润？

2. 问题分析

在这场"价格战"中，我们将站在乙站的立场上为其制订价格对策。因此，需要构建一个模型来描述甲站汽油价格下调后乙站销售量的变化情况，从而得到乙站的销售利润。为了描述汽油价格和销售量之间的关系，引入以下指标：

(1) 价格战前，甲乙两站汽油的正常销售价格 p(元/L)。
(2) 降价前乙站的销售量 z(L)。
(3) 汽油的成本价格 w(元/L)。
(4) 降价后乙站的销售价格 x(元/L)。
(5) 降价后甲站的销售价格 y(元/L)。

3. 模型假设

影响乙站汽油销售量的因素主要有以下几个：

(1) 甲站汽油降价的幅度。
(2) 乙站汽油降价的幅度。
(3) 甲、乙两站之间汽油销售价格之差 $(x-y)$。

我们知道，随着甲站汽油降价幅度的增加，乙站汽油销售量将随之减少；而随着乙站汽油降价幅度的增加，乙站汽油销售量将随之增大；同时，随着两站之间汽油销售价格之差 $(x-y)$ 的增加，乙站汽油销售量也随之减少。

假设1 在这场价格战中,假设汽油的正常销售价格保持不变。

假设2 以上各因素对乙站汽油销售量的影响是线性的,比例系数分别为 a,b,c(均为正常数)。

4. 模型建立

根据假设2,乙站的汽油销量为 $z-a(p-y)+b(p-x)-c(x-y)$,所以乙站的利润函数为

$$R(x,y) = (x-w)[z-a(p-y)+b(p-x)-c(x-y)]. \tag{3.1}$$

5. 模型求解

当 y 确定时,利润函数是关于 x 的二次函数,求出 $R(x,y)$ 的最大值点为

$$x^* = \frac{1}{2(b+c)}[z+(a+c)y-p(a-b)+w(b+c)].$$

也就是说,当甲站把汽油的价格降到 y 元,乙站把汽油价格定为 x^* 时,可以使得乙站获得更高利润。

计算的 MATLAB 程序如下:

```
clc, clear
syms a b c p w x y z               %定义符号变量
R = (x-w)*(z-a*(p-y)+b*(p-x)-c*(x-y));
dr = diff(R,x), d2r = diff(R,x,2)  %求关于 x 的一、二阶导数
xs = solve(dr,x)                   %求驻点
```

6. 思考

价格差对销售量的线性影响的假设是否恰当?可以修正吗?

3.1.2 交通信号灯的管理

1. 问题提出

某学校旁边有一个十字路口,学生希望通过对十字路口红绿灯开设时间及车流量的调查来分析十字路口红灯和绿灯点亮的时间是否合理。调查数据如下:南北方向绿灯(即东西方向红灯)的时间为49s,东西方向绿灯(即南北方向红灯)的时间为39s,所以红绿灯变换一个周期的时间为88s。在红绿灯变换的一个周期内,相应的车流量如下:南北方向平均为30辆,东西方向平均为24辆。

2. 问题分析

这里所谓的合理,就是从整体上看,在红绿灯变换的一个周期内,车辆在此路口的滞留总时间最少。引入以下指标:

(1)红绿灯变换的周期 T。

(2)从南北方向到达十字路口的车辆数 a。

(3)从东西方向到达十字路口的车辆数 b。

3. 模型假设

假设1 黄灯时间忽略不计;只考虑机动车,不考虑人流量及非机动车辆;只考虑东西、南北方向,不考虑拐弯的情况。

假设2 车流量均匀。

假设3 一个周期内,南北向绿灯与东西向红灯时间相等;东西向绿灯与南北向红灯

周期相同。

4. 模型建立

设南北方向绿灯时间(即东西方向红灯时间)为 t 秒,则南北方向红灯时间(即东西方向绿灯时间)为 $(T-t)$ 秒。设一个周期内车辆在此路口的滞留总时间为 y 秒。

根据假设,一个周期内车辆在此路口的滞留总时间 y 分成两部分:一部分是东西方向车辆在此路口滞留的时间 y_1;另一部分是南北方向车辆在此路口滞留的时间 y_2。

下面计算东西方向车辆在此路口滞留的时间 y_1。

在一个周期中,从东西方向到达路口的车辆数为 b,该周期中东西方向亮红灯的比率是 $\dfrac{t}{T}$,需停车等待的车辆数是 $b \cdot \dfrac{t}{T}$。车辆等待的时间最短为 0(刚停下,红灯就转换为绿灯),最长为 t(到达路口时,绿灯刚转换为红灯),由假设 2 "车流量均匀"可知,平均等待时间是 $\dfrac{t}{2}$。由此可知,东西方向车辆在此路口滞留的时间为

$$y_1 = \frac{bt}{T} \cdot \frac{t}{2} = \frac{b}{2T}t^2.$$

同理,南北方向车辆在此路口滞留的时间为

$$y_2 = \frac{a}{2T}(T-t)^2.$$

所以

$$y = y_1 + y_2 = \frac{b}{2T}t^2 + \frac{a}{2T}(T-t)^2.$$

5. 模型求解

函数

$$y = \frac{b}{2T}t^2 + \frac{a}{2T}(T-t)^2$$

是关于 t 的二次函数,容易求得当 $t = \dfrac{aT}{a+b}$ 时,y 有最小值。

6. 结果分析

取学生的调查数据,即 $T=88, a=30, b=24$,则

$$y = \frac{24}{2 \times 88}t^2 + \frac{30}{2 \times 88}(88-t)^2 = \frac{1}{88}[12t^2 + 15(88-t)^2],$$

当 $t = \dfrac{88 \times 30}{30+24} \approx 48.8889$ 时,$y_{\min} = 586.6667 \mathrm{s}$。

计算的 MATLAB 程序如下:

```
clc, clear
syms a b t T
y=b*t^2/(2*T)+a*(T-t)^2/(2*T);
dy=diff(y,t), d2y=diff(y,t,2)        %求关于t的一阶、二阶导数
t01=solve(dy,t)                       %求驻点
t02=subs(t01,{a,b,T},{30,24,88})      %代入具体数值
```

```
t0 = double(t02)                          %符号数转化为数值数
y0 = subs(y,{a,b,T,t},{30,24,88,t02})
y0 = double(y0)
```

由此可见,计算所得结果和学生们实际观测到的数据是比较接近的,这也说明此路口红灯与绿灯设置的时间比较合理。

7. 思考

这个模型涉及的变量只有一个(车流量)。若将停车后汽车延迟发动达到正常车速所用的时间考虑在内,又该如何求解呢?

3.2 导　数

3.2.1　飞机的降落曲线问题

1. 问题提出

一完成任务的战斗机正在准备返航降落,它的降落曲线有什么特点?在研究飞机的自动着陆系统时,技术人员需要分析飞机的降落曲线。

根据经验,一架水平飞行的飞机,其降落曲线是一条三次抛物线。如何确定这条三次抛物线?

2. 问题分析

只需设出三次抛物线的函数 $y=ax^3+bx^2+cx+d$,利用飞行曲线的连续性、光滑性确定其中的待定系数即可。

3. 模型建立与求解

如图 3.1 所示,设飞机的飞行高度为 h,从 x_0 处开始下降,飞机的着陆点为原点 O,求 a、b、c、d。

利用飞行曲线的连续性、光滑性,得到 4 个方程,联立求解即可。

由条件知 $y(0)=0, y(x_0)=h$,由曲线的光滑性,得 $y'(0)=0, y'(x_0)=0$,代入三次抛物线,得方程组

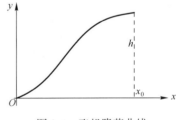

图 3.1　飞机降落曲线

$$\begin{cases} y(0)=d=0, \\ y'(0)=c=0, \\ y(x_0)=ax_0^3+bx_0^2+cx_0+d=h, \\ y'(x_0)=3ax_0^2+2bx_0+c=0. \end{cases}$$

解此方程组,得 $a=-\dfrac{2h}{x_0^3}, b=\dfrac{3h}{x_0^2}, c=d=0$,则飞机的降落曲线为 $y=-\dfrac{2h}{x_0^3}x^3+\dfrac{3h}{x_0^2}x^2$。

计算的 MATLAB 程序如下:

```
clc, clear, syms x a b c d h x0
y = a*x^3+b*x^2+c*x+d; dy = diff(y);
eq1 = subs(y,x,0); eq2 = subs(dy,x,0);
```

```
eq3 = subs(y,x,x0)−h; eq4 = subs(dy,x,x0);
[a0,b0,c0,d0] = solve(eq1,eq2,eq3,eq4,a,b,c,d)
y2 = subs(y,{a,b,c,d},{a0,b0,c0,d0})
y3 = subs(y2,{x0,h},{10000,1000})          %取 x0 = 10000, h = 1000
ezplot(y3,[0,10000]), title('')
xlabel('$x$','Interpreter','Latex')
```

4. 结果分析

从结论可知,飞机的降落曲线为立方抛物线 $y = -\dfrac{2h}{x_0^3}x^3 + \dfrac{3h}{x_0^2}x^2$ 的一个部分,从降落点开始观测时,曲线是先上凸后下凸。

5. 拓展应用

若设在整个降落过程中,飞机的水平速度始终保持为常数 u,出于安全考虑,飞机垂直加速度的最大值不得超过 $\dfrac{g}{10}$,g 是重力加速度,那么开始下降点 x_0 所能允许的最大值是多少?

由于飞机的垂直速度是 y 关于时间 t 的导数,故有

$$\frac{dy}{dt} = -\frac{h}{x_0^2}\left(\frac{6}{x_0}x^2 - 6x\right)\frac{dx}{dt},$$

式中:$\dfrac{dx}{dt}$ 为飞机的水平速度,代入条件即得

$$\frac{dy}{dt} = -\frac{6hu}{x_0^2}\left(\frac{x^2}{x_0} - x\right),$$

垂直加速度为

$$\frac{d^2u}{dt^2} = -\frac{6hu}{x_0^2}\left(\frac{2x}{x_0} - 1\right)\frac{dx}{dt} = -\frac{6hu^2}{x_0^2}\left(\frac{2x}{x_0} - 1\right).$$

由 $\max\limits_{0 \leqslant x \leqslant x_0}\left|-\dfrac{6hu^2}{x_0^2}\left(\dfrac{2x}{x_0}-1\right)\right| \leqslant \dfrac{g}{10}$,得 $x_0 \geqslant u\sqrt{\dfrac{60h}{g}}$,即飞机降落所需的水平距离不得小于 $u\sqrt{\dfrac{60h}{g}}$。

例如,当飞机以水平速度 540km/h、高度 1000m 飞临机场上空时,有

$$x_0 = \frac{540 \times 1000}{3600}\sqrt{\frac{60 \times 1000}{9.8}} = 11737(\text{m}),$$

即飞机降落所需的水平距离不得小于 11737m。

3.2.2 飞行员对座椅的压力问题

1. 问题提出

飞机在做表演或向地面某目标实施攻击时,往往会做俯冲拉起的飞行,这时飞行员处于超重状态,即飞行员对座椅的压力大于他所受的重力,这种现象称为过荷。过荷会给飞行员的身体造成一定的损伤,如大脑贫血、四肢沉重等。过荷过大会使飞行员暂时失明甚

至昏厥。通常飞行员可以通过强化训练来提升自己的抗荷能力,受过专门训练的空军飞行员最多可以承受9倍于自己重力的压力。

如何计算飞行员对座椅的反作用力?

2. 问题分析

设飞机沿抛物线路径做俯冲飞行,问题转化为求飞机俯冲至最低点处时,座椅对飞行员的压力。飞行员对座椅的压力等于飞行员的离心力与飞行员本身的重力之和。

3. 模型建立

设飞机沿抛物线路径 $y=\dfrac{x^2}{10000}$ 做俯冲飞行,在坐标原点 O 处飞机的速度为 $v=200\text{m/s}$,飞行员体重 $G=70\text{kg}$,飞行员对座椅的压力等于飞行员的离心力与飞行员的重力之和。

4. 模型求解

先求离心力,再求飞行员本身的重力,二者相加即可。

因为 $y'=\dfrac{2x}{10000}=\dfrac{x}{5000}$,$y''=\dfrac{1}{5000}$,抛物线在坐标原点的曲率半径为

$$\rho = \dfrac{1}{K}\bigg|_{x=0} = \dfrac{(1+y'^2)^{3/2}}{|y''|}\bigg|_{x=0} = 5000,$$

故离心力为

$$F_1 = \dfrac{mv^2}{\rho} = \dfrac{70\times 200^2}{5000} = 560(\text{N}),$$

座椅对飞行员的反作用力

$$F = F_1 + mg = 560 + 70\times 9.8 = 1246(\text{N}).$$

计算的 MATLAB 程序如下:

```
clc, clear, syms y(x)
m=70; v=200; g=9.8;
y=x^2/10000; dy=diff(y); d2y=diff(y,2);
rho=(1+dy^2)^(3/2)/d2y
rho0=subs(rho,x,0)
F1=m*v^2/rho0, F=F1+m*g
```

5. 结果分析

这个力接近于飞行员自身重力的 2 倍,还是比较大的。从结果中可以看出:若俯冲飞行的抛物线平缓些,则飞行员受到的过荷会小一些;若飞机的速度小一些,则飞行员受到的过荷也会小一些。

6. 拓展应用

曲率、曲率半径的计算在铁路修建、桥梁建筑等问题中都有应用。

一辆军车连同载重共 10t,在抛物线拱桥上行驶,速度为 26km/h,桥的跨度为 10m,拱高为 0.25m,求汽车越过桥顶时对桥的压力。

建立如图 3.2 所示的直角坐标系。

设抛物线拱桥方程为 $y=ax^2$,由于抛物线过点 $(5, 0.25)$,代入方程 $y=ax^2$,得 $a=0.01$,$y=0.01x^2$,则 $y'=0.02x$,$y''=0.02$。

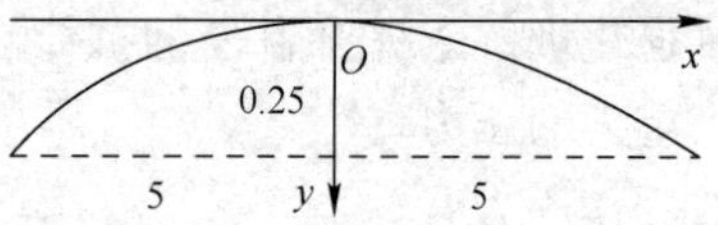

图 3.2 拱桥

顶点的曲率半径 $\rho = \dfrac{(1+y'^2)^{3/2}}{|y''|}\bigg|_{x=0} = 50$，军车越过桥顶时对桥的压力为

$$F = mg - \dfrac{mv^2}{\rho} = 10\times10^3 \times 9.8 - \dfrac{10\times10^3 \times (26\times10^3/3600)^2}{50} \approx 87568(\text{N}).$$

3.3 定 积 分

3.3.1 火箭飞出地球问题

1. 问题提出

2013年12月2日，"嫦娥"三号成功发射。这体现了中国强大的综合国力，是中国发展软实力的又一象征。我们期盼着有朝一日能坐上宇宙飞船去遨游太空，这是多么令人兴奋的事！为此，需要考虑一个基本问题：火箭需要多大的初速度才能摆脱地球的引力？

2. 问题分析

地球的半径为6378km，其表面的重力加速度是9.8m/s^2。火箭在上升过程中，主要是克服地球引力做功。如果能求出火箭摆脱地球引力所需要的总功W，而这一总功是由火箭所获得的动能转化而得，便可进一步求出所需要的初速度v_0。

3. 模型的建立与求解

利用定积分的概念，并结合物理学知识，计算出火箭摆脱地球引力所做的功，然后利用动能公式求出所需的初速度。

设地球的半径为R，质量为M，火箭的质量为m，根据万有引力定律，当火箭离开地球表面距离为x时，它所受地球的引力为$f = \dfrac{kMm}{(R+x)^2}$。

当$x=0$时，$f=mg$，故

$$f = \dfrac{R^2 mg}{(R+x)^2}.$$

由于引力f随着火箭上升高度x的变化而变化，因此，如果假设火箭上升高度为h，那么在整个高度h上火箭所需要的总功就不能直接由公式$f \cdot h$求得。但是，可以按定积分的定义计算总功W。

当火箭再上升Δx时，需要做的功为

$$\Delta W \approx f \cdot \Delta x = \dfrac{R^2 mg}{(R+x)^2}\Delta x.$$

所以当火箭自地球表面$x=0$达到高度h时，所要做的功总共为

$$W = \int_0^h \dfrac{R^2 mg}{(R+x)^2}\mathrm{d}x = R^2 mg\left(\dfrac{1}{R} - \dfrac{1}{R+h}\right).$$

火箭要摆脱地球的引力,意味着 $h\to\infty$,此时,$W\to Rmg$,所以初速度 v_0 必须使动能 $\frac{1}{2}mv_0^2 \geqslant Rmg$,得 $v_0 \geqslant \sqrt{2Rg}$,代入数据 $g=0.0098\text{km/s}^2$,$R=6378\text{km}$,得

$$v_0 \geqslant \sqrt{2\times 0.0098\times 6378} \approx 11.2(\text{km/s}).$$

这就是第二宇宙速度。

4. 结果分析

火星的直径是 6860km,其表面的重力加速度是 3.92m/s^2。有人说:如果人类有一天能在火星上居住,那么从火星上乘宇宙飞船去太空遨游要比地球上容易。请说明此人的观点是否正确。

3.3.2 侦察卫星覆盖面积问题

1. 问题提出

侦察卫星主要用于对其他国家或地区进行情报搜集,其携带的高分辨率广角摄像机能监视"视线"所及地球表面的每一处景象并进行摄像。利用卫星搜集情报既可避免侵犯领空的纠纷,又因操作高度较高可避免受到攻击,具有侦察面积大、速度快、效果好、可长期或连续监视,以及不受国界和地理条件限制等优点。现有一颗地球同步轨道侦察卫星在位于地球赤道平面的轨道上运行,试测算卫星距离地面的高度及侦察卫星的覆盖面积。

2. 问题分析

一颗地球同步轨道侦察卫星的轨道位于地球的赤道平面内,且可近似认为是圆形轨道。侦察卫星运行的角速度与地球自转的角速度相同,即人们看到它在天空不动。卫星绕地球做圆周运动时,万有引力提供向心力,结合牛顿第二定律,即可确定卫星的高度;当已知卫星距离地面的高度时,其覆盖面积可用球冠面积来确定或利用曲面积分计算。

3. 模型建立及求解

已知地球半径为 $R=6378\text{km}$,重力加速度 $g=9.8\text{m/s}$,卫星运行的角速度 ω 与地球自转的角速度相同。问卫星距地面的高度 h 应为多少?计算该卫星的覆盖面积。

记地球的质量为 M,通信卫星的质量为 m,万有引力常数为 G,通信卫星运行的角速度为 ω。卫星所受的万有引力为 $G\dfrac{Mm}{(R+h)^2}$,卫星所受离心力为 $m\omega^2(R+h)$。根据牛顿第二定律,得

$$G\frac{Mm}{(R+h)^2}=m\omega^2(R+h), \tag{3.2}$$

若把卫星放在地球表面,则卫星所受的万有引力就是卫星所受的重力,即有

$$G\frac{Mm}{R^2}=mg, \tag{3.3}$$

消去式(3.2)和式(3.3)中的万有引力常数 G,得

$$(R+h)^3=g\frac{R^2}{\omega^2}. \tag{3.4}$$

将 $g=9.8, R=6378\text{km}, \omega=\dfrac{2\pi}{T}=\dfrac{2\pi}{24\times 3600}$，代入式(3.4)，得
$$h=3.5865\times 10^7 (\text{m}),$$
即卫星距地面的高度为 35865km。

取地心为坐标原点，地心与卫星中心的连线为 z 轴建立三维右手直角坐标系，其 zOx 平面图如图 3.3 所示。

卫星的覆盖面积为
$$S=\iint\limits_{\Sigma}\text{d}S,$$

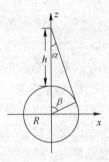

图 3.3　zOx 平面图

式中：Σ 为球面 $x^2+y^2+z^2=R^2$ 的上半部被圆锥角 α 所限定的部分曲面。所以卫星的覆盖面积为
$$S=\iint\limits_{D}\sqrt{1+z_x^2+z_y^2}\,\text{d}x\text{d}y,$$

其中 $z=\sqrt{R^2-x^2-y^2}$，积分区域 D 为 xOy 平面上的区域 $x^2+y^2\leq R^2\sin^2\beta$，这里 $\cos\beta=\sin\alpha=\dfrac{R}{R+h}$，利用极坐标得
$$S=\int_0^{2\pi}\text{d}\theta\int_0^{R\sin\beta}\dfrac{R}{\sqrt{R^2-r^2}}r\text{d}r=2\pi R^2(1-\cos\beta)=2\pi R^2\cdot\dfrac{h}{R+h}.$$

代入 $R=6378000, h=3.5865\times 10^7$，计算得 $S=2.1700\times 10^{14}\text{m}^2$，即 $S=2.1700\times 10^8\text{km}^2$。

计算的 MATLAB 程序如下：

```
clc, clear
g=9.8; R0=6378000; omiga=2*pi/(24*3600);
h0=(g*R0^2/omiga^2)^(1/3)-R0
syms z(x,y) R r t h a b
assume(R,'positive'); assume(b,'positive'); assume(h,'positive')
z=sqrt(R^2-x^2-y^2)
ds=sqrt(1+diff(z,x)^2+diff(z,y)^2)
f=subs(ds,{x,y},{r*cos(t),r*sin(t)})*r, f=simplify(f)
S=2*pi*int(f,r,0,R*sin(b)), S=simplify(S)
S=subs(S,cos(b),R/(R+h))
S=double(subs(S,{R,h},{R0,h0}))
TS=4*pi*R0^2              %计算地球的表面积
rate=S/TS                 %计算同步卫星覆盖的比率
```

4. 结果分析

地球表面的总面积为 $5.1119\times 10^{14}\text{m}^2$，一颗通信卫星覆盖地球表面的比率为 42.45%，即一颗通信卫星覆盖了地球表面 $\dfrac{1}{3}$ 以上的面积，故 3 颗相间 $\dfrac{2\pi}{3}$ 的通信卫星就可以覆盖整个地球表面。

3.4 多元函数微分学

3.4.1 竞争性产品生产中的利润最大化

1. 问题的提出

一家制造计算机的公司计划生产两种产品:一种使用 27 英寸(in,1in = 0.0254m)的显示器;另一种使用 31 英寸的显示器。除 400000 美元的固定费用外,每台 27 英寸显示器的计算机成本为 1950 美元,每台 31 英寸显示器的计算机成本为 2250 美元。制造商建议 27 英寸显示器的计算机零售单价为 3390 美元,而 31 英寸显示器的计算机零售单价为 3990 美元。营销人员估计,在销售这些计算机的竞争市场上,每多卖出一台一种类型的计算机,它的价格就下降 0.1 美元。此外,一种类型计算机的销售也会影响另一种类型的销售:每销售一台 31 英寸显示器的计算机,估计 27 英寸显示器的计算机零售价格下降 0.03 美元;每销售一台 27 英寸显示器的计算机,估计 31 英寸显示器的计算机零售价格下降 0.04 美元。那么该公司应该生产每种计算机多少台才能使利润最大?

2. 模型假设及符号说明

制造的所有计算机都可以售出。

$i=1,2$ 分别表示 27 英寸和 31 英寸的计算机;

$x_i(i=1,2)$ 为生产的第 i 种计算机的数量;

$p_i(i=1,2)$ 是第 i 种计算机的零售价格;

R 为计算机零售收入;

C 为计算机的制造成本;

L 为计算机零售的总利润。

3. 模型建立

由题意可知,$x_i \geq 0, i=1,2$,且

$p_1 = 3390 - 0.1x_1 - 0.03x_2, p_2 = 3990 - 0.04x_1 - 0.1x_2,$

$R = p_1 x_1 + p_2 x_2, C = 400000 + 1950 x_1 + 2250 x_2, L = R - C.$

则利润函数为

$$L = R - C = -0.1x_1^2 - 0.1x_2^2 - 0.07x_1 x_2 + 1440 x_1 + 1740 x_2 - 400000. \tag{3.5}$$

4. 模型求解

该模型式(3.5)是一个多元函数,目的是求该函数的最大值。

根据多元函数极值的必要条件,有

$$\begin{cases} \dfrac{\partial L}{\partial x_1} = 1440 - 0.2x_1 - 0.07x_2 = 0, \\ \dfrac{\partial L}{\partial x_2} = 1740 - 0.07x_1 - 0.2x_2 = 0. \end{cases}$$

解方程组得

$$x_1 = 4735, x_2 = 7043.$$

根据实际,该函数存在最大值,因此 $x_1=4735, x_2=7043$ 就是其最大值点。也就是说,公司制造4735台27英寸显示器的计算机和7043台31英寸显示器的计算机可使总利润最高,总利润为 $L=9136410.26$ 美元。

计算的MATLAB程序如下:

```
clc, clear, syms x1 x2
p1 = 3390-0.1*x1-0.03*x2; p2 = 3990-0.04*x1-0.1*x2;
R = p1*x1+p2*x2; C = 400000+1950*x1+2250*x2;
L = R-C, L = simplify(L)
dL1 = diff(L,x1)                %求关于x1的一阶导数
dL2 = diff(L,x2)                %求关于x2的一阶导数
[x10,x20] = solve(dL1,dL2)      %求代数方程组的符号解
x10 = double(x10), x20 = double(x20)  %把符号数化成双精度浮点型数
x10 = round(x10), x20 = round(x20)    %四舍五入取整数
L0 = subs(L,{x1,x2},{x10,x20})  %代入具体的数值计算
L0 = vpa(L0,10)                 %把符号数显示为小数格式
```

实际该问题是一个简单的非线性规划问题,表示如下:

$$\begin{cases} \max L = -0.1x_1^2-0.1x_2^2-0.07x_1x_2+1440x_1+1740x_2-400000, \\ \text{s. t. } x_i \geqslant 0 \text{ 且为整数}, i=1,2. \end{cases} \quad (3.6)$$

利用LINGO软件求解的程序如下:

```
max = -0.1*x1^2-0.1*x2^2-0.07*x1*x2+1440*x1+1740*x2-400000;
@gin(x1); @gin(x2); !x1,x2 为整型变量;
```

也可以利用MATLAB软件求模型式(3.6)的松弛问题(去掉 $x_i, i=1,2$ 为整数的约束)的解,计算的MATLAB程序如下:

```
clc, clear, format long g
f = @(x) -0.1*x(1)^2-0.1*x(2)^2-0.07*x(1)*x(2)+1440*x(1)+...
    1740*x(2)-400000;        %定义目标函数的匿名函数
%MATLAB只能求极小值
x = fmincon(@(x)-f(x),rand(1,2),[],[],[],[],zeros(1,2))
y = f(round(x)), format
```

3.4.2 航天飞机的水箱

1. 问题的提出

考虑航天飞机上固定在飞机墙上供宇航员使用的水箱。水箱的形状为在直圆锥顶上装一个球体,如图3.4所示。如果球体的半径限定为正好 $r=6$ 英尺(1英尺=0.3048m),设计的水箱表面积为450平方英尺,x_1 为直圆锥的高,x_2 为球冠的高。x_1,x_2 的尺寸为多少才能使水箱容积最大?

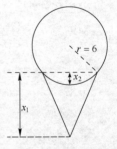

图3.4 水箱的形状

2. 模型假设

影响水箱设计的因素很多。在模型中,考虑水箱的形状和尺寸、体积、表面积及球体的半径。

3. 模型建立

定义如下变量:

直圆锥底面半径 $r_1 = \sqrt{r^2-(r-x_2)^2} = \sqrt{2rx_2-x_2^2}$,$V_c$ 为锥顶的体积,则

$$V_c = \frac{1}{3}\pi r_1^2 x_1 = \frac{\pi}{3}(2rx_1x_2 - x_1x_2^2).$$

V_s 为被锥所截后球体部分的体积,则

$$V_s = \frac{4}{3}\pi r^3 - \frac{1}{3}\pi(3r-x_2)x_2^2.$$

$V_w = V_c + V_s$ 为水箱的体积,则

$$V_w = V_c + V_s = \frac{\pi}{3}(4r^3 + x_2^3 - 3rx_2^2 + 2rx_1x_2 - x_1x_2^2).$$

S_c 为锥的表面积,则

$$S_c = \pi r_1\sqrt{r_1^2 + x_1^2} = \pi\sqrt{(2rx_2-x_2^2)(2rx_2-x_2^2+x_1^2)}.$$

S_s 为被锥所截后球体部分的表面积,则

$$S_s = 4\pi r^2 - 2\pi rx_2.$$

水箱的表面积为

$$S_t = S_s + S_c = 4\pi r^2 - 2\pi rx_2 + \pi\sqrt{(2rx_2-x_2^2)(2rx_2-x_2^2+x_1^2)}.$$

人们希望最大化水箱的体积,而总的表面积限制了水箱的体积,所以问题归结为在条件

$$4\pi r^2 - 2\pi rx_2 + \pi\sqrt{(2rx_2-x_2^2)(2rx_2-x_2^2+x_1^2)} = 450$$

下,求

$$V_w(x_1,x_2) = \frac{\pi}{3}(4r^3 + x_2^3 - 3rx_2^2 + 2rx_1x_2 - x_1x_2^2)$$

的最大值。

4. 模型求解

用拉格朗日乘子法求解这个具有等式约束的优化问题。定义函数

$$L(x_1,x_2,\lambda) = \frac{\pi}{3}(4r^3 + x_2^3 - 3rx_2^2 + 2rx_1x_2 - x_1x_2^2)$$

$$-\lambda[4\pi r^2 - 2\pi rx_2 + \pi\sqrt{(2rx_2-x_2^2)(2rx_2-x_2^2+x_1^2)} - 450].$$

将 $r=6$ 代入上式,化简表达式得到

$$L(x_1,x_2,\lambda) = \frac{\pi}{3}(864r^3 + x_2^3 - 18x_2^2 + 12x_1x_2 - x_1x_2^2)$$

$$-\lambda[144\pi - 12\pi x_2 + \pi\sqrt{(12x_2-x_2^2)(12x_2-x_2^2+x_1^2)} - 450]. \tag{3.7}$$

将 L 对变量 x_1,x_2,λ 分别求偏导数,并令它们为 0,解得

$$x_1 = 1.185758, x_2 = 1.202236,$$

所求的最大体积为
$$V_w(1.185785, 1.202236) = 895.4724(平方英尺).$$
实际上可以使用 LINGO 软件求解上述非线性规划问题,计算的 LINGO 程序如下:
max = 3.14159/3 * (4 * r^3+x2^3-3 * r * x2^2+2 * r * x1 * x2-x1 * x2^2);
3.14159 * (4 * r^2-2 * r * x2+@ sqrt((2 * r * x2-x2^2) * (2 * r * x2-x2^2+x1^2))) = 450;
r = 6;

3.4.3 价格和收入变化对需求的影响

1. 问题的提出

当一个消费者用一定数额的钱去购买两种(或多种)商品时应作怎样的选择,即他应该分别用多少钱去买这两种(或多种)商品?

2. 模型分析

记甲、乙两种商品的数量分别是 q_1 和 q_2,消费者在占有它们时的满意程度(或者说它们给消费者带来的效用)是 q_1,q_2 的函数,记作 $u(q_1,q_2)$,在经济学中称为效用函数。$u(q_1,q_2)=c$(常数)的图形是无差别曲线族(是一族单调降、下凸、互不相交的曲线),如图 3.5 所示。在每一条曲线上(如 l_2),对于不同的点(即 q_1,q_2 不同),效用函数 $u(q_1,q_2)$ 的值不变。而随着曲线向右上方移动,$u(q_1,q_2)$ 的值增加(图中 l_2 上的 u 值高于 l_1 上的 u 值,l_3 上的 u 值高于 l_2 上的 u 值)。曲线下凸的具体形状则反映了消费者对甲乙两种商品的偏爱情况。这里假定消费者的效用函数 $u(q_1,q_2)$ 即它的无差别曲线族已经完全确定了。

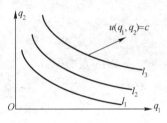

图 3.5 无差别曲线族的图形

设甲、乙两种商品的单价分别是 p_1 和 p_2(元),消费者有 s 元。当消费者用这些钱买这两种商品时所作的选择,即分别用多少钱买甲和乙,应该使效用函数 $u(q_1,q_2)$ 达到最大,即得到最大的满意度。经济学上称这种最优状态为消费者均衡。

因为当消费者对两种商品的购买量分别为 q_1 和 q_2 时,他用的钱分别为 p_1q_1 和 p_2q_2,于是问题归结为在条件
$$p_1q_1+p_2q_2=s$$
下求 q_1,q_2,使效用函数 $u(q_1,q_2)$ 达到最大。

这是二元函数的条件极值问题,当效用函数 $u(q_1,q_2)$ 给定后,用拉格朗日乘子法不难得到最优解。

3. 模型建立

模型一 设消费者对两种商品的效用函数为
$$u(q_1,q_2)=q_1^\alpha q_2^\beta, \quad \alpha,\beta>0 \text{ 且 } \alpha+\beta=1.$$
又已知甲、乙两种商品的单价分别是 p_1 和 p_2(元),消费者有 s 元。当消费者用这些钱买这两种商品时,如何选择(即分别用多少钱买甲和乙)才能使效用函数 $u(q_1,q_2)$ 达到最大?

由拉格朗日乘子法可得
$$L(q_1,q_2,\lambda)=q_1^\alpha q_2^\beta+\lambda(s-p_1q_1-p_2q_2),$$
令

$$\begin{cases} \alpha q_1^{\alpha-1} q_2^{\beta} - \lambda p_1 = 0, \\ \beta q_1^{\alpha} q_2^{\beta-1} - \lambda p_2 = 0, \\ p_1 q_1 + p_2 q_2 = s. \end{cases}$$

解之得需求函数

$$q_1 = \alpha \frac{s}{p_1}, q_2 = \beta \frac{s}{p_2}.$$

从上式可以看出 q_1 与 $\alpha, s, p_1(q_2$ 与 $\beta, s, p_2)$ 之间的关系,而参数 α, β 分别表示消费者对甲、乙两种商品的偏爱程度。

模型二 设消费者对 n 种商品的效用函数为

$$u(q_1, q_2, \cdots, q_n) = \prod_{i=1}^{n} (q_i - \mu_i)^{\alpha_i}.$$

式中: $\alpha_i > 0, i = 1, 2, \cdots, n,$ 且 $\sum_{i=1}^{n} \alpha_i = 1; \mu_i$ 为非负常数,且满足 $q_i > \mu_i, i = 1, 2, \cdots, n, \mu_i$ 可看成对第 i 种商品的最低限度消费量。

又已知第 $i(i = 1, 2, \cdots, n)$ 种商品的单价为 p_i 元,消费者有 s 元。当消费者用这些钱买这 i 种商品时,如何选择(即分别用多少钱买第 i 种商品)才能使效用函数 $u(q_1, q_2, \cdots, q_n)$ 达到最大?

效用函数

$$u(q_1, q_2, \cdots, q_n) = \prod_{i=1}^{n} (q_i - \mu_i)^{\alpha_i},$$

或

$$u(q_1, q_2, \cdots, q_n) = \sum_{i=1}^{n} \alpha_i \ln(q_i - \mu_i).$$

由拉格朗日乘子法可得

$$L(q_1, q_2, \cdots, q_n, \lambda) = \sum_{i=1}^{n} \alpha_i \ln(q_i - \mu_i) + \lambda \left(s - \sum_{i=1}^{n} p_i q_i \right).$$

令

$$\begin{cases} \dfrac{\alpha_i}{q_i - \mu_i} = \lambda p_i, i = 1, 2, \cdots, n, \\ \sum_{i=1}^{n} p_i q_i = s. \end{cases} \quad (3.8)$$

从而由

$$1 = \sum_{i=1}^{n} \alpha_i = \lambda \sum_{i=1}^{n} p_i (q_i - \mu_i) = \lambda \left(s - \sum_{i=1}^{n} p_i \mu_i \right),$$

得

$$\lambda = \frac{1}{s - \sum_{i=1}^{n} p_i \mu_i},$$

代入式(3.8),即得需求函数

$$q_i = \mu_i + \frac{\alpha_i}{p_i}\left(s - \sum_{i=1}^{n} p_i \mu_i\right),$$

或

$$p_i q_i = p_i \mu_i + \alpha_i \left(s - \sum_{i=1}^{n} p_i \mu_i\right),$$

式中：$p_i q_i$ 为用于购买第 i 种商品的支出。这个公式表明该项支出是收入 s 和价格 $p_i (i=1,2,\cdots,n)$ 的线性函数，同时也是超出最低支出的收入部分 $\left(s - \sum_{i=1}^{n} p_i \mu_i\right)$ 的线性函数，故称它为线性支出系统，它在计量经济学中有广泛的应用。

3.4.4 经济增长模型

1. 问题提出

发展经济、增加生产有两个重要因素：一是增加投资（扩大厂房、购买设备、技术革新等）；二是雇佣更多的工人。本例寻找一个描述生产量、劳动力和投资之间变化规律的模型。

2. 模型建立

用 $Q(t)$、$L(t)$ 和 $K(t)$ 分别表示某一地区、部门或企业在时刻 t 的产量、劳动力和资金，时间以年为单位。因为人们关心的是它们的增长量而不是绝对量，所以定义

$$i_Q(t) = \frac{Q(t)}{Q(0)}, \quad i_L(t) = \frac{L(t)}{L(0)}, \quad i_K(t) = \frac{K(t)}{K(0)} \quad (3.9)$$

分别为产量指数、劳动力指数和投资指数。它们的初始值（$t=0$）为 1。在正常的经济发展过程中，这三个指数都是随时间增长的，而 $i_Q(t)$ 的增长又取决于 $i_L(t)$ 和 $i_K(t)$ 的增长速度。但是它们之间的关系难以从机理分析得到，只能求助于统计数据。表 3.1 是美国马萨诸塞州 1890—1926 年的数据（以 1899 年为 $t=0$）。

表 3.1 美国马萨诸塞州 1890—1926 年 i_k, i_L, i_Q 的数据

t	$i_K(t)$	$i_L(t)$	$i_Q(t)$	t	$i_K(t)$	$i_L(t)$	$i_Q(t)$
-9	0.95	0.78	0.72	10	2.05	1.43	1.60
-8	0.96	0.81	0.78	11	2.51	1.58	1.69
-7	0.99	0.85	0.84	12	2.63	1.59	1.81
-6	0.96	0.77	0.73	13	2.74	1.66	1.93
-5	0.93	0.72	0.72	14	2.82	1.68	1.95
-4	0.86	0.84	0.83	15	3.24	1.65	2.01
-3	0.82	0.81	0.81	16	3.24	1.62	2.00
-2	0.92	0.89	0.93	17	3.61	1.86	2.09
-1	0.92	0.91	0.96	18	4.10	1.93	1.96
0	1.00	1.00	1.00	19	4.36	1.96	2.20
1	1.04	1.05	1.05	20	4.77	1.95	2.12
2	1.06	1.08	1.18	21	4.75	1.90	2.16
3	1.16	1.18	1.29	22	4.54	1.58	2.08
4	1.22	1.22	1.30	23	4.54	1.67	2.24
5	1.27	1.17	1.30	24	4.58	1.82	2.56
6	1.37	1.30	1.42	25	4.58	1.60	2.34
7	1.44	1.39	1.50	26	4.58	1.61	2.45
8	1.53	1.47	1.52	27	4.54	1.64	2.58
9	1.57	1.31	1.46				

为了从数量关系上分析这些数据,定义新变量

$$\xi(t)=\ln\frac{i_L(t)}{i_K(t)}, \quad \psi(t)=\ln\frac{i_Q(t)}{i_K(t)}. \tag{3.10}$$

按照表 3.1 中数据算出 (ξ,ψ) 后,在 ξ—ψ 平面直角坐标系上作图,如图 3.6 所示。可以发现大多数点靠近一条过原点的直线,这提示应设 ξ 和 ψ 的关系为

$$\psi=\gamma\xi, \tag{3.11}$$

且直线斜率 γ 通常有 $0<\gamma<1$。将式(3.10)代入式(3.11),得

$$i_Q(t)=i_L^\gamma(t)i_K^{1-\gamma}(t). \tag{3.12}$$

再记 $a=Q(0)L^{-\gamma}(0)K^{\gamma-1}(0)$,则由式(3.9)和式(3.12)可以写出

$$Q(t)=aL^\gamma(t)K^{1-\gamma}(t), \quad 0<\gamma<1, a>0. \tag{3.13}$$

这就是经济学中著名的 Cobb-Douglas 生产函数,记作 $Q(L,K)$,它表明了产量与劳动力和投资间的关系。

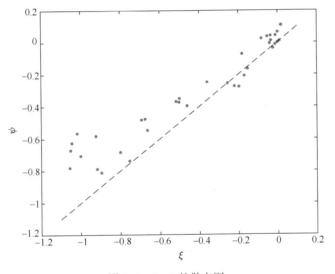

图 3.6 ξ—ψ 的散点图

表 3.1 中总共有 37 个观测点,可以使用最小二乘法拟合式(3.11)中的参数 γ,即求 γ 使得

$$\delta(\gamma)=\sum_{t=-9}^{27}(\psi(t)-\hat{\psi}(t))^2=\sum_{t=-9}^{27}(\psi(t)-\gamma\xi(t))^2$$

达到最小值。γ 的拟合结果为 $\hat{\gamma}=0.7337$。

画图 3.6 及拟合参数 γ 的 MATLAB 程序如下:

```
clc, clear, close all
a = textread('gtable3_1.txt');      %把表3.1中的数据原样贴到文本文件中
ik = [a(:,2); a([1:end-1],6)];
il = [a(:,3); a([1:end-1],7)];
iq = [a(:,4); a([1:end-1],8)];
xi = log(il./ik); psi = log(iq./ik);
```

```
plot(xi,psi,'.','MarkerSize',10)
xlabel('$\xi$','Interpreter','Latex')
ylabel('$\psi$','Interpreter','Latex','Rotation',0)
hold on, plot([-1.1,0.1],[-1.1,0.1],'k--')
f=fittype('k*x')              %定义拟合的函数类
sf=fit(xi,psi,f,'start',rand) %拟合函数
```

有了式(3.13),还可以得到进一步的结果。

将式(3.13)对 t 求导,得

$$\frac{\dot{Q}}{Q}=\gamma\frac{\dot{L}}{L}+(1-\gamma)\frac{\dot{K}}{K}. \tag{3.14}$$

式(3.14)表示了年相对增长量 $\frac{\dot{Q}}{Q}$、$\frac{\dot{L}}{L}$ 和 $\frac{\dot{K}}{K}$ 之间的线性关系,显然

$$\gamma=\frac{\frac{\partial Q}{\partial L}}{\frac{Q}{L}} \tag{3.15}$$

表示产量增长中取决于劳动力部分的比值,称为产量对劳动力的弹性系数。$\gamma\to 1$ 说明产量增长主要靠劳动力的增长;$\gamma\to 0$ 说明产量增长主要靠投资的增长。

3.5 微 分 方 程

在实际问题中,建立数学模型多是为了得到变量之间的函数关系。然而,由于实际问题的复杂性,往往直接建立函数关系并不容易,特别是含有变化率和改变量的问题,而这样的问题建立未知函数所满足的微分方程却常常比较容易。

3.5.1 暴雨中的飞行路线问题

1. 问题提出

飞机在战场上执行任务时,会遇到各种各样复杂的气候条件,这些恶劣的气候条件对战机的安全带来了很大的隐患。例如,据统计,每架飞机一年至少遭雷击一次,那么在雷雨天气中执行任务时,作为经验丰富的飞行员,应该如何制订战机的规避路线以保证战机的安全?

2. 问题分析

雷暴区气压很低,执行任务战机要想避开雷暴区就要以最快的速度离开雷暴区,即由气压低的地方尽快向气压高的地方飞行,根据梯度与方向导数的关系知,沿梯度方向导数值最大,所以战机在雷暴区中每一点都应该按梯度方向飞行。

在发生雷暴时,假设战机的飞行高度不变,则战机应该沿气压上升最快的方向飞行,即在每一点都将按方向导数增加最快的方向飞行,若已知气压函数为 $p(x,y)$,则气压函数偏导数构成的矢量的方向就是梯度方向,也就是飞机沿梯度方向飞行时,能够最快飞离

雷暴区。

3. 模型建立与求解

一战机要去执行任务,途中遇到雷暴区,假设战机飞行高度不变,已知雷暴区的气压函数为 $p(x,y)=x^2+2y^2$,战机现位于点 $P_0(1,2)$,如何制订战机的规避路线?

方向导数是函数沿着指定方向的变化率,有

$$\frac{\partial f(x,y)}{\partial l}=\lim_{t\to 0^+}\frac{f(x+t\cos\alpha,y+t\sin\alpha)-f(x,y)}{t}.$$

梯度

$$\mathrm{grad}f=\nabla f(x,y)=(f_x(x,y),f_y(x,y)).$$

方向导数与梯度具有如下关系:函数沿着梯度方向的变化率最大。

因为战机始终朝气压上升最快的方向飞行,所以在每一点都将按梯度方向运动,气压函数是 $p(x,y)=x^2+2y^2$,战机在雷暴区中每一点 (x,y) 都应该按方向导数增加最快,即梯度方向 $(p_x,p_y)=(2x,4y)$ 运动。

设战机的飞行路线函数为 $y=y(x)$,沿 $y=y(x)$ 的任一点的切矢量为

$$\mathrm{d}\boldsymbol{r}=(\mathrm{d}x,\mathrm{d}y),$$

因为战机的运动方向与飞行路线的切线方向平行,有

$$(p_x,p_y)\parallel(\mathrm{d}x,\mathrm{d}y)\Rightarrow\frac{\mathrm{d}x}{2x}=\frac{\mathrm{d}y}{4y},$$

故战机的飞行路线函数 $y=y(x)$ 满足

$$\begin{cases}\dfrac{\mathrm{d}x}{2x}=\dfrac{\mathrm{d}y}{4y},\\ y(1)=2.\end{cases}$$

解方程得 $y=2x^2$,则战机在点 $P_0(1,2)$ 处应该沿着曲线 $y=2x^2$ 飞行,才能以最快的速度离开雷暴区。

4. 拓展应用

热锅上的蚂蚁:锅底的火焰使金属板受热,假定热锅的温度分布函数为 $T(x,y)=100-x^2-4y^2$,在 $(1,-2)$ 处有一只蚂蚁,问这只蚂蚁应沿什么方向爬行才能最快到达较凉快的地点?

问题的实质:应沿由热变冷变化最剧烈的方向(即负梯度方向)爬行。

因为 $T(x,y)=100-x^2-4y^2$,所以

$$\frac{\partial T}{\partial x}=-2x,\frac{\partial T}{\partial y}=-8y.$$

故方向导数

$$\frac{\partial T}{\partial l}=(-2x,-8y)\cdot e=\sqrt{4x^2+64y^2}\cos\theta,$$

其中 θ 为 $(-2x,-8y)$ 与单位矢量 e 的夹角,显然 $\theta=\pi$ 时,有

$$\frac{\partial T}{\partial l}=-\sqrt{4x^2+64y^2}$$

取最小值。故蚂蚁的逃跑方向为负梯度方向 $\alpha=(2x,8y)$,故

$$y' = \frac{8y}{2x} = \frac{4y}{x},$$

且 $y(1) = -2$,解微分方程得 $y = -2x^4$。

3.5.2 警犬缉毒最佳搜索路线问题

1. 问题提出

在电影、电视剧中经常看到缉毒警察在警犬的帮助下追踪毒贩或毒品的画面,根据缉毒大队截获的情报通常只知道毒贩躲藏在某一个区域,或者有一批毒品存放在某地区,具体地点并不确定,缉毒警察只好利用警犬搜索,要想尽快找到毒品,警犬该沿什么方向进行搜索?

2. 问题分析

毒品在大气中散发着特有的气味,警犬可以根据毒品的气味去搜索,要想尽快找到毒品,一条警犬在某点处嗅到气味后,应该沿着气味最浓的方向搜索,也就是气味变化最大的方向搜索,这问题可以利用梯度与方向导数的知识来解决,因为梯度方向就是方向导数变化最大的方向。

3. 模型建立与求解

地面上某处藏有毒品,以该处为坐标原点建立笛卡儿坐标系,已知毒品在大气中散发着特有的气味,设气味浓度在地表 xOy 平面上的分布为 $f(x,y) = e^{-(2x^2+3y^2)}$,一条警犬在 (x_0, y_0) $(x_0 \neq 0)$ 点处嗅到气味后,沿着气味最浓的方向搜索,求警犬搜索的路线。

先求函数 $f(x,y) = e^{-(2x^2+3y^2)}$ 的梯度,即

$$\mathrm{grad} f = (f_x(x,y), f_y(x,y)) = (-4x e^{-(2x^2+3y^2)}, -6y e^{-(2x^2+3y^2)}).$$

设警犬的搜索路线函数为 $y = y(x)$,沿 $y = y(x)$ 的任一点的切矢量为

$$\mathrm{d}\boldsymbol{r} = (\mathrm{d}x, \mathrm{d}y).$$

一条警犬沿着气味最浓的方向搜索,就是要沿着气味浓度变化最大的方向搜索,根据方向导数与梯度的关系,即警犬沿梯度方向去搜索,因此警犬的运动方向与警犬搜索路线的切线方向平行,即

$$(-4x e^{-(2x^2+3y^2)}, -6y e^{-(2x^2+3y^2)}) // (\mathrm{d}x, \mathrm{d}y),$$

因而

$$\frac{\mathrm{d}x}{-4x e^{-(2x^2+3y^2)}} = \frac{\mathrm{d}y}{-6y e^{-(2x^2+3y^2)}},$$

化简为

$$\frac{\mathrm{d}x}{2x} = \frac{\mathrm{d}y}{3y},$$

故警犬的搜索路线函数 $y = y(x)$ 满足

$$\begin{cases} \dfrac{\mathrm{d}x}{2x} = \dfrac{\mathrm{d}y}{3y}, \\ y(x_0) = y_0. \end{cases}$$

解之得

$$y = \frac{y_0}{x_0^{3/2}} x^{3/2},$$

所以警犬在点(x_0,y_0) $(x_0 \neq 0)$处只需要沿着曲线$y = \frac{y_0}{x_0^{3/2}} x^{3/2}$搜索,就能以最快的速度找到毒品。

4. 拓展应用

攀岩运动是一项惊险刺激的运动,同时也是一项锻炼人意志品质的运动,它要求每一个参加者必须按最陡峭的路线攀登,以尽可能快地升高其高度。现有一个攀岩爱好者,要攀登一个表面曲面方程为$z = 125 - 2x^2 - 3y^2$的山岩,已知他的出发地点是山岩脚下的点$P_0(5,5,0)$,请求出其攀岩路线Γ。

因为已知Γ在曲面Σ上,所以只要求出Γ在xOy坐标面上的投影曲线L的方程就可以了。由于攀岩的方向在xOy坐标面上的投影矢量就是函数$f(x,y) = 125 - 2x^2 - 3y^2$的梯度矢量,即

$$\text{grad} f = (-4x, -6y).$$

这一方向也就是曲线L的切线方向,所以曲线L必须满足

$$\frac{dx}{-2x} = \frac{dy}{-3y},$$

这是一个可分离变量方程,两边积分可得

$$3\ln x = 2\ln y + \ln C,$$

即$x^3 = Cy^2$,根据$x = 5$时有$y = 5$,所以$C = 5$,从而得到L的方程为$x^3 = 5y^2$。于是得到Γ的方程为

$$\begin{cases} z = 125 - 2x^2 - 3y^2, \\ x^3 = 5y^2. \end{cases}$$

3.5.3 战斗机安全降落跑道的长度问题

1. 问题提出

当机场跑道不足时,常常使用减速伞作为飞机的减速装置。在飞机接触跑道开始着陆时,由飞机尾部张开一副减速伞,利用空气对伞的阻力缩短飞机的滑跑距离,保障飞机在较短的跑道上安全着陆。那么,当减速伞的阻力系数确定后,如何判断飞机能否安全着陆?

2. 问题分析

在战斗机着陆滑跑过程中,对其进行受力分析,根据牛顿第二定律可以得到数量关系式。对该关系式进行分析可以进一步得到战斗机安全着陆的条件。

3. 模型建立与求解

将阻力系数为$4.5 \times 10^6 \text{kg/h}$的减速伞装备在9t的战斗机上。现已知机场跑道长1500m,若飞机着陆速度为700km/h,并忽略飞机所受的其他外力,则跑道长度能否保障飞机安全着陆?

对于此问题,可以先对飞机滑跑的运动状态进行分析。设飞机质量为m,着陆速度为v_0,若从飞机接触跑道时开始计时,飞机的滑跑距离为$x(t)$,飞机的速度为$v(t)$,减速伞的

阻力为$-kv(t)$,其中k为阻力系数。

根据牛顿第二定律有$F=ma$,其中F是飞机滑跑时所受到的合力,a是飞机滑跑时的加速度,可以表示成$\dfrac{\mathrm{d}v}{\mathrm{d}t}$。依题意,飞机在滑跑过程中只受到减速伞所带来的阻力,这样便可建立运动方程

$$m\frac{\mathrm{d}v}{\mathrm{d}t}=-kv.$$

又由于$v=\dfrac{\mathrm{d}x}{\mathrm{d}t}$,可以得到如下常微分方程

$$\begin{cases}m\dfrac{\mathrm{d}^2x}{\mathrm{d}t^2}+k\dfrac{\mathrm{d}x}{\mathrm{d}t}=0,\\ x(0)=0,\dfrac{\mathrm{d}x}{\mathrm{d}t}\bigg|_{t=0}=v_0.\end{cases}$$

解之,得

$$x(t)=\frac{mv_0}{k}(1-\mathrm{e}^{-\frac{k}{m}t}).$$

飞机的滑跑距离$x(t)\leqslant\dfrac{mv_0}{k}$,将数据代入公式有$x(t)\leqslant 1400\mathrm{m}<1500\mathrm{m}$,所以,飞机能安全着陆。

计算的 MATLAB 程序如下:

```
clc, clear, syms x(t) m k v0
assume(k>0); assume(m>0);
dx=diff(x);              %求 x 的 1 阶导数,为了下面赋初值
x=dsolve(m*diff(x,2)+k*diff(x),x(0)==0,dx(0)==v0)
xx=limit(x,t,+inf)
x0=subs(xx,{m,v0,k},{9000,700000,4500000})
```

4. 拓展应用

本例对飞机减速伞的设计与应用问题进行了分析与计算,在考虑飞机只受到减速伞所带来阻力的情况下得到了结果,而在实际问题中,飞机还受到地面的摩擦力,在这种情况下,结果又怎样呢?请同学们思考。

若飞机除受减速伞的阻力外,还受到跑道的恒定摩擦力f的影响,试写出相应的微分方程,求出飞机滑跑速度$v(t)$的表达式。你能求出滑跑距离$x(t)$的表达式吗?

3.5.4 油罐车排油问题

1. 问题提出

在部队的后勤保障中,油料保障是重中之重。油料保障中涉及很多环节,包括储存、运输、加注等。现考虑在运油车加注过程中,如果运油车缺失了额外动力,需要将车内的油料通过自流方式全部排出,则整个自流排油需要多少时间?

2. 问题分析

本问题在不考虑其他动力情况下,仅根据流体自身重力将油罐内的液体流出,来计算

全部排完液体需要时间,这就需要获得流体流量与时间的函数关系。因此,必须根据流体力学的规律建立方程模型。

3. 模型建立与求解

假设运油车的罐体是长为 $L=3.5\text{m}$ 的椭圆柱体,截面椭圆方程为 $\dfrac{x^2}{1.1^2}+\dfrac{y^2}{0.6^2}=1$,罐体自流阀位于罐体底部,其孔口半径为 0.04m。若罐中还剩50%的油料,且只有一个自流阀能用,则能否按要求在5min内将油料全部排出?

首先,为了简化计算,这里考虑运油车罐体为椭圆柱体。其次,由于油料是通过自流方式流出,需要考虑影响油料单位时间内流量的因素,根据流体力学规律建立微分方程。最后,通过微分方程的相关解法获得特解。

由流体力学知识可知,该油料从孔口流出的流量公式为

$$q=\frac{\mathrm{d}v}{\mathrm{d}t}=-0.62s\sqrt{2gh}, \tag{3.16}$$

式中:q 为单位时间流出的油料;v 为残余油料体积;s 为孔口截面面积;h 为残余油料高度。

由图3.7,对体积的微元分析可知

$$\frac{\mathrm{d}v}{\mathrm{d}h}=2L|x|=7.7\sqrt{1-\frac{(0.6-h)^2}{0.6^2}}=\frac{77}{6}\sqrt{1.2h-h^2}. \tag{3.17}$$

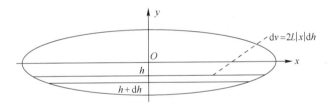

图 3.7 罐体截面和体积的微元分析

因为自流阀孔口半径为 0.04m,所以孔口截面面积为 $s=0.0016\pi \text{m}^2$。再利用 $\dfrac{\mathrm{d}v}{\mathrm{d}t} \Big/ \dfrac{\mathrm{d}v}{\mathrm{d}h} = \dfrac{\mathrm{d}h}{\mathrm{d}t}$,式(3.16)和式(3.17),得油料剩余高度与时间的微分方程为

$$\frac{\mathrm{d}h}{\mathrm{d}t}=-0.62s\sqrt{2gh}\times\frac{6}{77}\frac{1}{\sqrt{1.2h-h^2}}=-\frac{0.0011}{\sqrt{1.2-h}},$$

从而得到如下常微分方程初值问题:

$$\begin{cases}\dfrac{\mathrm{d}h}{\mathrm{d}t}=-\dfrac{0.0011}{\sqrt{1.2-h}},\\ h(0)=0.6.\end{cases}$$

解之,得

$$h(t)=1.2-(0.001613t+0.4648)^{2/3}.$$

令 $h(t)=0$,求得油料排放完毕所需时间 $t=526.94\text{s}=8.78\text{min}>5\text{min}$。因此,不能按要求在5min内排放完油罐内油料。自流时间与油料剩余高度的曲线如图3.8所示。

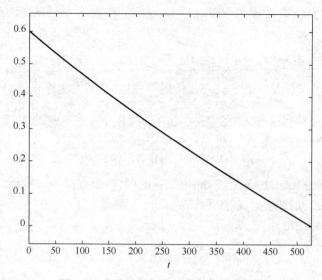

图 3.8 自流时间与油料剩余高度的曲线

计算和画图的 MATLAB 程序如下：

```
clc, clear, syms h(t)
a = -0.62 * 0.04^2 * pi * sqrt(2 * 9.8) * 6/77
h = dsolve(diff(h) = = a/sqrt(1.2-h), h(0) = = 0.6)
h = vpa(h,4)              %显示符号数的4位有效数字
t0 = solve(h)             %求符号方程的零点
ezplot(h,[0,double(t0)]), title('')
```

4. 结果分析

本问题中,若罐体中还剩 50% 的油料(约 3.6m³),则利用重力作用,需要 8.78min 才能将油料全部排出,因此通过自流效率太低且流量太小。为了缩短流完的时间,应该尽量使用加油泵加(排)油。如果利用重力加(排)油,则应尽量提高加(排)油的高度差。

5. 拓展应用

若已知该运油车的罐体为方圆形,尺寸为 7.5m×2.2m× 1.4m,截面为圆矩形,如图 3.9 所示,4 个角是半径为 0.4m 的 1/4 圆。罐体自流阀孔口半径为 0.04m,位置在罐体底部。

若罐体中盛满油料,则需要多少个自流阀才能按要求在 30min 内将油料全部排出?

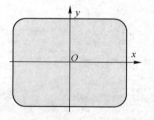

图 3.9 圆矩形示意图

油料保障是军队组织实施油料(燃料油、润滑油脂、特种液等)供应所采取的措施,是油料勤务的重要内容。

现代战争油料消耗越来越大,在第一次世界大战时占物资总消耗量的 30%~40%。目前一些工业发达国家军队的油料消耗量,平时已占各种物资总消耗量的 40%~50%,战时预计高达 60%~70%。油料保障主要包括:

(1) 油料保障计划。通常根据部队担负的任务、装备实力、交通状况和影响油料消耗的其他因素制订。

(2) 油料筹措。多数国家的军队由有关业务部门统一订货、采购;小批量用油时,当地有条件的由部队就近采购。

(3) 油料储存。需要有专门的容器和设备,建设与储存要求相适应的油库。

(4) 油料输送。一般有铁路、公路、水路、空中和管线输送等方式,根据输送的任务、时限、条件与敌情等因素,选用其中的一种或多种输送方式。

(5) 油料加注。包括行军或战斗中为各种装备加注油料。

3.5.5 伞兵的下降速度问题

1. 问题提出

在现代信息化条件下多兵种的联合作战中,将伞兵及时投放到前沿阵地,使部队以最快的速度出现在最有利的地方,是出奇制胜的重要手段之一。实际中,如何将伞兵安全、快速地投放到阵地上是一个值得研究的课题。请建立数学模型探讨伞兵的下降速度。

2. 问题分析

降落伞降落的过程是一个在重力和空气阻力作用下的自平衡运动,最终速度状态与飞机初速度、伞兵总质量和降落伞伞衣面积有关;降落时间与飞机的飞行高度有关。通过对降落中的降落伞进行受力分析,可以推导出其降落的微分方程模型。

3. 模型建立与求解

伞兵从低空盘旋的飞机跳下后打开降落伞,受到空气阻力及其他许多因素的影响,下面在合理假设下建立数学模型,求出降落伞下落速度与时间的函数关系,并进行相关分析。

首先,进行受力分析,伞兵在下降过程中受到自身重力和降落伞的拉力(空气对降落伞的阻力)作用;其次,根据牛顿第二定律建立水平和竖直方向的运动方程,并分别求解;最后,进行运动合成和讨论。

降落伞在下降过程中受到阻力作用,如图 3.10 所示,其方向和速度方向相反,大小取决于降落伞的大小、形状、运动的速度、介质的温度、密度、黏滞系数等,通常可用下式表示,即

$$f = c\rho s\varphi(v),$$

式中:c 为与物体大小形状有关的系数,称为黏滞阻力系数;ρ 为空气密度;s 为物体投影在垂直于速度矢量的平面上的面积;$\varphi(v)$ 为物体速度 v 的函数,其形式不确定。

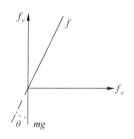

图 3.10 降落伞受力分析

在通常情况下,速度越大,阻力越大,所以可以假设 $\varphi(v) = \lambda v^n$,λ 为空气阻力系数。资料表明,$n=1$ 的情况符合一般的常见物体的低速运动,如伞兵;$n=2$ 的情况符合接近或超过声速的运动,如航空运输;$n=3$ 或 5 的情况符合超声速飞机或火箭的发射。

假设迎风角 $\theta \neq 0$ 随时间而变化。伞兵所受空气阻力与速度成正比,即是 $f = kv$,其中 $k = c\rho s\lambda$。初始条件为 $v_x|_{t=0} = v_0$,$v_y|_{t=0} = 0$。于是将空气阻力即绳的拉力 f 进行水平和竖直分解,得

$$\begin{cases} f_x = f\sin\theta(t), \\ f_y = f\cos\theta(t), \end{cases}$$

其中，$f=c\rho s\lambda v=kv=k\sqrt{v_x^2+v_y^2}$，$\sin\theta(t)=\dfrac{v_x}{\sqrt{v_x^2+v_y^2}}$，$\cos\theta(t)=\dfrac{v_y}{\sqrt{v_x^2+v_y^2}}$，于是，根据牛顿第二定律可分别建立水平和竖直方向上的微分方程，即

$$\begin{cases} m\dfrac{\mathrm{d}v_x}{\mathrm{d}t}=-kv_x, \\ m\dfrac{\mathrm{d}v_y}{\mathrm{d}t}=mg-kv_y. \end{cases}$$

两个方程都是可以分离变量的微分方程。对于 $m\dfrac{\mathrm{d}v_y}{\mathrm{d}t}=mg-kv_y$，分离变量，积分得

$$\int\dfrac{\mathrm{d}v_y}{mg-kv_y}=\int\dfrac{\mathrm{d}t}{m},$$

得通解为

$$-\dfrac{1}{k}\ln(mg-kv_y)=\dfrac{t}{m}+C,$$

利用初始条件，得

$$C=-\dfrac{1}{k}\ln(mg),$$

所以，原微分方程的特解为

$$v_y=\dfrac{mg}{k}\left(1-\mathrm{e}^{-\frac{k}{m}t}\right).$$

同样求解可得 $v_x=v_0\mathrm{e}^{-\frac{k}{m}t}$。这样，就可以求得速度与时间的函数关系，即

$$v=\sqrt{v_x^2+v_y^2}=\sqrt{\left(v_0\mathrm{e}^{-\frac{k}{m}t}\right)^2+\left(\dfrac{mg}{k}(1-\mathrm{e}^{-\frac{k}{m}t})\right)^2}. \tag{3.18}$$

4. 结果分析

通过合理假设和简化，建立运动微分方程，获得了伞兵下降速度和时间的函数关系式(3.18)。特别地，t 足够大时有 $v\approx\dfrac{mg}{k}$，这个速度称为收尾速度。根据受力分析，空气阻力逐渐增大，在竖直方向上，当空气阻力和重力相等时，物体做匀速直线运动，速度达到最大为收尾速度。假设黏滞阻力系数 $c=1$，空气密度为 $\rho=1.29\mathrm{kg/m}^3$，降落伞的面积为 $s=25\mathrm{cm}^2$，$\lambda=1$，伞兵的质量为 $75\mathrm{kg}$，则收尾速度为

$$v\approx\dfrac{mg}{k}=\dfrac{mg}{c\rho s\lambda}=22.791(\mathrm{m/s}).$$

通过 $s(t)=\int_0^T v(t)\mathrm{d}t$，可以计算时间段 $[0,T]$ 上伞兵的水平和竖直方向上位移为

$$s_x=\dfrac{mv_0}{k}\left(1-\mathrm{e}^{-\frac{k}{m}T}\right),\quad s_y=\dfrac{mg}{k}\left(T-\dfrac{m}{k}+\dfrac{m}{k}\mathrm{e}^{-\frac{k}{m}T}\right).$$

伞兵的下降轨迹如图 3.11 所示。

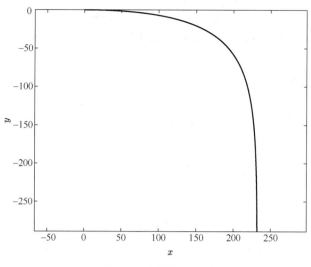

图 3.11 伞兵下降轨迹

计算及画图的 MATLAB 程序如下：
```
clc,clear,syms vx(t) vy(t) v0 m k g T
vx=dsolve(m*diff(vx)+k*vx,vx(0)==v0)
vy=dsolve(m*diff(vy)==m*g-k*vy,vy(0)==0)
sx=int(vx,t,0,T)
sy=int(vy,t,0,T)
ssx=subs(sx,{m,v0,k,g},{75,100,1.29*25,9.8})
ssy=subs(sy,{m,v0,k,g},{75,100,1.29*25,9.8})
h=ezplot(ssx,-ssy,[0,15]);title('')
set(h,'Color','k','LineWidth',1.2)
xlabel('$x$','Interpreter','Latex')
ylabel('$y$','Interpreter','Latex')
```

5. 拓展应用

空降兵是以伞降或机降方式投入地面作战的兵种,又称伞兵。它是一支诸兵种合成的具有空中快速机动和超越地理障碍能力的突击力量。

1930 年,苏军正式建立世界上第一支正式的伞兵部队。在第二次世界大战中,苏联、德国和美国都多次运用空降兵。

世界上使用空降部队最多的国家是英国和美国。盟军第一次大规模空降突袭是 1943 年 7 月对西西里岛进行的"哈斯基行动"。7 月 10 日是盟军预定进攻的日子,谁料天公不作美,英国第一空降师不幸遇到大风,兵员损失惨重。虽然只有 73 名官兵空降到达目的地,但这些英勇的伞兵依然占领了锡拉兹公路上的一座重要桥梁,切断了德国军队的后路,完成了击溃德军的任务。在 1944 年 6 月的诺曼底登陆战中,英、美两军使用空降部队巩固代号为"宝剑"的东部海滩。为了减少损失,空降采用规避战术,美军 101 空降师只有 1/6 的兵力抵达预定位置,尽管如此,由于空降部队勇敢、迅速地投入作战,给德军打了个措手不及,因此使盟军在海运突击部队抵达前完成了对目标的占领。而历史上最成功的空降作战则是盟军于1944年8月收复法国南部的战役。盟军共出动了396架飞机,分9批来回运载伞兵部队,这次战役有60%的伞兵被投到空降场或附近地区,并有效投入了战斗。

我国于1950年9月成立中国人民解放军的第一支伞兵部队——空军陆战第1旅。中国空降兵部队过去装备的伞兵伞,多是跳伞安全高度高、水平运动距离短、滞空时间较长、落地分散面积大的降落伞,不利于较大规模部队的伞降作战。自20世纪90年代后,中国为提升空降战力,对降落伞研制下了很大功夫。近年来,已有数种先进的新型降落伞研制成功并装备部队,提高了空降作战能力。目前,中国伞兵装备的新型伞具主要有伞兵九形伞、翼型滑行伞、动力飞行伞和火箭制动伞等数种。

伞兵九形伞是20世纪90年代中期研制出的第二代伞兵伞,其性能优越,最低跳伞安全高度仅300m,且伞衣面积大、排气孔多,便于操纵、下降时间短、水平运动速度快,具有滞空时间短、落地分散面积小的特点,特别适合较大规模部队使用大中型运输机的伞降作战。

翼型滑行伞具备水平滑行速度大于垂直下降速度的特点,其滑降比一般为3:1,每下降1m可水平滑行3m。若在5000m高空跳伞,可滑行到15km外着陆。在有风的情况下,性能优异的滑行降落伞甚至可滑行到更远的地方。

请你思考如何做到军用装备的精确空投,例如,需要考虑的影响因素包括伞的规格和最大承载力,气压,温度,风力,风向,运输飞机的初始速度和高度,地形,以及装备的安全性等。

3.5.6 导弹系统改进问题

1. 问题提出

我部某舰在巡逻中发现前方有敌舰,根据侦测得到的数据,如何判断敌舰是否在我舰的打击范围内?

2. 问题分析

目前的电子系统能迅速测出敌舰的种类、位置、行驶速度和方向,导弹自动制导系统能保证在导弹发射后任一时刻都能对准目标。根据情报,这种敌舰能在我军舰发射导弹后 T 小时作出反应并摧毁导弹。

问题就变为根据敌舰反应时间 T、敌舰速度 a、导弹速度 b、敌舰的方向 θ、与敌舰的距离 d,要求改进电子导弹系统使其能自动计算出敌舰是否在有效打击范围之内。

在建立微分方程时应注意:导弹向敌舰追击的轨迹不是直线,但导弹的速度方向始终指向敌舰;飞行过程根据敌舰方位改变速度方向。

3. 模型建立与求解

我部某舰在巡逻中发现正前方 d 千米处的敌舰,其行驶速度为 a 千米/小时,沿与我舰的连线夹角为 θ 的方向直线前进。根据情报,这种敌舰能在我军舰发射导弹后 T 小时作出反应并摧毁导弹,若我方导弹飞行速度为 b 千米/小时,试判断敌舰是否在我舰的打击范围内。

设我舰发射导弹时位置在坐标原点,我舰和敌舰的连线为 x 轴,建立坐标系,如图3.12所示。敌舰在 x 轴正向 d 千米处,其行驶速度为 a 千米/小时,方向与 x 轴夹角为

θ,导弹飞行线速度为 b 千米/小时。

设 t 时刻导弹位置为 $P(x(t),y(t))$,则

$$\sqrt{\left(\frac{\mathrm{d}x}{\mathrm{d}t}\right)^2+\left(\frac{\mathrm{d}y}{\mathrm{d}t}\right)^2}=b. \quad (3.19)$$

设 t 时刻敌舰位置为 $Q(X(t),Y(t))$,则

$$\begin{cases} X(t)=d+at\cos\theta, \\ Y(t)=at\sin\theta. \end{cases} \quad (3.20)$$

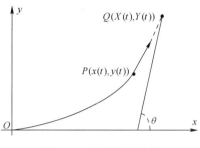

图 3.12 导弹追踪示意

为了保持对准目标,导弹轨迹切线方向应为

$$\begin{bmatrix} \dfrac{\mathrm{d}x}{\mathrm{d}t} \\ \dfrac{\mathrm{d}y}{\mathrm{d}t} \end{bmatrix} = \lambda \begin{bmatrix} X-x \\ Y-x \end{bmatrix}, \quad (3.21)$$

代入式(3.19)消去 λ,得微分方程组为

$$\begin{cases} \dfrac{\mathrm{d}x}{\mathrm{d}t}=\dfrac{b}{\sqrt{(X-x)^2+(Y-y)^2}}(X-x), \\ \dfrac{\mathrm{d}y}{\mathrm{d}t}=\dfrac{b}{\sqrt{(X-x)^2+(Y-y)^2}}(Y-y), \end{cases}$$

初值条件为 $x(0)=0, y(0)=0$,对于给定的 a、b、d、θ 进行计算。当存在 $\tilde{t}<T$,且满足

$$x(\tilde{t})=d+a\tilde{t}\cos\theta, \quad (3.22)$$

则敌舰在打击范围内,若需要就可以发射;否则敌舰在打击范围外,不需要发射导弹。

若 $x(T)>d+aT\cos\theta$,也可以判断敌舰在打击范围内。在下面的 MATLAB 程序中,使用该方法进行判断,在打击范围内,使用式(3.22)求打击时间。

例 3.1 在导弹系统中设 $a=90\mathrm{km/h}, b=450\mathrm{km/h}, T=0.1\mathrm{h}$。求 θ、d 的有效范围。

解 有两个极端情形容易算出。

(1)若 $\theta=0$,即敌舰正好背向行驶,即 x 轴正向,那么导弹直线飞行,击中时间 $t=d/(b-a)<T$,得

$$d<T(b-a)=0.1\times(450-90)=36(\mathrm{km}).$$

(2)若 $\theta=\pi$,即迎面驶来,类似有 $t=d/(a+b)<T$,得

$$d<T(a+b)=0.1\times(450+90)=54(\mathrm{km}).$$

一般地,对任意的 θ,其距离 d 为 $36\sim54\mathrm{km}$,即 $36<d_{\max}<54$。

由于微分方程组给不出解析解,因此根据敌舰反应时间 T、敌舰速度 a、导弹速度 b、敌舰方向 θ 及敌舰距离 d,利用 MATLAB 软件,通过求微分方程组数值解的方法,来判断敌舰是否在打击范围内。

分两种情况给出计算结果。

① 当 $T=0.1, a=90, b=450, \theta=\dfrac{2\pi}{3}, d=40$ 时,导弹可以击中敌舰。所求的数值解见图 3.13。

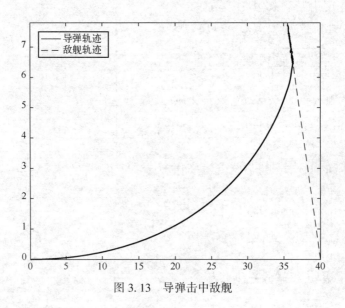

图 3.13 导弹击中敌舰

计算及画图的 MATLAB 程序如下：

```
clc, clear, close all
T=0.1; a=90; b=450; theta=2*pi/3; d=40;
X=@(t)d+a*t*cos(theta); Y=@(t)a*t*sin(theta);
dxy=@(t,z)[b*(X(t)-z(1))./sqrt((X(t)-z(1)).^2+(Y(t)-z(2)).^2)
    b*(Y(t)-z(2))./sqrt((X(t)-z(1)).^2+(Y(t)-z(2)).^2)]; %定义方程组右端项
s=ode45(dxy,[0,T],[0,0])
xt=deval(s,T,1), Xt=X(T);
if xt>Xt
    fprintf('敌舰在打击范围内！\n')
    t0=fsolve(@(t)deval(s,t,1)-d-a*t*cos(theta),0.01);
    fprintf(['打击时间为:',num2str(t0),'\n'])
    fprintf(['敌舰的位置为:',num2str(deval(s,t0)'),'\n'])
else
    fprintf('敌舰未在打击范围内!\n')
end
t=0:0.001:T; x=deval(s,t,1); y=deval(s,t,2); plot(x,y,'k')
hold on, fplot(X,Y,[0,T],'k--')
legend('导弹轨迹','敌舰轨迹','Location','NorthWest')
```

② 当 $T=0.1, a=90, b=450, \theta=\dfrac{2\pi}{3}, d=50$ 时，敌舰在打击范围外。所求的数值解见图 3.14。

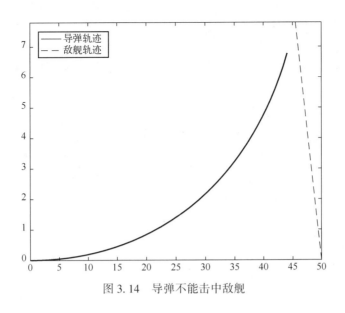

图 3.14 导弹不能击中敌舰

4. 结果分析

目前的电子系统可迅速测出敌舰的种类、位置、行驶速度和方向,根据情报,这种敌舰能在我军舰发射导弹后 T 小时作出反应并摧毁导弹。上述程序只要给出敌舰反应时间 T、敌舰速度 a、导弹速度 b、敌舰的方向 θ 及与敌舰的距离 d,就可以判断我导弹能否在敌舰作出反应并摧毁导弹前击中敌舰,并在能够击中时给出击中敌舰的时间和位置坐标。

计算时给出了两种情况,前面参数相同,只是距离 d 不同。

当 $d=40$ km 时,敌舰在打击范围内。击中敌舰的时间为 0.0834h。击中敌舰时,敌舰的位置为 $Q(X,Y)=(36.2485,6.4651)$。

当 $d=50$ km 时,敌舰在打击范围外,在 T 时刻,导弹与敌舰的位置坐标分别为 $P(x,y)=(44.0529,6.7783)$,$Q(X,Y)=(45.5000,7.7942)$。

在实际工作中,可以对所有可能的 d 和 θ 计算击中所需时间,从而对不同 θ 得出 d 的临界值。具体应用时可直接查表判断。

3.5.7 人口数量增长的预测模型

人类对自身的研究是科学研究的几大问题之一,而对人口数量增长的预报是对自身的研究的一个既古老而又复杂的问题。人口的数量总体而言随着时间的推移在不断增长,人口数量的急剧增加与有限的生存空间、日益贫乏的自然资源的矛盾日益突出,这个问题已越来越多地引起各国的高度重视。如何能够既简单又准确地预报人口数量的增长,是人口学家和各国政府必须面对的一个难题。因此,研究人口数量变化、预测人口数量增长趋势具有重要的现实意义。自 1798 年英国人口学家马尔萨斯首先提出著名的人口指数增长模型以来,人口学家经过几百年的不懈努力,提出了许多更好的人口数量增长预报的数学模型。限于我们所学的数学知识,这里只介绍人口数量问题中的常微分方程模型。

模型1　指数增长模型(Malthus 人口模型)

英国人口学家马尔萨斯(Malthus,1766—1834)根据百余年的人口统计资料,于 1798

年提出了著名的人口指数增长模型。

1. 模型假设

假设 1 人口的增长率是常数,即单位时间内人口的增长量与当时的总人口成正比。

假设 2 在一个国家或地区没有人口的迁移。

2. 模型建立

记时刻 t 的总人口为 $x(t)$,当考查一个国家或一个很大地区的人口时,$x(t)$ 是很大的整数。为了利用微积分这一数学工具,将 $x(t)$ 视为连续、可微函数。记初始时刻($t=t_0$)的总人口为 x_0,人口增长率为 r,r 是单位时间内 $x(t)$ 的增量与 $x(t)$ 的比例系数。根据 r 是常数的基本假设,t 到 $t+\Delta t$ 时间内人口的增量为

$$x(t+\Delta t)-x(t)=rx(t)\Delta t$$

于是 $x(t)$ 满足如下的微分方程

$$\begin{cases} \dfrac{\mathrm{d}x}{\mathrm{d}t}=rx, \\ x(t_0)=x_0. \end{cases} \tag{3.23}$$

3. 模型求解

由于式(3.23)是线性常系数微分方程,因此容易解出

$$x(t)=x_0 \mathrm{e}^{r(t-t_0)}. \tag{3.24}$$

表明人口将按指数规律无限增长($r>0$)。

4. 模型检验

由式(3.24)给出的模型,与 19 世纪以前欧洲一些地区的人口统计数据可以很好地吻合。一些人口增长率长期稳定不变的国家和地区用这个模型进行预报,结果也令人满意。但是当人们用 19 世纪以后许多国家的人口统计资料与指数增长模型比较时,却发现了相当大的差异。表 3.2 列出了美国 18 世纪、19 世纪、20 世纪的人口统计数据与这个模型的比较结果,表中第 3 列是用式(3.24)计算的结果,其中 $x_0 = 3.9\times 10^6$ 为 1790 年($t=t_0$)的实际人口,t 以年为单位。用 $t=0,10,20,\cdots,190$ 分别表示年份 1790,1800,$\cdots$,1980,对应于这些年份的实际人口数量记作 $x_i(i=0,1,\cdots,19)$,可以使用最小二乘法确定参数 r 的取值,即求 r 使得

$$\delta(r)=\sum_{i=1}^{19}(\hat{x}_i-x_i)^2=\sum_{i=1}^{19}(x_0\mathrm{e}^{10ir}-x_i)^2$$

达到最小值,利用 MATLAB 软件,求得 $r=0.02222$。表中第 4 列是用式(3.24)预测的相对误差,可以看出相对误差较大,说明预测精度较低,r 是常数的基本假设需要修正。

表 3.2 美国的实际人口与按两种模型计算的人口的比较

年份	实际人口($\times 10^6$)	指数增长模型		阻滞增长模型	
		$\times 10^6$	误差/%	$\times 10^6$	误差/%
1790	3.9				
1800	5.3	4.8703	8.1079	5.1669	2.5113
1810	7.2	6.0820	15.5284	6.8354	5.0642
1820	9.6	7.5951	20.8845	9.0253	5.9864

(续)

年份	实际人口(×10⁶)	指数增长模型		阻滞增长模型	
		×10⁶	误差/%	×10⁶	误差/%
1830	12.9	9.4847	26.4754	11.8870	7.8530
1840	17.1	11.8444	30.7347	15.6048	8.7437
1850	23.2	14.7911	36.2452	20.3989	12.0735
1860	31.4	18.4710	41.1751	26.5214	15.5369
1870	38.6	23.0664	40.2425	34.2444	11.2839
1880	50.2	28.8051	42.6193	43.8363	12.6767
1890	62.9	35.9715	42.8116	55.5221	11.7296
1900	76.0	44.9209	40.8936	69.4296	8.6453
1910	92.0	56.0968	39.0253	85.5274	7.0355
1920	106.5	70.0531	34.2225	103.5717	2.7495
1930	123.2	87.4816	28.9922	123.0845	0.0937
1940	131.7	109.2461	17.0493	143.3825	8.8706
1950	150.7	136.4255	9.4722	163.6631	8.6019
1960	179.3	170.3668	4.9823	183.1262	2.1340
1970	204.0	212.7523	4.2904	201.0961	1.4235
1980	226.5	265.6830	17.2993	217.1042	4.1482

计算的 MATLAB 程序如下：

```
clc,clear
t=10*[1:19]';  a=load('gtable3_2.txt');    %表3.2中第2列数据
f=fittype('3.9*exp(t*r)','independent','t');
sf=fit(t,a(2:end),f,'start',rand)
xh=sf(t)                                    %求预测值
delta=abs(a(2:end)-xh)./a(2:end)            %计算预测的相对误差
xlswrite('ganli3_5_7_1.xlsx',[xh,delta*100])  %为便于做表,把数据保存在Excel文件中
```

人们还发现,在地广人稀的加拿大,法国移民后代的人口比较符合指数增长模型,而同一血统的法国本土居民人口的增长却远低于这个模型。产生上述现象的主要原因是,随着人口的增加,自然资源、环境条件等因素对人口继续增长的阻滞作用越来越显著。如果在人口较少时(相对于资源而言)人口增长率可以看作常数,那么当人口增加到一定数量后,增长率就会随着人口的继续增加而逐渐减少。许多国家人口增长的实际情况完全证实了这点。读者不妨利用表3.2第2列给出的数据计算美国人口每10年的增长率,结果大致是逐渐下降的。当然,由于从欧洲大批移民或战争的影响,人口增长率会有些波动。为了使人口预报特别是长期预报更好地符合实际情况,必须修改指数增长模型关于人口增长率是常数这个基本假设。

模型 2　阻滞增长模型(Logistic 模型)

1. 模型假设

将增长率 r 表示为总人口 $x(t)$ 的函数 $r(x)$，按照前面的分析，$r(x)$ 应是 x 的减函数。一个最简单的假定是设 $r(x)$ 为 x 的线性函数 $r(x)=r-sx, r>0, s>0$，这里 r 相当于 $x=0$ 时的增长率，称为固有增长率，它与指数模型中的增长率 r 不同(虽然用了相同的符号)。显然对于任意的 $x>0$，增长率 $r(x)<r$。为了确定系数 s 的意义，引入自然资源和环境条件所能容纳的最大人口数量 x_m，称为最大人口容量。当 $x=x_m$ 时，增长率应为零，即 $r(x_m)=0$，由此确定 $s=\dfrac{r}{x_m}$。

2. 模型建立

人口增长率函数 $r(x)$ 可以表示为

$$r(x)=r\left(1-\frac{x}{x_m}\right), \tag{3.25}$$

式中：r, x_m 为根据人口统计数据或经验确定的常数。因子 $1-\dfrac{x}{x_m}$ 体现了对人口增长的阻滞作用。式(3.25)的另一种解释是，增长率 $r(x)$ 与人口尚未实现部分(对最大容量 x_m 而言)的比例 $\dfrac{x_m-x}{x_m}$ 成正比，比例系数为固有增长率 r。

在式(3.25)的假设下，指数增长模型应修改为

$$\begin{cases}\dfrac{\mathrm{d}x}{\mathrm{d}t}=r\left(1-\dfrac{x}{x_m}\right)x, \\ x(t_0)=x_0. \end{cases} \tag{3.26}$$

式(3.26)所示模型称为阻滞增长模型。

3. 模型求解

非线性微分方程式(3.26)可用分离变量法求解，结果为

$$x(t)=\frac{x_m}{1+\left(\dfrac{x_m}{x_0}-1\right)\mathrm{e}^{-r(t-t_0)}}. \tag{3.27}$$

由式(3.27)，计算可得

$$\frac{\mathrm{d}^2 x}{\mathrm{d}t^2}=r^2\left(1-\frac{x}{x_m}\right)\left(1-\frac{2x}{x_m}\right)x. \tag{3.28}$$

人口总数 $x(t)$ 有如下规律：

(1) $\lim\limits_{t\to+\infty}x(t)=x_m$，即无论人口初值 x_0 如何，人口总数以 x_m 为极限。

(2) 当 $0<x<x_m$ 时，$\dfrac{\mathrm{d}x}{\mathrm{d}t}=r\left(1-\dfrac{x}{x_m}\right)x>0$，这说明 $x(t)$ 是单调增加的。又由式(3.28)知，当 $x<\dfrac{x_m}{2}$ 时，$\dfrac{\mathrm{d}^2 x}{\mathrm{d}t^2}>0$，$x=x(t)$ 为凹函数；当 $x>\dfrac{x_m}{2}$ 时，$\dfrac{\mathrm{d}^2 x}{\mathrm{d}t^2}<0$，$x=x(t)$ 为凸函数。

(3) 人口变化率 $\dfrac{\mathrm{d}x}{\mathrm{d}t}$ 在 $x=\dfrac{x_m}{2}$ 时取到最大值，即人口总数达到极限值的一半以前是加速

增长时期,经过这一点之后,增长速率会逐渐变小,最终达到零。

20 世纪初,人们曾用阻滞增长模型预报美国的人口。为了与指数增长模型比较,将计算结果放在表 3.2 第 5 列中。计算时 $x_0 = 3.9 \times 10^6$ 仍是 1790 年的人口,而 $r = 0.02858$ 和 $x_m = 285.9 \times 10^6$ 可以使用最小二乘法确定,即求 r, x_m 使得

$$\delta(r, x_m) = \sum_{i=1}^{19} (\hat{x}_i - x_i)^2 = \sum_{i=1}^{19} \left(\frac{x_m}{1 + (x_m/x_0 - 1) e^{-10ir}} - x_i \right)^2$$

达到最小值。

计算的 MATLAB 程序如下:

```
clc, clear
t = 10 * [1:19]';  a = load('gtable3_2.txt');  %表中第 2 列数据
f = fittype('xm/(1+(xm/3.9-1)*exp(-t*r))','independent','t');
sf = fit(t,a(2:end),f,'start',rand(1,2),'Lower',[0,226.5],'Upper',[0.1,1000])
%非线性拟合比较困难,我们根据经验约束[r,xm]的下界和上界
xh = sf(t)                                     %求预测值
delta = abs(a(2:end)-xh)./a(2:end)             %计算预测的相对误差
xlswrite('ganli3_5_7_2.xlsx',[xh,delta*100])   %把数据保存在 Excel 文件中
```

4. 模型检验

从表 3.2 中第 6 列相对误差的数字可以看到,阻滞增长模型的预测精度较高,但 1850—1890 年这 5 年的预测相对误差较大。阻滞增长模型的缺点之一是 x_m 不易准确地得到。事实上,随着生产力的发展和人们认识能力的改变,x_m 也是可以改变的。

5. 思考

(1) 简单起见,前面所建立的人口数量模型都没有考虑社会成员之间的个体差异,即完全忽略了不同年龄、不同体质的人在死亡、生育等方面存在的差异,这显然与实际情况存在较大的出入。若考虑年龄差异对人口变动的影响,即假设同一年龄的人具有相同的寿命和生育能力,则建立起来的模型不但能够更细致地预测人口的数量,而且能够预测老年人口、学龄人口等不同年龄组人口数量。试用差分方程的知识,建立人口数量的离散时间模型。

(2) 借鉴本小节的人口数量模型,建立自然界中某一种群的数量模型。

(3) 建立人口数量的偏微分方程的模型。

3.5.8 名画伪造案的侦破问题

1. 问题提出

第二次世界大战后期,比利时解放后,当局以通敌罪逮捕了三流画家范·梅格伦,理由是他曾将 17 世纪荷兰名画家扬·弗米尔的油画《捉奸》卖给了纳粹德国戈林的中间人。可是,范·梅格伦在同年 7 月 12 日在狱中宣布,他从未把《捉奸》卖给戈林。而且,他还说,这幅画和众所周知的油画《在埃牟斯的门徒》,以及其他四幅冒充弗米尔的油画和两幅冒充胡斯(17 世纪荷兰画家)的油画,都是他自己的作品。这件事震惊了全世界。因为油画《在埃牟斯的门徒》早已经被鉴定家认为是弗米尔的真迹,并以 17 万美元的高价被荷兰一学会买下。为了证明他自己是一个伪造者,他在狱中开始伪造弗米尔的油画

《耶稣在医生们中间》,当这项工作接近完成时,梅格伦获悉,荷兰当局将以伪造罪起诉他,于是,他没有将油画完成,以免留下罪证。

为了审理这一案件,法庭组织了一个由著名的化学家、物理学家和艺术学家组成的国际专门小组查究这一案件。他们用 X 射线检验画布上是否曾经有过别的画。此外,他们还分析了油彩中的拌料。终于,科学家们在其中的几幅画中发现了现在颜料钴兰的痕迹;此外,还发现了 20 世纪才发明的酚醛类人工树脂。根据这些证据,1947 年 10 月,梅格伦被判伪造罪,判刑一年。可是他于当年 12 月因心脏病发作在狱中死去。然而,事情到此并没有结束。人们还是不相信著名的油画《在埃牟斯的门徒》是伪造的。专家小组对怀疑者的回答是:梅格伦因他在艺术界没有地位而苦恼,因此决心绘制油画《在埃牟斯的门徒》,来证明他高于三流画家。当创作出这幅杰作后,他的志气消退了。而且,当他看到油画《在埃牟斯的门徒》那么容易就卖掉后,再伪造后来的作品时就不太用心了。这种解释不能使人满意。人们要求完全科学、确定地来证明油画《在埃牟斯的门徒》的确是一个伪造品。直到 1967 年,卡内基·梅伦大学的科学家们通过建立数学模型,并利用测得的一些数据,无可置疑地证实了上述所谓的名画确实是赝品,从而使这一悬案得以告破。那么,科学家们是怎么用数学建模的方法来证实的呢?

2. 问题分析

测定油画和其他像岩石这样的材料的年龄的关键技术是 20 世纪初发现的放射性现象。放射性元素的原子是不稳定的,它们会不断地有原子自然蜕变而成为新元素的原子,这种蜕变的原子数目的速度与放射性物质中该物质的原子数成正比。

所有的绘画颜料中都含有放射性元素铅(Pb^{210})和镭(Ra^{226}),而这两种重金属元素都会发生衰变,这是解决问题的突破口。

3. 模型建立与求解

设 $N(t)$ 是时间 t 存在的放射性原子的数目,则有

$$\frac{dN}{dt} = -\lambda N,$$

式中:λ 是正常数,称为该物质的衰变常数。λ 越大,物质蜕变得越快。衡量物质蜕变率的一个尺度是它的半衰期 T,即放射性原子蜕变一半所需要的时间。

解微分方程初值问题

$$\frac{dN}{dt} = -\lambda N, N(t_0) = N_0,$$

得其解为 $N(t) = N_0 e^{-\lambda(t-t_0)}$。故令 $N(t) = 0.5 N_0$,求得

$$T = \frac{\ln 2}{\lambda}. \tag{3.29}$$

许多物质的半衰期已经测定,如 C^{14} 的半衰期为 5568 年;Pb^{210} 的半衰期为 22 年。

"放射性测定年龄法"的根据主要为:从上面知道,$t - t_0 = \frac{\ln(N_0/N)}{\lambda}$。如果 t_0 是物质最初形成或制造出来的时间,则物质的年龄为 $\frac{\ln(N/N_0)}{\lambda}$。并且我们可以测出 N 的值。但是 N_0 往往是不知道的。不过在某些情况下,我们或者能够间接地确定 N_0,或者能够确定一

个适当的范围,对于梅格伦的伪造品来说,情况正是如此。

所有的油画总都含有放射性铅(Pb^{210})和镭(Ra^{226}),这两种元素存在于铅白中,画家们用铅白做原料。镭衰变为铅,可以利用它们确定油画的年龄。

设 $y(t)$ 是时间 t 时每克铅白中铅(Pb^{210})的含量,y_0 是制造时间 t_0 时每克铅白中(Pb^{210})的含量,$r(t)$ 是时间 t 时每克铅白的镭(Ra^{226})的衰变速度。设 λ 是铅(Pb^{210})的衰变常数,则

$$\frac{dy}{dt}=-\lambda y+r(t),\quad y(t_0)=y_0.$$

由于我们所考虑的时期最多为 300 年,而镭的半衰期为 1600 年。所以我们可以近似假设镭的数量保持不变,即设 $r(t)$ 是一个常数。于是解上面的微分方程得到其解为

$$y(t)=\frac{r}{\lambda}[1-e^{-\lambda(t-t_0)}]+y_0 e^{-\lambda(t-t_0)}. \quad (3.30)$$

现在,$y(t)$ 和 r 很容易测量到。因此只要知道 y_0,就能利用式(3.30)算出 $t-t_0$。虽然不能直接测量 y_0,但是我们能利用式(3.30)来区别 17 世纪的油画和现代赝品。

已知铅的半衰期为 22 年,故得

$$\lambda=\frac{\ln 2}{22}.$$

镭(Ra^{226})的衰变率 $r=0.8$,铅(Pb^{210})的衰变率 $\lambda y=8.5$,再来计算 y_0,由式(3.30)得

$$\lambda y_0=\lambda y(t)e^{\lambda(t-t_0)}-r[e^{\lambda(t-t_0)}-1]. \quad (3.31)$$

如果这幅画是真品,则其应该有 300 年的历史,可以取 $t-t_0=300$,于是,将其代入式(3.31)得

$$\lambda y_0=\lambda y e^{300\lambda}-r(e^{300\lambda}-1)=8.5 e^{300\times\frac{\ln 2}{22}}-0.8(e^{300\times\frac{\ln 2}{22}}-1)=98050.$$

$\lambda y_0=98050$ 这个数太大了,与真实情况不符,证实《在埃牟斯的门徒》是赝品。卡内基·梅伦大学的科学家利用上述方法,对部分有疑问的油画都作了鉴定。

4. 模型评注

成功利用数学模型进行案件侦破的例子很多,显示了数学模型强大的应用价值。

3.5.9 长沙马王堆一号墓葬的年代问题

1. 问题提出

1972 年 8 月,湖南长沙出土了马王堆一号墓,因墓中的女尸历经多年未腐而轰动全世界。科学家经过测量计算,并进一步考证,确定马王堆一号墓的主人是汉代长沙国丞相利仓的夫人辛追。那么,科学家是用什么方法测定的呢?

2. 问题分析

大气层在宇宙射线不断轰击下所产生的中子与氮气作用生成了 C^{14}(C^{12} 的同位素),C^{14} 具有放射性,并且遵循放射性元素的衰变规律(放射性元素任意时刻的衰变速度与该时刻放射性元素的质量成正比)。C^{14} 进一步被氧化成二氧化碳,二氧化碳被植物吸收,而动物又以植物为食物,于是放射性 C^{14} 就被带到各种动植物体内。对于放射性 C^{14} 来说,不论是存在于空气中还是在生物体内,都在不断地蜕变。由于活着的生物通过新陈代谢不断地摄取 C^{14},使得生物体内的 C^{14} 与空气中的 C^{14} 有相同的百分含量。一旦生物死亡,随

着新陈代谢的停止,尸体内的 C^{14} 就会因蜕变而逐渐减少,因此根据 C^{14} 蜕变减少量的变化情况就可以判定生物死亡的时间。

经测定,出土的木炭标本中 C^{14} 的平均原子蜕变速度为 29.78 次/min,而新砍伐烧成的木炭中 C^{14} 的平均原子蜕变速度为 37.37 次/min,C^{14} 的半衰期为 5568 年。

利用放射性元素的衰变的物理规律,可以找到解决这个问题的思路。

3. 模型假设

设 m_0 表示该墓下葬时木炭标本中 C^{14} 的含量,$m(t)$ 表示该墓出土时木炭标本中 C^{14} 的含量,T 表示 C^{14} 的半衰期。

4. 模型建立及求解

根据衰变规律,有

$$\frac{dm}{dt} = -km \tag{3.32}$$

式中:$k>0$ 为比例常数;负号表示放射性元素的质量随时间的推移是递减的。

容易求得式(3.32)的通解为 $x(t) = ce^{-kt}$,代入初始时刻放射性元素的质量 m_0,得到上述方程的特解为

$$m(t) = m_0 e^{-kt}. \tag{3.33}$$

由于放射性元素的半衰期往往是已知的,于是可以利用半衰期确定上式中比例常数 k,即

$$\frac{m_0}{2} = m_0 e^{-kT},$$

解之得 $k = \frac{\ln 2}{T}$,将其代入式(3.33)可以求出

$$t = \frac{T}{\ln 2} \ln \frac{m_0}{m(t)}, \tag{3.34}$$

将式(3.32)改写为

$$m'(t) = -km(t),$$

则令 $t=0$,得

$$m'(0) = -km(0) = -km_0,$$

上面两式相除,得

$$\frac{m'(0)}{m'(t)} = \frac{m_0}{m(t)},$$

将上式代入式(3.34),即得

$$t = \frac{T}{\ln 2} \ln \frac{m'(0)}{m'(t)}.$$

$m'(0)$ 虽然表示的是下葬时木炭标本中 C^{14} 的衰变速度,但考虑到宇宙射线的强度在数千年内变化不会很大,因而可以认为现代生物体内 C^{14} 的衰变速度与马王堆墓葬时代生物体内 C^{14} 的衰变速度相等。即可以新砍伐烧成的木炭中 C^{14} 的平均原子蜕变速度 37.37 次/min 代替 $m'(0)$,再将 $m'(t) = 29.78$ 次/min 和 $T = 5568$ 代入上式,求得 $t \approx 1824$ 年,从而推断马王堆一号墓距今有 1824 年左右。

5. 模型应用

结合放射性元素的蜕变规律,通过建立数学模型来测定文物以及地质的年代,这种方法已被考古、地质方面的专家所广泛采用。上述例子只是其中的一个。

3.5.10 商品价格与供求关系变化之间的模型

1. 问题提出

市场上商品的价格总是随着时间在不断变化。按照马克思、恩格斯的劳动价值论,商品的价格以商品的价值量为基础,商品的价格受供求关系的影响,围绕着价值上下波动。当需求量大于供给量时,价格将上涨;反之,当供给量大于需求量时,价格将下跌。那么,商品的价格到底怎么随供求关系的变化而变化?

2. 模型假设

假设 1 设 $p(t)$ 表示 t 时刻商品的价格。

假设 2 设需求量为 q_d,供给量为 q_s。

假设 3 假设价格的变化率与过盛需求量成正比,即

$$\frac{dp}{dt}=\lambda(q_d-q_s), \tag{3.35}$$

其中比例系数 $\lambda>0$,可根据市场调查确定。

简单起见,假定需求量 q_d 与供给量 q_s 都是只依赖于价格 p 的线性函数

$$\begin{cases} q_d=a-bp, \\ q_s=-c+dp, \end{cases} \tag{3.36}$$

其中 a,b,c,d 都已知,且均为正常数。

3. 模型建立与求解

将式(3.36)代入式(3.35),得

$$\frac{dp}{dt}=\lambda[(a-bp)-(-c+dp)]=\lambda[(a+c)-(b+d)p],$$

记 $\lambda(a+c)=h,\lambda(b+d)=k$,则上式可简化为

$$\frac{dp}{dt}+kp=h. \tag{3.37}$$

这是一个以价格 $p(t)$ 为未知函数的一阶常系数线性非齐次微分方程,根据一阶线性非齐次微分方程的通解公式,求得其通解为

$$p(t)=\frac{h}{k}+Ce^{-kt}.$$

注意到 $\frac{h}{k}=\frac{a+c}{b+d}$ 正是供需平衡时的均衡价格 $\bar{p}$(即供给量和需求量相等时的价格,可由 $q_d=q_s$ 解出 p 而得到),故式(3.37)的通解可写成

$$p(t)=\bar{p}+Ce^{-kt}.$$

如果已知初始价格 $p(0)=p_0$,则可以进一步求出式(3.37)的特解为

$$p(t)=\bar{p}+(p_0-\bar{p})e^{-kt},$$

这就是商品的价格 p 随时间 t 的变化规律。

4. 模型应用

从这个模型可以看出,随着时间的推移,商品的价格 p 越来越接近它的均衡价格 $\bar{p}$。当然,实际情况远比这个结果要复杂得多,在现实社会中,商品的价格与很多因素有关,如商品的广告宣传、品牌、营销策略等。

3.5.11 兰彻斯特战斗模型

1. 问题提出

两军对垒,一场战役爆发在即,战争双方都关心此次战斗的胜负。战争的胜负取决于许多因素,如兵力的多少、武器的配置、所处的地理位置、士兵的素质、指挥员的指挥艺术、后勤供应、气候条件及增援情况等。但由于是一次局部战斗,因而有些因素可以不作考虑,如气候、后勤供应,而且简单起见,认为两军的战斗力主要取决于各自的士兵人数。

设 $x(t)$ 与 $y(t)$ 分别表示甲、乙交战双方在时刻 t 的兵力,$p(t)$ 与 $q(t)$ 分别表示甲、乙交战双方在时刻 t 的增援补充率。

2. 问题分析

战争的胜负取决于许多因素,但为了使问题简单,我们认为两军交战,胜负主要取决于士兵人数,但战斗根据交战双方军队的不同分为下述三种情况,分别进行讨论。

3. 模型建立

1) 正规军与正规军作战

正规军与正规军作战,双方士兵都处于对方火力范围之内,这样对于甲方来说,它的战斗减员率只与乙方兵力有关,而且战斗减员率与乙方的人数成正比,不妨设战斗减员率等于 $-by(b>0)$,非战斗减员率(也称为自然减员率,即由疾病、逃跑等引起的减员率)与自己军队的人数也成正比,不妨设自然减员率等于 $-ax(a>0)$,而甲方人数的变化率应是自己的战斗减员率、非战斗减员率及增援补充率之和;对于乙方来说,情况也是一样的。于是可得如下正规军与正规军作战的数学模型:

$$\begin{cases} \dfrac{dx}{dt}=-ax-by+p(t), \\ \dfrac{dy}{dt}=-cx-dy+q(t), \end{cases} \tag{3.38}$$

其中 a,b,c,d 为正的常数。

2) 正规军与游击队作战(也称为混合战)

假设甲方是游击队,乙方是正规军。游击队对当地地形比较熟悉,常常位于不易被发现的有利地形。设游击队占据区域为 R,由于乙方看不清甲方,因此只能向区域 R 内射击,但并不知道杀伤力的情况。我们认为下面的假设是合理的:游击队的战斗减员率应当与 $x(t)$ 成正比,因为 $x(t)$ 越大,目标越大,被敌方子弹击中的可能性越大;游击队的战斗减员率还与 $y(t)$ 成正比,因为 $y(t)$ 越大,火力越强,游击队的伤亡人数也就越大。因此,游击队的战斗减员率与 $x(t),y(t)$ 成正比,不妨设比例系数为 g,且 $g>0$。对于正规军来说,它处于对方的火力范围内,因而战斗减员率仅与游击队的人数有关,且与其人数 $x(t)$ 成正比,不妨设比例系数为 c,且 $c>0$。其他情况如非战斗减员率及增援补充率均与正规军作战情形相同。

于是可得如下混合战的数学模型：

$$\begin{cases} \dfrac{\mathrm{d}x}{\mathrm{d}t}=-ax-gxy+p(t), \\ \dfrac{\mathrm{d}y}{\mathrm{d}t}=-cx-dy+q(t), \end{cases} \quad (3.39)$$

其中 a,g,c,d 为正的常数。

3）游击队与游击队之战

与前面两种情形的分析方法类似，可以得到如下游击队与游击队之战的数学模型：

$$\begin{cases} \dfrac{\mathrm{d}x}{\mathrm{d}t}=-ax-gxy+p(t), \\ \dfrac{\mathrm{d}y}{\mathrm{d}t}=-cy-hxy+q(t), \end{cases} \quad (3.40)$$

其中 a,g,c,h 为正的常数。

4. 战斗模型的分析

1）平方律

在建立模型后，这些模型能告诉我们什么。为了讨论简单，我们分析那些理想的情形，即没有增援、没有非战斗减员、双方的战斗效果系数又均为常数。此时，正规军之间作战的兰彻斯特方程组为

$$\begin{cases} \dfrac{\mathrm{d}x}{\mathrm{d}t}=-by, \\ \dfrac{\mathrm{d}y}{\mathrm{d}t}=-cx, \\ x(0)=x_0,y(0)=y_0. \end{cases} \quad (3.41)$$

这个方程组可化成 $\dfrac{\mathrm{d}y}{\mathrm{d}x}=\dfrac{cx}{by}$，解此微分方程可得

$$b(y^2-y_0^2)=c(x^2-x_0^2), \quad (3.42)$$

式(3.42)给出两支交战部队之间的二次关系，因此人们常常称式(3.41)为平方律模型。式(3.42)又可改写成

$$by^2-cx^2=by_0^2-cx_0^2 \xrightarrow{\text{记作}} k,$$

或

$$by^2-cx^2=k. \quad (3.43)$$

考虑 xy 平面，那么 $by^2-ax^2=k$ 的图形恰巧是双曲线。所以，也常称式(3.43)所揭示的规律为双曲律。对于不同的 k 值，所得的曲线画在图 3.15 中，其中 $k=0$ 对应着一条直线。

现在，让我们解释一下图 3.15。如果一方的士兵完全被消灭才算战争停止（实际上往往并非如此，经常是一方的人员伤亡到一定程度，战争便已停止了），那么我们应该考虑 xy

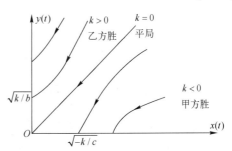

图 3.15 平方律的双曲线

平面的第一象限中的曲线。曲线上的箭头表示兵力随时间而变化的方向。现在,双方的指挥官最关心的便是谁将赢得胜利。假设一方的士兵完全被消灭便是另一方的胜利,下面用这个标准分析结果:

(1) $k<0$,这时对应的双曲线与 x 轴相交于点 $(\sqrt{-k/c},0)$,即是说,当甲方还拥有的战士数为 $\sqrt{-k/c}$ 时,乙方的战士数已经是零,即乙方完全被消灭。按上述标准,此时甲方胜。

(2) $k>0$,此时乙方胜,并且当战斗结束时(即 $x=0$),乙方拥有的战士数为 $\sqrt{k/b}$。

(3) $k=0$,此时对应的直线与两坐标轴的交点为原点 $(0,0)$。它表示随着战斗的继续进行,双方将同归于尽。当 $k=0$ 时,$by_0^2 = cx_0^2$,即

$$\frac{x_0}{y_0} = \sqrt{\frac{b}{c}}. \tag{3.44}$$

这时,双方的初始兵力是处于势均力敌的平衡状态。并且显然有

$$\begin{cases} k>0, \dfrac{x_0}{y_0} < \sqrt{\dfrac{b}{c}}, & \text{乙方胜,} \\ k=0, \dfrac{x_0}{y_0} = \sqrt{\dfrac{b}{c}}, & \text{双方兵力相当,} \\ k<0, \dfrac{x_0}{y_0} > \sqrt{\dfrac{b}{c}}, & \text{甲方胜.} \end{cases} \tag{3.45}$$

从这个结果可以看出,一方要取胜,可以有两种方法:其一是增加自己的初始兵力,使己方的力量为敌方的 2 倍、3 倍、5 倍、10 倍;其二是增大己方的战斗效果系数,如加强对士兵的训练、改善己方的武器装备、创造良好的作战条件等。当然,也可设法降低对方的战斗效果系数,例如,迷惑对方,以使对方的统帅做出错误判断;破坏对方的后勤供应、武器装备;涣散对方的军心等。

指挥官还希望能知道双方兵力的变化。此时,由式(3.41)可推出它们的兵力随时间变化的方程,例如,对于甲方,有

$$\begin{cases} \dfrac{d^2 x}{dt^2} - bcx = 0, \\ x(0) = x_0, \left.\dfrac{dx}{dt}\right|_{t=0} = -by_0. \end{cases} \tag{3.46}$$

对于乙方,有

$$\begin{cases} \dfrac{d^2 y}{dt^2} - bcy = 0, \\ y(0) = y_0, \left.\dfrac{dy}{dt}\right|_{t=0} = -cx_0. \end{cases} \tag{3.47}$$

令 $\lambda = \sqrt{bc}$,$\mu = \sqrt{b/c}$,解上述方程可得

$$\begin{cases} x(t) = x_0 \mathrm{ch}(\lambda t) - \mu y_0 \mathrm{sh}(\lambda t), \\ y(t) = y_0 \mathrm{ch}(\lambda t) - \dfrac{x_0}{\mu} \mathrm{sh}(\lambda t), \end{cases} \tag{3.48}$$

式中:ch(·)和sh(·)表示双曲余弦和双曲正弦。根据这两个函数,可以画出它们相对应的曲线。

2) 线性率

假设交战双方都是采用游击战术,这时若设双方没有非战斗减员、没有增援,且g和h都是常数,那么方程组就会变成

$$\begin{cases} \dfrac{\mathrm{d}x}{\mathrm{d}t} = -gxy, \\ \dfrac{\mathrm{d}y}{\mathrm{d}t} = -hxy, \\ x(0) = x_0, y(0) = y_0. \end{cases} \quad (3.49)$$

不难解出

$$g(y - y_0) = h(x - x_0),$$

或

$$gy - hx = gy_0 - hx_0 \xrightarrow{\text{记作}} l, \quad (3.50)$$

上式在 xy 平面上的图形是直线,如图 3.16 所示,故称为线性律。显然,可仿平方律的分析,推知:

(1) $l<0$,甲方胜,此时 $\dfrac{x_0}{y_0} > \dfrac{g}{h}$。

(2) $l=0$,双方势均力敌,这时 $\dfrac{x_0}{y_0} = \dfrac{g}{h}$。

(3) $l>0$,乙方胜,此时 $\dfrac{x_0}{y_0} < \dfrac{g}{h}$。

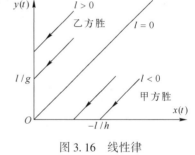

图 3.16 线性律

关于双曲线分析的许多方法和结论均可推广于此。

不过,在重要的战例中,双方都使用游击战的情况并不多见。

3) 抛物律

假如一方是入侵者,力量强大;被侵入的一方,力量较弱,因而采用游击战。这时会有什么结果呢?设双方无增援,无非战斗减员,且战斗效果系数都是常数,又设甲方为游击队,乙方(入侵方)为正规军,则此时的方程组为

$$\begin{cases} \dfrac{\mathrm{d}x}{\mathrm{d}t} = -gxy, \\ \dfrac{\mathrm{d}y}{\mathrm{d}t} = -cx, \\ x(0) = x_0, y(0) = y_0. \end{cases} \quad (3.51)$$

解这个方程组便得到

$$gy^2 - 2cx = gy_0^2 - 2cx_0 \xrightarrow{\text{记作}} m. \quad (3.52)$$

显然,上面的函数在 xy 平面上的图形是一条抛物线,如图 3.17 所示,所以又称它所反映的战争规律为抛物律。如前面的分析可知:

(1) $m<0$，此时$\dfrac{x_0}{y_0^2}>\dfrac{g}{2c}$，游击队胜。

(2) $m=0$，此时$\dfrac{x_0}{y_0^2}=\dfrac{g}{2c}$，双方势均力敌。

(3) $m>0$，此时$\dfrac{x_0}{y_0^2}<\dfrac{g}{2c}$，正规军胜。

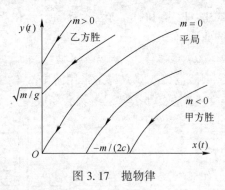

图 3.17　抛物律

我们都看到这样的现象：往往入侵方有强大的军队，武器精良，士兵训练有素，然而对于游击队却又往往束手无策，吃尽苦头。这是为什么呢？让我们分析一下双方的战斗效果系数。设甲方每单位时间内每个战士射击的次数为r_x，他们每次射击可杀死一个敌人的可能性为p_x，那么自然会认为$c=r_x p_x$（注意，这些r_x, p_x自然是甲方中诸战士的平均值），但对于g呢？假设乙方每单位时间每个战士射击的次数为r_y，但是甲方的战士是散布在区域R之内，而乙方只是凭枪声、火光等来判断甲方的位置，他们所射击的每一发子弹（或手榴弹、火箭筒等）的有效杀伤面积设为A_{r_y}，例如它可以是游击队员在掩体中其身体暴露在外的部分的面积，而游击队员在区域R中散布时所占的面积为A_x，则此时乙方对游击队的战斗杀伤的效果系数g应是

$$g=r_y\dfrac{A_{r_y}}{A_x},$$

因而，如果乙方希望取胜，就应使$m>0$，即

$$\dfrac{y_0^2}{x_0}>\dfrac{2c}{g}=\dfrac{2A_x r_x p_x}{r_y A_{r_y}},$$

或

$$\left(\dfrac{y_0}{x_0}\right)^2>2\dfrac{r_x}{r_y}\cdot\dfrac{A_x p_x}{A_{r_y}}\cdot\dfrac{1}{x_0}.$$

我们不妨假设$r_x/r_y\approx 1$，对于p_x，不妨设为0.1（即一名游击队员每射击一次杀死乙方一人的概率），再假设游击队员身体易受损伤的有效部位在有掩体的情况下是0.20m^2，即$A_{r_y}=0.20\text{m}^2$。于是

$$\left(\dfrac{y_0}{x_0}\right)^2>\dfrac{A_x}{x_0}.$$

假若游击队埋伏时较为疏散，每个战士所占面积为长、宽各为10m的面积，即100m^2。故$A_x=100x_0\text{m}^2$，于是

$$\left(\dfrac{y_0}{x_0}\right)^2>\dfrac{100x_0}{x_0}=100,$$

从而

$$\dfrac{y_0}{x_0}>10,$$

这就是说，乙方必须使用10倍以上的兵力，才能取得这次战斗的胜利。

注意，游击队在暗处，正规军在明处，所以，游击队可以调整自己的"参数"，如A_x, x_0，

A_{r_y}, r_x 等,而正规军由于不能确切知道游击队的隐蔽之处,往往误判。

历史上许多规模较大的战争,也说明了游击战的作用,不妨以第二次世界大战以后的许多次战争的数据做一些说明,具体情况如表 3.3 所示。

表 3.3 入侵方与游击队兵力之比与胜负情况

时 间	地 点	入侵方与游击队兵力之比 y_0/x_0	胜 败	y_0/x_0 平均值
1946—1949 年	希腊	8.75	正规军胜	
1945—1954 年	马来西亚	18	正规军胜	10.06
1953 年	肯尼亚	9.5	正规军胜	
1948—1952 年	菲律宾	4	正规军胜	
1945—1947 年	印度尼西亚	1.5	正规军败	
1945—1954 年	印度支那	2	正规军败	
1958—1959 年	古巴	6	正规军败	
1959—1962 年	老挝	2.5	正规军败	超过 5.62
1956—1962 年	阿尔及利亚	10	正规军败	
1959 年	越南	9.6	正规军败	
1968 年	越南	7	正规军败	
1975 年	越南	超过 6	正规军败	
1978—1991 年	柬埔寨	超过 6	正规军败	

由此统计表可见,面对强大的入侵的正规军,游击队虽然较弱,但它可以灵活运用自己的战术,最终取得胜利。

利用表 3.3 做保守一些的估计,至少需要
$$\frac{正规军兵力}{游击队兵力} > 8,$$
正规军才有可能取胜。由此就可以解释为什么当年日军在中国战场上,美军在越南战场上,以及越军在柬埔寨战场上会陷入难于自拔的困境了。

4) 复合的情形

以上讨论均假设甲方、乙方都是单一兵种、单一武器的。对于多部队或多兵种、多种武器、多目标的战争,方程要复杂得多。可引入方程

$$\begin{cases} \dfrac{\mathrm{d}x_j}{\mathrm{d}t} = -\sum_{i=1}^{m} \varepsilon_{ij} b_{ij} y_i, & j = 1, 2, \cdots, n, \\ \dfrac{\mathrm{d}y_i}{\mathrm{d}t} = -\sum_{j=1}^{n} \delta_{ji} a_{ji} x_j, & i = 1, 2, \cdots, m, \\ x_j(0) = x_j^0, y_i(0) = y_i^0, & i = 1, 2, \cdots, m; j = 1, 2, \cdots, n, \end{cases} \quad (3.53)$$

式中:ε_{ij} 为第 i 种武器被分配用于射击第 j 种目标时的比例数;b_{ij} 为第 i 种武器对第 j 种目标的战斗效果系数。类似地可解释 δ_{ji}, a_{ji} 的含义。

5. 一些战争的实例

为了进一步说明上面所分析的战争模型的价值,以下举出几个实际战例作为参考。

1) 平型关战役

平型关战役是发生在 1937 年 9 月,八路军 115 师原计划用三个团的兵力,在山西灵丘的平型关东北公路两侧山地伏击日军板垣师团。我军于 9 月 24 日深夜设伏,待敌 21 旅团进入设伏区,于 9 月 25 日晨 7 时打响战斗,当天黄昏时结束,我军取得重大胜利。由于交战地区狭小,交战双方损失(伤亡)率与己方兵力密度成正比,当然也与对方的兵力成正比,因此,应该使用线性律。设 $x(t)$、$y(t)$ 分别为我方及日方在开火后的第 t 时刻的兵力,此时应该考虑方程

$$\begin{cases} \dfrac{\mathrm{d}x}{\mathrm{d}t}=-gxy, \\ \dfrac{\mathrm{d}y}{\mathrm{d}t}=-hxy, \\ x(0)=x_0, y(0)=y_0. \end{cases} \tag{3.54}$$

假设 g,h 均为常数,再假设在战斗结束时 t_e 双方所剩下的兵力分别是 x_e, y_e,则由式(3.54)可解出

$$g(y-y_0)=h(x-x_0),$$

利用 $t=t_e$ 时的取值,可以求出

$$\frac{h}{g}=\frac{y_0-y_e}{x_0-x_e}, \tag{3.55}$$

从而得到

$$y=\frac{h}{g}(x-x_0)+y_0 \tag{3.56}$$

把式(3.56)代入式(3.54),得到 $x(t)$ 满足的微分方程为

$$\frac{\mathrm{d}x}{\mathrm{d}t}=-gx\left[\frac{h}{g}(x-x_0)+y_0\right], \quad x(0)=x_0,$$

解之,得

$$x(t)=\frac{-x_0(k-1)\mathrm{e}^{-hx_0(k-1)t}}{\mathrm{e}^{-hx_0(k-1)t}-k},$$

其中,$k=\dfrac{gy_0}{hx_0}$。

类似地,可以求得

$$y(t)=\frac{-y_0(k-1)}{\mathrm{e}^{-hx_0(k-1)t}-k}.$$

现在据此来计算 g,h。由已有的资料可知 $x_0=4500, y_0=4000$,战斗持续时间 $T=24\mathrm{h}$,两方伤亡人数如下:

日方伤亡人数 y_0-y_e 估计为 1050 人;

我方伤亡人数 x_0-x_e 估计为 950 人。

则

$$\frac{h}{g}=\frac{y_0-y_e}{x_0-x_e}=1.1053,$$

从而
$$k = \frac{gy_0}{hx_0} = 0.8042,$$

而由 $y(T) = y_e = 2950$ 和 $y(t)$ 的表达式,可得

$$h = -\frac{1}{x_0(k-1)T}\ln\left(k - \frac{y_0(k-1)}{y_e}\right) = 3.1859 \times 10^{-6},$$

$$g = 2.8825 \times 10^{-6}.$$

这一仗虽然我军损失很大,但由于消灭了日军的精锐部队板垣师团,因此不但沉重地打击了敌人,也大长了中国人民的志气。

2) 美、日间的硫磺岛战役

硫黄岛位于东京以南 660 英里(1 英里 = 1609.344m)的海面上,是日军的重要空军基地。美军在 1945 年 2 月开始进攻,激烈的战斗持续了一个月,双方伤亡惨重,日方守军 21500 人全部阵亡或被俘,美方投入兵力 73000 人,其中第 1 天登陆 54000 人,第 2 天未增援,第 3 天增援 6000 人,第 4、5 天未增援,第 6 天增援 13000 人,以后未增援。战争结束时,美军伤亡 20265 人。战争进行到 28 天时,美军宣布占领该岛,实际战争到 36 天才停止。美军的战地记录有按天统计的战斗减员情况。日军没有后援,战地记录全部遗失。

用 $x(t)$ 和 $y(t)$ 表示美军和日军第 t 天的人数,忽略双方的非战斗减员,则

$$\begin{cases} \dfrac{\mathrm{d}x}{\mathrm{d}t} = -ay + p(t), \\ \dfrac{\mathrm{d}y}{\mathrm{d}t} = -bx, \\ x(0) = 0, \quad y(0) = 21500, \end{cases} \quad (3.57)$$

其中美军战地记录给出增援 $p(t)$ 为

$$p(t) = \begin{cases} 54000, & 0 \leq t < 1, \\ 6000, & 2 \leq t < 3, \\ 13000, & 5 \leq t < 6, \\ 0, & \text{其他}. \end{cases}$$

并可由每天伤亡人数算出 $x(t)(t=1,2,\cdots,36)$ 的实际值。

模型求解的主要工作是对参数 a,b 进行估计。对式(3.57)的前两个方程两边积分,并用求和来近似代替积分,有

$$x(t) - x(0) = -a\sum_{\tau=1}^{t} y(\tau) + \sum_{\tau=1}^{t} p(\tau), \quad (3.58)$$

$$y(t) - y(0) = -b\sum_{\tau=1}^{t} x(\tau), \quad (3.59)$$

为估计 b,在式(3.59)中取 $t=36$,因为 $y(36)=0$,且由 $x(t)$ 的实际数据可得 $\sum_{t=1}^{36} x(t) = 2037000$,因此根据式(3.59)估计出 $b = 0.0106$。再把这个值代入式(3.59)式即可算出 $y(t), t=1,2,\cdots,36$。

然后根据式(3.58)估计 a。令 $t=36$，得

$$a = \frac{\sum_{\tau=1}^{36} p(\tau) - x(36)}{\sum_{\tau=1}^{36} y(\tau)}, \tag{3.60}$$

式中：分子是美军的总伤亡人数，为 20265 人；分母可由已经算出的 $y(t)$ 得到，为 372500 人。于是根据式(3.60)，有 $a=0.0544$。把这个值代入式(3.58)得

$$x(t) = -0.0544 \sum_{\tau=1}^{t} y(\tau) + \sum_{\tau=1}^{t} p(\tau), \tag{3.61}$$

由式(3.61)可以算出美军人数 $x(t)$ 的理论值，与实际数据吻合得很好。

根据上述求得的参数 a,b 的值，求微分方程组(3.57)的数值解，并画出美军人数、日军人数的按时间变化曲线如图 3.18 所示。

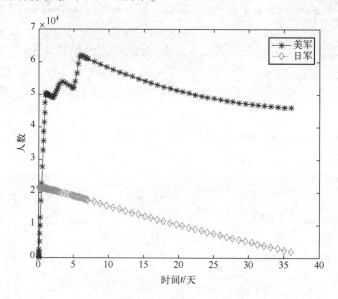

图 3.18　美军、日军人数变化曲线

求微分方程数值解及画图的 MATLAB 程序如下：

```
clc, clear, close all
dxy=@(t,x)[-0.0544*x(2)+54000*(t>=0 & t<1)+6000*(t>=2 & t<3)+
    13000*(t>=5 & t<6);-0.0106*x(1)];
[t,xy]=ode45(dxy,[0:36],[0,21500])
plot(t,xy(:,1),'r*-',t,xy(:,2),'gD--')
xlabel('时间 t/天'), ylabel('人数'), legend('美军','日军')
```

习　题　3

3.1　一辆正在干燥、水平的路面行驶的汽车开始刹车，刹车时的车速为 40km/h，汽

车在停车前行驶了50m,计算摩擦系数。

3.2 一名跳伞员从高空跳下,其下落速度满足 $\dfrac{dv}{dt}=g-kv^2$。经查资料,$k\approx 0.05$,求此跳伞员落地时的极限速度。

3.3 在石油的生产地和加工厂,为储存原油,常使用大量的水平安置的椭圆柱储油罐,其横向长度为 L,而底面是长轴为 $2a$、短轴为 $2b$ 的椭圆,上端有一注油孔,由于经常注油和取油,有时很难知道油罐中的余油量。因此,希望设计一个精确的标尺,工人只需将该尺垂直插入至油罐的最底部,就可根据标尺上的油痕位置的刻度获知剩油量的多少,剩油量用剩油体积表示。

3.4 按照某学者的理论,假设一个企业生产某产品单件成本为 a 元,卖出该产品的单价为 m 元,则其满意度为 $h=\dfrac{a}{m+a}$。如果一个企业生产并销售两种不同产品的满意度分别为 h_1 和 h_2,则该企业对这两种产品的综合满意度为 $\sqrt{h_1 h_2}$。

现有某企业计划在第一年度生产 A、B 两种产品的单件成本分别控制在 6 元和 24 元,在第二年度生产 A、B 两种产品的单件成本分别控制在 5 元和 20 元,请你为其制订一个销售 A、B 两种产品的两年度定价方案,使得该企业在第一年度对两种产品的综合满意度达到 $\dfrac{4}{7}$,在第二年度对这两种产品的综合满意度达到最大。

3.5 在凌晨1时警察接到一起凶杀案的报案,警察到现场后发现一具尸体,法医测得尸体温度是29℃,当时环境温度是21℃,1小时后尸体温度下降到27℃,据此,警察判断出凶杀案发生的时间,请问警察是如何判断出来的?

3.6 我军导弹艇发现正东方100km处海面上有一艘敌舰,正以40km/h的速度向正北方向行驶。我舰立即发射超声速反舰导弹追击敌舰,导弹速度马赫数为2。如果自动导航系统能使导弹在任一时刻都对准敌舰,试求导弹运行的曲线方程,以及导弹在何时何处击中敌舰。

3.7 一根金属杆从寒冷的室外拿到温度保持在18℃的机房里。10min后金属杆的温度上升到0℃,再过10min后升到10℃,应用牛顿冷却定理估计这根杆的初始温度。

3.8 一幅油画据说是 Vermeer(1632—1657)画的,它应该仅包含不超过原有96.2%的碳,然而该油画却包含了99.5%的碳。试问此赝品大约是什么年代画的?

3.9 某公司的一间容量为 $90m^3$ 的会议室里正在开会。开始时会议室里没有一氧化碳(CO),由于有人抽烟,会议室里每分钟将增加 $0.006m^3$ 含4%一氧化碳的烟雾。与此同时,会议室的通风设备每分钟也抽换 $0.006m^3$ 的空气,求约经过多长时间,会议室里的一氧化碳含量将达到0.01%。

3.10 建立解放战争模型,即甲方在战争中俘虏了乙方战斗人员,而乙方俘虏按一定比例转化为甲方战斗人员,讨论甲、乙双方取胜的条件。

3.11 表 3.4 是中国 1989—2006 年的人口数据。试用这些数据拟合阻滞模型的参数。

表 3.4 中国人口数据

年份	1989	1990	1991	1992	1993	1994	1995	1996	1997
人口/万人	112704	114333	115823	117171	118517	119850	121121	122389	123626
年份	1998	1999	2000	2001	2002	2003	2004	2005	2006
人口/万人	124761	125786	126743	127627	128453	129227	129988	130756	131448

第4章 线性代数模型

4.1 行列式与矩阵

本节案例主要涉及线性代数中矩阵与方阵的行列式等概念,通过案例建立数学模型,加深对行列式、矩阵及矩阵运算等相关知识的进一步理解,并了解这些概念的实际应用。

4.1.1 过定点的多项式方程的行列式

1. 问题提出

求通过空间中三个点$(1,2,3)$,$(3,5,6)$,$(2,2,4)$的平面方程。

2. 模型建立与求解

已知三个点可以确定一个平面,设平面方程为$ax+by+cz+d=0$,而三个点在这个平面上,所以它们均满足这个平面方程,因而有

$$\begin{cases} ax+by+cz+d=0, \\ a+2b+3c+d=0, \\ 3a+5b+6c+d=0, \\ 2a+2b+4c+d=0. \end{cases}$$

这是一个以a,b,c,d为未知量的齐次线性方程组,且a,b,c,d不全为0,说明该齐次线性方程组必有非零解,于是系数行列式等于0,即

$$\begin{vmatrix} x & y & z & 1 \\ 1 & 2 & 3 & 1 \\ 3 & 5 & 6 & 1 \\ 2 & 2 & 4 & 1 \end{vmatrix} = 0,$$

从而得到平面方程为$3x+y-3z+4=0$。

计算的MATLAB程序如下:

```
clc, clear, syms x y z
D=[x,y,z,1;1,2,3,1;3,5,6,1;2,2,4,1];
s=det(D)
```

3. 模型拓展

对于n次多项式$y=a_0+a_1x+a_2x^2+\cdots+a_nx^n$,其系数为$a_0,a_1,\cdots,a_{n+1}$,可由其曲线上$n+1$个横坐标互不相同的点$(x_1,y_1),(x_2,y_2),\cdots,(x_{n+1},y_{n+1})$唯一确定。

因为$n+1$个点满足这个多项式,则有

$$\begin{cases} a_0+a_1x_1+a_2x_1^2+\cdots+a_nx_1^n=y_1, \\ a_0+a_1x_2+a_2x_2^2+\cdots+a_nx_2^n=y_2, \\ \vdots \\ a_0+a_1x_{n+1}+a_2x_{n+1}^2+\cdots+a_nx_{n+1}^n=y_{n+1}. \end{cases}$$

这是一个含有 $n+1$ 个方程,以 $a_0,a_1,\cdots,a_{n+1}$ 为 $n+1$ 个未知量的线性方程组,其系数行列式为

$$D=\begin{vmatrix} 1 & x_1 & x_1^2 & \cdots & x_1^n \\ 1 & x_2 & x_2^2 & \cdots & x_2^n \\ \vdots & \vdots & \vdots & & \vdots \\ 1 & x_n & x_n^2 & \cdots & x_n^n \\ 1 & x_{n+1} & x_{n+1}^2 & \cdots & x_{n+1}^n \end{vmatrix}. \tag{4.1}$$

这是一个范德蒙行列式。当 $x_1,x_2,\cdots,x_{n+1}$ 互不相同时,$D\neq 0$,由克拉默法则,可解出唯一的 $a_0,a_1,\cdots,a_n$,所以 n 次多项式 $y=a_0+a_1x+\cdots+a_nx^n$ 可由其曲线上的 $n+1$ 个横坐标互不相同的点 $(x_1,y_1),(x_2,y_2),\cdots,(x_{n+1},y_{n+1})$ 唯一确定。

该多项式方程为

$$\begin{vmatrix} 1 & x & \cdots & x^n & y \\ 1 & x_1 & \cdots & x_1^n & y_1 \\ 1 & x_2 & \cdots & x_2^n & y_2 \\ \vdots & \vdots & & \vdots & \vdots \\ 1 & x_{n+1} & \cdots & x_{n+1}^n & y_{n+1} \end{vmatrix}=0.$$

4.1.2 循环比赛名次模型

例 4.1 图 4.1 给出了 6 支球队的比赛结果,即 1 队战胜 2,4,5,6 队,而输给了 3 队;5 队战胜 3,6 队,而输给 1,2,4 队等。试给出 6 支球队的排名顺序。

解 若胜一场记 1 分,则 6 支球队的比赛得分情况见表 4.1。

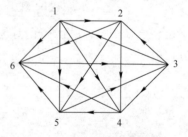

图 4.1 球队的比赛结果

表 4.1 6 支球队的比赛得分情况

球 队	1	2	3	4	5	6
1	—	1	0	1	1	1
2	0	—	0	1	1	1
3	1	1	—	1	0	0
4	0	0	0	—	1	1
5	0	0	1	0	—	1
6	0	0	0	0	0	—

通常的方法是计算各队的得分,从高到低排名次,则上面6支球队的得分是
$$s_1 = [4,3,3,2,2,1]^T.$$
按得分计算,球队1排名第一,球队2,3并列第二……。

这种方法有两个缺点:一是不能区分球队2与球队3的高低(因为不计算小分);二是没有考虑所打败对手的强弱,因为不论战胜的是强队还是弱队,都得1分。那么,如何确定一种方法,使排名更合理呢?

考虑对手的强弱,首先要回答一个问题,即用什么指标刻画对手的强弱。从直观上讲,对手强就是对手战胜的队多,对手弱就是对手战胜的队少,那么将对手的得分也记录到自己队的得分中,即所谓的二级得分。这样考虑问题要比直接考虑得分更合理。二级得分如下:
$$s_2 = [8,5,9,3,4,3]^T.$$
按这种计算方法,球队3排名第一,球队1排名第二……。

这看起来是合理的,但并没有根本解决所说的问题。因为这里只考虑每个队的对手的得分,而没有考虑每个队对手的对手的得分,也就是说,评判对手强弱的计算公式不合理。为了合理地解决这个问题,需要考虑每个队对手的对手的得分,即三级得分。那么同样的问题,还有四级得分、五级得分……。各队各级的得分如下:
$$s_3 = [15,10,16,7,12,9]^T,$$
$$s_4 = [38,28,32,21,25,16]^T,$$
$$s_5 = [90,62,87,41,48,32]^T,$$
$$s_6 = [183,121,193,80,119,87]^T.$$

看来各队名次的排列有点波动,例如球队3和球队1竞争第一名的情况就是这样。如何确定他们的名次呢?再对各队的得分进行分析。将各队比赛的得分情况构造矩阵

$$A = \begin{bmatrix} 0 & 1 & 0 & 1 & 1 & 1 \\ 0 & 0 & 0 & 1 & 1 & 1 \\ 1 & 1 & 0 & 1 & 0 & 0 \\ 0 & 0 & 0 & 0 & 1 & 1 \\ 0 & 0 & 1 & 0 & 0 & 1 \\ 0 & 1 & 0 & 0 & 0 & 0 \end{bmatrix},$$

同时构造列矢量 $e = [1,1,1,1,1,1]^T$,它可以看成各队的实力,比赛前,认为6个队是相同的。那么第一级得分为
$$s_1 = Ae,$$
s_1 也可以被看成各队的实力,比赛以后就不同了。二级以后的得分如下
$$s_2 = As_1 = A^2 e,$$
$$s_3 = As_2 = A^2 s_1 = A^3 e,$$
$$\vdots$$
$$s_k = As_{k-1} = \cdots = A^k e,$$
最合理的情况应考虑极限情况,即
$$\lim_{i \to \infty} \left(\frac{A}{\lambda} \right)^i e = s.$$

式中:λ 为矩阵 A 的最大特征值;s 为对应于 λ 的特征矢量。可以证明在一定的条件下,上述极限是存在的。

因此,名次排列问题就转化为求得分矩阵的最大特征值和对应的特征矢量。对于前面的问题,其最大特征值为 $\lambda = 2.2324$,相应的特征矢量为

$$s = [0.2379, 0.1643, 0.2310, 0.1135, 0.1498, 0.1035]^\mathrm{T}$$

即第一名到第六名的名次排列为球队1、球队3、球队2、球队5、球队4、球队6。

计算的 MATLAB 程序如下:

```
clc, clear
a = load('gtable4_1.txt');      %表格数据中的'-'替换成0,保存到纯文本文件中
e = ones(6,1); s(:,1) = a*e;
for i = 2:6
    s(:,i) = a*s(:,i-1);        %各级得分保存在矩阵的一列
end
s                               %显示各级得分
[vec,val] = eigs(a,1)           %求最大值及对应的特征矢量
vec2 = vec/sum(vec)             %特征矢量归一化
```

4.1.3 平面图形的几何变换

随着计算机科学技术的发展,计算机图形学的应用领域越来越广,如仿真设计、效果图制作、动画片制作、电子游戏开发等。图形的几何变换包括图形的平移、旋转、放缩等,是计算机图形学中经常遇到的问题。这里只讨论平面图形的几何变换。

1. 齐次坐标

平面图形的旋转和放缩都很容易用矩阵乘法实现,但是平面图形的平移并不是线性运算,不能用矩阵乘法表示。可以使用齐次坐标使平移、旋转、放缩等统一用矩阵乘法来实现。

齐次坐标就是一个 n 维矢量的 $n+1$ 维矢量表示。例如,二维坐标点 $P(x,y)$ 的齐次坐标为 (hx, hy, h)。

二维坐标与齐次坐标是一对多的关系。通常都采用规格化的齐次坐标,即取 $h=1$。(x,y) 的规格化齐次坐标为 $(x,y,1)$。

齐次坐标的几何意义:三维空间上第三维为常数的一平面上的二维矢量。

齐次坐标的作用用阶数统一的矩阵表示各种变换。本书提供了用矩阵运算实现图形变换,或者把二维、三维甚至高维空间上的一个点从一个坐标系变换到另一个坐标系的有效方法。

例 4.2 平移变换 $(x,y) \mapsto (x+a, y+b)$ 可以用齐次坐标写成 $(x,y,1) \mapsto (x+a, y+b, 1)$,这个变换可用矩阵乘法实现,即

$$\begin{bmatrix} 1 & 0 & a \\ 0 & 1 & b \\ 0 & 0 & 1 \end{bmatrix} \begin{bmatrix} x \\ y \\ 1 \end{bmatrix} = \begin{bmatrix} x+a \\ y+b \\ 1 \end{bmatrix}.$$

例 4.3 旋转变换 $(x,y) \mapsto (x\cos\theta - y\sin\theta, x\sin\theta + y\cos\theta)$,这个变换可用矩阵乘法实

现,即
$$\begin{bmatrix} \cos\theta & -\sin\theta & 0 \\ \sin\theta & \cos\theta & 0 \\ 0 & 0 & 1 \end{bmatrix} \begin{bmatrix} x \\ y \\ 1 \end{bmatrix} = \begin{bmatrix} x\cos\theta - y\sin\theta \\ x\sin\theta + y\cos\theta \\ 1 \end{bmatrix}.$$

例 4.4 放缩变换 $(x,y) \mapsto (sx,ty)$,这个变换可用矩阵乘法实现,即
$$\begin{bmatrix} s & 0 & 0 \\ 0 & t & 0 \\ 0 & 0 & 1 \end{bmatrix} \begin{bmatrix} x \\ y \\ 1 \end{bmatrix} = \begin{bmatrix} sx \\ ty \\ 1 \end{bmatrix}.$$

由上述几个例题可以看出,$\mathbb{R}^2$ 中的任何线性变换都可以用分块矩阵 $\begin{bmatrix} A & B \\ O & 1 \end{bmatrix}$ 乘以齐次坐标实现,其中 A 是 2 阶方阵,B 是 2×1 列矢量。这样,只要把平面图形上点的齐次坐标写成列矢量,平面图形的每一次几何变换都可通过左乘一个 3 阶变换矩阵来实现。

例 4.5 求出 3×3 矩阵,对应于先乘以 3 的倍乘变换,然后逆时针旋转 $90°$,最后对图形的每个点的坐标加上 $(-2,6)$ 做平移。

解 当 $\varphi = \dfrac{\pi}{2}$ 时,$\sin\varphi = 1$,$\cos\varphi = 0$,有

$$\begin{bmatrix} x \\ y \\ 1 \end{bmatrix} \xrightarrow{\text{倍乘}} \begin{bmatrix} 3 & 0 & 0 \\ 0 & 3 & 0 \\ 0 & 0 & 1 \end{bmatrix} \begin{bmatrix} x \\ y \\ 1 \end{bmatrix} \xrightarrow{\text{旋转}} \begin{bmatrix} 0 & -1 & 0 \\ 1 & 0 & 0 \\ 0 & 0 & 1 \end{bmatrix} \begin{bmatrix} 3 & 0 & 0 \\ 0 & 3 & 0 \\ 0 & 0 & 1 \end{bmatrix} \begin{bmatrix} x \\ y \\ 1 \end{bmatrix}$$

$$\xrightarrow{\text{平移}} \begin{bmatrix} 1 & 0 & -2 \\ 0 & 1 & 6 \\ 0 & 0 & 1 \end{bmatrix} \begin{bmatrix} 0 & -1 & 0 \\ 1 & 0 & 0 \\ 0 & 0 & 1 \end{bmatrix} \begin{bmatrix} 3 & 0 & 0 \\ 0 & 3 & 0 \\ 0 & 0 & 1 \end{bmatrix} \begin{bmatrix} x \\ y \\ 1 \end{bmatrix},$$

所以复合变换的矩阵为

$$\begin{bmatrix} 1 & 0 & -2 \\ 0 & 1 & 6 \\ 0 & 0 & 1 \end{bmatrix} \begin{bmatrix} 0 & -1 & 0 \\ 1 & 0 & 0 \\ 0 & 0 & 1 \end{bmatrix} \begin{bmatrix} 3 & 0 & 0 \\ 0 & 3 & 0 \\ 0 & 0 & 1 \end{bmatrix} = \begin{bmatrix} 0 & -3 & -2 \\ 3 & 0 & 6 \\ 0 & 0 & 1 \end{bmatrix}.$$

几何变换 T 把坐标 (x,y) 变换为坐标 (X,Y),记作
$$(X,Y) = T(x,y),$$
具体数学表达式为
$$\begin{cases} X = a_0 x + a_1 y + a_2, \\ Y = b_0 x + b_1 y + b_2. \end{cases} \quad (4.2)$$

写成矩阵形式为
$$\begin{bmatrix} X \\ Y \\ 1 \end{bmatrix} = \begin{bmatrix} a_0 & a_1 & a_2 \\ b_0 & b_1 & b_2 \\ 0 & 0 & 1 \end{bmatrix} \begin{bmatrix} x \\ y \\ 1 \end{bmatrix}. \quad (4.3)$$

2. 图像的空间变换

一幅图像(图 4.2)经过采样和量化后便可以得到一幅数字图像。通常可以用一个矩阵来表示,即

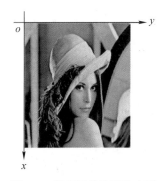

图 4.2 数字图像的矩阵表示

$$f(x,y) = \begin{bmatrix} f(0,0) & f(0,1) & \cdots & f(0,N-1) \\ f(1,0) & f(1,1) & \cdots & f(1,N-1) \\ \vdots & \vdots & & \vdots \\ f(M-1,0) & f(M-1,1) & \cdots & f(M-1,N-1) \end{bmatrix}$$

一幅数字图像在 MATLAB 中可以很自然地表示成矩阵

$$g = \begin{bmatrix} g(1,1) & g(1,2) & \cdots & g(1,N) \\ g(2,1) & g(2,2) & \cdots & g(2,N) \\ \vdots & \vdots & & \vdots \\ g(M,1) & g(M,2) & \cdots & g(M,N) \end{bmatrix}$$

其中 $g(x+1,y+1) = f(x,y)$,$x = 0,1,\cdots,M-1$,$y = 0,1,\cdots,N-1$。

矩阵中的元素称为像素。每一个像素都有 x 和 y 两个坐标,表示其在图像中的位置。另外还有一个值,称灰度值,对应于原始模拟图像在该点处的亮度。量化后的灰度值表示相应的色彩浓淡程度,以 256 色灰度等级的数字图像为例,一般由 8 位(即一个字节)表示灰度值,0~255 对应由黑到白的颜色变化。对只有黑、白二值采用一个比特表示的特定二值图像,就可以用 0 和 1 来表示黑、白二色。

在 MATLAB 的图像处理工具箱中提供了一个专门的函数 imwarp,用户可以定义参数以实现多种类型的空间变换,包括仿射变换(如平移、缩放、旋转、剪切)、投影变换等。函数 imwarp 具体的调用格式如下。

B = imwarp(A,tform):该函数中 A 为待变换的图像矩阵;tform 表示为执行空间变换的所有参数的结构体;B 为按照 tform 参数变换后的图像矩阵。

在 MATLAB 中利用函数 imwarp 实现图像的空间变换时,都需要先定义空间变换的参数。对于空间变换参数的定义,MATLAB 也提供了相应的函数 affine2d,affined3d,fit-geotrans 等,它们的作用是创建进行空间变换的参数结构体。affine2d 的具体调用方式如下。

tform = affine2d(C):该函数返回一个 n 维的仿射变换参数结构体 tform,输入参数 C 是一个 $(n+1) \times (n+1)$ 的矩阵。

用户结合使用函数 affine2d 和函数 imwarp,就可以灵活实现图像的线性变换,而变换的结果和变换参数结构体密切相关。以二维仿射变换为例,原图为 $f(x,y)$,变换后的图像为 $\tilde{f}(X,Y)$,仿射变换中原图像中某个像素点坐标 (x,y) 和变换后该像素点坐标 (X,Y) 满足关系式(4.2),写成矩阵形式即满足式(4.3)。

例 4.6 利用函数 imwarp,实现图像的旋转和缩放。

计算的 MATLAB 程序如下:

```
clc, clear, close all
a = imread('rice.png');           %MATLAB 工具箱的图像文件
tf1 = affine2d([cosd(30),-sind(30),0;sind(30),cosd(30),0;0 0 1])
                                  %逆时针旋转 30°
ta1 = imwarp(a,tf1);              %实现图形旋转
tf2 = affine2d([5 0 0;0 3 0;0 0 1])   %缩放结构体
```

```
ta2 = imwarp(a,tf2);                    %实现图像缩放
subplot(131),imshow(a),subplot(132),imshow(ta1),subplot(133),imshow(ta2)
```
原图像及变换后的图像见图 4.3。

 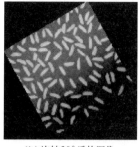 

(a)原图像　　　　　　　(b)旋转30°后的图像　　　　　(c)缩放后的图像

图 4.3　原图像及变换后的图像

4.1.4　一种矩阵密码问题

密码学在经济和军事方面起着极其重要的作用。现代密码学涉及很多高深的数学知识。密码学中将信息代码称为密码,尚未转换成密码的文字信息称为明文,由密码表示的信息称为密文。从明文到密文的过程称为加密,反之称为解密。1929 年,Hill(希尔)通过线性变换对传输信息进行加密处理,提出了密码史上有重要地位的希尔加密算法。下面只介绍希尔加密算法的基本思想。

1. 古典密码的基本理论

对于正整数 m,记集合 $Z_m = \{0,1,\cdots,m-1\}$。

定义 4.1　对于一个元素属于集合 Z_m 的 n 阶方阵 A,若存在一个元素属于集合 Z_m 的方阵 B,使得

$$AB = BA = E(\bmod\ m),$$

则称 A 为模 m 可逆,B 为 A 的模 m 逆矩阵,记为 $B = A^{-1}(\bmod\ m)$。

$E(\bmod\ m)$ 的意义是,每一个元素减去 m 的整数倍后,可以化成单位矩阵。例如

$$\begin{bmatrix} 27 & 52 \\ 26 & 53 \end{bmatrix} (\bmod\ 26) = E.$$

定义 4.2　对 Z_m 的一个整数 a,若存在 Z_m 的一个整数 b,使得 $ab = 1(\bmod\ m)$,称 b 为 a 的模 m 倒数或乘法逆,记作 $b = a^{-1}(\bmod\ m)$。

可以证明,如果 a 与 m 无公共素数因子,则 a 有唯一的模 m 倒数(素数是指除了 1 与自身外,不能被其他正整数整除的正整数),反之亦然。例如 $3^{-1} = 9(\bmod\ 26)$。利用这点,可以证明下述定理。

定理 4.1　元素属于 Z_m 的方阵 A 模 m 可逆的充要条件是,m 和 $\det(A)$ 没有公共素数因子,即 m 和 $\det(A)$ 互素。

显然,所选加密矩阵必须符合该命题的条件。

2. Hill 密码的数学模型

一般的加密过程是这样的:

明文⇒加密器⇒密文⇒普通信道⇒解密器⇒明文,

其中,"⇒普通信道⇒解密器"这个环节容易被敌方截获并加以分析。

在这个过程中,运用的数学手段是矩阵运算,加密过程的具体步骤如下:

(1) 根据明文字母的表值,将明文信息用数字表示,设明文信息只需要 26 个英文大写字母(也可以不止 26 个,如还有小写字母、数字、标点符号等),通信双方给出这 26 个字母表值,见表 4.2。

表 4.2 明文字母的表值

A	B	C	D	E	F	G	H	I	J	K	L	M
1	2	3	4	5	6	7	8	9	10	11	12	13
N	O	P	Q	R	S	T	U	V	W	X	Y	Z
14	15	16	17	18	19	20	21	22	23	24	25	0

(2) 选择一个三阶可逆整数方阵 A,称为 $Hill_3$ 密码的加密矩阵,它是这个加密体制的"密钥"(是加密的关键,仅通信双方掌握)。

(3) 将明文字母逐对分组。$Hill_3$ 密码的加密矩阵为三阶矩阵,则明文字母每 3 个一组(可以推广到 $Hill_n$ 密码,则 n 个明文字母为一组)。若最后一组不足 3 个字母,则补充没有实际意义的哑字母,这样使每一组都由 3 个明文字母组成。查出每个明文字母的表值,构成一个三维列矢量 $\boldsymbol{\alpha}$。

(4) A 乘以 $\boldsymbol{\alpha}$,得一新的三维列矢量 $\boldsymbol{\beta} = A\boldsymbol{\alpha}$,由 $\boldsymbol{\beta}$ 的 3 个分量反查字母表值得到的 3 个字母即为密文字母。

以上 4 步即为 $Hill_3$ 密码的加密过程。

解密过程,即为上述过程的逆过程。

例 4.7 明文为"ACTIONS", $A = \begin{bmatrix} 1 & 1 & 0 \\ 2 & 1 & 1 \\ 3 & 2 & 2 \end{bmatrix}$,求这段明文的 $Hill_3$ 密文。

解 将明文相邻字母每 3 个分为一组,即 ACT ION SXX,最后两个字母 X 为哑字母,无实际意义。查表 4.2 得到每组的表值,并构造三维列矢量

$$\begin{bmatrix} 1 \\ 3 \\ 20 \end{bmatrix}, \begin{bmatrix} 9 \\ 15 \\ 14 \end{bmatrix}, \begin{bmatrix} 19 \\ 24 \\ 24 \end{bmatrix},$$

将上述 3 个矢量左乘矩阵 A,得到 3 个三维列矢量

$$\begin{bmatrix} 4 \\ 25 \\ 49 \end{bmatrix}, \begin{bmatrix} 24 \\ 47 \\ 85 \end{bmatrix}, \begin{bmatrix} 43 \\ 86 \\ 153 \end{bmatrix},$$

作模 26 运算(每个元素都加减 26 的整数倍,使其化为 0~25 的一个整数),得

$$\begin{bmatrix} 4 \\ 25 \\ 49 \end{bmatrix} (\bmod\ 26) = \begin{bmatrix} 4 \\ 25 \\ 23 \end{bmatrix}, \begin{bmatrix} 24 \\ 47 \\ 85 \end{bmatrix} = (\bmod\ 26) = \begin{bmatrix} 24 \\ 21 \\ 7 \end{bmatrix}, \begin{bmatrix} 43 \\ 86 \\ 153 \end{bmatrix} (\bmod\ 26) = \begin{bmatrix} 17 \\ 8 \\ 23 \end{bmatrix},$$

反查表 4.2 得到每对表值对应的字母为 DYW XUG QHW,这就得到了密文 DYWXUGQ。

计算的 MATLAB 程序如下:

```
clc, clear
s = 'ACTIONS';
s = [s,'XX']                        %补充两个哑字母'X'
L = length(s);                      %计算字符总数
num = double(s)-64;                 %字母编码
num = mod(num,26);                  %mod26,变换 Z 的编码
mm = reshape(num,[3,L/3]);          %把行矢量变成三行的矩阵
A = [1,1,0;2,1,1;3,2,2];            %输入密钥矩阵
mw = A * mm                         %求密文的编码值
mw = mod(mw,26)                     %mod26
mw(mw == 0) = 26;                   %变换 Z 的编码值
mw = reshape(mw,[1,L])+64;          %变换到字母的 ASCII 码值
mwzf = char(mw)                     %转换成密文的字符
mwzf(end-1:end) = []                %删除最后两个字符
```

例 4.8 甲方收到与之有秘密通信往来的乙方的一个密文信息,密文内容为 OWTRBMOQIOC,按照甲方与乙方的约定,他们之间的密文通信采用 $Hill_3$ 密码,密钥为三阶矩阵 $A = \begin{bmatrix} 1 & 2 & 0 \\ 0 & 3 & 1 \\ 0 & 0 & 1 \end{bmatrix}$,求这段密文的原文。

解 所选择的明文字母共 26 个,$m = 26$,26 的素数因子为 2 和 13,所以 Z_{26} 上的方阵 A 可逆的充要条件为 $\det(A)(\bmod m)$ 不能被 2 和 13 整除。若 A 满足定理 4.1 的条件,则不难验证 $A^{-1} = \frac{1}{\det(A)} A^*$,其中,$A^*$ 为 A 的伴随矩阵,$\frac{1}{\det(A)}$ 是 $\det(A)(\bmod 26)$ 的倒数。显然,$\det(A)(\bmod 26)$ 是 Z_{26} 中的数。Z_{26} 中有模 26 倒数的整数及其倒数如表 4.3 所示。

表 4.3 模 26 倒数表

a	1	3	5	7	9	11	15	17	19	21	23	25
a^{-1}	1	9	21	15	3	19	7	23	11	5	17	25

模 26 倒数表 4.3 可用下列 MATLAB 程序求得:

```
clc, clear
m = 26;
for a = 1:m
    for i = 1:m
        if mod(a*i,m) == 1
            fprintf('The Inverse (mod %d) of number:%d is:%d\n',m,a,i)
        end
    end
```

end
end

利用表 4.3 可以反演求出 $A^{-1}(\mathrm{mod}\ 26)$ 如下：

$$A^{-1}(\mathrm{mod}\ 26) = \frac{1}{\det(A)} A^* (\mathrm{mod}\ 26) = 3^{-1} \begin{bmatrix} 3 & -2 & 2 \\ 0 & 1 & -1 \\ 0 & 0 & 3 \end{bmatrix} (\mathrm{mod}\ 26)$$

$$= 9 \begin{bmatrix} 3 & -2 & 2 \\ 0 & 1 & -1 \\ 0 & 0 & 3 \end{bmatrix} (\mathrm{mod}\ 26) = \begin{bmatrix} 27 & -18 & 18 \\ 0 & 9 & -9 \\ 0 & 0 & 27 \end{bmatrix} (\mathrm{mod}\ 26) = \begin{bmatrix} 1 & 8 & 18 \\ 0 & 9 & 17 \\ 0 & 0 & 1 \end{bmatrix} = B.$$

密文 OWTRBMOQIOC 中总共 11 个字符，为了凑成 4 组字符，我们在密文末尾再加一个字符"X"。利用 B 可以把密文变换成明文。

$$B \cdot \begin{bmatrix} 15 \\ 23 \\ 20 \end{bmatrix} (\mathrm{mod}\ 26) = \begin{bmatrix} 13 \\ 1 \\ 20 \end{bmatrix},\quad B \cdot \begin{bmatrix} 18 \\ 2 \\ 13 \end{bmatrix} = \begin{bmatrix} 8 \\ 5 \\ 13 \end{bmatrix},$$

$$B \cdot \begin{bmatrix} 15 \\ 17 \\ 9 \end{bmatrix} (\mathrm{mod}\ 26) = \begin{bmatrix} 1 \\ 20 \\ 9 \end{bmatrix},\quad B \cdot \begin{bmatrix} 15 \\ 3 \\ 24 \end{bmatrix} = \begin{bmatrix} 3 \\ 19 \\ 24 \end{bmatrix},$$

即得到明文 MATHEMATICS。

计算的 MATLAB 程序如下：

```
clc, clear, m=26;
T=[1  3  5  7  9  11  15  17  19  21  23  25
   1  9  21  15  3  19  7  23  11  5  17  25];   %模 26 的倒数表
a=[1,2,0;0,3,1;0,0,1];                    %输入密钥矩阵
ad=det(a)                                 %计算对应的行列式值
ind=find(T(1,:)==ad)
ai=T(2,ind)                               %求 ad 模 26 的倒数
B=mod(ai*det(a)*inv(a),26)                %求 a 的模 26 逆阵
s='OWTRBMOQIOC';
L=length(s);
if mod(L,3)==1
    s=[s,'XX'];      %如果字符是奇数个,在最后补一个哑字母
    L=L+2;fprintf('添加了 2 个字符\n')
elseif mod(L,3)==2
    s=[s,'X'];
    L=L+1;fprintf('添加了 1 个字符\n')
end
jm=double(s)-64;                          %求字母对应的编码
jm(jm==26)=0;                             %如果存在 Z,把 Z 的编码改成 0
jm2=reshape(jm,[3,L/3])                   %把行矢量变成三行的矩阵
```

```
mjm = mod(B*jm2,26)              %求明文的编码值
mjm(mjm==0)=26;                  %变换 Z 的编码值
bm = reshape(mjm,[1,L])+64;      %变换到字母的 ASCII 码值
mzf = char(bm)                   %转换成明文的字符
mzf(end)=[ ]                     %删除最后一个添加的字符
```

4.2 线性方程组

本节案例主要涉及线性代数中线性方程组和矢量组的最大无关组等概念。通过案例建立数学模型,进一步认识线性方程组的实际应用,以及初等行变换求解齐次线性方程组和非齐次线性方程组的方法。

4.2.1 化学方程式的平衡问题

1. 问题提出

当丙烷(C_3H_8)气体燃烧时,丙烷与氧(O_2)结合生成二氧化碳(CO_2)和水(H_2O)。该反应的化学方程式如下:

$$x_1 C_3H_8 + x_2 O_2 \rightarrow x_3 CO_2 + x_4 H_2O.$$

配平此方程式。

2. 问题分析

为了使反应式平衡,我们必须使反应式两端的碳原子、氢原子及氧原子数目对应相等。根据题目中的假设,此问题实际上是线性方程组的求解问题。

3. 模型分析与建立

为了使反应式平衡,必须选择合适的 x_1, x_2, x_3, x_4 才能使反应式两端的碳原子、氢原子及氧原子数目对应相等。因为 C_3H_8 含 3 个 C 原子,而 CO_2 含 1 个 C 原子,因此为维持平衡,必须有

$$3x_1 = x_3,$$

类似地,为了平衡 O 原子和 H 原子,必须有

$$2x_2 = 2x_3 + x_4,$$
$$8x_1 = 2x_4.$$

如果将所有未知量移至等号左边,那么将得到齐次线性方程组

$$\begin{cases} 3x_1 - x_3 = 0, \\ 2x_2 - 2x_3 - x_4 = 0, \\ 8x_1 - 2x_2 = 0. \end{cases} \quad (4.4)$$

方程组(4.4)是含有 3 个方程、4 个未知数的线性方程组。根据线性代数知识,显然此方程组有非零解。但是为了使化学反应式两端平衡,必须找到使得 x_1, x_2, x_3, x_4 均为最小正整数的解。下面利用矩阵的初等行变换求解此线性方程组。

首先对方程组的系数矩阵进行初等行变换,得到如下行最简形矩阵:

$$\begin{bmatrix} 3 & 0 & -1 & 0 \\ 0 & 2 & -2 & -1 \\ 8 & 0 & 0 & -2 \end{bmatrix} \xrightarrow{r} \begin{bmatrix} 1 & 0 & 0 & -\dfrac{1}{4} \\ 0 & 1 & 0 & -\dfrac{5}{4} \\ 0 & 0 & 1 & -\dfrac{3}{4} \end{bmatrix}.$$

求矩阵的行最简形的 MATLAB 程序如下：

```
clc, clear
a=[3,0,-1,0;0,2,-2,-1;8,0,0,-2];
b=sym(a);          %为了精确求解,转化为符号矩阵
c=rref(b)          %求矩阵的行最简形
```

则可得与原方程组同解的方程组：

$$\begin{cases} x_1 = \dfrac{1}{4}x_4, \\ x_2 = \dfrac{5}{4}x_4, \\ x_3 = \dfrac{3}{4}x_4. \end{cases}$$

4. 结果分析

根据上面的求解结果，显然此题中 x_1, x_2, x_3, x_4 的取法不唯一，但配平化学方程式通常取最小可能的正整数，故取 $x_4=4$，此时 $x_1=1, x_2=5, x_3=3$。从而配平的化学方程式具有如下形式：

$$C_3H_8 + 5O_2 \rightarrow 3CO_2 + 4H_2O.$$

4.2.2 工资问题

1. 问题提出

现有一个木工、一个电工、一个油漆工和一个粉饰工，四人相互同意彼此装修他们的房子。在装修之前，他们约定每人工作 13 天（包括给自己家干活在内），每人的日工资根据一般的市价为 210~260 元，每人的日工资数应使得每人的总收入与总支出相等。表 4.4 是他们协商后制订出的工作天数的分配方案，如何计算他们每人应得的日工资及每人房子的装修费（只计算工钱，不包括材料费）？

表 4.4 工时分配方案

	工 种			
	木工	电工	油漆工	粉饰工
在木工家工作天数	4	3	2	3
在电工家工作天数	5	4	2	3
在油漆工家工作天数	2	5	3	3
在粉饰工家工作天数	2	1	6	4

2. 问题分析

这是一个收入-支出的闭合模型，为满足"平衡"条件，每人的收支相等，即要求每人在这 13 天内"总收入 = 总支出"。

3. 模型建立与求解

设木工、电工、油漆工和粉饰工的日工资分别为 x_1、x_2、x_3、x_4 元。根据每人在这 13 天内"总收入 = 总支出"，可建立如下线性方程组：

$$\begin{cases} 4x_1+3x_2+2x_3+3x_4=13x_1, \\ 5x_1+4x_2+2x_3+3x_4=13x_2, \\ 2x_1+5x_2+3x_3+3x_4=13x_3, \\ 2x_1+x_2+6x_3+4x_4=13x_4, \end{cases}$$

整理得齐次线性方程组

$$\begin{cases} -9x_1+3x_2+2x_3+3x_4=0, \\ 5x_1-9x_2+2x_3+3x_4=0, \\ 2x_1+5x_2-10x_3+3x_4=0, \\ 2x_1+x_2+6x_3-9x_4=0. \end{cases}$$

对方程组的系数矩阵进行初等行变换，得到如下的行最简形矩阵：

$$\begin{bmatrix} -9 & 3 & 2 & 3 \\ 5 & -9 & 2 & 3 \\ 2 & 5 & -10 & 3 \\ 2 & 1 & 6 & -9 \end{bmatrix} \xrightarrow{r} \begin{bmatrix} 1 & 0 & 0 & -54/59 \\ 0 & 1 & 0 & -63/59 \\ 0 & 0 & 1 & -60/59 \\ 0 & 0 & 0 & 0 \end{bmatrix},$$

则可得与原方程组同解的方程组：

$$\begin{cases} x_1-\dfrac{54}{59}x_4=0, \\ x_2-\dfrac{54}{59}x_4=0, \\ x_3-\dfrac{54}{59}x_4=0. \end{cases}$$

即

$$x_1=\frac{54}{59}x_4, \quad x_2=\frac{63}{59}x_4, \quad x_3=\frac{60}{59}x_4.$$

根据题目要求，应使 x_1, x_2, x_3, x_4 取值在 210~260，故可取 $x_4=236$，此时 $x_1=216, x_2=252, x_3=240$。

从而木工、电工、油漆工和粉饰工的日工资分别为 216 元、252 元、240 元和 236 元。每人房子的装修费用相当于本人 13 天的工资，因此分别为 2808 元、3276 元、3120 元和 3068 元。

计算的 MATLAB 程序如下：

```
clc, clear
a=[-9,3,2,3;5,-9,2,3;2,5,-10,3;2,1,6,-9]; b=sym(a)
```

```
c = rref(b)
x = [-c([1:3],4)',1]*59*4
y = 13*x
```

4.2.3 混凝土配料问题

1. 问题提出

混凝土由五种主要的原料组成:水泥、水、砂、石和灰。不同的原料配比使混凝土具有不同的特性。例如,水与水泥的比例影响混凝土的最终强度,砂与石的比例影响混凝土的易加工性,灰与水泥的比例影响混凝土的耐久性等。所以不同用途的混凝土需要不同的原料配比。

一个新建成的混凝土生产企业的设备只能生成 4 种类型的混凝土,但是常用的混凝土有 5 种类型,即超强型 A、通用型 B、长寿型 C、实用型 D 和普通型 E。它们的配方如表 4.5 所示。

表 4.5 常用混凝土配方

原料	超强型 A	通用型 B	长寿型 C	实用型 D	普通型 E
水泥	20	18	12	16	16
水	10	10	10	10	12
砂	20	25	15	21	19
石	10	5	15	9	9
灰	0	2	8	4	4

请你帮助该企业从上述 5 种类型中选出 4 种作为该企业的产品,使得企业能够在只生产 4 种类型混凝土的情况下,保证 5 种类型的混凝土都可以从该企业的产品中获得,并说明理由。

2. 问题分析

上述 5 种基本类型的混凝土可抽象为 5 个矢量,于是问题归结为从 5 个矢量中选出 4 个矢量,使得没有被选出的那个矢量可以由这 4 个被选中的矢量线性表示,而且表示系数必须全为正数。根据线性代数知识,上面问题的解决需要首先确定 5 个矢量构成的矢量组是否线性相关。

3. 模型建立与求解

设五种基本类型的混凝土抽象为 5 个矢量 V_A, V_B, V_C, V_D, V_E,其数值如下:

$$V_A = \begin{bmatrix} 20 \\ 10 \\ 20 \\ 10 \\ 0 \end{bmatrix}, \quad V_B = \begin{bmatrix} 18 \\ 10 \\ 25 \\ 5 \\ 2 \end{bmatrix}, \quad V_C = \begin{bmatrix} 12 \\ 10 \\ 15 \\ 15 \\ 8 \end{bmatrix}, \quad V_D = \begin{bmatrix} 16 \\ 10 \\ 21 \\ 9 \\ 4 \end{bmatrix}, \quad V_E = \begin{bmatrix} 16 \\ 12 \\ 19 \\ 9 \\ 4 \end{bmatrix}.$$

根据判定矢量组线性相关性的方法,可以构造矩阵 $A = [V_A, V_B, V_C, V_D, V_E]$,若矩阵 A 的秩小于 5,则矢量组线性相关。

下面对矩阵 A 进行初等行变换,得到如下的行最简形矩阵:

$$\begin{bmatrix} 20 & 18 & 12 & 16 & 16 \\ 10 & 10 & 10 & 10 & 12 \\ 20 & 25 & 15 & 21 & 19 \\ 10 & 5 & 15 & 9 & 9 \\ 0 & 2 & 8 & 4 & 4 \end{bmatrix} \xrightarrow{r} \begin{bmatrix} 1 & 0 & 0 & 0.08 & 0 \\ 0 & 1 & 0 & 0.56 & 0 \\ 0 & 0 & 1 & 0.36 & 0 \\ 0 & 0 & 0 & 0 & 1 \\ 0 & 0 & 0 & 0 & 0 \end{bmatrix}.$$

显然 $R(V_A, V_B, V_C, V_D, V_E) = 4 < 5$,从而矢量组 V_A, V_B, V_C, V_D, V_E 线性相关。

5 个矢量 V_A, V_B, V_C, V_D, V_E 构成的矢量组线性相关,说明矢量组中至少有 1 个矢量可以由其余矢量线性表示。但是由于此实际问题是混凝土的配比问题,所以要求 1 个矢量由其余 4 个矢量线性表示时的系数必须是正数。

事实上,由矩阵 $A = [V_A, V_B, V_C, V_D, V_E]$ 化简的行最简形矩阵可知,企业可以选择超强型 A、通用型 B、长寿型 C 和普通型 E 作为企业的产品,此时没有被选中的实用型 D 可以用超强型 A、通用型 B、长寿型 C 和普通型 E 表示如下:

$$V_D = 0.08 V_A + 0.56 V_B + 0.36 V_C.$$

计算的 MATLAB 程序如下:

```
clc,clear
a=[20,18,12,16,16;10,10,10,10,12;20,25,15,21,19
   10,5,15,9,9;0,2,8,4,4];
r=rank(a)          %求矩阵的秩
b=rref(a)          %求行最简形矩阵
```

4.2.4 调整气象站观测问题

1. 问题提出

某地区有 12 个气象观测站,10 年来各观测站的降水量如表 4.6 所示。为了节省开支,想要适当减少气象观测站。问题:减少哪些气象观测站可以使所得的降水量的信息量仍然足够大?

表 4.6 降水情况统计表 (单位:mm)

年份	1	2	3	4	5	6	7	8	9	10	11	12
1981	276.2	324.5	158.6	412.5	292.8	258.4	334.1	303.2	282.9	243.2	159.7	331.2
1982	251.6	287.3	349.5	297.6	227.8	453.6	321.5	451	466.2	307.5	421.1	455.1
1983	192.7	436.2	289.9	366.3	466.2	239.1	357.4	219.7	245.7	411.1	357	353.2
1984	246.2	232.4	243.7	372.5	460.4	158.9	298.7	314.5	256.6	327	296.5	423
1985	291.7	311	502.4	254	245.6	324.8	401	266.5	251.3	289.9	255.4	362.1
1986	466.5	158.9	223.5	425.1	251.4	321	315.4	317.4	246.2	277.5	304.2	410.7
1987	258.6	327.4	432.1	403.9	256.6	282.9	389.7	413.2	466.5	199.3	282.1	387.6
1988	453.4	365.5	357.6	258.1	278.8	467.2	355.2	228.5	453.6	315.6	456.3	407.2
1989	158.5	271	410.2	344.2	250	360.7	376.4	179.4	159.2	342.4	331.2	377.7
1990	324.8	406.5	235.7	288.8	192.6	284.9	290.5	343.7	283.4	281.2	243.7	411.1

2. 问题分析

上述 12 个气象观测站观测到的 10 年的降水量可抽象为 12 个列矢量。于是问题归结为从 12 个列矢量中选出尽可能少的矢量,使得没有被选出的矢量可以由被选出的矢量线性表示。根据线性代数知识,若能求得这 12 个矢量构成的矢量组的最大无关组,则其最大无关组所对应的气象观测站可将其他的气象观测站的气象资料表示出来,因而其他的气象观测站就是可以减少的。

此外,由于这 12 个矢量都是 10 维矢量,故 12 个矢量构成的矢量组必定线性相关,从而一定可以减少某些气象观测站,使所得的降水量的信息量仍然足够大。

3. 模型建立与求解

设 12 个气象观测站观测到的 10 年的降水量表示为矢量 $a_1, a_2, \cdots, a_{12}$。利用线性代数知识,可以求出矢量组 $a_1, a_2, \cdots, a_{12}$ 的最大无关组 $a_1, a_2, \cdots, a_{10}$。且有

$$a_{11} = -0.0195a_1 - 0.8008a_2 + 0.0137a_3 + 0.2253a_4 - 1.3319a_5$$
$$-1.0701a_6 + 0.1520a_7 - 0.8339a_8 + 1.7053a_9 + 2.9440a_{10}$$
$$a_{12} = 1.9455a_1 + 12.3479a_2 + 12.4880a_3 + 8.0247a_4 + 21.4625a_5$$
$$+22.4364a_6 - 33.4276a_7 + 6.4759a_8 - 17.6976a_9 - 30.3219a_{10}.$$

计算的 MATLAB 程序如下:

```
clc, clear
a = load('gtable4_6.txt');
b = rref(a)
```

4. 结果分析

根据上述求解结果可知,减少第 11 个观测站和第 12 个观测站可以使得到的降水量的信息仍然足够大。当然也可以减少另外两个观测站,只要代表这两个观测站的列矢量可以由代表其他观测站的列矢量线性表示即可。

4.2.5 齐王田忌赛马

1. 问题提出

战国时期,有一天齐王提出要与田忌赛马,双方约定从各自的上、中、下三个等级的马中各选一匹参赛,每匹马均只能参赛一次,每一次比赛双方各出一匹马,负者要付胜者千金。已经知道,在同等级的马中,田忌的马不如齐王的马,而如果田忌的马比齐王的马高一等级,则田忌的马可取胜。

由于齐王和田忌的出马策略均为"上中下""上下中""中上下""中下上""下中上""下上中"共 6 种。规定在每个等级的比赛中,赢了记 1 分,输了记-1 分,三个等级的总得分为齐王或田忌的赢得值。

记齐王的策略集为 $S_1 = \{\alpha_1, \alpha_2, \alpha_3, \alpha_4, \alpha_5, \alpha_6\}$,田忌的策略集为 $S_2 = \{\beta_1, \beta_2, \beta_3, \beta_4, \beta_5, \beta_6\}$,则齐王的赢得矩阵为

$$A = \begin{bmatrix} 3 & 1 & 1 & 1 & 1 & -1 \\ 1 & 3 & 1 & 1 & -1 & 1 \\ 1 & -1 & 3 & 1 & 1 & 1 \\ -1 & 1 & 1 & 3 & 1 & 1 \\ 1 & 1 & -1 & 1 & 3 & 1 \\ 1 & 1 & 1 & -1 & 1 & 3 \end{bmatrix},$$

求齐王和田忌的混合最优策略。

2. 模型建立与求解

设齐王和田忌的最优混合策略分别为 $\boldsymbol{x}^* = [x_1^*, x_2^*, \cdots, x_6^*]^T$ 和 $\boldsymbol{y}^* = [y_1^*, y_2^*, \cdots, y_6^*]^T$。求 $\boldsymbol{x}^*$ 和 $\boldsymbol{y}^*$ 归结为求解如下的两个方程组：

$$\begin{cases} \boldsymbol{A}^T \boldsymbol{x} = \boldsymbol{V}_{6\times 1}, \\ \sum_{i=1}^{6} x_i = 1, \end{cases} \qquad (4.5)$$

和

$$\begin{cases} \boldsymbol{A}\boldsymbol{y} = \boldsymbol{U}_{6\times 1}, \\ \sum_{i=1}^{6} y_i = 1, \end{cases} \qquad (4.6)$$

其中 $\boldsymbol{x} = [x_1, x_2, \cdots, x_6]^T, \boldsymbol{y} = [y_1, y_2, \cdots, y_6]^T, \boldsymbol{V}_{6\times 1} = [v,v,v,v,v,v]^T, \boldsymbol{U}_{6\times 1} = [u,u,u,u,u,u]^T$。

实际上方程组(4.5)和方程组(4.6)都是 7 个未知数（v,u 也是未知数）的非齐次线性方程组，都有无穷多组解，方程组(4.5)的解为

$$\begin{bmatrix} x_1 \\ x_2 \\ x_3 \\ x_4 \\ x_5 \\ x_6 \\ v \end{bmatrix} = \begin{bmatrix} 0 \\ 1/3 \\ 1/3 \\ 0 \\ 1/3 \\ 0 \\ 1 \end{bmatrix} + c \begin{bmatrix} 1 \\ -1 \\ -1 \\ 1 \\ -1 \\ 1 \\ 0 \end{bmatrix}, \quad c \in [0, 1/3],$$

即对策值 $V_G = v = 1$，齐王的混合最优策略为

$$\boldsymbol{x} = \begin{bmatrix} 0 \\ 1/3 \\ 1/3 \\ 0 \\ 1/3 \\ 0 \end{bmatrix} + c_1 \begin{bmatrix} 1 \\ -1 \\ -1 \\ 1 \\ -1 \\ 1 \end{bmatrix}, \quad c_1 \in [0, 1/3].$$

类似地，可以求出田忌的混合最优策略为

$$\boldsymbol{y} = \begin{bmatrix} 0 \\ 1/3 \\ 1/3 \\ 0 \\ 1/3 \\ 0 \end{bmatrix} + c_2 \begin{bmatrix} 1 \\ -1 \\ -1 \\ 1 \\ -1 \\ 1 \end{bmatrix}, \quad c_2 \in [0, 1/3].$$

对策值 $V_G = u = 1$。

因为方程组有无穷多组解，其中的最小范数解为

$$x_i = 1/6(i=1,\cdots,6), \quad y_j = 1/6(j=1,\cdots,6), \quad V_G = u = v = 1,$$

即双方都以 1/6 的概率选取每个纯策略。或者说在 6 个纯策略中随机地选取一个即为最优策略。总的结局是齐王赢得的期望值是一千两黄金,田忌所失的期望值也是一千两黄金。

求齐王的混合最优策略的 MATLAB 程序如下:

```
clc, clear
a = ones(6); a([1:7:end]) = 3;
a([4,9,17,24,26,31]) = -1          %输入齐王的赢得矩阵
A = [a',-ones(6,1); ones(1,6),0];  %输入 7 个未知数的线性方程组的系数矩阵
b = [zeros(6,1); 1];
xv1 = rref([A,b])                   %把线性方程组的增广阵化成行最简形
xv = pinv(sym(A)) * b               %求最小范数解
```

求田忌的混合最优策略的 MATLAB 程序如下:

```
clc, clear
a = ones(6); a([1:7:end]) = 3;
a([4,9,17,24,26,31]) = -1          %输入齐王的赢得矩阵
A = [a,-ones(6,1); ones(1,6),0];   %输入 7 个未知数的线性方程组的系数矩阵
b = [zeros(6,1); 1];
xv1 = rref([A,b])                   %把线性方程组的增广阵化成行最简形
xv = pinv(sym(A)) * b               %求最小范数解
```

3. 结果分析

从上面的结果可以看出,在公平的比赛情况下,双方同时提交出马顺序策略,齐王可以有多种可能的策略,齐王都能赢得田忌一千两黄金。之前之所以田忌能赢齐王一千两黄金,其原因是他事先知道齐王的出马顺序,而后才做出对自己有利的决策。因此在这类对策问题中,在正式比赛之前,对策双方都应该对自己的策略保密,否则不保密的一方将会处于不利的地位。

4.2.6 服务网点的设置问题

1. 问题提出

为适应日益扩大的旅游事业的需要,某城市的甲、乙、丙三个照相馆组成一个联营部,联合经营出租相机的业务。游客可在甲、乙、丙中任何一处租出相机,用完后,还在其中任意一处即可。估计其转移概率如表 4.7 所示。今欲选择其中之一附设相机维修点,问该维修点设在哪一个照相馆为最好?

表 4.7 转移概率值

		还相机处		
		甲	乙	丙
租相机处	甲	0.2	0.8	0
	乙	0.8	0	0.2
	丙	0.1	0.3	0.6

2. 模型建立与求解

由于旅客还相机的情况只与该次租机地点有关,而与相机以前所在的店址无关,所以可用 X_n 表示相机第 n 次被租时所在的店址,"$X_n=1$"、"$X_n=2$"、"$X_n=3$"分别表示相机第 n 次被租用时在甲、乙、丙馆,则 $\{X_n, n=1,2,\cdots\}$ 是一个马尔可夫链,由表 4.7 知其状态转移概率矩阵

$$P = \begin{bmatrix} 0.2 & 0.8 & 0 \\ 0.8 & 0 & 0.2 \\ 0.1 & 0.3 & 0.6 \end{bmatrix}.$$

考虑维修点的设置地点问题,实际上要计算这一马尔可夫链的极限概率分布 $x = [x_1, x_2, x_3]^T$。

可以证明极限概率分布存在,求 x 归结为解线性方程组

$$\begin{cases} P^T x = x, \\ \sum_{i=1}^{3} x_i = 1, \end{cases}$$

即解方程组

$$\begin{cases} x_1 = 0.2x_1 + 0.8x_2 + 0.1x_3, \\ x_2 = 0.8x_1 + 0.3x_3, \\ x_3 = 0.2x_2 + 0.6x_3, \\ x_1 + x_2 + x_3 = 1, \end{cases}$$

得极限概率 $x_1 = \dfrac{17}{41}, x_2 = \dfrac{16}{41}, x_3 = \dfrac{8}{41}$。

由计算看出,经过长期经营后,该联营部的每架照相机还到甲、乙、丙照相馆的概率分别为 $\dfrac{17}{41}, \dfrac{16}{41}, \dfrac{8}{41}$。由于还到甲馆的照相机较多,因此维修点设在甲馆较好。但由于还到乙馆的相机与还到甲馆的相差不多,因此若乙的其他因素更为有利,如交通较甲方便、便于零配件的运输、电力供应稳定等,亦可考虑将维修点设在乙馆。

计算的 MATLAB 程序如下:

```
clc,clear
p=[0.2,0.8,0;0.8,0,0.2;0.1,0.3,0.6]
A=[p'-eye(3);ones(1,3)]; b=[zeros(3,1);1];
x=sym(A)\b
```

4.3 特征值与特征矢量

本节案例涉及线性代数中特征值与特征矢量的概念,通过这些案例的学习,可加深对这些概念的理解,并能应用这些知识解决有关实际问题。

4.3.1 污染与工业发展关系问题

1. 问题提出

发展与环境问题已成为 21 世纪各国政府关注的重点,工业发展势必会引起污染,污染程度与工业发展水平的关系如何? 请建立工业增长水平与污染水平之间的关系模型。

2. 问题分析

应考虑用何指标来度量工业增长水平与污染水平。根据常识,污染水平以空气污染或河湖污染为考查对象,以某种污染指数为测量单位,工业发展水平以某种工业指数为测量单位,为使问题简单并能说明问题,可以假设若干年后污染水平与工业发展水平和目前污染水平与工业发展水平间是一种线性关系。

3. 模型建立与求解

设 x_0 是某地区目前的污染水平(以空气或河湖的某种污染指数为测量单位),y_0 是目前的工业发展水平(以某种工业指数为测量单位),把这一年作为起点(亦称基年),记作 $t=0$,若干年后(如 5 年后)的污染水平和工业发展水平分别为 x_1 和 y_1,它们之间的关系是

$$x_1 = 3x_0 + y_0,$$
$$y_1 = 2x_0 + 2y_0.$$

其中常数为专家经验或某种常识而定。写成矩阵形式为

$$\begin{bmatrix} x_1 \\ y_1 \end{bmatrix} = \begin{bmatrix} 3 & 1 \\ 2 & 2 \end{bmatrix} \begin{bmatrix} x_0 \\ y_0 \end{bmatrix} \quad \text{或} \quad \boldsymbol{\alpha}_1 = \boldsymbol{A}\boldsymbol{\alpha}_0,$$

其中,$\boldsymbol{A} = \begin{bmatrix} 3 & 1 \\ 2 & 2 \end{bmatrix}$。

一般地,如果以若干年(如 5 年)作为一个期间,第 t 个期间的污染和工业发展水平记作 x_t 和 y_t,则有

$$\begin{cases} x_t = 3x_{t-1} + y_{t-1}, \\ y_t = 2x_{t-1} + y_{t-1}, \end{cases} \quad t = 1, 2, \cdots, k. \tag{4.7}$$

记 $\boldsymbol{\alpha}_t = \begin{bmatrix} x_t \\ y_t \end{bmatrix}$,则式(4.7)的矩阵形式为

$$\boldsymbol{\alpha}_t = \boldsymbol{A}\boldsymbol{\alpha}_{t-1}, \quad t = 1, 2, \cdots, k. \tag{4.8}$$

如果已知该地区基年的水平 $\boldsymbol{\alpha}_0 = [x_0, y_0]^T = [1, 7]^T$,利用式(4.8)就可预测第 k 期时该地区的污染程度和工业发展水平,实际上,由式(4.8)可得

$$\boldsymbol{\alpha}_1 = \boldsymbol{A}\boldsymbol{\alpha}_0, \boldsymbol{\alpha}_2 = \boldsymbol{A}\boldsymbol{\alpha}_1 = \boldsymbol{A}^2\boldsymbol{\alpha}_0, \cdots, \boldsymbol{\alpha}_k = \boldsymbol{A}^k\boldsymbol{\alpha}_0.$$

如果直接计算 $\boldsymbol{A}$ 的各次幂,计算将十分烦琐,而利用矩阵特征值和特征矢量的有关性质,不但可使计算大大简化,而且模型的结构和性质也更为清晰。为此先计算 $\boldsymbol{A}$ 的特征值和特征矢量。

$\boldsymbol{A}$ 的特征多项式为

$$\det(\lambda \boldsymbol{I} - \boldsymbol{A}) = \begin{vmatrix} \lambda-3 & -1 \\ -2 & \lambda-2 \end{vmatrix} = (\lambda-1)(\lambda-2).$$

所以，A 的特征值为 $\lambda_1=1, \lambda_2=4$。

对于 $\lambda_1=1$，解齐次线性方程组 $(I-A)x=0$，可得 A 的属于 $\lambda_1=1$ 的一个特征矢量 $\boldsymbol{\eta}_1=[1,-2]^T$。

对于 $\lambda_2=4$ 解齐次线性方程组 $(4I-A)x=0$，可得 A 的属于 $\lambda_2=4$ 的一个特征矢量 $\boldsymbol{\eta}_2=[1,1]^T$，且 $\boldsymbol{\eta}_1,\boldsymbol{\eta}_2$ 线性无关。

因而矩阵 A 可以相似对角化，即存在可逆矩阵 $P=[\boldsymbol{\eta}_1,\boldsymbol{\eta}_2]$，使得 $P^{-1}AP=\Lambda=\begin{bmatrix}1&0\\0&2\end{bmatrix}$，$A=P\Lambda P^{-1}$，$A^k=P\Lambda^k P^{-1}$，计算得到

$$\boldsymbol{\alpha}_k=A^k\boldsymbol{\alpha}_0=P\begin{bmatrix}1^k&0\\0&2^k\end{bmatrix}P^{-1}\begin{bmatrix}1\\7\end{bmatrix}=\begin{bmatrix}3\times4^k-2\\3\times4^k+4\end{bmatrix}.$$

易知 $k\to+\infty$ 时，$\boldsymbol{\alpha}_k$ 的第一个分量 $x_k\to+\infty$，可以看出，环境的污染将直接威胁人类的生存。

计算的 MATLAB 程序如下：

```
clc, clear, syms k
a=[3,1;2,2]; a=sym(a)              %转化为符号矩阵
p=charpoly(a)                      %求特征多项式
t=roots(p)                         %求特征根
[vec,val]=eig(a)                   %求特征矢量和特征根
Ak=vec*val^k*inv(vec)              %求矩阵 A 的 k 次幂
alphak=Ak*[1;7]                    %求差分方程的解
```

实际上，由差分方程的求解理论知，差分方程的通解

$$\boldsymbol{\alpha}_k=c_1\lambda_1^k\boldsymbol{\eta}_1+c_2\lambda_2^k\boldsymbol{\eta}_2,$$

由初值条件，得

$$c_1\boldsymbol{\eta}_1+c_2\boldsymbol{\eta}_2=\begin{bmatrix}1\\2\end{bmatrix},$$

解之，得

$$c_1=4,\quad c_2=3,$$

因而所求差分方程的解为 $\boldsymbol{\alpha}_k=4\lambda_1^k\boldsymbol{\eta}_1+3\lambda_2^k\boldsymbol{\eta}_2=\begin{bmatrix}3\times4^k-2\\3\times4^k+4\end{bmatrix}$。

计算的 MATLAB 程序如下：

```
clc, clear, syms k
a=[3,1;2,2]; a=sym(a)              %转化为符号矩阵
p=charpoly(a)                      %求特征多项式
t=roots(p)                         %求特征根
[vec,val]=eig(a)                   %求特征矢量和特征根
c=vec\[1;7]                        %解方程组待定差分方程特解的常数
s=c(1)*t(1)^k*vec(:,1)+c(2)*t(2)^k*vec(:,2)     %写出特解
```

4.3.2 递推数列的计算

差分方程的求解需要利用矩阵的特征值和特征矢量,递推数列的计算有时可以转化为差分方程的计算。下面以 2003 年高考天津卷试题为例来说明。

已知数列 $\{a_n\}$ 中,a_0 为常数,且 $a_n = 3^{n-1} - 2a_{n-1}(n=1,2,\cdots)$,证明对任意 $n \geq 1$,有 $a_n = \frac{1}{5}[3^n + (-1)^{n-1}2^n] + (-1)^n 2^n a_0$。

证明 因为 $a_n = -2a_{n-1} + \frac{1}{3} \cdot 3^n$,所以

$$\begin{bmatrix} a_n \\ 3^n \end{bmatrix} = \begin{bmatrix} -2 & 1 \\ 0 & 3 \end{bmatrix} \begin{bmatrix} a_{n-1} \\ 3^{n-1} \end{bmatrix} = \begin{bmatrix} -2 & 1 \\ 0 & 3 \end{bmatrix}^n \begin{bmatrix} a_0 \\ 1 \end{bmatrix}.$$

令 $A = \begin{bmatrix} -2 & 1 \\ 0 & 3 \end{bmatrix}$,则特征多项式

$$|\lambda E - A| = \begin{vmatrix} \lambda+2 & -1 \\ 0 & \lambda-3 \end{vmatrix} = \lambda^2 - \lambda - 6.$$

A 的特征根为 $\lambda_1 = -2, \lambda_2 = 3$,相应于 λ_1, λ_2 的特征矢量分别记为

$$\boldsymbol{\xi}_1 = \begin{bmatrix} 1 \\ 0 \end{bmatrix}, \quad \boldsymbol{\xi}_2 = \begin{bmatrix} 1/5 \\ 1 \end{bmatrix}.$$

$$A[\boldsymbol{\xi}_1, \boldsymbol{\xi}_2] = [\lambda_1 \boldsymbol{\xi}_1, \lambda_2 \boldsymbol{\xi}_2] = [\boldsymbol{\xi}_1, \boldsymbol{\xi}_2] \begin{bmatrix} -2 & 0 \\ 0 & 3 \end{bmatrix},$$

令 $\boldsymbol{P} = \begin{bmatrix} 1 & 1/5 \\ 0 & 1 \end{bmatrix}$,则

$$\boldsymbol{P}^{-1} = \begin{bmatrix} 1 & -1/5 \\ 0 & 1 \end{bmatrix}, \quad \boldsymbol{A} = \boldsymbol{P} \begin{bmatrix} -2 & 0 \\ 0 & 3 \end{bmatrix} \boldsymbol{P}^{-1}, \quad \boldsymbol{A}^n = \boldsymbol{P} \begin{bmatrix} (-2)^n & 0 \\ 0 & 3^n \end{bmatrix} \boldsymbol{P}^{-1},$$

于是

$$\boldsymbol{A}^n = \begin{bmatrix} (-2)^n & 3^n/5 - (-2)^n/5 \\ 0 & 3^n \end{bmatrix},$$

$$\begin{bmatrix} a_n \\ 3^n \end{bmatrix} = \boldsymbol{A}^n \begin{bmatrix} a_0 \\ 1 \end{bmatrix} = \begin{bmatrix} (-2)^n a_0 - (-2)^n/5 + 3^n/5 \\ 3^n \end{bmatrix},$$

从而有

$$a_n = \frac{1}{5}[3^n + (-1)^{n-1}2^n] + (-1)^n 2^n a_0.$$

计算的 MATLAB 程序如下:

```
clc, clear, syms n a0
A=[-2,1;0,3]; b=sym(A);           %转换为符号矩阵
c=charpoly(b)                      %求特征多项式
[p,val]=eig(b)                     %求特征值和特征矢量
pp=inv(p)                          %求 p 的逆阵
```

```
An = p * val^n * pp                    %求矩阵 A 的 n 次幂
Bn = An * [a0;1]
an = Bn(1)                             %提出 an 的表达式
```

4.3.3 层次分析法案例

1. 问题提出

春天来了,张勇、李雨、王刚、赵宇四位大学生相约去寻找生机勃勃、盎然向上的春天,呼吸沁人心脾的春天的气息。"五一"长假终于到了,但他们却起了争执。原来张勇想到风光绮丽的苏杭去看园林的春色,李雨却想到风景迷人的黄山去看巍峨挺拔的黄山松,王刚则想到风光秀丽的庐山去寻找庐山的真面目。三个人争得面红耳赤,只有赵宇坐在一旁手里拿着笔,不停地写着,最后站起来说:"别吵了,我计算过了,去苏杭是明智的选择。"说着他拿起笔在纸上画一张分析图(图 4.4),并讲解起来。

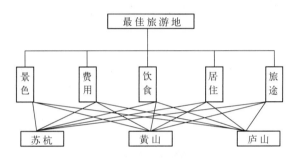

图 4.4 最佳旅游地选择的层次结构图

2. 问题分析

图 4.4 是一个递阶层次结构,它分三个层次,第一层(选择最佳旅游地)称为目标层;第二层(旅游的倾向)称为准则层;第三层(旅游地点)称为方案层。各层之间的联系用相连的直线表示。要依据喜好对这三个层次相互比较判断进行综合,在三个旅游地中确定哪一个为最佳地点。

3. 模型建立与求解

具体的做法是通过相互比较,假设各准则对于目标的权重和各方案对于每一准则的权重。首先在准则层对目标层进行赋权,认为费用应占最大的比例(因为是学生),其次是景色(目的主要是旅游),再者是旅途,至于吃住则不太重要。表 4.8 采用两两比较判断法得到的数据。

表 4.8 旅游决策准则层对目标层的两两比较表

项 目	景 色	费 用	饮 食	居 住	旅 途
景色	1	1/2	5	5	3
费用	2	1	7	7	5
饮食	1/5	1/7	1	1/2	1/3
居住	1/5	1/7	2	1	1/2
旅途	1/3	1/5	3	2	1

把表 4.8 中的数据用矩阵 $A = (a_{ij})_{5 \times 5}$ 表示,则

$$A = \begin{bmatrix} 1 & \frac{1}{2} & 5 & 5 & 3 \\ 2 & 1 & 7 & 7 & 5 \\ \frac{1}{5} & \frac{1}{7} & 1 & \frac{1}{2} & \frac{1}{3} \\ \frac{1}{5} & \frac{1}{7} & 2 & 1 & \frac{1}{2} \\ \frac{1}{3} & \frac{1}{5} & 3 & 2 & 1 \end{bmatrix}.$$

比较判断矩阵 A 也称为正互反矩阵。n 阶正互反矩阵 $B = (b_{ij})_{n \times n}$ 的特点是

$$b_{ij} > 0, \quad b_{ji} = \frac{1}{b_{ij}}, \quad b_{ii} = 1, \quad i, j = 1, 2, \cdots, n.$$

矩阵 A 中 $a_{12} = \frac{1}{2}$,它表示景色与费用对选择旅游地这个目标来说的重要之比为 $1:2$(景色比费用稍微不重要),而 $a_{21} = 2$ 则表示费用与景色对选择旅游地这个目标来说的重要之比为 $2:1$(费用比景色稍微重要);$a_{13} = 5$ 表示景色与饮食对旅游地这个目标来说的重要之比为 $5:1$(景色比饮食明显重要),而 $a_{31} = \frac{1}{5}$ 则表示饮食与景色对选择旅游地这个目标来说的重要之比为 $1:5$(饮食比景色明显不重要);$a_{23} = 7$ 表示费用与饮食对选择旅游地这个目标来说的重要之比为 $7:1$(费用比饮食强烈重要),而 $a_{32} = \frac{1}{7}$ 则表示饮食与费用对选择旅游地这个目标来说的重要之比为 $1:7$(饮食比景色强烈不重要),由此可见,在进行两两比较时,只需要进行 $4+3+2+1 = 10$ 次比较即可。

现在的问题是怎样由正互反矩阵确定诸因素对目标层的权重。由于 A 是正矩阵,由 Perron(佩罗)定理知,正互反矩阵一定存在一个最大的特征值 $\lambda_{\max}$,并且 $\lambda_{\max}$ 所对应的特征矢量 X 为正矢量,即 $AX = \lambda_{\max} X$,将 X 归一化(各个分量之和等于 1)作为权矢量 W,即 W 满足 $AW = \lambda_{\max} W$。

利用 MATLAB 可以求出最大特征值 $\lambda_{\max} = 5.0976$,对应的特征矢量经归一化得

$$W = [0.2863, \quad 0.4809, \quad 0.0485, \quad 0.0685, \quad 0.1157]^T$$

就是准则层对目标层的权重矢量。用同样的方法,给出第三层(方案层)对第二层(准则层)的每一准则比较判断矩阵,由此求出各排序矢量(最大特征值所对应的特征矢量归一化)。

$$B_1(景色) = \begin{bmatrix} 1 & 1/3 & 1/2 \\ 3 & 1 & 1/2 \\ 2 & 2 & 1 \end{bmatrix}, \quad P_1 = \begin{bmatrix} 0.1677 \\ 0.3487 \\ 0.4836 \end{bmatrix},$$

$$B_2(费用) = \begin{bmatrix} 1 & 3 & 2 \\ 1/3 & 1 & 2 \\ 1/2 & 1/2 & 1 \end{bmatrix}, \quad P_2 = \begin{bmatrix} 0.5472 \\ 0.2631 \\ 0.1897 \end{bmatrix},$$

$$B_3(饮食)=\begin{bmatrix}1&4&3\\1/4&1&2\\1/3&1/2&1\end{bmatrix},\quad P_3=\begin{bmatrix}0.6301\\0.2184\\0.1515\end{bmatrix},$$

$$B_4(居住)=\begin{bmatrix}1&3&2\\1/3&1&2\\1/2&1/2&1\end{bmatrix},\quad P_4=\begin{bmatrix}0.5472\\0.2631\\0.1897\end{bmatrix},$$

$$B_5(旅途)=\begin{bmatrix}1&2&3\\1/2&1&1/2\\1/3&2&1\end{bmatrix},\quad P_5=\begin{bmatrix}0.5472\\0.1897\\0.2631\end{bmatrix}.$$

最后,将由各准则对目标的权矢量 W 和各方案对每一准则的权矢量,计算各方案对目标的权矢量,称为组合权矢量。

若记

$$P=[P_1,P_2,P_3,P_4,P_5]=\begin{bmatrix}0.1677&0.5472&0.6301&0.5472&0.5472\\0.3487&0.2631&0.2184&0.2631&0.1897\\0.4836&0.1897&0.1515&0.1897&0.2631\end{bmatrix},$$

则根据矩阵乘法,可得组合权矢量

$$K=\begin{bmatrix}k_1\\k_2\\k_3\end{bmatrix}=PW=\begin{bmatrix}0.4426\\0.2769\\0.2805\end{bmatrix}.$$

4. 模型的一致性检验

如果一个正互反矩阵 $A=(b_{ij})_{n\times n}$ 满足

$$a_{ij}a_{jk}=a_{ik},\quad i,j,k=1,2,\cdots,n, \tag{4.9}$$

则称 A 为一致性判断矩阵,简称一致阵。

通过两两成对比较得到的判断矩阵 A 不一定满足矩阵的一致性条件式(4.9),我们希望能找到一个数量标准来衡量矩阵 A 不一致的程度。

关于正互反矩阵 A,根据矩阵论的 Perron-Frobenius 定理,有下面的结论。

定理 4.2 正互反矩阵 A 存在正实数的按模最大的特征值,这个特征值是单值,其余的特征值的模均小于它,并且这个最大特征值对应着正的特征矢量。

定理 4.3 n 阶正互反矩阵 $A=(a_{ij})_{n\times n}$ 是一致阵当且仅当其最大特征值 $\lambda_{\max}=n$。

根据定理 4.3 可以检验判断矩阵是否具有一致性,如果判断矩阵不具有一致性,则 $\lambda_{\max}\neq n$,并且这时的特征矢量 W 就不能真实反映各指标的权重。衡量不一致程度的数量指标称为一致性指标,Saaty 将它定义为

$$\mathrm{CI}=\frac{\lambda_{\max}-n}{n-1}. \tag{4.10}$$

由于矩阵 A 的所有特征值的和 $\sum_{i=1}^{n}\lambda_i=n$,实际上 CI 是 $n-1$ 个特征值 $\lambda_2,\lambda_3,\cdots,\lambda_n$(最大特征值 $\lambda_{\max}$ 除外)的平均值的相反数。当然对于一致性正互反阵来说,一致性指标 CI$=0$。

显然,仅依靠 CI 值来作为判断矩阵 A 是否具有满意一致性的标准是不够的,因为人

们对客观事物的复杂性和认识的多样性,以及可能产生的片面性与问题的因素多少、规模大小有关,即随着 n 值(1~9)的增大,误差相应也会增大,为此,Satty 又提出了平均随机一致性指标 RI。

平均随机一致性指标 RI 是这样得到的:对于固定的 n,随机构造正互反矩阵 $A' = (a'_{ij})_{n \times n}$,其中 a'_{ij} 是从 $1,2,\cdots,9,1/2,1/3,\cdots,1/9$ 中随机抽取的,这样的 A' 是最不一致的,取充分大的子样(500 个样本)得到 A' 的最大特征值的平均值 $\lambda'_{\max}$,定义

$$\text{RI} = \frac{\lambda'_{\max} - n}{n-1}. \tag{4.11}$$

对于 1~9 阶的判断矩阵,Saaty 给出 RI 值,如表 4.9 所示。

表 4.9 平均随机一致性指标 RI

n	1	2	3	4	5	6	7	8	9
RI	0	0	0.58	0.90	1.12	1.24	1.32	1.41	1.45

令 CR=CI/RI,CR 为一致性比率,当 CR<0.1 时,认为判断矩阵具有满意的一致性,否则就需要调整判断矩阵,使之具有满意的一致性。

在上述模型中矩阵 A 的一致性比率 CR=0.0218<0.1,通过了一致性检验。对于其他判断矩阵的一致性检验和总体一致性检验,这里不再赘述。

计算的 MATLAB 程序如下:

```
clc, clear
a=[1,1/2,5,5,3;2,1,7,7,5;1/5,1/7,1,1/2,1/3
    1/5,1/7,2,1,1/2;1/3,1/5,3,2,1];
[w,t]=eigs(a,1)              %求最大特征值 t 及对应的特征矢量 w
CR=(t-5)/4/1.12              %计算矩阵 A 的一致性比率
w=w/sum(w)                   %特征矢量归一化
B1=[1,1/3,1/2;3,1,1/2;2,2,1];
[P1,t1]=eigs(B1,1), P1=P1/sum(P1)
B2=[1,3,2;1/3,1,2;1/2,1/2,1];
[P2,t2]=eigs(B2,1), P2=P2/sum(P2)
B3=[1,4,3;1/4,1,2;1/3,1/2,1];
[P3,t3]=eigs(B3,1), P3=P3/sum(P3)
B4=[1,3,2;1/3,1,2;1/2,1/2,1];
[P4,t4]=eigs(B4,1), P4=P4/sum(P4)
B5=[1,2,3;1/2,1,1/2;1/3,2,1];
[P5,t5]=eigs(B5,1), P5=P5/sum(P5)
K=[P1,P2,P3,P4,P5]*w         %求最终的组合权矢量
```

5. 结果分析

上述结果表明:方案 1(苏杭)在旅游选择中占的权重为 0.4426,接近 0.5,远大于方案 2(黄山权重为 0.2769)、方案 3(庐山权重为 0.2805),因此他们应该去苏杭。

以上分析方法称为层次分析法(Analytic Hierarchy Process,AHP),是一种现代管理决

策方法,由美国运筹学家 T. L. Saaty 提出,它的应用比较广泛,遍及经济计划与管理、能源政策与分配、行为科学、军事指挥、运输、农业、教育、环境、人才等诸多领域,如大学生择业、科技人员选择研究课题、医生为疑难病确定治疗方案、经理从若干个应试者中挑选秘书等,都可用这种方法,其特点是用定量方法解决定性分析。

4.3.4 马尔科夫链案例

1. 问题提出

社会学的某些调查表明,儿童受教育的水平取决于他们父母受教育的水平。调查过程将人受教育的程度划分为三类:E 类人,具有初中或初中以下程度;S 类人,具有高中文化程度;C 类人,受过高等教育。当父母是这三类人中的一种类型时,其子女将属于这三类人中的一类的概率(占总数的百分比)如表 4.10 所示。

表 4.10 子女受教育程序与父母受教育程度的关系

父母\子女	E	S	C
E	0.6	0.3	0.1
S	0.4	0.4	0.2
C	0.1	0.2	0.7

(1)属于 S 类的人口中,其第三代将接受高等教育的百分比是多少?

(2)假设不同的调查结果表明,如果父母之一受过高等教育,那么他们的子女总是可以进入大学,这时每一类人口的后代平均要经过多少代,最终都可以接受高等教育?

2. 问题分析

此问题已给出子女受教育程度与父母受教育程度的关系,这也是经过大量样本的统计得到的,表明当父母是这三类人中的某一类型时,其子女将属于这三类中的任一类的概率,这一关系结果是与社会调查背景有关的。

3. 模型建立与求解

(1)由子女受教育程序与父母受教育程度的关系,可得矩阵

$$P = \begin{bmatrix} 0.6 & 0.3 & 0.1 \\ 0.4 & 0.4 & 0.2 \\ 0.1 & 0.2 & 0.7 \end{bmatrix}.$$

式中:P 为状态转移矩阵,其中的元素为一步状态转移概率,表示当父母是这三类人中的某一类型时,其子女将属于这三类中的任一类的概率。经过两步转移,得

$$P^2 = \begin{bmatrix} 0.49 & 0.32 & 0.19 \\ 0.42 & 0.32 & 0.26 \\ 0.21 & 0.25 & 0.54 \end{bmatrix},$$

P^2 反映当祖父母是这三类人中的某一类型时第三代受教育程度,P^3,P^4,…可依此类推。所以,在属于 S 类的人口中,其第三代将接受高等教育的概率是 26%。

P 的三个特征值分别为

$$\lambda_1 = 1, \quad \lambda_2 = \frac{7+\sqrt{21}}{20} \approx 0.5791, \quad \lambda_3 = \frac{7-\sqrt{21}}{20} \approx 0.1209,$$

P 可以对角化。

当 $n \to \infty$ 时,有

$$\lambda_1^n \to 1, \quad \lambda_2^n \to 0, \quad \lambda_3^n \to 0, \quad P^n \to \begin{bmatrix} 0.3784 & 0.2973 & 0.3243 \\ 0.3784 & 0.2973 & 0.3243 \\ 0.3784 & 0.2973 & 0.3243 \end{bmatrix},$$

其中矢量 $[0.3784, 0.2973, 0.3243]^T$ 为矩阵 P^T 的最大特征值 1 对应的归一化特征矢量。

不论现在受教育水平的比例如何,按照这种趋势发展下去,其最终趋势是属于 E,S,C 类的人口分别为 37.84%,29.73%,32.43%。

计算的 MATLAB 程序如下:

```
clc, clear
P=[0.6,0.3,0.1;0.4,0.4,0.2;0.1,0.2,0.7]; P2=P^2
[v,Lambda]=eig(sym(P))
Lambda=double(Lambda)         %把符号数转换为浮点数
[v2,t]=eigs(P',1)             %求 P 转置矩阵的最大特征值及对应的特征矢量
v2=v2/sum(v2)                 %对特征矢量进行归一化处理
```

(2) 如果父母之一受过高等教育,那么他们的子女总是可以进入大学,则上面的状态转移矩阵可修改为

$$P = \begin{bmatrix} 0.6 & 0.3 & 0.1 \\ 0.4 & 0.4 & 0.2 \\ 0 & 0 & 1 \end{bmatrix}.$$

可以计算

$$P^2 = \begin{bmatrix} 0.48 & 0.3 & 0.22 \\ 0.40 & 0.28 & 0.32 \\ 0 & 0 & 1 \end{bmatrix}.$$

在属于 S 类的人口中,其第三代接受高等教育的概率是 32%。

P 的三个特征值分别为

$$\lambda_1 = 1, \quad \lambda_2 = \frac{5+\sqrt{13}}{10} \approx 0.8606, \quad \lambda_3 = \frac{5-\sqrt{13}}{10} \approx 0.1394.$$

P 可以对角化。

当 $n \to +\infty$ 时,有

$$\lambda_1^n \to 1, \quad \lambda_2^n \to 0, \quad \lambda_3^n \to 0, \quad P^n \to \begin{bmatrix} 0 & 0 & 1 \\ 0 & 0 & 1 \\ 0 & 0 & 1 \end{bmatrix}.$$

如果父母之一受过高等教育,那么他们的子女总是可以进入大学,不论现在受教育水平的比例如何,按照这种趋势发展下去,其最终趋势是属于 E,S,C 类的人口分别为 0,0,100%。由此可以看出,按照这种趋势发展下去,其最终趋势所有人都可以接受高等教育。

4. 知识拓展——马尔科夫(Markov)过程

在社会科学和自然科学中,经常遇到这样的问题:如果一个系统现在处于若干个状态

中的某一个确定状态,那么经过一段时间,该系统将会以某一概率转移到另一个状态,而这一转移概率仅依赖于现在的状态,与过去的历史无关,这一过程称为马尔科夫过程(马尔科夫链)。

一般,假设一个系统有 n 种可能状态,记作状态 $1,2,\cdots,n$。如果在某个观察期,该系统处于状态 $i(i=1,2,\cdots,n)$,那么在下一个观察期,它转移到状态 $j(j=1,2,\cdots,n)$ 的概率为 p_{ij},$p_{ij}(i,j=1,2,\cdots,n)$ 满足

$$\sum_{j=1}^{n} p_{ij} = 1, \quad 0 \leq p_{ij} \leq 1.$$

定义 n 阶矩阵 $\boldsymbol{P} = (p_{ij})_{n \times n}$,矩阵 $\boldsymbol{P}$ 称为状态转移矩阵。

如果该系统开始时处于各状态的概率依次为 $p_1^{(0)}, p_2^{(0)}, \cdots, p_n^{(0)}$,记

$$\boldsymbol{p}^{(0)} = [p_1^{(0)}, p_2^{(0)}, \cdots, p_n^{(0)}],$$

称 $\boldsymbol{p}^{(0)}$ 为初始状态矢量,其中

$$\sum_{j=1}^{n} p_j^{(0)} = 1, \quad 0 \leq p_j^{(0)} \leq 1.$$

如果系统下一期的状态为 $\boldsymbol{p}^{(1)} = [p_1^{(1)}, p_2^{(1)}, \cdots, p_n^{(1)}]$,则由全概率公式,有

$$p_i^{(1)} = p_1^{(0)} p_{1i} + p_2^{(0)} p_{2i} + \cdots + p_n^{(0)} p_{ni}, \quad i = 1, 2, \cdots, n,$$

从而得到下一期系统处于状态 i 的概率,写成矩阵形式,有

$$\boldsymbol{p}^{(1)} = \boldsymbol{p}^{(0)} \boldsymbol{P},$$

一般地,系统在第 k 期的状态分布概率为 $\boldsymbol{p}^{(k)}$,则

$$\boldsymbol{p}^{(k)} = \boldsymbol{p}^{(k-1)} \boldsymbol{P} = \cdots = \boldsymbol{p}^{(0)} \boldsymbol{P}^k, \tag{4.12}$$

因此,由初始状态可以预测系统在以后各期间的状态,特别是当矩阵 $\boldsymbol{P}$ 可对角化时,计算更为简便。

例 4.9 假设在某一固定的选区,国会选举的投票用一个三维矢量 $\boldsymbol{x}$ 表示为

$\boldsymbol{x} = [$民主党(D)得票率,共和党(R)得票率,自由党(L)得票率$]$.

假设用这种类型的矢量每两年记录一次国会选举的结果,同时每次选举的结果仅依赖前一次选举的结果,于是刻画每两年选举的矢量构成的序列是一个马尔科夫链,对此取状态转移矩阵

$$\boldsymbol{P} = \begin{bmatrix} 0.7 & 0.2 & 0.1 \\ 0.1 & 0.8 & 0.1 \\ 0.3 & 0.3 & 0.4 \end{bmatrix}.$$

第一行数值刻画的是在一次选举中为民主党投票的人在下一次选举中将如何投票的百分比。这里假设 70% 的人在下一次选举中再一次投 D 的票,20% 的人将投 R 的票,10% 的人将投 L 的票,对 $\boldsymbol{P}$ 的其他行有类似的解释。

如果这些转换百分比从一次选举到下一次选举多年保持为常数,则此过程为一个马尔科夫过程。假设在一次选举中,结果为 $\boldsymbol{x}_0 = [0.55, 0.40, 0.05]$。

下一次选举的结果由状态矢量 $\boldsymbol{x}_1$ 描述,再下一次选举的结果由 $\boldsymbol{x}_2$ 描述,即

$$\boldsymbol{x}_1 = \boldsymbol{x}_0 \boldsymbol{P} = [0.55, 0.40, 0.05] \begin{bmatrix} 0.7 & 0.2 & 0.1 \\ 0.1 & 0.8 & 0.1 \\ 0.3 & 0.3 & 0.4 \end{bmatrix} = [0.44, 0.445, 0.115],$$

即44%将投D的票,44.5%将投R的票,11.5%将投L的票。

$$x_2 = x_1 P = [0.44, 0.445, 0.115] \begin{bmatrix} 0.7 & 0.2 & 0.1 \\ 0.1 & 0.8 & 0.1 \\ 0.3 & 0.3 & 0.4 \end{bmatrix} = [0.3870, 0.4785, 0.1345],$$

即38.7%将投D的票,47.85%将投R的票,13.45%将投L的票。

4.3.5 PageRank排名技术

1. 引言

随着互联网的广泛使用,用户对搜索引擎的使用越来越频繁,信息搜索已成为仅次于电子邮件的第二大互联网应用,用户需要一个优质的搜索引擎及时提供所需要的信息,同时企业也需要良好的网络排名来帮助迅速拓展业务,所以搜索引擎只有得到公正、正确的排名算法的支持才能在WWW中得到一席之地。Google依靠其PageRank机制及收敛算法一直处于该领域的领先地位,它已成为WWW上使用的搜索引擎之一。PageRank算法计算出网页的PageRank值,从而决定网页在搜索结果中的出现位置,PageRank值越高的网页,在结果中出现的位置越靠前。简单地说,PageRank值是代表网络上某个页面重要性的一个数值。

最近几年,许多学者、专家研究PageRank排名技术,提出许多计算PageRank值的改进算法。现有算法大多依据主题的相关性或页面的权威性来评价URL的重要性,比较常用的页面权威性计算方法有PageRank算法、HITS算法、Kleinberg算法、SALSA算法等。

2. PageRank算法原理

PageRank算法基于"从许多优质的网络链接过来的网页,必定还是优质网页"的关系来判定所有网页的重要性。如果将从网页A指向网页B的链接看作页面A对页面B的支持投票,则Google根据这个投票数来判断页面的重要性。可是Google不仅看投票数(即链接数),还分析投票页面的重要性。重要性高的页面所投的票的评价会更高,因为接受这个投票页面会被理解为重要的页面。根据这样的分析得到的高评价的重要页面会被给予较高的PageRank值,在检索结果内的名次也会提高。且每个页面平均投票给每个链出页面。

Google假设浏览者浏览页面的过程与过去浏览过哪些页面无关,仅依赖当前所在的页面,这是一个简单的有限状态、离散时间的马可科夫过程。若Google资料库共有N个网页,则可定义一个$N \times N$的邻接矩阵$W = (w_{ij})_{N \times N}$,其中,如果从网页$i$到网页$j$有超链接,则$w_{ij} = 1$,否则为0。$W$中非零元素的总数即是网页超链接的总数,将$W$的每行元素除以该行的非零元素总数,即将每行和变为1得到方阵P,则得到马尔科夫链的状态转移矩阵。

例4.10 假设有6个网页,链接关系如图4.5所示。

由以上网络的链接关系可得邻接矩阵W为

$$W = \begin{bmatrix} 0 & 1 & 0 & 0 & 0 & 0 \\ 0 & 0 & 1 & 1 & 1 & 0 \\ 0 & 1 & 0 & 0 & 0 & 1 \\ 1 & 1 & 0 & 0 & 1 & 0 \\ 0 & 1 & 0 & 0 & 0 & 1 \\ 0 & 0 & 0 & 1 & 0 & 0 \end{bmatrix},$$

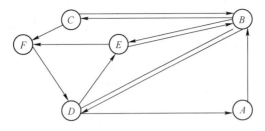

图 4.5　6 个网页链接结构图

相应的马尔科夫状态转移矩阵

$$P = \begin{bmatrix} 0 & 1 & 0 & 0 & 0 & 0 \\ 0 & 0 & 1/3 & 1/3 & 1/3 & 0 \\ 0 & 1/2 & 0 & 0 & 0 & 1/2 \\ 1/3 & 1/3 & 0 & 0 & 1/3 & 0 \\ 0 & 1/2 & 0 & 0 & 0 & 1/2 \\ 0 & 0 & 0 & 1 & 0 & 0 \end{bmatrix}. \tag{4.13}$$

3. PageRank 排名算法简介

记 N 个网页的 PageRank 值分别为 $PR_i(i=1,2,\cdots,N)$，网页 i 的链出数记为 $r_i(i=1,2,\cdots,N)$，r_i 即是矩阵 W 第 i 行所有元素的和。

Google 最初公开的计算公式为

$$PR_i = \sum_{j=1}^{N} w_{ji} \frac{PR_j}{r_j}, \quad j = 1,2,\cdots,N, \tag{4.14}$$

并不是所有的用户都会顺着网页的超链接浏览页面，Google 认为有 85% 的用户会顺着链接浏览，于是给定一个参数 d，取值为 0.85，称为阻尼因子。

Google 将式(4.14)修改为

$$PR_i = \frac{1-d}{N} + d \sum_{j=1}^{N} w_{ji} \frac{PR_j}{r_j}. \tag{4.15}$$

显然 PageRank 计算公式满足：网页 i 的链接源页面数越多，则网页 i 越重要，PR_i 值就越高；网页 i 的链接源页面的级别越高，则网页 i 越重要，PR_i 值就越高。

4. 计算 PageRank 值

在网页数比较少的情况下，PageRank 值可以根据式(4.14)或式(4.15)列方程组解出，而面对互联网上成亿的网页，解方程组是不可能的。Google 采用一种近似的迭代的方法计算网页的 PageRank 值，即先给每个网页一个初始值，然后利用上面的公式，循环进行迭代得到结果。

下面给出另外一种计算 PageRank 值的步骤。

1）基础的 PageRank 值计算

计算步骤如下：

（1）构造有向图 $D=(V,A,W)$，其中 $V=\{v_1,v_2,\cdots,v_N\}$ 为顶点集合，每一个网页是图的一个顶点，A 为弧的集合，网页间的每一个超链接是图的一条弧，邻接矩阵 $W=(w_{ij})_{N\times N}$，如果从网页 i 到网页 j 有超链接，则 $w_{ij}=1$，否则为 0。

(2) 记矩阵 W 第 i 行的行和为 $r_i = \sum_{j=1}^{N} w_{ij}$,它给出了页面 i 的链出链接数目。定义矩阵 $P = (p_{ij})_{N \times N}$ 如下:

$$p_{ij} = \frac{w_{ij}}{r_i}, \quad i,j = 1,2,\cdots,N,$$

P 是马尔科夫链的状态转移概率矩阵,p_{ij} 表示从页面 i 转移到页面 j 的概率。

(3) 求马尔科夫链的平稳分布 $x = [x_1, \cdots, x_N]^T$,它满足

$$P^T x = x, \quad \sum_{i=1}^{N} x_i = 1.$$

式中:x 表示在极限状态(转移次数趋于无限)下各网页被访问的概率分布,Google 将它定义为各网页的 PageRank 值。假设 x 已经得到,则它按分量满足方程

$$x_k = \sum_{i=1}^{N} p_{ik} x_i = \sum_{i=1}^{N} \frac{w_{ik}}{r_i} x_i.$$

网页 i 的 PageRank 值是 x_i,它链出的页面有 r_i 个,于是页面 i 将它的 PageRank 值分成 r_i 份,分别"投票"给它链出的网页。x_k 为网页 k 的 PageRank 值,即网络上所有页面"投票"给网页 k 的最终值。

根据马尔科夫链的基本性质还可以得到,平稳分布(即 PageRank 值)是状态转移概率矩阵 P 的转置矩阵 P^T 的最大特征值 1 所对应的归一化特征矢量。

式(4.14)计算的 PageRank 值对应着基础的 PageRank 值。

2) 随机冲浪模型的 PageRank 值

计算步骤如下:

(1) 构造有向图 $D = (V, A, W)$,其中 $V = \{v_1, v_2, \cdots, v_N\}$ 为顶点集合,每一个网页是图的一个顶点,A 为弧的集合,网页间的每一个超链接是图的一条弧,邻接矩阵 $W = (w_{ij})_{N \times N}$,如果从网页 i 到网页 j 有超链接,则 $w_{ij} = 1$,否则为 0。

(2) 记矩阵 W 第 i 行的行和为 $r_i = \sum_{j=1}^{N} w_{ij}$,它给出了页面 i 的链出链接数目。定义矩阵 $\widetilde{P} = (\widetilde{p}_{ij})_{N \times N}$ 如下:

$$\widetilde{p}_{ij} = \frac{1-d}{N} + d \frac{w_{ij}}{r_i}, \quad i,j = 1,2,\cdots,N,$$

其中,一般地,取 $d = 0.85$,$\widetilde{P}$ 是马尔科夫链的状态转移概率矩阵,$\widetilde{p}_{ij}$ 表示从页面 i 转移到页面 j 的概率。

(3) 求马尔科夫链的平稳分布 $x = [x_1, \cdots, x_N]^T$,它满足

$$\widetilde{P}^T x = x, \quad \sum_{i=1}^{N} x_i = 1.$$

式中:x 表示在极限状态(转移次数趋于无限)下各网页被访问的概率分布,Google 将它定义为各网页的 PageRank 值。

根据马尔科夫链的基本性质还可以得到,平稳分布(即 PageRank 值)是状态转移概率矩阵 $\widetilde{P}$ 的转置矩阵 $\widetilde{P}^T$ 的最大特征值 1 所对应的归一化特征矢量。

式(4.15)计算的 PageRank 值对应着随机冲浪模型的 PageRank 值。

两种 PageRank 值的状态转移矩阵之间具有如下关系：

$$\widetilde{\boldsymbol{P}} = \frac{1-d}{N}\boldsymbol{e}\boldsymbol{e}^{\mathrm{T}} + d\boldsymbol{P}, \tag{4.16}$$

其中，e 为分量全为 1 的 N 维列矢量，从而 ee^{T} 为全 1 矩阵，$d \in (0,1)$ 为阻尼因子（damping factor），在实际中 Google 取 $d=0.85$。

利用 MATLAB 软件求得的基础 PageRank 值为

$$\boldsymbol{x} = [0.0769, \ 0.2885, \ 0.0962, \ 0.2308, \ 0.1731, \ 0.1346]^{\mathrm{T}};$$

随机冲浪模型的 PageRank 值为

$$\boldsymbol{x} = [0.0881, \ 0.2781, \ 0.1038, \ 0.2229, \ 0.1670, \ 0.1401]^{\mathrm{T}}.$$

两种方法计算的 PageRank 值略有差异，但各个网页的相对重要性次序是不变的。两种方法计算得到的 PageRank 值的柱状图如图 4.6 所示。

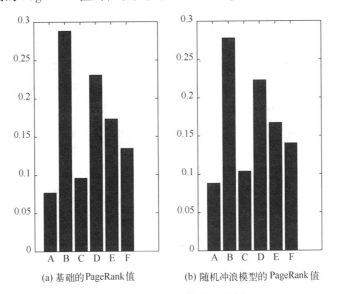

(a) 基础的 PageRank 值　　(b) 随机冲浪模型的 PageRank 值

图 4.6　PageRank 值的柱状图

计算及画图的 MATLAB 程序如下：

```
clc, clear, close all, d=0.85;
w=zeros(6); w(1,2)=1; w(2,[3:5])=1;
w(3,[2,6])=1; w(4,[1,2,5])=1;
w(5,[2,6])=1; w(6,4)=1; N=size(w,1);
r=sum(w,2)                        %求矩阵 w 的行和
p1=w./repmat(r,1,N)               %构造状态转移矩阵
[x1,v1]=eigs(p1',1)               %求最大特征值及对应的归一化特征矢量
x1=x1/sum(x1)                     %特征矢量归一化
p2=(1-d)/N+d*p1;                  %构造随机冲浪模型的状态转移矩阵
[x2,v2]=eigs(p2',1)
x2=x2/sum(x2)
subplot(121), bar(x1), set(gca,'xticklabel',{'A','B','C','D','E','F'})
```

xlabel('基础的 PageRank 值','Fontsize',16)
subplot(122), bar(x2), set(gca,'xticklabel',{'A','B','C','D','E','F'})
xlabel('随机冲浪模型的 PageRank 值','Fontsize',16)

习 题 4

4.1 甲方收到与之有秘密通信往来的乙方的一个密文信息,密文内容为 OYJW,按照甲方与乙方的约定,他们之间的密文通信采用 Hill$_3$ 密码,密钥为三阶矩阵 $A = \begin{bmatrix} 1 & 1 & 0 \\ 2 & 1 & 1 \\ 3 & 2 & 2 \end{bmatrix}$,求这段密文的原文。

4.2 配平下列化学方程式,并使得方程的系数为最小可能的正整数。
$$MnS + As_2Cr_{10}O_{35} + H_2SO_4 \rightarrow HMnO_4 + AsH_3 + CrS_3O_{12} + H_2O.$$

4.3 在英国,工党成员的第二代加入工党的概率为 0.5,加入保守党的概率为 0.4,加入自由党的概率为 0.1。保守党成员的第二代加入保守党的概率为 0.7,加入工党的概率为 0.2,加入自由党的概率为 0.1。自由党成员的第二代加入保守党的概率为 0.2,加入工党的概率为 0.4,加入自由党的概率为 0.4。求自由党成员的第三代加入工党的概率。在经过较长的时间后,各党成员的后代加入各党派的概率分布是否具有稳定性?

4.4 在某国,每年有比例为 p 的农村居民移居城镇,有比例为 q 的城镇居民移居农村。假设该国总人口数不变,且上述人口迁移的规律也不变。把 n 年后农村人口和城镇人口占总人口的比例依次记为 x_n 和 $y_n (x_n + y_n = 1)$。

(1) 求关系式 $\begin{bmatrix} x_{n+1} \\ x_{n+1} \end{bmatrix} = A \begin{bmatrix} x_n \\ y_n \end{bmatrix}$ 中的矩阵 A。

(2) 设目前农村人口与城镇人口相等,即 $\begin{bmatrix} x_0 \\ y_0 \end{bmatrix} = \begin{bmatrix} 0.5 \\ 0.5 \end{bmatrix}$,求 $\begin{bmatrix} x_n \\ y_n \end{bmatrix}$。

4.5 (续例 4.1)利用 PageRank 算法,给出 6 支球队的排名顺序。

4.6 有一个平面结构如图 4.7 所示,有 13 条梁(图中标号的线段)和 8 个铰接点(图中标号的圈)连接在一起。其中 1 号铰接点完全固定,8 号铰接点竖直方向固定,并在 2 号、5 号和 6 号铰接点上,分别有图示的 10t、15t 和 20t 的负载。在静平衡的条件下,任何一个铰接点上水平和竖直方向受力都是平衡的。已知每条斜梁的角度都是 45°。

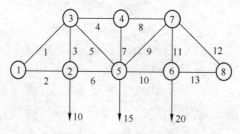

图 4.7 一个平面结构的梁

（1）列出由各铰接点处受力平衡方程构成的线性方程组。

（2）用 MATLAB 求解该线性方程组，确定每条梁受力情况。

4.7 金融机构为保证现金充分支付，设立一笔总额 5400 万的基金，分开放置在位于 A 城和 B 城的两家公司，基金在平时可以使用，但每周末结算时必须确保总额仍然为 5400 万。经过相当长的一段时期的现金流动，发现每过一周，各公司的支付基金在流通过程中多数还留在自己的公司内，而 A 城公司有 10% 支付基金流动到 B 城公司，B 城公司则有 12% 的支付基金流动到 A 城公司。起初 A 城公司基金为 2600 万，B 城公司基金为 2800 万。按此规律，两公司支付基金数额变换趋势如何？如果金融专家认为每个公司的支付基金不能少于 2200 万，那么是否需要在必要时调动基金？

第5章 概率论与数理统计模型

5.1 概率基础模型

本节案例主要涉及概率论中的一些基础知识。通过案例分析建立数学模型,可加深对这些知识点的进一步理解。

5.1.1 有趣的蒙特莫特问题

1. 问题提出

青年节快到了,班里准备举办一次联欢活动。小刘提议每人带一件小礼物,放在一起,用抽签的方式各取回一件作为纪念。这一提议立即引起了大家的兴趣,多数同学都认为这个办法有新意。可也有人提出疑问:是否会有多数人把自己带去的礼物又抽回去了?

2. 模型假设与符号说明

假设1 整个班级共有 n 个人同学。

记 A_i 表示"第 i 个人取回自己所带的礼物"($i=1,2,\cdots,n$),则

$A_1 \cup A_2 \cup \cdots \cup A_n = \bigcup_{i=1}^{n} A_i$ 表示"n 个人中至少一人取回自己所带的礼物"。

3. 模型分析

上述问题实际上是一个较有名的数学问题,早在1708年就有法国数学家蒙特莫特提出了,因此又称为"蒙特莫特问题"或"配对问题"。用所学的概率论知识计算一下:当有 n 个人参加这一项活动时,至少有1人取回自己所带礼物的概率及平均有多少人会取走自己所带的礼物。

4. 模型建立

由概率的加法公式与乘法公式,有

$$P\left(\bigcup_{i=1}^{n} A_i\right) = \sum_{i=1}^{n} P(A_i) - \sum_{1 \leq i < j \leq n} P(A_i A_j) + \sum_{1 \leq i < j < k \leq n} P(A_i A_j A_k) - \cdots + (-1)^{n-1} P(A_1 A_2 \cdots A_n)$$

$$= C_n^1 \frac{1}{n} - C_n^2 \frac{1}{n(n-1)} + \cdots + (-1)^{n-1} \frac{1}{n(n-1)\cdots 1}$$

$$= 1 - \frac{1}{2!} + \frac{1}{3!} - \cdots + (-1)^{n-1} \frac{1}{n!}$$

当 n 较大时,至少有1人取到自己所带的礼物的概率为

$$P\left(\bigcup_{i=1}^{n} A_i\right) \approx 1 - e^{-1} \approx 0.6321.$$

再引入随机变量

$$X_i = \begin{cases} 1, & \text{第 } i \text{ 个人取回自己所带的礼物,} \\ 0, & \text{第 } i \text{ 个人未取回自己所带的礼物.} \end{cases}$$

而

$$E(X) = \sum_{i=1}^{n} E(X_i) = 1.$$

这个结果表明:用这种方式虽然可能有人抽回自己所带的礼物,但这 n 个人(不论 n 多么大)平均来说只有 1 人取回自己所带的礼物。因此,作为一项娱乐活动,小刘的提议可以得到采纳。

5. 模型评价与应用

利用概率的加法公式和乘法公式进行配对问题的概率计算。配对问题是非常普遍的概率问题,不同的提法还有装信封问题、匹配问题、相遇问题等。值得指出的是:不论 n 等于多少,配对个数的期望值与方差均等于 1。配对问题的解决方法在经济管理中有着重要的应用。

5.1.2 考试成绩的标准分

高等学校的招生考试从 1993 年起在部分省、市试行"将原始分数换算为标准分,并公布标准分为录取的依据",在试验成功的基础上,参考、借鉴国外的先进做法,当时的国家教委制定了《普通高校全国统一考试建立标准分数制度实施方案》,并逐步推向全国。近几年,不仅高考考试试行标准分,而且中考及有些中学的期中、期末成绩也都换算成标准分。那么,什么是标准分呢?为什么说标准分更合理、更科学?

1. 模型假设与符号说明

假设 1 每科考试的卷面分数 X 服从正态分布 $N(\mu, \sigma^2)$,其中 μ 反映了该科考试卷面的平均分,σ^2 反映了该科考试卷面分数的离散程度。

假设 2 一个线性变换 $Y = \dfrac{X-\mu}{\sigma}$,变换以后的分数就是标准分,$Y \sim N(0,1)$。

2. 模型分析与建立

标准分是卷面分换算得来的,根据标准分就能较准确判断任一考试成绩在考生群体中的位置。若 $Y<0$,则说明考试成绩低于平均分;若 $Y=0$,则说明考试成绩等于平均分;若 $Y>0$,则说明考试成绩高于平均分。不仅如此,还可以根据标准分来判断考试成绩在全体考生中的位置,如某人参加考试的标准分为 $Y=1.5$,则 $P\{Y<1.5\}=0.9332$,说明在全体考生中有 93.32% 的考生成绩比他低;如某人参加某项考试的标准分为 $Y=-1.2$,则 $P\{Y<-1.2\}=0.1151$,说明在全体考生中有 11.51% 的考生成绩比他低。

在高考中,每一科目的考生都在几十万人,为了便于区分,增大正态分布的标准差,对卷面成绩进行换算 $Z = \dfrac{(X-\mu) \times 100}{\sigma} + 500$,可以证明 $E(Z)=500, D(Z)=100^2$,换算后的标准分服从均值 500,标准差 100 的正态分布,即 $Z \sim N(500, 100^2)$。由于正态分布以均值为中心,以 $\sigma, 2\sigma, 3\sigma, 4\sigma$ 为半径的范围内取值的概率分别可达 0.6827, 0.9545, 0.9973, 0.9999,所以标准分在 100~900 几乎是必然的,即高考成绩每一门的标准分都是以 500 分为平均分且在 100~900 分。若标准分大于 500 分,则说明高于平均分;若标准分小于

500 分,则说明低于平均分。例如,某一位同学某一科的标准分是 618 分,那么可以计算 $P\{Z>618\} = 0.119$,即他所在省(市)该科考试成绩高于该同学成绩的约占考生总数的 11.9%。所以当考生知道了标准分以后,就能够知道他的"名次"。这就是采用标准分的一个重要意义。

3. 模型推广与应用

由于各类统一考试的人数众多,每科考试的卷面分数 X 服从正态分布是完全合理的。标准分的另一个重要的意义是,将原始分换算为标准分以后,可以消除不同科目难易程度对总成绩的影响,它比传统的计算卷面总分更科学。因为不论每一科目的难易程度如何,将其转换成标准分以后,都服从正态分布 $N(500,100^2)$。

高考成绩的综合分是由各科标准分加权平均后再进行折算的,综合分仍然服从正态分布,其均值仍为 500 分,但其标准差不一定是 100 分。根据正态分布、标准正态分布和正态分布的标准化可以解决构造任意形式的标准分的问题。某一现象受诸多因素的影响,而每一个因素都不能起到特别突出的作用,那么这一现象就可以用正态分布来描述。研究不同的正态分布的概率分布,可以通过将其进行标准化的方法,然后进行相关概率的计算,在标准分问题上表现得尤为突出。

5.1.3 这样找庄家公平吗

1. 问题提出

星期天,老张、老王、老李和老赵凑在一起打麻将。开始打麻将,要先找"庄家"。他们的做法是,随便哪一位掷两颗均匀的骰子,观察出现点数之和。若点数之和为 5 或 9,则掷骰子者本人为"庄家";若点数之和为 3、7 或 11,则掷骰子者对面为"庄家";若点数之和为 2、6 或 10,则掷骰子者的下一家为"庄家";若点数之和为 4、8 或 12,则掷骰子者的上一家为"庄家"。这种方法已成为一种习惯,可谁也没有注意到,这样找"庄家"是否公平?也就是说,这 4 个人"坐庄"的机会是否相等?

2. 模型分析

为了解答找庄家是否公平的问题,只需求出他们成为"庄家"的概率,如果概率相等,则公平,否则为不公平,由于掷两个均匀的骰子,观察出现点数和,所以需要两个随机变量,通过二维离散型分布及其和的分布得到答案。

3. 模型假设与符号说明

假设 1 骰子是一个均匀小正方体。

假设 2 相互独立的重复试验,即各次抛掷是独立的。

以 X 和 Y 分别表示第一颗骰子和第二颗骰子出现的点数。

4. 模型建立与求解

随机变量 X 和 Y 相互独立,且 (X,Y) 的联合分布律如表 5.1 所示。

表 5.1 (X,Y) 联合分布律

Y \ X	1	2	3	4	5	6
1	1/36	1/36	1/36	1/36	1/36	1/36
2	1/36	1/36	1/36	1/36	1/36	1/36

(续)

Y\X	1	2	3	4	5	6
3	1/36	1/36	1/36	1/36	1/36	1/36
4	1/36	1/36	1/36	1/36	1/36	1/36
5	1/36	1/36	1/36	1/36	1/36	1/36
6	1/36	1/36	1/36	1/36	1/36	1/36

记 $Z=X+Y$，那么 Z 的概率分布律如表 5.2 所示。

表 5.2　Z 的概率分布律

Z	2	3	4	5	6	7	8	9	10	11	12
P	1/36	2/36	3/36	4/36	5/36	6/36	5/36	4/36	3/36	2/36	1/36

如果是坐"北"的一家掷骰子，则 4 家"坐庄"的概率分别为

"北家"：$P\{Z=5\}+P\{Z=9\}=\dfrac{8}{36}$；

"西家"：$P\{Z=2\}+P\{Z=6\}+P\{Z=10\}=\dfrac{9}{36}$；

"南家"：$P\{Z=3\}+P\{Z=7\}+P\{Z=11\}=\dfrac{10}{36}$；

"东家"：$P\{Z=4\}+P\{Z=8\}+P\{Z=12\}=\dfrac{9}{36}$。

由此可见，4 家坐庄的机会不相等。所以利用上述方法找庄家是不公平的。

5. 模型评价与应用

用什么方法找庄家最公平？方法应该是有的，如果这 4 家的点数和分别为 2、5、9、7、10、3、6、11、4、8、12，则根据二维随机矢量的联合分布和二维随机变量函数的概率分布，准确计算掷两个均匀的骰子出现点数的概率相等，均为 1/4。当然，方法不唯一，此处不再赘述。

5.1.4　敏感性问题调查

政治问题的民意调查员、公众意见调查员、社会科学家等需要精确地测定持有某种信念或经常介入某种具体行为的人所占的百分比（如大学生中看过不健康书刊的人数的百分比，某群体中服用过兴奋剂的比例数，考试作弊的大学生所占的百分比，乘坐公共汽车的逃票人所占的比例，一群人中参加赌博的比例、吸毒的比例，个体经营者中偷漏税户的比例等）。他们的出发点是要从人群中随机挑选出一些人得到他们对所提问题的诚实回答。但人们认为这些问题属于个人隐私，常常因为怀疑调查者是否能保密而不愿意如实回答。

1965 年，Stanley L. Warner 发明了一种能消除人们抵触情绪的"随机化应答"方法。调查方案如下。该方案的核心是如下两个问题：

问题 A：你的生日是否在 7 月 1 日之前（一般来说，生日在 7 月 1 日以前的概率为 0.5）？

问题 B:你是否看过不健康的书刊?

被调查者事先从一个装有黑球和白球的箱子中随机抽取一个球,看过颜色后又放回。若抽出白球则回答问题 A;若抽取黑球则回答问题 B。箱中黑球所占比率 α 是已知的,即
$$P\{任意抽取一个是黑球\}=\alpha, \quad P\{任意抽取一个是白球\}=1-\alpha.$$

被调查者无论回答 A 题或 B 题,都只需在一张只有"是"和"否"两个选项的答卷上作出选择,然后投入密封的投票箱内。上述抽球和答卷都在一间无人的房间内进行,任何人都不知道被调查者抽到什么颜色的球及在答卷中如何选择,这样就不会泄露个人秘密,从而保证了答卷的真实可靠性。

当有较多的人(如 1000 人)参加调查后,打开投票箱进行统计。设共有 n 张有效答卷,其中 k 张选择"是",则可用频率 $\dfrac{k}{n}$ 估计回答"是"的概率 φ,记为
$$\varphi = P\{答"是"\} = \frac{k}{n}.$$

回答"是"有两种情况:一种是摸到白球对问题 A 回答"是",也就是被调查者"生日在 7 月 1 日之前"的概率,一般认为是 0.5,即 $P\{答"是"|抽白球\}=0.5$;另一种是摸到黑球后对问题 B 回答"是",这个条件概率就是看不健康书刊的学生在参加调查的学生中的比率 p,即 $P\{答"是"|抽黑球\}=p$,这是我们最关心的。

利用全概率公式得
$$P\{答"是"\}=P\{抽白球\}P\{答"是"|抽白球\}+P\{抽黑球\}P\{答"是"|抽黑球\},$$
$$\varphi = 0.5(1-\alpha)+p\alpha,$$
而 φ 的估计值 $\hat{\varphi}=\dfrac{k}{n}$,由此可得感兴趣问题的概率
$$p = \frac{\varphi - 0.5(1-\alpha)}{\alpha} = \frac{\dfrac{k}{n}-0.5(1-\alpha)}{\alpha}.$$

假设箱子中共有 50 个球,其中 30 个黑球,则 $\alpha=0.6$。如在一项调查大学生看过不健康书刊时共有全校 1583 名学生参加,最后统计答卷,全部有效。其中回答"是"的有 389 张,据此可估算出:
$$p = \frac{\dfrac{389}{1583}-0.5(1-0.6)}{0.6} = 0.0762.$$

这表明全校 1583 名学生中约有 7.62% 的学生看过不健康的书刊。

5.1.5 分赌本问题

分赌本问题又称为分点问题,在概率论中是一个极其著名的问题,在历史上它对概率论这门学科的形成和发展曾起过非常重要的作用。1654 年,法国赌徒梅耶(De Mere)向法国的天才数学家帕斯卡(Blaise Pascal)提出了如下的分赌本问题:

甲、乙两个赌徒下了赌注后就按某种方式赌了起来,规定:甲、乙谁胜一局就得一分,且谁先得到某个确定的分数就赢得所有的赌本。但是在谁也没有得到确定的分数之前,

赌博因故中止了,如果甲需再得 n 分才赢得所有赌注,乙需再得 m 分才赢得所有赌注,那么如何分这些赌注?

帕斯卡为解决这一问题,就与当时享有很高声誉的法国数学家费尔马(Pierre de Fermat)建立了联系。当时,荷兰年轻的物理学家惠更斯(C. Huygens)知道了这事后,也赶到巴黎参加他们的讨论。这样,使得当时世界上很多有名的数学家对概率论产生了浓厚的兴趣,从而使得概率论这么学科得到了迅速的发展。后来人们把帕斯卡与费尔马建立联系的日子(1954 年 7 月 29 日)作为概率论的生日,公认帕斯卡与费尔马为概率论的奠基人。

如何解决分赌注问题呢?帕斯卡提出了一个重要的思想:赌徒分得赌注的比例应该等于从这以后继续赌下去他们能获胜的概率。计算如下:

甲、乙两位赌徒相约,用掷硬币进行赌博,谁先赢三次就得全部赌本 100 法郎。当甲赢了两次,乙只赢一次时,他们就不愿再赌下去了,问赌本应如何分配?

这个问题引起了不少人的兴趣,有人建议按已赢次数的比例来分赌本,即甲得全部赌本的 2/3,乙得余下的 1/3。有人提出异议,认为这完全没有考虑每个赌徒必须再赢的局数,这样不符合事先约定的规则。1654 年,帕斯卡提出如下的解决方法:在甲赢得两次而乙只赢得一次时,最多只需再玩两次即可结束这场赌博,而再玩两次可能出现赢的结果如表 5.3 所示,这四种情况出现的概率相等。

表 5.3 再玩二次可能出现赢的结果

次数\结果	1	2	3	4
1	甲	甲	乙	乙
2	甲	乙	甲	乙

其中前三种结果都使得甲赢得 100 法郎,其相应的概率为 3/4,而甲得 0 法郎的概率为 1/4,故甲赢得的数学期望为 $100 \times 3/4 + 0 \times 1/4 = 75$ 法郎,而乙赢得的数学期望为 $0 \times 3/4 + 100 \times 1/4 = 25$ 法郎。

1657 年,惠更斯在"赌博中的计算"一文中提出一般解法:如果在 $u+v$ 个等可能场合中某人有 u 次可能赢得 α,有 v 次可能赢得 β,则该人在 $u+v$ 次中可赢得 $u\alpha+v\beta$。而每次平均可赢得

$$\frac{u\alpha+v\beta}{u+v} = \alpha p + \beta(1-p),$$

其中,$p = \frac{u}{u+v}$,$\alpha p + \beta(1-p)$ 就是该人应得的数学期望。若设 $v=1, u=3, \alpha=100, \beta=0$,就得帕斯卡的解法。从概率分布看,若设 X 是某人的赢钱数,则按赢得全部赌本的结果看,X 的概率分布为 $P\{X=\alpha\}=p, P\{X=\beta\}=1-p$。

该人赢得的数学期望为

$$EX = \alpha p + \beta(1-p) = \frac{u\alpha+v\beta}{u+v}.$$

分赌本问题可以推广为集资合伙办厂等投资问题方面的应用,如果甲、乙二人合资办

厂,经营一段时间后,甲、乙二人都要单独经营或者由于某种原因不能继续合作下去,应该怎样分配经营成果;或者因为经营不善而亏损,应该如何分摊债务等相关问题。

5.1.6 几种保险理赔的概率分布及其在保险实务中的应用

一般来讲,保险理赔过程包括下述两个步骤:第一,保险标的发生保险责任事故,造成被保险人损失(财产损失或人身伤害);第二,被保险人向保险公司提出索赔,保险公司进行核赔、理赔。但是,并不意味着所有保险责任事故必然会引发索赔或理赔,而且保险公司的赔付额度也不一定总是等于实际的损失额度。

保险公司为了防范被保险人的道德风险和进行保险成本的优化管理,通常在保险合同中对赔付额度与实际损失额度的关系作一些技术规定。有这些技术规定所得到的保险产品既遵守了保险法中有关赔付额度不得超过实际损失额度的规则,又能满足防范道德风险和降低总体保险成本的要求。在保险实务中,由不同技术规定所得到的保险产品主要有免赔保险、停止损失保险、比例保险、限额保险,以及由这些技术规定组合起来的保险。在上述的险种中,理赔额度通常小于或等于实际损失额度,因此在很多情况下,理赔额度分布与标的损失分布是不同的,但是对于每一险种,理赔额度分布依赖于标的损失分布。

假定保险标的实际损失 X 服从的分布是已知的,分布函数为 F_X。因为即使 X 的分布未知,也可以根据实际统计数据进行归纳,是服从泊松分布、指数分布还是正态分布等,经过 χ^2 拟合优度检验进行确认。如果 $Y=g(X)$ 为其对应的理赔额,则可根据 X 的概率分布 $F_X(x)$,求其函数 Y 的概率分布,从而求出 Y 的概率密度函数 $f_Y(y)$ 或分布函数 $F_Y(y)$,为研究保险产品定价奠定基础。

如果随机变量 X 的所有可能取值是有限个或至多可列个,则称 X 为离散型随机变量,否则称 X 为非离散型随机变量。对于非离散型随机变量 X,如果 X 的分布函数 $F_X(x)$ 为连续函数,则称 X 为连续型随机变量,否则称 X 为既不离散也不连续的随机变量。当标的损失 X 为离散型随机变量时,理赔额度 $Y=g(X)$ 一定是离散型随机变量;但是当标的损失 X 是连续型随机变量时,但理赔额度 Y 不一定是连续型随机变量,有时 Y 是既不离散也不连续的随机变量。

假如保险标的实际损失 X 服从参数为 $\theta(\theta>0)$ 的指数分布,其概率密度函数为

$$f_X(x) = \begin{cases} \dfrac{1}{\theta}e^{-\frac{x}{\theta}}, & x>0, \\ 0, & x \leqslant 0. \end{cases}$$

分布函数为

$$F_X(x) = \begin{cases} 1-e^{-\frac{x}{\theta}}, & x \geqslant 0, \\ 0, & x<0. \end{cases}$$

期望损失额度为 $E(X)=\theta$。

如果保险标的实际损失 X 服从参数为 $\lambda(\lambda>0)$ 的泊松分布,则其概率分布为

$$p_X(x) = P\{X=x\} = \frac{\lambda^x}{x!}e^{-\lambda}, \quad x=0,1,2,\cdots,$$

期望损失额度为 $E(X)=\lambda$。

1. 免赔保险的理赔分布

免赔保险就是在保险合同中规定一个免赔额度 $b(b>0)$，当保险标的的实际损失 X 低于或等于 b 时，保险公司不给予赔付；当实际损失量 X 大于 b 时，保险公司按实际损失 X 给予赔付。

免赔保险理赔 Y 是标的实际损失 X 的函数，它们之间的关系为

$$Y = g(X) = \begin{cases} 0, & 0 \leqslant X \leqslant b, \\ X, & X > b. \end{cases}$$

当 $y<0$ 时，$F_Y(y) = P\{Y \leqslant y\} = 0$；

当 $y=0$ 时，$F_Y(y) = P\{Y=0\} = P\{0 \leqslant X \leqslant b\} = F_X(b)$；

当 $0<y \leqslant b$ 时，$F_Y(y) = P\{Y=0\} = F_X(b)$；

当 $y>b$ 时，$F_Y(y) = P\{Y \leqslant y\} = P\{X \leqslant y\} = F_X(y)$。

因此，Y 的分布函数为

$$F_Y(y) = \begin{cases} 0, & y<0, \\ F_X(b), & 0 \leqslant y \leqslant b, \\ F_X(y), & y>b. \end{cases}$$

特别当 X 服从参数为 θ 的指数分布时，Y 的分布函数为

$$F_Y(y) = \begin{cases} 0, & y<0, \\ 1-e^{-\frac{b}{\theta}}, & 0 \leqslant y \leqslant b, \\ 1-e^{-\frac{y}{\theta}}, & y>b. \end{cases}$$

由于 $F_Y(y)$ 除了 $y=0$ 之外均连续（在 $y=0$ 处间断），所以 Y 是既不离散也不连续的随机变量。它的概率分布用分布律和概率密度函数混合表示如下：

$$f_Y(y) = \begin{cases} \dfrac{1}{\theta}e^{-\frac{y}{\theta}}, & y>b, \\ 0, & y<0 \text{ 或 } 0<y \leqslant b, \end{cases} \quad \text{且 } P\{Y=0\} = 1-e^{-\frac{b}{\theta}}.$$

期望理赔

$$E(Y) = 0 \times (1-e^{-\frac{b}{\theta}}) + \int_b^{+\infty} \frac{y}{\theta} e^{-\frac{y}{\theta}} dy = (b+\theta)e^{-\frac{b}{\theta}}.$$

当期望损失 $\theta=5$ 万元，免赔额度 $b=2$ 万元时，理赔额度 Y 的概率分布为

$$f_Y(y) = \begin{cases} 0.2e^{-0.2y}, & y>2, \\ 0, & y<0 \text{ 或 } 0<y \leqslant 2, \end{cases} \quad \text{且 } P\{Y=0\} = 1-e^{-0.4}.$$

期望理赔 $E(Y) = 7e^{-0.4} = 4.6922$ 万元，略小于按实际损失赔付保险的理赔 $E(X) = \theta = 0.5$。

当 X 服从参数为 λ 的泊松分布时，Y 也是离散型随机变量，概率分布为

$$P\{Y=0\} = P\{X \leqslant b\} = \sum_{x=0}^{[b]} \frac{\lambda^x}{x!} e^{-\lambda};$$

$$P\{Y=x\} = P\{X=x\} = \frac{\lambda^x}{x!} e^{-\lambda}, \quad x=[b]+1, [b]+2, \cdots;$$

$$E(Y) = 0 \times \sum_{x=0}^{[b]} \frac{\lambda^x}{x!} e^{-\lambda} + \sum_{x=[b]+1}^{+\infty} x \frac{\lambda^x}{x!} e^{-\lambda} = \sum_{x=[b]+1}^{+\infty} \frac{\lambda^x}{(x-1)!} e^{-\lambda} = \sum_{x=[b]}^{+\infty} \frac{\lambda^{x+1}}{x!} e^{-\lambda}$$

$$= \lambda \left(1 - \frac{\lambda^0}{0!} e^{-\lambda} - \frac{\lambda^1}{1!} e^{-\lambda} - \cdots - \frac{\lambda^{[b]-1}}{([b]-1)!} e^{-\lambda}\right).$$

当期望损失 $\lambda = 5$ 万元,免赔额度 $b = 2$ 万元时,理赔额度 Y 的概率分布为

$$P\{Y=0\} = P\{X \leq 2\} = 0.1247, \quad P\{Y=x\} = \frac{5^x}{x!} e^{-5}, x = 3, 4, \cdots.$$

期望理赔额度 $E(Y) = \lambda(1 - e^{-\lambda} - \lambda e^{-\lambda}) = 4.7979$,小于按实际损失赔付保险的理赔。
计算的 MATLAB 程序如下:

clc,clear,lambda = 5;
p = poisscdf(2,lambda)   %计算 P{Y=0}
EY = lambda * (1-poisscdf(1,lambda))   %计算数学期望

2. 停止损失保险的理赔分布

在保险合同中规定一个由被保险人自己承担的最大损失额度 $d(d>0)$,当保险标的损失 $X \leq d$ 时,保险公司不给予赔付;当 $X > d$ 时,保险公司的赔付额为 $X-d$,即被保险人的损失额度到 d 就停止,不再上升了,这种保险称为停止损失保险。

停止损失保险的理赔 Y 是标的损失 X 的函数,它们之间的关系是

$$Y = g(X) = \begin{cases} 0, & 0 \leq X \leq d, \\ X-d, & X > d. \end{cases}$$

当 $y < 0$ 时,$F_Y(y) = P\{Y \leq y\} = 0$;
当 $y = 0$ 时,$F_Y(y) = P\{Y \leq 0\} = P\{Y=0\} = P\{0 \leq X \leq d\} = F_X(d)$;
当 $y > 0$ 时,$F_Y(y) = P\{Y \leq y\} = P\{X-d \leq y\} = P\{X \leq y+d\} = F_X(y+d)$。
所以,Y 的分布函数为

$$F_Y(y) = \begin{cases} 0, & y < 0, \\ F_X(d), & y = 0, \\ F_X(y+d), & y > 0. \end{cases}$$

特别当 X 服从参数为 θ 的指数分布时,Y 的分布函数为

$$F_Y(y) = \begin{cases} 0, & y < 0, \\ 1 - e^{-\frac{d}{\theta}}, & y = 0, \\ 1 - e^{-\frac{y+d}{\theta}}, & y > 0. \end{cases}$$

$F_Y(y)$ 除了 $y=0$ 外是连续的(在 $y=0$ 处间断),Y 也是既不离散也不连续的随机变量。其概率分布用分布律与概率密度函数混合表示成

$$f_Y(y) = \begin{cases} \frac{1}{\theta} e^{-\frac{y+d}{\theta}}, & y > 0, \\ 0, & y < 0, \end{cases} \quad \text{且 } P\{Y=0\} = 1 - e^{-\frac{d}{\theta}}.$$

期望理赔

$$E(Y) = 0 \times (1 - e^{-\frac{d}{\theta}}) + \int_0^{+\infty} y \frac{1}{\theta} e^{-\frac{y+d}{\theta}} dy = \theta e^{-\frac{d}{\theta}}.$$

当期望损失 $\theta=5$ 万元,停止损失额 $d=2$ 万元时,则 Y 的概率分布为

$$f_Y(y) = \begin{cases} 0.2e^{-0.2(y+2)}, & y>0, \\ 0, & y<0, \end{cases} \quad \text{且} \ P\{Y=0\}=1-e^{-0.4}.$$

期望赔付额度 $E(Y)=\theta e^{-\frac{d}{\theta}}=5e^{-0.4}=3.3516$ 万元。这种理赔方式远小于按实际损失赔付保险的理赔。

当 X 服从参数为 λ 的泊松分布时,Y 也是离散型随机变量,概率分布为

$$P\{Y=0\}=P\{X\leqslant d\}=\sum_{x=0}^{d}\frac{\lambda^x}{x!}e^{-\lambda} \quad (\text{此处假定} \ d \ \text{为非负整数}),$$

$$P\{Y=y\}=P\{X=y+d\}=\frac{\lambda^{y+d}}{(y+d)!}e^{-\lambda}, \quad y=1,2,\cdots.$$

$$E(Y)=\sum_{y=1}^{+\infty}y\frac{\lambda^{y+d}}{(y+d)!}e^{-\lambda}=\sum_{y=1}^{+\infty}(y+d-d)\frac{\lambda^{y+d}}{(y+d)!}e^{-\lambda}$$

$$=\sum_{y=1}^{+\infty}\frac{\lambda^{y+d}}{(y+d-1)!}e^{-\lambda}-d\sum_{y=1}^{+\infty}\frac{\lambda^{y+d}}{(y+d)!}e^{-\lambda}$$

$$=\sum_{y=d}^{+\infty}\frac{\lambda^{y+1}}{y!}e^{-\lambda}-d\sum_{y=d+1}^{+\infty}\frac{\lambda^{y}}{y!}e^{-\lambda}$$

$$=(\lambda-d)+\left(d\sum_{y=0}^{d}\frac{\lambda^y}{y!}e^{-\lambda}-\lambda\sum_{y=0}^{d-1}\frac{\lambda^y}{y!}e^{-\lambda}\right).$$

当期望损失 $\lambda=5$ 万元,停止损失额 $d=2$ 万元时,则 Y 的概率分布为

$$P\{Y=0\}=P\{X\leqslant 2\}=0.1247, \quad P\{Y=y\}=P\{X=y+2\}=\frac{\lambda^{y+2}}{(y+2)!}e^{-\lambda}, \quad y=1,2,\cdots.$$

期望理赔额度 $E(Y)=(\lambda-d)+\left(d\sum_{y=0}^{d}\frac{\lambda^y}{y!}e^{-\lambda}-\lambda\sum_{x=0}^{d-1}\frac{\lambda^y}{y!}e^{-\lambda}\right)=3.0472$ 万元。这种理赔方式远小于按实际损失赔付保险的理赔,也小于指数分布的期望理赔。

计算的 MATLAB 程序如下:

```
clc, clear, lambda=5; d=2;
p0=poisscdf(d,lambda)
EY=lambda-d+d*poisscdf(d,lambda)-lambda*poisscdf(d-1,lambda)
```

显然,在最大损失额度 d 与免赔额度 b 相等的条件下,停止损失保险的期望赔付额度小于免赔保险的期望赔付额度。

3. 比列保险的理赔分布

在保险合同中规定一个比例系数 $\alpha(0<\alpha\leqslant 1)$,保险公司按标的损失 X 比例 α 给予赔付,这种保险称为比例保险。

比例保险的理赔 Y 是实际损失 X 的函数,$Y=g(X)=\alpha X$,Y 的分布函数为

$$F_Y(y)=P\{Y\leqslant y\}=P\{\alpha X\leqslant y\}=P\left\{X\leqslant\frac{y}{\alpha}\right\}=F_X\left(\frac{y}{\alpha}\right).$$

特别当 X 服从参数为 θ 的指数分布时,Y 的分布函数为

$$F_Y(y)=F_X\left(\frac{y}{\alpha}\right)=\begin{cases}1-e^{-\frac{y}{\alpha\theta}}, & y>0, \\ 0, & y\leqslant 0.\end{cases}$$

即 Y 服从参数为 $\alpha\theta$ 的指数分布,它是连续型随机变量。它的密度函数为

$$f_Y(y) = F'_Y(y) = \begin{cases} \dfrac{1}{\alpha\theta} \mathrm{e}^{-\frac{y}{\alpha\theta}}, & y>0, \\ 0, & y \leq 0. \end{cases}$$

期望理赔 $E(Y) = E(\alpha X) = \alpha E(X)$,恰好是标的期望损失的 α 倍。

当期望损失 $\theta = 5$ 万元,比例系数 $\alpha = 0.8$ 时,则其概率密度函数为

$$f_Y(y) = \begin{cases} 0.25\mathrm{e}^{-0.25y}, & y>0, \\ 0, & y \leq 0. \end{cases}$$

期望理赔额度为 $E(Y) = \alpha\theta = 4$ 万元。

当 X 服从参数为 λ 的泊松分布时,$Y = \alpha X$ 的概率分布为

$$p_Y(\alpha x) = P\{Y = \alpha x\} = P\{\alpha X = \alpha x\} = P\{X = x\} = \frac{\lambda^x}{x!}\mathrm{e}^{-\lambda}, \quad x = 0,1,2,\cdots.$$

期望理赔 $E(Y) = E(\alpha X) = \alpha\lambda$。当期望损失 $\lambda = 5$ 万元,比例系数 $\alpha = 0.8$ 时,其期望理赔额度为 $E(Y) = \alpha\lambda = 4$ 万元。恰好等于按实际损失赔付保险的理赔额度的 α 倍,因此比例系数 α 的确定是很关键的。

4. 限额保险的理赔分布

在保险合同中规定一个最高赔付限制额度 $c(c>0)$,当保险标的损失 $X \leq c$ 时,保险公司按实际损失给予赔付,当实际损失量 $X>c$ 时,保险公司赔付额度固定为 c,这种保险称为限额保险。

限额保险的理赔 Y 是实际损失 X 的函数,它们之间的关系为

$$Y = g(X) = \min\{X, c\} = \begin{cases} X, & 0 \leq X \leq c, \\ c, & X > c. \end{cases}$$

当 $y<0$ 时,$F_Y(y) = P\{Y \leq y\} = 0$;

当 $0 \leq y < c$ 时,$F_Y(y) = P\{Y \leq y\} = P\{X \leq y\} = F_X(y)$;

当 $y \geq c$ 时,$F_Y(y) = P\{Y \leq y\} = P\{Y \leq c\} = 1$。

Y 的分布函数为

$$F_Y(y) = \begin{cases} 0, & y<0, \\ F_X(y), & 0 \leq y < c, \\ 1, & y \geq c. \end{cases}$$

特别当 X 服从参数为 θ 的指数分布时,Y 的分布函数为

$$F_Y(y) = \begin{cases} 0, & y<0, \\ 1-\mathrm{e}^{-\frac{y}{\theta}}, & 0 \leq y < c, \\ 1, & y \geq c. \end{cases}$$

$F_Y(y)$ 除了 $y=c$ 以外连续(在 $y=c$ 处间断),Y 也是既不离散也不连续的随机变量。概率分布用分布律与概率密度函数混合表示成

$$f_Y(y) = \begin{cases} \dfrac{1}{\theta}\mathrm{e}^{-\frac{y}{\theta}}, & 0 < y < c, \\ 0, & y \leq 0 \text{ 或 } y > c, \end{cases} \quad \text{且 } P\{Y=c\} = \mathrm{e}^{-\frac{c}{\theta}}.$$

期望理赔额度

$$E(Y) = \int_0^c y \frac{1}{\theta} e^{-\frac{y}{\theta}} dy + c e^{-\frac{c}{\theta}} = \theta(1 - e^{-\frac{c}{\theta}}).$$

当期望损失 $\theta = 5$ 万元,最高限额 $c = 10$ 万元时,其概率分布为

$$f_Y(y) = \begin{cases} 0.2 e^{-0.2y}, & 0 < y < 10, \\ 0, & y \le 0 \text{ 或 } y > 10, \end{cases} \text{ 且 } P\{Y = 10\} = e^{-2}.$$

期望理赔额度 $E(Y) = \theta(1 - e^{-\frac{c}{\theta}}) = 5(1 - e^{-2}) = 4.3233$ 万元。

当 X 服从参数为 λ 的泊松分布时,Y 的概率分布为

$$P\{Y = y\} = P\{X = y\} = \frac{\lambda^y}{y!} e^{-\lambda}, y = 0, 1, 2, \cdots, c-1; \quad P\{Y = c\} = 1 - \sum_{y=0}^{c-1} \frac{\lambda^y}{y!} e^{-\lambda}.$$

期望理赔

$$E(Y) = \sum_{y=0}^{c-1} y \frac{\lambda^y}{y!} e^{-\lambda} + c \left(1 - \sum_{y=0}^{c-1} \frac{\lambda^y}{y!} e^{-\lambda}\right) = \lambda \sum_{y=0}^{c-2} \frac{\lambda^y}{y!} e^{-\lambda} + c \left(1 - \sum_{y=0}^{c-1} \frac{\lambda^y}{y!} e^{-\lambda}\right).$$

当期望损失 $\lambda = 5$,最高限额 $c = 10$ 万元时,其概率分布为

$$P\{Y = y\} = P\{X = y\} = \frac{5^y}{y!} e^{-5}, y = 0, 1, 2, \cdots, 9; \quad P\{Y = 10\} = 1 - \sum_{y=0}^{9} \frac{5^y}{y!} e^{-5} = 0.0318.$$

期望理赔 $E(Y) = \lambda \sum_{y=0}^{c-2} \frac{\lambda^y}{y!} e^{-\lambda} + c \left(1 - \sum_{y=0}^{c-1} \frac{\lambda^y}{y!} e^{-\lambda}\right) = 4.9778$ 万元,几乎等于期望损失,这主要是最高限额 $c = 10$ 万元设定得比较大的缘故。

5.2 统计基础模型

5.2.1 分布拟合检验

在实际问题中,有时不能预知总体服从什么类型的分布,这时就需要根据样本来检验关于分布的假设。下面介绍 χ^2 检验法。

若总体 X 是离散型的,则建立待检假设 H_0:总体 X 的分布律为 $P\{X = x_i\} = p_i, i = 1, 2, \cdots$。

若总体 X 是连续型的,则建立待检假设 H_0:总体 X 的概率密度为 $f(x)$。

可按照下面的五个步骤进行检验。

(1) 建立待检假设 H_0:总体 X 的分布函数为 $F(x)$。

(2) 在数轴上选取 $k-1$ 个分点 $t_1, t_2, \cdots, t_{k-1}$,将数轴分成 k 个区间:$(-\infty, t_1), [t_1, t_2), \cdots, [t_{k-2}, t_{k-1}), [t_{k-1}, +\infty)$,令 p_i 为分布函数 $F(x)$ 的总体 X 在第 i 个区间内取值的概率,设 m_i 为 n 个样本观察值中落入第 i 个区间上的个数,也称为组频数。

(3) 选取统计量 $\chi^2 = \sum_{i=1}^{k} \frac{(m_i - np_i)^2}{np_i}$,如果 H_0 为真,则 $\chi^2 \sim \chi^2(k-1-r)$,其中 r 为分布函数 $F(x)$ 中未知参数的个数。

(4) 对于给定的显著性 α,确定 χ_α^2,使其满足 $P\{\chi^2(k-1-r) > \chi_\alpha^2\} = \alpha$,并且依据样本计算统计量 χ^2 的观察值。

（5）作出判断：若$\chi^2<\chi_\alpha^2$，则接受H_0；否则拒绝H_0，即不能认为总体X的分布函数为$F(x)$。

例5.1 自动化车床管理。连续加工某种零件时工序出现故障是完全随机的，其中刀具损坏故障占95%，其他故障仅占5%。工作人员通过检查零件来确定工序是否出现故障(1999年全国大学生数学建模竞赛题目A题)。

已知100次刀具故障记录(到出现故障时为止完成的零件数)如表5.4所示。试检验每把刀具出现故障之前生产的零件数(也就是刀具寿命)X的分布规律。

表5.4 刀具故障记录数据

459	362	624	542	509	584	433	748	815	505
612	452	434	982	640	742	565	706	593	680
926	653	164	487	734	608	428	1153	593	844
527	552	513	781	474	388	824	538	862	659
775	859	755	649	697	515	628	954	771	609
402	960	885	610	292	837	473	677	358	638
699	634	555	570	84	416	606	1062	484	120
447	654	564	339	280	246	687	539	790	581
621	724	531	512	577	496	468	499	544	645
764	558	378	765	666	763	217	715	310	851

解 首先对100把刀具故障前生产的零件数进行统计、分析，并画其直方图如图5.1所示。

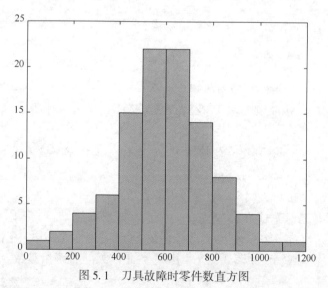

图5.1 刀具故障时零件数直方图

由图5.1可以看出，工序出现故障前所完成的零件数X可能服从正态分布$N(\mu,\sigma^2)$。由统计估计知$\hat{\mu}=\bar{x}$，$\hat{\sigma}^2=s^2$，计算得$\bar{x}=600$，$s^2=196.6292^2$，故假设X服从正态分布$N(600,196.6292^2)$。用χ^2检验法进行检验。

找出样本值中最小值和最大值$x_{\min}=84$，$x_{\max}=1153$，然后将区间$[84,1153]$分成6个区间,计算结果如表 5.5 所示。

表 5.5 χ^2 检验计算过程数据表

i	区间	频数 f_i	np_i
1	[84,297.8)	7	6.2159
2	[297.8,404.7)	7	9.8138
3	[404.7,511.6)	16	16.6211
4	[511.6,618.5)	25	21.0972
5	[618.5,725.4)	20	20.0702
6	[725.4,832.3)	13	14.3099
7	[832.3,1153]	12	11.8720

计算得 $\chi^2=1.7724$,自由度 $k-r-1=7-2-1=4$,查 χ^2 分布表,$\alpha=0.05$,得临界值 $\chi^2_{0.05}(4)=9.4877$,因 $\chi^2=1.7724<9.4877$,所以可以认为工序发生故障之前生产零件的数目 X 服从正态分布 $N(600,196.6292^2)$。

计算的 MATLAB 程序如下:

```
clc, clear, close all, alpha=0.05
a=load('gtable5_4.txt'); a=a(:);      %展开成长的列矢量
histogram(a)
mu=mean(a), s=std(a)                   %计算均值和标准差
m1=min(a), m2=max(a)
pd=makedist('normal','mu',mu,'sigma',s)
[h,p,st]=chi2gof(a,'cdf',pd,'nparam',2)
val=chi2inv(1-alpha,st.df-2) %计算上 alpha 分位数,MATLAB 自由度比教科书多 2
```

5.2.2 泊松分布与突发事件概率的计算

在战争中应用泊松分布进行概率计算,似乎有点耸人听闻,但是研究战争中的定量问题并引用各种数学工具可以说由来已久,著名的韩信点兵问题涉及同余式理论,奥国皇帝腓特烈则提出了与正交拉丁方设计有关的布阵问题,而齐王赛马中的上马、中马、下马的博弈问题更是众所周知。这里介绍几个与泊松分布有关的概率计算问题。

(1) 在第二次世界大战末期,纳粹德国曾隔着多佛海峡与英吉利海峡向伦敦发射了大量刚试验成功的飞弹(即 V-1,V-2 型导弹),有人将伦敦南部分成 $N=576$ 个小区,每块小区的面积是 0.25km^2。然后统计了中 k 个飞弹的小区的数目,如表 5.6 所示。

表 5.6 中不同个数飞弹小区的数目统计数据

中飞弹个数 k	0	1	2	3	4	5 个以上
中 k 个飞弹的小区数 N_k	229	211	93	35	7	1
中 k 个飞弹的小区数的理论概率	0.3950	0.3669	0.1704	0.0528	0.0122	0.0023
中 k 个飞弹的小区数的理论频数	227.5314	211.3356	98.1463	30.3867	7.0559	1.3107

如果 X 表示某一小区中弹的个数,那么如何计算概率 $P\{X=k\}$？若稍有一些经验,马上会猜测该分布可能服从泊松分布,即 $P\{X=k\} = \frac{\lambda^k}{k!}e^{-\lambda}(k=0,1,2,\cdots)$。为了验证这个结果,利用表 5.6 中的数据来估计 λ 的值, λ 的估计值等于每一小区的平均中弹数,即

$$\hat{\lambda} = \frac{1}{576}\sum_{k=0}^{5}kN_k = 0.9288,$$

则 X 的分布可以近似地表示为 $P\{X=k\} = \frac{0.9288^k}{k!}e^{-0.9288}$,计算 $k=0,1,\cdots,5$ 时的理论概率 p_k,得理论频数 $576p_k$。表中的理论频数与实际频数拟合得相当好,根据拟合优度的 χ^2 检验,得

$$\chi^2 = \sum_{k=0}^{5}\frac{(N_k - 576p_k)^2}{576p_k} = 1.0543 < 9.4877 = \chi^2_{0.05}(4),$$

说明猜测是正确的。

计算的 MATLAB 程序如下:

```
clc, clear
a=[229  211  93  35  7  1]; b=[0:5];
c=a*b'/sum(a)
p=poisspdf(b,c)              %计算 Poiss 分布的概率值
m=sum(a)*p                   %计算理论频数
xlswrite('gdata5_2_2.xlsx',[p;m])   %为了便于做表,把数据写入 Excel 文件
ksi=sum((a-m).^2./m)         %计算统计量的值
bd=chi2inv(0.95,4)           %计算上 0.05 分位数
```

或者直接利用 MATLAB 工具箱进行检验,程序如下:

```
clc, clear
a=[229  211  93  35  7  1]'; b=[0:5]';
n=sum(a); pd=fitdist(b,'Poisson','Frequency',a);
m=n*pdf(pd,b);               %计算期望频数
[h,p,st]=chi2gof(b,'Ctrs',b,'Frequency',a,'Expected',m,'NParams',1)
```

X 服从泊松分布能说明什么问题？一个研究武器精度的专家会说,"德国飞弹的精度很差"。这是因为飞弹精度在 0.25km^2 以内,即若可控制落入边长为 500m 的正方形内的飞弹数目,则整个分布应呈现另一种完全不同的形式。例如,在有重点攻击目标的小区内落入 2 个以上飞弹,而其他小区没有落飞弹。根据泊松分布的基本假设, $P\{X=k\}$ 应符合以下条件:①在每个小区中, $P\{X>1\}$ 的概率应比小区的面积小得多;②不同小区的中弹情况是相互独立的。也就是说,这种分布表明德国人难以集中 2 个以上的飞弹攻击某一块小区。当然,若某区域受到了 5 个以上飞弹的攻击,也不能说明这里是否有重要的军事目标,只是该区域的运气太差而已,事实上,这种概率仅为 0.0023。

(2) 老普鲁士帝国没有飞弹,骑兵是重要的"战略部队",骑兵被马踢死的情况时有发生。表 5.7 列出了 19 世纪末普鲁士的 10 个骑兵队在 20 年间发生的骑兵被马踢死的事故数,统计单位为每队每年。

表 5.7 20 年间发生的骑兵被马踢死的事故数

死亡事故数 k	0	1	2	3	4
发生 k 次事故的队数 N_k	109	65	22	3	1
发生 k 次事故理论概率	0.5434	0.3314	0.1011	0.0206	0.0031
发生 k 次事故的理论频数	108.6702	66.2888	20.2181	4.1110	0.6269

如果 X 表示每年发生事故的队次，那么概率 $P\{X=k\}$ 应该服从泊松分布，即

$$P\{X=k\} = \frac{\lambda^k}{k!} e^{-\lambda}, \quad k=0,1,2,\cdots.$$

为了验证这个结果，利用表中的数据来估计参数 λ 的值，$\hat{\lambda}$ 等于每一年出现事故的平均队次数

$$\hat{\lambda} = \frac{1}{200} \sum_{k=0}^{4} k N_k = 0.61,$$

则 X 的分布可以近似地表示为 $P\{X=k\} = \frac{0.61^k}{k!} e^{-0.61}$，计算 $k=0,1,2,3,4$ 时的理论值 p_k，得理论频率 $200 p_k$。表 5.7 中的理论频数与实际频数拟合得相当好，根据拟合优度的 χ^2 检验，有

$$\chi^2 = \sum_{k=0}^{4} \frac{(N_k - 200 p_k)^2}{200 p_k} = 0.7054 < \chi^2_{0.05}(3) = 7.8147.$$

所以可以认为，在普鲁士骑兵队中，马踢死人事故的概率也服从泊松分布。

现在提出一个问题，如果有一个骑兵队长，在其一年任职之内有 4 个士兵被马踢死，那么，这个队长是否应该以不称职而被免职？这个队长是否因为不称职而被枪毙？

计算概率：$P\{X>3\} = 1 - P\{X \leq 3\} = 0.0036$。但这个队却发生了，基本上应该认为这个队长不称职应该被免职。当然，如果认为一个队长不称职而被枪毙，这个犯错误的概率 0.0036 似乎就大了，这毕竟是人命关天的事。

计算的 MATLAB 程序如下：

```
clc, clear
a=[109 65 22 3 1]; b=[0:4];
c=a*b'/sum(a)              %估计参数值
p1=poisspdf(b,c)           %计算 Poiss 分布的概率值
m=sum(a)*p1                %计算理论频数
ksi=sum((a-m).^2./m)       %计算统计量的值
bd=chi2inv(0.95,3)         %计算上 0.05 分位数
p2=1-poisscdf(3,c)         %计算 P{X>3}的概率
```

(3) 造成死亡的事故数

某市的交通事故数服从平均每天两次($\lambda=2$)的泊松分布，如果每次事故造成死亡的概率为 $p(0<p<1)$，求一个月(30 天)造成死亡事故数的分布与平均值。

设 $X(t)$ 为在时间区间 $(0,t)$ 内该市发生的交通事故数，$Y(t)$ 为在时间区间 $(0,t)$ 内该市发生造成死亡的交通事故数，并设

$$X_i = \begin{cases} 1, & \text{第 } i \text{ 次事故造成死亡,} \\ 0, & \text{第 } i \text{ 次事故没造成死亡.} \end{cases}$$

则 $\{X(t), t \geq 0\}$ 为参数是 2 的泊松过程。$X_1, X_2, \cdots$ 为独立同分布随机序列,且与 $\{X(t), t \geq 0\}$ 独立,$X_i \sim B(1, p)$,而 $Y(t)$ 为

$$Y(t) = \sum_{i=1}^{X(t)} X_i.$$

从而由全概率公式有

$$\begin{aligned} P\{Y(t) = k\} &= P\left\{\sum_{i=1}^{X(t)} X_i = k\right\} = \sum_{n=k}^{+\infty} P\left\{\sum_{i=1}^{n} X_i = k \mid X(t) = n\right\} P\{X(t) = n\} \\ &= \sum_{n=k}^{+\infty} P\left\{\sum_{i=1}^{n} X_i = k\right\} P\{X(t) = n\} = \sum_{n=k}^{+\infty} C_n^k p^k (1-p)^{n-k} \frac{(2t)^n}{n!} e^{-2t} \\ &= e^{-2t} \sum_{n=k}^{+\infty} \frac{n!}{k!(n-k)!} p^k (1-p)^{n-k} \frac{(2t)^n}{n!} \\ &= e^{-2t} \frac{(2pt)^k}{k!} \sum_{n=k}^{+\infty} \frac{[2t(1-p)]^{n-k}}{(n-k)!} \\ &= e^{-2t} \frac{(2pt)^k}{k!} e^{2t(1-p)} = \frac{(2pt)^k}{k!} e^{-2pt}, \quad k = 0, 1, 2, \cdots, \end{aligned}$$

即 $Y(t)$ 服从参数为 $2pt$ 泊松分布,记作 $Y(t) \sim P(2pt)$。

由泊松过程定义知,$\{Y(t), t \geq 0\}$ 是参数为 $2p$ 的泊松过程,从而 $Y(30) \sim P(60p)$,且 $D[Y(t)] = E[Y(t)] = 2pt$,故 30 天内造成死亡的平均事故数为 $E[Y(30)] = 60p$。

5.2.3 货物的订购与销售策略

1. 离散问题的订购销售策略

先讨论较简单的固定单价的离散订购、销售问题。本节以报童问题为例,采用的方法可应用于其他问题。

假设报童每天从报社购进报纸,单价为 a 元,报纸的零售价格为 b 元,如果当晚还剩下报纸,则能够以每份 c 元的价格退给报社,其中 $c < a < b$,于是报童每出售一份报纸可赚进 $k = b - a$ 元,如果剩余报纸,则每份报纸亏损 $h = a - c$ 元,k 和 h 均为正数。某报童每天可售出的报纸份数 R 是一个离散的随机变量。报童每天卖报,已摸到了一些规律,例如,他大体上已经知道,售出 r 份报纸的概率为 $p(r)$。那么报童每天应该购进多少份报纸才能使自己的收益最大呢?

由概率论知识,应该有 $\sum_{r=0}^{\infty} p(r) = 1$。假设报童每天固定进货 x 份报纸,进货过多会因为卖不出而亏损,进货过少会因为失去销售机会少赚钱。每天的销售量是随机的,我们无法确切知道当天的销售情况,只好采用期望值方法。

当 $R \leq x$ 时(供过于求),报纸因未售完而遭到过剩损失 $h(x-R)$,也就是说,当 $R \in [0, x]$ 时,报童遭受的期望过剩损失为 $\sum_{r=0}^{x} h(x-r) p(r)$。

当 $R > x$ 时(供不应求),报纸因失去销售机会而少赚钱 $k(R-x)$,从而当 $R \in (x, +\infty)$

时,报童遭受的进货不足的期望损失为 $\sum_{r=x+1}^{\infty} k(r-x)p(r)$。

综合起来,如果报童当天购进 x 份报纸,其总的期望损失为

$$c(x) = h\sum_{r=0}^{x}(x-r)p(r) + k\sum_{r=x+1}^{\infty}(r-x)p(r). \tag{5.1}$$

若 $c(x)$ 是离散的变量,则可以采用边际分析法去求赢利最大或损失最小的订购报纸数量,分析步骤如下:

$\Delta c(x) = c(x+1) - c(x)$

$= h\sum_{r=0}^{x+1}(x+1-r)p(r) + k\sum_{r=x+2}^{\infty}(r-x-1)p(r) - h\sum_{r=0}^{x}(x-r)p(r) - k\sum_{r=x+1}^{\infty}(r-x)p(r)$

$= \left[h\sum_{r=0}^{x}(x+1-r)p(r) - h\sum_{r=0}^{x}(x-r)p(r)\right] -$

$\left[k\sum_{r=x+1}^{\infty}(r-x)p(r) - k\sum_{r=x+1}^{\infty}(r-x-1)p(r)\right]$

$= h\sum_{r=0}^{x}p(r) - k\sum_{r=x+1}^{\infty}p(r)$

$= h\sum_{r=0}^{x}p(r) - k\left[1 - \sum_{r=0}^{x}p(r)\right]$

$= (k+h)\left[\sum_{r=0}^{x}p(r) - \frac{k}{k+h}\right].$

记 $F(x) = \sum_{r=0}^{x}p(r)$, $N = \frac{k}{h+k}$, N 称为损益转折概率,则

$$\Delta c(x) = (k+h)[F(x) - N]. \tag{5.2}$$

下面分析 $\Delta c(x)$。显然 $p(r) \geqslant 0$, $F(x)$ 是关于 x 的单调递增函数。由于 $\Delta c(x)$ 和 $[F(x)-N]$ 同号,所以 $\Delta c(x)$ 也是关于 x 单调递增的。$\Delta c(0) = c(1) - c(0) = (k+h)[p(0)-N]$,一般来说卖出零份报纸的概率几乎为零,所以不妨假设 $p(0) < N$,于是 $\Delta c(0) < 0$。另外,$F(\infty) = \sum_{r=0}^{\infty}p(r) = 1$,而 $N = \frac{k}{k+h} < 1$,所以当 $x \to \infty$ 时,$\Delta c(x) = (k+h)[F(x)-N] \to h > 0$。上面的信息告诉我们,随着 x 的增大,$\Delta c(x)$ 从最小值(负值)开始单调递增到最大值(正值),也就是说 $c(x)$ 先下降至某最小值再逐渐增大,$c(x)$ 取到的最小值也就是 $\Delta c(x)$ 从负值变化到正值的那个 x 值,设为 x^*。

当 $x = x^*$ 时,有 $c(x^*) = \min_{0 \leqslant x < \infty} c(x)$,$x^*$ 应满足

$$\begin{cases} \Delta c(x^*-1) < 0, \\ \Delta c(x^*) \geqslant 0, \end{cases}$$

即

$$\begin{cases} F(x^*-1) - N < 0, \\ F(x^*) - N \geqslant 0, \end{cases}$$

所以 x^* 的值可以由下面的关系式确定:

$$F(x^*-1) < N \leqslant F(x^*). \tag{5.3}$$

其实,即使售出零份报纸的概率 $p(0) \geq N$,也可以通过式(5.3)来确定 x^*。在该种情况下,$F(0)-N=p(0)-N \geq 0$,由式(5.2)知 $\Delta c(0) \geq 0$,且由 $\Delta c(x)$ 的单调递增性可知 $\Delta c(x) \geq 0, x=0,1,2,\cdots$,也就是说 $c(x)$ 的最小值为 $c(0)$,即 $x^*=0$。另外,$N \leq p(0) = F(0) = \sum_{r=0}^{0} p(r)$,由式(5.3)可知 $x^*=0$,两者结果一致。所以无论 $p(0)$ 和 N 的关系如何,都可以通过式(5.3)确定 x^*。

综上所述,离散报童问题,从而一般货物的最佳订购量 x^* 可由下面的关系式确定:

$$F(x^*-1) = \sum_{r=0}^{x^*-1} p(r) < \frac{k}{k+h} \leq \sum_{r=0}^{x^*} p(r) = F(x^*). \tag{5.4}$$

例 5.2 报童以每份 0.3 元的价格买进报纸,以 0.5 元的价格出售。当天销售不出去的报纸将以 0.2 元的价格退还报社。根据长期统计,假设已经得到了 159 天报纸需求量的情况如表 5.8 所示。根据现有数据,求报童每天最佳买进报纸量,使报童的日均收入最大。

表 5.8 159 天报纸需求量情况

需求量 r	100	120	140	160	180	200	220	240	260	280
天数	3	9	13	22	32	35	20	15	8	2

解 由表 5.8 的数据得到报纸需求量的概率分布如表 5.9 所示。

表 5.9 报纸需求量概率分布

需求量 r	100	120	140	160	180	200	220	240	260	280
概率 $p(r)$	0.0189	0.0566	0.0818	0.1384	0.2013	0.2201	0.1258	0.0943	0.0503	0.0126

卖出一份报纸盈利 $k=0.2$;报纸当天销售不出去,损失 $h=0.1$。损益转折概率

$$N = \frac{k}{k+h} = \frac{2}{3}.$$

利用式(5.4),求得最佳订购量 $x^*=200$。利用式(5.1),求得期望损失的最小值为 4.1509。最大期望收益为 $kx^* - 4.1509 = 35.8491$。

计算的 MATLAB 程序如下:

```
clc, clear
r=100:20:280; k=0.2; h=0.1;
a=[3, 9, 13, 22, 32, 35, 20, 15, 8, 2];
p=a/sum(a)              %计算频率,作为概率的近似值
pp=cumsum(p)            %求累积概率
N=k/(k+h)               %计算转折概率
ind=find(pp>=N,1)       %找 pp 中从前往后数第一个大于等于 N 的地址
x=r(ind)                %显示最佳订购量
rx=x-r;
sx=sum(h*rx.*(rx>0).*p)+sum(k*(-rx).*(rx<0).*p)  %计算期望损失
sr=k*x-sx               %计算最大期望收益
```

例 5.3 某商店每件进价 40 元,售价 73 元。商品过期后将削价为每件 20 元并一定可以售出。已知该商品销售量 R 服从泊松分布

$$P(i) = \frac{e^{-\lambda}\lambda^i}{i!}, \quad i=0,1,2,\cdots.$$

根据以往经验,平均销售量 $\lambda = 6$ 件。该商店应采购多少件该商品?

解 每件商品销售赢利(边际收益)$k = 73-40 = 33$ 元,滞销损失(边际损失)$h = 40-20 = 20$ 元。损益转折概率 $N = \dfrac{k}{k+h} = \dfrac{33}{33+20} = 0.6226$。

销售量 R 累积概率 $F(r) = \sum_{i=0}^{r} \dfrac{e^{-6} 6^i}{i!}$。查泊松分布累积概率值表可得

$$F(6) = 0.6063 < 0.6226 < F(7) = 0.7440,$$

所以,商店应采购 7 件该商品,可使损失期望值最小。

计算的 MATLAB 程序为

clc,clear
k=33;h=20;N=k/(k+h)
x=poissinv(N,6)

2. 连续的订购和销售问题

假如需求量为连续的随机变量,例如可以取一切非负实数,那么可以引入微积分方法,利用求函数极值的方法确定最优策略。设商品需求量 R 的概率密度为已知的连续函数 $p(r)$,按照期望收益最大的原则确定最佳进货量 x^*。

设订购量为 x,则获利 $Y(x)$ 为

$$Y(x) = \begin{cases} kx, & x \leq R, \\ kR - h(x-R), & x > R, \end{cases}$$

而获利的期望值为

$$EY(x) = \int_0^x [kr - h(x-r)] p(r) \mathrm{d}r + \int_x^{+\infty} kx p(r) \mathrm{d}r$$

$$= (k+h)\int_0^x r p(r) \mathrm{d}r - hx \int_0^x p(r) \mathrm{d}r + kx \int_x^{+\infty} p(r) \mathrm{d}r. \tag{5.5}$$

为求获利期望的最大值,将期望 $EY(x)$ 对 x 求导,得

$$\frac{\mathrm{d}EY(x)}{\mathrm{d}x} = (k+h)xp(x) - h\int_0^x p(r)\mathrm{d}r - hxp(x) + k\int_x^{+\infty} p(r)\mathrm{d}r - kxp(x)$$

$$= k\int_x^{+\infty} p(r)\mathrm{d}r - h\int_0^x p(r)\mathrm{d}r$$

$$= k - (k+h)\int_0^x p(r)\mathrm{d}r.$$

令 $\dfrac{\mathrm{d}EY(x)}{\mathrm{d}x} = 0$,则有

$$\int_0^x p(r)\mathrm{d}x = \frac{k}{h+k}. \tag{5.6}$$

由于 $\dfrac{\mathrm{d}^2 EY(x)}{\mathrm{d}x^2} = -(k+h)p(x) \leq 0$,故式(5.6)求得的 x 是 $EY(x)$ 的最大值,即在连续

的情形下商品的最佳订购量 x^* 可由式(5.6)确定。这里采用了与离散模型的讨论中略有不同的方法,在离散模型中寻优的目标是使期望损失最小,而这里寻优的目标则是期望收益最大。式(5.6)确定的最优策略与 R 为离散型随机变量时所得结果(式(5.4))完全一致。

例 5.4(续例 5.2) 若将报纸需求量看作连续型分布,试根据给出的统计数据进行分布假设检验,确定该报纸需求量的分布,并确定报童每天买进报纸的数量,使报童的日均收入最大。

解 记报纸的 10 个需求量分别为 $r_i(i=1,2,\cdots,10)$,对应的天数分别为 $f_i(i=1,2,\cdots,10)$,则报纸的平均需求量 $\bar{r} = \dfrac{1}{159}\sum_{i=1}^{10} f_i r_i = 189.434$,需求量的标准差 $s = \sqrt{\dfrac{1}{158}\sum_{i=1}^{10} f_i(r_i - \bar{r})^2} = 38.8318$。利用 χ^2 拟合检验法,得到报纸的需求量 $R \sim N(189.434, 38.8318^2)$,即报纸需求量 R 的密度函数为

$$p(r) = \dfrac{1}{\sqrt{2\pi} \times 38.8318} e^{-\dfrac{(r-189.434)^2}{2 \times 38.8318^2}}.$$

利用式(5.6)求得最佳订购量为 $x^* = 206.1599$,能够获得的最大期望利润为 36.178。计算的 MATLAB 程序如下:

```
clc, clear
a=[100:20:280]'; k=0.2; h=0.1; N=k/(k+h);
b=[3, 9, 13, 22, 32, 35, 20, 15, 8, 2]'; n=sum(b);
pd=fitdist(a,'Norm','Frequency',b)         %拟合正态分布的均值和标准差
c=n*(cdf(pd,a+10)-cdf(pd,a-10))            %计算观测值的期望个数
[h,p,st]=chi2gof(a,'Ctrs',a,'Frequency',b,'Expected',c,'NParams',2)
x=norminv(N,pd.mu,pd.sigma)                %求最佳订购量
EY=(k+h)*quad(@(r)r.*pdf(pd,r),0,x)-h*x*quad(@(r)pdf(pd,r),0,x)+...
   k*x*(1-cdf(pd,x))                       %计算获利期望的最大值
```

3. 价格有变化的货物订购和销售问题

在实际生活中,购买同一种商品的数量不同,商品的单价也可能不同。一般情况下,购买数量越多,商品单价越低,这就是价格有折扣的问题。当报童订购不同量的报纸时,他的订购单价可能会有区别,同样也就产生了价格有折扣的报童问题。

假设报纸的批发价格不是常数,它可分成 m 个等级,即

$$g(x) = \begin{cases} c_1, & a_0 = 0 \leq x < a_1, \\ c_2, & a_1 \leq x < a_2, \\ \vdots \\ c_m, & a_{m-1} \leq x < a_m = +\infty, \end{cases} \tag{5.7}$$

其中各等级价格 $c_1 > c_2 > \cdots > c_m > 0$。假设报纸的售价为 c_p(一般应有 $c_p > c_1$),报纸未售完可以退还给报社,退货价为 $c_d(0 < c_d < c_m)$,所以每售出一份报纸,报童可以赚取 $k = c_p - g(x)$ 元,如未售完,每份报纸将亏损 $h = g(x) - c_d$ 元。每日售出报纸的份数 R 是一个随机变量,

根据以往的经验,其概率或分布密度函数是已知的。同样,可按 R 的情况分离散和连续两类加以讨论。

先考虑离散的价格有折扣的报童问题,假设每天售出恰好 r 份报纸的概率为 $p(r)$。与普通报童问题不同,这次求期望获利的最大值。与第二部分的讨论类似,可以得到订购 x 份报纸时的收入函数 $Y(x)$ 为

$$Y(x) = \begin{cases} kx, & x < R, \\ kR - h(x-R), & x \geq R, \end{cases}$$

于是获利期望为

$$c(x) = EY(x) = \sum_{r=0}^{x} [kr - h(x-r)]p(r) + \sum_{r=x+1}^{\infty} kxp(r)$$
$$= \sum_{r=0}^{x} [(k+h)(r-x)p(r)] + kx, \tag{5.8}$$

其中,$k = c_p - g(x)$,$h = g(x) - c_d$。

为使订购量 x 达到获利期望的最大值,应满足

$$\begin{cases} c(x) \geq c(x+1), \\ c(x) > c(x-1), \end{cases} \tag{5.9}$$

解式(5.9),不难得到 $\sum_{r=0}^{x-1} p(r) < \frac{k}{k+h} \leq \sum_{r=0}^{x} p(r)$,也就是说报童应订购报纸的最佳数量 x^* 应按如下确定:

$$\sum_{r=0}^{x-1} p(r) < \frac{c_p - g(x)}{c_p - c_d} \leq \sum_{r=0}^{x} p(r). \tag{5.10}$$

由于式(5.10)中的 $g(x)$ 不是确定的常数,所以在确定报纸最佳订购数量 x^* 时,必须对每一种价格进行比较,具体的方法是:分别求出 m 种不同价格的等级情况,当 $a_{i-1} \leq x < a_i$ 时,$g(x) = c_i$,将其代入式(5.10),得到满足该式的 x_i^*,此时如果 $x_i^* < a_{i-1}$,则修改 x_i^*,令 $x_i^* = a_{i-1}$;如果 $x_i^* \geq a_i$,则修改 x_i^*,令 $x_i^* = a_i - 1$。这样可得到一组 $x_1^*, x_2^*, \cdots, x_m^*$,用式(5.8)分别计算这一组数值的获利期望值 $c(x_i^*)$,最后由 $\max\{c(x_1^*), c(x_2^*), \cdots, c(x_m^*)\}$ 即可确定最佳订购数量 x^*。

例5.5 某种商品的零售价格为70元/千克,如果不能售出,则必须减价到40元/千克,且减价后可以售出,其进货的批发价格为

$$g(x) = \begin{cases} 60, & 0 \leq x < 4, \\ 50, & 4 \leq x < 8, \\ 45, & 8 \leq x. \end{cases}$$

根据以往经验,售货量 R 服从泊松分布 $p(r) = \frac{e^{-6} 6^r}{r!}$。应进多少千克该商品能使赢利最大?

解 记 $F(x) = \sum_{r=0}^{x} p(r)$,$N(x) = \frac{c_p - g(x)}{c_p - c_d} = \frac{70 - g(x)}{70 - 40}$,根据进价 $g(x)$ 进行分段讨论。

当 $0 \leq x < 4$ 时,有

$$0.2851 = F(4) < \frac{70-60}{70-40} < F(5) = 0.4457,$$

所以 $x_1^* = 5$,由于 5>4,改取 $x_1^* = 3$,并求得 $c(3) = 27.5460$。

当 $4 \leq x < 8$ 时,有

$$0.6063 = F(6) < \frac{70-50}{70-40} < F(7) = 0.7440,$$

所以 $x_2^* = 7$,求得 $c(7) = 92.8988$。

当 $x \geq 8$ 时,有

$$0.7440 = F(7) < \frac{70-45}{70-40} < F(8) = 0.8470,$$

所以 $x_3^* = 8$,求得 $c(8) = 130.5794$。

由于 $\max\{c(3), c(7), c(8)\} = c(8)$,所以该商品的最佳订购数量为 8 千克,商品能获得的最大期望赢利为 130.5794。

计算的 MATLAB 程序如下:

```
clc, clear
Lambda = 6; c = [60,50,45]; cp = 70; cd = 40; a = [0,4,8,2*Lambda];
N = (cp-c)/(cp-cd)         %计算转折概率
x = 0:2*Lambda;            %泊松分布的方差为 Lambda,x 的取值要充分多
Fx = poisscdf(x,Lambda)
for i = 1:length(c)
    ind = find(Fx>N(i),1)    %找 F 中大于 N(i) 的第一个数
    if ind-1>a(i+1), n(i) = a(i+1)-1;
    elseif ind-1<a(i)
        n(i) = a(i);
    else
        n(i) = ind-1;
    end
end
n %显示各区间段的局部最优订货量
for i = 1:length(n)
    cx(i) = sum((cp-cd)*([0:n(i)]-n(i)).*poisspdf([0:n(i)],Lambda))+(cp-c(i))*n(i);
end
cx %显示各个订货量的赢利期望值
```

对连续的价格有折扣的报童问题可类似处理,假设商品的批发价格和式(5.7)一样可分为 m 个等级,每售出 1 千克商品可获利 $k = c_p - g(x)$ 元。如未售完,每剩余 1 千克商品亏损 $h = g(x) - c_d$ 元。每天售出量 R 是一个连续的随机变量,售出量 R 的概率密度函数 $p(r)$ 根据以往的经验是已知的。

类似式(5.8),可以得到赢利的期望值为

$$c(x) = \int_0^x [kr - h(x-r)] p(r) \mathrm{d}r + \int_x^{+\infty} kxp(r) \mathrm{d}r$$
$$= (k+h) \int_0^x rp(r) \mathrm{d}r - (k+h)x \int_0^x p(r) \mathrm{d}r + kx, \tag{5.11}$$

其中,$k = c_p - g(x)$,$h = g(x) - c_d$。

下面求$\dfrac{\mathrm{d}c(x)}{\mathrm{d}x}$。注意到$g(x)$是分段常数函数,则对于非分界点$a_i$上的那些$x$值,有$\dfrac{\mathrm{d}g(x)}{\mathrm{d}x} = 0$,也就是说$\dfrac{\mathrm{d}k}{\mathrm{d}x} = -\dfrac{\mathrm{d}g(x)}{\mathrm{d}x} = 0$,$\dfrac{\mathrm{d}h}{\mathrm{d}x} = \dfrac{\mathrm{d}g(x)}{\mathrm{d}x} = 0$,有

$$\frac{\mathrm{d}c(x)}{\mathrm{d}x} = (k+h)xp(x) - (k+h)xp(x) - (k+h) \int_0^x p(r) \mathrm{d}r + k$$
$$= k - (k+h) \int_0^x p(r) \mathrm{d}r$$
$$= c_p - g(x) - (c_p - c_d) \int_0^x p(r) \mathrm{d}r,$$

令$\dfrac{\mathrm{d}c(x)}{\mathrm{d}x} = 0$,得

$$\int_0^x p(r) \mathrm{d}r = \frac{c_p - g(x)}{c_p - c_d}. \tag{5.12}$$

此即说明,在连续变量情况下,商品的最佳订购数量x^*可按式(5.12)决定。当然由于$g(x)$不是确定的常数,所以确定商品最佳订购数量x^*时也要分别讨论m种不同价格等级下的情况。

现在,把例5.5中的随机变量改为连续型(即售货量服从的分布是连续型的),并重新求解。

例5.6(续例5.5) 某种商品的零售价格为70元/千克,如果不能售完则必须减价到40元/千克销售且减价后一定可以售出,其进货的批发价格为

$$g(x) = \begin{cases} 60, & 0 \leq x < 4, \\ 50, & 4 \leq x < 8, \\ 45, & x \geq 8. \end{cases}$$

根据以往经验,售货量R服从指数分布

$$p(r) = \begin{cases} \dfrac{1}{6} \mathrm{e}^{-\frac{r}{6}}, & r \geq 0, \\ 0, & r < 0. \end{cases}$$

应进多少千克该商品,才能使赢利最大?

解 记$F(x) = \int_0^x p(r) \mathrm{d}r = 1 - \mathrm{e}^{-\frac{x}{6}}$,$N(x) = \dfrac{c_p - g(x)}{c_p - c_d} = \dfrac{70 - g(x)}{30}$,根据进价$g(x)$进行分段讨论:

当$0 \leq x < 4$时,$1 - \mathrm{e}^{-\frac{x}{6}} = \dfrac{70 - 60}{30}$,求得$x_1^* = 2.4328$,$c(x_1^*) = 11.3442$;

当$4 \leq x < 8$时,$1 - \mathrm{e}^{-\frac{x}{6}} = \dfrac{70 - 50}{30}$,求得$x_2^* = 6.5917$,$c(x_2^*) = 54.0833$;

当 $x \geq 8$ 时，$1-e^{-\frac{x}{6}} = \frac{70-45}{30}$，求得 $x_3^* = 10.7506$，$c(x_3^*) = 96.2472$。

比较赢利值，最大值为 $c(x_3^*)$，所以商品的最佳进货量为 10.7506 千克。

计算的 MATLAB 程序如下：

```
clc, clear
Lambda=6; c=[60,50,45]; cp=70; cd=40;
gx=@(x)60*(x>=0 & x<4)+50*(x>=4 & x<8)+45*(x>=8);
cx=@(x)(cp-cd)*quadl(@(r)r.*exppdf(r,Lambda),0,x)-...
    (cp-cd)*x*expcdf(x,Lambda)+(cp-gx(x))*x;
x=expinv((cp-c)/(cp-cd),Lambda)         %计算可能的极值点
for i=1:length(x)
    cx2(i)=cx(x(i));                    %计算对应的赢利值
end
cx2                                     %显示赢利值
```

5.2.4 男大学生的身高分布模型

1. 问题的提出

现在考虑我国在校大学生中男性的身高分布问题，有关统计资料表明，在校男大学生群体的平均身高约为 170cm，且该群体中约有 99.7% 的人身高为 150~190cm，试分析该群体身高的分布情况。进一步将 [150,190] 等分成 20 个区间，在每一高度区间上，研究相应人数的分布情况。中等身高（165~175cm）的人占该群体的百分比能超过 60% 吗？

2. 问题分析与假设

在现实生活中，某一类人群具有某种身高的人数会有多少呢？研究这类问题的常用方法之一是利用正态分布函数对问题进行分析。由于一个同类群体的身高分布可近似看作正态分布，所以，根据已知问题的数据"在校男大学生群体的平均身高约为 170cm"，可确定该分布的均值为 $\mu=170$。而由"该群体中约有 99.7% 的人身高为 150~190cm"和正态分布 $N(\mu,\sigma^2)$ 的"3σ 准则"，有

$$\mu-3\sigma=150(\text{cm}), \quad \mu+3\sigma=190(\text{cm}).$$

于是可以得到该分布的标准差为 $\sigma=\frac{20}{3}$，故其分布密度函数为

$$f(x)=\frac{3}{20\sqrt{2\pi}}e^{-\frac{9(x-170)^2}{800}},$$

从而，身高在任一区间 $[a,b]$ 的人数的百分比可利用积分 $\int_a^b f(x)\mathrm{d}x$ 来计算。

3. 模型的建立与求解

将 [150,190] 等分成 20 个区间，得到高度区间为 [150,152]，[152,154]，…，[188,190]，对应的分布为

$$\int_k^{k+2} f(x)\mathrm{d}x = \int_k^{k+2} \frac{3}{20\sqrt{2\pi}}e^{-\frac{9(x-170)^2}{800}}\mathrm{d}x, \quad k=150,152,\cdots,188. \tag{5.13}$$

身高为 165~175cm 的人占该群体的百分比为

$$\int_{165}^{175} \frac{3}{20\sqrt{2\pi}} e^{-\frac{9(x-170)^2}{800}} dx. \tag{5.14}$$

可以通过变换再查标准正态分布的数值表,得到式(5.14)的值。但是,要得到各个身高区间上人数的分布情况,显然是很繁杂的。而采用 MATLAB 工具箱的随机变量分布函数或密度函数求积分值是很方便的,可直接求解。

式(5.13)的积分值的计算结果如表 5.10 所示。

表 5.10 身高的相应分布值

身高/cm	分布值	身高/cm	分布值
[150,152]	0.0021	[170,172]	0.1179
[152,154]	0.0047	[172,174]	0.1078
[154,156]	0.0097	[174,176]	0.0902
[156,158]	0.0181	[176,178]	0.0690
[158,160]	0.0309	[178,180]	0.0483
[160,162]	0.0483	[180,182]	0.0309
[162,164]	0.0690	[182,184]	0.0181
[164,166]	0.0902	[184,186]	0.0097
[166,168]	0.1078	[186,188]	0.0047
[168,170]	0.1179	[188,190]	0.0021

由此可以看出,前 10 个区间与后 10 个区间是对称的,这也正是正态分布的对称性。对式(5.14),直接用数值积分命令可得

$$\int_{165}^{175} \frac{3}{20\sqrt{2\pi}} e^{-\frac{9(x-170)^2}{800}} dx = 0.5467.$$

该结果说明,身高中等(165~175cm)的大学生占 54.67%,不足 60%,如果将范围放宽,如 164~176cm,则有 63.19%。

计算的 MATLAB 程序如下:

```
clc, clear
p1 = normcdf([150:2:190], 170, 20/3)    %计算分布函数在各点的取值
p2 = diff(p1)                            %计算各区间的概率
p3 = quadl(@(x)normpdf(x, 170, 20/3), 165, 175)    %计算积分的数值解
p4 = quadl(@(x)normpdf(x, 170, 20/3), 164, 176)    %计算积分的数值解
```

4. 模型的推广

由于我国在校男大学生人数众多,身高近似服从正态分布是完全合理的。本模型利用正态分布的概率密度函数,解决了我国男大学生的身高分布情况及中等身高所占的比例问题。

本模型也可应用到很多实际问题上,如我国新生儿的身高分布,一个单位职工的工资分布,一所学校的学生成绩分布等。

5.2.5 鱼群的数量估计模型

1. 问题的提出

在一个湖泊中,通过鱼群的自然繁殖使得鱼群的数量不断增加,某一时间内的具体数量会是多少呢?一般无法精确求解。现在希望通过一些实验,利用数学建模的方法估计湖中鱼群的数量,试给出一种估计方法。

2. 问题的分析与假设

从这个问题本身来看,在某一时间内无法精确地确定鱼群的数量,显然这是一个不确定的问题,鱼群的数量本身是一个随机变量,实际中只能通过实验方法做出估计,即这是一个参数估计问题。我们试图在湖里用随机捕鱼的检验方法,即随机地从湖里捕捞一些鱼,清点鱼的数量,并做上标记,再放回湖里,待鱼群在一段时间分布均匀后,再捕捞一些鱼,计算带有标记的鱼的数量占总鱼量的比率。这种实验可以重复进行,由此可以估计湖中鱼群的大体数量。

首先给出如下假设:

(1) 随机地从湖中捕鱼不会对鱼群造成伤害。

(2) 将捕捞到的鱼放回湖中,一段时间后,鱼会自然地游动使鱼群能够充分地混合均匀。

(3) 设湖泊中共有 N 条鱼,先捕捞出 r 条,做上标记后放回湖中,一段时间后再从湖中捕捞出 s 条($s \geq r$),其中包含 t 条($0 < t \leq r$)有标记的鱼。

(4) 捕鱼作业是完全随机的,即湖中每条鱼被捕捞到的概率均等。

3. 模型的建立与求解

根据上面的分析,这里利用参数估计方法来估计湖泊中鱼群的条数 N 的值。常用方法有如下 3 种。

(1) 统计概率方法:如果在重复捕捞的过程中,有标记的鱼占总鱼群数量的比率为 $\dfrac{r}{N}$ (概率),而占捕捞到的鱼群数量的比例为 $\dfrac{t}{s}$ (频率),则根据统计概率的计算方法,用频率近似代替概率,则有 $\dfrac{r}{N} \approx \dfrac{t}{s}$,即 $N \approx \dfrac{rs}{t}$,故湖泊中鱼群数量的估计值为 $\hat{N} = \left[\dfrac{rs}{t}\right]$ (取不超过 $\dfrac{rs}{t}$ 的最大整数)。

(2) 矩估计法:设捕捞出的 s 条鱼中有标记的鱼数为 X 条,显然 X 是随机变量。一般认为 X 应服从超几何分布,其数学期望为 $E(X) = \dfrac{rs}{N}$,即捕捞到的 s 条鱼中有标记鱼的总体平均数为 $\dfrac{rs}{N}$,而在一次捕捞中有 t 条有标记的鱼。

由矩估计法,令总体的一阶原点矩(期望)等于样本的一阶原点矩 t,即 $\dfrac{rs}{N} = t$,于是湖泊中鱼群数量的估计值为 $\hat{N} = \left[\dfrac{rs}{t}\right]$。

(3) 极大似然估计法:这里假设一次捕捞的鱼量 s 与湖泊中的鱼量 N 相比是很小的,即 $s \ll N$,这种假设一般是符合实际的。由此可知,每捕捞出一条有标记的鱼概率为 $p = \dfrac{r}{N}$,且在 s 次捕捞中(每次捕1条),p 不变。把捕捞 s 条鱼近似看作 s 重伯努利试验,于是根据二项分布,在捕捞到的 s 条鱼中有 t 条有标记的鱼,就相当于 s 次试验中有 t 次成功,故有

$$P_s(t) = C_s^t p^t (1-p)^{s-t} = \frac{1}{N^s} C_s^t r^t (N-r)^{s-t}. \tag{5.15}$$

为此,要取 N 使概率 $P_s(t)$ 达到最大。即将 N 视为非负实数,求 $P_s(t)$ 关于 N 的最大值,为了计算方便,对式(5.15)两边取对数,有

$$\ln P_s(t) = -s\ln N + \ln C_s^t + t\ln r + (s-t)\ln(N-r).$$

令

$$\frac{\mathrm{d}\ln P_s(t)}{\mathrm{d}N} = -\frac{s}{N} + \frac{s-t}{N-r} = 0,$$

则可得到湖泊中鱼群数量的估计值为 $\hat{N} = \left[\dfrac{rs}{t}\right]$。

4. 模型的结果分析与推广

应用二项分布、超几何分布的概率计算方法、矩估计方法与极大似然估计方法都能解决这个问题。由此说明,对于同一个问题可以采用不同的方法来解决。特别是应用参数估计方法来分析研究问题的基本思想是值得关注的。类似地,利用这种方法还可研究一个城市人口的数量等问题。

5.3 一元线性回归模型

通常变量之间的关系一般可以分成两类,即完全确定性的关系和非确定性的依存关系。如果一个变量值能被一个或若干个其他变量值按某一规律唯一地确定,则这类变量之间就具有完全确定的关系,即为通常的函数关系。如果变量之间既存在密切的数量关系,又不能由一个(或几个)变量值精确地求出另一个变量值,但在一定的统计数据的基础上,可以判别这类变量之间的数量变化具有一定的规律性,也称为统计相关性。变量间的统计相关关系可以通过回归分析来研究。

对于某些非确定性的关系,如随机变量 y 与 x(它可能是多维矢量)之间的关系,当自变量 x 确定后,因变量 y 的值并不随之确定,而是按一定的统计规律取值。这时将它们之间的关系表示为

$$y = f(x) + \varepsilon, \tag{5.16}$$

式中:$f(x)$ 为确定的函数,称为回归函数;ε 为随机误差项,且 $\varepsilon \sim N(0, \sigma^2)$。

回归分析的任务之一是确定回归函数 $f(x)$,即回归模型是用一个函数来近似表达变量之间的函数关系,这里只介绍一元线性回归模型,即回归函数 $f(x)$ 为一元线性函数的情况。

5.3.1 一元线性回归方法

1. 一元线性回归模型的一般形式

如果已知实际检测数据$(x_i,y_i)(i=1,2,\cdots,n)$大致为一条直线,则变量$y$与$x$之间的关系大致可以看作是近似的线性关系。一般来说,这些点又不完全在一条直线上,这表明y与x之间的关系还没有确切到给定x就可以唯一确定y的程度。事实上,还有许多其他不确定因素产生的影响,如果主要是研究y与x之间的关系,则可以假定有如下关系:

$$y=\beta_0+\beta_1 x+\varepsilon, \tag{5.17}$$

式中:β_0和β_1为未知待定常数;ε为其他随机因素对y的影响,并且服从于$N(0,\sigma^2)$分布。模型式(5.17)称为一元线性回归模型,x称为回归变量,y称为响应变量,β_0和β_1称为回归系数。

2. 参数β_0和β_1的最小二乘估计

要确定一元线性回归模型,首先要确定回归系数β_0和β_1。以下用最小二乘法估计参数β_0和β_1的值,即要确定一组β_0和β_1的估计值,使得回归模型(5.17)与直线方程$y=\beta_0+\beta_1 x$在所有数据点$(x_i,y_i)(i=1,2,\cdots,n)$都比较"接近"。

为了刻画这种"接近"程度,只要使y的观察值与估计值偏差的平方和最小,即只需求函数

$$Q=\sum_{i=1}^{n}(y_i-\beta_0-\beta_1 x_i)^2 \tag{5.18}$$

的最小值,这种方法称为最小二乘法。

为此,分别对式(5.18)求对β_0和β_1的偏导数,并令它们等于零,则有正规方程组

$$\begin{cases} n\beta_0+\left(\sum_{i=1}^{n}x_i\right)\beta_1=\sum_{i=1}^{n}y_i, \\ \left(\sum_{i=1}^{n}x_i\right)\beta_0+\left(\sum_{i=1}^{n}x_i^2\right)\beta_1=\sum_{i=1}^{n}x_i y_i. \end{cases} \tag{5.19}$$

求解,得

$$\hat{\beta}_1=\frac{L_{xy}}{L_{xx}}, \quad \hat{\beta}_0=\bar{y}-\hat{\beta}_1\bar{x},$$

其中$\bar{x}=\frac{1}{n}\sum_{i=1}^{n}x_i, \bar{y}=\frac{1}{n}\sum_{i=1}^{n}y_i, L_{xy}=\sum_{i=1}^{n}(x_i-\bar{x})(y_i-\bar{y}), L_{xx}=\sum_{i=1}^{n}(x_i-\bar{x})^2$。

于是,所求的线性回归方程为

$$\hat{y}=\hat{\beta}_0+\hat{\beta}_1 x.$$

若将$\hat{\beta}_0=\bar{y}-\hat{\beta}_1\bar{x}$代入上式,则线性回归方程变为

$$\hat{y}=\bar{y}+\hat{\beta}_1(x-\bar{x}). \tag{5.20}$$

3. 相关性检验与判定系数(拟合优度)

对应于不同的x_i值,观测值y_i的取值是不同的。建立一元线性回归模型的目的就是试图以x的线性函数$(\hat{\beta}_0+\hat{\beta}_1 x)$来解释$y$的变异。那么,回归模型$\hat{y}=\hat{\beta}_0+\hat{\beta}_1 x$究竟能以多大

的精度来解释 y 的变异?又有多大部分无法用这个回归方程来解释?

$y_1, y_2, \cdots, y_n$ 的变异程度可采用样本方差来测度,即

$$s^2 = \frac{1}{n-1} \sum_{i=1}^{n} (y_i - \bar{y})^2.$$

根据式(5.20),得拟合值 $\hat{y}_i = \hat{\beta}_0 + \hat{\beta}_1 x_i = \bar{y} + \hat{\beta}_1(x_i - \bar{x})$,所以拟合值 $\hat{y}_1, \hat{y}_2, \cdots, \hat{y}_n$ 的均值也是 $\bar{y}$,其变异程度可以用下式测度:

$$\hat{s}^2 = \frac{1}{n-1} \sum_{i=1}^{n} (\hat{y}_i - \bar{y})^2.$$

下面看一下 s^2 与 $\hat{s}^2$ 之间的关系,有

$$\sum_{i=1}^{n} (y_i - \bar{y})^2 = \sum_{i=1}^{n} (y_i - \hat{y}_i)^2 + \sum_{i=1}^{n} (\hat{y}_i - \bar{y})^2 + 2\sum_{i=1}^{n} (y_i - \hat{y}_i)(\hat{y}_i - \bar{y}).$$

由于

$$\sum_{i=1}^{n} (y_i - \hat{y}_i)(\hat{y}_i - \bar{y}) = \sum_{i=1}^{n} (y_i - \hat{\beta}_0 - \hat{\beta}_1 x_i)(\hat{\beta}_0 + \hat{\beta}_1 x_i - \bar{y})$$

$$= \hat{\beta}_0 \sum_{i=1}^{n} (y_i - \hat{\beta}_0 - \hat{\beta}_1 x_i) + \hat{\beta}_1 \sum_{i=1}^{n} x_i (y_i - \hat{\beta}_0 - \hat{\beta}_1 x_i) -$$

$$\bar{y} \sum_{i=1}^{n} (y_i - \hat{\beta}_0 - \hat{\beta}_1 x_i) = 0,$$

其中,由正规方程组(5.19)的第2个公式,知 $\hat{\beta}_1 \sum_{i=1}^{n} x_i (y_i - \hat{\beta}_0 - \hat{\beta}_1 x_i) = 0$。

因此,得到正交分解式为

$$\sum_{i=1}^{n} (y_i - \bar{y})^2 = \sum_{i=1}^{n} (\hat{y}_i - \bar{y})^2 + \sum_{i=1}^{n} (y_i - \hat{y}_i)^2. \tag{5.21}$$

记

$\text{SST} = \sum_{i=1}^{n} (y_i - \bar{y})^2 = L_{yy}$,这是原始数据 y_i 的总变异平方和,其自由度为 $df_T = n-1$;

$\text{SSR} = \sum_{i=1}^{n} (\hat{y}_i - \bar{y})^2$,这是用拟合直线 $\hat{y}_i = \hat{\beta}_0 + \hat{\beta}_1 x_i$ 可解释的变异平方和,其自由度为 $df_R = 1$;

$\text{SSE} = \sum_{i=1}^{n} (y_i - \hat{y}_i)^2$,这是残差平方和,其自由度为 $df_E = n-2$。

所以,有

$$\text{SST} = \text{SSR} + \text{SSE}, \quad df_T = df_R + df_E.$$

从上式可以看出,y 的变异是由两方面的原因引起的:一是由于 x 的取值不同而给 y 带来的系统性变异;另一个是除 x 以外的其他因素的影响。

注意到对于一个确定的样本(一组实现的观测值),SST 是一个定值。所以,可解释变异 SSR 越大,残差 SSE 越小。这个分解式可同时从两个方面说明拟合方程的优良程度:

(1) SSR 越大,用回归方程来解释 y_i 变异的部分越大,回归方程对原数据解释得越好。

（2）SSE 越小，观测值 y_i 绕回归直线越紧密，回归方程对原数据的拟合效果越好。

因此，可以定义一个测量标准来说明回归方程对原始数据的拟合程度，这就是所谓的判定系数，在有些文献上也称为拟合优度。

判定系数是指可解释的变异占总变异的百分比，用 R^2 表示，有

$$R^2 = \frac{\text{SSR}}{\text{SST}} = 1 - \frac{\text{SSE}}{\text{SST}}. \tag{5.22}$$

从判定系数的定义看，R^2 有以下简单性质：

（1）$0 \leq R^2 \leq 1$。

（2）当 $R^2 = 1$ 时，有 SSR = SST，也就是说，此时原数据的总变异完全可以由拟合值的变异来解释，并且残差为零（SSE = 0），即拟合点与原数据完全吻合。

（3）当 $R^2 = 0$ 时，回归方程完全不能解释原数据的总变异，y 的变异完全由与 x 无关的因素引起，这时 SSE = SST。

判定系数是一个很有趣的指标。一方面，它可以从数据变异的角度指出可解释的变异占总变异的百分比，从而说明回归直线拟合的优良程度；另一方面，它还可以从相关性的角度，说明原因变量 y 与拟合变量 $\hat{y}$ 的相关程度，从这个角度看，拟合变量 $\hat{y}$ 与原变量 y 的相关度越大，拟合直线的优良度就越高。

定义 x 与 y 的相关系数

$$r = \frac{L_{xy}}{\sqrt{L_{xx}L_{yy}}}, \tag{5.23}$$

它反映了 x 与 y 的线性关系程度。可以证明 $|r| \leq 1$。

$r = \pm 1$ 表示有精确的线性关系。如 $y_i = a + bx_i (i = 1, 2, \cdots, n)$，则当 $b > 0$ 时 $r = 1$，表示正线性相关；当 $b < 0$ 时 $r = -1$，表示负线性相关。

可以证明，y 与自变量 x 的相关系数 $r = \pm\sqrt{R^2}$，而相关系数的正、负号与回归系数 $\hat{\beta}_1$ 的符号相同。

4. 回归方程的显著性检验

以上讨论假定 y 关于 x 的回归方程 $f(x)$ 具有形式 $\beta_0 + \beta_1 x$。在实际中，需要检验 $f(x)$ 是否为 x 的线性函数，若 $f(x)$ 与 x 成线性函数为真，则 β_1 不应为零。因为若 $\beta_1 = 0$，则 y 与 x 就无线性关系了。因此，需要做假设检验。

提出假设 $H_0 : \beta_1 = 0, H_1 : \beta_1 \neq 0$

若假设 $H_0 : \beta_1 = 0$ 成立，则 SSE/σ^2 与 SSR/σ^2 是独立的随机变量，且

$$\text{SSE}/\sigma^2 \sim \chi^2(n-2), \quad \text{SSR}/\sigma^2 \sim \chi^2(1),$$

这时

$$F = \frac{\text{SSR}/1}{\text{SSE}/(n-2)} \sim F(1, n-2).$$

使用检验统计量

$$F = \frac{\text{SSR}}{\text{SSE}/(n-2)} \sim F(1, n-2). \tag{5.24}$$

对于检验水平 α,按自由度 $(n_1=1,n_2=n-2)$ 查 F 分布表,得到拒绝域的临界值 $F_\alpha(1, n-2)$(这里 $F_\alpha(1,n-2)$ 为 $F(1,n-2)$ 分布的上 α 分位数,即 $P\{F>F_\alpha(1,n-2)\}=\alpha$)。决策规则为

(1) $F_{0.05}(1,n-2)<F<F_{0.01}(1,n-2)$,线性关系显著。

(2) $F_{0.01}(1,n-2)<F$,线性关系极其显著。

(3) $F<F_{0.05}(1,n-2)$,无线性关系。

5.3.2 一元线性回归应用举例

例 5.7 已知一组实验数据 $(x_i,y_i)(i=1,2,\cdots,27)$ 如表 5.11 所示,试根据实验数据建立 y 与 x 之间的经验公式 $y=a+bx$。

表 5.11 实验数据的观测值

x_i	22.0	23.7	23.4	23.5	25	23	22	23.9	23.8
y_i	27.1	29.7	29.8	30.1	29.2	28.7	28.1	30.4	30.4
x_i	24.2	24	24.1	25.5	28.5	14.4	23.7	24.9	23.6
y_i	28.3	30.3	30.1	30.3	33.3	30.4	32.5	30.9	29.5
x_i	25.8	24.2	24.2	24.2	23.2	25.9	23.6	24.4	24.3
y_i	33.7	29.6	31.7	29.8	29.5	33.5	30.2	32.2	29.8

解 数学理论不再赘述。利用 MATLAB 软件,求得
$$y=23.5845+0.2835x,$$
其中拟合优度 $R^2=0.1594$,F 检验的统计量 $F=4.7413$,F 分布的上 0.01,0.05 分位数分别为
$$F_{0.01}(1,25)=7.7698, \quad F_{0.05}(1,25)=4.2417,$$
拟合效果不太理想。

计算的 MATLAB 程序如下:

```
clc, clear
a=load('gtable5_11.txt');
x=a([1:2:end],:)'; x=x(:);          %提出 x 的数据并转化为列矢量
y=a([2:2:end],:)'; y=y(:);          %提出 y 的数据并转化为列矢量
xb=mean(x); yb=mean(y);             %求均值
Lxx=sum((x-xb).^2); Lxy=sum((x-xb).*(y-yb));
b1=Lxy/Lxx, b0=yb-b1*xb             %求回归系数
SST=sum((y-yb).^2)                  %求总变异平方和
SSR=sum((b0+b1*x-yb).^2)            %求回归平方和
R2=SSR/SST                          %求判断系数
SSE=sum((b0+b1*x-y).^2)             %计算残差平方和
n=size(x,1); F=SSR/(SSE/(n-2))      %计算 F 统计量
bd1=finv(0.99,1,n-2)                %计算 F 分布的上 0.01 分位数
bd2=finv(0.95,1,n-2)                %计算 F 分布的上 0.05 分位数
```

观测发现,第 15 个点与其他数据误差过大。计算得观测值 $x_i(i=1,2,\cdots,27)$ 的均值 $\bar{x}=23.8148$,标准差 $s=2.2669$,第 15 个点的 $x_{15}=14.4$ 落在区间 $(\bar{x}-3s,\bar{x}+3s)$ 外面,由 3σ 准则,可以判断第 15 个点为野值,因而删除第 15 个点,用余下的 26 个点拟合得

$$y=7.9407+0.9263x,$$

其中拟合优度 $R^2=0.5293$,F 检验的统计量 $F=26.9844$,F 分布的上 $0.01,0.05$ 分位数分别为

$$F_{0.01}(1,24)=7.8229,\quad F_{0.05}(1,24)=4.2597,$$

有较好的拟合效果。

计算的 MATLAB 程序如下:

```
clc, clear
a=load('gtable5_11.txt');
x=a([1:2:end],:)'; x=x(:);          %提出 x 的数据并转化为列矢量
y=a([2:2:end],:)'; y=y(:);          %提出 y 的数据并转化为列矢量
xb=mean(x), s=std(x), bd=[xb-3*s,xb+3*s]
x(15)=[]; y(15)=[];
a=[ones(size(x)),x];                %构造线性方程组的系数矩阵
cs=a\y       %解超定的线性方程组,即最小二乘法拟合参数
yb=mean(y);
SST=sum((y-yb).^2)                  %求总变异平方和
SSR=sum((a*cs-yb).^2)               %求回归平方和
R2=SSR/SST                          %求判断系数
SSE=sum((a*cs-y).^2)                %计算残差平方和
n=size(x,1); F=SSR/(SSE/(n-2))      %计算 F 统计量
bd1=finv(0.99,1,n-2)                %计算 F 分布的上 0.01 分位数
bd2=finv(0.95,1,n-2)                %计算 F 分布的上 0.05 分位数
```

5.4 方差分析与正交设计

本节主要讨论在生产和科学试验中,哪些因素对试验结果有显著作用,哪些因素没有显著作用。更进一步,通过计算分析弄清楚这些起显著作用的因素在什么状态(数学上称为水平)时起的作用最大。

一般情况下,采用方差分析法讨论一个或两个因素对试验结果有没有显著影响,其中只有一个因素的情形称为单因素方差分析,有两个因素的情形称为双因素方差分析。

5.4.1 单因素方差分析

在一项试验中,如果只有一个因素变动,而其他因素保持不变,则称这种试验为单因素试验。

例 5.8 某灯泡厂用四种不同的配料方案制成的灯丝生产了四批灯泡,在每批灯泡中取若干个做寿命测试,得数据(单位:h)如表 5.12 所示。灯丝的不同配料方案对灯泡

寿命有无显著影响?

表 5.12 寿命测试数据

灯泡品种	测试数据						
A_1	1600	1610	1650	1680	1700	1720	1800
A_2	1580	1640	1640	1700	1750		
A_3	1460	1550	1600	1620	1640	1660	1740	1820
A_4	1510	1520	1530	1570	1600	1680	

该例中不同配料的灯丝称为因素或因子,属单因素的试验,灯丝的不同配料方案称为水平,共有 A_1, A_2, A_3, A_4 四种水平。一般情况下,单因素 A 的 r 种不同水平分别记为 $A_1, A_2, \cdots, A_r$。

例 5.8 中在不同配料方案下各抽取若干样品作检验,每一种方案生产出灯泡的寿命都构成一个总体,为此要检验各种灯丝配料方案对灯泡寿命是否有显著影响,即检验四个总体的均值是否相等。由于在实际问题中通常遇到的是各总体都服从或近似服从正态分布的情形,故可将这类问题归结为如下的数学模型。

设有 r 个正态总体 $X_i \sim N(\mu_i, \sigma^2)$ $(i = 1, 2, \cdots, r)$,且相互独立。对这 r 个总体作如下假设:

$$H_0: \mu_1 = \mu_2 = \cdots = \mu_r.$$

现独立地从各总体中随机抽取若干样品,如表 5.13 所示,要求利用该表中数据检验假设 H_0 是否成立。

表 5.13 样品数据表

总体	X_1	X_2	$\cdots$	X_r
样本	$X_{11}, X_{12}, \cdots, X_{1n_1}$	$X_{21}, X_{22}, \cdots, X_{2n_2}$	$\cdots$	$X_{r1}, X_{r2}, \cdots, X_{rn_r}$
样本均值	$\overline{X}_1$	$\overline{X}_2$	$\cdots$	$\overline{X}_r$

由假设检验的知识知道,对于假设 H_0,用 t 检验法来检验任何两相邻总体均值是否相等就可以了,但这样需要检验 $r-1$ 次,当 r 较大时会很烦琐,因此采用离差分解法来分析。将每个总体中抽出来的样品组成一组,共有 r 组,记各组内的样本平均值为

$$\overline{X}_i = \frac{1}{n_i} \sum_{j=1}^{n_i} X_{ij}, \quad (i = 1, 2, \cdots, r),$$

所以样本的总平均值为

$$\overline{X} = \frac{1}{n} \sum_{i=1}^{r} \sum_{j=1}^{n_i} X_{ij} = \frac{1}{n} \sum_{i=1}^{r} n_i \overline{X}_i,$$

其中 $n = \sum_{i=1}^{r} n_i$。

我们计算各样本值与总的平均值之间的离差平方和:

$$S_T = \sum_{i=1}^{r} \sum_{j=1}^{n_i} (X_{ij} - \overline{X})^2 = \sum_{i=1}^{r} \sum_{j=1}^{n_i} [(X_{ij} - \overline{X}_i) + (\overline{X}_i - \overline{X})]^2$$

$$= \sum_{i=1}^{r} \sum_{j=1}^{n_i} (X_{ij} - \overline{X}_i)^2 + 2\sum_{i=1}^{r} \sum_{j=1}^{n_i} (X_{ij} - \overline{X}_i)(\overline{X}_i - \overline{X}) + \sum_{i=1}^{r} \sum_{j=1}^{n_i} (\overline{X}_i - \overline{X})^2$$

$$= \sum_{i=1}^{r} \sum_{j=1}^{n_i} (X_{ij} - \overline{X}_i)^2 + \sum_{i=1}^{r} n_i (\overline{X}_i - \overline{X})^2,$$

记

$$S_E = \sum_{i=1}^{r} \sum_{j=1}^{n_i} (X_{ij} - \overline{X}_i)^2, \quad S_A = \sum_{i=1}^{r} n_i (\overline{X}_i - \overline{X})^2,$$

则有

$$S_T = S_E + S_A,$$

该式称为离差平方和分解公式,其中 S_E 反映各组内部 X_{ij} 之间的差异(即同一组内随机抽样产生的误差),称为组内离差平方和;S_A 反映各组之间由于因素水平不同而引起的差异(不同水平下的差异即条件误差),称为组间离差平方和。方差分析就是通过对组内、组间离差平方和的比较来检验假设。

在实际中,为了简化计算步骤,长按下面一组公式去计算 S_T, S_E, S_A。

$$S_T = \sum_{i=1}^{r} \sum_{j=1}^{n_i} X_{ij}^2 - \frac{1}{n} \Big(\sum_{i=1}^{r} \sum_{j=1}^{n_i} X_{ij} \Big)^2,$$

$$S_E = \sum_{i=1}^{r} \sum_{j=1}^{n_i} X_{ij}^2 - \sum_{i=1}^{r} \frac{1}{n_i} \Big(\sum_{j=1}^{n_i} X_{ij} \Big)^2,$$

$$S_A = S_T - S_E.$$

定理 5.1 (1) $E(S_A) = (r-1)\sigma^2 + \sum_{i=1}^{r} n_i (\mu_i - \mu)^2$。

(2) $E(S_E) = (n-r)\sigma^2$。

(3) $\dfrac{S_E}{\sigma^2} \sim \chi^2(n-r)$。

其中,$\mu = \dfrac{1}{n} \sum_{i=1}^{r} n_i \mu_i$。

定理 5.2 当 $H_0: \mu_1 = \mu_2 = \cdots = \mu_r$ 成立时,有

(1) $\dfrac{S_A}{\sigma^2} \sim \chi^2(r-1)$。

(2) S_E 与 S_A 相互独立且 $F = \dfrac{S_A/(r-1)}{S_E/(n-r)} \sim F(r-1, n-r)$。

根据定理 5.2,构造检验统计量

$$F = \frac{S_A/(r-1)}{S_E/(n-r)},$$

当 H_0 成立时,$F \sim F(r-1, n-r)$。于是,在给定的显著性水平 α 下,检验假设

$$H_0: \mu_1 = \mu_2 = \cdots = \mu_r,$$

若由实验数据算得结果有 $F > F_\alpha(r-1, n-r)$,则拒绝 H_0,即认为因素 A 对试验结果有显著影响;若 $F < F_\alpha(r-1, n-r)$,则接受 H_0,即认为因素 A 对试验结果没有显著影响。

在方差分析中,还作如下规定:

(1) 如果取 $\alpha=0.01$ 时拒绝 H_0，即 $F>F_{0.01}(r-1,n-r)$，则称因素 A 的影响高度显著。

(2) 如果取 $\alpha=0.05$ 时拒绝 H_0，但取 $\alpha=0.01$ 时不拒绝 H_0，即
$$F_{0.01}(r-1,n-r) \geqslant F > F_{0.05}(r-1,n-r),$$
则称因素 A 的影响显著。

将上述统计过程归纳为方差分析表，如表 5.14 所示。最后一列给出 $F(r-1,n-r)$ 分布大于 F 值的概率 p，当 $p<\alpha$ 时拒绝原假设，否则接受原假设。

表 5.14 单因素方差分析表

方差来源	平方和	自由度	均方和	F 值	概率
因素 A(组间)	S_A	$r-1$	$S_A/(r-1)$	$F=\dfrac{S_A/(r-1)}{S_E/(n-r)}$	p
误差(组内)	S_E	$n-r$	$S_E/(n-r)$		
总和	S_T	$n-1$			

对于例 5.8 的数据，如果给定显著水平 $\alpha=0.05$，要求检验各种灯丝配料方案对灯泡寿命有无显著影响，则可分别将有关数据列出如下：

$r=4$，$n_1=7$，$n_2=5$，$n_3=8$，$n_4=6$，$n=26$，

经计算可得如表 5.15 所示的方差分析表。

表 5.15 单因素方差分析计算结果

方差来源	平方和	自由度	均方和	F 值	概率
因素 A(组间)	44360.7	3	14786.9	2.1494	0.1229
误差(组内)	151350.8	22	6879.6		
总和	195711.5	25			

由于 $p=0.1229>0.05$，或者 $F=2.1494<F_\alpha(r-1,n-r)=F_{0.05}(3,22)=3.0491$，从而接受 $H_0:\mu_1=\mu_2=\mu_3=\mu_4$，即认为灯泡的平均使用寿命不因灯丝材料的不同而有显著性差异。这里 $F=2.1494$ 是 $F(3,22)$ 分布的上 $p=0.1229$ 分位数。

计算的 MATLAB 程序如下：

```
clc, clear, close all
a=textread('gtable5_12.txt');
a=a'; a=nonzeros(a);
g=[ones(7,1);2*ones(5,1);3*ones(8,1);4*ones(6,1)];
[p,b,st]=anova1(a,g)   %非均衡数据的调用格式，返回值 p 为方差分析表中的概率
F=b{2,5}               %提出统计量 F 的值
p=1-fcdf(F,3,22)       %验证 p 和 F 之间的关系
Fa=finv(0.95,b{2,3},b{3,3})  %计算上 0.05 分位数
```

例 5.9（均衡数据） 为考查 5 名工人的劳动生产率是否相同，记录了每人 4 天的产量，并算出其平均值，如表 5.16 所示。你能通过这些数据推断出他们的生产率有无显著差别吗？

表 5.16 劳动生产率数据

天＼工人	A_1	A_2	A_3	A_4	A_5
1	256	254	250	248	236
2	242	330	277	280	252
3	280	290	230	305	220
4	298	295	302	289	252
平均产量	269	292.25	264.75	280.5	240

解 计算的 MATLAB 程序如下：

```
clc, clear, close all
x = [256    254    250    248    236
     242    330    277    280    252
     280    290    230    305    220
     298    295    302    289    252];
[p,t,st] = anova1(x)    %均衡数据的调用格式
```

求得 $p = 0.1109 > \alpha = 0.05$，故接受 H_0，即 5 名工人的生产率没有显著差异。检验统计量的观测值 $F = 2.2617$，它是 $F(4,15)$ 分布的上 p 分位数，Box 图反映了各组数据的特征。

注 5.1 接受 H_0，是将 5 名工人的生产率作为一个整体进行假设检验的结果，并不表明取其中 2 个工人的生产率作两总体的均值检验时，也一定接受均值相等的假设。

5.4.2 双因素方差分析

在实际问题中，影响试验结果的因素往往不止一个，而是两个或更多，此时要分析因素的作用就要用到多因素试验的方差分析。在这里只讨论两个因素的方差分析，即双因素方差分析，至于更多因素的问题，用正交试验法去讨论更为方便。

在双因素试验中，不仅每一个因素单独对试验起作用，有时候两个因素也可能会联合起来起作用，如某些合金中同时加入 A 和 B 两种不同成分时会比单独加入 A 或 B 能让合金的性能发生更显著的变化。这种作用称为双因素的交互作用。在多因素方差分析中，将交互因素视为一个新的因素来处理。

1. 数学模型

设 A 取 s 个水平 $A_1, A_2, \cdots, A_s$，B 取 r 个水平 $B_1, B_2, \cdots, B_r$，在水平组合 (B_i, A_j) 下总体 X_{ij} 服从正态分布 $N(\mu_{ij}, \sigma^2)$，$i = 1, 2, \cdots, r, j = 1, 2, \cdots, s$。又设在水平组合 (B_i, A_j) 下做了 t 个试验，所得结果记作 X_{ijk}，X_{ijk} 服从 $N(\mu_{ij}, \sigma^2)$，$i = 1, 2, \cdots, r, j = 1, 2, \cdots, s, k = 1, 2, \cdots, t$，且相互独立。将这些数据列成表 5.17 所示的形式。

表 5.17 双因素试验数据表

	A_1	A_2	$\cdots$	A_s
B_1	$X_{111}, X_{112}, \cdots, X_{11t}$	$X_{121}, X_{122}, \cdots, X_{12t}$	$\cdots$	$X_{1s1}, X_{1s2}, \cdots, X_{1st}$
B_2	$X_{211}, X_{212}, \cdots, X_{21t}$	$X_{221}, X_{222}, \cdots, X_{22t}$	$\cdots$	$X_{2s1}, X_{2s2}, \cdots, X_{2st}$

(续)

	A_1	A_2	...	A_s
⋮	⋮	⋮	⋮	⋮
B_r	$X_{r11}, X_{r12}, \cdots, X_{r1t}$	$X_{r21}, X_{r22}, \cdots, X_{r2t}$	...	$X_{rs1}, X_{rs2}, \cdots, X_{rst}$

将 X_{ijk} 分解为

$$X_{ijk} = \mu_{ij} + \varepsilon_{ijk}, \quad i=1,2,\cdots,r, \quad j=1,2,\cdots,s, \quad k=1,2,\cdots,t,$$

其中 $\varepsilon_{ijk} \sim N(0,\sigma^2)$，且相互独立。记

$$\mu = \frac{1}{rs}\sum_{i=1}^{r}\sum_{j=1}^{s}\mu_{ij}, \quad \mu_{\cdot j} = \frac{1}{r}\sum_{i=1}^{r}\mu_{ij}, \quad \alpha_j = \mu_{\cdot j} - \mu,$$

$$\mu_{i\cdot} = \frac{1}{s}\sum_{j=1}^{s}\mu_{ij}, \quad \beta_i = \mu_{i\cdot} - \mu, \quad \gamma_{ij} = (\mu_{ij} - \mu) - \alpha_j - \beta_i,$$

式中：μ 为总均值；α_j 为水平 A_j 对指标的效应；β_i 为水平 B_i 对指标的效应；γ_{ij} 为水平 B_i 与 A_j 对指标的交互效应。模型表为

$$\begin{cases} X_{ijk} = \mu + \alpha_j + \beta_i + \gamma_{ij} + \varepsilon_{ijk}, \\ \sum_{j=1}^{s}\alpha_j = 0, \sum_{i=1}^{r}\beta_i = 0, \sum_{i=1}^{r}\gamma_{ij} = \sum_{j=1}^{s}\gamma_{ij} = 0, \\ \varepsilon_{ijk} \sim N(0,\sigma^2), i=1,2,\cdots,r, j=1,2,\cdots,s, k=1,2,\cdots,t. \end{cases} \quad (5.25)$$

原假设为

$$H_{01}: \alpha_j = 0 \quad (j=1,2,\cdots,s), \quad (5.26)$$

$$H_{02}: \beta_i = 0 \quad (i=1,2,\cdots,r), \quad (5.27)$$

$$H_{03}: \gamma_{ij} = 0 \quad (i=1,2,\cdots,r; j=1,2,\cdots,s). \quad (5.28)$$

2. 无交互影响的双因素方差分析

如果根据经验或某种分析能够事先判定两因素之间没有交互影响，则每组试验不必重复，即可令 $t=1$，过程大为简化。

假设 $\gamma_{ij} = 0$，于是

$$\mu_{ij} = \mu + \alpha_j + \beta_i, \quad i=1,2,\cdots,r, \quad j=1,2,\cdots,s,$$

此时，模型式(5.25)可写成

$$\begin{cases} X_{ij} = \mu + \alpha_j + \beta_i + \varepsilon_{ij}, \\ \sum_{j=1}^{s}\alpha_j = 0, \sum_{i=1}^{r}\beta_i = 0, \\ \varepsilon_{ij} \sim N(0,\sigma^2), i=1,2,\cdots,r, j=1,2,\cdots,s. \end{cases} \quad (5.29)$$

对这个模型所要检验的假设为式(5.26)和式(5.27)。下面采用与单因素方差分析模型类似的方法导出检验统计量。

记

$$\overline{X} = \frac{1}{rs}\sum_{i=1}^{r}\sum_{j=1}^{s}X_{ij}, \quad \overline{X}_{i\cdot} = \frac{1}{s}\sum_{j=1}^{s}X_{ij}, \quad \overline{X}_{\cdot j} = \frac{1}{r}\sum_{i=1}^{r}X_{ij}, \quad S_T = \sum_{i=1}^{r}\sum_{j=1}^{s}(X_{ij} - \overline{X})^2,$$

其中 S_T 为全部试验数据的总变差，称为总平方和，对其进行分解：

$$S_T = \sum_{i=1}^{r} \sum_{j=1}^{s} (X_{ij} - \overline{X})^2$$
$$= \sum_{i=1}^{r} \sum_{s=1}^{s} (X_{ij} - \overline{X}_{i\cdot} - \overline{X}_{\cdot j} + \overline{X})^2 + s\sum_{i=1}^{r}(\overline{X}_{i\cdot} - \overline{X})^2 + r\sum_{j=1}^{s}(\overline{X}_{\cdot j} - \overline{X})^2$$
$$= S_E + S_A + S_B$$

可以验证,在上述平方和分解中交叉项均为0,其中

$$S_E = \sum_{i=1}^{r} \sum_{s=1}^{s} (X_{ij} - \overline{X}_{i\cdot} - \overline{X}_{\cdot j} + \overline{X})^2, \quad S_A = r\sum_{j=1}^{s}(\overline{X}_{\cdot j} - \overline{X})^2, \quad S_B = s\sum_{i=1}^{r}(\overline{X}_{i\cdot} - \overline{X})^2.$$

下面分析 S_A 的统计意义。因为 $\overline{X}_{\cdot j}$ 是水平 A_j 下所有观测值的平均,所以 $\sum_{j=1}^{s}(\overline{X}_{\cdot j} - \overline{X})^2$ 反映了 $\overline{X}_{\cdot 1}, \overline{X}_{\cdot 2}, \cdots, \overline{X}_{\cdot s}$ 差异的程度。这种差异是由于因素 A 的不同水平所引起的,因此 S_A 称为因素 A 的平方和。类似地, S_B 称为因素 B 的平方和。S_E 的意义不甚明显,可以这样来理解:因为 $S_E = S_T - S_A - S_B$,在所考虑的两因素问题中,除了因素 A 和 B 之外,剩余的再没有其他系统性因素的影响,因此从总平方和中减去 S_A 和 S_B 之后,剩下的数据变差只能归入随机误差,故 S_E 反映了试验的随机误差。

有了总平方和的分解式 $S_T = S_E + S_A + S_B$,以及各个平方和的统计意义,可知假设式(5.26)的检验统计量应取为 S_A 与 S_E 的比。

和单因素方差分析相类似,可以证明,当 H_{01} 成立时,有

$$F_A = \frac{\dfrac{S_A}{s-1}}{\dfrac{S_E}{(r-1)(s-1)}} \sim F(s-1,(r-1)(s-1)),$$

当 H_{02} 成立时,有

$$F_B = \frac{\dfrac{S_B}{r-1}}{\dfrac{S_E}{(r-1)(s-1)}} \sim F(r-1,(r-1)(s-1)).$$

检验规则为

$F_A < F_\alpha(s-1,(r-1)(s-1))$ 时接受 H_{01},否则拒绝 H_{01};
$F_B < F_\alpha(r-1,(r-1)(s-1))$ 时接受 H_{02},否则拒绝 H_{02}。

可以写出方差分析表,如表5.18所示。

表5.18 无交互效应的两因素方差分析表

方差来源	平方和	自由度	均方和	F 比
因素 A	S_A	$s-1$	$\dfrac{S_A}{s-1}$	$F_A = \dfrac{S_A/(s-1)}{S_E/[(r-1)(s-1)]}$
因素 B	S_B	$r-1$	$\dfrac{S_B}{r-1}$	$F_B = \dfrac{S_B/(r-1)}{S_E/[(r-1)(s-1)]}$

(续)

方差来源	平方和	自由度	均方和	F 比
误差	S_E	$(r-1)(s-1)$	$\dfrac{S_E}{(r-1)(s-1)}$	
总和	S_T	$rs-1$		

3. 关于交互效应的双因素方差分析

与前面方法类似,记

$$\overline{X} = \frac{1}{rst}\sum_{i=1}^{r}\sum_{j=1}^{s}\sum_{k=1}^{t}X_{ijk}, \quad \overline{X}_{ij\bullet} = \frac{1}{t}\sum_{k=1}^{t}X_{ijk}, \quad \overline{X}_{i\bullet\bullet} = \frac{1}{st}\sum_{j=1}^{s}\sum_{k=1}^{t}X_{ijk}, \quad \overline{X}_{\bullet j\bullet} = \frac{1}{rt}\sum_{i=1}^{r}\sum_{k=1}^{t}X_{ijk}.$$

将全体数据对 $\overline{X}$ 的偏差平方和

$$S_T = \sum_{i=1}^{r}\sum_{j=1}^{s}\sum_{k=1}^{t}(X_{ijk}-\overline{X})^2$$

分解,得

$$S_T = S_E + S_A + S_B + S_{AB},$$

其中

$$S_E = \sum_{i=1}^{r}\sum_{j=1}^{s}\sum_{k=1}^{t}(X_{ijk}-\overline{X}_{ij\bullet})^2, \quad S_A = rt\sum_{j=1}^{s}(\overline{X}_{\bullet j\bullet}-\overline{X})^2,$$

$$S_B = st\sum_{i=1}^{r}(\overline{X}_{i\bullet\bullet}-\overline{X})^2, \quad S_{AB} = t\sum_{i=1}^{r}\sum_{j=1}^{s}(\overline{X}_{ij\bullet}-\overline{X}_{i\bullet\bullet}-\overline{X}_{\bullet j\bullet}+\overline{X})^2.$$

式中:S_E 为误差平方和;S_A 为因素 A 的平方和(或列间平方和);S_B 为因素 B 的平方和(或行间平方和);S_{AB} 为交互作用的平方和(或格间平方和)。

可以证明,当 H_{03} 成立时,有

$$F_{AB} = \frac{\dfrac{S_{AB}}{(r-1)(s-1)}}{\dfrac{S_E}{rs(t-1)}} \sim F((r-1)(s-1), rs(t-1)), \tag{5.30}$$

据此统计量,可以检验 H_{03}。

可以用 F 检验法去检验诸假设。对于给定的显著性水平 α,检验的结论为:

若 $F_A > F_\alpha(r-1, rs(t-1))$,则拒绝 H_{01};
若 $F_B > F_\alpha(s-1, rs(t-1))$,则拒绝 H_{02};
若 $F_{AB} > F_\alpha((r-1)(s-1), rs(t-1))$,则拒绝 H_{03},即认为交互作用显著。

将试验数据按上述分析、计算的结果排成表 5.19 的形式,称为双因素方差分析表。

表 5.19 关于交互效应的两因素方差分析表

方差来源	平方和	自由度	均方和	F 比
因素 A	S_A	$s-1$	$\dfrac{S_A}{s-1}$	$F_A = \dfrac{S_A/(s-1)}{S_E/[rs(t-1)]}$
因素 B	S_B	$r-1$	$\dfrac{S_B}{r-1}$	$F_B = \dfrac{S_B/(r-1)}{S_E/[rs(t-1)]}$

(续)

方差来源	平方和	自由度	均方和	F 比
交互效应	S_{AB}	$(r-1)(s-1)$	$\dfrac{S_{AB}}{(r-1)(s-1)}$	$F_{AB}=\dfrac{S_{AB}/[(r-1)(s-1)]}{S_E/[rs(t-1)]}$
误差	S_E	$rs(t-1)$	$\dfrac{S_E}{rs(t-1)}$	
总和	S_T	$rst-1$		

4. MATLAB 实现

统计工具箱中用 anova2 作双因素方差分析。命令为

$[\text{p},\text{tbl},\text{stats}]=\text{anova2}(\text{x},\text{reps})$

其中 x 不同列的数据表示因素 A 的变化情况,不同行中的数据表示因素 B 的变化情况。如果每种行—列对("单元")有不止一个观测值,则用参数 reps 来表明每个"单元"多个观测值的不同标号,即 reps 给出重复试验的次数 t。对于矩阵

$$\begin{bmatrix} x_{111} & x_{121} & x_{131} \\ x_{112} & x_{122} & x_{132} \\ x_{211} & x_{221} & x_{231} \\ x_{212} & x_{222} & x_{232} \end{bmatrix},$$

列因素有三种水平,行因素有两种水平,但每组水平有两组样本,相应地用下标来标识。

统计工具箱中用 anovan 作多因素方差分析。命令为

$[\text{p},\text{tbl},\text{stats}]=\text{anovan}(\text{y},\text{group},\text{Name},\text{Value})$

根据均衡或非均衡试验的样本观测值矢量 y 进行多因素方差分析,检验多个因素的效应是否显著。输入参数 group 是一个细胞数组,它的每一个细胞对应一个因素,是该因素的水平列表,与 y 等长,用来标记 y 中的每个观测所对应的因素水平。Name 是属性设置,Value 是属性对应的取值。返回值 p 是概率值,当 $p<\alpha$(显著性水平)时,拒绝原假设;返回值 tbl 是细胞数组形式的方差分析表,返回值 stats 是以结构数组形式给出一些参数的取值。

数据非均衡的双因素方差分析的 MATLAB 命令要使用多因素方差分析的命令 anovan,具体使用方法参见例 5.12。

例 5.10 一种火箭使用四种燃料、三种推进器进行射程试验,对于每种燃料与每种推进器的组合作一次试验,得到试验数据如表 5.20 所示。各种燃料之间及各种推进器之间有无显著差异?

表 5.20 火箭试验数据

	A_1	A_2	A_3
B_1	58.2	56.2	65.3
B_2	49.1	54.1	51.6
B_3	60.1	70.9	39.2
B_4	75.8	58.2	48.7

解 记推进器为因素 A,它有 3 个水平,水平效应为 $\alpha_j, j=1,2,3$;燃料为因素 B,它有 4 个水平,水平效应为 $\beta_i, i=1,2,3,4$。在显著性水平 $\alpha=0.05$ 下检验

$$H_1: \alpha_1 = \alpha_2 = \alpha_3 = 0,$$
$$H_2: \beta_1 = \beta_2 = \beta_3 = \beta_4 = 0.$$

编写如下的 MATLAB 程序:

```
clc, clear, close all
x = [58.2  56.2   65.3
     49.1  54.1   51.6
     60.1  70.9   39.2
     75.8  58.2   48.7];
[p,t,st] = anova2(x)
```

得 $p=0.4491$ 0.7387,表明各种推进器、各种燃料之间的差异对于火箭射程无显著影响。

例 5.11 某车间记录了甲、乙、丙 3 位工人在 4 台不同机床上操作 3 天的产量,如表 5.21 所示。

表 5.21 工人的产量记录表

机床 \ 工人	甲(A_1)	乙(A_2)	丙(A_3)
B_1	15,15,17	19,19,16	16,18,21
B_2	17,17,17	15,15,15	19,22,22
B_3	15,17,16	18,17,16	18,18,18
B_4	18,20,22	15,16,17	17,17,17

试分析:

(1) 不同工人操作之间的差异是否显著?
(2) 机床之间的差异是否显著?
(3) 两个因素之间的交互作用是否显著(取 $\alpha=0.05$)?

解 由题意知 $s=3, r=4, t=3$,需要检验假设

$$H_{01}: \alpha_1 = \alpha_2 = \alpha_3 = 0;$$
$$H_{02}: \beta_1 = \beta_2 = \beta_3 = \beta_4 = 0;$$
$$H_{03}: \gamma_{11} = \gamma_{12} = \cdots = \gamma_{43} = 0.$$

方差分析的数学原理这里就不赘述了,利用 MATLAB 软件,求得的方差分析结果如表 5.22 所示。

表 5.22 方差分析表

方差来源	平方和	自由度	均方和	F 比	概率
因素 A	$S_A = 27.167$	2	13.5833	7.89	0.0023
因素 B	$S_B = 2.75$	3	0.9167	0.53	0.6645
交互效应	$S_{AB} = 73.5$	6	12.25	7.11	0.0002
误差	$S_E = 41.333$	24	1.7222		
总和	$S_T = 144.75$	35			

因为 $F_{0.05}(2,24) = 3.4028 < F_A = 7.89$，故拒绝 H_{01}，即认为不同工人操作因素影响显著。

因为 $F_{0.05}(3,24) = 3.0088 > F_B = 0.53$，故接受 H_{02}，即认为机床因素影响不显著。

因为 $F_{0.05}(6,24) = 2.5082 < F_{AB} = 7.11$，故拒绝 H_{03}，即认为两个因素的交互影响是显著的。

计算的 MATLAB 程序如下：

```
clc, clear, close all
a=[15,15,17  19,19,16  16,18,21
17,17,17  15,15,15  19,22,22
15,17,16  18,17,16  18,18,18
18,20,22  15,16,17  17,17,17];
b=reshape(a',[3,12])          %变换成 3×12 的矩阵
c=mat2cell(b,3,ones(1,4)*3)'  %把矩阵变换成细胞数组
d=cell2mat(c)                 %把细胞数据变换为矩阵
[p,t,s]=anova2(d,3)
Fa1=finv(0.95,2,24)           %计算上 0.05 分位数
Fa2=finv(0.95,3,24), Fa3=finv(0.95,6,24)
```

5.4.3 正交试验设计与方差分析

前面介绍了一个或两个因素的试验，由于因素较少，因此可以对不同因素的所有可能的水平组合做试验，称为全面试验。当因素较多时，虽然理论上仍可采用前面的方法进行全面试验后再做相应的方差分析，但是在实际中有时会遇到试验次数太多的问题。如三因素四水平的问题，所有不同水平的组合有 $4^3 = 64$ 种，在每一种组合下只进行一次试验，也需做 64 次。如果考虑更多的因素及水平，则全面试验的次数可能会大得惊人。因此在实际应用中，对于多因素做全面试验是不现实的。于是我们考虑是否可以选择其中一部分组合进行试验，这就要用到试验设计方法选择合理的试验方案，使得虽然试验次数不多，但也能得到比较满意的结果。

1. 用正交表安排试验

正交表是一系列规格化的表格，每个表都有一个记号，如 $L_9(3^4)$，如表 5.23 所示，其中，9 表示 9 次试验，4 表示 4 个因素，3 表示每个因素有 3 个水平。

表 5.23 正交表 $L_9(3^4)$

试验号 \ 列号	1	2	3	4
1	1	1	3	2
2	2	1	1	1
3	3	1	2	3
4	1	2	2	1
5	2	2	3	3

(续)

试验号\列号	1	2	3	4
6	3	2	1	2
7	1	3	1	3
8	2	3	2	2
9	3	3	3	1

从表 5.23 可见,$L_9(3^4)$ 有 9 行、4 列,表中由数字 1,2,3 组成。

正交表的特点:

(1) 每列中数字出现的次数相同,如 $L_9(3^4)$ 表每列中数字 1,2,3 均出现三次。

(2) 任取两列数字的搭配是均衡的,如 $L_9(3^4)$ 表里每两列中 (1,1),(1,2),…,(3,3),九种组合各出现一次。

这种均衡性是一般正交表构造的特点,它使得根据正交表安排的试验,其试验结果具有很好的可比性,易于进行统计分析。

用正交表安排试验时,根据因素和水平个数的多少,以及试验工作量的大小来考虑选用哪张正交表,下面举例说明。

例 5.12 为提高某种化学产品的转化率(%),考虑三个有关因素:反应温度 $A(℃)$,反应时间 $B(\min)$ 和使用催化剂的含量 $C(\%)$。各因素选取三个水平,如表 5.24 所示。

表 5.24 转化率试验因素水平表

水平\因素	温度 A	时间 B	催化剂含量 C
1	80	90	5
2	85	120	6
3	90	150	7

如果做全面试验,则需 $3^3 = 27$ 次;若用正交表 $L_9(3^4)$,仅做 9 次试验。将三个因素 A,B,C 分别放在 $L_9(3^4)$ 表的任意三列上,如将 A,B 分别放在 $L_9(3^4)$ 的第 1,2 列上,C 放在 $L_9(3^4)$ 的第 4 列上。将表中 A,B,C 所在的三列上的数字 1,2,3 分别用相应的因素水平去替代,得 9 次试验方案。以上工作称为表头设计。再将 9 次试验结果转化率数据列于表 5.25。

表 5.25 转化率试验的正交表

试验号\因素	反应温度 A	反应时间 B	催化剂含量 C	转化率
1	80(1)	90(1)	6(2)	31
2	85(2)	90(1)	5(1)	54
3	90(3)	90(1)	7(3)	38
4	80(1)	120(2)	5(1)	53
5	85(2)	120(2)	7(3)	49

(续)

试验号 \ 因素	反应温度 A	反应时间 B	催化剂含量 C	转化率
6	90(3)	120(2)	6(2)	42
7	80(1)	150(3)	7(3)	57
8	85(2)	150(3)	6(2)	62
9	90(3)	150(3)	5(1)	64

解 这里不作统计分析，直接利用 MATLAB 多因素方差分析的函数 anovan 进行求解，程序如下：

y = [31, 54, 38, 53, 49, 42, 57, 62, 64];
g1 = [1, 2, 3, 1, 2, 3, 1, 2, 3];
g2 = [1, 1, 1, 2, 2, 2, 3, 3, 3];
g3 = [2, 1, 3, 1, 3, 2, 3, 2, 1];
[p, t, st] = anovan(y, {g1, g2, g3})

求得概率 $p = 0.1364$、0.0283、0.0714，可见因素 B、C 的各水平对指标值的影响有显著差异（显著性水平取 0.1），而因素 A 的各水平对指标值的影响无显著差异。

习 题 5

5.1 最初大学英语四级、六级成绩 $X \sim N(72, 12^2)$，当 $X > 84$ 时，颁发优秀证书，当 $60 \leqslant X \leqslant 84$ 时，颁发合格证书。如今采纳标准分，$X \sim N(500, 70^2)$，证书上不再有优秀或合格的字样，而是分数。请分析大学英语四级、六级成绩采纳标准分后的意义。

5.2（报童问题） 一报童每天从邮局订购一种报纸，沿街叫卖。已知每 100 份报纸全部卖出可获利 7 元。如果当天卖不掉，第 2 天削价可以全部卖出，但这时报童每 100 份报纸亏损 40 元。报童每天售出的报纸数 X 是一个随机变量，概率分布如表 5.26 所示。求报童每天订购报纸的最佳份数。

表 5.26 已知报童售报数据

售出报纸数 X/百份	0	1	2	3	4	5
概率 P	0.05	0.1	0.25	0.35	0.15	0.1

5.3（物资存储策略） 一煤炭供应部门煤的进价为 650 元/t，零售价为 700 元/t。若当年卖不出去，则第二年削价 20% 处理掉，如供应短缺，则有关部门每吨罚款 100 元。已知顾客对煤炭年需求量 X 服从均匀分布，分布函数为

$$F(x) = \begin{cases} 0, & x \leqslant 20000, \\ \dfrac{x - 20000}{60000}, & 20000 < x < 80000, \\ 1, & x > 80000. \end{cases}$$

求一年煤炭最优存储策略。

5.4 一商店拟出售某商品,已知每单位该商品成本为50元,售价70元,如果售不出去,则每单位商品将损失10元,已知该商品销售量 X 服从参数 $\lambda=8$(即平均销量为8单位)的泊松分布:

$$P\{X=k\}=\frac{\lambda^k}{k!}e^{-\lambda},\quad k=0,1,2,\cdots.$$

该商品订购量应为多少单位,才能使平均收益最大?

5.5 某地球化学资料中取了123个铜的含量数据,经分组整理得数据如表5.27所列。试用 χ^2 检验法确定铜含量的分布。

表5.27 铜含量数据

组中值 $x_{(i)}$	0.35	0.65	0.95	1.25	1.55	1.85	2.15	2.45	2.75	3.05
频数 f_i	1	6	5	12	19	24	25	19	10	2

5.6 设有6种不同品种的种子和5种不同的施肥方案,在30块同样面积的土地上,分别采用各种搭配进行试验,获得的收获量如表5.28所示。种子的品种对收获量是否有显著的影响?施肥方案对收获量是否有显著的影响($\alpha=0.01$)?

表5.28 收获量数据

品种\施肥方案	B_1	B_2	B_3	B_4	B_5
A_1	12.0	10.8	13.2	14.0	11.6
A_2	11.5	11.4	13.1	14.0	13.0
A_3	11.5	12.0	12.5	14.0	14.2
A_4	11.0	11.1	11.4	12.3	14.3
A_5	9.5	9.6	12.4	11.5	13.7
A_6	9.3	9.7	10.4	9.5	12.0

5.7 在钢线碳含量对于电阻效应的研究中,得到表5.29所示的数据。试求 y 的经验公式表达式。

表5.29 电阻效应相关数据

碳含量 $x/\%$	0.10	0.30	0.40	0.55	0.70	0.80	0.95
电阻 $y/(20℃,\mu\Omega)$	15	18	19	21	22.6	23.8	26

第6章 数学规划模型

现实世界中广泛存在着一类所谓的优化问题,在一系列既定条件的限制下,如何使所关注的预定目标达到最优,这就是数学规划模型。本章介绍数学规划中的线性规划、整数规划和非线性规划,以及多目标规划的序贯解法。

6.1 线 性 规 划

线性规划(Linear Programming,LP)是运筹学的一个重要分支。自从1947年G. B. Dantzig提出求解线性规划的单纯形方法以来,线性规划在理论上趋向成熟,在实际中的应用日益广泛。

6.1.1 线性规划的基本概念

1. 线性规划的一般模型

线性规划模型的一般形式为

$$\max(\min) z = \sum_{j=1}^{n} c_j x_j ; \tag{6.1}$$

$$\text{s.t.} \begin{cases} \sum_{j=1}^{n} a_{ij} x_j \leqslant (\geqslant, =) b_i, & i = 1, 2, \cdots, m, \\ x_j \geqslant 0, & j = 1, 2, \cdots, n. \end{cases} \tag{6.2}$$

也可以表示为矩阵形式

$$\max(\min) z = \boldsymbol{c}^{\mathrm{T}} \boldsymbol{x} ;$$

$$\text{s.t.} \begin{cases} \boldsymbol{A}\boldsymbol{x} \leqslant (\geqslant, =) \boldsymbol{b}, \\ \boldsymbol{x} \geqslant 0. \end{cases}$$

矢量形式

$$\max(\min) z = \boldsymbol{c}^{\mathrm{T}} \boldsymbol{x} ;$$

$$\text{s.t.} \begin{cases} \sum_{j=1}^{n} \boldsymbol{p}_j x_j \leqslant (\geqslant, =) \boldsymbol{b}, \\ \boldsymbol{x} \geqslant 0. \end{cases}$$

式(6.1)称为目标函数,式(6.2)称为约束条件。其中,$\boldsymbol{c} = [c_1, c_2, \cdots, c_n]^{\mathrm{T}}$,称为价值矢量(或目标矢量);$\boldsymbol{x} = [x_1, x_2, \cdots, x_n]^{\mathrm{T}}$,称为决策矢量;$\boldsymbol{b} = [b_1, b_2, \cdots, b_m]^{\mathrm{T}}$,称为资源矢量;$\boldsymbol{A} = (a_{ij})_{m \times n}$,称为约束条件的系数矩阵;$\boldsymbol{p}_j = [a_{1j}, a_{2j}, \cdots, a_{mj}]^{\mathrm{T}} (j = 1, 2, \cdots, n)$,称为约束条件的系数矢量。

从上面的模型可以看出,线性规划的目标函数可以是最大化问题,也可以是最小化问题;约束条件可以是"≤",可以是"≥",也可以是"="。

在一些实际问题中决策变量可以是非负的,也可以是非正的,甚至可以是无约束(即可以取任何值)。为了便于研究,在此规定线性规划模型的标准型为

$$\max \ z = c^T x; \tag{6.3}$$

$$\text{s. t.} \begin{cases} Ax = b, \\ x \geq 0. \end{cases} \tag{6.4}$$

2. 线性规划解的概念

线性规划所研究的内容是线性代数的应用和发展,属于线性不等式组理论,或者说是高维空间中凸多面体理论。其基本点就是在满足一定的约束条件下,使预定目标达到最优。

定义 6.1 对于线性规划模型:

(1) 满足全部约束条件的决策矢量 $x \in \mathbf{R}^n$ 称为可行解。

(2) 全部可行解构成的集合(它是 n 维欧几里得空间 $\mathbf{R}^n$ 中的点集,而且是一个"凸多面体")称为可行域。

(3) 使目标函数达到最优值(最大值或最小值,并且有界)的可行解称为最优解。

定理 6.1 当线性规划问题有最优解时,一定可以在可行域的某个顶点上取到;当有唯一解时,最优解就是可行域的某个顶点;当有无穷多个最优解时,其中至少有一个解是可行域的一个顶点。

根据定理 6.1,线性规划模型的最优解有以下几种情况:

(1) 有最优解时,可能有唯一最优解,也可能有无穷多个最优解。如果最优解不唯一,则最优解一定有无穷多个,不可能为有限个。最优解对应的目标函数值(最优值)均相等。

(2) 没有最优解时,也有两种情形:一是可行域为空集,即无可行解;二是可行域非空,但目标函数值无界(求最大时无上界,求最小时无下界)。

美国数学家 G. B. Dantzig 于 1947 年提出了求解线性规划的单纯形法,给出了一个在凸多面体的顶点中有效地寻求最优解的迭代策略。

如果将凸多面体顶点所对应的可行解称为基本可行解,则单纯形法的基本思想就是:先找出一个基本可行解,对它进行鉴别,看是否是最优解;若不是,则按照一定法则转换到另一改进的基本可行解,再鉴别;若仍不是,则再转换,按此重复进行。因基本可行解的个数有限,故经有限次转换必能得出问题的最优解。即使问题无最优解,也可用此法判别。

单纯形的详细计算步骤这里不再赘述,有兴趣的读者可以参阅运筹学的有关书籍。

6.1.2 MATLAB 求解线性规划

MATLAB 优化工具箱中提供了一个求解线性规划的基本函数 linprog。这个函数集中了求解线性规划的常用算法,如单纯形法和内点法等,会根据问题的规模或用户的指定选择算法进行求解。

MATLAB 中线性规划模型的标准型为

$$\min \ z = c^T x,$$

$$\text{s.t.} \begin{cases} A \cdot x \leqslant b, \\ Aeq \cdot x = beq, \\ LB \leqslant x \leqslant UB. \end{cases}$$

函数 linprog 的调用格式为

$$[x,z] = \text{linprog}(c, A, b, Aeq, beq, LB, UB)$$

其中，c 对应上述标准型中的目标矢量，A、b 对应不等号约束，Aeq、beq 对应等号约束，LB、UB 是决策矢量的下界矢量和上界矢量；返回值 x 是求得的最优解，z 是目标函数的最优值。

例 6.1 加工一种食用油需要精炼若干种原料油并把它们混合起来。原料油的来源有两类共 5 种：植物油 VEG1、VEG2，非植物油 OIL1、OIL2、OIL3。购买每种原料油的价格（英镑/t）如表 6.1 所示，最终产品以 150 英镑/t 的价格出售。植物油和非植物油需要在不同的生产线上进行精炼。每月能够精炼的植物油不超过 200t，非植物油不超过 250t；在精炼过程中，质量没有损失，精炼费用可忽略不计。最终产品要符合硬度的技术条件。按照硬度计量单位，它必须在 3~6 之间。假定硬度的混合是线性的，而原材料的硬度如表 6.2 所示。

为使利润最大，应该怎样指定月采购和加工计划？

表 6.1 原料油价格（单位：英镑/t）

原料油	VEG1	VEG2	OIL1	OIL2	OIL3
价格	110	120	130	110	115

表 6.2 原料油硬度表

原料油	VEG1	VEG2	OIL1	OIL2	OIL3
硬度值	8.8	6.1	2.0	4.2	5.0

解 设 $x_1, x_2, \cdots, x_5$ 为每月需要采购的 5 种原料油吨数，x_6 为每月加工的成品油吨数。

（1）目标函数是使净利润

$$z = -110x_1 - 120x_2 - 130x_3 - 110x_4 - 115x_5 + 150x_6$$

达到最大值。

（2）约束条件分为如下 4 类：

① 精炼能力限制。

植物油的精炼能力限制：$x_1 + x_2 \leqslant 200$；

非植物油的精炼能力限制：$x_3 + x_4 + x_5 \leqslant 250$。

② 硬度限制。

硬度上限的限制：$8.8x_1 + 6.1x_2 + 2.0x_3 + 4.2x_4 + 5.0x_5 \leqslant 6x_6$；

硬度下限的限制：$8.8x_1 + 6.1x_2 + 2.0x_3 + 4.2x_4 + 5.0x_5 \geqslant 3x_6$。

③ 均衡性限制。

$$x_1 + x_2 + x_3 + x_4 + x_5 = x_6.$$

④ 非负性限制。

$$x_i \geq 0, \quad i=1,2,\cdots,6.$$

综上所述,建立如下的线性规划模型:

$$\max z = -110x_1 - 120x_2 - 130x_3 - 110x_4 - 115x_5 + 150x_6,$$

$$\text{s. t.} \begin{cases} x_1 + x_2 \leq 200, \\ x_3 + x_4 + x_5 \leq 250, \\ 8.8x_1 + 6.1x_2 + 2.0x_3 + 4.2x_4 + 5.0x_5 \leq 6x_6, \\ 8.8x_1 + 6.1x_2 + 2.0x_3 + 4.2x_4 + 5.0x_5 \geq 3x_6, \\ x_1 + x_2 + x_3 + x_4 + x_5 = x_6, \\ x_i \geq 0, \quad i=1,2,\cdots,6. \end{cases}$$

利用 MATLAB 软件求解上述线性规划模型时,需要将其改写为 MATLAB 的标准型:

$$\min w = 110x_1 + 120x_2 + 130x_3 + 110x_4 + 115x_5 - 150x_6,$$

$$\text{s. t.} \begin{cases} x_1 + x_2 \leq 200, \\ x_3 + x_4 + x_5 \leq 250, \\ 8.8x_1 + 6.1x_2 + 2.0x_3 + 4.2x_4 + 5.0x_5 - 6x_6 \leq 0, \\ -8.8x_1 - 6.1x_2 - 2.0x_3 - 4.2x_4 - 5.0x_5 + 3x_6 \leq 0, \\ x_1 + x_2 + x_3 + x_4 + x_5 - x_6 = 0, \\ x_i \geq 0, \quad i=1,2,\cdots,6. \end{cases}$$

调用 linprog 函数可求得月采购与生产计划如表 6.3 所示。

表 6.3 月采购与生产计划

原料油	VEG1	VEG2	OIL1	OIL2	OIL3
采购量/t	159.2593	40.7407	0	250	0
生产量	450t		利润	1.7593×10^4 英镑	

计算的 MATLAB 程序如下:

```
clc, clear
c = [110;120;130;110;115;-150];        %目标矢量
A = [1,1,0,0,0,0;0,0,1,1,1,0;8.8,6.1,2.0,4.2,5.0,-6;-8.8,-6.1,-2.0,-4.2,-5.0,3];
b = [200;250;0;0]; Aeq = [ones(1,5),-1];
[x,z] = linprog(c,A,b,Aeq,0,zeros(6,1))   %求目标函数的最小值
z = -z %恢复到原问题的最大值
```

6.1.3 LINGO 求解线性规划

当线性规划模型中的决策变量是二维或三维时,如果使用 MATLAB 软件求解,需要做变量替换把决策变量化成一维的,很不方便,而使用 LINGO 软件直接求解就很方便。

例 6.2 某基金公司未来 5 年有 4 个投资项目可供选择。

项目 A:于每年年初可进行投资,于次年年末完成,投资收益为 6%。

项目 B：于第 3 年年初进行投资，于第五年年末完成，投资收益为 16.5%，投资额不超过 35 万元。

项目 C：于第 2 年年初进行投资，于第五年年末完成投资，投资收益为 21.5%，投资额不超过 40 万元。

项目 D：于每年的年初可进行投资，并于当年末完成，投资收益为 2.35%。

解 以 $i=1,2,3,4,5$ 代表年份，$j=1,2,3,4$ 表示 4 个项目，x_{ij} 表示在第 i 年对项目 j 的投资额。根据给定的条件，对于项目 A 存在变量 $x_{11},x_{21},x_{31},x_{41}$；对于项目 B 存在变量 x_{32}；对于项目 C 存在变量 x_{23}；对于项目 D 存在变量 $x_{14},x_{24},x_{34},x_{44},x_{54}$。

每年可行的投资金额如下：

第 1 年：x_{11},x_{14}；

第 2 年：x_{21},x_{23},x_{24}；

第 3 年：x_{31},x_{32},x_{34}；

第 4 年：x_{41},x_{44}；

第 5 年：x_{54}。

该部门每年应把资金全部投出去，手中不应有剩余的呆滞资金。

第 1 年：$x_{11}+x_{14}=100000$。

第 2 年：年初部门拥有的资金是项目 D 在第 1 年年末回收的本利，于是第 2 年的投资分配为 $x_{21}+x_{23}+x_{24}=1.0235x_{14}$。

第 3 年：年初部门拥有的资金是项目 A 第 1 年投资及项目 D 第 2 年投资中回收的本利总和，于是第 3 年的投资分配为 $x_{31}+x_{32}+x_{34}=1.06x_{11}+1.0235x_{24}$。

类似地可得，第四年和第五年的投资分配。

第 4 年：$x_{41}+x_{44}=1.06x_{21}+1.0235x_{34}$。

第 5 年：$x_{54}=1.06x_{31}+1.0235x_{44}$。

此外，项目 B,C 的投资额限制，即
$$x_{32}\leqslant 40,\quad x_{23}\leqslant 35.$$

问题是要求在第 5 年年末该部门手中拥有的资金额达到最大，目标函数可表示为
$$\max z=1.06x_{41}+1.215x_{23}+1.165x_{32}+1.0235x_{54}.$$

综上所述，建立如下的数学规划模型：
$$\max z=1.06x_{41}+1.215x_{23}+1.165x_{32}+1.0235x_{54},$$
$$\text{s.t.}\begin{cases} x_{11}+x_{14}=100,\\ x_{21}+x_{23}+x_{24}=1.0235x_{14},\\ x_{31}+x_{32}+x_{34}=1.06x_{11}+1.0235x_{24},\\ x_{41}+x_{44}=1.06x_{21}+1.0235x_{34},\\ x_{54}=1.06x_{31}+1.0235x_{44},\\ x_{32}\leqslant 40,\quad x_{23}\leqslant 35,\\ x_{ij}\geqslant 0,\quad i=1,2,3,4,5;j=1,2,3,4. \end{cases}$$

利用 LINGO 软件，求得的最优解为

$x_{11}=65.8036,x_{14}=34.1964,x_{23}=35,x_{32}=40,x_{34}=29.7518,x_{41}=30.451$，其他 $x_{ij}=0$，

第五年年末本息资金的最大额为 121.4031 万元。

计算的 LINGO 程序如下：

```
model:
sets:
year/1..5/;
item/1..4/;
link(year,item):x;
endsets
max = 1.06*x(4,1)+1.215*x(2,3)+1.165*x(3,2)+1.0235*x(5,4);
x(1,1)+x(1,4)=100;
x(2,1)+x(2,3)+x(2,4)=1.0235*x(1,4);
x(3,1)+x(3,2)+x(3,4)=1.06*x(1,1)+1.0235*x(2,4);
x(4,1)+x(4,4)=1.06*x(2,1)+1.0235*x(3,4);
x(5,4)=1.06*x(3,1)+1.0235*x(4,4);
x(3,2)<40; x(2,3)<35;
end
```

6.1.4 灵敏度分析

灵敏度分析是指对系统因周围条件变化显示出来的敏感程度的分析。

在前面讨论的线性规划问题中，设定 a_{ij}, b_i, c_j 都是常数，但在许多实际问题中，这些系数往往是估计值或预测值，经常有少许的变动。

例如在式 (6.1) 和式 (6.2) 的模型中，如果市场条件发生变化，则 c_j 值会随之变化；若生产工艺条件发生改变，则 b_i 变化；a_{ij} 也会由于种种原因产生改变。

因此提出两个问题：

(1) 如果参数 a_{ij}, b_i, c_j 中的一个或几个发生了变化，现行最优方案会有什么变化？

(2) 将这些参数的变化限制在什么范围内，原最优解仍是最优的？

当然，有一套关于"优化后分析"的理论方法，可以进行灵敏度分析。具体参见有关的运筹学教科书。

但在实际应用中，给定参变量一个步长使其重复求解线性规划问题，以观察最优解的变化情况，这不失为一种可用的数值方法，特别是在使用计算机求解时。

例 6.3 有一艘货船，分前、中、后三个舱位，它们的容积与最大允许载重量如表 6.4 所示。现有三种货物待运，已知有关数据列于表 6.5。为了航运安全，要求前、中、后舱在实际载重量上大体保持各舱最大允许载重量的比例关系。具体要求前舱或后舱分别与中舱之间载重量的比例偏差不超过 15%，前舱与后舱之间不超过 10%。该货轮应装载 A、B、C 各多少件，才能使运费收入最大？

表 6.4 最大允许载重量与容积

	前舱	中舱	后舱
最大允许载重量/t	2000	3000	1500
容积/m³	4000	5400	1500

表 6.5 三种货物的相关数据

货物	数量/件	每件体积/m³	每件质量/t	每件运费/元
A	600	10	8	1000
B	1000	5	6	700
C	800	7	5	600

解 显然这是一个优化问题。为了建立适当的优化模型,首先需要确定三个基本要素——决策变量、目标函数和约束条件。

(1) 确定决策变量和符号说明。

因为 A、B、C 三种货物在货船的前、中、后舱均可装载,故为方便表达装载策略,不妨令 $i=1,2,3$ 分别代表货物 A,B,C,$j=1,2,3$ 分别代表前、中、后舱。于是,可设决策变量 x_{ij} 为装于 j 舱位的第 i 种货物的件数,记 $a_j, b_j (j=1,2,3)$ 分别表示第 j 舱位的最大允许载重量和容积,$c_i, d_i, e_i, f_i (i=1,2,3)$ 分别表示第 i 种货物的件数、每件体积、每件质量和每件运费。

(2) 确定目标函数。

装载于货船前、中、后舱中货物 A 的件数之和为 $\sum_{j=1}^{3} x_{1j}$;

装载于货船前、中、后舱中货物 B 的件数之和为 $\sum_{j=1}^{3} x_{2j}$;

装载于货船前、中、后舱中货物 C 的件数之和为 $\sum_{j=1}^{3} x_{3j}$。

于是,为使运费总收入最大,目标函数应为

$$\max z = \sum_{i=1}^{3} \left(f_i \sum_{j=1}^{3} x_{ij} \right).$$

(3) 确定约束条件。

① 前、中、后舱载重量限制为

$$\sum_{i=1}^{3} e_i x_{ij} \leqslant a_j, \quad j=1,2,3.$$

② 前、中、后舱容积限制为

$$\sum_{i=1}^{3} d_i x_{ij} \leqslant b_j, \quad j=1,2,3.$$

③ 三种货 A、B、C 的数量限制为

$$\sum_{j=1}^{3} x_{ij} \leqslant c_i, \quad i=1,2,3.$$

④ 根据航运安全要求,各舱实际载重量大体应满足各舱最大允许载重量的比例关系,且前、后舱分别与中舱之间载重量的比例偏差不超过 15%,前、后舱之间不超过 10%。从而可得舱体平衡条件为

$$\frac{2}{3}(1-0.15) \leqslant \frac{\sum_{i=1}^{3} e_i x_{i1}}{\sum_{i=1}^{3} e_i x_{i2}} \leqslant \frac{2}{3}(1+0.15), \tag{6.5}$$

$$\frac{1}{2}(1-0.15) \leqslant \frac{\sum_{i=1}^{3} e_i x_{i3}}{\sum_{i=1}^{3} e_i x_{i2}} \leqslant \frac{1}{2}(1+0.15), \tag{6.6}$$

$$\frac{4}{3}(1-0.10) \leqslant \frac{\sum_{i=1}^{3} e_i x_{i1}}{\sum_{i=1}^{3} e_i x_{i3}} \leqslant \frac{4}{3}(1+0.10). \tag{6.7}$$

⑤ 各决策变量要求非负,即

$$x_{ij} \geqslant 0, \quad i=1,2,3; j=1,2,3.$$

把约束条件式(6.5)~式(6.7)线性化,建立如下的线性规划模型:

$$\max z = \sum_{i=1}^{3}\left(f_i \sum_{j=1}^{3} x_{ij}\right),$$

$$\text{s.t.} \begin{cases} \sum_{i=1}^{3} e_i x_{ij} \leqslant a_j, & j=1,2,3, \\ \sum_{i=1}^{3} d_i x_{ij} \leqslant b_j, & j=1,2,3, \\ \sum_{j=1}^{3} x_{ij} \leqslant c_i, & i=1,2,3, \\ \frac{2}{3}(1-0.15)\sum_{i=1}^{3} e_i x_{i2} \leqslant \sum_{i=1}^{3} e_i x_{i1} \leqslant \frac{2}{3}(1+0.15)\sum_{i=1}^{3} e_i x_{i2}, \\ \frac{1}{2}(1-0.15)\sum_{i=1}^{3} e_i x_{i2} \leqslant \sum_{i=1}^{3} e_i x_{i3} \leqslant \frac{1}{2}(1+0.15)\sum_{i=1}^{3} e_i x_{i2}, \\ \frac{4}{3}(1-0.10)\sum_{i=1}^{3} e_i x_{i3} \leqslant \sum_{i=1}^{3} e_i x_{i1} \leqslant \frac{4}{3}(1+0.10)\sum_{i=1}^{3} e_i x_{i3}, \\ x_{ij} \geqslant 0, \quad i=1,2,3; j=1,2,3. \end{cases}$$

利用 LINGO 软件,可求得货物装载的最优策略如表6.6所示。

表 6.6　货物装载的最优策略

	前舱	中舱	后舱	运费收入
货物 A	250	275	75	
货物 B	0	0	150	8.01×10^5
货物 C	0	160	0	

计算的 LINGO 程序如下:
model:
sets:
num/1..3/:a,b,c,d,e,f;
link(num,num):x;
endsets

```
data:
a = 2000,3000,1500;
b = 4000,5400,1500;
c = 600,1000,800;
d = 10,5,7;
e = 8,6,5;
f = 1000,700,600;
enddata
max = @sum(num(i):f(i)*@sum(num(j):x(i,j)));
@for(num(j):@sum(num(i):e(i)*x(i,j))<a(j));
@for(num(j):@sum(num(i):d(i)*x(i,j))<b(j));
@for(num(i):@sum(num(j):x(i,j))<c(i));
2/3*0.85*@sum(num(i):e(i)*x(i,2))<@sum(num(i):e(i)*x(i,1));
@sum(num(i):e(i)*x(i,1))<2/3*1.15*@sum(num(i):e(i)*x(i,2));
1/2*0.85*@sum(num(i):e(i)*x(i,2))<@sum(num(i):e(i)*x(i,3));
@sum(num(i):e(i)*x(i,3))<1/2*1.15*@sum(num(i):e(i)*x(i,2));
4/3*0.90*@sum(num(i):e(i)*x(i,3))<@sum(num(i):e(i)*x(i,1));
@sum(num(i):e(i)*x(i,1))<4/3*1.10*@sum(num(i):e(i)*x(i,3));
end
```

6.2 整数规划

在线性规划模型中,决策变量只需取非负的连续型数值即可。但还有大量的实际问题,虽然形式上与线性规划类似,却增加了某些约束条件,要求部分甚至全部决策变量必须取离散的非负整数值才有意义。限制全部或部分决策变量取离散非负整数值的线性规划,称为整数线性规划,简称为整数规划。在整数规划中,如果所有决策变量都限制为整数,则称为纯整数规划;如果仅一部分变量限制为整数,则称为混合整数规划。整数规划的一种特殊情形是 0—1 规划,它的决策变量仅限于 0 或 1,也分为纯 0—1 规划和混合 0—1 规划两种形式。

自 1958 年 R. E. Gomory 提出割平面法之后,整数规划逐渐成为一个独立的分支,并广泛应用于工业与工业设计、系统可靠性、编码及经济分析等多个领域。

6.2.1 MATLAB 求解整数规划

MATLAB 优化工具箱中提供了一个求解整数线性规划的基本函数 intlinprog。这个函数既可以求解混合整数规划,也可以求解纯整数规划和 0—1 整数规划。

函数 intlinprog 的调用格式为

$[x,z] = \text{intlinprog}(c, \text{intcon}, A, b, Aeq, beq, LB, UB)$

使用的模型为

$$\min z = \boldsymbol{c}^{\mathrm{T}}\boldsymbol{x},$$
$$\text{s. t.} \begin{cases} \boldsymbol{A} \cdot \boldsymbol{x} \leq \boldsymbol{b}, \\ \boldsymbol{Aeq} \cdot \boldsymbol{x} = \boldsymbol{beq}, \\ \boldsymbol{LB} \leq \boldsymbol{x} \leq \boldsymbol{UB}, \\ \boldsymbol{x}(\text{intcon}) \text{ 为整数}. \end{cases}$$

例 6.4(合理下料问题) 钢管零售商所进的原料钢管长度都是 19m,销售时零售商需要按照客户的要求进行切割。现有一客户需要 50 根长 4m、20 根长 6m 和 15 根长 8m 的钢管,应如何下料最节省?

解 (1)问题分析。

首先,要确定采用哪些可行的切割模型。所谓切割模式,是指按照顾客要求的长度在原料钢管上安排切割的一种组合。例如,可以将 19m 的钢管切割成 4 根长 4m 的钢管,余料为 3m;或者切割成长 4m、6m 和 8m 的钢管各 1 根,余料为 1m;等等。显然,可行的切割模式是很多的。

其次,应当明确哪些切割模式是合理的。合理的切割模式应该要求余料小于客户需要钢管的最小尺寸 4m。例如,将长 19m 的钢管切割成 3 根 4m 的钢管是可行的,但此时余料为 7m 是不合理的,可进一步将 7m 的余料切割成 4m 钢管(余料为 3m),或将 7m 的余料切割成 6m 钢管(余料为 1m),……,以得到合理的切割。

使用枚举方法可知,合理切割模式一共有 7 种,如表 6.7 所示。

表 6.7 合理切割模式

模 式	4m 钢管根数	6m 钢管根数	8m 钢管根数	余料/m
1	0	0	2	3
2	0	3	0	1
3	1	1	1	1
4	1	2	0	3
5	2	0	1	3
6	3	1	0	1
7	4	0	0	3

枚举的 MATLAB 程序如下:

```
clc, clear, a=[];
for i=0:4
    for j=0:3
        for k=0:2
            if 19-4*i-6*j-8*k>=0 & 19-4*i-6*j-8*k<4
                a=[a;[i,j,k,19-4*i-6*j-8*k]];
            end
        end
    end
end
```

a, save gdata6_4 a %把矩阵 a 保存在 mat 文件 gdata6_4 中

于是问题转化为在满足客户需求的条件下，按照哪几种合理的切割模式，每种模式切割多少根原料钢管最为节省。

而所谓节省，可以有两种标准：一是切割后剩余的总余料量最小；二是切割原料钢管的总根数最少。下面将对这两个目标分别讨论。

(2) 模型建立及求解。

用 $i = 1, 2, \cdots, 7$ 表示第 i 种切割模式，$j = 1, 2, 3$ 表示 4m、6m 和 8m 的短钢管，a_{ij} 表示第 i 种切割模式可以切割出第 j 种短钢管的根数；c_i 表示第 i 种切割模式产生的余料长度；b_j 表示需要的 4m、6m 和 8m 的钢管根数；用 x_i 表示按照表 6.7 中第 $i(i=1,2,\cdots,7)$ 种模式切割的原料钢管的根数，若以切割后剩余的总余料量最小为目标，则根据表 6.7 的最后一列可得

$$\min z_1 = \sum_{i=1}^{7} c_i x_i, \tag{6.8}$$

若以切割原料钢管的总根数最少为目标，则有

$$\min z_2 = \sum_{i=1}^{7} x_i. \tag{6.9}$$

约束条件为客户的需求，按照表 6.7 应有

$$\sum_{i=1}^{7} a_{ij} x_i \geq b_j, \quad j = 1, 2, 3.$$

此外，切割的原料钢管的根数 x_i 显然应当是非负整数。于是描述此问题的两个数学模型为

$$\text{模型 1:} \begin{cases} z_1 = \sum_{i=1}^{7} c_i x_i, \\ \text{s.t.} \begin{cases} \sum_{i=1}^{7} a_{ij} x_i \geq b_j, \quad j = 1, 2, 3, \\ x_i \geq 0 \text{ 且为整数}, \quad i = 1, 2, \cdots, 7. \end{cases} \end{cases} \tag{6.10}$$

$$\text{模型 2:} \begin{cases} z_1 = \sum_{i=1}^{7} x_i, \\ \text{s.t.} \begin{cases} \sum_{i=1}^{7} a_{ij} x_i \geq b_j, \quad j = 1, 2, 3, \\ x_i \geq 0 \text{ 且为整数}, \quad i = 1, 2, \cdots, 7. \end{cases} \end{cases} \tag{6.11}$$

这两个模型均是整数规划模型，利用 MATLAB 软件，求得模型 1 的最优解为

$$x_3 = 15, x_6 = 12, \text{其他 } x_i = 0,$$

相应的目标函数的最优值为 $z_1 = 27(\text{m})$。

模型 2 的最优解为

$$x_1 = 5, x_3 = 5, x_6 = 15, \text{其他 } x_i = 0,$$

相应的目标函数的最优值为 $z_2 = 25(\text{根})$。

注 6.1 模型 2 的解是不唯一的，有多个最优解。

求模型 1 的 MATLAB 程序如下：
```
clc, clear
load('gdata6_4.mat')          %加载矩阵 a
c = a(:,end);                 %提出余料数据
a(:,end) = [];                %删除最后一列
b = [50; 20; 15];
[x,z] = intlinprog(c,[1:7],-a',-b,[],[],zeros(7,1))
```

（3）解的进一步讨论。

模型 1 是在总余料量最小的目标下建立模型的，最优下料方案共有 27 根原料钢管，余料总长度为 27m，这里实际为 27 根 1m 的钢管，切割模式只有 2 种，但切割原料钢管的总根数较多。模型 2 是在切割原料钢管总数最少的目标下建立模型的，最优下料方案共有 25 根原料钢管，切割模式有 3 种，但余料为 5 根 3m 的钢管和 20 根 1m 的钢管，总余料量增加了 8m。因此，实际应用中应视具体背景选择模型。

6.2.2 指派模型

许多实际应用问题可以归结为这样的形式:将不同的任务分派给若干人去完成，由于任务的难易程度及人员的素质高低不尽相同，因此每个人完成不同任务的效率存在差异。于是需要考虑应该分派何人去完成哪种任务能够使得总效率最高。这一类问题通常称为指派问题。

指派问题是运筹学中的经典问题，其中的"任务"可以是任何类型的活动，"人"可以是任何类型的资源。所以，基于指派问题的科学决策方法在资源优化、项目选址、生产调度、物流管理、决策系统支持建立及军事作战等方面有着广泛的应用。

1. 标准指派模型

标准指派问题的一般提法是:拟分派 n 个人 $A_1, A_2, \cdots, A_n$ 去完成 n 项工作 $B_1, B_2, \cdots, B_n$，要求每项工作需且仅需一个人去完成，每个人需完成且仅需完成一项工作。已知人 A_i 完成工作 B_j 的时间或费用等成本型指标值为 c_{ij}，则应如何指派才能使总的工作效率最高？

引入 0—1 决策变量 $x_{ij}(i,j=1,2,\cdots,n)$，使得

$$x_{ij} = \begin{cases} 1, & \text{指定 } A_i \text{ 去完成工作 } B_j, \\ 0, & \text{否则}. \end{cases}$$

则标准指派问题的数学模型为

$$\begin{cases} \min z = \sum_{i=1}^{n}\sum_{j=1}^{n} c_{ij}x_{ij}, \\ \text{s.t.} \begin{cases} \sum_{j=1}^{n} x_{ij} = 1, & i=1,2,\cdots,n, \\ \sum_{i=1}^{n} x_{ij} = 1, & j=1,2,\cdots,n, \\ x_{ij} = 0 \text{ 或 } 1, & i,j=1,2,\cdots,n, \end{cases} \end{cases} \quad (6.12)$$

这是一个纯0—1规划模型。

若将模型(6.12)中的c_{ij}组成一个n阶方阵$C=(c_{ij})_{n\times n}$,则称C为效率矩阵。这样,标准指派问题中的工作效率就可以很方便地用矩阵来表达,并且效率矩阵C与标准指派问题一一对应。同样地,模型(6.12)的最优解也可以用n阶方阵X^*的形式来表达,称为指派问题的最优解方阵。由于标准指派问题要求"每项工作需且仅需一个人去完成,每个人需完成且仅需完成一项工作",故最优解方阵一定是一个置换矩阵,即矩阵的每一行、每一列都恰好有一个"1",其余元素均为0。

标准指派问题的数学模型表现为0—1规划的形式,当然可以通过整数规划的分支定界法或0—1规划的隐枚举法来求得最优解。但标准指派问题的数学模型具有独特的结构,因此,为提高求解的效率,1955年,美国数学家H. W. Kuhn根据匈牙利数学家D. König关于矩阵中独立零元素定理,提出了一个求解标准指派模型的有效算法——匈牙利算法。

定理6.2 设效率矩阵$C=(c_{ij})_{n\times n}$中任何一行(列)的各元素都减去一个常数k(可正可负)后得到的新矩阵为$B=(b_{ij})_{n\times n}$,则以$B=(b_{ij})_{n\times n}$为效率矩阵的指派问题与原问题有相同的最优解,但其最优值比原问题的最优值小k。

定理6.3(独立零元素定理) 若一方阵中的一部分元素为0,另一部分元素为非0,则覆盖方阵内所有0元素的最少直线数恰好等于那些位于不同行、不同列的0元素的最多个数。

定理6.2告诉我们如何将效率矩阵中的元素转换为每行每列都有零元素,而定理6.3告诉我们效率矩阵中有多少个独立的零元素。

匈牙利算法主要是基于上面两个定理建立的,匈牙利算法的计算步骤这里不再赘述。对于0—1整数规划模型,使用LINGO软件直接求解就可以了。

例6.5 求解标准的指派问题,其中效率矩阵

$$C=(c_{ij})_{7\times 7}=\begin{bmatrix} 6 & 5 & 6 & 7 & 4 & 2 & 5 \\ 4 & 9 & 5 & 3 & 8 & 5 & 8 \\ 5 & 2 & 1 & 9 & 7 & 4 & 3 \\ 7 & 6 & 7 & 3 & 9 & 2 & 7 \\ 2 & 3 & 9 & 5 & 7 & 2 & 6 \\ 5 & 5 & 2 & 2 & 8 & 11 & 4 \\ 9 & 2 & 3 & 12 & 4 & 5 & 10 \end{bmatrix}.$$

解 指派问题的0—1整数规划模型不再赘述。利用MATLAB软件求得的最优解为
$$x_{15}=x_{24}=x_{37}=x_{46}=x_{51}=x_{63}=x_{72}=1,\text{其他}\ x_{ij}=0,$$
最小成本为$z=18$。

计算的MATLAB程序如下:

```
clc, clear
c1=[6,5,6,7,4,2,5;4,9,5,3,8,5,8;5,2,1,9,7,4,3
7,6,7,3,9,2,7;2,3,9,5,7,2,6;5,5,2,2,8,11,4;9,2,3,12,4,5,10]
n=size(c1,1); c2=c1(:);          %展开成长的列矢量
a=zeros(2*n,n^2);                %等号约束矩阵初始化
```

```
for i = 1:n
    a(i,[(i-1)*n+1:i*n]) = 1;
    a(n+i,[i:n:end]) = 1;
end
[x,z] = intlinprog(c2,[1:n^2],[],[],a,ones(2*n,1),zeros(n^2,1),ones(n^2,1))
x = reshape(x,[n,n])              %将列向量转换成 n 阶方阵
```

注 6.2 最优解实际上有两个,不同版本的 MATLAB 得到的最优解可能不一样。

注 6.3 用 MATLAB 求解数学规划时,需要把二维决策变量 $x_{ij}, i,j = 1,2,\cdots,n$ 转换为一维决策变量 $y_k, k = 1,2,\cdots,n^2$,使用起来特别不方便,求解数学规划问题时,建议使用 LINGO 软件求解。

计算上述指派问题的 0—1 整数规划模型的 LINGO 程序如下:

```
model:
sets:
num/1..7/;
link(num,num):c,x;
endsets
data:
c = 6,5,6,7,4,2,5,4,9,5,3,8,5,8,5,2,1,9,7,4,3
    7,6,7,3,9,2,7,2,3,9,5,7,2,6,5,5,2,2,8,11,4,9,2,3,12,4,5,10;
enddata
min = @sum(link:c*x);
@for(num(i):@sum(num(j):x(i,j)) = 1);
@for(num(j):@sum(num(i):x(i,j)) = 1);
@for(link:@bin(x));
end
```

利用 LINGO 软件求得的最优解为
$$x_{15} = x_{24} = x_{33} = x_{46} = x_{51} = x_{67} = x_{72},\text{其他 } x_{ij} = 0,$$
最小成本为 $z = 18$。这里再次说明上述指派问题的解是不唯一的。

2. 广义指派模型

在实际应用中,常会遇到各种非标准形式的指派问题——广义指派问题。通常的处理方法是先将它们转化为标准形式,然后用匈牙利算法求解。

1) 最大化指派问题

一些指派问题中,每人完成各项工作的效率可能是利润、业绩等效益型指标,此时以总的工作效率最大为目标函数,即
$$\max z = \sum_{i=1}^{n}\sum_{j=1}^{n} c_{ij} x_{ij}.$$

对于最大化指派问题,若令 $M = \max_{1 \leq i,j \leq n} \{c_{ij}\}$,再考虑到约束条件 $\sum_{i=1}^{n}\sum_{j=1}^{n} x_{ij} = n$,则有
$$\min \sum_{i=1}^{n}\sum_{j=1}^{n}(M-c_{ij})x_{ij} = \min\left(\sum_{i=1}^{n}\sum_{j=1}^{n} M x_{ij} - \sum_{i=1}^{n}\sum_{j=1}^{n} c_{ij}x_{ij}\right) = nM - \max \sum_{i=1}^{n}\sum_{j=1}^{n} c_{ij}x_{ij}.$$

于是，以 $C=(c_{ij})_{n\times n}$ 为效率矩阵的最大化指派问题，就可转化为以 $(M-c_{ij})_{n\times n}$ 为效率矩阵的标准指派问题。

2) 人数和任务数不等的指派问题

在一些指派问题中，可能出现人数和任务数不相等的情况。对于这样的指派问题，通常的处理方式为：若人数少于任务数，则可添加一些虚拟的"人"，这些虚拟的人完成各项任务的效率取为 0，理解为这些效率值实际上不会发生；若人数多于任务数，则可添加一些虚拟的"任务"，这些虚拟的任务被每个人完成的效率同样也取为 0。

3) 一个人可完成多项任务的指派问题

在一些指派问题中，可能出现要求某人完成几项任务的情形。对于这样的指派问题，可将该人看作相同的几个人来接受指派，只需令其完成同一项任务的效率都一样即可。

4) 某项任务一定不能由某人完成的指派问题

在一些指派问题中，可能出现某人不能完成某项任务的情形。对于这样的指派问题，只需将相应的效率值 M 取足够大的数即可。

注 6.4 如果用匈牙利算法手工求解指派问题，则需要把广义指派问题转化为标准的指派问题。如果使用 LINGO 软件求解各种广义指派问题，则只要直接建立 0—1 整数规划模型即可，不需要把广义指派问题化成标准的指派问题。

例 6.6 某大型工程有 B_1,B_2,B_3,B_4,B_5 五个子项目，决定向社会公开招标。现有三家能力相当的公司 A_1,A_2,A_3 参与投标，其报价 c_{ij}（百万元）如表 6.8 所示。若每个投标公司最多可承建两个项目，则三家公司可分别投中哪个项目？

表 6.8 各公司的报价（单位：百万元）

	B_1	B_2	B_3	B_4	B_5
A_1	4	8	7	15	12
A_2	7	9	17	14	10
A_3	6	9	12	8	7

解 引进 0—1 变量：

$$x_{ij}=\begin{cases}1, & A_i \text{ 投中项目 } B_j,\\ 0, & \text{否则}.\end{cases}$$

建立如下的 0—1 整数规划模型：

$$\min \sum_{i=1}^{3}\sum_{j=1}^{5} c_{ij}x_{ij},$$

$$\text{s.t.}\begin{cases}\sum_{i=1}^{3} x_{ij}=1, & j=1,2,\cdots,5,\\ \sum_{j=1}^{5} x_{ij}\leq 2, & i=1,2,3,\\ x_{ij}=0 \text{ 或 } 1, & i=1,2,3;j=1,2,\cdots,5.\end{cases}$$

利用 LINGO 软件求得

$$x_{11}=x_{13}=x_{22}=x_{34}=x_{35}=1,\text{其他 } x_{ij}=0,$$

即公司 A_1 承建 B_1 和 B_3 两个项目,公司 A_2 承建 B_2 项目,公司 A_3 承建 B_4 和 B_5 两个项目,相应的目标函数的最优值为 35(百万元)。

计算的 LINGO 程序如下:

```
model:
sets:
com/1..3/;
item/1..5/;
link(com,item):c,x;
endsets
data:
c=4,8,7,15,12,7,9,17,14,10,6,9,12,8,7;
enddata
min=@sum(link:c*x);
@for(item(j):@sum(com(i):x(i,j))=1);
@for(com(i):@sum(item(j):x(i,j))<2);
@for(link:@bin(x));
end
```

6.2.3 整数规划实例——装箱问题

例 6.7(装箱问题) 有 7 种规格的包装箱要装到两辆铁路平板车上去。包装箱的宽和高是一样的,但厚度 $l(\text{cm})$ 及质量 $w(\text{kg})$ 是不同的,表 6.9 给出了每种包装箱的厚度、质量及数量,每辆平板车有 10.2m 长的地方来装包装箱,载重量为 40t,由于当地货运的限制,对 C_5,C_6,C_7 类的包装箱的总数有一个特别的限制:这类箱子所占的空间(厚度)不能超过 302.7cm。要求给出最好的装运方式。

表 6.9 各类包装箱数据

	C_1	C_2	C_3	C_4	C_5	C_6	C_7
l/cm	48.7	52.0	61.3	72.0	48.7	52.0	64.0
w/kg	2000	3000	1000	500	4000	2000	1000
件数	8	7	9	6	6	4	8

解 这是美国大学生数学建模竞赛 1988 年 B 题。题中所有包装箱共重 89t,而两辆平板车只能载重共 80t,因此不可能全装下。究竟在两辆车上各装哪些种类箱子且各为多少才合适,必须有评价的标准。这标准就是遵守题中说明的质量、厚度、件数等方面的约束条件,尽可能地多装,而尽可能多装有两种理解:一是尽可能在体积上多装,由于规定是按面包片重叠那样的装法,故等价于尽可能使两辆车上的装箱总厚度尽可能大;二是尽可能在质量上多装,即使得两辆车上的装箱总质量尽可能大。

设决策变量 $x_{ij}(i=1,2;j=1,2,\cdots,7)$ 表示第 i 节车上装第 j 种包装箱的件数,l_j,w_j,a_j ($j=1,2,\cdots,7$)分别表示第 j 种包装箱的厚度、质量和件数。

下面先就第一种理解,建立数学模型。

1. 装箱总厚度最大的模型

首先考虑约束条件。

件数限制: $\sum_{i=1}^{2} x_{ij} \leq a_j, \quad j = 1, 2, \cdots, 7;$

长度限制: $\sum_{j=1}^{7} l_j x_{ij} \leq 1020, \quad i = 1, 2;$

质量限制: $\sum_{j=1}^{7} w_j x_{ij} \leq 40000, \quad i = 1, 2;$

特殊限制: $\sum_{j=5}^{7} l_j (x_{1j} + x_{2j}) \leq 302.7_\circ$

另外变量 x_{ij} 为整型变量。

目标函数为

$$\max z_1 = \sum_{j=1}^{7} l_j (x_{1j} + x_{2j}).$$

由此得到问题的数学模型:

$$\max z_1 = \sum_{j=1}^{7} l_j (x_{1j} + x_{2j}),$$

$$\text{s.t.} \begin{cases} \sum_{i=1}^{2} x_{ij} \leq a_j, & j = 1, 2, \cdots, 7, \\ \sum_{j=1}^{7} l_j x_{ij} \leq 1020, & i = 1, 2, \\ \sum_{j=1}^{7} w_j x_{ij} \leq 40000, & i = 1, 2, \\ \sum_{j=5}^{7} l_j (x_{1j} + x_{2j}) \leq 302.7, \\ x_{ij} \geq 0 \text{ 且为整数}, & i = 1, 2; j = 1, 2, \cdots, 7. \end{cases}$$

利用 LINGO 软件,可得到问题的最优解:

$$\boldsymbol{x}^* = (x_{ij})_{2 \times 7} = \begin{bmatrix} 5 & 7 & 0 & 5 & 0 & 1 & 0 \\ 3 & 0 & 9 & 1 & 3 & 2 & 0 \end{bmatrix}, \quad z_1 = 2039.4.$$

计算的 LINGO 程序如下:

model:
sets:
car/1,2/;
type/1..7/:a,L,w;
link(car,type):x;
endsets
data:
L=48.7,52.0,61.3,72.0,48.7,52.0,64.0;
w=2000,3000,1000,500,4000,2000,1000;

```
a=8,7,9,6,6,4,8;
@text( )=@table(x);
enddata
max=@sum(type(j):L(j)*(x(1,j)+x(2,j)));
@for(type(j):@sum(car(i):x(i,j))<a(j));
@for(car(i):@sum(type(j):L(j)*x(i,j))<1020);
@for(car(i):@sum(type(j):w(j)*x(i,j))<40000);
@sum(type(j)|j#ge#5:L(j)*(x(1,j)+x(2,j)))<302.7;
@for(link:@gin(x));
end
```

2. 装箱总质量最大的模型

要使两辆平板车的装箱总质量之和最大,目标函数为

$$\max\ z_2 = \sum_{j=1}^{7} w_j(x_{1j}+x_{2j}).$$

约束条件与前述模型相同。

利用 LINGO 软件,可得到问题的最优解:

$$\boldsymbol{x}^* = (x_{ij})_{2\times 7} = \begin{bmatrix} 0 & 7 & 9 & 0 & 2 & 0 & 0 \\ 8 & 0 & 0 & 6 & 4 & 0 & 0 \end{bmatrix},\quad z_2 = 73000.$$

6.3 非线性规划

在实际应用中,除了线性规划和整数规划之外,还大量地存在着另一类优化问题:描述目标函数或约束条件的数学表达式中,至少有一个是非线性函数。这样的优化问题通常称为非线性规划。

6.3.1 非线性规划模型及其求解

一般来讲,非线性规划问题要比线性规划问题复杂得多,而且远不如线性规划那样具有高效、通用的求解方法。尽管非线性规划也有相当丰富的求解方法,但各个算法都有一定的局限性。因而,为能循序渐进地研究其数学性质及解法,人们通常将非线性规划问题划分为无约束和有约束两大类来讨论。

1. 非线性规划模型

与线性规划问题不同,非线性规划问题可以有约束条件,也可以没有约束条件。非线性规划模型的一般形式描述如下:

$$\begin{cases} \min f(\boldsymbol{x}), \\ \text{s. t.} \begin{cases} g_i(\boldsymbol{x}) \leq 0, & i=1,2,\cdots,m, \\ h_j(\boldsymbol{x}) = 0, & j=1,2,\cdots,l, \end{cases} \end{cases} \quad (6.13)$$

其中 $\boldsymbol{x}=[x_1,x_2,\cdots,x_n]^\mathrm{T} \in \mathbf{R}^n$,而 f, g_i, h_j 都是定义在 $\mathbf{R}^n$ 上的实值函数。

如果采用矢量表示法,则非线性规划的一般形式还可以写成

$$\begin{cases} \min f(\boldsymbol{x}), \\ \text{s.t.} \begin{cases} \boldsymbol{G}(\boldsymbol{x}) \leqslant \boldsymbol{0}, \\ \boldsymbol{H}(\boldsymbol{x}) = \boldsymbol{0}, \end{cases} \end{cases} \quad (6.14)$$

其中 $\boldsymbol{G}(\boldsymbol{x}) = [g_1(\boldsymbol{x}), g_2(\boldsymbol{x}), \cdots, g_m(\boldsymbol{x})]^T$, $\boldsymbol{H}(\boldsymbol{x}) = [h_1(\boldsymbol{x}), h_2(\boldsymbol{x}), \cdots, h_l(\boldsymbol{x})]^T$。

对于求目标函数的最大值或约束条件为大于等于零的情况,都可通过取其相反数转化为上述一般形式。

定义6.2 记式(6.13)或式(6.14)所示的非线性规划问题的可行域为 K。

(1) 若 $\boldsymbol{x}^* \in K$,且 $\forall \boldsymbol{x} \in K$,都有 $f(\boldsymbol{x}^*) \leqslant f(\boldsymbol{x})$,则称 $\boldsymbol{x}^*$ 为式(6.13)或式(6.14)的全局最优解,称 $f(\boldsymbol{x}^*)$ 为其全局最优值。如果 $\forall \boldsymbol{x} \in K, \boldsymbol{x} \neq \boldsymbol{x}^*$,都有 $f(\boldsymbol{x}^*) < f(\boldsymbol{x})$,则称 $\boldsymbol{x}^*$ 为式(6.13)或式(6.14)的严格全局最优解,称 $f(\boldsymbol{x}^*)$ 为其严格全局最优值。

(2) 若 $\boldsymbol{x}^* \in K$,且存在 $\boldsymbol{x}^*$ 的邻域 $N_\delta(\boldsymbol{x}^*)$,$\forall \boldsymbol{x} \in N_\delta(\boldsymbol{x}^*) \cap K$,都有 $f(\boldsymbol{x}^*) \leqslant f(\boldsymbol{x})$,则称 $\boldsymbol{x}^*$ 为式(6.13)或式(6.14)的局部最优解,称 $f(\boldsymbol{x}^*)$ 为其局部最优值。如果 $\forall \boldsymbol{x} \in N_\delta(\boldsymbol{x}^*) \cap K, \boldsymbol{x} \neq \boldsymbol{x}^*$,都有 $f(\boldsymbol{x}^*) < f(\boldsymbol{x})$,则称 $\boldsymbol{x}^*$ 为式(6.13)或式(6.14)的严格局部最优解,称 $f(\boldsymbol{x}^*)$ 为其严格局部最优值。

我们知道,如果线性规划的最优解存在,则最优解只能在可行域的边界上达到(特别情形在可行域的顶点上达到),且求出的是全局最优解。但是非线性规划却没有这样好的性质,其最优解(如果存在)可能在可行域的任意一点达到,而一般非线性规划算法给出的也只能是局部最优解,不能保证是全局最优解。

2. 无约束非线性规划的求解

根据式(6.13)或式(6.14)所示的一般形式,无约束非线性规划问题可具体表示为

$$\min f(\boldsymbol{x}), \boldsymbol{x} \in \mathbf{R}^n. \quad (6.15)$$

在高等数学中,我们讨论了求二元函数极值的方法,该方法可以平行地推广到无约束优化问题中。首先引入下面的定理。

定理6.4 设 $f(\boldsymbol{x})$ 具有连续的一阶连续偏导数,且 $\boldsymbol{x}^*$ 是无约束问题的局部极小点,则 $\nabla f(\boldsymbol{x}^*) = \boldsymbol{0}$。这里 $\nabla f(\boldsymbol{x})$ 表示函数 $f(\boldsymbol{x})$ 的梯度。

定义6.3 设函数 $f(\boldsymbol{x})$ 具有对各个变量的二阶偏导数,称矩阵

$$\begin{bmatrix} \dfrac{\partial^2 f}{\partial x_1^2} & \dfrac{\partial^2 f}{\partial x_1 \partial x_2} & \cdots & \dfrac{\partial^2 f}{\partial x_1 \partial x_n} \\ \dfrac{\partial^2 f}{\partial x_2 \partial x_1} & \dfrac{\partial^2 f}{\partial x_2^2} & \cdots & \dfrac{\partial^2 f}{\partial x_2 \partial x_n} \\ \vdots & \vdots & \ddots & \vdots \\ \dfrac{\partial^2 f}{\partial x_n \partial x_1} & \dfrac{\partial^2 f}{\partial x_n \partial x_2} & \cdots & \dfrac{\partial^2 f}{\partial x_n^2} \end{bmatrix}$$

为函数的 Hesse 矩阵,记为 $\nabla^2 f(\boldsymbol{x})$。

定理6.5(无约束优化问题有局部最优解的充分条件) 设 $f(\boldsymbol{x})$ 具有连续的二阶偏导数,点 $\boldsymbol{x}^*$ 满足 $\nabla f(\boldsymbol{x}^*) = \boldsymbol{0}$,并且 $\nabla^2 f(\boldsymbol{x}^*)$ 为正定阵,则 $\boldsymbol{x}^*$ 为无约束优化问题的局部最优解。

定理6.4和定理6.5给出了求解无约束优化问题的理论方法,但困难的是求解方程

$\nabla f(\boldsymbol{x}^*) = \boldsymbol{0}$,对于比较复杂的函数,常用的方法是数值解法,如最速降线法、牛顿法和拟牛顿法等,这里不再赘述。

3. 有约束非线性规划的求解

在实际应用中,绝大多数优化问题都是有约束的。线性规划已有单纯形法这一通用解法,但非线性规划目前还没有适合各种问题的一般算法,各个算法都有其特定的适用范围,且带有一定的局限性。

一般来讲,对于式(6.13)或式(6.14)给出的有约束非线性规划问题,求解时除了要使目标函数在每次迭代时有所下降,还要时刻注意解的可行性,这就给寻优工作带来很大困难。因此,比较常见的处理思路是:将非线性问题转化为线性问题,将约束问题转化为无约束问题。

1) 求解有等式约束非线性规划的拉格朗日乘数法

对于特殊的只有等式约束的非线性规划问题的情形:

$$\begin{cases} \min f(\boldsymbol{x}), \\ \text{s.t.} \begin{cases} h_j(\boldsymbol{x}) = 0, \quad j = 1, 2, \cdots, l, \\ \boldsymbol{x} \in \mathbf{R}^n. \end{cases} \end{cases} \quad (6.16)$$

有如下的拉格朗日定理。

定理 6.6(拉格朗日定理) 设函数 $f, h_j (j = 1, 2, \cdots l)$ 在可行点 $\boldsymbol{x}^*$ 的某个邻域 $N(\boldsymbol{x}^*, \varepsilon)$ 内可微,矢量组 $\nabla h_j(\boldsymbol{x}^*)$ 线性无关,令

$$L(\boldsymbol{x}, \boldsymbol{\lambda}) = f(\boldsymbol{x}) - \boldsymbol{\lambda}^T H(\boldsymbol{x}),$$

其中 $\boldsymbol{\lambda} = [\lambda_1, \lambda_2, \cdots, \lambda_l]^T \in \mathbf{R}^n, H(\boldsymbol{x}) = [h_1(\boldsymbol{x}), h_2(\boldsymbol{x}), \cdots, h_l(\boldsymbol{x})]^T$。若 $\boldsymbol{x}^*$ 是式(6.16)的局部最优解,则存在实矢量 $\boldsymbol{\lambda}^* = [\lambda_1^*, \lambda_2^*, \cdots, \lambda_l^*]^T \in \mathbf{R}^n$,使得 $\nabla L(\boldsymbol{x}^*, \boldsymbol{\lambda}^*) = 0$,即

$$\nabla f(\boldsymbol{x}^*) - \sum_{j=1}^{l} \lambda_j^* \nabla h_j(\boldsymbol{x}^*) = 0.$$

显然,拉格朗日定理的意义在于能将式(6.16)的求解转化为无约束问题的求解。

2) 求解有约束非线性规划的罚函数法

对于式(6.13)所示的一般形式的有约束非线性规划问题,由于存在不等式约束,无法直接应用拉格朗日定理将其转化为无约束问题,因此,人们引入了求解一般非线性规划问题的罚函数法。

罚函数法的基本思想是:利用式(6.13)的目标函数和约束函数构造出带参数的增广目标函数,从而把有约束非线性规划问题转化为一系列无约束非线性规划问题来求解。而增广目标函数通常由两个部分构成,一部分是原问题的目标函数,另一部分是由约束函数构造出的"惩罚"项,"惩罚"项的作用是对"违规"的点进行"惩罚"。

比较有代表性的罚函数法是外部罚函数法,或称外点法,这种方法的迭代点一般在可行域的外部移动,随着迭代次数的增加,"惩罚"的力度也越来越大,从而迫使迭代点向可行域靠近。具体操作方式为:根据不等式约束 $g_i(\boldsymbol{x}) \leq 0$ 与等式约束 $\max\{0, g_i(\boldsymbol{x})\} = 0$ 的等价性,构造增广目标函数(也称为罚函数)

$$T(\boldsymbol{x}, M) = f(\boldsymbol{x}) + M \sum_{i=1}^{m} [\max\{0, g_i(\boldsymbol{x})\}] + M \sum_{j=1}^{l} [h_j(\boldsymbol{x})]^2,$$

从而将式(6.13)转化为无约束问题:

$$\min T(\boldsymbol{x},M), \quad \boldsymbol{x} \in \mathbf{R}^n,$$

式中：M 是一个较大的正数。

注6.5 罚函数法的计算精度可能较差，除非算法要求达到实时，一般都是直接使用 MATLAB 工具箱或 LINGO 软件求解非线性规划问题。

6.3.2 MATLAB 求解非线性规划

1. MATLAB 求解有约束非线性规划模型

MATLAB 中非线性规划模型的标准型为

$$\min f(\boldsymbol{x}),$$

$$\text{s.t.} \begin{cases} A \cdot \boldsymbol{x} \leq \boldsymbol{b}, \\ Aeq \cdot \boldsymbol{x} = beq, \\ c(\boldsymbol{x}) \leq 0, \\ ceq(\boldsymbol{x}) = 0, \\ lb \leq \boldsymbol{x} \leq ub. \end{cases}$$

式中：$f(\boldsymbol{x})$ 是标量函数；A, b, Aeq, beq, lb, ub 是相应维数的矩阵和矢量；$c(\boldsymbol{x}), ceq(\boldsymbol{x})$ 是非线性矢量函数。

MATLAB 中非线性规划函数 fmincon 的调用格式如下：

[x,fval] = fmincon(fun, x0, A, b, Aeq, beq, lb, ub, nonlcon, options)

返回值 x 是决策矢量 $\boldsymbol{x}$ 的取值，返回值 fval 是目标函数的取值，其中 fun 是用 M 文件或匿名函数定义的目标函数 $f(\boldsymbol{x})$；x0 是 $\boldsymbol{x}$ 的初始值；A, b, Aeq, beq 定义了线性约束 $A \cdot \boldsymbol{x} \leq \boldsymbol{b}, Aeq \cdot \boldsymbol{x} = beq$，如果没有线性约束，则 $A = [\ ], b = [\ ], Aeq = [\ ], beq = [\ ]$；$lb$ 和 ub 是决策矢量 $\boldsymbol{x}$ 的下界和上界；nonlcon 是用 M 文件定义的非线性矢量函数 $c(\boldsymbol{x}), ceq(\boldsymbol{x})$；options 是优化参数设置。

例6.8 求解如下的非线性规划：

$$\min f(\boldsymbol{x}) = x_1^2 + x_2^2 - x_1 x_2 - 10\sin x_1 - 4e^{x_2},$$

s.t. $2x_1 + 3x_2 \leq 25$,

$5x_1 + x_2 \leq 30$,

$e^{x_2} \leq 64$,

$x_1 x_2 \geq 14$,

$\sin x_1 + e^{x_2} \leq 15$,

$x_1^2 + x_2^2 = 34.$

解 利用 MATLAB 软件求得

$$x_1 = 5, x_2 = 3,$$

目标函数的最优值为 -51.7529。

计算的 MATLAB 程序如下：

```
function gex6_8
f=@(x)x(1)^2+x(2)^2-x(1)*x(2)-10*sin(x(1))-4*exp(x(2));    %目标函数的匿名函数
A=[2,3;5,1]; b=[25;30];                %线性不等式约束
```

[x,fval]=fmincon(f,100*rand(1,2),A,b,[ ],[ ],[ ],[ ],@mycon)
function [c,ceq]=mycon(x);   %定义非线性不等式约束函数
c=[exp(x(2))-64;14-x(1)*x(2);sin(x(1))+exp(x(2))-15]; %不等式约束
ceq=x(1)^2+x(2)^2-34;   %等式约束

注6.6 以函数文件的形式书写上述 MATLAB 程序,是由于非线性约束有两个返回值,无法使用匿名函数的形式书写非线性约束,只能用函数形式定义非线性约束,这样就需要用两个 M 文件书写 MATLAB 程序,为了在一个 M 文件中书写程序,定义了一个主函数。

上述 MATLAB 程序运行结果也是不稳定的,需要多运行几次,并且取不同的初值,才能得到比较好的局部最优解。

2. MATLAB 求解二次规划模型

如果目标函数是 x 的二次函数,约束条件都是线性的,则称此规划为二次规划。

MATLAB 中二次规划的标准型为

$$\min \frac{1}{2}\boldsymbol{x}^\mathrm{T}\boldsymbol{H}\boldsymbol{x}+\boldsymbol{f}^\mathrm{T}\boldsymbol{x},$$

$$\text{s.t.} \begin{cases} \boldsymbol{A}\cdot\boldsymbol{x}\leq\boldsymbol{b}, \\ \boldsymbol{A}eq\cdot\boldsymbol{x}=\boldsymbol{beq}, \\ \boldsymbol{lb}\leq\boldsymbol{x}\leq\boldsymbol{ub}. \end{cases}$$

式中:H 是实对称矩阵;f,b,beq,lb,ub 是列矢量;A,Aeq 是相应维数的矩阵。

MATLAB 中求解二次规划的命令是

[x,fval] = quadprog(H,f,A,b,Aeq,beq,lb,ub,x0,options)

返回值 x 是决策矢量 x 的最优解,返回值 fval 是目标函数的最优值。

6.3.3 非线性规划实例

例6.9 某产品加工厂需要用两种主要的原材料(A 和 B)加工成甲和乙两种产品,甲和乙两种产品需要原料 A 的最低比例分别为 50% 和 60%,甲、乙两种产品每吨售价分别为 4.8 千元和 5.6 千元。该厂现有原材料 A 和 B 的库存量分别为 500t 和 1000t,因生产需要,现拟从市场上购买不超过 1500t 的原材料 A,其市场价格为:购买量不超过 500t 时,单价为 10 千元/t;购买量超过 500t 但不超过 1000t 时,超过 500t 的部分单价为 8 千元/t;购买量超过 1000t 时,超过 1000t 的部分单价为 6 千元/t。

该工厂应如何安排采购和加工生产计划,使得利润最大?

解 设原料 A 的购买量为 x(单位:t),根据问题的实际情况,采购单价与采购数量有关,即为采购量 x 的分段函数,原料 A 的购买量 x 的费用记为 $c(x)$(单位:千元),则有

$$c(x)=\begin{cases} 10x, & 0\leq x\leq 500, \\ 5000+8(x-500), & 500<x\leq 1000, \\ 9000+6(x-1000), & 1000<x\leq 1500. \end{cases}$$

设原材料 A 用于生产甲、乙两种产品数量分别为 x_{11},x_{12}(t),原材料 B 用于生产甲、乙两种产品的数量分别为 x_{21},x_{22}(t)。

(1) 目标函数。总收入为
$$4.8(x_{11}+x_{21})+5.6(x_{12}+x_{22}).$$
于是问题的目标是总的利润
$$z=4.8(x_{11}+x_{21})+5.6(x_{12}+x_{22})-c(x)$$
达到最大,即目标函数为
$$\max z=4.8(x_{11}+x_{21})+5.6(x_{12}+x_{22})-c(x).$$

(2) 约束条件。问题的约束条件分为 3 类:两种原材料的库存限制;原材料 A 的购买量的限制;两种原材料的加工比例限制。

① 两种原材料的库存限制:
$$x_{11}+x_{12} \leq 500+x,$$
$$x_{21}+x_{22} \leq 1000.$$

② 原材料的购买量限制:
$$x \leq 1500.$$

③ 两种原材料的加工比例限制:
$$\frac{x_{11}}{x_{11}+x_{21}} \geq 0.5,$$
$$\frac{x_{12}}{x_{12}+x_{22}} \geq 0.6.$$

可以把上述两约束条件化简为线性约束条件:
$$-x_{11}+x_{21} \leq 0,$$
$$-0.4x_{12}+0.6x_{22} \leq 0.$$

综上所述,建立如下的非线性规划模型:
$$\max z=4.8(x_{11}+x_{21})+5.6(x_{12}+x_{22})-c(x),$$
$$\text{s.t.} \begin{cases} x_{11}+x_{12} \leq 500+x, \\ x_{21}+x_{22} \leq 1000, \\ x \leq 1500, \\ -x_{11}+x_{21} \leq 0, \\ -0.4x_{12}+0.6x_{22} \leq 0, \\ x_{11},x_{12},x_{21},x_{22},x \geq 0, \end{cases}$$

其中
$$c(x) = \begin{cases} 10x, & 0 \leq x \leq 500, \\ 1000+8x, & 500 < x \leq 1000, \\ 3000+6x, & 1000 < x \leq 1500. \end{cases} \tag{6.17}$$

上述非线性规划问题求解的难点是分段非线性函数 $c(x)$ 的处理,下面使用两种方法求解。

方法一 直接用 LINGO 软件求解

对于规模较小的非线性规划问题,可以直接利用 LINGO 软件求解。利用 LINGO 软件求得的最优解为

$$x_{11}=x_{21}=0, x_{12}=1500, x_{22}=1000, x=1000,$$

其最优值为 $z=5000$，即在原有的 500t 原材料 A 和 1000t 原材料 B 的基础上，再购买 1000t 原材料 A，全部用于生产产品乙，则可以获得最大利润 5000 千元。

计算的 LINGO 程序如下：

```
model:
sets:
num/1..2/;
link(num,num):x;
endsets
max=4.8*(x(1,1)+x(2,1))+5.6*(x(1,2)+x(2,2))-cx;
x(1,1)+x(1,2)<500+xx;
x(2,1)+x(2,2)<1000;
xx<1500;
-x(1,1)+x(2,1)<0;
-0.4*x(1,2)+0.6*x(2,2)<0;
cx=10*xx*@if(xx#le#500,1,0)+(1000+8*xx)*@if(xx#gt#500 #and# xx#le#1000,1,0)+
(3000+6*xx)*@if(xx#gt#1000 #and# xx#le#1500,1,0);
end
```

注 6.7 运行上述 LINGO 程序，必须把求解器设置为全局求解器，即在 Options 中将"Use Global Solver"一项打上"√"，否则会提示"找不到可行解"。

方法二　将非线性规划线性化

为了将分段函数 $c(x)$ 线性化，引入 3 个 0—1 变量：

$$z_1 = \begin{cases} 1, & \text{以 10 千元/t 的价格采购原料 A,} \\ 0, & \text{否则,} \end{cases}$$

$$z_2 = \begin{cases} 1, & \text{以 8 千元/t 的价格采购原料 A,} \\ 0, & \text{否则,} \end{cases}$$

$$z_3 = \begin{cases} 1, & \text{以 6 千元/t 的价格采购原料 A,} \\ 0, & \text{否则,} \end{cases}$$

设 y_1, y_2, y_3 分别表示以价格 10 千元/t、8 千元/t、6 千元/t 采购的原料 A 的吨数，则有 $x=y_1+y_2+y_3$，于是可以把 $c(x)$ 线性化为

$$c(y_1, y_2, y_3) = 10y_1 + 8y_2 + 6y_3,$$
$$500z_2 \leqslant y_1 \leqslant 500z_1,$$
$$500z_3 \leqslant y_2 \leqslant 500z_2,$$
$$y_3 \leqslant 500z_3.$$

最终得到混合 0—1 整数线性规划模型：

$$\max z = 4.8(x_{11}+x_{21}) + 5.6(x_{12}+x_{22}) - (10y_1 + 8y_2 + 6y_3),$$

$$\text{s. t.}\begin{cases} x_{11}+x_{12} \leqslant 500+y_1+y_2+y_3, \\ x_{21}+x_{22} \leqslant 1000, \\ y_1+y_2+y_3 \leqslant 1500, \\ -x_{11}+x_{21} \leqslant 0, \\ -0.4x_{12}+0.6x_{22} \leqslant 0, \\ 500z_2 \leqslant y_1 \leqslant 500z_1, \\ 500z_3 \leqslant y_2 \leqslant 500z_2, \\ y_3 \leqslant 500z_3, \\ x_{11},x_{12},x_{21},x_{22} \geqslant 0, \\ y_i \geqslant 0, \quad i=1,2,3, \\ z_i=0 \text{ 或 } 1, \quad i=1,2,3. \end{cases}$$

利用 LINGO 软件，求得的最优解为

$$x_{11}=0, x_{12}=1500, x_{21}=0, x_{22}=1000,$$
$$y_1=y_2=500, y_3=0, z_1=z_2=z_3=1,$$

目标函数的最优值为 $z=5000$ 千元。

计算的 LINGO 程序如下：

```
model:
sets:
num1/1..2/;
link(num1,num1):x;
num2/1..3/:y,z,pr;
endsets
data:
pr=10,8,6;
enddata
max=4.8*(x(1,1)+x(2,1))+5.6*(x(1,2)+x(2,2))-@sum(num2:pr*y);
x(1,1)+x(1,2)<500+@sum(num2:y);
x(2,1)+x(2,2)<1000;
@sum(num2:y)<1500;
-x(1,1)+x(2,1)<0;
-0.4*x(1,2)+0.6*x(2,2)<0;
@for(num2(i)|i#lt#3:500*z(i+1)<y(i);y(i)<500*z(i));
y(3)<500*z(3);
@for(num2:@bin(z));
end
```

6.4 多目标规划求解简介

数学规划只能解决一组约束条件下,求某一个目标函数达到最大值或最小值的问题。而在实际决策中,衡量方案优劣一般需考虑多个目标。在这些目标中,有主要的,也有次要的;有最大值的,也有最小值的;有定量的,也有定性的;有相互补充的,也有相互对立的。这些都是多目标规划考虑的问题。美国经济学家查恩斯(A. Charnes)和库柏(W. W. Cooper)在1961年出版的《管理模型及线性规划的工业应用》一书中,首先提出目标规划的概念。

多目标规划的求解方法很多,经常使用的有加权系数法和序贯解法。

1. 加权系数法

为每一目标赋一个权系数,把多目标模型转化成单一目标的数学规划模型。但困难是要确定合理的权系数,以反映不同目标之间的重要程度。

2. 序贯解法

将各目标按其重要程度不同的优先等级,依次转化为多个数学规划模型。

下面给出一个多目标规划的序贯解法实例。

例 6.10(电动汽车充电站资源配置) 某城市充电站的建设分为4个等级,具体如下:一级充电站,每天可为350辆车提供充电、电池更换服务;二级充电站,每天可为250辆车提供充电、电池更换服务;三级充电站,每天可为110辆车提供充电、电池更换服务;四级充电站,每天可为70辆车提供充电、电池更换服务。

该城市一个区域内的用户需求点的数目为30个、候选充电站为10个,需求点与候选点位置坐标(单位:m)如表6.10和表6.11所示,充电站的等级及其建设成本如表6.12所示。假设电动汽车的单位里程充电成本都为1元/km,根据电动汽车客户分布的特点,请建立一个同时考虑充电站初始建设成本和用户充电成本最小化的多等级充电站选址模型,并确定充电站选址的位置、每个充电站的建设等级及各个需求点车辆选择充电站的分布情况。

表 6.10 需求点位置坐标及需求车辆数

需求点	1	2	3	4	5	6	7	8	9	10
x	1268.5	1222.6	1345.3	1151.5	1265.7	1207.6	1167.4	1166.5	1142.1	1045.7
y	453.6	427.4	492.9	429.2	527.5	589.3	630.5	582.8	528.5	503.2
车辆数	33	35	22	29	28	34	37	45	37	45
需求点	11	12	13	14	15	16	17	18	19	20
x	1087.8	948.3	831.3	816.3	927.7	823.8	816.3	689.9	760.2	678.7
y	597.7	605.2	426.4	350.6	382.4	493.8	584.6	444.2	241.1	272.0
车辆数	50	33	29	35	43	42	23	34	31	37
需求点	21	22	23	24	25	26	27	28	29	30
x	567.3	568.2	529.9	420.3	191.9	240.6	400.7	541.1	596.3	695.6
y	409.6	333.7	462.0	459.2	335.6	211.1	204.6	235.4	482.6	501.3
车辆数	41	24	29	32	32	22	24	26	33	31

表 6.11 充电站候选点位置坐标

候选点	A	B	C	D	E	F	G	H	I	J
x	1284.4	1162.7	1158.0	857.5	772.3	725.5	574.8	464.3	206.0	920.2
y	463.9	593.1	418.9	562.2	343.1	302.9	448.9	377.7	315.0	427.4

表 6.12 充电站等级及建设成本

充电站等级	1	2	3	4
服务能力/(辆/天)	350	250	110	70
建设成本/万元	650	530	400	350

解 用 $i=1,2,\cdots,30$ 表示 30 个需求点，$j=1,2,\cdots,10$ 表示 10 个充电站候选点，$k=1,2,3,4$ 表示第 k 等级的充电站；a_i 表示第 i 个需求点的车辆数，b_k、c_k 分别表示第 k 等级充电站的服务能力和建设成本。d_{ij} 表示第 i 个需求点与第 j 个充电站候选点之间的距离。计算距离矩阵 $\boldsymbol{D}=(d_{ij})_{30\times 10}$ 及保存数据的 MATLAB 程序如下：

```
clc, clear
a=load('gdata6_10_1.txt');           %加载30个需求点的数据
x=a([2:4:end],:)'; y=a([3:4:end],:)';%提出需求点的x,y坐标
b=[x(:),y(:)];
c=load('gdata6_10_2.txt');           %加载10个候选点数据
d=dist(b,c)/1000    %求30个需求点与10个候选点之间的两两距离(单位:km)
e=a([4:4:end],:);                    %提出各需求点的车辆数
xlswrite('gdata6_10_3.xlsx',d)
xlswrite('gdata6_10_3.xlsx',e,1,'A32')
```

引进 0—1 变量：

$$x_{jk}=\begin{cases}1, & \text{第 } j \text{ 个候选点建立第 } k \text{ 等级的充电站,}\\ 0, & \text{第 } j \text{ 个候选点不建立充电站,}\end{cases}$$

$$y_{ij}=\begin{cases}1, & \text{第 } j \text{ 个充电站供第 } i \text{ 个需求点使用,}\\ 0, & \text{第 } j \text{ 个充电站不供第 } i \text{ 个需求点使用.}\end{cases}$$

建立多目标规划模型，目标函数有两个，分别为建设费用最小和需求点到充电站里程对应的充电总成本最小，即

$$\min z_1 = \sum_{j=1}^{10}\sum_{k=1}^{4} c_k x_{jk},$$

$$\min z_2 = \sum_{i=1}^{30}\sum_{j=1}^{10} a_i d_{ij} y_{ij},$$

约束条件包含 4 类：

(1) 每个需求点由一个充电站负责，即

$$\sum_{j=1}^{10} y_{ij} = 1, i=1,2,\cdots,30.$$

(2) 每个充电站要满足所负责需求点的总车辆需求，即

$$\sum_{i=1}^{30} y_{ij} a_i \leq \sum_{k=1}^{4} b_k x_{jk}, j = 1, 2, \cdots, 10.$$

（3）每个候选点最多只能建立一个等级的充电站，即

$$\sum_{k=1}^{4} x_{jk} \leq 1, j = 1, 2, \cdots, 10.$$

（4）两类决策变量之间的关联关系，即

$$y_{ij} \leq \sum_{k=1}^{4} x_{jk}, i = 1, 2, \cdots, 30; j = 1, 2, \cdots, 10.$$

综上所述，建立如下的多目标规划模型：

$$\min z_1 = \sum_{j=1}^{10} \sum_{k=1}^{4} c_k x_{jk},$$

$$\min z_2 = \sum_{i=1}^{30} \sum_{j=1}^{10} a_i d_{ij} y_{ij},$$

$$\text{s. t.} \begin{cases} \sum_{j=1}^{10} y_{ij} = 1, i = 1, 2, \cdots, 30, \\ \sum_{i=1}^{30} y_{ij} a_i \leq \sum_{k=1}^{4} b_k x_{jk}, j = 1, 2, \cdots, 10, \\ \sum_{k=1}^{4} x_{jk} \leq 1, j = 1, 2, \cdots, 10, \\ y_{ij} \leq \sum_{k=1}^{4} x_{jk}, i = 1, 2, \cdots, 30; j = 1, 2, \cdots, 10, \\ x_{jk}, y_{ij} = 0 \text{ 或 } 1, i = 1, 2, \cdots, 30; j = 1, 2, \cdots, 10; k = 1, 2, 3, 4. \end{cases}$$

使用序贯解法求解上述多目标 0—1 整数规划模型，即先解下述模型：

$$\min z_1 = \sum_{j=1}^{10} \sum_{k=1}^{4} c_k x_{jk},$$

$$\text{s. t.} \begin{cases} \sum_{j=1}^{10} y_{ij} = 1, i = 1, 2, \cdots, 30, \\ \sum_{i=1}^{30} y_{ij} a_i \leq \sum_{k=1}^{4} b_k x_{jk}, j = 1, 2, \cdots, 10, \\ \sum_{k=1}^{4} x_{jk} \leq 1, j = 1, 2, \cdots, 10, \\ y_{ij} \leq \sum_{k=1}^{4} x_{jk}, i = 1, 2, \cdots, 30; j = 1, 2, \cdots, 10, \\ x_{jk}, y_{ij} = 0 \text{ 或 } 1, i = 1, 2, \cdots, 30; j = 1, 2, \cdots, 10; k = 1, 2, 3, 4. \end{cases}$$

求得的目标函数的最优值为 1950 万元，计算的 LINGO 程序如下：

```
model:
sets:
need/1..30/:a;
select/1..10/;
```

```
grade/1..4/:b,c;
link1(need,select):d,y;
link2(select,grade):x;
endsets
data:
d=@ole(gdata6_10_3.xlsx,A1:J30);
a=@ole(gdata6_10_3.xlsx,A32:J34);
b=350,250,110,70;
c=650,530,400,350;
enddata
min=@sum(link2(j,k):c(k)*x(j,k));
@for(need(i):@sum(select(j):y(i,j))=1);
@for(select(j):@sum(need(i):a(i)*y(i,j))<@sum(grade(k):b(k)*x(j,k)));
@for(select(j):@sum(grade(k):x(j,k))<1);
@for(link1(i,j):y(i,j)<@sum(grade(k):x(j,k)));
@for(link1:@bin(y)); @for(link2:@bin(x));
end
```

再求解如下的 0—1 整数规划模型：

$$\min z_2 = \sum_{i=1}^{30}\sum_{j=1}^{10} a_i d_{ij} y_{ij},$$

$$\text{s. t.} \begin{cases} \sum_{j=1}^{10} y_{ij} = 1, i = 1,2,\cdots,30, \\ \sum_{i=1}^{30} y_{ij} a_i \leqslant \sum_{k=1}^{4} b_k x_{jk}, j = 1,2,\cdots,10, \\ \sum_{k=1}^{4} x_{jk} \leqslant 1, j = 1,2,\cdots,10, \\ y_{ij} \leqslant \sum_{k=1}^{4} x_{jk}, i = 1,2,\cdots,30; j = 1,2,\cdots,10, \\ x_{jk}, y_{ij} = 0 \text{ 或 } 1, i = 1,2,\cdots,30; j = 1,2,\cdots,10; k = 1,2,3,4, \\ \sum_{j=1}^{10}\sum_{k=1}^{4} c_k x_{jk} = 1950. \end{cases}$$

利用 LINGO 软件，求得的目标函数的最优值为 138.1405 元，求得的充电站的设置方式如表 6.13 所示。各充电站点负责的需求点如表 6.14 所示。

表 6.13 充电站设置点及等级

设置充电站的候选点	B	G	J
充电站等级	1	1	1

表6.14　各充电站负责的需求点

充 电 站	需 求 点
B	1,2,3,4,5,6,7,8,9,11
G	18,21,22,23,24,25,26,27,28,29,30
J	10,12,13,14,15,16,17,19,20

计算的 LINGO 程序如下：

```
model:
sets:
need/1..30/:a;
select/1..10/;
grade/1..4/:b,c;
link1(need,select):d,y;
link2(select,grade):x;
endsets
data:
d=@ole(gdata6_10_3.xlsx,A1:J30);
a=@ole(gdata6_10_3.xlsx,A32:J34);
b=350,250,110,70;
c=650,530,400,350;
enddata
min=@sum(link1(i,j):a(i)*d(i,j)*y(i,j));
@for(need(i):@sum(select(j):y(i,j))=1);
@for(select(j):@sum(need(i):a(i)*y(i,j))<@sum(grade(k):b(k)*x(j,k)));
@for(select(j):@sum(grade(k):x(j,k))<1);
@for(link1(i,j):y(i,j)<@sum(grade(k):x(j,k)));
@for(link1:@bin(y));@for(link2:@bin(x));
@sum(link2(j,k):c(k)*x(j,k))=1950;
end
```

习　题　6

6.1　一食品公司按一份合同向一群顾客每人供应一份特殊食品。每份食品要求达到最低的营养标准为：热量 2860kJ，蛋白质 80g，铁 15mg，烟酸 20mg，维生素 A20000μg。表 6.15 给出了现有食品的单价和营养结构。

表 6.15 食物结构表

食品	单价/(元/50g)	热量/kJ	蛋白质/g	铁/mg	烟酸/mg	维生素 A/μg
牛肉	2	309	26	3.1	4.1	
面包	0.3	276	0.6	0.6	0.9	
胡萝卜	0.1	42	8.5	0.6	0.4	12000
鸡蛋	0.3	162	12.8	2.7	0.3	1140
鱼	1.8	182	26.2	0.8	10.5	

（1）求达到营养标准所需食品的最小费用。
（2）如果选了鸡蛋就必须选胡萝卜，费用如何变化？
（3）如果牛肉和鱼只能选一样，费用如何变化？

6.2 要将一些不同类型的物品装到一艘货船上，这些物品的有关数据如表 6.16 所示。

表 6.16 物品装船数据

编号	单位质量/kg	单位体积/m³	冷藏要求	可燃指数	价值/元
1	21	4	要	0.2	12
2	16	2	否	0.2	11
3	18	3	要	0.1	13
4	12	2	否	0.2	10
5	9	1	否	0.1	9
6	32	4	要	0.3	15

已知该船的载重量为 400000kg，总容积为 55000m³，其中可冷藏的容积为 8500m³，允许的可燃总指标不能超过 700，每种物品装载的件数不限，但必须整件装，如何装载才能使装载的物品价值最大？

6.3 一单位一周中每天要求的工作人数如表 6.17 所示。

表 6.17 每天工作人数需求

周一	周二	周三	周四	周五	周六	周日
17	13	15	19	14	16	11

工会要求每个雇员工作五天要连续休息两天。如果每个雇员的成本是相同的，请完成下列要求：
（1）求成本最小的雇员安排。
（2）如果有附加条件，雇员不能同时在周六和周日工作，应怎样安排？
（3）如果雇员在周六工作了，则必须在周日工作，并且周末工作日将获得 1.2 倍工资，应怎样安排？

6.4 某公司有资金 4 万元，可向 A,B,C 三个项目投资，已知各项目的投资回报如表 6.18 所示，求最大投资回报。

表 6.18 投资及收益数据

项 目	投资额及收益			
	1	2	3	4
A	0.41	0.48	0.6	0.66
B	0.42	0.5	0.6	0.66
C	0.64	0.68	0.78	0.76

6.5 某公司生产某种商品,目前工厂有工人290人,生产能力是每人每月20件,现在已经是12月底,库存量为0。根据预测,明年市场对该商品的需求量如表6.19所示。

表 6.19 明年市场的需求量

月份	1	2	3	4	5	6
需求量/件	5300	5100	4400	2800	4100	4800
月份	7	8	9	10	11	12
需求量/件	6000	7100	7300	7800	7600	6400

要求根据这份预测数据对明年的生产和库存做出计划。明年公司经理可以采用下述手段:

(1) 正常生产和加班生产。正常生产每人每月20件,而加班生产每人每月不超过6件,且每加班生产一件增加费用20美元。

(2) 解雇或雇佣工人。对相邻的两个月,增加或减少的工人人数不得超过40人,而且每解雇一个工人需要支付420美元违约金,对新雇佣一个工人,需要支付300美元培训费。

(3) 库存。多余的产品可以存放在仓库中,每月每件产品的存储费为6美元。

试制订一个以总费用最少为目标的生产库存计划,并要求在明年12月底无库存。

第7章 综合评价方法

综合评价是指对评价对象所进行的客观、公正、合理的评价,具体来说就是对一个复杂系统的多属性、多个因素的指标数据信息,应用定量的方法进行加工和提炼,以得到研究对象优劣等级的一种评价方法。其目的是根据系统的属性判断评价对象的优劣,并进行综合排序或分类。综合评价是决策的前提,正确的决策源于科学的综合评价。

7.1 综合评价的基本理论和数据预处理

7.1.1 综合评价的基本概念

1. 综合评价问题的基本要素

一般地,一个综合评价问题由评价对象、评价指标、权重系数、综合评价模型和评价者五个基本要素组成。

1) 评价对象

评价对象就是综合评价问题中所研究的对象,或称为系统。通常在一个问题中,评价对象属于同一类,且个数大于1,不妨假设一个综合评价问题中有 n 个评价对象,分别记为 $S_1, S_2, \cdots, S_n (n>1)$。

2) 评价指标

评价指标是反映评价对象的运行(或发展)状况的基本要素。通常的问题都是由多项指标构成的,每一项指标都是从不同的侧面刻画系统所具有某种特征大小的一个度量。

一个综合评价问题的评价指标一般可用一个矢量 x 表示,称为评价指标问题,其中每一个分量就是从一个侧面反映系统的状态,称为综合评价的指标体系。在建立评价指标体系时,一般应遵循以下原则:①系统性;②独立性;③可观测性;④科学性;⑤可比性。不失一般性,设系统有 m 个评价指标,分别记为 $x_1, x_2, \cdots, x_m (m>1)$,即评价指标矢量为 $x = [x_1, x_2, \cdots, x_m]$。

3) 权重系数

每一个综合评价问题都有相应的评价目的,针对某种评价目的,各评价指标之间的相对重要性是不同的,可用权重系数来刻画评价指标之间的这种相对重要性的大小。用 $w_j(j=1,2,\cdots,m)$ 表示评价指标 x_j 的权重系数,一般应满足

$$w_j \geq 0, j = 1, 2, \cdots, m; \quad 且 \sum_{j=1}^{m} w_j = 1.$$

当各评价对象和评价指标值都确定以后,综合评价结果就依赖于权重系数的取值了,即权重系数确定的合理与否,直接关系综合评价结果的可信度,甚至影响最后决策的正确

性。因此,权重系数的确定要特别谨慎,应按一定的方法和原则来确定。

4) 综合评价模型

对于多指标(或多因素)的综合评价问题,就是要通过建立一定的数学模型将多个评价指标值综合成为一个整体的综合评价值,作为综合评价的依据,从而得到相应的评价结果。

不妨假设第 $i(i=1,2,\cdots,n)$ 个评价对象的 m 个评价指标值构成的矢量为 $\boldsymbol{a}_i=[a_{i1},a_{i2},\cdots,a_{im}]$,指标权矢量为 $\boldsymbol{w}=[w_1,w_2,\cdots,w_m]$,由此构造综合评价模型

$$y=f(\boldsymbol{x},\boldsymbol{w}).$$

并计算出第 i 个评价对象的综合评价值 $b_i=f(\boldsymbol{a}_i,\boldsymbol{w})$,根据 $b_i(i=1,2,\cdots,n)$ 值的大小,将这 n 个评价对象进行排序或分类,即得到综合评价结果。

5) 评价者

评价者是直接参与评价的人,可以是一个人,也可以是一个团体。对于评价目的选择、评价指标体系确定、权重系数的确定和评价模型的建立都与评价者有关。因此,评价者在评价过程中的作用不可小视。

2. 综合评价问题的一般过程

综合评价方法的一般过程如下:

(1) 明确评价任务与评价目的。一般来说,对评价对象进行评价的目的主要有两个:一是总结性评价,如评优、评先等;二是发展性评价,如方案的选择、候选人的确定等。评价的目的取决于评价者或决策者。

(2) 确定评价对象。评价对象的选取要具有普遍性、可比性、可测性。

(3) 建立评价指标体系。包括评价指标的原始值、评价指标的预处理等,评价指标体系的建立应根据评价问题而定,应遵循系统性、科学性、可比性、可观测性、独立性等原则。

(4) 确定评价指标的权重系数。评价指标权重系数的确定是综合评价结果是否可靠、可信的一个核心问题。指标权重系数的确定带有一定的主观性,用不同方法确定的权重可能不尽一致,这将导致权重分配的不确定性,最终可能导致评价结果的不确定性。因而在实际工作中,不论用哪种方法确定权重分配,都应当依赖较为合理的专业解释。

(5) 选择或构造综合评价模型。一般来说,对同样的评价对象,选用不同的评价方法与评价模型得到的评价结果可能会不尽相同,这时可进一步将多种评价结果进行组合分析。

(6) 计算各对象的综合评价值。根据综合评价模型,计算综合评价指标值,并给出综合评价结果(即排序或分类选择)。

综合评价是一个相当复杂的过程,不仅要求评价方法具有科学性、客观性和合理性,而且还要求评价过程具有透明性和再现性。

7.1.2 综合评价体系的构建

综合评价过程包括评价指标体系的建立、评价指标的预处理、指标权重的确定和评价模型的选择等重要环节。其中评价指标体系的构建与评价指标的筛选是综合评价的重要基础,也是做好综合评价的保证。

1. 评价指标和评价指标体系

所谓指标就是用来评价系统的参量。例如,在校学生规模、教育质量、师资结构、科研水平等,就可以作为评价高等院校综合水平的主要指标。一般来说,任何一个指标都反映和刻画事物的一个侧面。

从指标值的特征来看,指标可以分为定性指标和定量指标。定性指标是用定性的语言作为指标描述值。例如,旅游景区质量等级有 5A、4A、3A、2A 和 1A 之分,则旅游景区质量等级是定性指标,而景区年旅客接待量、门票收入等就是定量指标。

从指标值的变化对评价目的的影响来看,可以将指标分为以下四类:

(1) 极大型指标(又称为效益型指标),即指标值越大越好的指标。

(2) 极小型指标(又称为成本型指标),即指标值越小越好的指标。

(3) 居中型指标,即指标值适中为最好的指标。

(4) 区间型指标,即指标值取在某个区间内为最好的指标。

例如,在评价企业的经济效益时,利润作为指标,其值越大,经济效益就越好,这就是效益型指标;而管理费用作为指标,其值越小,经济效益就越好,所以管理费用是成本型指标。投标报价既不能太高又不能太低,其值的变化范围一般是 $(90\%, 1.05\%) \times$ 标的价,超过此范围的报价都将被淘汰,因此投标报价为区间型指标。投标工期既不能太长又不能太短,因此是居中型指标。

在实际中,不论按什么方式对指标进行分类,不同类型的指标可以通过相应的数学方法进行相互转换。所谓评价指标体系就是由众多评价指标组成的指标系统。在指标体系中,每个指标对系统的某种特征进行度量,共同形成对系统的完整刻画。

2. 评价指标体系的构建步骤与筛选原则

为了对多层次、多因素的问题进行综合评价,必须构建一个科学、合理的评价指标体系,使大量相互关联、相互制约的因素条理化、层次化。指标体系应集中反映评价目标的主要特征和层次结构,区分各层目标和单个目标对系统整体评价的影响程度。对于定性指标,要用适当方法进行量化处理。

评价指标体系的构建是一个复杂的过程,要在系统分析的基础上,做到科学合理、符合系统实际,并为相关人员所接受。其基本步骤如下:

(1) 针对具体问题收集相关资料,提出综合评价目标及其影响因素。

(2) 分析和比较各影响因素之间的关系,对指标进行筛选。

(3) 经过优化后确定指标之间的层次和结构,即得到评价指标体系。

在评价指标体系的构建中,评价指标数量的设置要适度,并不是越多越好,指标过多,不能保证完全独立性;但也不是越少越好,评价指标过少,可能缺乏足够的代表性,产生片面性。因此,在建立评价指标体系时应该遵循以下原则。

(1) 系统性:指标体系应能全面反映评价对象的本质特征和整体性能。应注意使指标体系层次清楚、结构合理、相互关联、协调一致。要抓住主要因素,以保证评价的全面性和可信度。

(2) 独立性:同层次的指标不应具有包含关系,保证指标能从不同方面反映系统的实际情况。

(3) 可观测性:指标能够被测定或度量,尽可能用数字说话。评价指标含义要明确,数据要规范,口径要一致,资料收集要简便。指标设计必须符合国家和地方的方针、政策、法规。

(4) 科学性:以科学理论为指导,定性与定量分析相结合,正确反映系统整体和内部相互关系的数量特征。定量指标注意绝对量和相对量结合使用。

(5) 可比性:评价指标体系可比性越强,评价效果的可信度越高。评价指标和评价标准的制定要客观实际,便于比较。指标标准化处理中要保持同趋势化,以保证指标之间的可比性。

3. 评价指标的筛选方法

筛选评价指标,要根据综合评价的目的,针对具体的评价对象、评价内容收集有关指标信息,采用适当的筛选方法对指标进行筛选,合理地选取主要指标,剔除次要指标,以简化评价指标体系。常用的评价指标筛选方法主要有专家调研法、最小均方差法、极大极小离差法等。

1) 专家调研法(Delphi 法)

评价者根据评价目标和评价对象的特征,首先设计出一系列指标的调查表,向若干专家咨询和征求对指标的意见,然后进行统计处理,并反馈意见处理结果,经几轮咨询,当专家意见趋于集中时,将专家意见集中的指标作为评价指标,从而建立起综合评价指标体系。

2) 最小均方差法

对于 n 个评价对象 $S_1, S_2, \cdots, S_n$,每个评价对象有 m 个指标,其观测值为

$$a_{ij}, \quad i=1,2,\cdots,n; j=1,2,\cdots,m.$$

如果 n 个评价对象关于某项指标的观测值都差不多,那么不管这个评价指标重要与否,对于这 n 个评价对象的评价结果所起的作用都很小。因此,在评价过程中可以删除这样的评价指标。

最小均方差法的筛选过程如下:

(1) 求出第 j 项指标的平均值和均方差,即

$$\mu_j = \frac{1}{n}\sum_{i=1}^{n} a_{ij}, s_j = \sqrt{\frac{1}{n}\sum_{i=1}^{n}(a_{ij}-\mu_j)^2}, \quad j=1,2,\cdots,m.$$

(2) 求出最小均方差,即

$$s_{j_0} = \min_{1 \leqslant j \leqslant m}\{s_j\}.$$

(3) 如果最小均方差 $s_{j_0} \approx 0$,则可删除与 s_{j_0} 对应的指标 x_{j_0}。考查完所有指标,即可得到最终的评价指标体系。

最小均方差法只考虑了指标的差异程度,容易将重要的指标删除。

3) 极大极小离差法

对于 n 个评价对象 $S_1, S_2, \cdots, S_n$,每个评价对象有 m 个指标,其观测值为

$$a_{ij}, \quad i=1,2,\cdots,n; j=1,2,\cdots,m.$$

极大极小离差法的筛选过程如下:

(1) 求出第 j 项指标的最大离差,即

$$d_j = \max_{1 \leqslant i < k \leqslant n}\{|a_{ij}-a_{kj}|\}, \quad j=1,2,\cdots,m.$$

（2）求出最小离差，即

$$d_{j_0} = \min_{1 \leq j \leq n} \{d_j\}.$$

（3）如果最小离差 $d_{j_0} \approx 0$，则可删除与 d_{j_0} 对应的指标 x_{j_0}。考查完所有指标，即可得到最终的评价指标体系。

常用的评价指标筛选方法还有条件广义方差极小法、极大不相关法等，可参阅相关资料。

7.1.3 评价指标的预处理方法

一般情况下，在综合评价指标中，各指标值可能属于不同类型、不同单位或不同数量级，从而使得各指标之间存在着不可公度性，给综合评价带来诸多不便。为了尽可能地反映实际情况，消除由于各项指标间的这些差别带来的影响，避免出现不合理的评价结果，需要对评价指标进行一定的预处理，包括对指标的一致化处理和无量纲化处理。

1. 指标的一致化处理

所谓一致化处理就是将评价指标的类型进行统一。一般来说，在评价指标体系中，可能同时存在极大型指标、极小型指标、居中型指标和区间型指标，它们都具有不同的特点。若指标体系中存在不同类型的指标，则必须在综合评价之前将评价指标的类型做一致化处理。例如，将各类指标都转化为极大型指标或极小型指标。一般的做法是将非极大型指标转化为极大型指标。但是，在不同的指标权重确定方法和评价模型中，指标一致化处理也有差异。

1) 极小型指标化为极大型指标

对极小型指标 x_j，将其转化为极大型指标时，只需对指标 x_j 取倒数：

$$x_j' = \frac{1}{x_j},$$

或做平移变换：

$$x_j' = M_j - x_j,$$

其中 $M_j = \max_{1 \leq i \leq n} \{a_{ij}\}$，即 n 个评价对象第 j 项指标值 a_{ij} 最大者。

2) 居中型指标化为极大型指标

对居中型指标 x_j，令 $M_j = \max_{1 \leq i \leq n} \{a_{ij}\}$，$m_j = \min_{1 \leq i \leq n} \{a_{ij}\}$，取

$$x_j' = \begin{cases} \dfrac{2(x_j - m_j)}{M_j - m_j}, & m_j \leq x_j \leq \dfrac{M_j + m_j}{2}, \\ \dfrac{2(M_j - x_j)}{M_j - m_j}, & \dfrac{M_j + m_j}{2} \leq x_j \leq M_j. \end{cases}$$

就可以将 x_j 转化为极大型指标。

3) 区间型指标化为极大型指标

对区间型指标 x_j，其值介于区间 $[b_j^{(1)}, b_j^{(2)}]$ 内时为最好，指标值离该区间越远就越差。令 $M_j = \max_{1 \leq i \leq n} \{a_{ij}\}$，$m_j = \min_{1 \leq i \leq n} \{a_{ij}\}$，$c_j = \max\{b_j^{(1)} - m_j, M_j - b_j^{(2)}\}$，取

$$x_j' = \begin{cases} 1 - \dfrac{b_j^{(1)} - x_j}{c_j}, & x_j < b_j^{(1)}, \\ 1, & b_j^{(1)} \leq x_j \leq b_j^{(2)}, \\ 1 - \dfrac{x_j - b_j^{(2)}}{c_j}, & x_j > b_j^{(2)}. \end{cases}$$

就可以将区间型指标 x_j 转化为极大型指标。

类似地,通过适当的数学变换,也可以将极大型指标、居中型指标转化为极小型指标。

2. 指标的无量纲化处理

所谓无量纲化,也称为指标的规范化,是通过数学变换来消除原始指标的单位及其数值数量级影响的过程。因此,有指标的实际值和评价值之分。一般地,将指标无量纲化处理以后的值称为指标评价值。无量纲化过程就是将指标实际值转化为指标评价值的过程。

对于 n 个评价对象 $S_1, S_2, \cdots, S_n$,每个评价对象有 m 个指标,其观测值为
$$a_{ij}, \quad i=1,2,\cdots,n; j=1,2,\cdots,m.$$

1) 标准样本变换法

令
$$a_{ij}^* = \frac{a_{ij} - \mu_j}{s_j}, \quad 1 \leq i \leq n, 1 \leq j \leq m,$$

其中样本均值 $\mu_j = \dfrac{1}{n}\sum_{i=1}^{n} a_{ij}$,样本均方差 $s_j = \sqrt{\dfrac{1}{n}\sum_{i=1}^{n}(a_{ij}-\mu_j)^2}$,称为标准观测值。

注 7.1 对于要求评价指标值 $a_{ij}^* > 0$ 的评价方法,如熵权法和几何加权平均法等,该数据处理方法不适用。

2) 比例变换法

对于极大型指标,令
$$a_{ij}^* = \frac{a_{ij}}{\max\limits_{1 \leq i \leq n} a_{ij}}, \quad \max\limits_{1 \leq i \leq n} a_{ij} \neq 0, 1 \leq i \leq n, 1 \leq j \leq m.$$

对极小型指标,令
$$a_{ij}^* = \frac{\min\limits_{1 \leq i \leq n} a_{ij}}{a_{ij}}, \quad 1 \leq i \leq n, 1 \leq j \leq m,$$

或
$$a_{ij}^* = 1 - \frac{a_{ij}}{\max\limits_{1 \leq i \leq n} a_{ij}}, \quad \max\limits_{1 \leq i \leq n} a_{ij} \neq 0, 1 \leq i \leq n, 1 \leq j \leq m.$$

该方法的优点是这些变换前后的属性值成比例。但对任一指标来说,变换后的 $a_{ij}^* = 1$ 和 $a_{ij}^* = 0$ 不一定同时出现。

3) 矢量归一化法

对于极大型指标,令

$$a_{ij}^* = \frac{a_{ij}}{\sqrt{\sum_{i=1}^{n} a_{ij}^2}}, \quad i = 1, 2, \cdots, n, 1 \leqslant j \leqslant m.$$

对于极小型指标,令

$$a_{ij}^* = 1 - \frac{a_{ij}}{\sqrt{\sum_{i=1}^{n} a_{ij}^2}}, \quad i = 1, 2, \cdots, n, 1 \leqslant j \leqslant m.$$

4) 极差变换法

对于极大型指标,令

$$a_{ij}^* = \frac{a_{ij} - \min\limits_{1 \leqslant i \leqslant n} a_{ij}}{\max\limits_{1 \leqslant i \leqslant n} a_{ij} - \min\limits_{1 \leqslant i \leqslant n} a_{ij}}, \quad 1 \leqslant i \leqslant n, 1 \leqslant j \leqslant m.$$

对于极小型指标,令

$$a_{ij}^* = \frac{\max\limits_{1 \leqslant i \leqslant n} a_{ij} - a_{ij}}{\max\limits_{1 \leqslant i \leqslant n} a_{ij} - \min\limits_{1 \leqslant i \leqslant n} a_{ij}}, \quad 1 \leqslant i \leqslant n, 1 \leqslant j \leqslant m.$$

其特点为经过极差变换后,均有 $0 \leqslant a_{ij}^* \leqslant 1$,且最优指标值 $a_{ij}^* = 1$,最劣指标值 $a_{ij}^* = 0$。该方法的缺点是变换前后的各指标值不成比例。

5) 功效系数法

令

$$a_{ij}^* = c + \frac{a_{ij} - \min\limits_{1 \leqslant i \leqslant n} a_{ij}}{\max\limits_{1 \leqslant i \leqslant n} a_{ij} - \min\limits_{1 \leqslant i \leqslant n} a_{ij}} \times d, \quad 1 \leqslant i \leqslant n, 1 \leqslant j \leqslant m,$$

式中:c, d 为确定的常数,其中,c 为平移量,表示指标实际基础值,d 为旋转量,表示"放大"或"缩小"的倍数,则 $a_{ij}^* \in [c, c+d]$。

通常取 $c = 60, d = 40$,即

$$a_{ij}^* = 60 + \frac{a_{ij} - \min\limits_{1 \leqslant i \leqslant n} a_{ij}}{\max\limits_{1 \leqslant i \leqslant n} a_{ij} - \min\limits_{1 \leqslant i \leqslant n} a_{ij}} \times 40, \quad 1 \leqslant i \leqslant n, 1 \leqslant j \leqslant m.$$

则 a_{ij}^* 实际基础值为 60,最大值为 100,即 $a_{ij}^* \in [60, 100]$。

3. 定性指标的定量化

在综合评价工作中,有些评价指标是定性指标,即只给出定性的描述,如质量很好、性能一般、可靠性高等。对于这些指标,在进行综合评价时,必须先通过适当的方式进行赋值,使其量化。一般来说,对于指标最优值可赋值 1,对于指标最劣值可赋值 0。对极大型和极小型定性指标常按以下方式赋值。

1) 极大型定性指标量化方法

对于极大型定性指标而言,如果指标能分为很低、低、一般、高和很高五个等级,则可以分别取量化值为 0, 0.3, 0.5, 0.7, 1,对应关系如表 7.1 所示。介于两个等级之间的指标,可以取两个分值之间的适当数值作为量化值。

表 7.1　极大型定性指标对应量化值

等级	很低	低	一般	高	很高
量化值	0	0.3	0.5	0.7	1

2）极小型定性指标量化方法

对于极小型定性指标而言，如果指标能分为很高、高、一般、低和很低五个等级，则可以分别取量化值为 0,0.3,0.5,0.7,1，对应关系如表 7.2 所示。介于两个等级之间的指标，可以取两个分值之间的适当数值作为量化值。

表 7.2　极小型定性指标对应量化值

等级	很高	高	一般	低	很低
量化值	0	0.3	0.5	0.7	1

7.1.4　评价指标预处理示例

下面我们考虑一个战斗机性能的综合评价问题。

例 7.1　战斗机的性能指标主要包括最大速度、飞行半径、最大负载、隐身性能、垂直起降性能、可靠性、灵敏度等指标和相关费用。综合各方面因素与条件，忽略了隐身性能和垂直起降性能，只考虑余下的 6 项指标，请就 A_1, A_2, A_3 和 A_4 四种类型战斗机的性能进行评价分析，其 6 项指标值如表 7.3 所示。

表 7.3　四种战斗机性能指标数据

	最大速度/马赫数	飞行范围/km	最大负载/磅	费用/美元	可靠性	灵敏度
A_1	2.0	1500	20000	5500000	一般	很高
A_2	2.5	2700	18000	6500000	低	一般
A_3	1.8	2000	21000	4500000	高	高
A_4	2.2	1800	20000	5000000	一般	一般

下面对这些指标数据进行预处理。

假设将 6 项指标依次记为 $x_1, x_2, \cdots, x_6$，首先将 x_5 和 x_6 两项定性指标进行量化处理，量化后的数据如表 7.4 所示。

表 7.4　可靠性与灵敏度指标量化值

	最大速度 x_1	飞行范围 x_2	最大负载 x_3	费用 x_4	可靠性 x_5	灵敏度 x_6
A_1	2.0	1500	20000	5500000	0.5	1
A_2	2.5	2700	18000	6500000	0.3	0.5
A_3	1.8	2000	21000	4500000	0.7	0.7
A_4	2.2	1800	20000	5000000	0.5	0.5

数值型指标中 x_1, x_2, x_3 为极大型指标，费用 x_4 为极小型指标。下面给出几种处理方式的结果。采用矢量归一化法对各指标进行标准化处理，可得评价矩阵 $\boldsymbol{R}_1$ 为

$$R_1 = \begin{bmatrix} 0.4671 & 0.3662 & 0.5056 & 0.4931 & 0.4811 & 0.7089 \\ 0.5839 & 0.6591 & 0.4550 & 0.4010 & 0.2887 & 0.3544 \\ 0.4204 & 0.4882 & 0.5308 & 0.5853 & 0.6736 & 0.4962 \\ 0.5139 & 0.4394 & 0.5056 & 0.5392 & 0.4811 & 0.3544 \end{bmatrix}.$$

采用比例变换法对各数值型指标进行标准化处理,可得评价矩阵 R_2 为

$$R_2 = \begin{bmatrix} 0.8 & 0.5556 & 0.9524 & 0.8182 & 0.7143 & 1 \\ 1 & 1 & 0.8571 & 0.6923 & 0.4286 & 0.5 \\ 0.72 & 0.7407 & 1 & 1 & 1 & 0.7 \\ 0.88 & 0.6667 & 0.9524 & 0.9 & 0.7143 & 0.5 \end{bmatrix}.$$

采用极差变换法对各数值型指标进行标准化处理,可得评价矩阵 R_3 为

$$R_3 = \begin{bmatrix} 0.2857 & 0 & 0.6667 & 0.5 & 0.5 & 1 \\ 1 & 1 & 0 & 0 & 0 & 0 \\ 0 & 0.4167 & 1 & 1 & 1 & 0.4 \\ 0.5714 & 0.25 & 0.75 & 0.75 & 0.5 & 0 \end{bmatrix}.$$

计算的 MATLAB 程序如下:

```
clc, clear
a = load('gdata7_1_1.txt');            %加载表 7.4 中的数据
R1 = a; R2 = a; R3 = a;                %初始化
for j = [1:3,5,6]
    R1(:,j) = R1(:,j)/norm(R1(:,j));   %向量归一化
    R2(:,j) = R1(:,j)/max(R1(:,j));    %比例变换
    R3(:,j) = (R3(:,j)-min(R3(:,j)))/(max(R3(:,j))-min(R3(:,j)));
end
R1(:,4) = 1-R1(:,4)/norm(R1(:,4))
R2(:,4) = min(R2(:,4))./R2(:,4)
R3(:,4) = (max(R3(:,4))-R3(:,4))/(max(R3(:,4))-min(R3(:,4)))
save gdata7_1_2 R1 R2 R3                %把矩阵 R1,R2,R3 保存到 mat 文件中
```

从这三个评价矩阵可以看出,用不同的预处理方法得到的评价矩阵略有不同,即各指标的指标值略有不同,但对评价对象的特征反映趋势是一致的。

7.2 评价指标权重系数的确定方法

在综合评价指标中,要想得到科学、公正、合理的评价结果,必须考虑各项指标对总目标实现的重要程序,即评价指标的权重系数(简称权重),它反映了某项指标在综合评价中的价值系数。根据计算权重时原始数据的来源不同可以分为主观赋权法、客观赋权法和组合赋权法三类确定方法。

7.2.1 主观赋权法

主观赋权法就是根据评价者或专家主观上对各指标的重视程度来确定指标权重系数

的一类方法。常用的主观赋权法有以下几种。

1. 相对比较法

相对比较赋权法的过程：首先将所有的评价指标 $x_j(j=1,2,\cdots,m)$ 分别按行和列排列，构成一个正方形数表；其次根据三级比例标度对任意两个指标的相对重要关系进行分析，并将评分值记入表中相应的位置；再次将各个指标评分值按行求和，得到各个指标的评分总和；最后做归一化处理，求得指标的权重系数。

三级比例标度两两相对比较评分的分值为 q_{jk}，则标度值及其含义如下：

$$q_{jk} = \begin{cases} 1, & \text{当 } x_j \text{ 比 } x_k \text{ 重要时}, \\ 0.5, & \text{当 } x_j \text{ 与 } x_k \text{ 同等重要时}, \\ 0, & \text{当 } x_j \text{ 没有 } x_k \text{ 重要时}. \end{cases}$$

则评分矩阵 $\boldsymbol{Q}=(q_{jk})_{m\times m}$，显然 $q_{jj}=0.5$，$q_{jk}+q_{kj}=1$。则第 j 项指标 $x_j(j=1,2,\cdots,m)$ 的权重为

$$w_j = \frac{\sum_{k=1}^{m} q_{jk}}{\sum_{j=1}^{m}\sum_{k=1}^{m} q_{jk}}, \quad j=1,2,\cdots,m.$$

在用该方法确定指标权重时，任意两个指标之间的相对重要程度要有可比性。这种可比性在主观判断评分时，应满足比较的传递性，即若 x_i 比 x_j 重要，x_j 比 x_k 重要，则 x_i 比 x_k 重要。

2. 集值迭代法

集值迭代法确定指标权重的过程如下：

（1）选取 $L(L\geqslant 1)$ 名专家，让每位专家在指标集 $\boldsymbol{x}=[x_1,x_2,\cdots,x_m]$ 任意选取其认为最重要的 $s(1\leqslant s<m)$ 个指标。如第 k 位专家选取的结果为指标集 $\boldsymbol{x}$ 的一个子集：

$$\boldsymbol{x}^{(k)} = [x_1^{(k)}, x_2^{(k)}, \cdots, x_s^{(k)}], \quad k=1,2,\cdots,L.$$

（2）作（示性）函数

$$\mu_k(j) = \begin{cases} 1, & \text{当 } x_j \in \boldsymbol{x}^{(k)} \text{ 时}, \\ 0, & \text{当 } x_j \notin \boldsymbol{x}^{(k)} \text{ 时}. \end{cases}$$

令

$$g_j = \sum_{k=1}^{L} \mu_k(j), \quad j=1,2,\cdots,m.$$

（3）将 $g_j(j=1,2,\cdots,m)$ 归一化，即得第 j 项指标 x_j 的权重为

$$w_j = \frac{g_j}{\sum_{k=1}^{m} g_k}, \quad j=1,2,\cdots,m.$$

此外，第 4 章的层次分析方法也是一种比较常用的主观赋权法。

7.2.2 客观赋权法

客观赋权法就是从原始数据出发，利用一定的数学方法从样本中提取有关信息进行指标赋权的一类方法。由于客观赋权法的原始数据来自于评价指标的实际数据，因此更

能反映评价指标真实的重要程度,避免了权重系数的主观性来源,但容易出现"重要指标的权重系数小,而不重要指标的权重系数大"的不合理现象。例如,若某个比较重要的指标对于所有评价对象的取值基本相同,则该项指标在综合评价中所起的作用将微乎其微。而若另外某项相对不太重要但又不能舍弃的指标对于所有评价对象的取值差异很大,那么该项指标对综合评价结果的影响将很大。为此,可用基于"差异驱动"的客观赋值方法,常用的有突出整体差异的拉开档次法,以及突出局部差异的均方差法、极差法、熵值法等。

1. 突出整体差异的拉开档次法

突出整体差异的拉开档次法就是通过选择指标权重系数,从整体上尽可能体现出各评价对象之间的差异,使之尽可能拉开档次,以利于对其排序。

对于 n 个评价对象 $S_1, S_2, \cdots, S_n$,每个评价对象有 m 个指标,第 i 个评价对象的指标值为

$$\boldsymbol{a}_i = [a_{i1}, a_{i2}, \cdots, a_{im}], \quad i = 1, 2, \cdots, n,$$

待定指标权重矢量记为 $\boldsymbol{w} = [w_1, w_2, \cdots, w_m]$,综合评价模型为

$$y = f(\boldsymbol{w}, \boldsymbol{x}),$$

其中 $\boldsymbol{x} = [x_1, x_2, \cdots, x_m]$,则对应的 n 个评价对象的综合评价指标值分别为

$$b_i(\boldsymbol{w}) = f(\boldsymbol{w}, \boldsymbol{a}_i), \quad i = 1, 2, \cdots, n.$$

令综合评价指标值的平均值和方差分别为

$$\bar{b}(\boldsymbol{w}) = \frac{1}{n} \sum_{i=1}^{n} b_i(\boldsymbol{w}), s^2(\boldsymbol{w}) = \frac{1}{n} \sum_{i=1}^{n} [b_i(\boldsymbol{w}) - \bar{b}(\boldsymbol{w})]^2,$$

通过确定指标权重矢量 $\boldsymbol{w} = [w_1, w_2, \cdots, w_m]$,使方差 $s^2(\boldsymbol{w})$ 达到最大,从而使整体差异最大,拉开各评价对象综合评价指标之间的档次。

突出整体差异拉开档次的赋权法是一类"求大异存小同"的赋权方法。

2. 突出局部差异的客观赋权方法

设 n 个评价对象 m 个指标的观测值分别为

$$a_{ij}, \quad i = 1, 2, \cdots, n; j = 1, 2, \cdots, m.$$

1) 均方差法

记第 j 项指标的样本均值与样本标准差为

$$\mu_j = \frac{1}{n} \sum_{i=1}^{n} a_{ij}, s_j = \sqrt{\frac{1}{n} \sum_{i=1}^{n} (a_{ij} - \mu_j)^2},$$

取第 j 项指标的权重系数为

$$w_j = \frac{s_j}{\sum_{k=1}^{m} s_k}, \quad j = 1, 2, \cdots, m. \tag{7.1}$$

2) 极差法

记第 j 项指标观测值的极差

$$r_j = \max_{1 \leq i < k \leq n} \{|a_{ij} - a_{kj}|\}, \quad j = 1, 2, \cdots, m, \tag{7.2}$$

则取第 j 项指标的权重系数为

$$w_j = \frac{s_j}{\sum_{k=1}^{m} r_k}, \quad j = 1, 2, \cdots, m. \tag{7.3}$$

3）熵值法

在信息论中，信息熵是信息不确定性的一种度量。一般来说，信息量越大，熵值越小，信息的效用值越大；反之，信息量越小，熵值越大，信息的效用值越小。而熵值法就是通过计算各指标观测值的信息熵，根据各指标的相对变化程度对系统整体的影响来确定指标权重系数的一种赋权方法。熵值法的计算过程如下：

（1）计算在第 j 项指标下第 i 个评价对象的特征比重。设第 i 个评价对象的第 j 个观测值 $a_{ij}>0 (i=1,2,\cdots,n; j=1,2,\cdots,m)$，则在第 j 项指标下第 i 个评价对象的特征比重为

$$p_{ij} = \frac{a_{ij}}{\sum_{i=1}^{n} a_{ij}}, \quad i = 1, 2, \cdots, n; j = 1, 2, \cdots, m.$$

（2）计算第 j 项指标的熵值，即

$$e_j = -\frac{1}{\ln n} \sum_{i=1}^{n} p_{ij} \ln p_{ij}, \quad j = 1, 2, \cdots, m,$$

不难看出，第 j 项指标的观测值差异越大，熵值越小；反之，熵值越大。

（3）计算第 j 项指标的差异系数，即

$$g_j = 1 - e_j, \quad j = 1, 2, \cdots, m.$$

第 j 项指标的观测值差异越大，差异系数 g_j 就越大，第 j 项指标也就越重要。

（4）确定第 j 项指标的权重系数，即

$$w_j = \frac{g_j}{\sum_{k=1}^{m} g_k}, \quad j = 1, 2, \cdots, m. \tag{7.4}$$

均方差法、极差法、熵值法都是基于某同一指标观测值之间的差异程度来考查该指标的重要程度，评价过程具有透明性、再现性，评价结果客观性强、可比性好。

7.2.3 综合集成赋权法及指标赋权示例

综合集成赋权法是结合主观赋权法和客观赋权法的各自特点来确定指标权重系数的一种赋权方法。其一般做法是：首先分别在主观赋权法和客观赋权法内部找出最合理的主、客观权重系数，再根据具体情况确定主、客观赋权法权重系数所占的比例，最后求出综合评价权重系数。常用的综合集成赋权法有加法集成赋权法和乘法集成赋权法。

1. 加法集成赋权法

设 $w_j^{(1)}$ 和 $w_j^{(2)}$ 分别为由主观赋权法和客观赋权法对第 j 项指标所确定的权重系数，将 $w_j^{(1)}$ 和 $w_j^{(2)}$ 进行加权求和作为第 j 项指标新的权重系数，即

$$w_j = k_1 w_j^{(1)} + k_2 w_j^{(2)}, \quad j = 1, 2, \cdots, m,$$

其中 $k_1, k_2 > 0$ 为待定常数，且满足 $k_1 + k_2 = 1$，k_1, k_2 分别表示主观权重与客观权重的相对重要程度。

2. 乘法集成赋权法

设由主观赋权法和客观赋权法对第 j 项指标所确定的权重系数分别为 $w_j^{(1)}$ 和 $w_j^{(2)}$，第 j 项指标重新赋权为

$$w_j = \frac{w_j^{(1)} w_j^{(2)}}{\sum_{k=1}^{m} w_k^{(1)} w_k^{(2)}}, \quad j = 1, 2, \cdots, m.$$

从而使得新权重系数 w_j 中同时具有主客观信息的集成特征。

3. 指标赋权示例

下面利用其中的几种方法对战斗机性能的评价指标进行赋权，采用比例变换法得到的评价矩阵为

$$\boldsymbol{R}_2 = \begin{bmatrix} 0.8 & 0.5556 & 0.9524 & 0.8182 & 0.7143 & 1 \\ 1 & 1 & 0.8571 & 0.6923 & 0.4286 & 0.5 \\ 0.72 & 0.7407 & 1 & 1 & 1 & 0.7 \\ 0.88 & 0.6667 & 0.9524 & 0.9 & 0.7143 & 0.5 \end{bmatrix}.$$

1) 利用极差法求各指标权重

首先利用式(7.2)求出各指标的极差依次为

0.28, 0.4444, 0.1429, 0.3077, 0.5714, 0.5.

再由式(7.3)，计算出各指标的权重系数为

$$\boldsymbol{W}_1 = [0.1246, 0.1978, 0.0636, 0.1370, 0.2544, 0.2226].$$

2) 利用熵值法求各指标权重

首先利用公式

$$p_{ij} = \frac{a_{ij}}{\sum_{i=1}^{4} a_{ij}}, \quad i = 1,2,3,4; j = 1,2,\cdots,6.$$

求各指标的特征比重为

$$\boldsymbol{P} = \begin{bmatrix} 0.2353 & 0.1875 & 0.2532 & 0.2399 & 0.25 & 0.3704 \\ 0.2941 & 0.3375 & 0.2278 & 0.2030 & 0.15 & 0.1852 \\ 0.2118 & 0.25 & 0.2658 & 0.2932 & 0.35 & 0.2593 \\ 0.2588 & 0.225 & 0.2532 & 0.2639 & 0.25 & 0.1852 \end{bmatrix},$$

利用公式

$$e_j = -\frac{1}{\ln 4} \sum_{i=1}^{4} p_{ij} \ln p_{ij}, \quad j = 1, 2, \cdots, 6,$$

计算各指标的熵值为

$$\boldsymbol{e} = [e_1, e_2, \cdots, e_6] = [0.9947, 0.9829, 0.9989, 0.9936, 0.9703, 0.9684].$$

再利用公式

$$g_j = 1 - e_j, \quad j = 1, 2, \cdots, 6,$$

计算各指标的差异系数为

$$\boldsymbol{g} = [g_1, g_2, \cdots, g_6] = [0.0053, 0.0171, 0.0011, 0.0064, 0.0297, 0.0316].$$

最后由公式

$$w_j = \frac{g_j}{\sum_{k=1}^{6} g_k}, \quad j = 1, 2, \cdots, 6,$$

求得各指标的权重矢量为

$$\boldsymbol{W}_2 = [w_1, w_2, \cdots, w_6] = [0.0583, 0.1870, 0.0122, 0.0700, 0.3255, 0.3470].$$

注7.2 上述计算权值的方法,定性指标的权值过大(如果把定性指标数量化,不再进行标准化处理,则计算的权值也过大),值得探讨。

3) 利用加权集成赋权法求各指标权重

不妨设评价者对各评价指标给出的主观权重为

$$\boldsymbol{W}_0 = [0.2, 0.1, 0.1, 0.1, 0.2, 0.3].$$

在此取 $k_1 = 0.6, k_2 = 0.4$,并由 $\boldsymbol{W}_0$ 和 $\boldsymbol{W}_2$ 进行加法集成赋权,$\boldsymbol{W}_3 = k_1 \boldsymbol{W}_0 + k_2 \boldsymbol{W}_2$,可得各指标的组合权重为 $\boldsymbol{W}_3 = [0.1433, 0.1348, 0.0649, 0.0880, 0.2502, 0.3188]$。

上述三种方法计算权重的 MATLAB 程序如下:

```
clc, clear
load gdata7_1_3 R2                           %加载矩阵 R2
rj = range(R2)                               %求各列的极差
W1 = rj/sum(rj)                              %求极差法的权重
P = R2./repmat(sum(R2),size(R2,1),1)         %计算特征比重
e = -sum(P.*log(P)/log(size(R2,1)))          %计算熵值
g = 1-e                                      %计算差异系数
W2 = g/sum(g)                                %求熵值法的权重
W0 = [0.2,0.1,0.1,0.1,0.2,0.3];              %主观权重
W3 = 0.6*W0+0.4*W2
save('gdata7_1_3','W3','-append')            %把 W3 追加保存到 mat 文件中
```

7.3 常用的综合评价数学模型

综合评价数学模型就是将同一评价对象不同方面的多个指标值综合在一起,得到一个整体性评价指标值的一个数学表达式。通常根据评价的特点与需要来选择合适的综合评价数学模型。针对 n 个评价对象,m 个评价指标 $x_1, x_2, \cdots, x_m$,经过预处理的指标值为 $\boldsymbol{b}_i = [b_{i1}, b_{i2}, \cdots, b_{im}] (i = 1, 2, \cdots, n)$。

7.3.1 几种综合评价模型

1. 线性加权综合评价模型

设指标变量的权重系数矢量为 $\boldsymbol{w} = [w_1, w_2, \cdots, w_m]$。

线性加权综合模型是使用最普遍的一种简单综合评价模型。其实质是在指标权重确定后,对每个评价对象求各个指标的加权和,即令

$$f_i = \sum_{j=1}^{m} w_j b_{ij}, \quad i = 1, 2, \cdots, n,$$

则 f_i 就是第 i 个评价对象的加权综合评价值。

线性加权模型的主要特点：
（1）由于总的权重之和为 1，因此各指标可以线性相互补偿。
（2）权重系数对评价结果的影响明显，权重大的指标对综合指标作用较大。
（3）计算简单，可操作性强。
（4）线性加权综合评价模型适用于各评价指标之间相互独立的情况，若 m 个评价指标不完全独立，其结果将导致各指标间信息的重复起作用，使评价结果不能客观地反映实际。

2. TOPSIS 法

TOPSIS 法（Technique for Order Preference by Similarity to Ideal Solution，理想解的排序方法）借助评价问题的正理想解和负理想解，对各评价对象进行排序。所谓正理想解是一个虚拟的最佳对象，其每个指标值都是所有评价对象中该指标的最好值；而负理想解则是另一个虚拟的最差对象，其每个指标值都是所有评价对象中该指标的最差值。求出各评价对象与正理想解和负理想解的距离，并以此对各评价对象进行优劣排序。

设综合评价问题含有 n 个评价对象 m 个指标，相应的指标观测值为
$$a_{ij}, \quad i=1,2,\cdots,n;j=1,2,\cdots,m,$$
则 TOPSIS 法的计算过程如下：

（1）将评价指标进行预处理，即进行一致化（全部化为极大型指标）和无量纲化，并构造评价矩阵 $\boldsymbol{B}=(b_{ij})_{n\times m}$。

（2）确定正理想解 $\boldsymbol{C}^+$ 和负理想解 $\boldsymbol{C}^-$。

设正理想解 $\boldsymbol{C}^+$ 的第 j 个属性值为 c_j^+，即 $\boldsymbol{C}^+=[c_1^+,c_2^+,\cdots,c_m^+]$；负理想解 $\boldsymbol{C}^-$ 第 j 个属性值为 c_j^-，即 $\boldsymbol{C}^-=[c_1^-,c_2^-,\cdots,c_m^-]$，则

$$c_j^+ = \max_{1\leqslant i\leqslant n} b_{ij}, \quad j=1,2,\cdots,m,$$
$$c_j^- = \min_{1\leqslant i\leqslant n} b_{ij}, \quad j=1,2,\cdots,m.$$

（3）计算各评价对象到正理想解及到负理想解的距离。

各评价对象到正理想解的距离为
$$s_i^+ = \sqrt{\sum_{j=1}^m (b_{ij}-c_j^+)^2}, i=1,2,\cdots,n.$$

各评价对象到负理想解的距离为
$$s_i^- = \sqrt{\sum_{j=1}^8 (b_{ij}-c_j^-)^2}, i=1,2,\cdots,n.$$

（4）计算各评价对象对理想解的相对接近度，即
$$f_i = s_i^-/(s_i^-+s_i^+), i=1,2,\cdots,n.$$

（5）按 f_i 由大到小排列各评价对象的优劣次序。

注7.3 若已求得指标权重矢量 $\boldsymbol{w}=[w_1,w_2,\cdots,w_m]$，则可利用评价矩阵 $\boldsymbol{B}=(b_{ij})_{n\times m}$，构造加权规范评价矩阵 $\widetilde{\boldsymbol{B}}=(\widetilde{b}_{ij})$，其中 $\widetilde{b}_{ij}=w_j b_{ij}, i=1,2,\cdots,n;j=1,2,\cdots,m$。在上面计算步骤中，以 $\widetilde{\boldsymbol{B}}$ 代替 $\boldsymbol{B}$ 做评价。

3. 灰色关联度分析

设综合评价问题含有 n 个评价对象 m 个指标，相应的指标观测值为

$$a_{ij}, \quad i=1,2,\cdots,n; j=1,2,\cdots,m.$$

灰色关联度分析具体步骤如下：

(1) 将评价指标进行预处理，即进行一致化(全部化为极大型指标)和无量纲化，并构造评价矩阵 $\boldsymbol{B}=(b_{ij})_{n\times m}$。

(2) 确定比较序列(评价对象)和参考数列(评价标准)。

比较数列为
$$\boldsymbol{b}_i = \{b_{ij} | j=1,2,\cdots,m\}, i=1,2,\cdots,n,$$
即 $\boldsymbol{b}_i$ 为第 i 个评价对象的标准化指标矢量值。

参考数列为 $\boldsymbol{b}_0 = \{b_{0j} | j=1,2,\cdots,m\}$，其中 $b_{0j} = \max\limits_{1\leq i\leq n} b_{ij}, j=1,2,\cdots,m$。即参考数列相当于一个虚拟的最好评价对象的各指标值。

(3) 计算灰色关联系数，即
$$\xi_{ij} = \frac{\min\limits_{1\leq s\leq n}\min\limits_{1\leq k\leq m}|b_{0k}-b_{sk}| + \rho \max\limits_{s}\max\limits_{k}|b_{0k}-b_{sk}|}{|b_{0j}-b_{ij}| + \rho \max\limits_{s}\max\limits_{k}|b_{0k}-b_{sk}|}, \quad i=1,2,\cdots,n, j=1,2,\cdots,m.$$

式中：ξ_{ij} 为比较数列 $\boldsymbol{b}_i$ 对参考数列 $\boldsymbol{b}_0$ 在第 j 个指标上的关联系数；$\rho \in [0,1]$ 为分辨系数；$\min\limits_{1\leq s\leq n}\min\limits_{1\leq k\leq m}|b_{0k}-b_{sk}|$ 和 $\max\limits_{1\leq s\leq n}\max\limits_{1\leq k\leq m}|b_{0k}-b_{sk}|$ 分别为两级最小差及两级最大差。

一般来讲，分辨系数 ρ 越大，分辨率越大；ρ 越小，分辨率越小。

(4) 计算灰色关联度，即
$$r_i = \sum_{j=1}^m w_j \xi_{ij}, \quad i=1,2,\cdots,n.$$

式中：w_j 为第 j 个指标变量 x_k 的权重，若权重没有确定，各指标变量也可以取等权重，即 $w_j = 1/m$；r_i 为第 i 个评价对象对理想对象的灰色关联度。

(5) 评价分析。根据灰色关联度的大小对各评价对象进行排序，可建立评价对象的关联序，关联度越大，其评价结果越好。

4. 秩和比(RSR)法

秩和比(Rank Sum Ratio, RSR)综合评价法的基本原理是在一个 n 行 m 列矩阵中，通过秩转换，获得无量纲统计量 RSR；以 RSR 值对评价对象的优劣直接排序，从而对评价对象做出综合评价。

先介绍样本秩的概念。

定义 7.1 样本秩

设 $c_1, c_2, \cdots, c_n$ 是从一元总体抽取的容量为 n 的样本，其从小到大的顺序统计量是 $c_{(1)}, c_{(2)}, \cdots, c_{(n)}$。若 $c_i = c_{(k)}$，则称 k 是 c_i 在样本中的秩，记作 R_i，对每一个 $i=1,2,\cdots,n$，R_i 是第 i 个秩统计量。$R_1, R_2, \cdots, R_n$ 称为秩统计量。

例如，对样本数据
$$-0.8, -3.1, 1.1, -5.2, 4.2,$$
顺序统计量是
$$-5.2, -3.1, -0.8, 1.1, 4.2,$$
而秩统计量是
$$3, 2, 4, 1, 5.$$

设综合评价问题含有 n 个评价对象 m 个指标,相应的指标观测值分别为 a_{ij},$i=1,2,\cdots,n;j=1,2,\cdots,m$,构造数据矩阵 $\boldsymbol{A}=(a_{ij})_{n\times m}$。

秩和比综合评价法的步骤如下:

1) 编秩

对数据矩阵 $\boldsymbol{A}=(a_{ij})_{n\times m}$ 逐列编秩,即分别编出每个指标值的秩,其中极大型指标从小到大编秩,极小型指标从大到小编秩,指标值相同时编平均秩,得到的秩矩阵记为 $\boldsymbol{R}=(R_{ij})_{n\times m}$。

2) 计算秩和比(RSR)

如果各评价指标权重相同,则根据公式

$$\text{RSR}_i = \frac{1}{mn}\sum_{j=1}^{m} R_{ij}, \quad i=1,2,\cdots,n,$$

计算秩和比。当各评价指标的权重不同时,计算加权秩和比,其计算公式为

$$\text{RSR}_i = \frac{1}{n}\sum_{j=1}^{m} w_j R_{ij}, \quad i=1,2,\cdots,n,$$

式中:w_j 为第 j 个评价指标的权重,$\sum_{j=1}^{m} w_j = 1$。

3) 秩和比排序

根据秩和比 $\text{RSR}_i(i=1,2,\cdots,n)$ 对各评价对象进行排序,秩和比越大,其评价结果越好。

7.3.2 综合评价示例

下面对战斗机的性能评价问题进行综合评价。采用比例变换法得到的评价矩阵为

$$\boldsymbol{R}_2 = \begin{bmatrix} 0.8 & 0.5556 & 0.9524 & 0.8182 & 0.7143 & 1 \\ 1 & 1 & 0.8571 & 0.6923 & 0.4286 & 0.5 \\ 0.72 & 0.7407 & 1 & 1 & 1 & 0.7 \\ 0.88 & 0.6667 & 0.9524 & 0.9 & 0.7143 & 0.5 \end{bmatrix}.$$

用加法集成赋权得到指标权重为

$$\boldsymbol{W}_3 = [0.1433, 0.1348, 0.0649, 0.0880, 0.2502, 0.3188].$$

1. 利用线性加权综合模型进行综合评价

由线性加权综合模型公式

$$f_i = \sum_{j=1}^{6} w_j b_{ij}, \quad i=1,2,3,4,$$

对每种机型求各个指标的加权和,可得到各机型的加权综合评价值:

$$\boldsymbol{F} = [0.8208, 0.6613, 0.8293, 0.6951],$$

经比较可知四种战斗机的性能优劣次序为

$$A_3 > A_1 > A_4 > A_2.$$

2. 利用 TOPSIS 法进行综合评价

(1) 利用公式 $\tilde{b}_{ij} = w_j b_{ij}$,$i=1,2,3,4;j=1,2,\cdots,6$,构造加权规范评价矩阵

$$B = \begin{bmatrix} 0.1146 & 0.0749 & 0.0618 & 0.0720 & 0.1787 & 0.3188 \\ 0.1433 & 0.1348 & 0.0556 & 0.0609 & 0.1072 & 0.1594 \\ 0.1032 & 0.0999 & 0.0649 & 0.0880 & 0.2502 & 0.2231 \\ 0.1261 & 0.0899 & 0.0618 & 0.0792 & 0.1787 & 0.1594 \end{bmatrix}.$$

（2）确定正理想和负理想解分别为

$$C^+ = [0.1433, 0.1348, 0.0649, 0.0880, 0.2502, 0.3188],$$
$$C^- = [0.1032, 0.0749, 0.0556, 0.0609, 0.1072, 0.1594].$$

（3）由公式

$$s_i^+ = \sqrt{\sum_{j=1}^{6}(\tilde{b}_{ij} - c_j^+)^2}, \quad s_i^- = \sqrt{\sum_{j=1}^{6}(\tilde{b}_{ij} - c_j^-)^2}, \quad i = 1,2,3,4,$$

计算各评价对象到正理想解和负理想解的距离分别为

$$s^+ = [0.0989, 0.2160, 0.1094, 0.1814],$$
$$s^- = [0.1755, 0.0721, 0.1611, 0.0789].$$

（4）由公式

$$f_i = s_i^-/(s_i^- + s_i^+), \quad i = 1,2,3,4,$$

计算各机型对理想解的相对接近度为

$$F = [f_1, f_2, f_3, f_4] = [0.6395, 0.2503, 0.5955, 0.3032].$$

（5）根据相对接近度对各机型按优劣次序进行排序如下：

$$A_1 > A_3 > A_4 > A_2.$$

3. 灰色关联度评价

（1）灰色关联度的计算数据如表 7.5 所示。

表 7.5 灰色关联系数及关联度计算数据

	最大速度 x_1	飞行范围 x_2	最大负载 x_3	费用 x_4	可靠性 x_5	灵敏度 x_6	r_i
A_1	0.5882	0.3913	0.8571	0.6111	0.5	1	0.6903
A_2	1	1	0.6667	0.4815	0.3333	0.3636	0.5631
A_3	0.5051	0.5243	1	1	1	0.4878	0.7017
A_4	0.7042	0.4615	0.8571	0.7407	0.5	0.3636	0.5250

（2）根据灰色关联度对各机型按优劣次序进行排序如下：

$$A_3 > A_1 > A_4 > A_2.$$

4. 利用秩和比（RSR）法进行综合评价

1）编秩

对于各机型的评价指标进行编秩，结果如表 7.6 所示。

表 7.6 各机型指标值的编秩值

	最大速度 x_1	飞行范围 x_2	最大负载 x_3	费用 x_4	可靠性 x_5	灵敏度 x_6
A_1	2	1	2.5	2	2.5	4
A_2	4	4	1	1	1	1.5
A_3	1	3	4	4	4	3
A_4	3	2	2.5	3	2.5	1.5

2) 计算秩和比

用公式 $RSR_i = \sum_{j=1}^{6} w_j R_{ij}/4, i = 1,2,3,4$,计算加权秩和比为

$$RSR = [0.6651, 0.4984, 0.7791, 0.5574].$$

3) 秩和比排序

根据 $RSR_i(i=1,2,3,4)$ 对四种机型的性能按优劣次序进行排序为

$$A_3 > A_1 > A_4 > A_2.$$

上述 4 种评价方法的 MATLAB 程序如下:

```
clc, clear
load gdata7_1_3 R2 W3                  %加载矩阵 R2,W3
[n,m] = size(R2);
F1 = R2 * W3'                          %计算线性加权评价值
[sF1,ind1] = sort(F1,'descend')        %对评价值按从大到小排序
B = repmat(W3,n,1).*R2                 %构造加权规范评价矩阵
cp = max(B), cm = min(B)               %求正理想解和负理想解
for i = 1:n
    sp(i) = norm(B(i,:)-cp);           %求到正理想解的距离
    sm(i) = norm(B(i,:)-cm);           %求到负理想解的距离
end
sp, sm, F2 = sm./(sp+sm)               %计算 TOPSIS 法的评价值
[sF2,ind2] = sort(F2,'descend')        %对评价值按从大到小排序
ck = max(R2);                          %计算参考序列
t = repmat(ck,n,1)-R2;                 %计算参考序列与每个序列的差
mmin = min(min(t)); mmax = max(max(t));%计算最小差和最大差
rho = 0.5;                             %分辨系数
xs = (mmin+rho*mmax)./(t+rho*mmax)     %计算灰色关联系数
F3 = sum(repmat(W3,n,1).*xs,2)         %取权重 W3,计算关联度
[sF3,ind3] = sort(F3,'descend')        %对关联度按照从大到小排序
xlswrite('gdata7_1_6.xlsx',[xs,F3])    %把关联系数和关联度写到 Excel 文件中
R = tiedrank(R2)          %对每个指标值分别编秩,即对 R2 的每一列分别编秩
RSR = sum(repmat(W3,n,1).*R,2)/n       %计算秩和比
[sRSR,ind4] = sort(RSR,'descend')      %对秩和比按照从大到小排序
```

7.4 模糊综合评价决策模型

1965 年,美国著名控制论专家 L. A. ZadeH(查德)教授发表了 *Fuzzy Sets*,这一开创性的论文引用"隶属度"和"隶属函数"来描述差异的中间过渡,处理和刻画模糊现象,产生了应用数学重要分支——模糊数学。近年来,基于模糊数学的评价方法发展非常迅速,应

用相当广泛。基于模糊数学理论的评价方法主要有模糊综合评价、模糊聚类和模糊 AHP 等,其中应用最广泛的方法是模糊综合评价法。

7.4.1 模糊数学的基本概念和基本运算

处理现实现象的数学模型可分为三大类:确定性数学模型;随机性数学模型;模糊性数学模型。

前两类模型的共同特点是所描述的事物本身的含义是确定的,它们赖以存在的基石——集合论,满足互补率,就是非此即彼的清晰概念的抽象。模糊性数学模型所描述的事物本身的含义是不确定的。

随机性,是针对事件的某种结果的机会而言,由于条件不充分而导致各种可能的结果。这是因果律的缺失而造成的不确定性。概率论与统计数学就是处理这类随机现象的数学。

模糊性,是指存在于现实中的不分明现象。如"稳定"与"不稳定","健康"与"不健康"之间找不到明确的边界。从差异的一方到另一方,中间经历了一个从量变到质变的连续过渡过程。这是因排中律的缺失而造成的不确定性。

1. 模糊集和隶属函数

定义 7.2 被讨论的对象的全体称为论域。论域常用大写字母 U,V 等来表示。

在普通集合中,论域中的元素 a 与集合 A 之间的关系是属于($a \in A$)或不属于($a \notin A$),它所描述的是非此即彼的清晰概念。但在现实生活中,并不是所有的事物都能用清晰的概念来描述,如雨的大小、人的胖瘦、个子的高低等。在模糊数学中,称没有明确边界(没有清晰外延)的集合为模糊集合。常用大写字母来表示。元素属于模糊集合的程度用隶属度来表示。用于计算隶属度的函数称为隶属函数。它们的数学定义如下。

定义 7.3 论域 U 到 $[0,1]$ 闭区间上的任意映射

$$M:U \to [0,1],$$
$$u \mapsto M(u),$$

都确定了 U 上的一个模糊集合,$M(u)$ 称为 M 的隶属函数,或称为 u 对 M 的隶属度,记作 $M = \{(u,M(u)) \mid u \in U\}$,使得 $M(u) = 0.5$ 的点称为模糊集 M 的过渡点,此点最具有模糊性。

以下将模糊集称为 F 集。

2. 模糊集的表示

当论域 U 为有限集时,记 $U = \{u_1, u_2, \cdots, u_n\}$,则 U 上的模糊集 M 有三种常见表示形式。

(1) 序偶表示法:
$$M = \{(u_1, M(u_1)),(u_2, M(u_2)),\cdots,(u_n, M(u_n))\}.$$

(2) 矢量表示法:
$$M = (M(u_1), M(u_2), \cdots, M(u_n)).$$

(3) 查德表示法:
$$M = \sum_{i=1}^{n} \frac{M(u_i)}{u_i} = \frac{M(u_1)}{u_1} + \frac{M(u_2)}{u_2} + \cdots + \frac{M(u_n)}{u_n}.$$

注 7.4 "$\sum$"和"+"不是求和的意思,只是表示集合元素的记号。$\dfrac{M(u_i)}{u_i}$ 不是分数,它表示点 u_i 对模糊集 M 的隶属度是 $M(u_i)$。

当论域 U 为无限集时,U 上的模糊集 M 可表示为 $M = \displaystyle\int_{u \in M} \dfrac{M(u)}{u}$。

注 7.5 "$\int$"也不表示积分,$\dfrac{M(u)}{u}$ 不是分数。

例 7.2 设论域 $U = \{u_1, u_2, \cdots, u_6\} = \{40, 50, 60, 70, 80, 90\}$ 表示 6 个身高均为 170cm 的学生的体重(单位:kg),U 上的一个模糊集"胖子"(记作 M)的隶属函数定义为

$$M(x) = \dfrac{x-40}{90-40}.$$

序偶表示法:
$$M = \{(40,0), (50,0.2), (60,0.4), (70,0.6), (80,0.8), (90,1)\}.$$

矢量表示法:
$$M = (0, 0.2, 0.4, 0.6, 0.8, 1).$$

查德表示法:
$$M = \dfrac{0}{u_1} + \dfrac{0.2}{u_2} + \dfrac{0.4}{u_3} + \dfrac{0.6}{u_4} + \dfrac{0.8}{u_5} + \dfrac{1}{u_6}.$$

例 7.3 设论域 $U = [0, 100]$,模糊集 M 表示"年老",N 表示"年轻",Zadeh 给出 M 和 N 的隶属函数分别为

$$M(u) = \begin{cases} 0, & 0 \leq u \leq 50, \\ \left[1 + \left(\dfrac{u-50}{5}\right)^{-2}\right]^{-1}, & 50 < u \leq 100. \end{cases}$$

$$N(u) = \begin{cases} 1, & 0 \leq u \leq 25, \\ \left[1 + \left(\dfrac{u-25}{5}\right)^{2}\right]^{-1}, & 25 < u \leq 100. \end{cases}$$

$M(75) = 0.9615$,即 75 岁属于"年老"的程度是 0.9615。又 $M(60) = 0.8$,$N(60) \approx 0.02$,因此可以认为 60 岁是"较老的"。由于论域 U 为无限集,因此 U 上的模糊集 M 和 N 可表示为

$$M = \int_0^{100} \dfrac{M(u)}{u}, \quad N = \int_0^{100} \dfrac{N(u)}{u}.$$

注 7.6 对于某 F 集 A,若 $A(u)$ 仅取 0 和 1 两个数时,A 就蜕化为普通集合。所以,普通集合是模糊集的特殊情形。若 $A(u) \equiv 0$,则 A 为空集 $\varnothing$;若 $A(u) \equiv 1$,则 A 为全集 U,即 $A = U$。

3. 模糊集的运算

1) 并集、交集和补集

设 A, B 为论域 U 上的两个模糊集合,则 A 与 B 的并集 $A \cup B$、交集 $A \cap B$、补集 $\bar{A}$ 也是论域上的模糊集合,其定义如下:

并集:$A \cup B = \{(u, A \cup B(u)) \mid A \cup B(u) = \max\{A(u), B(u)\}, u \in U\}$;

交集：$A\cap B=\{(u,A\cap B(u))\mid A\cap B(u)=\min\{A(u),B(u)\},u\in U\}$；
补集：$\bar{A}=\{(u,\bar{A}(u))\mid \bar{A}(u)=1-A(u),u\in U\}$。

例 7.4 设 $A=\{(u_1,0.3),(u_2,0.2),(u_3,0.5)\}$，$B=\{(u_1,0.2),(u_2,0.1),(u_3,0.7)\}$，则

$$A\cup B=\{(u_1,0.3),(u_2,0.2),(u_3,0.7)\};$$
$$A\cap B=\{(u_1,0.2),(u_2,0.1),(u_3,0.5)\};$$
$$\bar{A}=\{(u_1,0.7),(u_2,0.8),(u_3,0.5)\}.$$

2）关系与模糊关系

关系是指对两个普通集合的直积施加某种条件限制后得到的序偶集合，常用 R 表示。

例 7.5 设 $A=\{1,3,5\}$，$B=\{2,4,6\}$，则直积集合为

$A\times B=\{(1,2),(1,4),(1,6),(3,2),(3,4),(3,6),(5,2),(5,4),(5,6)\}$，

对其施加 $a>b(a\in A,b\in B)$ 的条件限制，则满足条件的集合为

$$(A\times B)_{a>b}=\{(3,2),(5,2),(5,4)\},$$

对 $A\times B$ 施加 $a>b$ 的条件限制后得到的新集合定义为关系，记作 R，则

$$R_{a>b}=\{(3,2),(5,2),(5,4)\}.$$

关系 R 可以用矩阵形式来表示，一般形式为

$$\boldsymbol{R}=(r_{ij})_{m\times n}=\begin{bmatrix} r_{11} & r_{12} & \cdots & r_{1n} \\ r_{21} & r_{22} & \cdots & r_{2n} \\ \vdots & \vdots & & \vdots \\ r_{m1} & r_{m2} & \cdots & r_{mn} \end{bmatrix},$$

其中

$$r_{ij}=\begin{cases} 1, & (u_i,u_j)\in R, \\ 0, & (u_i,u_j)\notin R. \end{cases}$$

例 7.5 中的 $R_{a>b}$ 可以表示为

$$\boldsymbol{R}_{a>b}=\begin{bmatrix} 0 & 0 & 0 \\ 1 & 0 & 0 \\ 1 & 1 & 0 \end{bmatrix}.$$

模糊关系指对普通集合的直积施加某种模糊条件限制后得到的模糊关系，也记作 R。模糊关系可用查德表示法、隶属函数或矩阵形式来表示。

例 7.6 设 A 和 B 为两个不同论域上的普通集合，$A=\{1,2,3\}$，$B=\{1,2,3,4,5\}$，对 $A\times B$ 施加"远小于"（用 $a\ll b$ 表示）的模糊条件限制后得到一个模糊关系为

$$R=\frac{0.5}{(1,3)}+\frac{0.8}{(1,4)}+\frac{1}{(1,5)}+\frac{0.5}{(2,4)}+\frac{0.8}{(2,5)}+\frac{0.5}{(3,5)},$$

或者

$$\boldsymbol{R}=\begin{bmatrix} 0 & 0 & 0.5 & 0.8 & 1 \\ 0 & 0 & 0 & 0.5 & 0.8 \\ 0 & 0 & 0 & 0 & 0.5 \end{bmatrix}.$$

3) 模糊关系矩阵的运算

设 $R=(r_{ij})_{m\times n}, S=(s_{ij})_{m\times n}$ 为同一论域 U 上的两个模糊关系矩阵，$i=1,2,\cdots,m, j=1,2,\cdots,n$，则其并、交、补运算分别定义为

并运算：$T = R \cup S = (t_{ij})_{m\times n}, t_{ij} = \max(r_{ij}, s_{ij}) \triangleq (r_{ij} \vee s_{ij})$；

交运算：$T = R \cap S = (t_{ij})_{m\times n}, t_{ij} = \min(r_{ij}, s_{ij}) \triangleq (r_{ij} \wedge s_{ij})$；

补运算：$T = \overline{R} = (t_{ij})_{m\times n}, t_{ij} = 1 - r_{ij}$.

设模糊关系 $R=(r_{ij})_{m\times n}, S=(s_{ij})_{n\times l}$，则 R 对 S 的合成运算定义为

$$T = (t_{ik})_{m\times l}, t_{ik} = \bigvee_{j=1}^{n}(r_{ij} \wedge s_{jk}),$$

记作 $T = R \circ S$。

注 7.7 模糊关系矩阵的合成与普通矩阵的乘法运算过程一样，运算符号不同。

例 7.7 设 $R = [0.3 \quad 0.35 \quad 0.1], S = \begin{bmatrix} 0.3 & 0.5 & 0.2 \\ 0.2 & 0.2 & 0.4 \\ 0.3 & 0.4 & 0.2 \end{bmatrix}$，计算 $T = R \circ S$。

解 $T = R \circ S = [0.3 \quad 0.35 \quad 0.1] \circ \begin{bmatrix} 0.3 & 0.5 & 0.2 \\ 0.2 & 0.2 & 0.4 \\ 0.3 & 0.4 & 0.2 \end{bmatrix}$

$= [(0.3 \wedge 0.3) \vee (0.35 \wedge 0.2) \vee (0.1 \wedge 0.3), (0.3 \wedge 0.5) \vee (0.35 \wedge 0.2) \vee (0.1 \wedge 0.4), (0.3 \wedge 0.2) \vee (0.35 \wedge 0.4) \vee (0.1 \wedge 0.2)]$

$= [0.3 \vee 0.2 \vee 0.1, 0.3 \vee 0.2 \vee 0.1, 0.2 \vee 0.35 \vee 0.1]$

$= [0.3, 0.3, 0.35]$.

计算的 MATLAB 程序如下：

```
clc, clear
a=[0.3,0.35,0.1]; b=[0.3,0.5,0.2;0.2,0.2,0.4;0.3,0.4,0.2];
aa=repmat(a,size(b,2),1)';
c=max(min(aa,b))  %两个矩阵的元素对应取最小值,得到的矩阵逐列取最大值
```

4. 最大隶属度原则

假定论域为 U, U 上的模糊集的全体记为 $\mathcal{F}(U)$。记 $M_i \in \mathcal{F}(U), i=1,2,\cdots,n$，$M_i(u)$ 为相应的隶属度函数。对 $u_0 \in U$，如果存在 $k \in \{1,2,\cdots,n\}$，使得

$$M_k(u_0) = \max\{M_1(u_0), M_2(u_0), \cdots, M_n(u_0)\},$$

则认为 u_0 相对地隶属于 M_k，这就是最大隶属度原则。

例 7.8 考虑人的年龄问题，分为年轻、中年、老年三类，分别对应三个模糊集 M_1, M_2, M_3。设论域 $U=(0,100]$，相应的隶属度函数为

$$M_1(x) = \begin{cases} 1, & 0 < x \leq 20, \\ 1 - 2\left(\dfrac{x-20}{20}\right)^2, & 20 < x \leq 30, \\ 2\left(\dfrac{x-40}{20}\right)^2, & 30 < x \leq 40, \\ 0, & 40 < x \leq 100, \end{cases}$$

$$M_3(x) = \begin{cases} 0, & 0<x\leq 50, \\ 2\left(\dfrac{x-50}{20}\right)^2, & 50<x\leq 60, \\ 1-2\left(\dfrac{x-70}{20}\right)^2, & 60<x\leq 70, \\ 1, & 70<x\leq 100, \end{cases}$$

$$M_2(x) = 1-M_1(x)-M_3(x) = \begin{cases} 0, & 0<x\leq 20, \\ 2\left(\dfrac{x-20}{20}\right)^2, & 20<x\leq 30, \\ 1-2\left(\dfrac{x-40}{20}\right)^2, & 30<x\leq 40, \\ 1, & 40<x\leq 50, \\ 1-2\left(\dfrac{x-50}{20}\right), & 50<x\leq 60, \\ 2\left(\dfrac{x-70}{20}\right)^2, & 60<x\leq 70, \\ 0, & 70<x\leq 100. \end{cases}$$

某人 40 岁,根据上式,有 $M_1(40)=0, M_2(40)=1, M_3(40)=0$,则
$$M_2(40) = \max\{M_1(40), M_2(40), M_3(40)\} = 1,$$
按最大隶属原则,他应该是中年人。

又如当 $x=35$ 时,$M_1(35)=0.125, M_2(35)=0.875, M_3(35)=0$。按最大隶属度原则,35 岁的人应该是中年人。

5. 常用的模糊隶属函数

一些常用的模糊隶属函数如表 7.7 所示。

表 7.7 常用的模糊分布

类型	偏小型	中间型	偏大型
矩阵型	$M(x)=\begin{cases}1, & x\leq a, \\ 0, & x>a.\end{cases}$	$M(x)=\begin{cases}1, & a\leq x\leq b, \\ 0, & x<a \text{ 或 } x>b.\end{cases}$	$M(x)=\begin{cases}1, & x\geq a, \\ 0, & x<a.\end{cases}$
梯形型	$M(x)=\begin{cases}1, & x\leq a, \\ \dfrac{b-x}{b-a}, & a\leq x\leq b, \\ 0, & x>b.\end{cases}$	$M(x)=\begin{cases}\dfrac{x-a}{b-a}, & a\leq x\leq b, \\ 1, & b\leq x\leq c, \\ \dfrac{d-x}{d-c}, & c\leq x\leq d, \\ 0, & x<a, x\geq d.\end{cases}$	$M(x)=\begin{cases}0, & x<a, \\ \dfrac{x-a}{b-a}, & a\leq x\leq b, \\ 1, & x>b.\end{cases}$
k 次抛物型	$M(x)=\begin{cases}1, & x\leq a, \\ \left(\dfrac{b-x}{b-a}\right)^k, & a\leq x\leq b, \\ 0, & x>b.\end{cases}$	$M(x)=\begin{cases}\left(\dfrac{x-a}{b-a}\right)^k, & a\leq x\leq b, \\ 1, & b\leq x\leq c, \\ \left(\dfrac{d-x}{d-c}\right)^k, & c\leq x\leq d, \\ 0, & x<a, x\geq d.\end{cases}$	$M(x)=\begin{cases}0, & x<a, \\ \left(\dfrac{x-a}{b-a}\right)^k, & a\leq x\leq b, \\ 1, & x>b.\end{cases}$

(续)

类型	偏小型	中间型	偏大型
Γ型	$M(x)=\begin{cases}1, & x\leq a,\\ e^{-k(x-a)}, & x>a.\end{cases}$	$M(x)=\begin{cases}e^{k(x-a)}, & x<a,\\ 1, & a\leq x\leq b,\\ e^{-k(x-a)}, & x>b.\end{cases}$	$M(x)=\begin{cases}0, & x<a,\\ 1-e^{-k(x-a)}, & x\geq a.\end{cases}$
正态型	$M(x)=\begin{cases}1, & x\leq a,\\ \exp\left[-\left(\dfrac{x-a}{\sigma}\right)^2\right], & x>a.\end{cases}$	$M(x)=\exp\left[-\left(\dfrac{x-a}{\sigma}\right)^2\right].$	$M(x)=\begin{cases}0, & x\leq a,\\ 1-\exp\left[-\left(\dfrac{x-a}{\sigma}\right)^2\right], & x>a.\end{cases}$
柯西型	$M(x)=\begin{cases}1, & x\leq a,\\ \dfrac{1}{1+\alpha(x-a)^\beta}, & x>a.\end{cases}$ $(\alpha>0,\beta>0)$	$M(x)=\dfrac{1}{1+\alpha(x-a)^\beta}.$ $(\alpha>0,\beta$ 为正偶数$)$	$M(x)=\begin{cases}0, & x\leq a,\\ \dfrac{1}{1+\alpha(x-a)^{-\beta}}, & x>a.\end{cases}$ $(\alpha>0,\beta>0)$

7.4.2 模糊综合评价方法

在现实生活中,常常需要对某些事物进行评价。如果评价对象涉及的某些因素的评价标准不那么确切,只是一个模糊概念,则可以使用模糊综合评价方法。

1. 引例

下面以计算机评价为例来说明模糊综合评价方法。

例7.9 某同学想买一台计算机,但不清楚究竟应该买什么配置的计算机,通过咨询对计算机比较熟悉的同学,并结合自己的实际情况,他主要关心计算机的以下几个指标。

指标1:运行速度(与CPU、主板性能有关);

指标2:存储容量(与内存、硬盘大小有关);

指标3:运算功能(如数值计算功能、图形处理能力等);

指标4:其他配置(如鼠标、键盘、显示器、无线网卡、光驱等设备的配置);

指标5:价格。

但是市场上计算机的配置五花八门,一个人难以分辨优劣。为了买到比较满意的计算机,该同学请同班同学一起去帮他买计算机。

下面利用模糊综合评价方法为他提供参考。

令 $x_i(i=1,2,\cdots,5)$ 分别表示运行速度、存储容量、运算功能、其他配置、价格5个指标。称 $I=\{x_1,x_2,x_3,x_4,x_5\}$ 为指标集或者因素集。

令 v_1,v_2,v_3,v_4 分别表示很喜欢、比较喜欢、不太喜欢、不喜欢,称 $V=\{v_1,v_2,v_3,v_4\}$ 为评语集。

任选一台或几台计算机,请同学和购买者对各个指标进行评价。

如果对于指标 x_1,有30%的人认为是"很喜欢",50%的人认为"较喜欢",20%的人认为"不太喜欢",没有人认为"不喜欢",那么记 $\boldsymbol{R}_1=[0.3\ \ 0.5\ \ 0.2\ \ 0]$。称 $\boldsymbol{R}_1$ 为 x_1 的单因素评价矢量。同样地,对于指标 x_2,x_3,x_4 和 x_5 也做出单因素评价,其相应的单因素评价矢量分别为

$$\boldsymbol{R}_2=[0.2\ \ 0.2\ \ 0.4\ \ 0.2],\quad \boldsymbol{R}_3=[0.3\ \ 0.4\ \ 0.2\ \ 0.1],$$

$$R_4 = [0.5 \quad 0.3 \quad 0.2 \quad 0], \quad R_5 = [0.5 \quad 0.3 \quad 0.1 \quad 0.1].$$

由 R_1, R_2, R_3, R_4 和 R_5 组合成评判矩阵

$$R = \begin{bmatrix} R_1 \\ R_2 \\ R_3 \\ R_4 \\ R_5 \end{bmatrix} = \begin{bmatrix} 0.3 & 0.5 & 0.2 & 0 \\ 0.2 & 0.2 & 0.4 & 0.2 \\ 0.3 & 0.4 & 0.2 & 0.1 \\ 0.5 & 0.3 & 0.2 & 0 \\ 0.5 & 0.3 & 0.1 & 0.1 \end{bmatrix},$$

据调查，近来用户对计算机的要求是：工作速度快，外设配置较齐全，价格便宜，而对存储容量和运算功能则要求不高。于是得各指标的权重分配矢量

$$W = [0.35 \quad 0.1 \quad 0.1 \quad 0.3 \quad 0.15].$$

作模糊关系合成运算 $A = W \circ R$，得

$$A = [0.35 \quad 0.1 \quad 0.1 \quad 0.3 \quad 0.15] \circ \begin{bmatrix} 0.3 & 0.5 & 0.2 & 0 \\ 0.2 & 0.2 & 0.4 & 0.2 \\ 0.3 & 0.4 & 0.2 & 0.1 \\ 0.5 & 0.3 & 0.2 & 0 \\ 0.5 & 0.3 & 0.1 & 0.1 \end{bmatrix} = [0.3 \quad 0.35 \quad 0.2 \quad 0.1],$$

进一步将 A 归一化得

$$A_e = \frac{A}{\|A\|} = \frac{A}{\sqrt{0.3^2 + 0.35^2 + 0.2^2 + 0.1^2}} = [0.5855 \quad 0.6831 \quad 0.3904 \quad 0.1952].$$

结果表明，同学们对这种计算机表现为很喜欢、比较喜欢、不太喜欢、不喜欢的程度分别为 0.5855、0.6831、0.3904、0.1952，按最大隶属度原则，结论是"比较喜欢"。

计算的 MATLAB 程序如下：

```
clc, clear
w = [0.35, 0.1, 0.1, 0.3, 0.15];
R = [0.3, 0.5, 0.2, 0; 0.2, 0.2, 0.4, 0.2; 0.3, 0.4, 0.2, 0.1
    0.5, 0.3, 0.2, 0; 0.5, 0.3, 0.1, 0.1];
ww = repmat(w, size(R, 2), 1)';
A = max(min(ww, R)), Ae = A/norm(A)
```

2. 模糊综合评价方法

应用模糊综合评价法进行综合评价，其主要步骤如下：

第一步，确定评价对象的指标集。指标是指评价对象的各种属性，也称为因素。p 个评价指标变量 $x_j (j = 1, 2, \cdots, p)$，记指标集 $I = \{x_1, x_2, \cdots, x_p\}$。

第二步，建立评语集 V。s 个评语构成的评语集，记作 $V = \{v_1, v_2, \cdots, v_s\}$。

第三步，建立单因素评价矢量，获得评价矩阵 $R = (r_{ij})_{p \times s}$。

第四步，确定评价因素的权矢量 W。权重是表示因素重要性的相对数值，通常通过收集公开的统计数据、问卷调查及专家打分的方法获得评价因素的权矢量 W。

第五步，合成模糊综合评价结果矢量。利用合适的算子将 W 与评价矩阵 R 进行合成，得到被评事物的模糊综合评价结果矢量 A。即

$$W \circ R = \begin{bmatrix} w_1 & w_2 & \cdots & w_p \end{bmatrix} \circ \begin{bmatrix} r_{11} & r_{12} & \cdots & r_{1s} \\ r_{21} & r_{22} & \cdots & r_{2s} \\ \vdots & \vdots & & \vdots \\ r_{p1} & r_{p2} & \cdots & r_{ps} \end{bmatrix}$$

$$= \begin{bmatrix} a_1 & a_2 & \cdots & a_s \end{bmatrix} = A,$$

式中：a_i 是由 W 与 R 的第 i 列运算得到的，它表示被评事物从整体上看对 v_i 等级模糊子集的隶属程度。对于 W 与 R 的合成算子"$\circ$"通常有以下 4 种定义。

(1) $M(\wedge, \vee)$ 算子：

$$a_k = \bigvee_{j=1}^{p}(w_j \wedge r_{jk}) = \max_{1 \leqslant j \leqslant p}\{\min(w_j, r_{jk})\}, \quad k = 1, 2, \cdots, s.$$

例如

$$\begin{bmatrix} 0.3 & 0.3 & 0.4 \end{bmatrix} \circ \begin{bmatrix} 0.5 & 0.3 & 0.2 & 0 \\ 0.3 & 0.4 & 0.2 & 0.1 \\ 0.2 & 0.2 & 0.3 & 0.2 \end{bmatrix} = \begin{bmatrix} 0.3 & 0.3 & 0.3 & 0.2 \end{bmatrix}.$$

(2) $M(\cdot, \vee)$ 算子：

$$b_k = \bigvee_{j=1}^{p}(w_j \cdot r_{jk}) = \max_{1 \leqslant j \leqslant p}\{w_j \cdot r_{jk}\}, \quad k = 1, 2, \cdots, s.$$

例如

$$\begin{bmatrix} 0.3 & 0.3 & 0.4 \end{bmatrix} \circ \begin{bmatrix} 0.5 & 0.3 & 0.2 & 0 \\ 0.3 & 0.4 & 0.2 & 0.1 \\ 0.2 & 0.2 & 0.3 & 0.2 \end{bmatrix} = \begin{bmatrix} 0.15 & 0.12 & 0.12 & 0.08 \end{bmatrix}.$$

(3) $M(\wedge, +)$ 算子：

$$b_k = \sum_{j=1}^{p} \min(w_j, r_{jk}), \quad k = 1, 2, \cdots, s.$$

例如

$$\begin{bmatrix} 0.3 & 0.3 & 0.4 \end{bmatrix} \circ \begin{bmatrix} 0.5 & 0.3 & 0.2 & 0 \\ 0.3 & 0.4 & 0.2 & 0.1 \\ 0.2 & 0.2 & 0.3 & 0.2 \end{bmatrix} = \begin{bmatrix} 0.8 & 0.8 & 0.7 & 0.3 \end{bmatrix}.$$

(4) $M(\cdot, +)$ 算子：

$$b_k = \sum_{j=1}^{p} w_j r_{jk}, \quad k = 1, 2, \cdots, s.$$

例如

$$\begin{bmatrix} 0.3 & 0.3 & 0.4 \end{bmatrix} \circ \begin{bmatrix} 0.5 & 0.3 & 0.2 & 0 \\ 0.3 & 0.4 & 0.2 & 0.1 \\ 0.2 & 0.2 & 0.3 & 0.2 \end{bmatrix} = \begin{bmatrix} 0.32 & 0.29 & 0.24 & 0.11 \end{bmatrix}.$$

以上 4 个算子在模糊综合评价中具有不同的特点，具体特征参见表 7.8。

表 7.8 合成算子特征

特征	算子			
	$M(\wedge, \vee)$	$M(\cdot, \vee)$	$M(\wedge, +)$	$M(\cdot, +)$
权数体现程度	不明显	明显	不明显	明显
评价信息体现程度	不充分	不充分	比较充分	充分
综合程度	弱	弱	强	强
类型	主因素突出型	主因素突出型	加权平均型	加权平均型

第六步,得出评价结论。实际中常用的方法是按照最大隶属度原则来进行评价,即取评价矢量中最大的 a_i 所对应的等级 v_i。

例 7.10 某同学想买件连衣裙,结合自己的喜好,她主要关心连衣裙的以下几个指标:

指标 1:花色;

指标 2:样式;

指标 3:价格;

指标 4:耐用度;

指标 5:舒适度。

为了做出相对客观的评价,买到比较好看的连衣裙,她也请同班同学一起去帮挑选。

第一步,建立指标集 $I = \{$花色,样式,价格,耐用度,舒适度$\}$。

第二步,建立权重模糊矢量。经过同学们和购买者的商量,大家认为上述 5 个指标的重要程度为

$$W = [0.1 \quad 0.1 \quad 0.15 \quad 0.3 \quad 0.35].$$

第三步,建立评价集 $V = \{$很受欢迎,比较受欢迎,不太受欢迎,不欢迎$\}$。

第四步,作出单因素评价。任选一件连衣裙,请同学和购买者对各个指标进行评价。所得单因素评价矢量分别为

$$R_1 = [0.2 \quad 0.5 \quad 0.2 \quad 0.1], \quad R_2 = [0.1 \quad 0.3 \quad 0.5 \quad 0.1],$$
$$R_3 = [0.1 \quad 0.1 \quad 0.5 \quad 0.3], \quad R_4 = [0 \quad 0.4 \quad 0.5 \quad 0.1],$$
$$R_5 = [0.5 \quad 0.3 \quad 0.2 \quad 0],$$

从而得到评判矩阵

$$R = \begin{bmatrix} 0.2 & 0.5 & 0.2 & 0.1 \\ 0.1 & 0.1 & 0.5 & 0.3 \\ 0 & 0.4 & 0.5 & 0.1 \\ 0.5 & 0.3 & 0.2 & 0 \\ 0.5 & 0.3 & 0.1 & 0.1 \end{bmatrix}.$$

第五步,利用 $M(\wedge, \vee)$ 算子合成模糊综合评价结果矢量,即

$$A = W \circ R = [0.1 \quad 0.1 \quad 0.15 \quad 0.3 \quad 0.35] \circ \begin{bmatrix} 0.2 & 0.5 & 0.2 & 0.1 \\ 0.1 & 0.1 & 0.5 & 0.3 \\ 0 & 0.4 & 0.5 & 0.1 \\ 0.5 & 0.3 & 0.2 & 0 \\ 0.5 & 0.3 & 0.1 & 0.1 \end{bmatrix} = [0.35 \quad 0.3 \quad 0.2 \quad 0.1].$$

将其归一化得

$$A_e = \frac{A}{\|A\|} = [0.6831 \quad 0.5855 \quad 0.3904 \quad 0.1952].$$

结果表明,这件连衣裙"很受欢迎"的程度为 0.6831,"比较受欢迎"的程序为 0.5855,"不太受欢迎"的程度为 0.3904,"不受欢迎"的程度为 0.1952。按最大隶属原则,结论是"很受欢迎"。

例 7.11 水污染模糊综合评价。环境水文地质评价内容之一是对城市地下水污染程度的评价。某市水质评价分级情况见表 7.9。

表 7.9 水质评价分级标准

评价标准 污染级别	酚/(mg·L^{-1})	氰(mg·L^{-1})	砷(mg·L^{-1})	铬(mg·L^{-1})	汞(mg·L^{-1})
微污染	0	0	0.01	0.0013	0.00025
轻污染	0.0005	0.0025	0.02	0.0025	0.0005
中污染	0.002	0.01	0.04	0.05	0.001
重污染	0.003	0.015	0.06	0.075	0.0015
严重污染	0.004	0.02	0.08	0.1	0.002

在检测点实测数据是酚 0.0019mg/L,氰 0.0004mg/L,砷 0.004mg/L,铬 0.004mg/L,汞 0mg/L,试用模糊综合评判来评价该市的工业污染对地下水质的影响程度。

解 记检查点酚、氰、砷、铬、汞的实测数据为 $b_i(i=1,2,\cdots,5)$。

(1) 因素集(评价指标集)是 $I = \{x_1, x_2, \cdots, x_5\} = \{$酚含量,氰含量,砷含量,铬含量,汞含量$\}$。

(2) 评判集(污染级别集)是 $V = \{v_1, v_2, \cdots, v_5\} = \{$微污染,轻污染,中污染,重污染,严重污染$\}$。

(3) 确定模糊评判矩阵 $R = (r_{ij})_{5\times 5}$。首先,用隶属函数表示污染程度,仅举出检测点关于酚含量的隶属函数如下:

$$v_1 \text{级}: M_{11}(x_1) = \begin{cases} 1, & x_1 = 0, \\ -2000(x_1 - 0.0005), & 0 < x_1 < 0.0005, \\ 0, & x_1 \geq 0.0005. \end{cases}$$

$$v_2 \text{级}: M_{12}(x_1) = \begin{cases} 2000 x_1, & 0 < x_1 < 0.0005, \\ 1, & x_1 = 0.0005, \\ -666.67(x_1 - 0.002), & 0.0005 < x_1 < 0.002. \end{cases}$$

$$v_3 \text{级}: M_{13}(x_1) = \begin{cases} 666.67(x_1 - 0.0005), & 0.0005 < x_1 < 0.002, \\ 1, & x_1 = 0.002, \\ -1000(x_1 - 0.003), & 0.002 < x_1 < 0.003. \end{cases}$$

$$v_4 \text{级}: M_{14}(x_1) = \begin{cases} 1000(x_1 - 0.002), & 0.002 < x_1 < 0.003, \\ 1, & x_1 = 0.003, \\ -1000(x - 0.004), & 0.003 < x_1 < 0.004. \end{cases}$$

$$v_5 \text{级}: M_{15}(x_1) = \begin{cases} 0, & x_1 \leq 0.003, \\ 1000(x_1 - 0.003), & 0.003 < x_1 < 0.004, \\ 1, & x_1 \geq 0.004. \end{cases}$$

将检测点所测酚含量的检测值 0.0019 代入上述 5 个隶属函数得 $x_1 = 0.0019$ 归属 5 个污染级别的隶属度，即对指标酚含量(x_1)的模糊评判为

$$F_1(x_1) = [M_{11}(0.0019) \quad M_{12}(0.0019) \quad \cdots \quad M_{15}(0.0019)] = [0 \quad 0.0667 \quad 0.9333 \quad 0 \quad 0].$$

类似地，可以分别设定氰含量、砷含量、铬含量、汞含量的隶属函数并计算出检测点所测氰、砷、铬、汞的检测值的隶属度。从而构成模糊矩阵

$$\boldsymbol{R} = \begin{bmatrix} 0 & 0.0667 & 0.9333 & 0 & 0 \\ 0.84 & 0.16 & 0 & 0 & 0 \\ 1 & 0 & 0 & 0 & 0 \\ 1 & 0 & 0 & 0 & 0 \\ 1 & 0 & 0 & 0 & 0 \end{bmatrix}.$$

(4) 计算指标权重。记 c_i 为指标 x_i 在水质评价分类表中 5 个数据的平均值，则

$$[c_1 \quad c_2 \quad \cdots \quad c_5] = [0.0019 \quad 0.0095 \quad 0.042 \quad 0.0458 \quad 0.0011].$$

第 i 个指标权重为

$$w_i = \frac{\dfrac{b_i}{c_i}}{\sum_{j=1}^{5} \dfrac{b_j}{c_j}}$$

从而得 I 上模糊子集

$$W = [w_1 \quad w_2 \quad \cdots \quad w_5] = [0.8165 \quad 0.0344 \quad 0.0778 \quad 0.0714 \quad 0].$$

(5) 模糊矩阵合成。表示权重的模糊子集 W 与表示隶属度的模糊矩阵 R 按算子 $M(\wedge, \vee)$ 作合成，而获得模糊综合评价

$$W \circ R = [0.8165 \quad 0.0344 \quad 0.0778 \quad 0.0714 \quad 0] \circ \begin{bmatrix} 0 & 0.0667 & 0.9333 & 0 & 0 \\ 0.84 & 0.16 & 0 & 0 & 0 \\ 1 & 0 & 0 & 0 & 0 \\ 1 & 0 & 0 & 0 & 0 \\ 1 & 0 & 0 & 0 & 0 \end{bmatrix}$$

$$= [0.0778 \quad 0.0667 \quad 0.8165 \quad 0 \quad 0].$$

$\max(0.0778, 0.0667, 0.8165, 0, 0) = 0.8165$，可见 v_3 级的隶属度 0.8165 最大，所以，检测点评价为中污染水质。

计算的 MATLAB 程序如下：

```
clc, clear
d = [0   0      0.01    0.0013   0.00025
     0.0005  0.0025  0.02    0.0025   0.0005
     0.002   0.01    0.04    0.05     0.001
     0.003   0.015   0.06    0.075    0.0015
```

```
        0.004    0.02    0.08    0.1           0.002];
    c = mean(d)                        %求各个指标的均值
    b = [0.0019,0.0004,0.004,0.004,0];   %实测值
    M11 = @(x)(x = = 0)-2000*(x-0.0005).*(x>0 & x<0.0005);
    M12 = @(x)2000*x.*(x>0 & x<0.0005)+(x = = 0.0005)-...
        666.67*(x-0.002).*(x>0.0005 & x<0.002);
    M13 = @(x)666.67*(x-0.0005).*(x>0.0005 & x<0.002)+(x = = 0.002)-...
        1000*(x-0.003).*(x>0.002 & x<0.003);
    M14 = @(x)1000*(x-0.002).*(x>0.002 & x<0.003)+(x = = 0.003)-...
        1000*(x-0.004).*(x>0.003 & x<0.004);
    M15 = @(x)1000*(x-0.003).*(x>0.003 & x<0.004)+(x>=0.004);
    F1 = [M11(0.0019),M12(0.0019),M13(0.0019),M14(0.0019),M15(0.0019)]
    t = b./c;                          %对应元素相除
    w = t/sum(t)                       %求权重向量
    R = zeros(5);R(1,:) = F1;R([3:5]) = 1;R([2,7]) = [0.84,0.16]  %对R进行赋值
    A = max(min(repmat(w,size(R,2),1)',R))  %模糊矩阵合成
```

习　题　7

7.1 某医院近7年来几项工作指标值如表7.10所示,请对该医院的医疗工作质量的变化情况给出综合评价。

表7.10　医院工作质量指标数据

年度\指标	好转率/%	床位周转次数	平均病床工作日/天	平均费用值/元
1	95.3	29.4	331.1	47.2
2	96.3	26.9	332.9	41.8
3	95.9	24.7	329.4	50.5
4	97.3	28.4	356.6	67.7
5	98.1	28.8	365.7	40.8
6	97.0	25.4	332.4	41.2
7	97.2	25.5	333.5	41.9

7.2 对一个企业的经济效益评价也是一个较复杂的问题。能够反映企业经济效益的主要指标有4项:总产值/消耗 x_1;净产值 x_2;赢利/资金占有 x_3;销售收入/成本 x_4。现设有20家企业的4项经济指标如表7.11所示。试用两种以上的综合评价方法对20家企业经济效益进行综合评价排序。

表 7.11 企业的经济效益评价指标数据

企业	x_1 总产值/消耗	x_2 净产值	x_3 盈利/资金占有	x_4 销售收入/成本
A_1	1.611	10.59	0.69	1.67
A_2	1.429	9.44	0.61	1.50
A_3	1.447	5.97	0.24	1.25
A_4	1.572	10.78	0.75	1.71
A_5	1.483	10.99	0.75	1.44
A_6	1.371	6.46	0.41	1.31
A_7	1.665	10.51	0.53	1.52
A_8	1.403	6.11	0.17	1.32
A_9	2.62	21.51	1.40	2.59
A_{10}	2.033	24.15	1.80	1.89
A_{11}	2.015	26.86	1.93	2.02
A_{12}	1.501	9.74	0.87	1.48
A_{13}	1.578	14.52	1.12	1.47
A_{14}	1.735	14.64	1.21	1.91
A_{15}	1.453	12.88	0.87	1.52
A_{16}	1.765	17.94	0.89	1.40
A_{17}	1.532	29.42	2.52	1.80
A_{18}	1.488	9.23	0.81	1.45
A_{19}	2.586	16.07	0.82	1.83
A_{20}	1.992	2.63	1.01	1.89

7.3 在评教过程中,评价的 11 个指标分别为

x_1:教师对教学工作认真负责;

x_2:教师教学表达清楚;

x_3:教师教学辅助手段使用恰当;

x_4:教师教学重点、难点突出;

x_5:教师重视传授方法;

x_6:教师重视与学生交流;

x_7:教师有自己的教学风格和特色;

x_8:教师的品格对你产生了积极的影响;

x_9:教师能调动起你的学习积极性;

x_{10}:通过教师教学,你对本课程的兴趣比以前高;

x_{11}:通过教师教学,你的能力比以前提高。

已知 8 位教师关于 11 个指标的取值如表 7.12 所示,试对这 8 位教师进行评价。

表 7.12 8 位教师的评教得分数据

序号	x_1	x_2	x_3	x_4	x_5	x_6	x_7	x_8	x_9	x_{10}	x_{11}
1	4.38	4.37	4.23	4.15	4.25	4.16	4.44	4.32	4.28	4.27	4.20
2	4.29	4.37	4.04	4.33	4.12	4.04	4.22	3.89	3.78	3.68	4.07
3	3.89	4.26	3.83	3.66	3.99	3.93	4.41	4.16	3.93	4.00	4.04
4	4.50	4.11	4.28	4.24	4.31	4.35	4.60	4.31	4.21	4.21	4.43
5	3.95	3.32	3.68	3.22	3.38	3.72	3.66	3.12	2.93	2.92	3.24
6	3.93	4.26	4.17	4.04	3.97	3.91	4.09	3.86	4.01	4.08	4.08
7	4.19	3.71	3.93	3.99	3.75	3.72	3.92	3.60	3.49	3.40	3.61
8	4.28	4.33	4.25	3.89	4.19	4.11	4.49	4.21	4.10	4.23	4.09

7.4 为了综合评价某公园的噪声,将休闲、观赏、餐饮和通道 4 个功能区作为因素集合:

$$U=\{u_1,u_2,u_3,u_4\},$$

将游客对噪声的主观感受即烦恼、较烦恼、有点烦恼、不太烦恼和毫不烦恼作为评语集合:

$$V=\{v_1,v_2,v_3,v_4,v_5\},$$

又通过向游客发卷调查的方式得到因素论域与评语论域之间的模糊关系矩阵为

$$R=\begin{bmatrix} 0.40 & 0.31 & 0.15 & 0.08 & 0.06 \\ 0.12 & 0.13 & 0.15 & 0.28 & 0.32 \\ 0.11 & 0.22 & 0.47 & 0.17 & 0.03 \\ 0.15 & 0.20 & 0.41 & 0.16 & 0.08 \end{bmatrix},$$

假设各个功能区的权重为 $W=[0.28\ \ 0.35\ \ 0.20\ \ 0.17]$。试用模糊综合评判方法对该公园的环境做出评价。

第8章 插值与拟合

在工程和科学实验中,变量之间往往存在着固有的函数关系,但这种关系经常很难有明显的解析表达式,通常只能由观察与测试得到一些离散数值。即使有时能给出解析表达式,却因结构过于复杂,不仅不便于使用而且不易于进行计算与理论分析。解决这类问题的方法通常是寻求固有函数的近似逼近,而近似函数的产生办法则因观测数据与背景要求的不同而不同,最常用的两种方法是数据插值与数据拟合。

8.1 插值方法

8.1.1 一般多项式插值

1. 多项式插值的一般提法

对于未知函数 $y=f(x)$,已知它在区间 $[a,b]$ 上 $n+1$ 个观测点 (x_i,y_i) $(i=0,1,\cdots,n)$,要求一个至多 n 次多项式 $\varphi_n(x)=a_0+a_1x+\cdots+a_nx^n$,使其在给定点处与 $f(x)$ 有相同的值,即满足条件

$$\varphi_n(x_i)=y_i=f(x_i), \quad i=0,1,\cdots,n, \tag{8.1}$$

式中:$\varphi_n(x)$ 称为插值多项式;$x_i(i=0,1,\cdots,n)$ 称为插值节点,简称节点;$[a,b]$ 称为插值区间。式(8.1)称为插值条件。

从几何上看,n 次多项式插值就是过 $n+1$ 个点 (x_i,y_i) $(i=0,1,\cdots,n)$,作一条多项式曲线 $y=\varphi_n(x)$ 近似代替未知函数曲线 $y=f(x)$。

2. 拉格朗日插值公式

1) 一阶拉格朗日插值

设已知 x_0,x_1 及 $y_0=f(x_0)$,$y_1=f(x_1)$,$L_1(x)$ 为不超过一次多项式且满足插值条件 $L_1(x_0)=y_0$,$L_1(x_1)=y_1$。在几何上 $y=L_1(x)$ 为过点 (x_0,y_0) 和 (x_1,y_1) 的直线,从而得到

$$L_1(x)=y_0+\frac{y_1-y_0}{x_1-x_0}(x-x_0). \tag{8.2}$$

为了便于推广到高阶情形,将式(8.2)变形为对称形式:

$$L_1(x)=\frac{x-x_1}{x_0-x_1}y_0+\frac{x-x_0}{x_1-x_0}y_1.$$

2) 二阶拉格朗日插值

设已知 x_0,x_1,x_2 及 $y_0=f(x_0)$,$y_1=f(x_1)$,$y_2=f(x_2)$,$L_2(x)$ 为不超过二次的多项式,且满足 $L_2(x_0)=x_0$,$L_2(x_1)=y_1$ 和 $L_2(x_2)=y_2$。经计算得到其二阶拉格朗日插值多项式,又称为抛物线插值多项式:

$$L_2(x) = \frac{(x-x_1)(x-x_2)}{(x_0-x_1)(x_0-x_2)}y_0 + \frac{(x-x_0)(x-x_2)}{(x_1-x_0)(x_1-x_2)}y_1 + \frac{(x-x_0)(x-x_1)}{(x_2-x_0)(x_2-x_1)}y_2.$$

3) n 阶拉格朗日插值

按 $L_1(x)$ 和 $L_2(x)$ 的求解方法，进行推广可以得到 n 阶拉格朗日插值 $L_n(x)$ 的公式：

$$L_n(x) = \sum_{i=0}^{n} y_i \left(\prod_{\substack{j=0 \\ j \neq i}}^{n} \frac{x-x_j}{x_i-x_j} \right).$$

3. 牛顿插值

在导出牛顿插值公式前，先介绍公式表示中所需要用到的差商概念。

1) 函数的差商

设有函数 $f(x)$ 及一系列相异的节点 $x_0 < x_1 < \cdots < x_n$，则称 $\frac{f(x_i)-f(x_j)}{x_i-x_j}$ ($i \neq j$) 为函数 $f(x)$ 关于节点 x_i, x_j 的一阶差商，记为 $f[x_i, x_j]$，即

$$f[x_i, x_j] = \frac{f(x_i)-f(x_j)}{x_i-x_j}.$$

称一阶差商的差商

$$\frac{f[x_i, x_j] - f[x_j, x_k]}{x_i - x_k}$$

为 $f(x)$ 关于点 x_i, x_j, x_k 的二阶差商，记为 $f[x_i, x_j, x_k]$。一般地，称

$$\frac{f[x_0, x_1, \cdots, x_{k-1}] - f[x_1, x_2, \cdots, x_k]}{x_0 - x_k}$$

为 $f(x)$ 关于点 $x_0, x_1, \cdots, x_k$ 的 k 阶差商，记为

$$f[x_0, x_1, \cdots, x_k] = \frac{f[x_0, x_1, \cdots, x_{k-1}] - f[x_1, x_2, \cdots, x_k]}{x_0 - x_k}.$$

2) 牛顿插值公式

由于 $y = f(x)$ 关于两节点 x_0, x_1 的线性插值多项式为

$$N_1(x) = f(x_0) + \frac{f(x_1)-f(x_0)}{x_1-x_0}(x-x_0),$$

可将其表示成 $N_1(x) = f(x_0) + (x-x_0)f[x_0, x_1]$，称为一次 Newton 插值多项式。

一般地，由各阶差商的定义，依次可得

$$f(x) = f(x_0) + (x-x_0)f[x, x_0],$$
$$f[x, x_0] = f[x_0, x_1] + (x-x_1)f[x, x_0, x_1],$$
$$f[x, x_0, x_1] = f[x_0, x_1, x_2] + (x-x_2)f[x, x_0, x_1, x_2],$$
$$\vdots$$
$$f[x, x_0, \cdots, x_{n-1}] = f[x_0, x_1, \cdots, x_n] + (x-x_n)f[x, x_0, \cdots, x_n],$$

将以上各式分别乘以 $1, (x-x_0), (x-x_0)(x-x_1), \cdots, (x-x_0)(x-x_1)\cdots(x-x_{n-1})$，然后相加并消去两边相等的部分，即得

$$f(x) = f(x_0) + (x-x_0)f[x_0, x_1] + \cdots + (x-x_0)(x-x_1)\cdots(x-x_{n-1})f[x_0, x_1, \cdots, x_n]$$
$$+ (x-x_0)(x-x_1)\cdots(x-x_n)f[x, x_0, x_1, \cdots, x_n],$$

记
$$N_n(x)=f(x_0)+(x-x_0)f[x_0,x_1]+\cdots+(x-x_0)(x-x_1)\cdots(x-x_{n-1})f[x_0,x_1,\cdots,x_n],$$
$$R_n(x)=(x-x_0)(x-x_1)\cdots(x-x_n)f[x,x_0,x_1,\cdots,x_n],$$

显然,$N_n(x)$是至多n次的多项式,且满足插值条件,因而它是$f(x)$的n次插值多项式。这种形式的插值多项式称为牛顿插值多项式。$R_n(x)$称为牛顿插值余项。

牛顿插值的优点:每增加一个节点,插值多项式只增加一项,即
$$N_{n+1}(x)=N_n(x)+(x-x_0)\cdots(x-x_n)f[x_0,x_1,\cdots,x_{n+1}],$$
因而便于递推运算。而且牛顿插值的计算量小于拉格朗日插值。

8.1.2 分段线性插值

1. 插值多项式的振荡

用拉格朗日插值多项式$L_n(x)$近似$f(x)$($a\le x\le b$),虽然随着节点个数的增加,$L_n(x)$的次数n变大,多数情况下误差$|R_n(x)|$会变小。但是n增大时,$L_n(x)$的光滑性变坏,有时会出现很大的振荡。理论上,当$n\to\infty$,在$[a,b]$内并不能保证$L_n(x)$处处收敛于$f(x)$。Runge给出了一个有名的例子:
$$f(x)=\frac{1}{1+x^2},\quad x\in[-5,5],$$

对于较大的$|x|$,随着n的增大,$L_n(x)$振荡越来越大,事实上可以证明,仅当$|x|\le 3.63$时,才有$\lim_{n\to\infty}L_n(x)=f(x)$,而在此区间外,$L_n(x)$是发散的。

由于高次插值多项式的这些缺陷,也说明并不是插值次数越高效果越好,这就促使人们转而寻求简单的低次多项式插值方法,分段线性插值方法就是一种有效的方法。

2. 分段线性插值

对于未知函数$y=f(x)$,$x\in[a,b]$,已知它在区间$[a,b]$上$n+1$个观测点(x_i,y_i)($i=0,1,\cdots,n$),这里$a=x_0<x_1<\cdots<x_n=b$,要寻求一个近似函数。将$[a,b]$上的每两个相邻的节点用直线连起来,如此形成的一条折线就是分段线性插值函数,记作$I_n(x)$。它满足插值条件$I_n(x_i)=y_i=f(x_i)$,且$I_n(x)$在每个小区间$[x_i,x_{i+1}]$($i=0,1,\cdots,n-1$)上是线性函数。

事实上,分段线性插值函数$I_n(x)$可以表示为
$$I_n(x)=\sum_{i=0}^{n}y_i l_i(x),$$
其中,$l_i(x)=\begin{cases}\dfrac{x-x_{i-1}}{x_i-x_{i-1}}, & x\in[x_{i-1},x_i]\,(i=1,2,\cdots,n),\\ \dfrac{x-x_{i+1}}{x_i-x_{i+1}}, & x\in[x_i,x_{i+1}]\,(i=0,1,\cdots,n-1),\\ 0, & \text{其他}.\end{cases}$

$I_n(x)$有良好的收敛性,即对于$x\in[a,b]$,有$\lim_{n\to\infty}I_n(x)=f(x)$。

用$I_n(x)$计算x点的插值时,只用到x左右的两个节点,计算量与节点个数n无关。但n越大,分段越多,插值误差越小。实际上用函数表作插值计算时,分段线性插值就足够了,例如,数学、物理中用的特殊函数表。数理统计中用的概率分布表等都是用分段线

性插值计算出来的。

8.1.3 样条插值

在工程技术实践中,所提出的很多问题都对插值函数的光滑性有较高要求。例如,飞机的机翼外形,内燃机的进、排气门的凸轮曲线等,都要求曲线(曲面)具有较高的光滑程度。即不仅要曲线(曲面)连续,而且要有连续的曲率,还要有一定的光滑性,这就是样条插值要解决的问题。

1. 样条函数的概念

样条原本是工程设计中使用的一种绘图工具,它是富有弹性的细木条或细金属条。绘图员利用它把一些已知点连接成一条光滑曲线,并使连接点处有连续的曲率,即要有充分的光滑性。

在数学上,将具有一定光滑性的分段多项式称为样条函数。具体地说,给定区间$[a,b]$上的一个分划

$$\Delta: a = x_0 < x_1 < \cdots < x_n = b.$$

如果函数$S(x)$满足:

(1) 在每个小区间$[x_i, x_{i+1}]$($i = 0, 1, \cdots, n-1$)上$S(x)$是m次多项式。

(2) $S(x)$在$[a,b]$上具有$m-1$阶连续导数。

则称$S(x)$为关于分划Δ的m次样条函数,其图形为m次样条曲线。显然,折线是一次样条曲线。

2. 一维数据的三次样条插值

对于区间$[a,b]$上的(未知)函数$y = f(x)$,已知它在$n+1$个节点$a = x_0 < x_1 < \cdots < x_n = b$上的函数值为$y_i = f(x_i)$($i = 0, 1, \cdots, n$),求插值函数$S(x)$使得

(1) $S(x_i) = y_i$($i = 0, 1, \cdots, n$)。

(2) 在每个小区间$[x_i, x_{i+1}]$($i = 0, 1, \cdots, n-1$)上$S(x)$是三次多项式,记为$S_i(x)$。

(3) $S(x)$在$[a,b]$上二阶连续可微。

则函数$S(x)$称为$f(x)$的三次样条插值函数。

由条件(2),不妨将$S(x)$记为

$$S(x) = \{S_i(x), x \in [x_i, x_{i+1}], i = 0, 1, \cdots, n-1\},$$

其中,$S_i(x) = a_i x^3 + b_i x^2 + c_i x + d_i$,$a_i, b_i, c_i, d_i$为待定系数,共$4n$个。由条件(3),有

$$\begin{cases} S_i(x_{i+1}) = S_{i+1}(x_{i+1}), \\ S_i'(x_{i+1}) = S_{i+1}'(x_{i+1}), \quad (i = 0, 1, \cdots, n-2). \\ S_i''(x_{i+1}) = S_{i+1}''(x_{i+1}), \end{cases} \quad (8.3)$$

容易看出,为确定$S(x)$的$4n$个待定参数,尚需再给出2个边界条件。于是有三种常用的三次样条函数的边界条件:

(1) $S'(a) = y_0'$,$S'(b) = y_n'$。由这种边界条件建立的样条插值函数称为$f(x)$的完备三次样条插值函数。

特别地,$y_0' = y_n' = 0$时,样条曲线在端点处呈水平状态。

如果$f'(x)$未知,我们可以要求$S'(x)$与$f'(x)$在端点处近似相等。这时以$x_0, x_1, x_2,$

x_3 为节点作一个三次 Newton 插值多项式 $N_a(x)$，以 $x_n,x_{n-1},x_{n-2},x_{n-3}$ 作一个三次牛顿插值多项式 $N_b(x)$，要求

$$S'(a)=N_a'(a), S'(b)=N_b'(b).$$

由这种边界条件建立的三次样条称为 $f(x)$ 的拉格朗日三次样条插值函数。

(2) $S''(a)=y_0'', S''(b)=y_n''$。特别地，当 $y_0''=y_n''=0$ 时，称为自然边界条件。

(3) $S'(a+0)=S'(b-0), S''(a+0)=S''(b-0)$，此条件称为周期条件。

3. 二维数据的双三次样条插值

对于二维数据的插值，首先要考虑两个问题：一是二维区域是任意区域还是规则区域；二是给定的数据是有规律分布的还是散乱、随机分布的。

第 1 个问题比较容易处理，只需将不规则区域划分为规则区域或扩充为规则区域来讨论即可。对于第 2 个问题，当给定的数据有规律分布时，方法较多也较成熟；而当给定的数据散乱、随机分布时，没有固定的方法，一般的处理思想是从给定的数据出发，依据一定的规律恢复出规则分布点上的数据，转化为数据分布有规律的情形来处理。

当给定的二维数据在规则区域上有规律分布时，一种常用的插值方法是所谓的双三次样条插值。其基本思想是，对于给定函数 $z=f(x,y)$ 的二维数据如表 8.1 所示。它们对 x 轴和 y 轴的分割：

$$\Delta x: x_1<x_2<\cdots<x_m, \quad \Delta y: y_1<y_2<\cdots<y_n$$

可以导出 xy 平面上矩形区域 R 的一个矩形网格分割 $\Delta: \Delta x \times \Delta y$，如图 8.1 所示。

表 8.1 二维规则数据

	y_1	y_2	$\cdots$	y_n
x_1	z_{11}	z_{12}	$\cdots$	z_{1n}
x_2	z_{21}	z_{22}	$\cdots$	z_{2n}
$\vdots$	$\vdots$	$\vdots$		$\vdots$
x_m	z_{m1}	z_{m2}	$\cdots$	z_{mn}

如果令 $R_{ij}:[x_i,x_{i+1}]\times[y_j,y_{j+1}]$, $i=1,2,\cdots,m-1; j=1,2,\cdots,n-1$，则所谓双三次样条插值就是求一个关于 x 和 y 都是三次的多项式 $S(x,y)$，使其满足

(1) 插值条件：$S(x_i,y_j)=z_{ij}, i=1,2,\cdots,m, j=1,2,\cdots,n$。

(2) 在整个 R 上，函数 $S(x,y)$ 的偏导数 $\dfrac{\partial^{\alpha+\beta}S(x,y)}{\partial x^\alpha \partial y^\beta}(\alpha,\beta=0,1,2)$ 都是连续的。

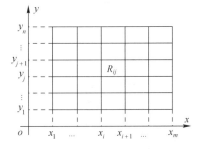

图 8.1 矩形网格分割 Δ

并称多项式 $S(x,y)$ 为双三次样条插值函数，其插值公式为

$$S(x,y)=\sum_{k=0}^{3}\sum_{l=0}^{3}a_{kl}^{ij}(x-x_i)^k(y-y_j)^l, (x,y)\in R_{ij}. \tag{8.4}$$

实际上，双三次样条插值函数是由两个一维三次样条插值函数作直积产生的。对任意固定的 $y_0\in[y_1,y_n]$，$S(x,y_0)$ 是关于 x 的三次样条函数；同理，对任意固定的 $x_0\in[x_1,$

x_m], $S(x_0,y)$ 是关于 y 的三次样条函数。

8.1.4 用 MATLAB 求解插值问题

1. 一维插值

1) interp1 函数

MATLAB 中一维插值函数 interp1 的调用格式为

$$vq = interp1(x0, y0, xq, method, extrapolation)$$

其中,x0 为已知的插值节点;y0 是对应于 x0 的函数值;xq 是欲求函数值的节点坐标,返回值 vq 是求得的节点 xq 处的函数值;method 指定插值的方法,默认为线性插值,常用的取值有如下几种。

'nearest':最近邻插值。

'linear':线性插值。

'spline':三次样条插值,函数是二次光滑的。

'cubic':立方插值,函数是一次光滑的。

extrapolation 是外插策略。

2) 三次样条插值函数 csape

三次样条插值还可以使用函数 csape,csape 的返回值是 pp 形式。其调用格式如下:

pp = csape(x0,y0)使用默认的边界条件,即拉格朗日边界条件。

pp = csape(x0,y0,conds,valconds)中的 conds 指定插值的边界条件,其值可为

'complete':边界为一阶导数,一阶导数的值在 valconds 参数中给出。

'not-a-knot':非扭结条件。

'periodic':周期条件。

'second':边界为二阶导数,二阶导数的值在 valconds 参数中给出,若忽略 valconds 参数,二阶导数的默认值为[0,0]。

'variational':设置边界的二阶导数值为[0,0]。

对于一些特殊的边界条件,可以通过 conds 的一个 1×2 矩阵来表示,conds 元素的取值为 0,1,2。

conds(i)=j 的含义是给定端点 i 的 j 阶导数,即 conds 的第一个元素表示左边界的条件,第二个元素表示右边界的条件,conds=[2,1]表示左边界是二阶导数,右边界是一阶导数,对应的值由 valconds 给出。

利用 pp 结构的返回值,要求插值点的函数值,需要调用函数 fnval。还可以计算返回值函数的导数和积分,命令分别为 fnder,fnint,这两个函数的返回值也是 pp 结构。

pp 结构相关函数的功能如表 8.2 所示。

表 8.2 一维插值的相关函数

调 用 格 式	函 数 功 能
pp1 = csape(x0,y0)	计算插值函数
pp2 = fnder(pp1)	计算 pp1 对应函数的导数,返回值 pp2 也是 pp 结构
pp3 = fnint(pp1)	计算 pp1 对应函数的积分,返回值 pp3 也是 pp 结构
y = fnval(pp1,x)	计算 pp1 对应的函数在 x 点的取值

例 8.1 已知欧洲一个国家的地图,为了计算该国家的国土面积和边界长度,首先对地图作如下测量:以由西向东方向为 x 轴,由南向北方向为 y 轴,选择方便的原点,并将从最西边界点到最东边界点在 x 轴上的区间适当地分为若干段,在每个分点的 y 方向测出南边界点和北边界点的 y 坐标 y_1 和 y_2,这样就得到了如表 8.3 所列的数据。

表 8.3 某国国土地图边界测量值(单位:mm)

x	7.0	10.5	13.0	17.5	34.0	40.5	44.5	48.0	56.0
y_1	44	45	47	50	50	38	30	30	34
y_2	44	59	70	72	93	100	110	110	110
x	61.0	68.5	76.5	80.5	91.0	96.0	101.0	104.0	106.5
y_1	36	34	41	45	46	43	37	33	28
y_2	117	118	116	118	118	121	124	121	121
x	111.5	118.0	123.5	136.5	142.0	146.0	150.0	157.0	158.0
y_1	32	65	55	54	52	50	66	66	68
y_2	121	122	116	83	81	82	86	85	68

根据地图的比例可知 18mm 相当于 40km,试由测量数据计算该国国土边界的近似长度和近似面积,并与国土面积的精确值 41288km² 比较。

解 该地区的示意图如图 8.2 所示。

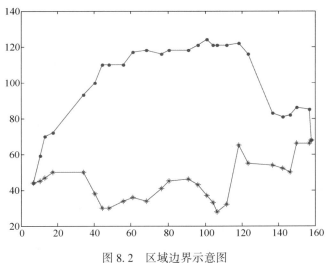

图 8.2 区域边界示意图

若区域的下边界和上边界曲线的方程分别为 $y_1 = y_1(x), y_2 = y_2(x), a \leqslant x \leqslant b$,则该地区的边界线长为

$$\int_a^b \sqrt{1 + y_1'(x)^2}\,dx + \int_a^b \sqrt{1 + y_2'(x)^2}\,dx,$$

计算时用数值积分即可。

计算该区域的面积,可以把该区域看成是上、下两个边界为曲边的曲边四边形,则区域的面积

$$S = \int_a^b (y_2(x) - y_1(x)) \,dx.$$

计算相应的数值积分就可求出面积。

为了提高计算精度,分别对上、下边界用分段线性插值和三次样条插值计算。

利用分段线性插值计算时,得到边界长度的近似值为 1030.3km;区域面积的近似值为 42407km², 与其准确值 41288km² 的相对误差为 2.71%。

利用三次样条插值计算时,得到边界长度的近似值为 1161.0km,区域面积的近似值为 42476km², 与其准确值 41288km² 的相对相差为 2.88%。

计算分段线性插值的 MATLAB 程序如下:

```
clc, clear, close all, S0 = 41288;
a = load('gdata8_1.txt');
x0 = a(1:3:end,:); x0 = x0'; x0 = x0(:);            %提取点的横坐标
y10 = a(2:3:end,:); y10 = y10'; y10 = y10(:);       %提出下边界的纵坐标
y20 = a(3:3:end,:); y20 = y20'; y20 = y20(:);
plot(x0, y10, '*-')                                  %画下边界曲线
hold on, plot(x0, y20, '.-')                         %画上边界曲线
x1 = min(x0):max(x0);                                %插值节点
y1 = interp1(x0, y10, x1); y2 = interp1(x0, y20, x1); %分段线性插值
L1 = trapz(x1, sqrt(1+gradient(y1, x1).^2))          %计算下边界的长度
L2 = trapz(x1, sqrt(1+gradient(y2, x1).^2))          %计算上边界的长度
L = L1+L2;                                           %计算地图上边界的长度
LL1 = L/18*40                                        %计算实际的边界长度
S1 = trapz(x1, y2-y1);                               %计算地图上的近似面积
SS1 = S1/18^2*1600                                   %计算实际面积的近似值
delta1 = abs(SS1-S0)/S0                              %计算面积的相对误差
```

计算三次样条插值的 MATLAB 程序如下:

```
clc, clear, S0 = 41288;
a = load('gdata8_1.txt');
x0 = a(1:3:end,:); x0 = x0'; x0 = x0(:);            %提取点的横坐标
y10 = a(2:3:end,:); y10 = y10'; y10 = y10(:);       %提出下边界的纵坐标
y20 = a(3:3:end,:); y20 = y20'; y20 = y20(:);
pp1 = csape(x0, y10); pp2 = csape(x0, y20);          %计算三次样条插值函数
dp1 = fnder(pp1); dp2 = fnder(pp2);                  %求三次样条插值函数的导数
L2 = quad(@(x) sqrt(1+fnval(dp1,x).^2)+sqrt(1+fnval(dp2,x).^2), x0(1), x0(end))
L2 = L2/18*40                                        %换算成边界的实际长度
S2 = quad(@(x) fnval(pp2,x)-fnval(pp1,x), x0(1), x0(end))   %计算地图上面积
SS2 = S2/18^2*1600                                   %计算实际面积的近似值
delta2 = abs(SS2-S0)/S0                              %计算面积的相对误差
```

2. 二维插值

1）插值节点为散乱节点

已知 n 个节点 (x_i, y_i, z_i) $(i=1,2,\cdots,n)$，求点 (x,y) 处的插值 z。

对上述问题，MATLAB 中提供了插值函数 scatteredInterpolant，其调用格式为

Fz = scatteredInterpolant(x0, y0, z0, Method, ExtrapolationMethod);

其中返回值 Fz 是结构数组，相当于给出了插值函数的表达式；x0,y0,z0 分别为已知 n 个点的 x,y,z 坐标；Method 是插值方法；Extrapolation Method 是区域外部节点的外插方法，ExtrapolationMethod 的值可以取为 'linear' 和 'nearest'，默认值为 'linear'。

要计算插值点 (x,y) 处的值，调用函数 Fz 即可，格式为

z = Fz(x, y)

2）插值节点为网格节点

已知 $m \times n$ 个节点 (x_i, y_j, z_{ij}) $(i=1,2,\cdots,m; j=1,2,\cdots,n)$，且 $x_1 < x_2 < \cdots < x_m$；$y_1 < y_2 < \cdots < y_n$，求在点 (x,y) 处的插值 z。

MATLAB 提供了一些计算二维插值的命令。如

z = interp2(**x0**, **y0**, z0, x, y, 'method')

其中 **x0**, **y0** 分别为 m 维和 n 维矢量，表示节点，z0 为 $n \times m$ 维矩阵，表示节点值，x,y 为一维数组，表示插值点，**x** 与 **y** 应是方向不同的矢量，即一个是行矢量，另一个是列矢量，z 为矩阵，它的行数为 y 的维数，列数为 **x** 的维数，表示得到的插值，'method' 的用法同上面的一维插值。

如果是三次样条插值，可以使用命令

pp = csape({x0, y0}, z0, conds, valconds), z = fnval(pp, {x, y})

其中 **x0**, **y0** 分别为 m 维和 n 维矢量，z0 为 $m \times n$ 维矩阵，z 为矩阵，它的行数为 x 的维数，列数为 y 的维数，表示得到的插值，具体使用方法同一维插值。

例 8.2 已知平面区域 $0 \leqslant x \leqslant 1400, 0 \leqslant y \leqslant 1200$ 的高程数据见表 8.4（单位：m）。求该区域地表面积的近似值，并画出该区域的三维表面图。

表 8.4 高程数据表

y/x	0	100	200	300	400	500	600	700	800	900	1000	1100	1200	1300	1400
1200	1350	1370	1390	1400	1410	960	940	880	800	690	570	430	290	210	150
1100	1370	1390	1410	1430	1440	1140	1110	1050	950	820	690	540	380	300	210
1000	1380	1410	1430	1450	1470	1320	1280	1200	1080	940	780	620	460	370	350
900	1420	1430	1450	1480	1500	1550	1510	1430	1300	1200	980	850	750	550	500
800	1430	1450	1460	1500	1550	1600	1550	1600	1600	1600	1550	1500	1500	1550	1550
700	950	1190	1370	1500	1200	1100	1550	1600	1550	1380	1070	900	1050	1150	1200
600	910	1090	1270	1500	1200	1100	1350	1450	1200	1150	1010	880	1000	1050	1100
500	880	1060	1230	1390	1500	1500	1400	900	1100	1060	950	870	900	936	950
400	830	980	1180	1320	1450	1420	400	1300	700	900	850	810	380	780	750
300	740	880	1080	1130	1250	1280	1230	1040	900	500	700	780	750	650	550
200	650	760	880	970	1020	1050	1020	830	800	700	300	500	550	480	350
100	510	620	730	800	850	870	850	780	720	650	500	200	300	350	320
0	370	470	550	600	670	690	670	620	580	450	400	300	100	150	250

解 原始数据给出 100×100 网格节点上的高程数据,为了提高计算精度,我们利用双三次样条插值,得到给定区域上 10×10 网格节点上的高程。

利用分点 $x_i=10i(i=0,1,\cdots,140)$ 把 $0 \leqslant x \leqslant 1400$ 剖分成 140 个小区间,利用分点 $y_j=10j(j=0,1,\cdots,120)$ 把 $0 \leqslant y \leqslant 1200$ 剖分成 120 个小区间,把平面区域 $0 \leqslant x \leqslant 1400, 0 \leqslant y \leqslant 1200$ 剖分成 140×120 个小矩形,对应地把所计算的三维曲面剖分成 140×120 个小曲面进行计算,每个小曲面的面积用对应的三维空间中 4 个点所构成的两个小三角形面积的和作为近似值。

计算三角形面积时,使用海伦公式,即设 $\triangle ABC$ 的边长分别为 $a,b,c,p=(a+b+c)/2$,则 $\triangle ABC$ 的面积 $s=\sqrt{p(p-a)(p-b)(p-c)}$。

利用 MATLAB 求得的地表面积的近似值为 $4.7575 \times 10^6 \mathrm{m}^2$,所画的三维表面图如图 8.3 所示。

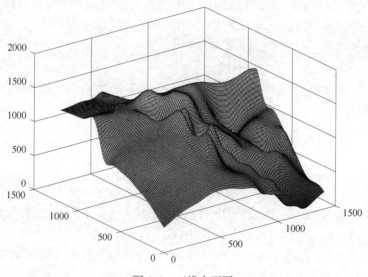

图 8.3 三维表面图

计算和画图的 MATLAB 程序如下:
```
clc, clear, close all
z0=load('gdata8_2.txt');
x0=0:100:1400; y0=1200:-100:0;
x=0:10:1400; y=[1200:-10:0]';
pp=csape({x0,y0},z0');        %双三次样条插值,注意这里 z0 要转置
z=fnval(pp,{x,y}); z=z';
surf(x,y,z)                    %画三维表面图
m=length(x); n=length(y); s=0;
for i=1:m-1
    for j=1:n-1
        p1=[x(i),y(j),z(j,i)]; p2=[x(i+1),y(j),z(j,i+1)];
        p3=[x(i+1),y(j+1),z(j+1,i+1)]; p4=[x(i),y(j+1),z(j+1,i)];
```

```
            p12=norm(p1-p2); p23=norm(p3-p2); p13=norm(p3-p1);
            p14=norm(p4-p1); p34=norm(p4-p3);
            L1=(p12+p23+p13)/2; s1=sqrt(L1*(L1-p12)*(L1-p23)*(L1-p13));
            L2=(p13+p14+p34)/2; s2=sqrt(L2*(L2-p13)*(L2-p14)*(L2-p34));
            s=s+s1+s2;
        end
    end
    s %显示面积的计算值
```

8.2 数据的拟合方法

在实际中,如果已知函数的有限个数据点,并且需要求一个近似函数,但不需要过所有的数据点,只要在某种意义下近似函数与这些数据点最接近,即在这些数据点上的总偏差最小,则此类问题就是数据拟合问题。插值和拟合都是要根据一组数据构造一个近似函数,对一个实际的问题,究竟应该用插值方法还是用拟合方法,一般需要依据实际的要求来确定。

数据拟合问题的形式多种多样,解决的方法也有许多。在此,只简单介绍基于最小二乘原则的一维数据拟合方法的数学原理,及数据拟合 MATLAB 工具箱的使用。

8.2.1 最小二乘拟合

已知一组二维数据,即平面上的 n 个点 $(x_i, y_i)(i=1,2,\cdots,n)$, x_i 互不相同,要寻求一个函数(曲线) $y=f(x)$,使 $f(x)$ 在某种准则下与所有数据点最为接近,即曲线拟合得最好。记

$$\delta_i = f(x_i) - y_i, \quad i=1,2,\cdots,n,$$

则称 δ_i 为拟合函数 $f(x)$ 在 x_i 点处的偏差(或残差)。为使 $f(x)$ 在整体上尽可能与给定数据最为接近,可以采用"偏差的平方和最小"作为判定准则,即使

$$J = \sum_{i=1}^{n} (f(x_i) - y_i)^2 \tag{8.5}$$

达到最小值。这一原则称为最小二乘原则,根据最小二乘原则确定拟合函数 $f(x)$ 的方法称为最小二乘法。

一般来讲,拟合函数应是自变量 x 和待定参数 $a_1, a_2, \cdots, a_m$ 的函数,即

$$f(x) = f(x, a_1, a_2, \cdots, a_m). \tag{8.6}$$

因此,按照 $f(x)$ 关于参数 $a_1, a_2, \cdots, a_m$ 的线性性,最小二乘法也分为线性最小二乘法和非线性最小二乘法两类。

1. 线性最小二乘法

给定一个线性无关的函数系 $\{\varphi_k(x) | k=1,2,\cdots,m\}$,如果拟合函数以其线性组合的形式

$$f(x) = \sum_{k=1}^{m} a_k \varphi_k(x) \tag{8.7}$$

出现,例如
$$f(x) = a_m x^{m-1} + a_{m-1} x^{m-2} + \cdots + a_2 x + a_1,$$
或
$$f(x) = \sum_{k=1}^{m} a_k \cos(kx),$$
则 $f(x) = f(x, a_1, a_2, \cdots, a_m)$ 就是关于参数 $a_1, a_2, \cdots, a_m$ 的线性函数。

将式(8.7)代入式(8.5),则目标函数 $J = J(a_1, a_2, \cdots, a_k)$ 是关于参数 $a_1, a_2, \cdots, a_m$ 的多元函数。由
$$\frac{\partial J}{\partial a_k} = 0, \quad k = 1, 2, \cdots, m,$$
亦即
$$\sum_{i=1}^{n} \left[(f(x_i) - y_i) \varphi_k(x_i) \right] = 0, \quad k = 1, 2, \cdots, m,$$
可得
$$\sum_{j=1}^{m} \left[\sum_{i=1}^{n} \varphi_j(x_i) \varphi_k(x_i) \right] a_j = \sum_{i=1}^{n} y_i \varphi_k(x_i), \quad k = 1, 2, \cdots, m. \tag{8.8}$$
于是式(8.8)形成了一个关于 $a_1, a_2, \cdots, a_m$ 的线性方程组,称为正规方程组。

记
$$\boldsymbol{R} = \begin{bmatrix} \varphi_1(x_1) & \varphi_2(x_1) & \cdots & \varphi_m(x_1) \\ \varphi_1(x_2) & \varphi_2(x_2) & \cdots & \varphi_m(x_2) \\ \vdots & \vdots & & \vdots \\ \varphi_1(x_n) & \varphi_2(x_n) & \cdots & \varphi_m(x_n) \end{bmatrix}, \boldsymbol{A} = \begin{bmatrix} a_1 \\ a_2 \\ \vdots \\ a_m \end{bmatrix}, \boldsymbol{Y} = \begin{bmatrix} y_1 \\ y_2 \\ \vdots \\ y_n \end{bmatrix},$$
则正规方程组(8.8)可表示为
$$\boldsymbol{R}^{\mathrm{T}} \boldsymbol{R} \boldsymbol{A} = \boldsymbol{R}^{\mathrm{T}} \boldsymbol{Y}. \tag{8.9}$$
由代数知识可知,当矩阵 $\boldsymbol{R}$ 是列满秩时,$\boldsymbol{R}^{\mathrm{T}} \boldsymbol{R}$ 是可逆的。于是正规方程组(8.9)有唯一解,即
$$\boldsymbol{A} = (\boldsymbol{R}^{\mathrm{T}} \boldsymbol{R})^{-1} \boldsymbol{R}^{\mathrm{T}} \boldsymbol{Y} \tag{8.10}$$
为所求的拟合函数的系数,就可得到最小二乘拟合函数 $f(x)$。

2. 非线性最小二乘法

对于给定的线性无关函数系 $\{\varphi_k(x) \mid k = 1, 2, \cdots, m\}$,如果拟合函数不能以其线性组合的形式出现,例如
$$f(x) = \frac{x}{a_1 x + a_2} \text{ 或 } f(x) = a_1 + a_2 \mathrm{e}^{-a_3 x} + a_4 \mathrm{e}^{-a_5 x},$$
则 $f(x) = f(x, a_1, a_2, \cdots, a_m)$ 就是关于参数 $a_1, a_2, \cdots, a_m$ 的非线性函数。

将 $f(x)$ 代入式(8.5)中,则形成一个非线性函数的极小化问题。为得到最小二乘拟合函数 $f(x)$ 的具体表达式,可通过适当的变换转化为线性最小二乘问题,或者用非线性优化方法求解出参数 $a_1, a_2, \cdots, a_m$。

3. 拟合函数的选择

数据拟合时,首要也是最关键的一步就是选取恰当的拟合函数。如果能够根据问题的背景通过机理分析得到变量之间的函数关系,那么只需估计相应的参数即可。但在很多情况下,问题的机理并不清楚。此时,一个较为自然的方法是先做出数据的散点图,从直观上判断应选用什么样的拟合函数。

一般来讲,如果数据分布接近于直线,则宜选用线性函数 $f(x)=a_1x+a_2$ 拟合;如果数据分布接近于抛物线,则宜选用二次多项式 $f(x)=a_1x^2+a_2x+a_3$ 拟合;如果数据分布特点是开始上升较快随后逐渐变缓,则宜选用双曲线型函数或指数型函数,即用

$$f(x)=\frac{x}{a_1x+a_2} \text{ 或 } f(x)=a_1 e^{-\frac{a_2}{x}}$$

拟合。如果数据分布特点是开始下降较快随后逐渐变缓,则宜选用

$$f(x)=\frac{1}{a_1x+a_2}, f(x)=\frac{1}{a_1x^2+a_2} \text{ 或 } f(x)=a_1 e^{-a_2 x}$$

等函数拟合。

常被选用的非线性拟合函数有对数函数 $y=a_1+a_2\ln x$,S 形曲线函数 $y=\dfrac{1}{a+be^{-x}}$ 等。

8.2.2 数据拟合的 MATLAB 实现

MATLAB 提供了两种方法进行数据拟合:一种是以命令行形式进行函数拟合;另一种是以图形界面的形式拟合一元或二元函数。

MATLAB 中的拟合命令很多,本节只介绍 fit,lsqcurvefit,以及使用用户图形界面的拟合命令 cftool。

1. fit 和 fittype 函数

函数 fit 需要和函数 fittype 配合使用,fittype 用于定义拟合的函数类,fit 进行函数拟合。fit 既可以拟合一元或二元线性函数,也可以拟合非线性一元或二元函数,下面首先介绍这两个函数的调用格式,然后举几个拟合的例子。

fittype 的调用格式为:

aFittype=fittype(libraryModeName)   %利用库模式定义函数类
aFittype=fittype(expression,Name,Value)   %利用字符串定义函数类
aFittype=fittype(linearModeTerm,Name,Value) %利用基函数的线性组合定义函数类
aFittype=fittype(anonymousFunction,Name,Value) %利用匿名函数定义函数类

函数 fit 的调用格式为:

fitobject=fit(x,y, aFittype)   %x 和 y 分别为自变量和因变量的观测值,必须为列矢量;返回值 fitobject 为拟合函数的信息。

fitobject=fit([x,y],z,aFittype) %[x,y] 为自变量的观测值的两列矩阵,z 为因变量的观测值列矢量,这里是拟合二元函数。

fitobject=fit(x,y, aFittype,fitOptions) % fitOptions 指明拟合的算法。

[fitobject, gof]=fit(x,y, aFittype,Name,Value) %返回值 gof 为结构数组,给出了模型的一些检验统计量;Name 是设置某个属性,Value 为属性的对应取值。

1) 使用库模式拟合函数

三次多项式函数:

f=fittype('poly3')

f = Linear model Poly3:

f(p1,p2,p3,p4,x) = p1*x^3 + p2*x^2 + p3*x + p4

一阶傅里叶级数:

f=fittype('fourier1')

f = General model Fourier1:

f(a0,a1,b1,w,x) = a0 + a1*cos(x*w) + b1*sin(x*w)

例8.3 利用函数 $y=2+4\cos(2x)+6\sin(2x)$,产生一组数据 (x_i,y_i),再在 y_i 上添加服从标准正态分布的随机数。利用产生的数据拟合一阶傅里叶级数和二阶傅里叶级数。

```
clc, clear
x0=linspace(1,20,50); x0=x0'; y0=1+2*cos(3*x0)+3*sin(3*x0);
ya=y0+normrnd(0,1,50,1);              %添加随机扰动
%利用库模式实际上不需要使用 fittype
[f1,g1]=fit(x0,ya,'fourier1')         %拟合一阶傅里叶级数
[f2,g2]=fit(x0,ya,'fourier2')         %拟合二阶傅里叶级数
```

MATLAB 工具箱库模式中的函数类是很丰富的,就不一一举例了。在命令窗口中输入 doc fittype 可以打开帮助页面,单击"Model Names and Equations"链接可以看到库模式中的所有函数类。

2) 利用字符串定义函数类

例8.4 用模拟数据拟合函数 $z=ax^2+bxy+cy^2$。

```
clc, clear
x0=linspace(1,10,20); y0=linspace(3,10,20);
z0=x0.^2+2*x0.*y0+3*y0.^2;            %产生z的无扰动数据
za=z0+normrnd(0,1,1,20);              %产生扰动数据
g=fittype('a*x^2+b*x*y+c*y^2','dependent',{'z'},'independent',{'x','y'})
[f1,g1]=fit([x0',y0'],z0',g,'Start',rand(1,3))   %利用无扰动数据拟合
[f2,g2]=fit([x0',y0'],za',g,'Start',rand(1,3))   %利用扰动数据拟合
```

注8.1 定义拟合函数类型时,只需说明自变量属性'independent'和因变量属性'dependent'。自变量属性'independent'的默认值为'x',可以不说明;因变量属性'dependent'的默认值'y'也可以不说明。

例8.5 利用模拟数据拟合函数 $y=2\cos 2x+3\sin 4x$。

要拟合一个如下的4阶傅里叶级数:

$$f(x)=a_0+\sum_{k=1}^{4}[a_k\cos(kwx)+b_k\sin(kwx)],$$

式中:$w=1$。

拟合时通过参数下界属性"Lower"和上界属性"Upper"的限制,使得 w 等于常数1。

clc, clear

x0=[1:50]'; y0=2*cos(2*x0)+3*sin(4*x0);
lb=[-inf*ones(1,9),1]; ub=[inf*ones(1,9),1]; %w 参数在最后一个位置,约束 w=1
[f,g]=fit(x0,y0,'fourier4','Lower',lb,'Upper',ub)

3) 利用匿名函数定义函数类

例8.6 (MATLAB 工具箱的帮助例程)利用给定数据拟合分段线性函数

$$y = \begin{cases} a+bx, & x<k, \\ c+dx, & x \geq k. \end{cases}$$

clc, clear
g=@(a,b,c,d,k,x)(a+b*x).*(x<k)+(c+d*x).*(x>=k);   %定义匿名函数
g=fittype(g)   %生成 fittype 类型的函数类,'independent'的默认属性值'x'可不说明
x=[0.81;0.91;0.13;0.91;0.63;0.098;0.28;0.55;0.96;0.96;0.16;0.97;0.96];
y=[0.17;0.12;0.16;0.0035;0.37;0.082;0.34;0.56;0.15;-0.046;0.17;-0.091;-0.071];
f=fit(x,y,g,'Start',[1, 0, 1, 0, 0.5])   %函数拟合
plot(f,x,y)   %画图

注8.2 在匿名函数的定义中,必须把自变量放在匿名函数输入参数的最后一个。

2. lsqcurvefit 函数

非线性拟合的主要准则也是最小二乘准则,下面以一元函数为例说明。对于未知函数 $y=f(\theta,x)$,其中 θ 为未知的参数矢量,函数关于 θ 是非线性的。给定 $y=f(\theta,x)$ 的一些观测值 (x_i,y_i), $i=1,2,\cdots,n$,拟合参数 θ 的最小二乘准则,就是所确定参数 θ 的值要使在观测点上误差平方和

$$J(\theta) = \sum_{i=1}^{n} (y_i - \hat{y}_i)^2 \tag{8.11}$$

最小,这里 $\hat{y}_i = f(\theta, x_i)$。

求式(8.11)的极小值问题有很多算法,例如,MATLAB 工具箱 fit 函数使用的默认算法是 Levenberg-Marquardt 算法,还有 Trust-Region 算法,此处不再赘述。

MATLAB 非线性拟合的主要命令有 fit(要用 fittype 定义函数类)、lsqcurvefit、nlinfit 等。fit 函数使用很方便,但只能拟合一元和二元函数;lsqcurvefit 可以拟合任意多个自变量的函数,并且可以约束未知参数的下界和上界;nlinfit 函数无法约束参数的界限。

下面首先给出 lsqcurvefit 的用法说明,再举几个用 lsqcurvefit 拟合函数的例子。

要拟合函数 $y=f(\theta,x)$,给定 x 的观测值 xdata,y 的观测值 ydata,求参数 θ,使得误差平方和最小,即

$$\min_{\theta} \| f(\theta, xdata) - ydata \|_2^2 = \sum_i (f(\theta, xdata_i) - ydata_i)^2.$$

MATLAB 中的函数为

theta=lsqcurvefit(fun,theta0,xdata,ydata,lb,ub,options)

其中 fun 是定义函数 $f(\theta,x)$ 的 M 文件名称或者是定义 $f(\theta,x)$ 的匿名函数返回值,theta0 是 θ 的初始值,xdata 是自变量的观测值,ydata 是函数的观测值,lb 是参数 θ 的下界,ub 是

参数 θ 的上界,options 参数可以对计算过程的一些算法等属性进行设置,返回值 theta 是所求参数 θ 的值。

例 8.7 用模拟数据拟合一元函数 $y=ae^{-bx}(c\cos x+d)$。

clc,clear
x0=linspace(0,10,20)'; y0=4*exp(-0.03*x0).*(2*cos(x0)+1); %取 a=4,b=0.03,c=2,d=1
y=@(c,x)c(1)*exp(-c(2)*x).*(c(3)*cos(x)+c(4));
o=optimset('MaxFunEvals',4000,'MaxIter',4000);
c0=lsqcurvefit(y,rand(4,1),x0,y0,[],[],o)

注 8.3 (1) 程序中定义匿名函数时,必须使用". *",否则会出错。

(2) 对于一些非线性拟合,有时感觉像在凑数,MATLAB 每次运行的答案是不一样的。

例 8.8 用模拟数据拟合三元函数 $w=ae^{-bx}(c\sin y+d\cos z)$。

clc,clear
x=linspace(0,10,20)'; y=linspace(2,10,20)'; z=linspace(0,5,20)';
w0=4*exp(-0.02*x).*(3*sin(y)+6*cos(z)); %取 a=4,b=0.02,c=3,d=6
w=@(c,t)c(1)*exp(-c(2)*t(:,1)).*(c(3)*sin(t(:,2))+c(4)*cos(t(:,3)));
o=optimset('MaxFunEvals',40000,'MaxIter',4000);
c0=lsqcurvefit(w,rand(1,4),[x,y,z],w0,[],[],o)

3. 曲线和曲面拟合的用户图形界面解法

可以使用 cftool 进行曲线和曲面拟合。具体执行步骤如下:

(1) 把数据导入到工作空间。

(2) 运行 cftool,打开用户图形界面窗口。

(3) 选择适当的模型进行拟合。

(4) 把计算结果输出到 MATLAB 工作空间。

可以通过帮助(运行 doc cftool)熟悉该命令的使用细节。

例 8.9 利用数据 x=[1:50]'; y=2*cos(2*x)+3*sin(4*x);拟合 4 阶傅里叶级数

$$y = a_0 + \sum_{k=1}^{4}[a_k\cos(kwx) + b_k\sin(kwx)], \tag{8.12}$$

即待定参数 $a_0, a_1, \cdots, a_4, b_1, \cdots, b_4, w$。

使用用户图形界面进行拟合。

(1) 第一步在命令窗口中运行

x=[1:50]'; y=2*cos(2*x)+3*sin(4*x);

即把数据加载到工作空间。

(2) 运行 cftool,打开用户图形界面,进行如图 8.4 所示的操作,首先在左上方选择相关数据,然后选择拟合的函数为 4 阶傅里叶级数,从图中可以看出拟合优度 $R^2 = 0.6846$,拟合效果不太理想。

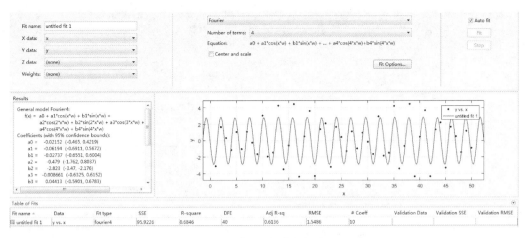

图 8.4　傅里叶级数的拟合图

例 8.10（续例 8.9）　利用数据 $x=[1:50]'$; $y=2*\cos(2*x)+3*\sin(4*x)$; 拟合 4 阶傅里叶级数

$$y = a_0 + \sum_{k=1}^{4} [a_k \cos(kx) + b_k \sin(kx)],$$

即待定参数 $a_0, a_1, \cdots, a_4, b_1, \cdots, b_4$。

在图 8.4 中单击"Fit Options…"按钮,设置 w 的下界和上界都是 1,如图 8.5 所示,然后单击"close"按钮,得到的拟合结果如图 8.6 所示,拟合优度 $R^2=1$,拟合效果很好。

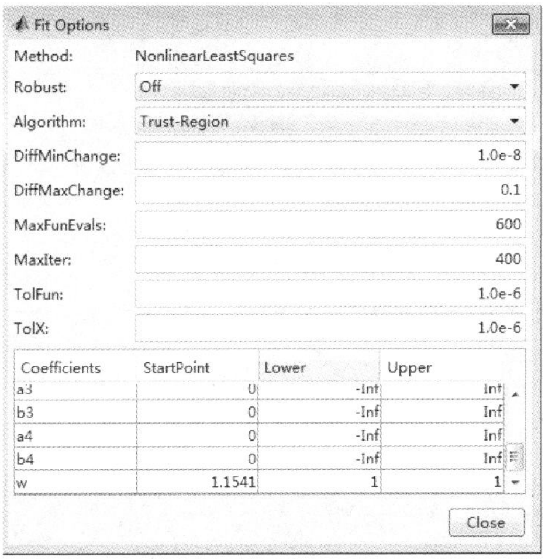

图 8.5　参数下界上界属性设置图

例 8.11　求 $y=(x-1)^3$ 与数据

$x=[1:50]'$; $y=2*\cos(2*x)+3*\sin(4*x)+\text{normrnd}(0,1,50,1)$;

所拟合 8 阶傅里叶级数

$$y = a_0 + \sum_{k=1}^{8} [a_k \cos(kwx) + b_k \sin(kwx)]$$

的交点坐标。

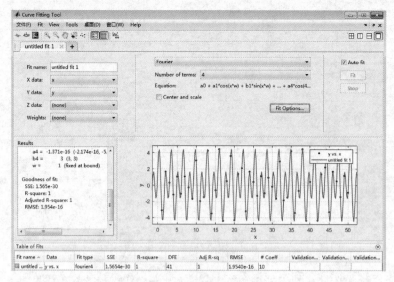

图 8.6　w 值固定拟合图

（1）利用所给的数据拟合一个 8 阶傅里叶级数,这里不再赘述。拟合函数后,单击"Fit"菜单下的"Save to Workspace…"子菜单,把所拟合的模型以名称"ft"输出到工作空间,如图 8.7 所示。此时,工作空间中出现一个所拟合函数的匿名函数,它的返回值为 ft。

图 8.7　拟合结果输出示意图

（2）画出两个函数交点的示意图（如图 8.8）,并求交点。

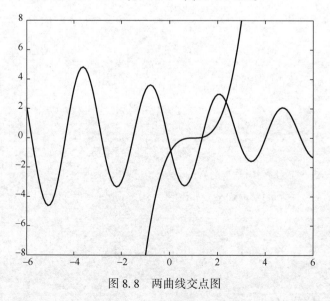

图 8.8　两曲线交点图

242

计算及画图的 MATLAB 程序如下：

```
clc, close all          %这里不能使用 clear,否则工作空间中的所有变量都清除了
x0 = -6:0.1:6; y0 = ft(x0);
plot(x0,y0,'k'), hold on
y2 = @(x)(x-1).^3;fplot(y2,[-1,3],'k')
yy = @(x)[ft(x)-y2(x)];
x1 = fsolve(yy,-rand)                    %求交点的 x 坐标
x2 = fsolve(yy,rand), x3 = fsolve(yy,5)  %多取几个初值,求不同的交点
y = ft([x1,x2,x3])                       %求交点的 y 坐标
```

注 8.4 上述程序是随机模拟,每次运行结果都不一样,特别是求两条曲线的交点时,需要选取适当的初值,才可能求出全部的 3 个交点。

例 8.12 研究农作物产量与施肥量的关系 某研究所为了研究氮(N)、磷(P)、钾(K)三种肥料对土豆和生菜的作用,分别对每种作物进行三种试验。试验中将每种肥料的施用量分为 10 个水平,在考查其中一种肥料的施用量与产量的关系时总是将另外两种肥料的施用量固定在第 7 个水平上,试验数据见表 8.5 和表 8.6。其中施肥量单位为 kg/hm^2,产量单位为 t/hm^2。试建立反应施肥量与产量关系的模型,并从应用价值和如何改进等方面做出评价。

表 8.5 土豆数据

N		P		K	
施肥量/ ($kg \cdot hm^{-2}$)	产量/ ($t \cdot hm^{-2}$)	施肥量/ ($kg \cdot hm^{-2}$)	产量/ ($t \cdot hm^{-2}$)	施肥量/ ($kg \cdot hm^{-2}$)	产量/ ($t \cdot hm^{-2}$)
0	15.18	0	33.46	0	18.98
34	21.36	24	32.47	47	27.35
67	25.72	49	36.06	93	34.86
101	32.29	73	37.96	140	38.52
135	34.03	98	41.04	186	38.44
202	39.45	147	40.09	279	37.73
259	43.15	196	41.26	372	38.43
336	43.46	245	42.17	465	43.87
404	40.83	294	40.36	558	42.77
471	30.75	342	42.73	651	46.22

表 8.6 生菜数据

N		P		K	
施肥量/ ($kg \cdot hm^{-2}$)	产量/ ($t \cdot hm^{-2}$)	施肥量/ ($kg \cdot hm^{-2}$)	产量/ ($t \cdot hm^{-2}$)	施肥量/ ($kg \cdot hm^{-2}$)	产量/ ($t \cdot hm^{-2}$)
0	11.02	0	6.39	0	15.75
28	12.70	49	9.48	47	16.76

(续)

N		P		K	
施肥量/ (kg·hm^{-2})	产量/ (t·hm^{-2})	施肥量/ (kg·hm^{-2})	产量/ (t·hm^{-2})	施肥量/ (kg·hm^{-2})	产量/ (t·hm^{-2})
56	14.56	98	12.46	93	16.89
84	16.27	147	14.33	140	16.24
112	17.75	196	17.10	186	17.56
168	22.59	294	21.94	279	19.20
224	21.63	391	22.64	372	17.97
280	19.34	489	21.34	465	15.84
336	16.12	587	22.07	558	20.11
392	14.11	685	24.53	651	19.40

1. 问题分析

我们希望建立农作物产量 W 与施肥量之间的函数关系。由于施用了 N,P,K 三种肥料,若 N,P,K 既表示三种肥料的名称,又表示三种肥料的施用量,则可考虑建立三元函数

$$W = F(N, P, K).$$

显然这是黑箱模型,单凭目前的信息,我们无法想象上述函数究竟是哪一种形式。简单的方式,可以考虑 F 取为线性函数

$$W = aN + bP + cK + d \ (a, b, c, d \text{ 是待定常数}),$$

或者取二次函数

$$W = a_1 N^2 + a_2 P^2 + a_3 K^2 + a_4 NP + a_5 NK + a_6 PK + a_7 N + a_8 P + a_9 K + a_{10},$$

其中,$a_i (i=1,2,\cdots,10)$ 为待定常数。

通过给出的数据,可由最小二乘法拟合,确定上述关系式中的待定系数,从而得到农作物产量 W 与施肥量之间的函数关系。但这样做有两个疑问:随意假定的线性函数关系表达式或二次函数表达式能否有效描述农作物产量与施肥量之间的关系?除了上述两种关系式,是否还有更合适的反应产量与施肥量关系的模型?

表 8.5 和表 8.6 中所给的原始数据事实上是不够充分的,因为在试验过程中考查某一种肥料的施用量与产量的关系时,总是将另两种肥料的施用量固定在第 7 个水平上,试验数据并没有考虑三种肥料对农作物的交互作用,根据不充分数据拟合出来的模型自然是不能令人信服的。

让我们换一个角度思考:既然试验数据只考虑某一种肥料施用量的变化而引起农作物产量的变化,我们不妨先讨论建立产量 W 分别与三种肥料 N,P,K 的一元函数关系式:

$$W = f_1(N), \quad W = f_2(P), \quad W = f_3(K).$$

然后分别确定独立的每种肥料的最佳施肥量,最后综合分析,得出使得农作物产量最高的三种肥料的综合最佳施肥量。

但是,这样仍没有完全解决前面的问题,这时要求救于农业专家,他们的专业知识会给我们指导。事实上,农学理论给出了多种有效的产量 w 与施肥量 x 之间的函数关系。下列是几种关系理论。

1) Nicklas & Miller 理论(抛物线型关系)
$$\frac{\mathrm{d}w}{\mathrm{d}x}=a(h-x), \text{即 } w=b_0+b_1x+b_2x^2,$$
式中:h 为最高产量时的施肥量;$\frac{\mathrm{d}w}{\mathrm{d}x}$ 为边际产量。

2) 米采利希学说(指数型关系)
$$\frac{\mathrm{d}w}{\mathrm{d}x}=c(A-w), \text{即 } w=A(1-\mathrm{e}^{-cx}),$$
式中:A 为某种肥料充足时的最高产量。由于 $w|_{x=0}=0$,不施肥时产量为零,与实际情况不符,因为土壤中有天然肥力,因此通常考虑天然肥力,将上述关系修正为
$$w=A(1-\mathrm{e}^{b-cx}).$$

3) 博伊德观点(分段直线关系)

某些情况下,若将施肥水平分为若干组,则各组对应的"产量—施肥量"关系呈直线形式。例如若将施肥水平分成两组,则有如下分段直线的关系:
$$w(x)=\begin{cases}c_0+c_1x, & 0\leqslant x<x_1,\\ b_0+b_1x, & x_1\leqslant x<x_2.\end{cases}$$

2. 模型建立

现在根据上述专业理论,设法将问题由"黑箱模型"转化为"灰箱模型"。先通过散点图大致估计确定施肥量与产量效应关系的函数来建立模型。

将六组试验数据画散点图,根据散点图的形状确定生菜、土豆的产量分别与 N、P、K 的函数形式。散点图如图 8.9 所示。

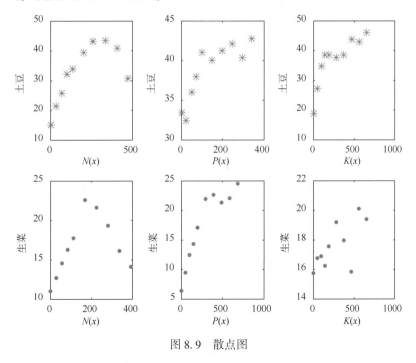

图 8.9 散点图

画图的 MATLAB 程序如下：

```
clc, clear, close all
a=load('gdata8_12_1.txt'); b=load('gdata8_12_2.txt');
str={'$N(x)$','$P(x)$','$K(x)$'}
for i=1:3
    subplot(2,3,i), plot(a(:,2*(i-1)+1),a(:,2*i),'*')
    xlabel(str{i},'Interpreter','Latex'), ylabel('土豆')
    subplot(2,3,3+i), plot(b(:,2*(i-1)+1),b(:,2*i),'.','MarkerSize',10)
    xlabel(str{i},'Interpreter','Latex'), ylabel('生菜')
end
```

由上述散点图的形状可以看到：

(1) N 施用量对土豆、生菜产量的效应关系均为抛物线型关系，函数关系可设为
$$w_\text{土}(x)=a_0+a_1x+a_2x^2, w_\text{生}(x)=b_0+b_1x+b_2x^2.$$

(2) P 施用量对土豆、生菜产量的效应关系均为分段直线关系，函数关系可设为
$$w_\text{土}(x)=\begin{cases}c_1+c_2x, & 0\leqslant x<x_1,\\ c_3+c_4x, & x_1\leqslant x;\end{cases} w_\text{生}(x)=\begin{cases}d_1+d_2x, & 0\leqslant x<x_2,\\ d_3+d_4x, & x_2\leqslant x.\end{cases}$$

(3) K 施用量对土豆产量的效应关系为指数型关系，函数关系可设为
$$w_\text{土}(x)=A(1-e^{b-cx}).$$

K 施用量对生菜产量的效应关系是近似直线型，函数关系可设为
$$w_\text{生}(x)=a+bx.$$

3. 模型求解

通过最小二乘法确定上述施肥量与产量的函数关系式的系数。

(1) 确定 N 对土豆、生菜的函数关系。先确定 N 对土豆函数关系的系数。由最小二乘法的原理，求
$$\min L=\sum_{i=1}^{10}[w_{\text{土}i}-(a_0+a_1N_i+a_2N_i^2)]^2.$$

由 $\dfrac{\partial L}{\partial a_0}=\dfrac{\partial L}{\partial a_1}=\dfrac{\partial L}{\partial a_2}=0$，可解得
$$a_2=-0.0003, a_1=0.1971, a_0=14.7416,$$

即
$$w_\text{土}(N)=14.7416+0.1971N-0.0003N^2.$$

同理得到 $b_2=-0.0002, b_1=0.1013, b_0=10.2294$。即
$$w_\text{生}(N)=10.2294+0.1013N-0.0002N^2.$$

(2) P 对土豆、生菜的函数关系为
$$w_\text{土}(P)=\begin{cases}33.46+0.4733P, & P<0.5853,\\ 35.56+0.02322P, & P\geqslant 0.5853.\end{cases}$$

$$w_\text{生}(P)=\begin{cases}6.39+0.9172P, & P<0.7537,\\ 11.59+0.02097P, & P\geqslant 0.7537.\end{cases}$$

(3) K 对土豆、生菜的函数关系为

$$w_{\pm}(K) = 46.22(1-e^{-0.629-0.005581K}), \quad (8.13)$$
$$w_{\pm}(K) = 16.23+0.005949K. \quad (8.14)$$

计算的 MATLAB 程序如下：

```
clc,clear
a=load('gdata8_12_1.txt');b=load('gdata8_12_2.txt');
f11=polyfit(a(:,1),a(:,2),2)              %拟合氮肥对土豆的函数
f21=polyfit(b(:,1),b(:,2),2)              %拟合氮肥对生菜的函数
f=@(c1,c2,c3,c4,x1,x)(c1+c2*x).*(x<x1)+(c3+c4*x).*(x1<=x);
f=fittype(f);                             %由上述匿名函数定义拟合的函数类
[f12,g1]=fit(a(:,3),a(:,4),f,'start',rand(1,5))   %拟合磷肥对土豆的函数
[f22,g2]=fit(b(:,3),b(:,4),f,'start',rand(1,5))   %拟合磷肥对生菜的函数
f2=fittype('A*(1-exp(b-c*x))');
[f13,g3]=fit(a(:,5),a(:,6),f2,'start',rand(1,3),'Lower',[46.22,-1,0])
[f23,g4]=fit(b(:,5),b(:,6),'poly1')       %全部数据拟合钾肥对生菜的函数
d1=b(:,5);d2=b(:,6);d1(8)=[];d2(8)=[];    %删除第 8 个奇异点
[f23,g4]=fit(d1,d2,'poly1')               %最终拟合的钾肥对生菜的函数
```

注 8.5 拟合式(8.13)时,由于是非线性拟合,因此解不稳定,可多运行几次程序,找一个比较好的解。

4. 结论

上述函数关系式反映了在一定条件下,每种肥料的施用量对农作物产量的效应关系。由模型结果分析与最佳施肥量的讨论可以得知：

(1) N 过量使用会造成减产(农学理论称为"烧苗")。

(2) P 的施用量达到某一值后,增加施肥量对作物产量的影响作用不大。

(3) K 施用量的增加开始时对作物产量的影响较明显,逐渐趋于缓和。而 K 对生菜产量的作用关系几乎是一条水平直线,这可能是生菜的生长对 K 的需求量较小,但也可能是由于土壤中含有的天然 K 足够满足生菜生长的需求。

5. 模型推广

在得到的函数的基础上,可以进行每种肥料最佳施用量的分析。我们的讨论不是基于产量最高时的最佳施肥量,而是使得经济效益最大的最佳施肥量。如果 T_w, T_x 分别表示农作物产品单价和肥料单价,则效益 $Q=wT_w-xT_x$。

要使得效益最大,则必须 $\dfrac{dQ}{dx}=0$,由于 T_x, T_w 均为常数,因此得

$$\frac{dw}{dx}=\frac{T_x}{T_w},$$

由此即可求出为获期望产量 w 的效益最佳的施肥量 x。

如果确定了每种肥料在一定条件下的最佳施肥量 N^*, P^*, K^*,则综合平衡三种肥力交互作用对农作物产量的影响及施肥量固定在第 7 个水平的操作原理,可确定"既能达

到高产,又不浪费肥料"的总体最佳施肥量。

习 题 8

8.1 交通管理部门为了掌握一座桥梁的通行情况,在桥梁的一端每间隔一段不等的时间连续记录 1 分钟内通过桥梁的车辆数,连续观测一天 24 小时的通过车辆数据如表 8.7 所示。试建模分析估计这一天中总共有多少车辆通过这座桥梁。

表 8.7 24 小时通过桥梁的车辆统计数据

时 间	0:00	2:00	4:00	5:00	6:00	7:00	8:00	9:00	10:30	11:30	12:30
车辆数	2	2	0	2	5	8	25	12	5	10	12
时间	14:00	16:00	17:00	18:00	19:00	20:00	21:00	22:00	23:00	24:00	
车辆数	7	9	28	22	10	9	11	8	9	3	

8.2 已知当温度为 $T=[700,720,740,760,780]$ 时,过热蒸汽体积的变化为 $V=[0.0977,0.1218,0.1406,0.01551,0.1664]$,分别采用线性插值和三次样条插值求解 $T=750,770$ 时的体积变化,并在一个图形界面中画出线性插值函数和三次样条插值函数。

8.3 在区间 $[0,10]$ 上等间距取 1000 个点 $x_i(i=1,2,\cdots,1000)$,计算在这些点 x_i 处函数 $g(x)=\dfrac{(3x^2+4x+6)\sin x}{x^2+8x+6}$ 的函数值 y_i,利用观测点 $(x_i,y_i)(i=1,2,\cdots,1000)$,求三次样条插值函数 $\hat{g}(x)$,画出插值函数 $\hat{g}(x)$ 的图形,并求积分 $\int_0^{10}g(x)\mathrm{d}x$ 和 $\int_0^{10}\hat{g}(x)\mathrm{d}x$。

8.4 为了检验 X 射线的杀菌作用,用 X 射线来照射细菌,每次照射 6min,照射次数记为 t,共照射 15 次,各次照射后所剩细菌数 y 见表 8.8,试找出其规律。

表 8.8 细菌数观测值

次数 t	1	2	3	4	5	6	7	8	9	10	11	12	13	14	15
y	352	211	197	160	142	106	104	60	56	38	36	32	21	19	15

8.5 假定某地某天的气温变化记录数据见表 8.9,误差不超过 0.5℃,试找出其这一天的气温变化规律。

表 8.9 某地某天气温变化数据

时刻/h	0	1	2	3	4	5	6	7	8	9	10	11	12
温度/℃	15	14	14	14	14	15	16	18	20	22	23	25	28
时刻/h	13	14	15	16	17	18	19	20	21	22	23	24	
温度/℃	31	32	31	29	27	25	24	22	20	18	17	16	

8.6 函数 $g(x) = \dfrac{10a}{10b+(a-10b)e^{-a\sin x}}$，取 $a=1.1, b=0.01$，计算 $x=1,2,\cdots,20$ 时，$g(x)$ 对应的函数值，把这样得到的数据作为模拟观测值，记作 $(x_i, y_i), i=1,2,\cdots,20$。利用数据 $(x_i, y_i), i=1,2,\cdots,20$，使用如下三种方式拟合函数。

（1）用 lsqcurvefit 拟合函数 $\hat{g}(x)$。

（2）用 fittype 和 fit 拟合函数 $\hat{g}(x)$。

（3）用 cftool 拟合函数 $\hat{g}(x)$。

第9章 图论模型

图论是运筹学的一个经典和重要分支,专门研究图与网络模型的特点、性质及求解方法。许多优化问题可以利用图与网络的固有特性而形成的特定方法来解决,往往比用数学规划等其他模型来求解要简单且有效得多。

图论起源于1736年欧拉对柯尼斯堡七桥问题的抽象和论证。1936年,匈牙利数学家柯尼希(D. König)出版了第一部图论专著《有限图与无限图理论》,树立了图论发展的第一座里程碑。近几十年来,计算机科学和技术的飞速发展,大大促进了图论研究和应用,其理论和方法已经渗透到物理、化学、计算机科学、通信科学、建筑学、生物遗传学、心理学、经济学、社会学等各个学科中。

9.1 图的基础理论

9.1.1 图的基本概念

所谓图,概括地讲就是由一些点和这些点之间的连线组成的。图的定义为 $G=(V,E)$,其中 V 是顶点的非空有限集合,称为顶点集;E 是边的集合,称为边集。边一般用 (v_i,v_j) 表示,其中 v_i,v_j 属于顶点集 V。

以下用 $|V|$ 表示图 $G=(V,E)$ 中顶点的个数,$|E|$ 表示边的条数。

如图9.1所示为几个图的示例,其中图9.1(a)共有3个顶点、2条边,将其表示为
$$G=(V,E), V=\{v_1,v_2,v_3\}, E=\{(v_1,v_2),(v_1,v_3)\}.$$

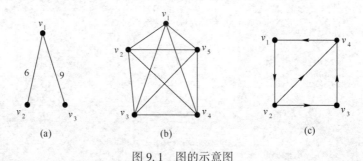

图9.1 图的示意图

1. 无向图和有向图

如果图的边是没有方向的,则称此图为无向图(简称为图),无向图的边称为无向边(简称边)。图9.1(a)和(b)都是无向图。连接两顶点 v_i 和 v_j 的无向边记为 (v_i,v_j) 或 (v_j,v_i)。

如果图的边是有方向(带箭头)的,则称此图为有向图,有向图的边称为弧(或有向

边),图 9.1(c)是一个有向图。连接两顶点 v_i 和 v_j 的弧记为 $\langle v_i,v_j \rangle$,其中 v_i 称为起点,v_j 称为终点。显然此时弧 $\langle v_i,v_j \rangle$ 与弧 $\langle v_j,v_i \rangle$ 是不同的两条有向边。有向图的弧的起点称为弧头,弧的终点称为弧尾。有向图一般记为 $D=(V,A)$,其中 V 为顶点集,A 为弧集。

例如,图 9.1(c)可以表示为 $D=(V,A)$,顶点集 $V=\{v_1,v_2,v_3,v_4\}$,弧集为 $A=\{\langle v_1,v_2\rangle,\langle v_2,v_3\rangle,\langle v_2,v_4\rangle,\langle v_3,v_4\rangle,\langle v_4,v_1\rangle\}$。

对于图除非指明是有向图,一般地,所谓的图都是指无向图。有向图也可以用 G 表示。

例 9.1 设 $V=\{v_1,v_2,v_3,v_4,v_5\}$,$E=\{e_1,e_2,e_3,e_4,e_5\}$,其中
$$e_1=(v_1,v_2),e_2=(v_2,v_3),e_3=(v_2,v_3),e_4=(v_3,v_4),e_5=(v_4,v_4).$$
则 $G=(V,E)$ 是一个图,其图形如图 9.2 所示。

2. 简单图和完全图

定义 9.1 设 $e=(u,v)$ 是图 G 的一条边,则称 u,v 是 e 的端点,并称 u 与 v 相邻,边 e 与顶点 u(或 v)相关联。若两条边 e_i 与 e_j 有共同的端点,则称边 e_i 与 e_j 相邻;称有相同端点的两条边为重边;称两端点均相同的边为环;称不与任何边相关联的顶点为孤立点。

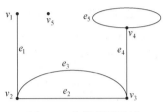

图 9.2 非简单图示例

在图 9.2 中,边 e_2 与 e_3 为重边,e_5 为环,顶点 v_5 为孤立点。

定义 9.2 无环且无重边的图称为简单图。

图 9.2 不是简单图,因为图中既含重边(e_2 与 e_3)又含环(e_5)。

定义 9.3 任意两点均相邻的简单图称为完全图。含 n 个顶点的完全图记为 K_n。

3. 赋权图

定义 9.4 如果图 G 的每条边 e 都附有一个实数 $w(e)$,则称图 G 为赋权图,实数 $w(e)$ 称为边 e 的权。

赋权图也称为网络,图 9.1(a)就是一个赋权图。赋权图中的权可以是距离、费用、时间、效益、成本等。

如果有向图 D 的每条弧都被赋予了权,则称 D 为有向赋权图。

4. 顶点的度

定义 9.5 (1) 在无向图中,与顶点 v 关联的边的数目(环算两次)称为 v 的度,记为 $d(v)$。

(2) 在有向图中,从顶点 v 引出的弧的数目称为 v 的出度,记为 $d^+(v)$,从顶点 v 引入的弧的数目称为 v 的入度,记为 $d^-(v)$,$d(v)=d^+(v)+d^-(v)$ 称为 v 的度。

度为奇数的顶点称为奇顶点,度为偶数的顶点称为偶顶点。

定理 9.1 给定图 $G=(V,E)$,所有顶点的度数之和是边数的 2 倍,即
$$\sum_{v\in V} d(v) = 2|E|.$$

推论 9.1 任何图中奇顶点的总数必为偶数。

5. 子图

定义 9.6 设 $G_1=(V_1,E_1)$ 与 $G_2=(V_2,E_2)$ 是两个图,并且满足 $V_1 \subset V_2, E_1 \subset E_2$,则称 G_1 是 G_2 的子图。如 G_1 是 G_2 的子图,且 $V_1=V_2$,则称 G_1 是 G_2 的生成子图。

6. 道路与回路

设 $W=v_0e_1v_1e_2\cdots e_kv_k$，其中 $e_i\in E(i=1,2,\cdots,k)$，$v_j\in V(j=0,1,\cdots,k)$，e_i 与 v_{i-1} 和 v_i 关联，称 W 是图 G 的一条道路，简称路，k 为路长，v_0 为起点，v_k 为终点；各边相异的道路称为迹（trail）；各顶点相异的道路称为轨道（path），记为 $P(v_0,v_k)$；起点和终点重合的道路称为回路；起点和终点重合的轨道称为圈，即对轨道 $P(v_0,v_k)$，当 $v_0=v_k$ 时成为一个圈；称以两顶点 u,v 分别为起点和终点的最短轨道之长为顶点 u,v 的距离。

7. 连通图与非连通图

在无向图 G 中，如果从顶点 u 到顶点 v 存在道路，则称顶点 u 和 v 是连通的。如果图 G 中的任意两个顶点 u 和 v 都是连通的，则称图 G 是连通图，否则称为非连通图。非连通图中的连通子图，称为连通分支。

在有向图 G 中，如果对于任意两个顶点 u 和 v，从 u 到 v 和从 v 到 u 都存在道路，则称图 G 是强连通图。

9.1.2 图的矩阵表示

本节均假设图 $G=(V,E)$ 为简单图，其中 $V=\{v_1,v_2,\cdots,v_n\}$，$E=\{e_1,e_2,\cdots,e_m\}$。

1. 关联矩阵

对于无向图 G，其关联矩阵 $\boldsymbol{M}=(m_{ij})_{n\times m}$，其中

$$m_{ij}=\begin{cases}1, & v_i \text{ 与 } e_j \text{ 相关联},\\ 0, & v_i \text{ 与 } e_j \text{ 不关联}.\end{cases}$$

对有向图 G，其关联矩阵 $\boldsymbol{M}=(m_{ij})_{n\times m}$，其中

$$m_{ij}=\begin{cases}1, & v_i \text{ 是 } e_j \text{ 的起点},\\ -1, & v_i \text{ 是 } e_j \text{ 的终点},\\ 0, & v_i \text{ 与 } e_j \text{ 不关联}.\end{cases}$$

2. 邻接矩阵

对无向非赋权图 G，其邻接矩阵 $\boldsymbol{W}=(w_{ij})_{n\times n}$，其中

$$w_{ij}=\begin{cases}1, & v_i \text{ 与 } v_j \text{ 相邻},\\ 0, & v_i \text{ 与 } v_j \text{ 不相邻}.\end{cases}$$

对有向非赋权图 G，其邻接矩阵 $\boldsymbol{W}=(w_{ij})_{n\times n}$，其中

$$w_{ij}=\begin{cases}1, & (v_i,v_j)\in E,\\ 0, & (v_i,v_j)\notin E.\end{cases}$$

对无向赋权图 G，其邻接矩阵 $\boldsymbol{W}=(w_{ij})_{n\times n}$，其中

$$w_{ij}=\begin{cases}\text{顶点 } v_i \text{ 与 } v_j \text{ 之间边的权}, & (v_i,v_j)\in E,\\ 0(\text{或}\infty), & v_i \text{ 与 } v_j \text{ 之间无边}.\end{cases}$$

注 9.1 当两个顶点之间不存在边时，根据实际问题的含义或算法需要，对应的权可以取为 0 或 ∞。

有向赋权图的邻接矩阵可类似定义。

例 9.2 如图 9.3 所示的无向图，其邻接矩阵为

$$A = \begin{bmatrix} 0 & 9 & 2 & 4 & 7 \\ 9 & 0 & 3 & 4 & 0 \\ 2 & 3 & 0 & 8 & 4 \\ 4 & 4 & 8 & 0 & 6 \\ 7 & 0 & 4 & 6 & 0 \end{bmatrix}.$$

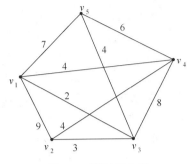

图 9.3　赋权无向图

用 MATLAB 重新画图 9.3 的程序如下：

```
clc, clear
a = zeros(5);                                        %邻接矩阵初始化
a(1,[2:5]) = [9 2 4 7]; a(2,[3 4]) = [3 4];          %输入邻接矩阵的上三角元素
a(3,[4 5]) = [8 4]; a(4,5) = 6;
b = a+a';                                            %构造完整的邻接矩阵
s = cellstr(strcat('v', int2str([1:5]')));           %构造顶点字符串的细胞数组
c = graph(b,s);                                      %构造无向图
plot(c,'EdgeLabel',c.Edges.Weight,'LineWidth',1.5);  %画无向图
```

例 9.3　图 9.4 所示的有向图的邻接矩阵为

$$A = \begin{bmatrix} 0 & 1 & 1 & 0 & 0 & 0 \\ 0 & 0 & 1 & 0 & 0 & 0 \\ 0 & 1 & 0 & 0 & 1 & 0 \\ 0 & 1 & 0 & 0 & 0 & 1 \\ 0 & 1 & 0 & 1 & 0 & 1 \\ 0 & 0 & 0 & 0 & 1 & 0 \end{bmatrix}.$$

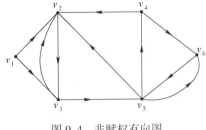

图 9.4　非赋权有向图

用 MATLAB 重新画图 9.4 的程序如下：

```
clc, clear
a = zeros(6);                                  %邻接矩阵初始化
a(1,[2 3]) = 1; a(2,3) = 1; a(3,[2 5]) = 1;
a(4,[2 6]) = 1; a(5,[2 4 6]) = 1; a(6,5) = 1;
b = digraph(a)                                 %生成有向图
plot(b)                                        %画有向图
```

9.2 最短路算法及其 MATLAB 实现

最短路径问题是图论中非常经典的问题之一,旨在寻找图中两顶点之间的最短路径。作为一个基本工具,实际应用中的许多优化问题,如管道铺设、线路安排、厂区布局、设备更新等,都可归结为最短路径问题来解决。

定义 9.7 设图 G 是赋权图,Γ 为 G 中的一条路,则称 Γ 的各边权之和为路 Γ 的长度。

对于 G 的两个顶点 u_0 和 v_0,从 u_0 到 v_0 的路一般不止一条,其中最短的(长度最小的)一条路称为从 u_0 到 v_0 的最短路;最短路的长称为从 u_0 到 v_0 的距离,记为 $d(u_0,v_0)$。

求最短路的算法有 Dijkstra(迪克斯特拉)标号算法和 Floyd(弗洛伊德)算法等,但 Dijkstra 标号算法只适用于边权是非负的情形。最短路问题也可以归结为一个 0—1 整数规划模型。

9.2.1 固定起点到其余各点的最短路算法

寻求从一固定起点 u_0 到其余各点的最短路,最有效的算法之一是 E. W. Dijkstra 于 1959 年提出的 Dijkstra 标号算法。这个算法是一种迭代算法,它的依据是一个重要而明显的性质:最短路是一条路,最短路上的任一子段也是最短路。

对于给定的赋权图 $G=(V,E,W)$,其中 $V=\{v_1,\cdots,v_n\}$ 为顶点集合,E 为边的集合,邻接矩阵 $W=(w_{ij})_{n\times n}$,这里

$$w_{ij} = \begin{cases} v_i \text{ 与 } v_j \text{ 之间边的权值}, & v_i \text{ 与 } v_j \text{ 之间有边}, \\ \infty, & v_i \text{ 与 } v_j \text{ 之间无边}, \end{cases} \quad i \neq j,$$

$$w_{ii}=0, i=1,2,\cdots,n.$$

式中:u_0 为 V 中的某个固定起点。求顶点 u_0 到 V 中另一顶点 v_0 的最短距离 $d(u_0,v_0)$。

Dijkstra 标号算法的基本思想:按距固定起点 u_0 从近到远的顺序,依次求得 u_0 到图 G 各顶点的最短路和距离,直至某个顶点 v_0(或直至图 G 的所有顶点)。

为避免重复并保留每一步的计算信息,对于任意顶点 $v\in V$,定义两个标号:

$l(v)$:顶点 v 的标号,表示从起点 u_0 到 v 的当前路的长度;

$z(v)$:顶点 v 的父节点标号,用以确定最短路的路线。

另外用 S_i 表示具有永久标号的顶点集。Dijkstra 标号算法的计算步骤如下:

(1) 令 $l(u_0)=0$,对 $v\neq u_0$,令 $l(v)=\infty$,$z(v)=u_0$,$S_0=\{u_0\}$,$i=0$。

(2) 对每个 $v\in \bar{S}_i$($\bar{S}_i=V\backslash S_i$),令

$$l(v) = \min_{u\in S_i}\{l(v), l(u)+w(uv)\},$$

这里 $w(uv)$ 表示顶点 u 和 v 之间边的权值,如果此次迭代利用顶点 $\tilde{u}$ 修改了顶点 v 的标号值 $l(v)$,则 $z(v)=\tilde{u}$,否则 $z(v)$ 不变。计算 $\min_{v\in\bar{S}_i}\{l(v)\}$,把达到这个最小值的一个顶点记为 u_{i+1},令 $S_{i+1}=S_i\cup\{u_{i+1}\}$。

(3) 若 $i=|V|-1$ 或 v_0 进入 S_i,则算法终止;否则,用 $i+1$ 代替 i,转步骤(2)。

算法结束时,从 u_0 到各顶点 v 的距离由 v 的最后一次标号 $l(v)$ 给出。在 v 进入 S_i 之前的标号 $l(v)$ 称为 T 标号,v 进入 S_i 时的标号 $l(v)$ 称为 P 标号。算法就是不断修改各顶点的 T 标号,直至获得 P 标号。若在算法运行过程中,将每一顶点获得 P 标号所由来的边在图上标明,则算法结束时,u_0 至各顶点的最短路也在图上标示出来了。

例 9.4 求图 9.5 所示的图 G 中从 v_1 到 v_5 的最短路及最短距离。

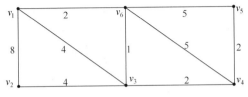

图 9.5 求最短距离的图

解 先写出邻接矩阵

$$W = \begin{bmatrix} 0 & 8 & 4 & \infty & \infty & 2 \\ 8 & 0 & 4 & \infty & \infty & \infty \\ 4 & 4 & 0 & 2 & \infty & 1 \\ \infty & \infty & 2 & 0 & 2 & 5 \\ \infty & \infty & \infty & 2 & 0 & 5 \\ 2 & \infty & 1 & 5 & 5 & 0 \end{bmatrix}.$$

Dijkstra 标号算法计算过程的标号值如表 9.1 所示。

表 9.1 Dijkstra 标号算法计算过程的标号值

迭代次数 i	0	1	2	3	4	$l(v)$最终值	$z(v)$
v_1	0					0	
v_2	∞	8	8	7	7	7	v_3
v_3	∞	4	3			3	v_6
v_4	∞	∞	7	5		5	v_3
v_5	∞	∞	7	7	7	7	v_6(或v_4)
v_6	∞	2				2	v_1
S_i	v_1	v_1,v_6	v_1,v_6,v_3	v_1,v_6,v_3,v_4	v_1,v_6,v_3,v_4,v_2,v_5		

从表 9.1 可以看出,从 v_1 到 v_5 的最短路径长度为 7。利用反向追踪可以得到最短路径,v_5 的前驱节点(父节点)为 v_6 或 v_4,v_6 的前驱节点为 v_1;v_4 的前驱节点为 v_3,v_3 的前驱节点为 v_6;所以可以得到两条最短路径,分别为

$$v_1 \to v_6 \to v_5, v_1 \to v_6 \to v_3 \to v_4 \to v_5.$$

MATLAB 工具箱求两个指定的(单一)顶点最短路函数为 shortestpath,其调用格式为

[path,d] = shortestpath(G,s,t,'Method',algorithm)

返回值 path 是求得的最短路径,d 是求得的最短距离。

输入参数 G 是图的邻接矩阵,s 是起点,t 是终点,algorithm 是一个字符串,指明属性 'Method' 的值,即所用的求最短路算法,algorithm 可以取五种值:

(1) 'auto'（默认值）：自动选择'unweighted'、'positive'、'mixed'三种算法之一。
(2) 'unweighted'：非赋权图，使用宽度优先搜索算法。
(3) 'positive'：权值非负的赋权图，使用 Dijkstra 标号算法。
(4) 'mixed'：在有向图中没有权值为负的圈，使用 Bellman-Ford 算法。
(5) 'acyclic'：针对无圈有向赋权图。

求解上面最短路问题的 MATLAB 程序如下：

```
clc, clear, a=zeros(6);
a(1,[2,3,6])=[8,4,2]; a(2,3)=4; a(3,[4,6])=[2,1];
a(4,[5,6])=[2,5]; a(5,6)=5;         %输入邻接矩阵的上三角元素
b=a+a';  c=graph(b)                 %构造赋权无向图
[p,d]=shortestpath(c,1,5)           %求顶点1到顶点5的最短路径和最短距离
```

9.2.2 每对顶点间的最短路算法

利用 Dijkstra 标号算法，当然还可以寻求赋权图中所有顶点对之间最短路。具体方法是：每次以不同的顶点作为起点，用 Dijkstra 标号算法求出从该起点到其余顶点的最短路径，反复执行 $n-1$（n 为顶点个数）次这样的操作，就可得到每对顶点之间的最短路。但这样做需要大量的重复计算，效率不高。为此，R. W. Floyd 另辟蹊径，于 1962 年提出了一个直接寻求任意两顶点之间最短路的算法。

对于赋权图 $G=(V,E,A_0)$，其中顶点集 $V=\{v_1,\cdots,v_n\}$，邻接矩阵

$$A_0 = \begin{bmatrix} a_{11} & a_{12} & \cdots & a_{1n} \\ a_{21} & a_{22} & \cdots & a_{2n} \\ \vdots & \vdots & & \vdots \\ a_{n1} & a_{n2} & \cdots & a_{nn} \end{bmatrix},$$

这里

$$a_{ij} = \begin{cases} v_i \text{ 与 } v_j \text{ 间边的权值}, & v_i \text{ 与 } v_j \text{ 之间有边}, \\ \infty, & v_i \text{ 与 } v_j \text{ 之间无边}, \end{cases} i \neq j,$$

$$a_{ii}=0, i=1,2,\cdots,n.$$

对于无向图，A_0 是对称矩阵，$a_{ij}=a_{ji}, i,j=1,2,\cdots,n$。

Floyd 算法是一个经典的动态规划算法，其基本思想是递推产生一个矩阵序列 A_1，$A_2,\cdots,A_k,\cdots,A_n$，其中矩阵 $A_k=(a_k(i,j))_{n\times n}$，其第 i 行第 j 列元素 $a_k(i,j)$ 表示从顶点 v_i 到顶点 v_j 的路径上所经过的顶点序号不大于 k 的最短路径长度。

计算时用迭代公式

$$a_k(i,j) = \min(a_{k-1}(i,j), a_{k-1}(i,k)+a_{k-1}(k,j)),$$

式中：k 为迭代次数，$i,j,k=1,2,\cdots,n$。

最后，当 $k=n$ 时，A_n 即是各顶点之间的最短通路值。

如果在求得两点间的最短距离时还需要求得两点间的最短路径，则需要在上面距离矩阵 A_k 的迭代过程中引入一个路由矩阵 $R_k=(r_k(i,j))_{n\times n}$ 来记录两点间路径的前驱后继关系，其中 $r_k(i,j)$ 表示从顶点 v_i 到顶点 v_j 的路径经过编号为 $r_k(i,j)$ 的顶点。

路径矩阵的迭代过程如下：
（1）初始时，有
$$R_0 = \mathbf{0}_{n \times n}.$$
（2）迭代公式为
$$R_k = (r_k(i,j))_{n \times n},$$
其中
$$r_k(i,j) = \begin{cases} k, & a_{k-1}(i,j) > a_{k-1}(i,k) + a_{k-1}(k,j), \\ r_{k-1}(i,j), & \text{其他}. \end{cases}$$
直到迭代到 $k=n$，算法终止。

查找 v_i 到 v_j 最短路径的方法如下：

若 $r_n(i,j) = p_1$，则点 v_{p_1} 是顶点 v_i 到顶点 v_j 的最短路的中间点，然后用同样的方法再分头查找。若

（1）向顶点 v_i 反向追踪，得 $r_n(i,p_1) = p_2, r_n(i,p_2) = p_3, \cdots, r_n(i,p_s) = 0$。

（2）向顶点 v_j 正向追踪，得 $r_n(p_1,j) = q_1, r_n(q_1,j) = q_2, \cdots, r_n(q_t,j) = 0$。

则由点 i 到 j 的最短路径为 $v_i, v_{p_s}, \cdots, v_{p_2}, v_{p_1}, v_{q_1}, v_{q_2}, \cdots, v_{q_t}, v_j$。

MATLAB 工具箱求所有顶点对之间最短距离的命令为 distances，其调用格式为

d = distances(G)   %该命令只有一个返回值 d，给出了所有顶点对之间的最短距离矩阵，而没有给出顶点对之间的最短路径。

例9.5 设 G 为图 9.6 所示有的向赋权图，求 G 中任意两顶点之间的最短距离。

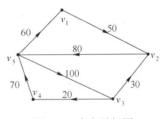

图 9.6　有向赋权图

利用如下的 MATLAB 程序：

```
clc, clear, a = zeros(5);
a(1,2) = 50; a(2,5) = 80; a(3,[2,4]) = [30,20];
a(4,5) = 70; a(5,[1,3]) = [60,100];
b = digraph(a)              %构造赋权有向图
d = distances(b)            %求所有顶点对之间的最短距离
```

求得所有顶点对之间的最短距离矩阵

$$D = \begin{bmatrix} 0 & 50 & 230 & 250 & 130 \\ 140 & 0 & 180 & 200 & 80 \\ 150 & 30 & 0 & 20 & 90 \\ 130 & 180 & 170 & 0 & 70 \\ 60 & 110 & 100 & 120 & 0 \end{bmatrix},$$

从 D 矩阵的第一行可以看出，$v_1 \to v_2$ 的最短距离为 50，$v_1 \to v_3$ 的最短距离为 230，$v_1 \to v_4$ 的最短距离为 250，$v_1 \to v_5$ 的最短距离为 130。

对于例 9.5，如果要求所有顶点对之间的最短距离和最短路径，可以使用 Dijkstra 标号算法，调用 10 次 shortestpath 命令即可。如果使用 Floyd 算法，则必须自己编程。

求例 9.5 的最短距离和最短路径的 MATLAB 程序如下：

```
clc, clear, a = zeros(5);
a(1,2) = 50; a(2,5) = 80; a(3,[2,4]) = [30,20];
```

```
a(4,5)=70; a(5,[1,3])=[60,100];
b=a; b(b==0)=inf;            %构造数学上的邻接矩阵 b
n=size(a,1);                 %顶点的个数
b(1:n+1:end)=0               %对角线元素赋 0
r=zeros(n);                  %路由矩阵初始化
for k=1:n
    for i=1:n
        for j=1:n
            if b(i,j)>b(i,k)+b(k,j)
                b(i,j)=b(i,k)+b(k,j);
                r(i,j)=k;
            end
        end
    end
end
b,r                          %显示最短距离矩阵和路由矩阵
```

求得的最短距离矩阵与上面程序是一样的,求得的路由矩阵

$$\boldsymbol{R}=\begin{bmatrix}0&0&5&5&2\\5&0&5&5&0\\5&0&0&0&4\\5&5&5&0&0\\0&1&0&3&0\end{bmatrix}.$$

由路由矩阵 $\boldsymbol{R}$ 可知,v_1 到 v_4 的最短路径为 $v_1 \to v_2 \to v_5 \to v_3 \to v_4$。这是因为 $R(1,4)=5$(最短路径上,v_4 的前驱顶点为 v_5,v_1 的后继顶点为 v_5)。

(1) 反向追踪:$R(1,5)=2,R(1,2)=0$(v_2 的直接前驱顶点为 v_1,不经过中间顶点)。

(2) 正向追踪:$R(5,4)=3,R(3,4)=0$(v_3 的直接后继顶点为 v_4,不经过中间顶点)。

可知 v_1 的后继为 v_2,v_2 的后继为 v_5,v_5 的后继为 v_3,v_3 的后继为 v_4,因而可得出所求的最短路径。

9.2.3 最短路应用范例

例 9.6(设备更新问题) 某种工程设备的役龄为 4 年,每年年初都面临着是否更新的问题:若卖旧买新,则要支付一定的购置费用;若继续使用,则要支付更多的维护费用,且使用年限越长,维护费用越多。若役龄期内每年的年初购置价格、当年维护费用及年末剩余净值如表 9.2 所示,请为该设备制订一个 4 年役龄期内的更新计划,使总的支付费用最少。

表 9.2 相关费用数据

年 份	1	2	3	4
年初购置价格/万元	25	26	28	31
当年维护费用/万元	10	14	18	26
年末剩余净值/万元	20	16	13	11

解 可以把这个问题化为图论中的最短路问题。

构造赋权有向图 $D=(V,A,W)$,其中顶点集 $V=\{v_1,v_2,\cdots,v_5\}$,这里 $v_i(i=1,2,3,4)$ 表示第 i 年年初的时刻,v_5 表示第 4 年年末的时刻,A 为弧的集合,邻接矩阵 $W=(w_{ij})_{5\times5}$,这里 w_{ij} 为第 i 年年初至第 j 年年初(或 $j-1$ 年年末)期间所支付的费用,计算公式为

$$w_{ij} = p_i + \sum_{k=1}^{j-i} a_k - r_{j-i},$$

式中:p_i 为第 i 年年初的购置价格;a_k 为使用到第 k 年当年的维护费用;r_i 为第 i 年年末旧设备的出售价格(残值)。则邻接矩阵

$$W = \begin{bmatrix} 0 & 15 & 33 & 54 & 82 \\ \infty & 0 & 16 & 34 & 55 \\ \infty & \infty & 0 & 18 & 36 \\ \infty & \infty & \infty & 0 & 21 \\ \infty & \infty & \infty & \infty & 0 \end{bmatrix}.$$

制订总的支付费用最小的设备更新计划,就是在有向图 D 中求从 v_1 到 v_5 的费用最短路。

利用 Dijkstra 标号算法,使用 MATLAB 软件,求得 v_1 到 v_5 的最短路径为 $v_1 \rightarrow v_2 \rightarrow v_3 \rightarrow v_5$,最短路径的长度为 67。设备更新最小费用路径如图 9.7 中的粗线所示,即设备更新计划为第 1 年年初买进新设备,使用到第 1 年年底,第 2 年年初购进新设备,使用到第 2 年年底,第 3 年年初再购进新设备,使用到第 4 年年底。

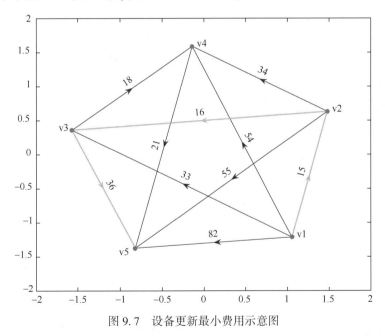

图 9.7 设备更新最小费用示意图

计算及画图的 MATLAB 程序如下:
```
clc, clear
p=[25,26,28,31]; a=[10,14,18,26]; r=[20,16,13,11];
b=zeros(5);                    %邻接矩阵(非数学上的邻接矩阵)初始化
```

```
        for i = 1:4
            for j = i+1:5
                b(i,j) = p(i) + sum(a(1:j-i)) - r(j-i);
            end
        end
b, s = cellstr(strcat('v', int2str([1:5]')));    %构造顶点字符串的细胞数组
c = digraph(b,s);                                 %构造赋权有向图
[p,d] = shortestpath(c,1,5)
h = plot(c,'Edgelabel',c.Edges.Weight,'Layout','force','EdgeColor','k')
highlight(h,p,'EdgeColor','r','LineWidth',2)
```

选址问题的类型很多,其中一类是对一个或几个服务设施在一定区域内选定其位置,使某一指标达到最优值,具有代表性的是中心问题和重心问题。

中心问题 有些公共服务设施(如仓库、急救中心、消防站等)的选址,要求网络中最远的被服务点距离服务设施的距离尽可能小。

例9.7 某连锁企业在某地区有6个销售点,已知该地区的交通网络如图9.8所示,其中点代表销售点,边表示公路,边上的数字表示销售点间公路的距离,问仓库应建在哪个销售点,可使离仓库最远的销售点到仓库的路程最近。

解 这是一个选址问题,可以转化为一系列求最短路问题。先求出 v_1 到所有点的最短距离 $d_{1j}(j=1,2,\cdots,6)$,令 $D(v_1) = \max(d_{11},d_{12},\cdots,d_{16})$,表示若仓库建在 v_1,则离仓库最远的销售点距离为 $D(v_1)$。再依次计算 $v_2,v_3,\cdots,v_6$ 到所有点的最短距离,类似求出 $D(v_2),\cdots,D(v_6)$。$D(v_i)$($i=1,\cdots,6$)中最小者即为所求,计算结果见表9.3。

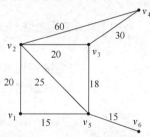

图9.8 销售点间公路示意图

表9.3 所有销售点间的两两距离

销售点	v_1	v_2	v_3	v_4	v_5	v_6	$D(v_i)$
v_1	0	20	33	63	15	30	63
v_2	20	0	20	50	25	40	50
v_3	33	20	0	30	18	33	33
v_4	63	50	30	0	48	63	63
v_5	15	25	18	48	0	15	48
v_6	30	40	33	63	15	0	63

由于 $D(v_3) = 33$ 最小,所以仓库应建在 v_3,此时离仓库最远的销售点(v_1 和 v_6)距离为33。

计算的 MATLAB 程序如下:

```
clc, clear, a = zeros(6);
a(1,[2 5]) = [20 15]; a(2,[3;5]) = [20 60 25];
```

```
a(3,[4 5])=[30 18]; a(5,6)=15;        %输入邻接矩阵的上三角元素
[i,j,v]=find(a);                       %找矩阵 a 中非零元素的行地址、列地址及非零元素的取值
b=graph(i,j,v)                         %MATLAB 另一种构造无向赋权图的方法
d=distances(b)                         %求所有顶点对之间的最短距离
d1=max(d,[ ],2)                        %逐行求最大值
[d2,ind]=min(d1)                       %求矢量的最小值及最小值的地址
ind2=find(d(ind,:)==d2)                %找 ind 行中哪个元素达到最大值
```

重心问题 有些公共服务设施(如邮局、学校等)的选址,要求设施到所有服务对象点的距离总和最小。一般要考虑人口密度问题,或者使全体被服务对象来往的总路程最短。

例 9.8 某矿区有 6 个产矿点,如图 9.9 所示。已知各产矿点每天的产矿量(标在图 9.9 的各顶点旁)为 $q_i(i=1,2,\cdots,6)$ 吨,现要从这 6 个产矿点选一个来建造选矿厂,问应选在哪个产矿点,才能使各产矿点所产的矿石运到选矿厂所在地的总运力(吨·千米)最小。

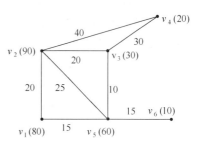

图 9.9 各产矿点分布图

解 令 $d_{ij}(i,j=1,2,\cdots,6)$ 表示顶点 v_i 与 v_j 之间的距离。若选矿厂设在 v_i 并且各产矿点到选矿厂的总运力为 m_i,则确定选矿厂的位置就转化为求 m_k,使得 $m_k = \min_{1 \leq i \leq 6} m_i$。

由于各产矿点到选矿厂的总运力依赖任意两顶点之间的距离,即任意两顶点之间最短路的长度,因此可首先利用 Floyd 算法求出所有顶点对之间的最短距离,然后计算出顶点 v_i 设立选矿厂时各产矿点到 v_i 的总运力

$$m_i = \sum_{j=1}^{6} q_j d_{ij}, \quad i=1,2,\cdots,6.$$

具体的计算结果见表 9.4。

表 9.4 各顶点对之间的最短距离和总运力计算数据

产矿点	v_1	v_2	v_3	v_4	v_5	v_6	总运力 m_i
v_1	0	20	25	55	15	30	4850
v_2	20	0	20	40	25	40	4900
v_3	25	20	0	30	10	25	5250
v_4	55	40	30	0	40	55	11850
v_5	15	25	10	40	0	15	4700
v_6	30	40	25	55	15	0	8750

最后利用 $m_5 = \min_{1 \leq i \leq 6} m_i$,求得 v_5 为设置选矿厂的位置。

计算的 MATLAB 程序如下:

```
clc, clear, a=zeros(6);
```

a(1,[2 5])=[20 15]; a(2,[3:5])=[20 40 25];
a(3,[4 5])=[30 10]; a(5,6)=15;   %输入邻接矩阵的上三角元素
b=graph(a+a');   %构造赋权无向图
d=distances(b)   %求所有顶点对之间的最短距离
q=[80,90,30,20,60,10]'; m=d*q   %计算总运力
[mm,ind]=min(m)   %求最小运力

9.3 最小生成树算法及其 MATLAB 实现

树(tree)是图论中非常重要的一类图,它非常类似于自然界中的树,结构简单、应用广泛,最小生成树问题是其中的经典问题之一。在实际应用中,许多问题的图论模型都是最小生成树,如通信网络建设、集成电话设计、有线电缆铺设、加工设备分组等。

9.3.1 基本概念

定义 9.8 连通的无圈图称为树。

例如,图 9.10 给出的 G_1 是树,但 G_2 和 G_3 则不是树。

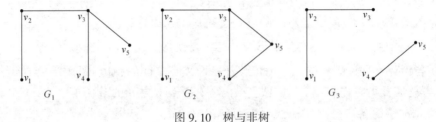

图 9.10 树与非树

定理 9.2 设 G 是具有 n 个顶点 m 条边的图,则以下命题等价。

(1) 图 G 是树。
(2) 图 G 中任意两个不同顶点之间存在唯一的路。
(3) 图 G 连通,删除任一条边均不连通。
(4) 图 G 连通,且 $n=m+1$。
(5) 图 G 无圈,添加任一条边可得唯一的圈。
(6) 图 G 无圈,且 $n=m+1$。

定义 9.9 若图 G 的生成子图 H 是树,则称 H 为 G 的生成树或支撑树。

一个图的生成树通常不唯一。

定理 9.3 连通图的生成树一定存在。

证明 给定连通图 G,若 G 无圈,则 G 本身就是自己的生成树。若 G 有圈,则任取 G 中一个圈 C,记删除 C 中一条边后所得之图为 G'。显然 G' 中圈 C 已经不存在,但 G' 仍然连通。若 G' 中还有圈,再重复以上过程,直至得到一个无圈的连通图 H。易知 H 是 G 的生成树。

定理 9.3 的证明方法也是求生成树的一种方法,称为"破圈法"。

定义 9.10 在赋权图 G 中,边权之和最小的生成树称为 G 的最小生成树。

一个简单连通图只要不是树,其生成树一般就不唯一,而且非常多。一般地,n 个顶点的完全图,其不同生成树的个数为 n^{n-2}。因而,寻求一个给定赋权图的最小生成树,一般是不能用枚举法的。例如,20 个顶点的完全图有 20^{18} 个生成树,20^{18} 有 24 位。所以,通过枚举求最小生成树是无效的算法,必须寻求有效的算法。

9.3.2 求最小生成树的算法

对于赋权连通图 $G=(V,E,W)$,其中 V 为顶点集合,E 为边的集合,W 为邻接矩阵,这里顶点集合 V 中有 n 个顶点,构造它的最小生成树。构造连通图最小生成树的算法有 Kruskal 算法和 Prim 算法。

1. Kruskal 算法

Kruskal 算法的思想:每次将一条权最小的边加入子图 T 中,并保证不形成圈。

Kruskal 算法如下:

(1) 选 $e_1 \in E$,使得 e_1 是权值最小的边。

(2) 若 $e_1, e_2, \cdots, e_i$ 已选好,则从 $E-\{e_1, e_2, \cdots, e_i\}$ 中选取 e_{i+1},使得

① $\{e_1, e_2, \cdots, e_i, e_{i+1}\}$ 中无圈。

② e_{i+1} 是 $E-\{e_1, e_2, \cdots, e_i\}$ 中权值最小的边。

(3) 直到选得 e_{n-1} 为止。

例 9.9 用 Kruskal 算法求如图 9.11 所示连通图的最小生成树。

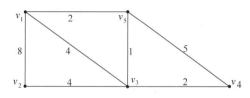

图 9.11 构造最小生成树的连通图

解 首先将给定图 G 的边按照权值从小到大进行排序,如表 9.5 所示。

表 9.5 按照权值排列的边数据

边	(v_3,v_5)	(v_1,v_5)	(v_3,v_4)	(v_1,v_3)	(v_2,v_3)	(v_4,v_5)	(v_1,v_2)
取值	1	2	2	4	4	5	8

其次,依照 Kruskal 算法的步骤,迭代 4 步完成最小生成树的构造。按照边的排列顺序,前三次取定

$$e_1=(v_3,v_5), e_2=(v_1,v_5), e_3=(v_3,v_4),$$

由于下一个未选边中的最小权边 (v_1,v_3) 与已选边 e_1,e_2 构成圈,所以排除。第 4 次选 $e_4=(v_2,v_3)$,得到的图 9.12 就是图 G 的一颗最小生成树,它的权值是 9。

2. Prim 算法

设置两个集合 P 和 Q,其中 P 用于存放 G

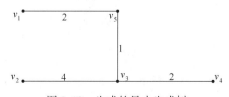

图 9.12 生成的最小生成树

的最小生成树中的顶点,集合 Q 存放 G 的最小生成树中的边。令集合 P 的初值为 $P=\{v_1\}$(假设构造最小生成树时,从顶点 v_1 出发),集合 Q 的初值为 $Q=\varnothing$(空集)。Prim 算法的思想是,从所有 $p\in P, v\in V-P$ 的边中,选取具有最小权值的边 pv,将顶点 v 加入集合 P 中,将边 pv 加入集合 Q 中,如此不断重复,直到 $P=V$ 时,最小生成树构造完毕,这时集合 Q 中包含了最小生成树的所有边。

Prim 算法如下:
(1) $P=\{v_1\}, Q=\varnothing$;
(2) while $P\sim=V$
  找最小边 pv,其中 $p\in P, v\in V-P$;
  $P=P+\{v\}$;
  $Q=Q+\{pv\}$;
  end

例 9.10(续例 9.9) 用 Prim 算法求如图 9.11 所示连通图的最小生成树。

解 按照 Prim 算法的步骤,迭代 4 步完成最小生成树的构造。
(0) 第 0 步,初始化,顶点集 $P=\{v_1\}$,边集 $Q=\varnothing$。
(1) 第 1 步,找到最小边 (v_1,v_5),$P=\{v_1,v_5\}$,$Q=\{(v_1,v_5)\}$。
(2) 第 2 步,找到最小边 (v_3,v_5),$P=\{v_1,v_3,v_5\}$,$Q=\{(v_1,v_5),(v_3,v_5)\}$。
(3) 第 3 步,找到最小边 (v_3,v_4),$P=\{v_1,v_3,v_4,v_5\}$,$Q=\{(v_1,v_5),(v_3,v_5),(v_3,v_4)\}$。
(4) 第 4 步,找到最小边 (v_2,v_3),$P=\{v_1,v_2,v_3,v_4,v_5\}$,$Q=\{(v_1,v_5),(v_3,v_5),(v_3,v_4),(v_2,v_3)\}$;最小生成树构造完毕。

9.3.3 用 MATLAB 求最小生成树及应用

1. MATLAB 求最小生成树命令 minspantree

MATLAB 工具箱提供了一个求最小生成树的函数 minspantree,利用这个函数可以实现求最小生成树的 Prim 算法和 Kruskal 算法。其调用格式为:

T=minspantree(G,'Method',Value)

其中 G 为输入的图,Value 的取值有两种:
(1) 'dense':为默认值,使用 Prim 算法。
(2) 'sparse':使用 Kruskal 算法。
返回值 T 为所求得的最小生成树。

例 9.11(续例 9.9) 利用 MATLAB 的 Kruskal 算法求例 9.9 的最小生成树。
利用 MATLAB 求出的最小生成树的权值为 9,所求的最小树如图 9.13 的粗线所示。
计算及画图的 MATLAB 程序如下:

```
clc, clear, a=zeros(5);
a(1,[2,3,5])=[8,4,2]; a(2,3)=4;              %输入邻接矩阵上三角元素
a(3,[4,5])=[2,1]; a(4,5)=5;
s=cellstr(strcat('v',int2str([1:5]')));       %构造顶点字符串的细胞数据
b=graph(a+a',s);                              %构造无向赋权图
c=minspantree(b,'Method','sparse')            %求最小生成树
```

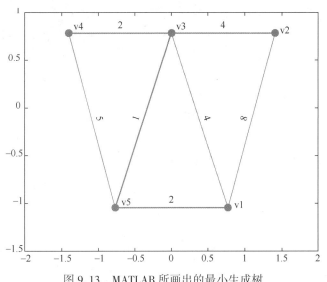

图 9.13 MATLAB 所画出的最小生成树

```
L=sum(c.Edges.Weight)                              %求最小生成树的权值
h=plot(b,'Edgelabel',b.Edges.Weight,'Layout','subspace');
highlight(h,c)                                     %加粗显示所生成的最小生成树
```

2. 分组技术

分组技术是设计制造系统的一种方法,它把生产零件的机器分组,相应地把需生产的零件分类,使零件跨组加工的情形尽量少。最理想的情况是使每个零件的加工都在组内完成。

例 9.12 现有 13 种零件,需在 9 台机器上加工。在各台机器上加工的零件号如表 9.6 所列。请将这 9 台机器分为 3 组,使零件跨组加工的情形尽量少。

表 9.6 各台机器上加工的零件号

机 器	1	2	3	4	5	6	7	8	9
加工的零件号	2,3,7,8,9,12,13	2,7,8,11,12	1,6	3,5,10	3,7,8,9,12,13	5	4,10	4,10	6

解 构造赋权图 $G=(V,E,W)$,其中 $V=\{v_1,v_2,\cdots,v_9\}$,这里 $v_i(i=1,2,\cdots,9)$ 表示机器 i;E 为边的集合;$W=(w_{ij})_{9\times 9}$ 为邻接矩阵,其元素

$$w_{ij}=\frac{|M_i \oplus M_j|}{|M_i \cup M_j|},$$

式中:M_i 表示需由机器 i 加工的零件集合;$\oplus$ 表示对称差;$M_i \oplus M_j = M_i \cup M_j - M_i \cap M_j$,$|M_i \oplus M_j|$ 表示集合 $M_i \oplus M_j$ 中元素的个数;w_{ij} 表示机器 i 和 j 的相异度。

显然 $w_{ij} \in [0,1]$,表达了两台不同机器加工零件的相异程度。分子为在机器 i 但不在机器 j 上加工,或在机器 j 但不在机器 i 上加工的零件数;分母为在机器 i 或在机器 j 上加工的零件数。特别地,$w_{ij}=0$ 表示机器 i 与机器 j 加工的零件完全相同;$w_{ij}=1$ 表示机器 i 与机器 j 加工的零件完全不相同。

图 G 的最小生成树是由那些相异度最小的边构成的连通图,或看成是去掉了相异度

相对比较大的边后余下的连通图。如果希望把机器分成 k 个组,就继续删去最小生成树上权值最大的 $k-1$ 条边,于是得到 k 个分离的子树,每棵树的顶点就构成了各机器组。

利用表 9.6 给出的数据,求得邻接矩阵

$$W = \begin{bmatrix} 0 & 0.5 & 1 & 0.8889 & 0.1429 & 1 & 1 & 1 & 1 \\ 0.5 & 0 & 1 & 1 & 0.625 & 1 & 1 & 1 & 1 \\ 1 & 1 & 0 & 1 & 1 & 1 & 1 & 1 & 0.5 \\ 0.8889 & 1 & 1 & 0 & 0.875 & 0.6667 & 0.75 & 0.75 & 1 \\ 0.1429 & 0.625 & 1 & 0.875 & 0 & 1 & 1 & 1 & 1 \\ 1 & 1 & 1 & 0.6667 & 1 & 0 & 1 & 1 & 1 \\ 1 & 1 & 1 & 0.75 & 1 & 1 & 0 & 0 & 1 \\ 1 & 1 & 1 & 0.75 & 1 & 1 & 0 & 0 & 1 \\ 1 & 1 & 0.5 & 1 & 1 & 1 & 1 & 1 & 0 \end{bmatrix},$$

利用 Prim 算法求得的最小树如图 9.14 所示。将最小生成树中权值最大的两条边 (v_1,v_3) 和 (v_4,v_5) 去掉,得到三棵分离树,它们的顶点集分别为 $\{v_3,v_9\}$, $\{v_1,v_2,v_5\}$, $\{v_4,v_6,v_7,v_8\}$。因此,将 9 台机器按照标号 $\{3,9\}$,$\{1,2,5\}$,$\{4,6,7,8\}$ 分为 3 组时,可使零件跨组加工的情形尽量少。

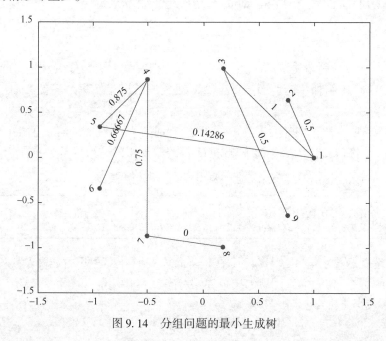

图 9.14 分组问题的最小生成树

计算及画图的 MATLAB 程序如下:

```
clc, clear, close all
[a,b] = xlsread('gdata9_12_1.xlsx');
a(isnan(a)) = [ ]                  %删除 a 中的不确定值 NaN
k = 1;
for i = 1:length(b)
    if length(b{i}) == 0;
```

```
            b{i}=a(k); k=k+1;
        end
end
b{end+1}=a(k);                          %以上把数值数据和字符串数据合并
for i=1:length(b)
    if ischar(b{i})
        t1=b{i}; t2=['t=[',t1,']'];
        eval(t2);                       %执行字符串对应的命令
        c{i}=t;                         %把字符串数据改为数值型数据
    else
        c{i}=b{i};
    end
end
celldisp(c)                             %显示细胞数组的所有元素
w=zeros(9);                             %邻接矩阵初始化
for i=1:8
    for j=i+1:9
        s1=unique(union(c{i},c{j}));    %计算两个集合的并
        s2=intersect(c{i},c{j});        %计算两个集合的交
        s3=setdiff(s1,s2);              %计算集合的差
        w(i,j)=length(s3)/length(s1);   %计算邻接矩阵的上三角元素
    end
end
w1=w+w';                                %得到完整的邻接矩阵
xlswrite('gdata9_12_2.xlsx',w1)         %为了做表,输出到 Excel 文件中
w2=w; w2(7,8)=0.0001; w2=graph(w2+w2'); %把 0 权值改为 0.0001,并构造无
                                         向赋权图
T=minspantree(w2)                       %求最小生成树
T.Edges.Weight(end)=0;                  %恢复到原来的权重
plot(T,'Edgelabel',T.Edges.Weight,'Layout','circle')  %画所求的最小生成树
```

注9.2 程序中 celldisp(c) 之前的语句为了生成数值型的细胞数组,等价于下列语句:

c={[2,3,7,8,9,12,13],[2,7,8,11,12],[1,6],[3,5,10],[3,7,8,9,12,13],5,[4,10],[4,10],6};

习　题　9

9.1　求图 9.15 的关联矩阵和邻接矩阵。

9.2　求图 9.16 中从 v_1 到 v_5 的最短距离和最短路径。

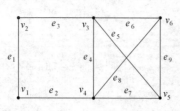
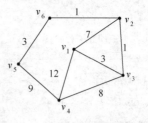

图 9.15 非赋权无向图　　　　　图 9.16 赋权无向图

9.3 求图 9.16 的最小生成树。

9.4 已知有 6 个村子,相互间道路的距离如图 9.17 所示。拟合建一所小学,已知 A 处有小学生 50 人,B 处有 40 人,C 处有 60 人,D 处有 20 人,E 处有 70 人,F 处有 90 人。问小学应建在哪一个村庄,才能使学生上学最方便(走的总路程最短)。

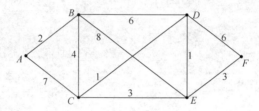

图 9.17 村庄之间道路示意图

9.5 已知 95 个目标点的数据见 Excel 文件 gex9_5.xlsx(配套课件中),第 1 列是这 95 个点的编号,第 2,3 列是这 95 个点的 x,y 坐标,第 4 列是这些点重要性分类,标明"1"的是第一类重要目标点,标明"2"的是第二类重要目标点,未标明类别的是一般目标点,第 5,6,7 列标明了这些点的连接关系。如第 3 行的数据

C　　　　-1160　　587.5　　　　　　　　D　　　　F

表示顶点 C 的坐标为(-1160,587.5),它是一般目标点,C 点既和 D 点相连,也和 F 点相连。

完成如下问题:

(1) 画出上面的无向图,第一类重要目标点用"五角星"画出,第二类重要点用" * "画出,一般目标点用"."画出。这里要求画出无向图的度量图,即顶点的位置坐标必须准确,不要画出无向图的拓扑图。

(2) 当边的权值为两点间的距离时,求上面无向图的最小生成树,并画出最小生成树。

(3) 求顶点 L 到顶点 M3 的最短距离及最短路径,并画出最短路径。

第 10 章 多元统计分析

多元统计分析是研究多个变量之间相互依赖关系以及内在统计规律性的一门统计学科。多元统计分析是实现定量分析的有效工具,在很多工程领域有着广泛使用。

10.1 多元线性回归

多元回归分析是研究多个变量之间关系的回归分析方法。按回归模型类型可划分为线性回归分析和非线性回归分析,我们这里介绍多元线性回归模型。

10.1.1 多元线性回归模型

1. 模型

多元线性回归分析的模型为

$$\begin{cases} y = \beta_0 + \beta_1 x_1 + \cdots + \beta_m x_m + \varepsilon, \\ \varepsilon \sim N(0, \sigma^2), \end{cases} \tag{10.1}$$

式中:$\beta_0, \beta_1, \cdots, \beta_m, \sigma^2$ 都是与 $x_1, x_2, \cdots, x_m$ 无关的未知参数,其中 $\beta_0, \beta_1, \cdots, \beta_m$ 称为回归系数。

现得到 n 个独立观测数据 $(y_i, x_{i1}, \cdots, x_{im})$, $i = 1, \cdots, n$, $n > m$,由式(10.1)得

$$\begin{cases} y_i = \beta_0 + \beta_1 x_{i1} + \cdots + \beta_m x_{im} + \varepsilon_i, \\ \varepsilon_i \sim N(0, \sigma^2), \quad i = 1, 2, \cdots, n. \end{cases} \tag{10.2}$$

记

$$\boldsymbol{X} = \begin{bmatrix} 1 & x_{11} & x_{12} & \cdots & x_{1m} \\ 1 & x_{21} & x_{22} & \cdots & x_{2m} \\ \vdots & \vdots & \vdots & & \vdots \\ 1 & x_{n1} & x_{n2} & \cdots & x_{nm} \end{bmatrix}, \quad \boldsymbol{Y} = \begin{bmatrix} y_1 \\ y_2 \\ \vdots \\ y_n \end{bmatrix}, \tag{10.3}$$

$$\boldsymbol{\varepsilon} = \begin{bmatrix} \varepsilon_1 & \varepsilon_2 & \cdots & \varepsilon_n \end{bmatrix}^{\mathrm{T}}, \boldsymbol{\beta} = \begin{bmatrix} \beta_0 & \beta_1 & \cdots & \beta_m \end{bmatrix}^{\mathrm{T}}.$$

式(10.2)可以表示为

$$\begin{cases} \boldsymbol{Y} = \boldsymbol{X}\boldsymbol{\beta} + \boldsymbol{\varepsilon}, \\ \boldsymbol{\varepsilon} \sim N(0, \sigma^2 \boldsymbol{E}_n), \end{cases} \tag{10.4}$$

式中:$\boldsymbol{E}_n$ 为 n 阶单位矩阵。

2. 参数估计

式(10.1)中的参数 $\beta_0, \beta_1, \cdots, \beta_m$ 用最小二乘法估计,即应选取估计值 $\hat{\beta}_j$,使当 $\beta_j = \hat{\beta}_j$, $j = 0, 1, \cdots, m$ 时,误差平方和

$$Q = \sum_{i=1}^{n} \varepsilon_i^2 = \sum_{i=1}^{n} (y_i - \beta_0 - \beta_1 x_{i1} - \cdots - \beta_m x_{im})^2 \tag{10.5}$$

达到最小。为此，令

$$\frac{\partial Q}{\partial \beta_j} = 0, j = 0, 1, \cdots, m.$$

得

$$\begin{cases} \dfrac{\partial Q}{\partial \beta_0} = -2 \sum_{i=1}^{n} (y_i - \beta_0 - \beta_1 x_{i1} - \cdots - \beta_m x_{im}) = 0, \\ \dfrac{\partial Q}{\partial \beta_j} = -2 \sum_{i=1}^{n} (y_i - \beta_0 - \beta_1 x_{i1} - \cdots - \beta_m x_{im}) x_{ij} = 0, \quad j = 1, 2, \cdots, m. \end{cases} \tag{10.6}$$

经整理化为以下正规方程组：

$$\begin{cases} \beta_0 n + \beta_1 \sum_{i=1}^{n} x_{i1} + \beta_2 \sum_{i=1}^{n} x_{i2} + \cdots + \beta_m \sum_{i=1}^{n} x_{im} = \sum_{i=1}^{n} y_i, \\ \beta_0 \sum_{i=1}^{n} x_{i1} + \beta_1 \sum_{i=1}^{n} x_{i1}^2 + \beta_2 \sum_{i=1}^{n} x_{i1} x_{i2} + \cdots + \beta_m \sum_{i=1}^{n} x_{i1} x_{im} = \sum_{i=1}^{n} x_{i1} y_i, \\ \vdots \\ \beta_0 \sum_{i=1}^{n} x_{im} + \beta_1 \sum_{i=1}^{n} x_{i1} x_{im} + \beta_2 \sum_{i=1}^{n} x_{i2} x_{im} + \cdots + \beta_m \sum_{i=1}^{n} x_{im}^2 = \sum_{i=1}^{n} x_{im} y_i. \end{cases} \tag{10.7}$$

正规方程组的矩阵形式为

$$\boldsymbol{X}^{\mathrm{T}} \boldsymbol{X} \boldsymbol{\beta} = \boldsymbol{X}^{\mathrm{T}} \boldsymbol{Y}, \tag{10.8}$$

当矩阵 $\boldsymbol{X}$ 列满秩时，$\boldsymbol{X}^{\mathrm{T}} \boldsymbol{X}$ 为可逆方阵，式(10.8)的解为

$$\hat{\boldsymbol{\beta}} = (\boldsymbol{X}^{\mathrm{T}} \boldsymbol{X})^{-1} \boldsymbol{X}^{\mathrm{T}} \boldsymbol{Y}. \tag{10.9}$$

将 $\hat{\boldsymbol{\beta}}$ 代回原模型得到 y 的估计值

$$\hat{y} = \hat{\beta}_0 + \hat{\beta}_1 x_1 + \cdots + \hat{\beta}_m x_m. \tag{10.10}$$

而这组数据的拟合值为 $\hat{\boldsymbol{Y}} = \boldsymbol{X} \hat{\boldsymbol{\beta}}$，拟合误差 $\boldsymbol{e} = \boldsymbol{Y} - \hat{\boldsymbol{Y}}$ 称为残差，可作为随机误差 $\boldsymbol{\varepsilon}$ 的估计，而

$$SSE = \sum_{i=1}^{n} e_i^2 = \sum_{i=1}^{n} (y_i - \hat{y}_i)^2 \tag{10.11}$$

为残差平方和（或剩余平方和）。

3. 回归模型的假设检验

对总平方和 $SST = \sum_{i=1}^{n} (y_i - \bar{y})^2$ 进行分解，有

$$SST = SSE + SSR, \tag{10.12}$$

式中：SSE 是由式(10.11)定义的残差平方和，反映随机误差对 y 的影响；$SSR = \sum_{i=1}^{n} (\hat{y}_i - \bar{y})^2$ 为回归平方和，反映自变量对 y 的影响。上面的分解利用了正规方程组。

因变量 y 与自变量 $x_1, \cdots, x_m$ 之间是否存在如式(10.1)所示的线性关系是需要检验的，显然，如果所有的 $|\hat{\beta}_j|$ ($j = 1, 2, \cdots, m$) 都很小，y 与 $x_1, x_2, \cdots, x_m$ 的线性关系就不明显，

所以可令原假设为
$$H_0: \beta_1 = \beta_2 = \cdots = \beta_m = 0.$$

当 H_0 成立时由分解式(10.12)定义的 SSR, SSE 满足

$$F = \frac{SSR/m}{SSE/(n-m-1)} \sim F(m, n-m-1). \quad (10.13)$$

在显著性水平 α, 有上 α 分位数 $F_\alpha(m, n-m-1)$, 若 $F < F_\alpha(m, n-m-1)$, 接受 H_0; 否则, 拒绝。

注 10.1 接受 H_0 只说明 y 与 $x_1, x_2, \cdots, x_m$ 的线性关系不明显, 可能存在非线性关系, 如平方关系。

还有一些衡量 y 与 $x_1, x_2, \cdots, x_m$ 相关程度的指标, 如用回归平方和在总平方和中的比值定义复判定系数

$$R^2 = \frac{SSR}{SST}. \quad (10.14)$$

式中: $R = \sqrt{R^2}$ 为复相关系数, R 越大, y 与 $x_1, x_2, \cdots, x_m$ 相关关系越密切, 通常, 当 $R > 0.8$ (或 0.9)时才认为相关关系成立。

4. 回归系数的假设检验和区间估计

当上面的 H_0 被拒绝时, β_j 不全为零, 但是不排除其中若干个等于零。所以应进一步作如下 $m+1$ 个检验($j = 0, 1, \cdots, m$):
$$H_0^{(j)}: \beta_j = 0 \, (j = 0, 1, \cdots, m).$$

由于 $\hat{\beta}_j \sim N(\beta_j, \sigma^2 c_{jj})$, 其中 c_{jj} 是 $(\boldsymbol{X}^T\boldsymbol{X})^{-1}$ 中的第 (j, j) 元素, 用 $s^2 = \dfrac{SSE}{n-m-1}$ 代替 σ^2, 当 $H_0^{(j)}$ 成立时, 有

$$t_j = \frac{\hat{\beta}_j / \sqrt{c_{jj}}}{\sqrt{SSE/(n-m-1)}} \sim t(n-m-1), \quad (10.15)$$

对给定的 α, 若 $|t_j| < t_{\frac{\alpha}{2}}(n-m-1)$, 接受 $H_0^{(j)}$; 否则, 拒绝。

式(10.15)也可用于对 β_j 作区间估计($j = 0, 1, \cdots, m$), 在置信水平 $1-\alpha$ 下, β_j 的置信区间为

$$[\hat{\beta}_j - t_{\frac{\alpha}{2}}(n-m-1)s\sqrt{c_{jj}}, \hat{\beta}_j + t_{\frac{\alpha}{2}}(n-m-1)s\sqrt{c_{jj}}]. \quad (10.16)$$

其中 $s = \sqrt{\dfrac{SSE}{n-m-1}}$。

10.1.2 MATLAB 统计工具箱的回归分析命令

MATLAB 统计工具箱的回归命令很多, 这里主要介绍线性回归的命令 regress 和逐步线性回归命令 stepwise。

1. 线性回归命令 regress

线性回归命令 regress 既可以用于第 5 章的一元线性回归分析, 也可以用于多元线性回归, 其调用格式为

[b, bint, r, rint, stats] = regress(y, X, alpha)

在上面命令中,各参数的含义如下:

(1)输入参数 y,X 分别对应下式的列矢量 Y 和矩阵 X,返回值 b 为回归系数的点估计 $\hat{\boldsymbol{\beta}}$,对一元线性回归分析,取 $k=1$ 即可。

$$X = \begin{bmatrix} 1 & x_{11} & x_{12} & \cdots & x_{1m} \\ 1 & x_{21} & x_{22} & \cdots & x_{2m} \\ \vdots & \vdots & \vdots & & \vdots \\ 1 & x_{n1} & x_{n2} & \cdots & x_{nm} \end{bmatrix}, Y = \begin{bmatrix} y_1 \\ y_2 \\ \vdots \\ y_n \end{bmatrix}, \hat{\boldsymbol{\beta}} = \begin{bmatrix} \beta_0 \\ \beta_1 \\ \vdots \\ \beta_m \end{bmatrix}.$$

(2) alpha 为显著性水平(默认值为 0.05)。

(3) bint 为回归系数的区间估计。

(4) r 和 rint 分别为残差及其置信区间。

(5) stats 是用于检验回归模型的统计量,有 4 个数值,第 1 个是相关系数 R 的平方 R^2(R^2 也称为拟合优度),R 越接近 1,说明回归方程越显著;第 2 个是 F 值,$F>F_\alpha(m,n-m-1)$(这里 $F_\alpha(m,n-m-1)$ 是 F 分布的上 α 分位数)时,拒绝 H_0,F 越大,说明回归方程越显著;第 3 个是与 F 对应的概率 P,$P<\alpha$ 时拒绝 H_0,回归模型成立;第 4 个是模型方差的估计值 $\hat{\sigma}^2 = \dfrac{SSE}{n-m-1}$。

例 10.1 某品种水稻糙米含镉量 y(mg/kg)与地上部生物量 x_1(g/kg)及土壤含镉量 x_2(100mg/kg)的 8 组观测值见表 10.1。试建立多元线性回归模型。

表 10.1 某水稻糙米含镉量的观测值

x_1	1.37	11.34	9.67	0.76	17.67	15.91	15.74	5.41
x_2	9.08	1.89	3.06	10.2	0.05	0.73	1.03	6.25
y	4.93	1.86	2.33	5.78	0.06	0.43	0.87	3.86

解 利用 MATLAB 求得的线性回归模型为

$$\hat{y} = 3.6105 - 0.1983x_1 + 0.2068x_2,$$

模型的检验统计量为 $R^2 = 0.9937$,$F = 392.5163$,$p = 0$,$\hat{\sigma}^2 = 0.0403$,模型整体上通过了检验。

模型中 x_2 系数的置信区间为 $[-0.0444, 0.4579]$,置信区间包含了零点,说明变量 x_2 是不显著的,去掉变量 x_2 后,得到的线性回归模型为

$$\hat{y} = 5.6212 - 0.3191x_1,$$

模型的检验统计量为 $R^2 = 0.9880$,$F = 494.0642$,$p = 0$,$\hat{\sigma}^2 = 0.0637$,模型也通过了检验。画出该模型的残差及残差的置信区间如图 10.1 所示。

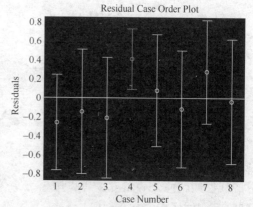

图 10.1 残差及残差的置信区间

通过图 10.1 可以看出,第 4 个样本观测值是奇异值,删除第 4 个样本观测值,重

新建立的线性回归模型为
$$\hat{y}=5.3548-0.3001x_1,$$
模型的检验统计量为 $R^2=0.9939$, $F=815.0021$, $p=0$, $\hat{\sigma}^2=0.0240$, 最后的模型也通过了检验。

计算及画图的 MATLAB 程序如下:
```
clc, clear, close all
a=[1.37, 11.34, 9.67, 0.76, 17.67, 15.91, 15.74, 5.41
   9.08, 1.89, 3.06, 10.2, 0.05, 0.73, 1.03, 6.25
   4.93, 1.86, 2.33, 5.78, 0.06, 0.43, 0.87, 3.86];
X=[ones(8,1),a([1,2],:)']; y=a(3,:)';
[b,bint,r,rint,stats]=regress(y,X)
rcoplot(r,rint)           %画出残差及其置信区间
X2=[ones(8,1),a(1,:)'];
[b2,bint2,r2,rint2,stats2]=regress(y,X2)
figure, rcoplot(r2,rint2)
X3=X2; X3(4,:)=[]; y3=y; y3(4)=[];
[b3,bint3,r3,rint3,stats3]=regress(y3,X3)
figure, rcoplot(r3,rint3)
```

2. 逐步线性回归命令 stepwise

逐步线性回归的数学原理此处不再赘述,感兴趣的读者可以参看相关的参考资料。

在 MATLAB 统计工具箱中用作逐步回归的命令是 stepwise,它提供了一个交互式画面,通过这个工具可以自由地选择变量,进行统计分析,其通常用法是

$$\text{stepwise}(x,y,\text{inmodel},\text{alpha})$$

其中 x 是自变量数据, y 是因变量数据, 分别为 $n\times m$ (n 为观测值的个数, m 为自变量的个数, 即 x 的第 1 列不包含数据 1) 和 $n\times 1$ 矩阵, inmodel 是矩阵 x 的列数的指标, 给出初始模型中包括的子集(默认时设定为空), alpha 为显著性水平。

运行 stepwise 命令后产生一个 Stepwise Regression 窗口,显示回归系数及其置信区间,和其他一些统计量的信息。蓝色表示在模型中的变量,红色表示从模型中移去的变量。在这个窗口中,单击"Export"按钮可产生一个菜单,用于向 MATLAB 工作区传递参数,它们给出了统计计算的一些结果。

下面通过一个例子说明 stepwise 的用法。

例 10.2 水泥凝固时放出的热量 y 与水泥中 4 种化学成分 x_1,x_2,x_3,x_4 有关,今测得一组数据如表 10.2 所示,试用逐步回归命令确定一个线性模型。

表 10.2 水泥放出热量及化学成分的观测值

序 号	1	2	3	4	5	6	7	8	9	10	11	12	13
x_1	7	1	11	11	7	11	3	1	2	21	1	11	10
x_2	26	29	56	31	52	55	71	31	54	47	40	66	68

(续)

序号	1	2	3	4	5	6	7	8	9	10	11	12	13
x_3	6	15	8	8	6	9	17	22	18	4	23	9	8
x_4	60	52	20	47	33	22	6	44	22	26	34	12	12
y	78.5	74.3	104.3	87.6	95.9	109.2	102.7	72.5	93.1	115.9	83.8	113.3	109.4

编写 MATLAB 程序如下：

clc, clear
a = load('gtable10_2.txt');
x = a([1:4],:)'; y = a(5,:)';
stepwise(x, y, [1:4])

运行上述程序，得到如图 10.2 所示的图形界面。可以看出，x_3, x_4 不显著，单击图形界面中的"All Steps"按钮，移去这两个变量后的统计结果如图 10.3 所示。

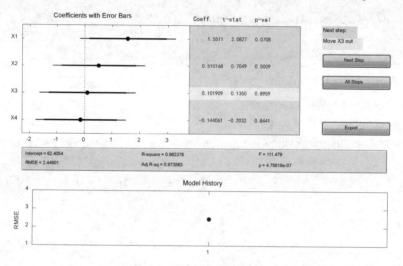

图 10.2　逐步回归交互式画面

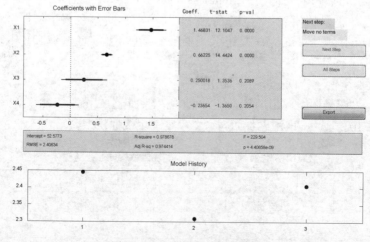

图 10.3　逐步回归的最终结果

图 10.3 中的 x_3, x_4 两行用红色显示,表明它们已移去,从图中可以看出,虽然剩余标准差 $RMSE$ 没有太大的变化,但是统计量 F 的值明显增大,因此新的回归模型更好一些。求得的最终模型为

$$y = 52.5773 + 1.4683x_1 + 0.6623x_2.$$

10.2 聚 类 分 析

聚类分析又称群分析,它是研究分类问题的一种多元统计分析。所谓类,通俗地说,就是相似元素的集合。要将相似元素聚为一类,通常选取元素的许多共同指标,然后通过分析元素的指标值来分辨元素间的差距,从而达到分类的目的。聚类分析可以分为 Q 型聚类(样本聚类)和 R 型聚类(指标聚类)。

聚类分析内容非常丰富,有系统聚类法、有序样品聚类法、动态聚类法、模糊聚类法、图论聚类法等。本节主要介绍常用的系统聚类法、动态聚类法和模糊 K 均值聚类法。

10.2.1 系统聚类法

设有 n 个样品,每个样品测得 p 项指标(变量),原始数据阵为

$$A = \begin{bmatrix} a_{11} & a_{12} & \cdots & a_{1p} \\ a_{21} & a_{22} & \cdots & a_{2p} \\ \vdots & \vdots & & \vdots \\ a_{n1} & a_{n2} & \cdots & a_{np} \end{bmatrix}.$$

其中 $a_{ij}(i=1,2,\cdots,n; j=1,2,\cdots,p)$ 为第 i 个样品 ω_i 的第 j 个指标的观测数据。

1. 数据的变换处理

样本数据矩阵由多个指标组成,不同指标一般有不同的量纲,为消除量纲的影响,通常需要进行数据变换处理。

常用的数据变换方法有:

1) 规格化变换

规格化变换是从数据矩阵的每一个变量值中找出其最大值和最小值,这两者之差称为极差,然后从每个变量值的原始数据中减去该变量值的最小值,再除以极差,就得到规格化数据,即

$$b_{ij} = \frac{a_{ij} - \min\limits_{1 \leq i \leq n}(a_{ij})}{\max\limits_{1 \leq i \leq n}(a_{ij}) - \min\limits_{1 \leq i \leq n}(a_{ij})}, i=1,2,\cdots,n; j=1,2,\cdots,p.$$

2) 标准化变换

首先对每个变量进行中心化变换,然后用该变量的标准差进行标准化,即

$$b_{ij} = \frac{a_{ij} - \mu_j}{s_j}, i=1,2,\cdots,n; j=1,2,\cdots,p,$$

其中 $\mu_j = \dfrac{\sum\limits_{i=1}^{n} a_{ij}}{n}, s_j = \sqrt{\dfrac{1}{n-1} \sum\limits_{i=1}^{n}(a_{ij} - \mu_j)^2}$。

记变换处理后的数据矩阵为

$$B = \begin{bmatrix} b_{11} & b_{12} & \cdots & b_{1p} \\ b_{21} & b_{22} & \cdots & b_{2p} \\ \vdots & \vdots & & \vdots \\ b_{n1} & b_{n2} & \cdots & b_{np} \end{bmatrix}. \tag{10.17}$$

2. 样品间亲疏程度的测度计算

研究样品的亲疏程度或相似程度的数量指标通常有两种:一种是相似系数,性质越接近的样品,其取值越接近 1 或 -1,而彼此无关的变量的相似系数则接近 0,相似的归为一类,不相似的归为不同类;另一种是距离,它将每个样品看成 p 维空间的一个点,n 个样品组成 p 维空间的 n 个点,用各点之间的距离来衡量各样品之间的相似程度,距离近的点归为一类,距离远的点属于不同的类。

1) 常用距离的计算

令 d_{ij} 表示样品 ω_i 与 ω_j 的距离。常用的距离有

(1) 闵氏(Minkowski)距离,即

$$d_{ij}(q) = \left(\sum_{k=1}^{p} | b_{ik} - b_{jk} |^q \right)^{1/q}.$$

当 $q = 1$ 时,有

$$d_{ij}(1) = \sum_{k=1}^{p} | b_{ik} - b_{jk} |,$$

即绝对值距离。

当 $q = 2$ 时,有

$$d_{ij}(2) = \left(\sum_{k=1}^{p} (b_{ik} - b_{jk})^2 \right)^{1/2},$$

即欧几里得距离。

当 $q = \infty$ 时,有

$$d_{ij}(\infty) = \max_{1 \leq k \leq p} | b_{ik} - b_{jk} |,$$

即切比雪夫距离。

(2) 马氏(Mahalanobis)距离。马氏距离是由印度统计学家马哈拉诺比斯于 1936 年定义的,故称为马氏距离。其计算公式为

$$d_{ij} = \sqrt{(\boldsymbol{B}_i - \boldsymbol{B}_j) \boldsymbol{\Sigma}^{-1} (\boldsymbol{B}_i - \boldsymbol{B}_j)^{\mathrm{T}}},$$

式中:$\boldsymbol{B}_i$ 为矩阵 $\boldsymbol{B}$ 的第 i 行;$\boldsymbol{\Sigma}$ 为观测变量之间的协方差阵,$\boldsymbol{\Sigma} = (\sigma_{ij})_{p \times p}$,其中

$$\sigma_{ij} = \frac{1}{n-1} \sum_{k=1}^{n} (b_{ki} - \mu_i)(b_{kj} - \mu_j),$$

这里 $\mu_j = \frac{1}{n} \sum_{k=1}^{n} b_{kj}$。

2) 相似系数的计算

研究样品之间的关系,除了用距离表示外,还有相似系数。相似系数是描述样品之间相似程度的一个统计量,常用的相似系数有:

(1) 夹角余弦。将任何两个样品 ω_i 与 ω_j 看成 p 维空间的两个矢量,这两个矢量的

夹角余弦用 $\cos\theta_{ij}$ 表示,则

$$\cos\theta_{ij} = \frac{\sum_{k=1}^{p} b_{ik} b_{jk}}{\sqrt{\sum_{k=1}^{p} b_{ik}^2} \cdot \sqrt{\sum_{k=1}^{p} b_{jk}^2}}, i,j = 1,2,\cdots,n.$$

当 $\cos\theta_{ij} = 1$ 时,说明两个样品 ω_i 与 ω_j 完全相似;当 $\cos\theta_{ij}$ 接近 1 时,说明 ω_i 与 ω_j 相似密切;当 $\cos\theta_{ij} = 0$ 时,说明 ω_i 与 ω_j 完全不一样;当 $\cos\theta_{ij}$ 接近 0 时,说明 ω_i 与 ω_j 差别大。把所有两两样品的相似系数都计算出来,可排成相似系数矩阵

$$\boldsymbol{\Theta} = \begin{bmatrix} \cos\theta_{11} & \cos\theta_{12} & \cdots & \cos\theta_{1n} \\ \cos\theta_{21} & \cos\theta_{22} & \cdots & \cos\theta_{2n} \\ \vdots & \vdots & & \vdots \\ \cos\theta_{n1} & \cos\theta_{n2} & \cdots & \cos\theta_{nn} \end{bmatrix},$$

其中 $\cos\theta_{11} = \cos\theta_{22} = \cdots = \cos\theta_{nn} = 1$。根据 $\boldsymbol{\Theta}$ 可对 n 个样品进行分类,把比较相似的样品归为一类,不相似的样品归为不同的类。

(2)皮尔逊相关系数。第 i 个样品与第 j 个样品之间的相关系数定义为

$$r_{ij} = \frac{\sum_{k=1}^{p} (b_{ik} - \overline{\mu}_i)(b_{jk} - \overline{\mu}_j)}{\sqrt{\sum_{k=1}^{p} (b_{ik} - \overline{\mu}_i)^2} \cdot \sqrt{\sum_{k=1}^{p} (b_{jk} - \overline{\mu}_j)^2}}, i,j = 1,2,\cdots,n,$$

其中,$\overline{\mu}_i = \frac{\sum_{k=1}^{p} b_{ik}}{p}$。

实际上,r_{ij} 就是两个矢量 $\boldsymbol{B}_i - \overline{\boldsymbol{B}}_i$ 与 $\boldsymbol{B}_j - \overline{\boldsymbol{B}}_j$ 的夹角余弦,其中 $\overline{\boldsymbol{B}}_i = \overline{\mu}_i [1,\cdots,1]$。若将原始数据标准化,满足 $\overline{\boldsymbol{B}}_i = \overline{\boldsymbol{B}}_j = 0$,则 $r_{ij} = \cos\theta_{ij}$。

$$\boldsymbol{R} = (r_{ij})_{n \times n} = \begin{bmatrix} r_{11} & r_{12} & \cdots & r_{1n} \\ r_{21} & r_{22} & \cdots & r_{2n} \\ \vdots & \vdots & & \vdots \\ r_{n1} & r_{n2} & \cdots & r_{nn} \end{bmatrix},$$

其中 $r_{11} = r_{22} = \cdots = r_{nn} = 1$,可根据 $\boldsymbol{R}$ 对 n 个样品进行分类。

3. 基于类间距离的系统聚类

系统聚类法是聚类分析方法中使用最多的方法。其基本思想是:距离相近的样品(或变量)先聚为一类,距离远的后聚成类,此过程一直进行下去,每个样品总能聚到合适的类中。它包括如下步骤:

(1)将每个样品独自聚成一类,构造 n 个类。

(2)根据所确定的样品距离公式,计算 n 个样品(或变量)两两间的距离,构造距离矩阵,记为 $D_{(0)}$。

(3)把距离最近的两类归为一新类,其他样品仍各自聚为一类,共聚成 $n-1$ 类。

(4)计算新类与当前各类的距离,将距离最近的两个类进一步聚成一类,共聚成 $n-2$

类。以上步骤一直进行下去,最后将所有的样品聚成一类。

(5) 画聚类谱系图。

(6) 决定类的个数及各类包含的样品数,并对类做出解释。

正如样品之间的距离可以有不同的定义方法一样,类与类之间的距离也有各种定义。例如可以定义类与类之间的距离为两类之间最近样品的距离,或者定义为两类之间最远样品的距离,也可以定义为两类重心之间的距离等。类与类之间用不同的方法定义距离,就产生了不同的系统聚类方法。常用的系统聚类方法有最短距离法、最长聚类法、中间距离法、重心法、类平均法、可变类平均法、可变法和离差平方和法。

10.2.2 MATLAB 聚类分析的相关命令及应用

1. MATLAB 聚类分析的相关命令

常用的 MATLAB 聚类分析相关命令说明如下。

1) pdist

B=pdist(A)计算 $m \times n$ 矩阵 A(看作 m 个 n 维行矢量,每行是一个对象的数据)中两两对象间的欧几里得距离。对于有 m 个对象组成的数据集,共有 $(m-1) \cdot m/2$ 个两两对象组合。

输出 B 是包含距离信息的长度为 $(m-1) \cdot m/2$ 的矢量。可用 squareform 函数将此矢量转换为方阵,这样可使矩阵中的元素 (i,j) 对应原始数据集中对象 i 和 j 间的距离。

B=pdist(A,'metric')用'metric'指定的方法计算矩阵 A 中对象间的距离。'metric'可取表 10.3 中的特征字符串值。

表 10.3 'metric'取值及含义

字 符 串	含 义
'euclidean'	欧几里得距离(默认值)
'seuclidean'	标准欧几里得距离
'cityblock'	绝对值距离
'minkowski'	Minkowski 距离
'chebychev'	Chebychev 距离
'mahalanobis'	Mahalanobis 距离
'hamming'	海明距离(Hamming 距离)
'cosine'	1-两个矢量夹角的余弦
'correlation'	1-样本的相关系数
'spearman'	1-样本的 Spearman 秩相关系数
'jaccard'	1-Jaccard 系数
custom distance function	自定义函数距离

B=pdist(A,'minkowski',p)用 Minkowski 距离计算矩阵 A 中对象间的距离。p 为闵氏距离计算用到的指数值,默认值为 2。

2) linkage

Z=linkage(B)使用最短距离算法生成具层次结构的聚类树。输入矩阵 B 为 pdist 函数输出的$(m-1) \cdot m/2$维距离行矢量。

Z=linkage(B,'method')使用由'method'指定的算法计算生成聚类树。'method'可取表10.4中特征字符串值。

表10.4 'method'取值及含义

字 符 串	含 义
'single'	最短距离(默认值)
'average'	无权平均距离
'centroid'	重心距离
'complete'	最大距离
'median'	赋权重心距离
'ward'	离差平方和方法(Ward方法)
'weighted'	赋权平均距离

输出Z为包含聚类树信息的$(m-1)\times3$矩阵。聚类树上的叶节点为原始数据集中的对象,由1到m,它们是单元素的类,级别更高的类都由它们生成。对应于Z中第j行每个新生成的类,其索引为$m+j$,其中m为初始叶节点的数量。

Z的第1列和第2列Z(:,[1:2]),包含了被两两连接生成一个新类的所有对象的索引。生成的新类索引为$m+j$。共有$m-1$个级别更高的类,它们对应于聚类树中的内部节点。

Z的第3列Z(:,3)包含了相应的在类中的两两对象间的连接距离。

3) cluster

cluster的主要调用格式如下:

T=cluster(Z,'cutoff',c) %其中Z为linkage输出的聚类树,c是聚类的阈值,小于c的节点为一类。返回值T为聚类结果。

T=cluster(Z,'maxclust',n) %按照指定的聚类准则,划分成n类。

4) zsore(A)

对数据矩阵进行标准化处理,处理方式为

$$b_{ij} = \frac{a_{ij}-\mu_j}{s_j},$$

其中μ_j, s_j是矩阵$A=(a_{ij})_{m\times n}$第j列的均值和标准差。

5) H=dendrogram(Z,P)

由linkage产生的数据矩阵Z画聚类树状图。P是节点数,默认值是30。

6) squareform

ZOut=squareform(yIn)将pdist输出距离的$m\times(m-1)/2$行矢量yIn转换为$m\times m$方阵ZOut。

2. 两种常用的系统聚类法

1) 最短距离法

最短距离法定义类G_i与G_j之间的距离为两类间最邻近的两样品之距离,即G_i与G_j

两类间的距离 D_{ij} 定义为

$$D_{ij} = \min_{\omega_i \in G_i, \omega_j \in G_j} d_{ij}.$$

设类 G_p 与 G_q 合并成一个新类记为 G_r，则任一类 G_k 与 G_r 的距离是

$$D_{kr} = \min_{\omega_i \in G_k, \omega_j \in G_r} d_{ij} = \min\left\{\min_{\omega_i \in G_k, \omega_j \in G_p} d_{ij}, \min_{\omega_i \in G_k, \omega_j \in G_q} d_{ij}\right\} = \min\{D_{kp}, D_{kq}\}.$$

最短距离法聚类的步骤如下：

(1) 定义样品之间的距离，计算样品两两距离，得一距离矩阵，记为 $D_{(0)} = (d_{ij})_{n \times n}$，开始每个样品自成一类，显然这时 $D_{ij} = d_{ij}$。

(2) 找出 $D_{(0)}$ 的非对角线最小元素，设为 d_{pq}，则将 G_p 和 G_q 合并成一个新类，记为 G_r，即 $G_r = \{G_p, G_q\}$。

(3) 给出计算新类与其他类的距离公式：

$$D_{kr} = \min\{D_{kp}, D_{kq}\}.$$

将 $D_{(0)}$ 中第 p、q 行及 p、q 列，用上面公式合并成一个新行新列，新行新列对应 G_r，所得到的矩阵记为 $D_{(1)}$。

(4) 对 $D_{(1)}$ 重复上述类似 $D_{(0)}$ 的(2)、(3)两步得到 $D_{(2)}$。如此下去，直到所有的元素并成一类为止。

如果某一步 $D_{(k)}$ 中非对角线最小的元素不止一个，则对应这些最小元素的类可以同时合并。

为了便于理解最短距离法的计算步骤，下面举一个简单例子。

例 10.3 设抽出 5 个样品，每个样品只测 1 个指标，它们是 2, 3, 3.5, 7, 9，试用最短距离法对 5 个样品进行分类。

解 (1) 定义样品间距离采用欧几里得距离，计算样品两两距离，得距离矩阵 $D_{(0)}$，如表 10.5 所示。

表 10.5 $D_{(0)}$ 表

	$G_1 = \{\omega_1\}$	$G_2 = \{\omega_2\}$	$G_3 = \{\omega_3\}$	$G_4 = \{\omega_4\}$	$G_5 = \{\omega_5\}$
$G_1 = \{\omega_1\}$	0	1	1.5	5	7
$G_2 = \{\omega_2\}$	1	0	0.5	4	6
$G_3 = \{\omega_3\}$	1.5	0.5	0	3.5	5.5
$G_4 = \{\omega_4\}$	5	4	3.5	0	2
$G_5 = \{\omega_5\}$	7	6	5.5	2	0

(2) 找出 $D_{(0)}$ 中非对角线最小元素是 0.5，即 $D_{23} = D_{32} = 0.5$，则将 G_2 与 G_3 合并成一个新类，记为 $G_6 = \{\omega_2, \omega_3\}$。

(3) 计算新类 G_6 与其他类的距离，按公式

$$D_{i6} = \min\{D_{i2}, D_{i3}\}, i = 1, 4, 5.$$

即将表 $D_{(0)}$ 的第 2,3 列值取较小值合成新列，第 2,3 行值取较小值合成新行，得表 $D_{(1)}$，如表 10.6 所示。

表 10.6 $D_{(1)}$ 表

	$G_1=\{\omega_1\}$	$G_6=\{\omega_2,\omega_3\}$	$G_4=\{\omega_4\}$	$G_5=\{\omega_5\}$
$G_1=\{\omega_1\}$	0	1	5	7
$G_6=\{\omega_2,\omega_3\}$	1	0	3.5	5.5
$G_4=\{\omega_4\}$	5	3.5	0	2
$G_5=\{\omega_5\}$	7	5.5	2	0

(4) 找出 $D_{(1)}$ 中非对角线最小元素是 1,则将相应的两类 G_1 和 G_6 合并为 $G_7=\{\omega_1,\omega_2,\omega_3\}$,然后再按公式计算各类与 G_7 的距离,即将 G_1, G_6 相应的两行两列归并为一行一列,新的行(列)由原来的两行(列)中对应的较小值组成,计算结果得表 $D_{(2)}$,如表 10.7 所示。

表 10.7 $D_{(2)}$ 表

	$G_7=\{\omega_1,\omega_2,\omega_3\}$	$G_4=\{\omega_4\}$	$G_5=\{\omega_5\}$
$G_7=\{\omega_1,\omega_2,\omega_3\}$	0	3.5	5.5
$G_4=\{\omega_4\}$	3.5	0	2
$G_5=\{\omega_5\}$	5.5	2	0

(5) 找出 $D_{(2)}$ 中非对角线最小元素是 2,则将 G_4 与 G_5 合并成 $G_8=\{\omega_4,\omega_5\}$,最后再按公式计算 G_7 与 G_8 的距离,即将 G_4, G_5 相应的两行两列归并成一行一列,新的行(列)由原来的两行(列)中对应的较小值组成,得表 $D_{(3)}$,如表 10.8 所示。

表 10.8 $D_{(3)}$ 表

	$G_7=\{\omega_1,\omega_2,\omega_3\}$	$G_8=\{\omega_4,\omega_5\}$
$G_7=\{\omega_1,\omega_2,\omega_3\}$	0	3.5
$G_8=\{\omega_4,\omega_5\}$	3.5	0

最后,将 G_7 和 G_8 合并成 G_9,上述合并过程可用图 10.4 表达。纵坐标的刻度是并类的距离。

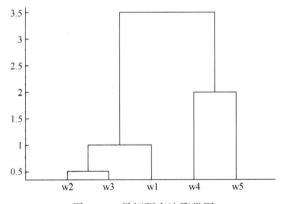

图 10.4 最短距离法聚类图

由图 10.4 可以看出，分成两类 $\{\omega_1,\omega_2,\omega_3\}$ 及 $\{\omega_4,\omega_5\}$ 比较合适。

计算及画聚类图的 MATLAB 程序如下：

```
clc, clear, close all
a=[2,3,3.5,7,9]';
x=pdist(a)                                   %求聚类对象两两之间的欧几里得距离
xc=squareform(x)                             %变换成距离方阵,方便观察对象之间的距离
y=linkage(x)                                 %产生聚类树
name=cellstr(strcat('w',int2str([1:5]')));   %构造标注名称的字符串细胞数组
dendrogram(y,'label',name)                   %画聚类图
n=input('请输入分类的类别数(输入后请回车)n=  \n');
T=cluster(y,'maxclust',n)
```

最短距离法也可用于指标(变量)分类，分类时可以用距离，也可以用相似系数。但用相似系数时应找最大的元素并类，也就是把公式 $D_{kr}=\min\{D_{kp},D_{kq}\}$ 中的 min 换成 max。

2) 最长距离法

定义类 G_i 与类 G_j 之间距离为两类最远样品的距离，即

$$D_{qp}=\max_{\omega_i\in G_p,\omega_j\in A_q}d_{ij}.$$

最长距离法与最短距离法的合并步骤完全一样，也是将各样品先自成一类，然后将非对角线上最小元素对应的两类合并。设某一步将类 G_p 与 G_q 合并为 G_r，则任一类 G_k 与 G_r 的距离用最长距离公式为

$$D_{kr}=\max_{\omega_i\in G_k,\omega_j\in G_r}d_{ij}=\max\{\max_{\omega_i\in G_k,\omega_j\in G_p}d_{ij},\max_{\omega_i\in G_k,\omega_j\in G_q}d_{ij}\}=\max\{D_{kp},D_{kq}\}.$$

再找非对角线最小元素对应的两类并类，直至所有的样品全归为一类为止。

可见，最长距离法与最短距离法只有两点不同：一是类与类之间的距离定义不同；二是计算新类与其他类的距离所用的公式不同。

例 10.4（续例 10.3） 设抽出 5 个样品，每个样品只测 1 个指标，它们是 2，3，3.5，7，9，试用最长距离法对 5 个样品进行分类。

解 这里使用马氏距离，利用 MATLAB 软件画出的聚类图如图 10.5 所示，从图 10.5 可以看出聚类效果和例 10.3 是一样的。

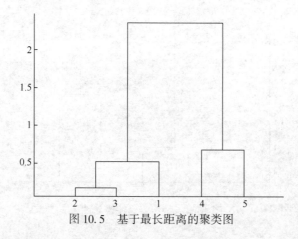

图 10.5 基于最长距离的聚类图

计算及画图的 MATLAB 程序如下：
```
clc, clear, close all
a = [2, 3, 3.5, 7, 9]';
x = pdist(a,'mahalanobis')        %求聚类对象两两之间的马氏距离
y = linkage(x,'complete')         %利用最长距离法产生聚类树
name = cellstr(int2str([1:5]'));  %构造标注名称的字符细胞数组
T = cluster(y,'maxclust',2)       %划分成两类
```

10.2.3 动态聚类法

用系统聚类法聚类时，随着聚类样本对象的增多，计算量会迅速增加，而且聚类结果——谱系图会十分复杂，不便于分析。特别是当样品的个数很大（如 $n \geq 100$）时，系统聚类法的计算量非常大，将占据大量的计算机内存空间和较多的计算时间，甚至会因计算机内存或计算时间的限制而无法进行。为了改进上述缺点，一个自然的想法是先粗略地分类，然后按某种最优原则进行修正，直到分类比较合理为止。基于这种思想，产生了动态聚类法，也称逐步聚类法。

动态聚类适用于大型数据。动态聚类法有许多种方法，这里介绍一种比较流行的动态聚类法——K 均值法，它是一种快速聚类法，该方法得到的结果简单易懂，对计算机的性能要求不高，因而应用广泛。该方法由麦克奎因（Macqueen）于 1967 年提出。

算法的思想是假定样本集中的全体样本可分为 C 类，并选定 C 个初始聚类中心，然后，根据最小距离原则将每个样本分配到某一类中，之后不断迭代计算各类的聚类中心，并依据新的聚类中心调整聚类情况，直到迭代收敛或聚类中心不再改变。

K 均值聚类算法最后将总样本集 G 划分为 C 个子集 $G_1, G_2, \cdots, G_C$，它们满足以下条件：

(1) $G_1 \cup G_2 \cup \cdots \cup G_C = G$。

(2) $G_i \cap G_j = \varnothing (1 \leq i < j \leq C)$。

(3) $G_i \neq \varnothing, G_i \neq G(1 \leq i \leq C)$。

设 $m_i(i = 1, 2, \cdots, C)$ 为 C 个聚类中心，记

$$J_e = \sum_{i=1}^{C} \sum_{\omega \in G_i} \|\omega - m_i\|^2,$$

使 J_e 最小的聚类是误差平方和准则下的最优结果。

K 均值聚类算法描述如下：

(1) 初始化。设总样本集 $G = \{\omega_j, j = 1, 2, \cdots, n\}$ 是 n 个样品组成的集合，聚类数为 C ($2 \leq C \leq n$)，将样本集 G 任意划分为 C 类，记为 $G_1, G_2, \cdots, G_C$，计算对应的 C 个初始聚类中心，记为 $m_1, m_2, \cdots, m_C$，并计算 J_e。

(2) $G_i = \varnothing(i = 1, 2, \cdots, C)$，按最小距离原则将样品 $\omega_j(j = 1, 2, \cdots, n)$ 进行聚类，即

若 $d(\omega_j, G_k) = \min_{1 \leq i \leq C} d(\omega_j, m_i)$，则 $\omega_j \in G_k, G_k = G_k \cup \{\omega_j\}, j = 1, 2, \cdots, n$。

重新计算聚类中心

$$m_i = \frac{1}{n_i} \sum_{\omega_j \in G_i} \omega_j, i = 1, 2, \cdots, C,$$

式中:n_i 为当前 G_i 类中的样本数目。并重新计算 J_e。

(3) 若连续两次迭代的 J_e 不变,则算法终止,否则算法转步骤(2)。

注 10.2 实际计算时,可以不计算 J_e,只要聚类中心不发生变化,算法即可终止。

MATLAB 中实现 K 均值聚类的命令是 kmeans,其调用格式为
$$[\text{idx}, C] = \text{kmeans}(X, k, \text{Name}, \text{Value})$$
其功能是将数据矩阵 X 聚成 k 类,使得样品到类中心距离平方和最小,其中默认使用欧几里得距离。输入 X 为观测数据,行为个体,列为指标。输出 idx 为 n 个元素的列矢量,包含每个样品属于哪一类的信息;C 为聚类中心,每一行表示一个类的中心。Name 是某种属性,例如可以通过 Name 属性指定距离和迭代次数,Value 是对应的属性值。

例 10.5 已知聚类的指标变量为 x_1, x_2,4 个样本点的数据分别为
$$\omega_1 = (1, 3), \omega_2 = (1.5, 3.2), \omega_3 = (1.3, 2.8), \omega_4 = (3, 1).$$
试用 K 均值聚类分析把样本点分成两类。

解 现要分为两类 G_1 和 G_2 类,设初始聚类为 $G_1 = \{\omega_1\}, G_2 = \{\omega_2, \omega_3, \omega_4\}$,则初始聚类中心为

G_1 类:为 ω_1 值,即 $m_1 = (1, 3)$。

G_2 类:$m_2 = \left(\dfrac{1.5+1.3+3}{3}, \dfrac{3.2+2.8+1}{3}\right) = (1.93, 2.33)$。

计算每个样本点到 G_1, G_2 聚类中心的距离为

$d_{11} = \|\omega_1 - m_1\| = \sqrt{(1-1)^2 + (3-3)^2} = 0, d_{12} = \|\omega_1 - m_2\| = 1.14;$

$d_{21} = \|\omega_2 - m_1\| = 0.54, d_{22} = \|\omega_2 - m_2\| = 0.97;$

$d_{31} = \|\omega_3 - m_1\| = 0.36, d_{32} = \|\omega_3 - m_2\| = 0.78;$

$d_{41} = \|\omega_4 - m_1\| = 2.83, d_{42} = \|\omega_4 - m_2\| = 1.70.$

得到新的划分为 $G_1 = \{\omega_1, \omega_2, \omega_3\}, G_2 = \{\omega_4\}$,新的聚类中心为

G_1 类:$m_1 = \left(\dfrac{1+1.5+1.3}{3}, \dfrac{3+3.2+2.8}{3}\right) = (1.27, 3.0)$。

G_2 类:为 ω_4 值,即 $m_2 = (3, 1)$。

重新计算每个样本点到 G_1, G_2 聚类中心的距离:

$d_{11} = \|\omega_1 - m_1\| = 0.26, d_{12} = \|\omega_1 - m_2\| = 2.82;$

$d_{21} = \|\omega_2 - m_1\| = 0.31, d_{22} = \|\omega_2 - m_2\| = 2.66;$

$d_{31} = \|\omega_3 - m_1\| = 0.20, d_{32} = \|\omega_3 - m_2\| = 2.47;$

$d_{41} = \|\omega_4 - m_1\| = 2.65, d_{42} = \|\omega_4 - m_2\| = 0.$

所以,得新的划分为 $G_1 = \{\omega_1, \omega_2, \omega_3\}, G_2 = \{\omega_4\}$。

可见,新的划分与前面的相同,聚类中心没有改变,聚类结束。

计算的 MATLAB 程序如下:

```
clc, clear
a = [1 3; 1.5 3.2; 1.3 2.8; 3 1]; %输入数据
[IDX,C] = kmeans(a,2) %IDX 返回的是聚类编号,C 的每一行是一个聚类中心。
```

例 10.6(续例 10.4) 设抽出 5 个样品,每个样品只测 1 个指标,它们是 2,3,3.5,7,9,试用 K 均值聚类法把 5 个样品分成两类。

解 进行 K 均值聚类的 MATLAB 程序如下：

clc, clear
a=[2,3,3.5,7,9]'; %输入数据
[IDX,C]=kmeans(a,2) %IDX 返回的是聚类编号, C 的每一行是一个聚类中心。
聚类效果和例 10.4 的聚类效果是一样的。

10.2.4 模糊 K 均值聚类

将 K 均值聚类算法改进为模糊 K 均值聚类算法的方法如下。

设总样本集 $G=\{\omega_j, j=1,2,\cdots,n\}$ 是 n 个样品组成的集合，C 为预定的类别数目，m_i，$i=1,2,\cdots,C$ 为每个聚类的中心，μ_{ij} 表示样品 ω_j 对第 i 类的隶属度。用隶属度定义的聚类损失函数可以写为

$$J_f = \sum_{j=1}^{n} \sum_{i=1}^{C} (\mu_{ij})^m \|\omega_j - m_i\|^2, \qquad (10.18)$$

式中：$m>1$ 是一个可以控制聚类结果的模糊程度的常数。

在不同的隶属度定义方法下，最小化式(10.18)的损失函数，可得到不同的模糊聚类方法。其中最有代表性的是模糊 K 均值方法，它要求一个样本对于各个聚类的隶属度之和为 1，即

$$\sum_{i=1}^{C} \mu_{ij} = 1, \quad j=1,2,\cdots,n. \qquad (10.19)$$

在条件式(10.19)下求式(10.18)的极小值，令 J_f 对 μ_{ij} 和 m_i 的偏导数为 0，可得必要条件

$$\mu_{ij} = \frac{(1/\|\omega_j - m_i\|)^{2/(m-1)}}{\sum_{k=1}^{C} (1/\|\omega_j - m_k\|)^{2/(m-1)}}, \qquad (10.20)$$

$$m_i = \frac{\sum_{j=1}^{n} \mu_{ij}^m \omega_j}{\sum_{j=1}^{n} \mu_{ij}^m}. \qquad (10.21)$$

用迭代方法求解式(10.20)和式(10.21)就是模糊 K 均值算法。算法步骤如下：

Step1 初始化。设定聚类数目 $C(2 \leq C \leq n)$ 和参数 m。设总样本集 G，样本数 n。要将样本集 G 划分为 C 类，记为 $G_1, G_2, \cdots, G_C$，初始化 C 个聚类中心（聚类中心取为各类的几何中心），记为 $m_1, m_2, \cdots, m_C$。

Step2 重复下面的运算，直到各聚类中心稳定。
（1）用当前的聚类中心根据式(10.20)计算隶属度。
（2）用当前的隶属度按式(10.21)更新计算各聚类中心 $m_1, m_2, \cdots, m_C$。

当算法收敛时，可得到各类的聚类中心和各个样本对于各类的隶属度值，从而完成模糊聚类。

例 10.7（续例 10.5） 已知聚类的指标变量为 x_1, x_2，4 个样本点的数据分别为

$\omega_1=(1,3), \omega_2=(1.5,3.2), \omega_3=(1.3,2.8), \omega_4=(3,1).$

试用模糊 K 均值聚类分析把样本点分成两类。

解 设模糊 K 均值聚类算法中 $m=2$。现要分为两类 G_1 和 G_2 类,初始时,设 $G_1 = \{\omega_1, \omega_2, \omega_3\}, G_2 = \{\omega_4\}$。则 G_1 (各点的隶属度均为 1)聚类中心的坐标

$$m_1 = \left(\frac{1+1.5+1.3}{3}, \frac{3+3.2+2.8}{3}\right) = (1.2667, 3.0).$$

G_2 类(各点的隶属度均为 1)聚类中心的坐标为 ω_4 坐标值$(3,1)$。

计算每个样本点到 G_1 中心的距离:

$$d_{11} = \|\omega_1 - m_1\| = \sqrt{(1-1.2667)^2 + (3-3)^2} = 0.2667,$$

类似地,计算得

$$d_{12} = 0.3073, d_{13} = 0.2028, d_{14} = 2.6466,$$

计算得到 4 个样本点到 G_2 类中心的距离分别为

$$d_{21} = 2.8284, d_{22} = 2.6627, d_{23} = 2.4759, d_{24} = 0.$$

计算 4 个样本点对 G_1 类的隶属度分别为

$$\mu_{11} = \frac{\frac{1}{d_{11}^2}}{\sum_{k=1}^{2}\frac{1}{d_{k1}^2}} = 0.9912, \mu_{12} = \frac{\frac{1}{d_{12}^2}}{\sum_{k=1}^{2}\frac{1}{d_{k2}^2}} = 0.9869,$$

$$\mu_{13} = \frac{\frac{1}{d_{13}^2}}{\sum_{k=1}^{2}\frac{1}{d_{k3}^2}} = 0.9933, \mu_{14} = \frac{\frac{1}{d_{14}^2}}{\sum_{k=1}^{2}\frac{1}{d_{k4}^2}} = 0.$$

同理,4 个样本点对 G_2 类的隶属度分别为

$$\mu_{21} = 0.0088, \mu_{22} = 0.0131, \mu_{23} = 0.0067, \mu_{24} = 1.0.$$

重新计算聚类中心:

对 G_1 类,有

$$m_1 = \frac{\sum_{j=1}^{4}\mu_{1j}^2 \omega_j}{\sum_{j=1}^{4}\mu_{1j}^2} = (1.2660, 2.9991),$$

对 G_2 类,类似计算得聚类中心 $m_2 = (2.9995, 1.0006)$。

即得新的聚类中心为 $m_1 = (1.2660, 2.9991), m_2 = (2.9995, 1.0006)$。

利用式(10.18),计算得到聚类损失函数 $J_f = 0.2045$

所以,在 0.001 的误差范围内,认为得到的新聚类中心与前面的相同,没有改变,聚类结束。根据最大隶属度原则,把 $\omega_1, \omega_2, \omega_3$ 聚为一类,ω_4 自成一类。

计算的 MATLAB 程序如下:

```
clc, clear
G=[1,3;1.5,3.2;1.3,2.8;3,1]; %每一行是一个对象,每一列是一个指标的值
[c,U]=fcm(G,2)    %c 的每一行是一类的聚类中心,U 的每一列是一个对象的隶属度
```

10.3 判别分析

在日常生活和工作实践中,常常会遇到判别分析问题,即根据历史上划分类别的有关资料和某种最优准则,确定一种判别方法,判定一个新的样本归属哪一类。例如,某医院有部分患有肺炎、肝炎、冠心病、糖尿病等病人的资料,记录了每个患者若干项症状指标数据。现在想利用现有的这些资料找出一种方法,使得对于一个新的病人,当测得这些症状指标数据时,能够判定其患有哪种病。

常用的判别分析方法主要包括距离判别、贝叶斯判别、费歇尔判别等,本节介绍距离判别。

10.3.1 距离判别法

1. 两总体情形

设有两个总体 G_1 和 G_2,x 是一个样品(p 维),如能定义 x 到 G_1 和 G_2 的距离分别为 $d(x,G_1)$ 和 $d(x,G_2)$,则可用如下的规则进行判别:

$$\begin{cases} x \in G_1, & d(x,G_1)<d(x,G_2), \\ x \in G_2, & d(x,G_1)>d(x,G_2), \\ \text{待判}, & d(x,G_1)=d(x,G_2). \end{cases} \quad (10.22)$$

判别分析时,我们通常使用马氏距离,因为它是无量纲的。马氏距离定义如下:

$$d(x,G_i) = \sqrt{(x-\mu_i)^T \Sigma_i^{-1}(x-\mu_i)}, \quad i=1,2, \quad (10.23)$$

式中:$\mu_1, \mu_2, \Sigma_1, \Sigma_2$ 分别为 G_1 和 G_2 的均值和协方差阵。

1) $\Sigma_1 = \Sigma_2 = \Sigma$

$$d^2(x,G_2) - d^2(x,G_1) = (x-\mu_2)^T \Sigma^{-1}(x-\mu_2) - (x-\mu_1)^T \Sigma^{-1}(x-\mu_1)$$
$$= 2\left(x - \frac{\mu_1+\mu_2}{2}\right)^T \Sigma^{-1}(\mu_1-\mu_2),$$

令

$$\bar{\mu} = \frac{\mu_1+\mu_2}{2}, \quad W(x) = (x-\bar{\mu})^T \Sigma^{-1}(\mu_1-\mu_2),$$

于是判别规则(10.22)可表示为

$$\begin{cases} x \in G_1, & W(x)>0, \\ x \in G_2, & W(x)<0, \\ \text{待判}, & W(x)=0. \end{cases} \quad (10.24)$$

这个规则取决于 $W(x)$ 的值,通常称 $W(x)$ 为判别函数,由于它是 x 的线性函数,因此又称为线性判别函数,线性判别函数使用起来最方便。

当 μ_1, μ_2, Σ 未知时,可通过算出对应的样本均值和样本协方差值 $\hat{\mu}_1, \hat{\mu}_2, \hat{\Sigma}$ 来代替 μ_1, μ_2, Σ。设 $x_1^{(1)}, x_2^{(1)}, \cdots, x_{n_1}^{(1)}$ 是来自 G_1 的 n_1 个样本点,$x_1^{(2)}, x_2^{(2)}, \cdots, x_{n_2}^{(2)}$ 是来自 G_2 的 n_2 个样本点,则样本的均值与协方差为

$$\hat{\boldsymbol{\mu}}_i = \bar{\boldsymbol{x}}^{(i)} = \frac{1}{n_i}\sum_{j=1}^{n_i} \boldsymbol{x}_j^{(i)}, \quad i=1,2, \tag{10.25}$$

$$\hat{\boldsymbol{\Sigma}} = \frac{1}{n_1+n_2-2}\sum_{i=1}^{2}\sum_{j=1}^{n_i}(\boldsymbol{x}_j^{(i)}-\bar{\boldsymbol{x}}^{(i)})(\boldsymbol{x}_j^{(i)}-\bar{\boldsymbol{x}}^{(i)})^{\mathrm{T}} = \frac{1}{n_1+n_2-2}(\boldsymbol{A}_1+\boldsymbol{A}_2), \tag{10.26}$$

其中

$$\boldsymbol{A}_i = \sum_{j=1}^{n_i}(\boldsymbol{x}_j^{(i)}-\bar{\boldsymbol{x}}^{(i)})(\boldsymbol{x}_j^{(i)}-\bar{\boldsymbol{x}}^{(i)})^{\mathrm{T}}, i=1,2.$$

对于待测样本 $\boldsymbol{x}$，其判别函数定义为

$$\hat{W}(\boldsymbol{x}) = \left[\boldsymbol{x}-\frac{1}{2}(\hat{\boldsymbol{\mu}}_1+\hat{\boldsymbol{\mu}}_2)\right]^{\mathrm{T}}\hat{\boldsymbol{\Sigma}}^{-1}(\hat{\boldsymbol{\mu}}_1-\hat{\boldsymbol{\mu}}_2),$$

判别准则为

$$\begin{cases} \boldsymbol{x}\in G_1, & \hat{W}(\boldsymbol{x})>0, \\ \boldsymbol{x}\in G_2, & \hat{W}(\boldsymbol{x})<0, \\ 待判, & \hat{W}(\boldsymbol{x})=0. \end{cases} \tag{10.27}$$

2) 两个总体协方差阵 $\boldsymbol{\Sigma}_1$ 与 $\boldsymbol{\Sigma}_2$ 不等

可用

$$W(\boldsymbol{x})=d^2(\boldsymbol{x},G_2)-d^2(\boldsymbol{x},G_1)=(\boldsymbol{x}-\boldsymbol{\mu}_2)^{\mathrm{T}}\boldsymbol{\Sigma}_2^{-1}(\boldsymbol{x}-\boldsymbol{\mu}_2)-(\boldsymbol{x}-\boldsymbol{\mu}_1)^{\mathrm{T}}\boldsymbol{\Sigma}_1^{-1}(\boldsymbol{x}-\boldsymbol{\mu}_1)$$

作为判别函数，它是 $\boldsymbol{x}$ 的二次函数。

2. 多总体情形

1) 协方差阵相同

设有 m 个总体 $G_1,G_2,\cdots,G_m$，它们的均值分别为 $\boldsymbol{\mu}_1,\boldsymbol{\mu}_2,\cdots,\boldsymbol{\mu}_m$，协方差阵为 $\boldsymbol{\Sigma}$。类似于两总体的讨论，判别函数为

$$W_{ij}(\boldsymbol{x}) = \left(\boldsymbol{x}-\frac{\boldsymbol{\mu}_i+\boldsymbol{\mu}_j}{2}\right)^{\mathrm{T}}\boldsymbol{\Sigma}^{-1}(\boldsymbol{\mu}_i-\boldsymbol{\mu}_j), \quad i,j=1,2,\cdots,m, \tag{10.28}$$

相应的判别规则是

$$\begin{cases} \boldsymbol{x}\in G_i, & W_{ij}(\boldsymbol{x})>0, \forall j\neq i, \\ 待判, & 某个 W_{ij}(\boldsymbol{x})=0(i\neq j). \end{cases} \tag{10.29}$$

当 $\boldsymbol{\mu}_1,\boldsymbol{\mu}_2,\cdots,\boldsymbol{\mu}_m,\boldsymbol{\Sigma}$ 未知时，设从 G_i 中抽取的样本为 $\boldsymbol{x}_1^{(i)},\boldsymbol{x}_2^{(i)},\cdots,\boldsymbol{x}_{n_i}^{(i)}(i=1,2,\cdots,m)$，则它们的估计为

$$\hat{\boldsymbol{\mu}}_i = \bar{\boldsymbol{x}}^{(i)} = \frac{1}{n_i}\sum_{k=1}^{n_i}\boldsymbol{x}_k^{(i)}, \quad i=1,2,\cdots,m, \tag{10.30}$$

$$\hat{\boldsymbol{\Sigma}} = \frac{1}{N-m}\sum_{i=1}^{m}\boldsymbol{A}_i, \quad N=n_1+n_2+\cdots+n_m, \tag{10.31}$$

其中，$\boldsymbol{A}_i = \sum_{k=1}^{n_i}(\boldsymbol{x}_k^{(i)}-\bar{\boldsymbol{x}}^{(i)})(\boldsymbol{x}_k^{(i)}-\bar{\boldsymbol{x}}^{(i)})^{\mathrm{T}}, i=1,2,\cdots,m$。

2) 协方差阵不相同

这时判别函数为

$$V_{ij}(\boldsymbol{x}) = (\boldsymbol{x}-\boldsymbol{\mu}_j)^{\mathrm{T}} \boldsymbol{\Sigma}_j^{-1} (\boldsymbol{x}-\boldsymbol{\mu}_j) - (\boldsymbol{x}-\boldsymbol{\mu}_i)^{\mathrm{T}} \boldsymbol{\Sigma}_i^{-1} (\boldsymbol{x}-\boldsymbol{\mu}_i), \quad i,j=1,2,\cdots,m,$$

相应的判别规则为

$$\begin{cases} \boldsymbol{x} \in G_i, & V_{ij}(\boldsymbol{x}) > 0, \forall j \neq i, \\ 待判, & 某个 V_{ij}(\boldsymbol{x}) = 0 (i \neq j). \end{cases}$$

当 $\boldsymbol{\mu}_1, \boldsymbol{\mu}_2, \cdots, \boldsymbol{\mu}_m, \boldsymbol{\Sigma}_1, \boldsymbol{\Sigma}_2, \cdots, \boldsymbol{\Sigma}_m$ 未知时,$\boldsymbol{\mu}_i (i=1,2,\cdots,m)$ 的估计 $\hat{\boldsymbol{\mu}}_i$ 使用式(10.30),$\boldsymbol{\Sigma}_i$ 的估计为

$$\hat{\boldsymbol{\Sigma}}_i = \frac{1}{n_i - 1} \sum_{k=1}^{n_i} (\boldsymbol{x}_k^{(i)} - \overline{\boldsymbol{x}}^{(i)})(\boldsymbol{x}_k^{(i)} - \overline{\boldsymbol{x}}^{(i)})^{\mathrm{T}}.$$

3. 应用实例

例 10.8 两种朦虫 Af 和 Apf 已由生物学家 W. L. Gorgna 和 W. W. Wirth 于 1981 年根据它们的触角长度和翼长加以区分,具体数据如表 10.9 所示。根据已知的数据建立判别模型,并对触角长度和翼长分别为 $[1.24,1.80]$,$[1.28,1.84]$,$[1.40,2.04]$ 的三个样本进行判别。

表 10.9 朦虫触角长度和翼长数据

Af	触角长度/mm	1.24	1.36	1.38	1.38	1.38	1.4	1.48	1.54	1.58
	翼长/mm	1.72	1.74	1.64	1.82	1.90	1.7	1.82	1.82	2.08
Apf	触角长度/mm	1.14	1.16	1.20	1.26	1.28	1.30			
	翼长/mm	1.78	1.96	1.86	2.00	2.00	1.96			

解 令 $G_1 = \mathrm{Af}, G_2 = \mathrm{Apf}$,样品 $\boldsymbol{x} = [x_1, x_2]^{\mathrm{T}}$ 是二维的,其中 x_1 为触角长度,x_2 为翼长,共 15 个样品,其中 9 个属于 Af,6 个属于 Apf,由样本计算得到样本均值和协方差阵分别为

$$\overline{\boldsymbol{x}}^{(1)} = \begin{bmatrix} 1.4156 \\ 1.8044 \end{bmatrix}, \hat{\boldsymbol{\Sigma}}_1 = \begin{bmatrix} 0.0106 & 0.0088 \\ 0.0088 & 0.0169 \end{bmatrix},$$

$$\overline{\boldsymbol{x}}^{(2)} = \begin{bmatrix} 1.2233 \\ 1.9267 \end{bmatrix}, \hat{\boldsymbol{\Sigma}}_2 = \begin{bmatrix} 0.0044 & 0.0042 \\ 0.0042 & 0.0078 \end{bmatrix}.$$

设任给一朦虫 $\boldsymbol{x} = [x_1, x_2]^{\mathrm{T}}$,它到 Af 和 Apf 的马氏距离分别为 $d_1(\boldsymbol{x}), d_2(\boldsymbol{x})$,则有

$$d_i(\boldsymbol{x}) = \sqrt{(\boldsymbol{x}-\overline{\boldsymbol{x}}^{(i)})^{\mathrm{T}} \hat{\boldsymbol{\Sigma}}_i^{-1} (\boldsymbol{x}-\overline{\boldsymbol{x}}^{(i)})}, \quad i=1,2,$$

$$d_1^2(\boldsymbol{x}) = 166.1567 x_1^2 - 172.7198 x_1 x_2 + 104.1351 x_2^2 - 158.7447 x_1 - 131.3174 x_2 + 230.8334,$$

$$d_2^2(\boldsymbol{x}) = 474.6424 x_1^2 - 513.6541 x_1 x_2 + 267.3927 x_2^2 - 171.6515 x_1 - 401.9831 x_2 + 492.2372,$$

判别函数

$$W(\boldsymbol{x}) = \frac{d_2^2(\boldsymbol{x}) - d_1^2(\boldsymbol{x})}{2} = 154.2429 x_1^2 - 170.4672 x_1 x_2 + 81.6288 x_2^2 - 6.4534 x_1 - 135.3329 + 130.7019.$$

当 $\boldsymbol{x} = [1.24, 1.80]^{\mathrm{T}}$ 时,$W(\boldsymbol{x}) = 0.2591 > 0$,故判断 $\boldsymbol{x} \in \mathrm{Af}$;当 $\boldsymbol{x} = [1.28, 1.84]^{\mathrm{T}}$ 时,$W(\boldsymbol{x}) = 1.0189 > 0$,故也判断 $\boldsymbol{x} \in \mathrm{Af}$;当 $\boldsymbol{x} = [1.40, 2.04]^{\mathrm{T}}$ 时,$W(\boldsymbol{x}) = 0.7565 > 0$,故仍判断 $\boldsymbol{x} \in \mathrm{Af}$。

计算的 MATLAB 程序如下:

```
clc, clear, syms x1 x2
a=[1.24, 1.36, 1.38, 1.38, 1.38, 1.4, 1.48, 1.54, 1.58
1.72, 1.74, 1.64, 1.82, 1.90, 1.7, 1.82, 1.82, 2.08]';
b=[1.14, 1.16, 1.20, 1.26, 1.28, 1.30
1.78, 1.96, 1.86, 2.00, 2.00, 1.96]';
mu1=mean(a), mu2=mean(b)                        %求均值
s1=cov(a), s2=cov(b)                            %计算协方差阵
d1=[x1-mu1(1),x2-mu1(2)]*inv(s1)*[x1-mu1(1);x2-mu1(2)];  %马氏距离的平方
d1=expand(d1); d1=vpa(d1,8)
d2=[x1-mu2(1),x2-mu2(2)]*inv(s2)*[x1-mu2(1);x2-mu2(2)];
d2=expand(d2); d2=vpa(d2,8)
Wx=(d2-d1)/2; Wx=vpa(Wx,7)                      %定义判别函数
x=[1.24,1.80; 1.28,1.84; 1.40,2.04];            %待判样本点
y=subs(Wx,{x1,x2},{x(:,1),x(:,2)})              %代入待判样本点
```
在 MATLAB 中，判别分析的命令为 fitcdiscr，其调用格式为

obj=fitcdiscr(X,Y,Name,Value)

其中 X 为训练样品矩阵，每一行是一个样本点，Y 指明训练集中每一行属于的类别。Name,Value 是某个属性及对应的属性值。例如，属性'DiscrimType'的取值可以为'linear'（默认值）|'quadratic'|'diagLinear'|'diagQuadratic'|'pseudoLinear'|'pseudoQuadratic'，其各个取值的含义如表 10.10 所示。

表 10.10 'DiscrimType'的取值含义

值	描述	协方差处理
'linear'	正则化线性判别分析（LDA）	所有总体有相同的协方差矩阵
'diaglinear'	LDA	所有总体有相同的对角协方差矩阵
'pseudolinear'	LDA	所有总体有相同的协方差矩阵，软件使用伪逆变换协方差矩阵
'quadratic'	二次判别分析（QDA）	各个总体具有不同的协方差矩阵
'diagquadratic'	QDA	各个总体具有不同的对角协方差矩阵
'pseudoquadratic'	QDA	各个总体具有不同的协方差矩阵，软件使用伪逆变换协方差矩阵

新样品的预测使用命令 predict，调用格式为

label=predict(obj,X)

其中 obj 是 fitcdiscr 的返回值，X 为新样品的数据矩阵，label 是新样品的分类标号。

对于例 10.8，直接使用 MATLAB 工具箱的计算程序如下：

```
clc, clear
a=[1.24, 1.36, 1.38, 1.38, 1.38, 1.4, 1.48, 1.54, 1.58
1.72, 1.74, 1.64, 1.82, 1.90, 1.7, 1.82, 1.82, 2.08]';
```

```
b = [1.14, 1.16, 1.20, 1.26, 1.28, 1.30
     1.78, 1.96, 1.86, 2.00, 2.00, 1.96]';
c = [ones(size(a,1),1); 2*ones(size(b,1),1)];        %类别编号
obj = fitcdiscr([a;b], c, 'DiscrimType', 'quadratic')
x = [1.24,1.80; 1.28,1.84; 1.40,2.04];               %待判样本点
s = predict(obj, x)                                  %对待判样本进行分类
A = obj.Coeffs(1,2).Quadratic                        %判别函数的二次型矩阵
B = obj.Coeffs(1,2).Linear                           %判别函数的一次项系数
C = obj.Coeffs(1,2).Const                            %判别函数的常数项
```

计算结果是把第 1 个待判样本点判定为第 2 类,其他两个待判样本点都判定为第 1 类。

注 10.3 使用工具箱的 fitcdiscr 命令求得的判别函数的常数项与直接编程相比有误差,这是上述两个程序计算结果不一致的原因。

例 10.9 为了研究某种疾病,把三类病人对应地分为 G_1、G_2、G_3 三组,每组 19 人,同时进行 4 项指标的检测:β 脂蛋白(x_1),甘油三酯(x_2),α 脂蛋白(x_3),前 β 脂蛋白(x_4)。检测的结果如表 10.11 所示。对三个待判样本点 [190,67,30,17],[315,100,35,19],[240,60,37,18] 进行判别分析。

表 10.11 4 项指标检测数据

G_1				G_2				G_3			
x_1	x_2	x_3	x_4	x_1	x_2	x_3	x_4	x_1	x_2	x_3	x_4
260	75	40	18	310	122	30	21	320	64	39	17
200	72	34	17	310	60	35	18	260	59	37	11
240	87	45	18	190	40	27	15	360	88	28	26
170	65	39	17	225	65	34	16	295	100	36	12
270	110	39	24	170	65	37	16	270	65	32	21
205	130	34	23	210	82	31	17	380	114	36	21
190	69	27	15	280	67	37	18	240	55	42	10
200	46	45	15	210	38	36	17	260	55	34	20
250	117	21	20	280	65	30	23	260	110	29	20
225	130	36	11	200	76	39	20	240	114	38	18
210	125	26	17	280	94	26	11	310	103	32	18
170	64	31	14	190	60	33	17	330	112	21	11
270	76	33	13	295	55	30	16	345	127	24	20
190	60	34	16	270	125	24	21	250	62	22	16
280	81	20	18	280	120	32	18	260	59	21	19
310	119	25	15	240	62	32	20	225	100	34	30
270	57	31	8	280	69	29	20	345	120	36	18
250	67	31	14	370	70	30	20	360	107	25	23
260	135	39	29	280	40	37	17	250	117	36	16

解 利用假设检验可以判定三个总体的协方差矩阵相等,因而可以建立线性判别函数对待判样本点进行分类,具体数学原理不再赘述。

利用 MATLAB 软件,求得三个待判样本点[190,67,30,17],[315,100,35,19],[240,60,37,18]分别属于 G_1,G_3 和 G_2。

计算的 MATLAB 程序如下:

```
clc, clear
a=load('gtable10_11.txt');
b=[a(:,[1:4]);a(:,[5:8]);a(:,[9:12])];
x=[190,67,30,17;315,100,35,19;240,60,37,18];    %待判定数据
n1=size(a,1);
g=[ones(n1,1);2*ones(n1,1);3*ones(n1,1)];
obj=fitcdiscr(b,g);
c=predict(obj,x)                                %对待判样本进行分类
```

10.3.2 判别准则的评价

当一个判别准则提出以后,还要研究它的优良性,即考查它的误判率。以训练样本为基础的误判率的估计思想如下:若属于 G_1 的样品被误判为属于 G_2 的个数为 N_1 个,属于 G_2 的样品被误判为属于 G_1 的个数为 N_2 个,两类总体的样品总数为 N,则误判率 P 的估计为

$$\hat{P}=\frac{N_1+N_2}{N}.$$

针对具体情况,通常采用回代法和交叉法进行误判率的估计。

1. 回代误判率

设 G_1,G_2 为两个总体,$x_1,x_2,\cdots,x_m$ 和 $y_1,y_2,\cdots,y_n$ 是分别来自 G_1,G_2 的训练样本,以全体训练样本作为 $m+n$ 个新样品,逐个代入已建立的判别准则中判别其归属,这个过程称为回判。在回判结果中,若属于 G_1 的样品被误判为属于 G_2 的个数为 N_1 个,属于 G_2 的样品被误判为属于 G_1 的个数为 N_2 个,则误判率估计为

$$\hat{P}=\frac{N_1+N_2}{m+n}.$$

误判率的回代估计易于计算。但是,$\hat{P}$ 是由建立判别函数的数据反过来用作评估准则的数据而得到的,因此,$\hat{P}$ 作为真实误判率的估计是有偏的,往往比真实误判率小。当训练样本容量较大时,$\hat{P}$ 作为真实误判率的一种估计,具有一定的参考价值。

2. 交叉误判率

交叉误判率估计是每次删除一个样品,利用其余的 $m+n-1$ 个训练样品建立判别准则,再用所建立的准则对删除的样品进行判别。对训练样品中每个样品都做如上分析,以其误判的比例作为误判率,具体步骤如下:

(1) 从总体 G_1 的训练样品开始,剔除其中一个样品,剩余的 $m-1$ 个样品与 G_2 的全部样品建立判别函数。

(2) 用建立的判别函数对剔除的样品进行判别。

(3) 重复步骤(1)和(2),直到 G_1 中的全部样品依次被删除又进行判别,其误判的样品个数记为 N_1^*。

(4) 对 G_2 的样品重复步骤(1)、(2)和(3),直到 G_2 中的全部样品依次被删除又进行判别,其误判的样品个数记为 N_2^*。

于是交叉误判率估计为

$$\hat{P}^* = \frac{N_1^* + N_2^*}{m+n}.$$

用交叉法估计真实误判率是较为合理的。

当训练样品足够大时,可留出一些已知类别的样品不参加建立判别准则而是作为检验集,并把错判的比率作为错判率的估计。此法当检验集较小时,估计的方差大。

例 10.10 根据表 10.12 所示的数据,用马氏距离判别未知地区的类别,并计算回代误判率与交叉误判率。

表 10.12 各地区农、林、牧、渔各业数据

类别	农	林	牧	渔	类别	农	林	牧	渔
1	89.70	9.50	105.20	9.60	2	405.90	11.30	236.40	5.80
1	86.7	1.50	60.80	20.60	2	450.60	15.70	224.60	20.10
1	95.50	3.50	88.40	40.10	2	529.50	73.70	195.90	308.80
1	191.30	12.30	96.30	1.70	2	688.00	66.20	371.60	132.30
1	307.60	26.10	216.20	6.00	2	433.20	82.30	215.50	330.50
1	141.30	43.30	58.20	82.30	2	405.90	54.00	226.10	104.30
1	250.40	11.20	154.40	15.20	2	658.30	27.10	352.60	134.80
1	337.40	23.60	114.10	3.80	2	665.70	51.90	480.30	85.20
1	254.00	8.60	80.90	1.10	2	817.90	56.80	423.20	390.10
1	28.90	1.80	32.50	0.10	2	439.90	39.40	292.30	101.20
1	49.40	3.50	30.30	2.10	2	769.90	50.90	605.00	41.00
1	348.80	10.10	134.00	3.90	x	431.30	47.20	210.60	14.40
1	899.40	34.00	685.90	61.20	x	1401.30	47.20	654.70	350.70
1	1142.70	30.80	448.50	334.20	x	1331.60	57.00	693.80	20.40
2	503.10	21.80	332.30	188.50	x	279.90	15.10	118.50	5.10

解 求得的第 1 个待判样品属于第 2 类,第 2、3、4 个待判样品属于第 1 类。回代误判率和交叉误判率分别为 19.23%,30.77%,误判率较高,判别准则有待改进。

计算的 MATLAB 程序如下:

```
clc, clear
d1 = xlsread('gtable10_12.xlsx',1,'B1:E15');
d2 = xlsread('gtable10_12.xlsx',1,'G1:J15');
a = d1([1:end-1],:);                    %提出G1数据
```

```
b=[d1(end,:);d2([1:end-4],:)];          %提出 G2 数据
x=d2([end-3:end],:);                    %提出待判样本点数据
n1=size(a,1); n2=size(b,1);
ab=[a;b];                               %已知样本点数据
g=[ones(n1,1);2*ones(n2,1)];            %已知样本点的标号
obj=fitcdiscr(ab,g,'DiscrimType','quadratic')  %使用二次判别函数
s=predict(obj,x)                        %判定待判样本点的类别
g2=predict(obj,ab);                     %重新判定已知样本点
err1=sum(g-g2~=0)/(n1+n2)               %计算回代误判率
N=0;                                    %交叉错判个数初始化
for i=1:n1+n2
    ab2=ab; ab2(i,:)=[];                %删除第 i 个样本点
    gg=g; gg(i)=[];                     %删除第 i 个样本点的标号值
    o2=fitcdiscr(ab2,gg,'DiscrimType','quadratic');
    N=N+(predict(o2,ab(i,:))-g(i)~=0);
end
err2=N/(n1+n2)
```

10.4 主成分分析

在实际问题中,常常需要研究多个变量,而这些变量往往具有相关性,主成分分析就是设法将原来众多具有一定相关性的指标,重新组合成几个新的相互无关的综合指标,并且尽可能多地反映原来指标的信息。它是数学上的一种降维方法。例如,在商业经济中,可以把复杂的数据综合成几个商业指数,如物价指数、消费指数等。

10.4.1 主成分分析法

1. 主成分分析的基本思想

主成分分析在数学上的处理就是将原来 p 个指标作线性组合,作为新的指标 $F_i(i=1,2,\cdots,p)$,但是这种线性组合,如果不加限制,则可以有很多,应该如何去选取呢？为了让这种综合指标反映足够多原来的信息,要求综合指标的方差要大,即 $\mathrm{Var}(F_1)$ 越大,表示 F_1 包含的信息越多,因此在所有线性组合中,选取的 F_1 应该是方差最大的,故称 F_1 为第 1 个主成分。如果第 1 个主成分不足以代表原来 p 个指标的信息,再考虑选取第 2 个线性组合 F_2,称 F_2 为第 2 个主成分。为了有效地反映原来的消息,F_1 中已有的信息不需要出现在 F_2 中,数学表达就是要求 $\mathrm{Cov}(F_1,F_2)=0$。依此类推,可以构造出第 3、4、$\cdots$、p 个主成分。这些主成分之间不仅不相关,而且它们的方差是依次递减的。在实际工作中,通常挑选前几个主成分,虽然可能会失去一小部分信息,但抓住了主要矛盾。

2. 主成分分析的步骤

设有 p 个指标 $x_1,x_2,\cdots,x_p$,每个指标有 n 个观测数据,得到原始数据矩阵 $\boldsymbol{A}=$

$(a_{ij})_{n \times p}$,其中 a_{ij} 为 x_j 的第 i 个观测值。

主成分分析的步骤如下:

(1) 对原来的 p 个指标进行标准化,得到标准化的指标变量

$$y_j = \frac{x_j - \mu_j}{s_j}, \quad j = 1, 2, \cdots, p,$$

其中,$\mu_j = \frac{1}{n} \sum_{i=1}^{n} a_{ij}$,$s_j = \sqrt{\frac{1}{n-1} \sum_{i=1}^{n} (a_{ij} - \mu_j)^2}$。对应地,得到标准化的数据矩阵 $\boldsymbol{B} = (b_{ij})_{n \times p}$,其中 $b_{ij} = \frac{a_{ij} - \mu_j}{s_j}$,$i = 1, 2, \cdots, n, j = 1, 2, \cdots, p$。

(2) 根据标准化的数据矩阵 $\boldsymbol{B}$ 求出相关系数矩阵 $\boldsymbol{R} = (r_{ij})_{p \times p}$,其中

$$r_{ij} = \frac{\sum_{k=1}^{n} b_{ki} b_{kj}}{n-1}, \quad i, j = 1, 2, \cdots, p.$$

(3) 计算相关系数矩阵 $\boldsymbol{R}$ 的特征值 $\lambda_1 \geq \lambda_2 \geq \cdots \geq \lambda_p$,及对应的标准正交化特征矢量 $\boldsymbol{u}_1, \boldsymbol{u}_2, \cdots, \boldsymbol{u}_p$,其中 $\boldsymbol{u}_j = [u_{1j}, u_{2j}, \cdots, u_{pj}]^{\mathrm{T}}$,由特征矢量组成 p 个新的指标变量

$$\begin{cases} F_1 = u_{11} y_1 + u_{21} y_2 + \cdots + u_{p1} y_p, \\ F_2 = u_{12} y_1 + u_{22} y_2 + \cdots + u_{p2} y_p, \\ \quad \vdots \\ F_p = u_{1p} y_1 + u_{2p} y_2 + \cdots + u_{pp} y_p. \end{cases}$$

式中:F_1 是第 1 个主成分,F_2 是第 2 个主成分,……,F_p 是第 p 个主成分。

(4) 计算主成分贡献率及累计贡献率,主成分 F_j 的贡献率为

$$\frac{\lambda_j}{\sum_{k=1}^{p} \lambda_k}, \quad j = 1, 2, \cdots, p,$$

前 i 个主成分的累计贡献率为

$$\frac{\sum_{k=1}^{i} \lambda_k}{\sum_{k=1}^{p} \lambda_k}.$$

一般取累计贡献率达 85% 以上的特征值 $\lambda_1, \lambda_2, \cdots, \lambda_k$ 所对应的第 1、2、…、$k(k \leq p)$ 个主成分。

(5) 最后利用得到的主成分 $F_1, F_2, \cdots, F_k$ 分析问题,或者建立评价或回归分析等其他模型。

10.4.2 主成分分析的案例

例 10.11 随着社会的高速发展,人民的生活发生了巨大的变化,居民的消费水平备受关注,它是反映一个国家(或地区)的经济发展水平和人民物质文化生活水平的综合指标。重庆市直辖以来,居民的消费水平发生了很大的变化,从而也促进了整个城市经济的发展。按照我国常用的消费支出分类法,居民的消费水平分为食品、衣着、家庭设备用品

及服务、医疗保健、交通通信、文教娱乐及服务、居住、杂项商品与服务 8 个部分,这 8 个部分代表了居民消费的各个领域,表 10.13 是重庆市 10 年间城镇居民人均消费的情况(单位:元/人)。试对重庆市的居民人均消费做主成分分析。

表 10.13 重庆市城镇居民人均消费数据

年 份	x_1	x_2	x_3	x_4	x_5	x_6	x_7	x_8
1997	2297.86	589.62	474.74	164.19	290.91	626.21	295.20	199.03
1998	2262.19	571.69	461.25	185.90	337.83	604.78	354.66	198.96
1999	2303.29	589.99	516.21	236.55	403.92	730.05	438.41	225.80
2000	2308.70	551.14	476.45	293.23	406.44	785.74	494.04	254.10
2001	2337.65	589.28	509.82	334.05	442.50	850.15	563.72	246.51
2002	2418.96	618.60	454.20	429.60	615.00	1065.12	594.48	164.28
2003	2702.34	735.01	475.36	459.69	790.26	1025.99	741.60	187.81
2004	3015.32	779.68	474.15	537.95	865.45	1200.52	903.22	196.77
2005	3135.65	849.53	583.50	629.32	929.92	1391.11	882.41	221.85
2006	3415.92	1038.98	615.74	705.72	976.02	1449.49	954.56	242.26

利用 MATLAB 软件求得相关系数矩阵的 8 个特征值及其贡献率如表 10.14 所示。

表 10.14 主成分分析结果

序 号	特 征 值	贡 献 率	累计贡献率
1	6.2794	78.4929	78.4929
2	1.3060	16.3249	94.8178
3	0.2743	3.4285	98.2463
4	0.0998	1.2470	99.4933
5	0.0231	0.2888	99.7821
6	0.0122	0.1528	99.9349
7	0.0047	0.0587	99.9935
8	0.0005	0.0065	100.0000

可以看出,前两个特征值的累计贡献率就达到 94.8178%,主成分分析效果很好。下面选取前两个主成分进行分析。前两个特征根对应的特征矢量如表 10.15 所示。

表 10.15 标准化变量的前两个主成分对应的特征矢量

	y_1	y_2	y_3	y_4	y_5	y_6	y_7	y_8
第 1 特征矢量	0.3919	0.3844	0.3059	0.3923	0.3854	0.3896	0.3839	0.0591
第 2 特征矢量	-0.0210	0.0221	0.4778	-0.0891	-0.1988	-0.1043	-0.1138	0.8363

由表 10.15 可知前两个主成分分别为

$F_1 = 0.3919 y_1 + 0.3844 y_2 + 0.3059 y_3 + 0.3923 y_4 + 0.3854 y_5 + 0.3896 y_6 + 0.3839 y_7 + 0.0591 y_8$,

$F_2 = -0.0210 y_1 + 0.0221 y_2 + 0.4778 y_3 - 0.0891 y_4 - 0.1988 y_5 - 0.1043 y_6 - 0.1138 y_7 + 0.8363 y_8$.

结果分析：

（1）在第 1 个主成分的表达式中，可以看出第 1、2、4、5、6、7 项的系数比较大，这 6 项指标对城镇居民消费水平的影响较大，其中食品消费和医疗保健消费系数比另外几项都大，说明居民现在很注重吃和健康两方面。

（2）在第 2 个主成分的表达式中，只有第 8 项的系数比较大，远远超过其他指标的系数，因此可以单独看作是杂项商品与服务的影响，说明人们的生活用品等杂项商品与服务在消费水平中也占据了很大的比例。

计算的 MATLAB 程序如下：

```
clc, clear
a=[2297.86   589.62   474.74   164.19   290.91   626.21   295.20   199.03
   2262.19   571.69   461.25   185.90   337.83   604.78   354.66   198.96
   2303.29   589.99   516.21   236.55   403.92   730.05   438.41   225.80
   2308.70   551.14   476.45   293.23   406.44   785.74   494.04   254.10
   2337.65   589.28   509.82   334.05   442.50   850.15   563.72   246.51
   2418.96   618.60   454.20   429.60   615.00   1065.12  594.48   164.28
   2702.34   735.01   475.36   459.69   790.26   1025.99  741.60   187.81
   3015.32   779.68   474.15   537.95   865.45   1200.52  903.22   196.77
   3135.65   849.53   583.50   629.32   929.92   1391.11  882.41   221.85
   3415.92   1038.98  615.74   705.72   976.02   1449.49  954.56   242.26];
b=zscore(a);              %数据标准化
r=corrcoef(b);            %计算相关系数矩阵
[c,L,e]=pcacov(r)         %c 的列为特征矢量,L 为特征值,e 为各个主成分的贡献率
ce=cumsum(e)              %求累积贡献率
```

习 题 10

10.1 改革开放以来，随着经济体制改革的深化和经济的快速增长，中国的财政收支状况发生了很大的变化，为了研究影响中国税收收入增长的主要原因，表 10.16 给出了部分年份数据，其中 y 为税收收入（亿元），x_1 为国内生产总值（亿元），x_2 为财政支出（亿元），x_3 为商品零售价格指数（％），试建立中国税收的回归模型。

表 10.16　部分年份中国税收及相关因素数据

年　份	y	x_1	x_2	x_3
1978	519.28	3624.1	1122.09	100.7
1979	537.82	4038.2	1281.79	102
1980	571.7	4517.8	1228.83	106
1981	629.89	4862.4	1138.41	102.4
1982	700.02	5294.7	1229.98	101.9
1983	775.59	5934.5	1409.52	101.5

(续)

年份	y	x_1	x_2	x_3
1984	947.35	7171	1701.02	102.8
1985	2040.79	8964.4	2004.25	108.8
1986	2090.73	10202.2	2204.91	106
1987	2140.36	11962.5	2262.18	107.3
1988	2390.47	14928.3	2491.21	118.5
1989	2727.4	16909.2	2823.78	117.8
1990	2821.86	18547.9	3083.59	102.1
1991	2990.17	21617.8	3386.62	102.9
1992	3296.91	26638.1	3742.2	105.4
1993	4255.3	34634.4	4642.3	113.2
1994	5126.88	46759.4	5792.62	121.7
1995	6038.04	58478.1	6823.72	114.8
1996	6909.82	67884.6	7937.55	106.1
1997	8234.04	74462.6	9233.56	100.8
1998	9262.8	78345.2	10798.18	97.4
1999	10682.58	82067.5	13187.67	97
2000	12581.51	89468.1	15886.5	98.5
2001	15301.38	97314.8	18902.58	99.2
2002	17636.45	104790.6	22053.15	98.7

10.2 对某镇居民按户主个人的收入进行了统计,结果列于表 10.17,其中 x_1 为职工标准工资收入,x_2 为职工奖金收入,x_3 为职工津贴收入,x_4 为其他工资性收入,x_5 为单位得到的其他收入,x_6 为其他收入。将 11 户居民按户主个人的收入进行聚类。

表 10.17 某镇居民户主个人收入统计数据

序号	x_1	x_2	x_3	x_4	x_5	x_6
1	540	0	0	0	0	6
2	1137	125	96	0	109	812
3	1236	300	270	0	102	318
4	1008	0	96	0	86	246
5	1723	419	400	0	122	312
6	1080	569	147	156	210	318
7	1326	0	300	0	148	312
8	1110	110	96	0	80	193
9	1012	88	298	0	79	278
10	1209	102	179	67	198	514
11	1101	215	201	39	146	477

10.3 已知某矿区光谱分析资料如表 10.18 所示,假设不清楚哪些样品属于北区,哪些属于南区。试用聚类分析将北区与南区的样品分开,并与表 10.18 中给出的结论相比较。

表 10.18 光谱分析资料

样品编号	元素含量	Mg	Al	Ca
北区	2022	0.4	0.8	1.1
	2444	1.1	1.5	0.9
	2072	3.1	2.1	0.8
	2074	0.4	4.0	1.0
	2412	0.4	1.0	1.0
南区	1080	3.7	0.6	1.3
	1025	5.0	0.2	1.0
	1051	2.2	2.5	1.5

10.4 利用 10.3 题的数据,建立判别函数,并回判已知样品。

10.5 对全国 30 个省市自治区经济发展基本情况的八项指标作主成分分析,原始数据如表 10.19 所示。

表 10.19 30 个省市自治区的八项指标

省份/直辖市	GDP x_1	居民消费水平 x_2	固定资产投资 x_3	职工平均工资 x_4	货物周转量 x_5	居民消费价格指数 x_6	商品零售价格指数 x_7	工业总产值 x_8
北京	1394.89	2505	519.01	8144	373.9	117.3	112.6	843.43
天津	920.11	2720	345.46	6501	342.8	115.2	110.6	582.51
河北	2849.52	1258	704.87	4839	2033.3	115.2	115.8	1234.85
山西	1092.48	1250	290.9	4721	717.3	116.9	115.6	697.25
内蒙古	832.88	1387	250.23	4134	781.7	117.5	116.8	419.39
辽宁	2793.37	2397	387.99	4911	1371.1	116.1	114	1840.55
吉林	1129.2	1872	320.45	4430	497.4	115.2	114.2	762.47
黑龙江	2014.53	2334	435.73	4145	824.8	116.1	114.3	1240.37
上海	2462.57	5343	996.48	9279	207.4	118.7	113	1642.95
江苏	5155.25	1926	1434.95	5943	1025.5	115.8	114.3	2026.64
浙江	3524.79	2249	1006.39	6619	754.4	116.6	113.5	916.59
安徽	2003.58	1254	474	4609	908.3	114.8	112.7	824.14
福建	2160.52	2320	553.97	5857	609.3	115.2	114.4	433.67
江西	1205.11	1182	282.84	4211	411.7	116.9	115.9	571.84
山东	5002.34	1527	1229.55	5145	1196.6	117.6	114.2	2207.69
河南	3002.74	1034	670.35	4344	1574.4	116.5	114.9	1367.92

(续)

省份/直辖市	GDP x_1	居民消费水平 x_2	固定资产投资 x_3	职工平均工资 x_4	货物周转量 x_5	居民消费价格指数 x_6	商品零售价格指数 x_7	工业总产值 x_8
湖北	2391.42	1527	571.68	4685	849	120	116.6	1220.72
湖南	2195.7	1408	422.61	4797	1011.8	119	115.5	843.83
广东	5381.72	2699	1639.83	8250	656.5	114	111.6	1396.35
广西	1606.15	1314	382.59	5105	556	118.4	116.4	554.97
海南	364.17	1814	198.35	5340	232.1	113.5	111.3	64.33
四川	3534	1261	822.54	4645	902.3	118.5	117	1431.81
贵州	630.07	942	150.84	4475	301.1	121.4	117.2	324.72
云南	1206.68	1261	334	5149	310.4	121.3	118.1	716.65
西藏	55.98	1110	17.87	7382	4.2	117.3	114.9	5.57
陕西	1000.03	1208	300.27	4396	500.9	119	117	600.98
甘肃	553.35	1007	114.81	5493	507	119.8	116.5	468.79
青海	165.31	1445	47.76	5753	61.6	118	116.3	105.8
宁夏	169.75	1355	61.98	5079	121.8	117.1	115.3	114.4
新疆	834.57	1469	376.95	5348	339	119.7	116.7	428.76

第 11 章　数据挖掘简介

数据挖掘是一个多学科交叉领域，涉及数据库技术、机器学习、统计学、神经网络、模式识别、知识库信息提取、高性能计算等诸多领域，并在工业、商务、财经、通信、医疗卫生、生物工程、科学研究等众多行业得到广泛应用。本章在介绍数据挖掘一般概念的基础上，简要介绍统计学习中的 Logistic 回归。

11.1　数据挖掘的一般概念

现代计算机、通信和网络计算正在改变着人类的生活方式，以及社会生产经营和管理方式，其中大量的信息在给人们的生活、工作带来方便的同时也带来了许多问题。例如，信息过量，难以消化；信息真假难以辨识；信息安全难以保证；信息方式不一致，难以统一处理；信息的有效提取变得更困难，需要的时间成倍增加；信息之间的关联及因果更加难以把握等。人们开始考虑如何才能不被信息淹没，能及时从中发现有用的信息，提高信息利用率。数据挖掘（data mining）正是在这样的背景下产生的。具体地讲，超大数据库的出现（如商业数据仓库和计算机自动收集的数据记录）、先进的计算技术、对海量数据的快速访问及较难的统计方法运用于分析计算等因素，激发了数据挖掘的开发、应用和研究的发展。

11.1.1　数据挖掘的概念及知识分类

数据挖掘就是从大量的、不完全的、有噪声的、模糊的、随机的实际应用数据中提出隐含在其中的、人们事先不知道的、但又是潜在有用的信息和知识的过程。它是一类深层次的数据分析方法。数据分析本身已经有很长历史，只不过过去数据收集和分析的主要目的是用于科学研究，加之由于以前计算机技术的局限，对大数据量处理进行的复杂数据分析方法受到很大限制。现在各行各业均实现业务自动化，商业领域产生了大量的业务数据，这些数据不再是为了分析的目的而收集的，而是由于纯商业运作而产生的；分析这些数据不再是单纯为了研究的需要，更重要的是为商业决策提供真正有价值的信息，进而提高管理水平、生产效率和利润等。但所有企业面临的一个共同的问题是企业数据量非常大，而其中真正对自己有价值的信息却很少，因此，从大量的数据中经过深层次分析获得有利于商业运作、提高竞争力的信息很有必要。

最常见的数据挖掘发现的知识可分为以下四类：

1. 广义知识

广义知识（generalization）指类别特征的概括性描述知识。根据数据的微观特性发现其表征的、带有普遍性的、较高层次概念的、中观和宏观的知识，反映同类事物的共同性质,是对数据的概况、提炼和抽象。

2. 关联知识

关联知识是反映一个事件和其他事件之间依赖或关联的知识。如果两项或多项属性之间存在关联,那么其中一项的属性值就可以依据其他属性进行预测。最为著名的关联规则发现方法是 Agrawal 提出的 Apriori 算法。关联规则的发现可分为两步,第一步是迭代识别所有的频繁项目集,要求频繁项目的支持率不低于用户设定的最低值;第二步是从频繁项目集中构造可信度不低于用户设定值的规则。识别和发现所有频繁项目集是关于关联规则发现算法的核心,也是计算量最大的部分。

3. 分类知识

分类知识是反映同类事物共同性质的特征型知识和不同事物之间的差异型特征知识。它除了用主成分分析和判别分析等数理统计方法获得外,最典型的方法是从基于决策树的分类方法得到,有时也用神经网络方法在数据库中进行分类和规则提取。

4. 预测型知识

预测型知识根据时间序列型数据,由历史的和当前的数据去预测未来的数据,也可以认为是以时间为关键属性的关联知识。研究或获取这种知识的方法,有经典的统计方法、神经网络和机器学习等,还有经典的平稳时间序列方法和现代的非平稳时间序列分析方法等。

11.1.2 数据挖掘的功能、步骤和分类

1. 数据挖掘的功能

数据挖掘通过预测未来趋势及行为作出前瞻的、基于知识的决策。数据挖掘的目标是从数据库中发现隐含的、有意义的知识,主要有以下五大类功能。

1) 自动预测趋势和行为

数据挖掘自动在数据库中寻找预测性信息,以往需要进行大量手工分析的问题如今可以迅速直接由数据本身得出结论。

2) 关联分析

数据关联是数据库中存在的一类重要的可被发现的知识。若两个或多个变量的取值之间存在某种规律性,则称为关联。关联可分为简单关联、时间关联、因果关联等。关联分析的目的是找出数据库中隐藏的关联网。有时并不知道数据库中数据的关联函数,即使知道也是不确定的,因此,关联分析生成的规则用可信度来表示该规则的置信程度。

3) 聚类

数据库中的记录可被划分为一系列的子集,即聚类。聚类增强了人们对客观现实的认识,是概念描述和偏差分析的先决条件。聚类技术包括传统数理统计中的聚类分析,还有现代的概念聚类技术,其要点是在划分对象时不仅考虑对象之间某种距离,还要求划分出的类具有某种内涵描述,从而避免了传统技术的某些片面性。

4) 概念描述

概念描述就是对某类对象的内涵进行描述,并概况这类对象的有关特征。概念描述分为特征性描述和区别性描述。前者描述某类对象的共同特征,后者描述不同类对象之间的区别。

5）异常检测

数据库中的数据常有一些异常记录,从数据库中检测这些异常很有意义。异常包括很多潜在的知识,如分类中的反常实例、不满足规则的特例、观测结果与模型预测值的偏差等。异常检测的基本方法是寻找观测结果与参照值之间有意义的差别。

2. 数据挖掘的步骤

实施数据挖掘的步骤如下:

1）确定业务对象

清楚地定义出业务问题、认清数据挖掘的目的是数据挖掘的重要一步。挖掘的最后结果是不可预测的,但要探索的问题应是有预见的。为了数据挖掘而挖掘往往带有盲目性,是不会成功的。

2）数据准备

（1）数据选择　搜索所有与业务对象有关的内部和外部数据信息,从中选出适用于数据挖掘应用的数据。

（2）数据预处理　包括对冗余、与任务无关数据的删除、缺失数据、异常数据处理,数据标准化等,是数据挖掘成功的关键。

3）数据挖掘

对得到的经过转换的数据进行挖掘,也就是用分析模型进行分析计算。

4）结果分析

解释并评估结果,其使用的分析方法一般应随数据挖掘操作而定,通常还会用到可视化技术。

5）知识的同化

将分析所得的知识集成到业务信息系统的组织结构中。

3. 数据挖掘的分类

由于数据挖掘是一门受到来自各种不同领域的研究者关注的交叉性学科,因此导致了很多不同的术语名称。其中,最常用的术语是"知识发现"和"数据挖掘"。相对而言,数据挖掘主要流行于统计界(最早出现于统计文献中)、数据分析、数据库和管理信息系统界;而知识发现则主要流行于人工智能和机器学习界。

根据数据挖掘的任务分,有如下几种:分类或预测模型、数据总结、数据聚类、关联规则发现、序列模式发现、依赖关系或依赖模型发现、异常和趋势发现等。

根据数据挖掘的对象分,有如下几种数据源:关系数据库、面向对象数据库、空间数据库、时态数据库、文本数据库、多媒体数据、异质数据库及 Web 数据源。

根据数据挖掘的方法分,可粗分为统计方法、机器学习方法、神经网络方法和数据库方法。统计方法可细分为回归分析(多元回归、自回归等)、判别分析(贝叶斯判别、费歇尔判别、非参数判别等)、聚类分析(系统聚类、动态聚类等)、探索性分析(主成分分析法、相关分析法等),以及模糊集、粗糙集、支持向量机等。机器学习可细分为归纳学习方法(决策树、规则归纳等)、基于范例的推理、遗传算法、贝叶斯网络等。神经网络方法可细分为前向神经网络、自组织神经网络等。数据库方法主要是基于可视化的多维数据分析,另外还有面向属性的归纳方法。

11.2 统计学习方法概述

统计学领域不断受到来自科学界和产业界问题的挑战。早期,这些问题通常来自农业和工业实验,且规模相对较小。随着计算机和信息时代的到来,统计问题的规模的复杂性有了急剧的增加,数据存储、组织和检索领域的挑战导致一个新领域数据挖掘的产生。许多领域都产生海量数据,而统计学家的工作就是理解这些数据,提取重要的模式和趋势,理解这些数据"说什么",称为从数据中学习。

为理解有关概念和术语,下面引进几个学习问题的例子。

(1) 预测一个因心脏病发作而住院的病人是否会再次发作心脏病。这种预测基于人口统计学、饮食和对该病人的临床检查。

(2) 根据公司的业绩和经济数据,预测今后6个月的股票价格。

(3) 从数字化的图像,识别手写的邮政编码中的数字。

这三个例子有一些共同点:每个例子都有一个可以看作输入的变量集;这些输入对一个或多个输出有影响;每个例子的目标都是使用输入来预测输出的值,称为有指导学习(supervised learning)。把输入的变量集称为训练数据集(training set data),把使用这些数据建立的预测模型称为学习器(learner)。

从数据中学习可以粗略地分为有指导学习和无指导学习(unsupervised learning)。对于有指导学习,目标是根据一些输入值预测一个结果值,对于无指导学习,没有结果值,其目标是描述输入集合中的关联和模式。

变量一般分为定量变量、定性变量和有序分类变量三大类。定性变量的值不是一个度量值,且各值之间没有显式的顺序关系,定性变量通常称为分类(categorical)。有序分类(ordered categorical)的变量也不是度量值,但有顺序(如大、中、小)。上述例子中,(2)的输入、输出变量都是定量的,而(1)的输入是定量的、输出是定性的。

将定量输出的预测称为回归,将定性输出的预测称为分类(classification)。

前面已经介绍了回归分析,下面介绍 Logistic 回归。

11.3 Logistic 回归

11.3.1 Logistic 回归模型

在许多社会经济问题中,所研究的现象往往只有两个可能的结果,如投资成功或失败,企业生存或倒闭等。这些问题中都有一个共同的特点,就是因变量 y 均只有两种可能取值。也就是说,y 的分布是贝努利分布(或两点分布),通常用 1 和 0 分别代表 y 的两种可能结果。例如,用 1 代表投资成功,0 代表投资失败。我们关心的是,在两个可能结果中某个结果的出现(如投资成功)与某些变量 $x_j, j=1,2,\cdots,p$ 之间存在的关系。

如果考虑线性回归模型

$$y = X'\boldsymbol{\beta} + \varepsilon \tag{11.1}$$

来研究 0—1 型因变量 y 与自变量 $x_j, j=1,2,\cdots,p$ 间的关系,其中 $X'=[1,x_1,x_2,\cdots,x_p]$,$\boldsymbol{\beta}=[\beta_0,\beta_1,\cdots,\beta_p]'$,那么将至少会遇到如下两个方面的困难:一是因变量 y 的取值最大是 1,最小是 0,而式(11.1)右端的取值可能会超出[0,1]区间的范围,甚至可能在整个实数轴$(-\infty,+\infty)$上取值;二是因变量 y 本身只取 0,1 两个离散值,而式(11.1)右端的取值可在一个范围内连续变化。

针对第一个问题,可以寻找一个函数,使得经此函数变换后的取值范围在[0,1]内。符合这样条件的函数有很多,例如所有连续型随机变量的分布函数都符合要求,其中最常用的是标准正态分布的分布函数。还有一个符合要求的函数是

$$f(z)=\frac{e^z}{1+e^z}=\frac{1}{1+e^{-z}}. \tag{11.2}$$

式(11.2)称为 Logistic 函数,其曲线形状如图 11.1 所示。Logistic 函数自变量的取值范围是$(-\infty,+\infty)$,而函数值的取值范围是$(0,1)$,当自变量从$-\infty$变化到$+\infty$时,其函数值相应地从 0 变化到 1。

对于第二个问题,y 是 0—1 型贝努利随机变量,其概率分布为

$$P\{y=1\}=\theta, P\{y=0\}=1-\theta.$$

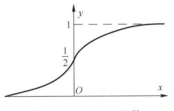

图 11.1 Logistic 函数

根据离散型随机变量期望值的定义,可得

$$E(y)=1\times P\{y=1\}+0\times P\{y=0\}=P\{y=1\}=\theta.$$

θ 是随机变量 y 取 1 的概率,其值可在[0,1]区间内连续变化。因此,在进行了 n 次观测后,用下列模型来研究 0—1 型因变量 y 与自变量 $x_j,j=1,2,\cdots,p$ 间的关系是非常合理的。

$$E(y_i)=\frac{1}{1+e^{-\left(\beta_0+\sum\limits_{j=1}^{p}\beta_j x_{ij}\right)}}, i=1,2,\cdots,n. \tag{11.3}$$

式(11.3)称为 Logistic 回归模型,它是非线性模型,其中

$$f(\boldsymbol{X}_i,\boldsymbol{\beta})=\frac{1}{1+e^{-X_i'\beta}} \tag{11.4}$$

正是 Logistic 函数,其中 $\boldsymbol{X}_i'=[1,x_{i1},x_{i2},\cdots,x_{ip}], i=1,2,\cdots,n, \boldsymbol{\beta}=[\beta_0,\beta_1,\cdots,\beta_p]'$为未知参数矢量。

由于 $E(y_i)=\theta_i=P\{y_i=1\}$,故 Logistic 回归模型也可表示成

$$\theta_i=P\{y_i=1\}=\frac{1}{1+e^{-X_i'\beta}}, i=1,2,\cdots,n, \tag{11.5}$$

式(11.5)的模型很好地描述了事件$\{y_i=1\}$发生的概率与变量 $x_j,j=1,2,\cdots,p$ 间的关系。

11.3.2　Logistic 回归模型的参数估计

对式(11.5)的两端同时作变换

$$g(x)=\ln\left(\frac{x}{1-x}\right), 0<x<1, \tag{11.6}$$

可得

$$\ln\left(\frac{\theta_i}{1-\theta_i}\right) = \ln\left[\frac{P\{y_i=1\}}{P\{y_i=0\}}\right] = X'_i\boldsymbol{\beta}, i=1,2,\cdots,n. \quad (11.7)$$

式(11.6)称为逻辑(logit)变换,Logistic 模型经逻辑变换后的模型式(11.7)的右端已变成参数 $\boldsymbol{\beta} = [\beta_0, \beta_1, \cdots, \beta_p]'$ 的线性函数。因此,如果已知事件 $\{y_i=1\}$ 发生的概率 θ_i,或预先能估计出 θ_i 的值,就可应用线性回归模型的有关知识来估计 Logistic 模型中的参数 $\boldsymbol{\beta} = [\beta_0, \beta_1, \cdots, \beta_p]'$。

1. 分组数据情形

在对因变量进行的 n 次观测 $y_i, i=1,2,\cdots,n$ 中,如果在相同的 $X'_i = [1, x_{i1}, x_{i2}, \cdots, x_{ip}]$ 处进行了多次重复观测,则可用样本比例对 θ_i 进行估计,这种结构的数据称为分组数据,分组个数记为 c。将 θ_i 的估计值 $\hat{\theta}_i$ 代替式(11.7)中的 θ_i,并记

$$y_i^* = \ln\left(\frac{\hat{\theta}_i}{1-\hat{\theta}_i}\right), i=1,2,\cdots,c, \quad (11.8)$$

则得

$$y_i^* = \beta_0 + \sum_{j=1}^p \beta_j x_{ij}, i=1,2,\cdots,c.$$

由线性回归模型的知识知,参数 $\boldsymbol{\beta} = [\beta_0, \beta_1, \cdots, \beta_p]'$ 的最小二乘估计为

$$\hat{\boldsymbol{\beta}} = (X'X)^{-1}X'y^*, \quad (11.9)$$

其中

$$y^* = \begin{bmatrix} y_1^* \\ y_2^* \\ \vdots \\ y_c^* \end{bmatrix}, X = \begin{bmatrix} 1 & x_{11} & \cdots & x_{1p} \\ 1 & x_{21} & \cdots & x_{2p} \\ \vdots & \vdots & & \vdots \\ 1 & x_{c1} & \cdots & x_{cp} \end{bmatrix}.$$

下面用一个例子来说明分组数据 Logistic 回归模型的参数估计。

例 11.1 在一次住房展销会上,与房地产商签订初步购房意向书的共有 $n=325$ 名顾客,在随后的 3 个月的时间内,只有一部分顾客确实购买了房屋。购买房屋的顾客记为 1,没购买房屋的顾客记为 0。以顾客的家庭年收入为自变量 x,家庭年收入按照高低不同分成了 9 组,数据列在表 11.1 中。表 11.1 还列出了在每个不同的家庭年收入组中签订意向书的人数 n_i 和相应的实际购房人数 m_i。房地产商希望能建立签订意向的顾客最终真正买房的概率与家庭年收入间的关系式,以便能分析家庭年收入的不同对最终购买住房的影响。

表 11.1 签订购房意向和最终买房的客户数据

序 号	家庭年收入 x/万元	签订意向书人数 n_i	实际购房人数 m_i	实际购房比例 $\hat{\theta}_i = \dfrac{m_i}{n_i}$	逻辑变换 $y_i^* = \ln\left(\dfrac{\hat{\theta}_i}{1-\hat{\theta}_i}\right)$
1	1.5	25	8	0.32	−0.7538
2	2.5	32	13	0.4063	−0.3795

(续)

序 号	家庭年收入 x/万元	签订意向书人数 n_i	实际购房人数 m_i	实际购房比例 $\hat{\theta}_i = \dfrac{m_i}{n_i}$	逻辑变换 $y_i^* = \ln\left(\dfrac{\hat{\theta}_i}{1-\hat{\theta}_i}\right)$
3	3.5	58	26	0.4483	−0.2076
4	4.5	52	22	0.4231	−0.3102
5	5.5	43	20	0.4651	−0.1398
6	6.5	39	22	0.5641	0.2578
7	7.5	28	16	0.5714	0.2877
8	8.5	21	12	0.5714	0.2877
9	9.5	15	10	0.6667	0.6931

解 显然,这里的因变量是 0—1 型的贝努利随机变量,因此可通过 Logistic 回归来建立签订意向的顾客最终真正买房的概率与家庭年收入之间的关系。由于从表 11.1 中可见,对应同一个家庭年收入组有多个重复观测值,因此可用样本比例来估计第 i 个家庭年收入组中客户最终购买住房的概率 θ_i,其估计值记为 $\hat{\theta}_i$。然后,对 $\hat{\theta}_i$ 进行逻辑变换。$\hat{\theta}_i$ 的值及其经逻辑变换后的值 y_i^* 都列在表 11.1 中。

本例中,自变量个数 $p=1$,分组数 $c=9$,由式(11.9)计算可得 β_0,β_1 的最小二乘估计分别为

$$\hat{\beta}_0 = -0.8863, \hat{\beta}_1 = 0.1558,$$

相应的线性回归方程为

$$\hat{y}^* = -0.8863 + 0.1558x,$$

决定系数 $R^2 = 0.9243$,F 统计量 $= 85.4207$,显著性检验 p 值 ≈ 0,线性回归方程高度显著。最终所得的 Logistic 回归方程为

$$\hat{\theta} = \frac{1}{1+e^{0.8863-0.1558x}}. \tag{11.10}$$

由式(11.10)可知,x 越大,即家庭年收入越高,$\hat{\theta}$ 就越大,即签订意向后真正买房的概率就越大。对于一个家庭年收入为 9 万元的客户,将 $x=x_0=9$ 代入式(11.10)中,即可得其签订意向后真正买房的概率

$$\hat{\theta}_0 = \frac{1}{1+e^{0.8863-0.1558x_0}} = 0.6262.$$

这也可以说,约有 62.62% 的家庭年收入为 9 万元的客户,签订意向后会真正买房。

计算的 MATLAB 程序如下:

```
clc, clear
a=[25  32  58  52  43  39  28  21  15
   8   13  26  22  20  22  16  12  10]';
b=a(:,2)./a(:,1);          %计算实际购房比例
y=log(b./(1-b));           %进行逻辑变换
```

```
x = [ones(9,1),[1.5:9.5]'];
[b,bint,r,rint,stats] = regress(y,x)
pi0 = 1/(1+exp(-[1,9]*b))    %计算 x=9 的概率
save gdata11_1 b             %把回归系数保存到 mat 文件中,供下面例题使用
```

也可以使用 MATLAB 中广义线性回归的命令 glmfit 求解上述问题。glmfit 的调用格式如下：

$$b = \text{glmfit}(X, y, \text{distr}, \text{param1}, \text{val1}, \text{param2}, \text{val2}, \ldots)$$

其中 X 是 $n \times p$ 的矩阵(没有数学表达式中第 1 列的"1"),p 是自变量的个数,n 为样本容量。distr 可以是下列任意一个字符串:'binomial','gamma','inverse gaussian','normal'(默认值)和 'poisson'。在大多数情形,y 是 $n \times 1$ 的列矢量。对于二项分布情形"binomial",y 可以是取值为 0 或 1 的列矢量,其中 0 表示失败,1 表示成功;或者 y 是两列的矩阵,第 1 列表示每类观测成功的次数,第 2 列表示每类观测的实验次数。param1,val1 是参数及参数对应的取值。返回值 b 是拟合参数的取值。

计算广义线性模型值的函数调用格式为

$$\text{yhat} = \text{glmval}(b, X, \text{link})$$

其中 link 的取值及含义如表 11.2 所示。

表 11.2 link 的取值及含义

link 的取值	含义
'identity'	$\theta = Xb$
'log'	$\ln\theta = Xb$
'logit'	$\ln(\theta/(1-\theta)) = Xb$
'probit'	$\text{norminv}(\theta) = Xb$
'comploglog'	$\ln(-\ln(1-\theta)) = Xb$
'reciprocal'	$1/\theta = Xb$
'loglog'	$\ln(-\ln\theta) = Xb$
p(一个数)	$\theta^p = Xb$

利用 glmfit 计算的 MATLAB 程序如下：

```
clc, clear
a = [25  32  58  52  43  39  28  21  15
      8  13  26  22  20  22  16  12  10]';
a = a(:,[2,1]);              %交换矩阵第 1 列和第 2 列的位置
x = [1.5:9.5]';
b = glmfit(x,a,'binomial')   %计算参数的取值
yfit = glmval(b,9,'logit')   %计算概率的预测值
```

用 MATLAB 工具箱的函数 glmfit 计算得到的真正买房的概率

$$\hat{\theta}_0 = \frac{1}{1+e^{0.8518-0.1498x_0}} = 0.6217.$$

上述两种 MATLAB 程序计算结果稍有差异,第 1 个程序实际上是线性化之后使用最

小二乘法拟合模型中的参数，glmfit 是使用最大似然估计法拟合参数。

需要注意的是，式(11.8)要求 $\hat{\theta}_i$ 不能等于 0 和 1。如果有一组 $\hat{\theta}_i = 0$ 或 $\hat{\theta}_i = 1$，或者没有重复观测（非分组数据），即每个组只有一个观测值，则上述方法都将不再适用。另外，每组的 $\hat{\theta}_i$ 不能等于 0 和 1 但组数 c 很小，或者每组的样本量很小不能保证 $\hat{\theta}_i$ 的估计精度，都会影响最终所得的 Logistic 回归方程的精度。也就是说，分组数据的 Logistic 回归只适用于某些大样本的分组数据，对小样本的未分组数据并不适用。对于这些情况可采用下面介绍的极大似然估计方法对 Logistic 回归模型中的参数进行估计。

2. 非分组数据情形

设 Y 是 0—1 型随机变量，$x_1, x_2, \cdots, x_p$ 是对 Y 的取值有影响的确定性变量。在 $(x_{i1}, x_{i2}, \cdots, x_{ip})$，$i = 1, 2, \cdots, n$ 处分别对 Y 进行了 n 次独立观测 Y_i，$i = 1, 2, \cdots, n$，记第 i 次的观测值为 y_i。显然 Y_i，$i = 1, 2, \cdots, n$ 是相互独立的贝努利随机变量，其概率分布为

$$P\{Y_i = y_i\} = \theta_i^{y_i}(1-\theta_i)^{1-y_i}, y_i = 0 \text{ 或 } 1.$$

于是，似然函数为

$$L(\boldsymbol{\theta}) = \prod_{i=1}^{n} P\{Y_i = y_i\} = \prod_{i=1}^{n} \theta_i^{y_i}(1-\theta_i)^{1-y_i},$$

对数似然函数为

$$\ln L(\boldsymbol{\theta}) = \sum_{i=1}^{n}[y_i \ln \theta_i + (1-y_i)\ln(1-\theta_i)] = \sum_{i=1}^{n}\left[y_i \ln \frac{\theta_i}{1-\theta_i} + \ln(1-\theta_i)\right].$$

(11.11)

式(11.5)所示的 Logistic 模型描述了 θ_i 与 $x_{i1}, x_{i2}, \cdots, x_{ip}$ 之间有如下关系：

$$\theta_i = \frac{1}{1 + e^{-\left(\beta_0 + \sum_{j=1}^{p}\beta_j x_{ij}\right)}}, i = 1, 2, \cdots, n, \quad (11.12)$$

式中：β_j，$j = 0, 1, \cdots, p$ 是未知的待估参数。将式(11.12)代入式(11.11)中，得

$$\ln \tilde{L}(\boldsymbol{\beta}) = \sum_{i=1}^{n}\left[y_i\left(\beta_0 + \sum_{j=1}^{p}\beta_j x_{ij}\right) - \ln\left(1 + e^{\beta_0 + \sum_{j=1}^{p}\beta_j x_{ij}}\right)\right]. \quad (11.13)$$

使得 $\ln \tilde{L}(\boldsymbol{\beta})$ 达到最大值的 $\hat{\beta}_0, \hat{\beta}_1, \cdots, \hat{\beta}_p$ 就是 $\beta_0, \beta_1, \cdots, \beta_p$ 的极大似然估计。但是式(11.13)是一个较复杂的 β_j，$j = 0, 1, \cdots, p$ 的非线性函数，求其最大值点并不是容易的事。幸运的是，目前已有很多软件都提供了相应的计算功能。

11.3.3 Logistic 回归模型的应用

在流行病学中，经常需要研究某一疾病发生与不发生的可能性大小，如一个人得流行性感冒相对于不得流行性感冒的可能性是多少，对此通常用赔率来度量。赔率的具体定义如下：

定义 11.1 一个随机事件 A 发生的概率与其不发生的概率之比称为事件 A 的赔率，记为 $\mathrm{odds}(A)$，即 $\mathrm{odds}(A) = \dfrac{P(A)}{P(\bar{A})} = \dfrac{P(A)}{1-P(A)}$。

如果一个事件 A 发生的概率 $P(A) = 0.75$，则其不发生的概率 $P(\bar{A}) = 1 - P(A) = $

0.25，所以事件 A 的赔率 $\text{odds}(A) = \dfrac{0.75}{0.25} = 3$。这就是说，事件 A 发生与不发生的可能性是 3:1。粗略地讲，即在 4 次观测中有 3 次事件 A 发生而有一次 A 不发生。例如，事件 A 表示"投资成功"，那么 $\text{odds}(A) = 3$ 即表示投资成功的可能性是投资不成功的 3 倍。又例如，事件 B 表示"客户理赔事件"，且已知 $P(B) = 0.25$，则 $P(\bar{B}) = 0.75$，从而事件 B 的赔率 $\text{odds}(B) = \dfrac{1}{3}$，这表明发生客户理赔事件的风险是不发生的 1/3。用赔率可很好地度量一些经济现象发生的可能性。

仍以上述"客户理赔事件"为例，有时还需要研究某一群客户相对于另一群客户发生客户理赔事件的风险大小，如职业为司机的客户群相对于职业是教师的客户群发生客户理赔事件的风险大小，这需要用到赔率比的概念。

定义 11.2 随机事件 A 的赔率与随机事件 B 的赔率之比值称为事件 A 对事件 B 的赔率比，记为 $\text{OR}(A,B)$，即 $\text{OR}(A,B) = \text{odds}(A)/\text{odds}(B)$。

若记 A 为职业为司机的客户发生理赔事件，记 B 为职业为教师的客户发生理赔事件，又已知 $\text{odds}(A) = \dfrac{1}{20}$，$\text{odds}(B) = \dfrac{1}{30}$，则事件 A 对事件 B 的赔率比 $\text{OR}(A,B) = \text{odds}(A)/\text{odds}(B) = 1.5$。这表明职业为司机的客户发生理赔的赔率是职业为教师的客户的 1.5 倍。

应用 Logistic 回归可以方便地估计一些事件的赔率及多个事件的赔率比。下面仍以例 11.1 为例来说明 Logistic 回归在这方面的应用。

例 11.2（续例 11.1） 房地产商希望能估计出一个家庭年收入为 9 万元的客户其签订意向后最终买房与不买房的可能性大小之比值，以及一个家庭年收入为 9 万元的客户其签订意向后最终买房的赔率是年收入为 8 万元客户的多少倍。

解 由例 11.1 中所得的模型式(11.10)得

$$\ln\left(\dfrac{\hat{\theta}}{1-\hat{\theta}}\right) = -0.8863 + 0.1558x,$$

因此

$$\dfrac{\hat{\theta}}{1-\hat{\theta}} = e^{-0.8863+0.1558x}. \tag{11.14}$$

将 $x = x_0 = 9$ 代入上式，得一个家庭年收入为 9 万元的客户其签订意向后最终买房与不买房的可能性大小之比为

$$\text{odds}(\text{年收入 9 万}) = \dfrac{\hat{\theta}_0}{1-\hat{\theta}_0} = e^{-0.8863+0.1558 \times 9} = 1.6752.$$

这说明一个家庭年收入为 9 万元的客户其签订意向后最终买房的可能性是不买房的 1.6752 倍。

另外，由式(11.14)还可得

$$\text{OR}(\text{年收入 9 万元}, \text{年收入 8 万元}) = \dfrac{e^{-0.8863+0.1558 \times 9}}{e^{-0.8863+0.1558 \times 8}} = 1.1686.$$

所以一个家庭年收入为9万元的客户其签订意向后最终买房的赔率是年收入为8万元客户的1.1686倍。

计算的MATLAB程序如下：

```
clc, clear
load('gdata11_1.mat')              %加载回归系数数据
odds9 = exp([1,9]*b)
odds9vs8 = exp([1,9]*b)/exp([1,8]*b)
```

一般地，如果Logistic模型式(11.3)的参数估计为$\hat{\beta}_0, \hat{\beta}_1, \cdots, \hat{\beta}_p$，则在$x_1 = x_{01}, x_2 = x_{02}, \cdots, x_p = x_{0p}$条件下事件赔率的估计值为

$$\frac{\hat{\theta}_0}{1-\hat{\theta}_0} = e^{\hat{\beta}_0 + \sum_{j=1}^{p} \hat{\beta}_j x_{0j}}. \tag{11.15}$$

如果记$\boldsymbol{X}_A = [1, x_{A1}, x_{A2}, \cdots, x_{Ap}]', \boldsymbol{X}_B = [1, x_{B1}, x_{B2}, \cdots, x_{Bp}]'$，并将相应条件下的事件仍分别记为$\boldsymbol{X}_A$和$\boldsymbol{X}_B$，则事件$\boldsymbol{X}_A$对$\boldsymbol{X}_B$赔率比的估计可由下式获得：

$$OR(\boldsymbol{X}_A, \boldsymbol{X}_B) = e^{\sum_{j=1}^{p} \hat{\beta}_j (x_{Aj} - x_{Bj})}. \tag{11.16}$$

例11.3 企业到金融商业机构贷款，金融商业机构需要对企业进行评估。评估结果为0,1两种形式，0表示企业两年后破产，将拒绝贷款，而1表示企业两年后具备还款能力，可以贷款。在表11.3中，已知前20家企业的三项评价指标值和评估结果，试建立模型对其他5家企业（企业21~25）进行评估。

表11.3 企业还款能力评价表

企业编号	x_1	x_2	x_3	y	y的预测值
1	-62.3	-89.5	1.7	0	0
2	3.3	-3.5	1.1	0	0
3	-120.8	-103.2	2.5	0	0
4	-18.1	-28.8	1.1	0	0
5	-3.8	-50.6	0.9	0	0
6	-61.2	-56.2	1.7	0	0
7	-20.3	-17.4	1	0	0
8	-194.5	-25.8	0.5	0	0
9	20.8	-4.3	1	0	0
10	-106.1	-22.9	1.5	0	0
11	43	16.4	1.3	1	1
12	47	16	1.9	1	1
13	-3.3	4	2.7	1	1
14	35	20.8	1.9	1	1
15	46.7	12.6	0.9	1	1
16	20.8	12.5	2.4	1	1

(续)

企业编号	x_1	x_2	x_3	y	y 的预测值
17	33	23.6	1.5	1	1
18	26.1	10.4	2.1	1	1
19	68.6	13.8	1.6	1	1
20	37.3	33.4	3.5	1	1
21	−49.2	−17.2	0.3		0
22	−19.2	−36.7	0.8		0
23	40.6	26.4	1.8		1
24	34.6	26.4	1.8		1
25	19.9	26.7	2.3		1

解 对于该问题，可以用 Logistic 模型来求解。建立如下 Logistic 回归模型：

$$\theta_i = P\{Y_i = 1\} = \frac{1}{1+e^{-\left(\beta_0 + \sum_{j=1}^{3}\beta_j x_{ij}\right)}}, i = 1, 2, \cdots, 20.$$

这里 $x_{ij}(i=1,2,\cdots,20;j=1,2,3)$ 分别为变量 $x_j(j=1,2,3)$ 的 20 个观测值，这里 $Y_i(i=1,2,\cdots,20)$ 是 20 个 0—1 随机变量。

使用最大似然估计法，求模型中的参数 $\beta_0,\beta_1,\beta_2,\beta_3$，即求参数 $\beta_0,\beta_1,\beta_2,\beta_3$ 使得似然函数

$$\ln L(\boldsymbol{\beta}) = \sum_{i=1}^{20}\left[y_i\left(\beta_0 + \sum_{j=1}^{3}\beta_j x_{ij}\right) - \ln\left(1 + e^{\beta_0 + \sum_{j=1}^{3}\beta_j x_{ij}}\right)\right]$$

达到最大值，这里 $y_i(i=1,2,\cdots,20)$ 是 Y_i 的 20 个观测值。

利用 MATLAB 求得

$$\beta_0 = -92.6662, \beta_1 = 0.6170, \beta_2 = 4.4303, \beta_3 = 59.6050.$$

因而求得的 Logistic 回归模型为

$$\begin{cases}\theta = \dfrac{1}{1+e^{-(-92.6662+0.6170x_1+4.4303x_2+59.6050x_3)}}, \\ y = \begin{cases}0, & \theta \leqslant 0.5, \\ 1, & \theta > 0.5.\end{cases}\end{cases}$$

利用已知数据对上述 Logistic 模型进行检验，准确率达到 100%，说明模型的准确率较高，可以用来预测新企业的还款能力。5 个新企业的预测结果见表 11.3 的最后一列，即有两个企业拒绝贷款，有 3 个企业可以贷款。

计算的 MATLAB 程序如下：

```
clc, clear
a=xlsread('gtable11_3.xlsx','A1:D20');      %读入已知20个点的数据
x0=a(:,[1:3]); y0=a(:,4);                    %分离自变量和因变量的数据
b=glmfit(x0,y0,'binomial')                   %拟合参数
c=xlsread('gtable11_3.xlsx','A1:C25');       %读入25个点自变量的数据
d=glmval(b,c,'logit')                        %求25个点的预测值(前面20个为检验)
```

习 题 11

11.1 在对某一新药的研究中,记录了不同剂量(x)下出现副作用的人的比例(p),具体数据列在表 11.4 中。要求:

(1) 作 x(剂量)与 p(有副作用的人数的比例)的散点图,并判断建立 p 关于 x 的一元线性回归方程是否合适。

(2) 建立 p 关于 x 的 Logistic 回归方程。

(3) 估计有一半人出现副作用的剂量水平。

表 11.4 剂量与副作用数据

x(剂量)	0.9	1.1	1.8	2.3	3.0	3.3	4.0
p	0.37	0.31	0.44	0.60	0.67	0.81	0.79

11.2 生物学家希望了解种子的发芽数是否受水分及是否加盖的影响,为此,在加盖与不加盖两种情况下对不同水分分别观察 100 粒种子是否发芽,记录发芽数,相应数据列在表 11.5 中。要求:

(1) 建立关于 x_1, x_2 和 $x_1 x_2$ 的 Logistic 回归方程。

(2) 分别求加盖与不加盖的情况下发芽率为 50% 的水分。

(3) 在水分值为 6 的条件下,分别估计加盖与不加盖的情况下发芽与不发芽的概率之比(发芽的赔率),估计加盖对不加盖发芽的赔率比。

表 11.5 种子发芽数据

x_1(水分)	x_2(加盖)	y(发芽)	频数	x_1(水分)	x_2(加盖)	y(发芽)	频数
1	0(不加盖)	1(发芽)	24	5	0	0	33
1	0	0(不发芽)	76	7	0	1	78
3	0	1	46	7	0	0	22
3	0	0	54	9	0	1	73
5	0	1	67	9	0	0	27
1	1(加盖)	1	43	5	1	0	24
1	1	0	57	7	1	1	52
3	1	1	75	7	1	0	48
3	1	0	25	9	1	1	37
5	1	1	76	9	1	0	63

第 12 章 其他建模方法

12.1 计算机模拟

蒙特卡罗(Monte Carlo)方法,也称为计算机随机模拟方法,是一种基于"随机数"的计算方法。这一方法源于美国在第一次世界大战期间研制原子弹的"曼哈顿计划"。该计划的主持人之一——数学家冯·诺依曼,用驰名世界的赌城——摩纳哥的蒙特卡罗来命名这种方法,使它蒙上了一层神秘的色彩。

早在 17 世纪,人们就已经知道用事件发生的"频率"作为事件的"概率"的近似值。只要设计一个随机试验,使一个事件的概率与某未知数有关,然后通过重复试验,以频率近似表示概率,即可求得该未知数的近似解。显然,利用随机试验求近似解,试验次数要相当多才行。随着 20 世纪 40 年代电子计算机的出现,人们开始利用计算机来模拟所设计的随机试验,使得这种方法得到迅速的发展和广泛的应用。

12.1.1 随机变量的模拟

利用均匀分布的随机数可以产生具有任意分布的随机变量的样本,从而可以对随机变量的取值情况进行模拟。

1. 离散随机变量的模拟

设随机变量 X 的分布律为 $P\{X=x_i\}=p_i, i=1,2,\cdots$,令

$$p^{(0)}=0, \quad p^{(i)}=\sum_{j=1}^{i}p_j, i=1,2,\cdots,$$

将 $p^{(i)}$ 作为分点,将区间 $(0,1)$ 分为一系列小区间 $(p^{(i-1)},p^{(i)})$ $(i=1,2,\cdots)$。对于均匀分布的随机变量 $R\sim U(0,1)$,则有

$$P\{p^{(i-1)}<R\leqslant p^{(i)}\}=p^{(i)}-p^{(i-1)}=p_i, \quad i=1,2,\cdots,$$

由此可知,事件 $\{p^{(i-1)}<R\leqslant p^{(i)}\}$ 和事件 $\{X=x_i\}$ 有相同的发生概率。因此,可以用随机变量 R 落在小区间内的情况来模拟离散的随机变量 X 的取值情况。

例 12.1 已知在一次随机试验中,事件 A,B,C 发生的概率分别为 $0.4,0.5,0.1$。模拟 1000 次随机试验,计算事件 A,B,C 发生的频率。

在一次随机试验中,事件发生的概率分布见表 12.1。

表 12.1 事件发生的概率分布

事件	A	B	C
概率	0.4	0.5	0.1
累积概率	0.4	0.9	1

下面用产生[0,1]区间上均匀分布的随机数来模拟事件 A,B,C 的发生。由表12.1 的数据和几何概率的知识,可以认为如果产生的随机数在区间[0,0.4]上,则事件 A 发生了;若产生的随机数在区间(0.4,0.9]上,则事件 B 发生了;若产生的随机数在区间(0.9, 1]上,则事件 C 发生了。产生1000个[0,1]区间上均匀分布的随机数,统计随机数落在相应区间上的次数,就是在这1000次模拟中事件 A,B,C 发生的次数,再除以总的试验次数1000,即得到事件 A,B,C 发生的频率。

模拟的MATLAB程序如下:

```
clc, clear, n=1000;
a=rand(1,n);              %产生n个[0,1]区间上的随机数
n1=sum(a<=0.4), n2=sum(a>0.4 & a<=0.9), n3=sum(a>=0.9)
f=[n1,n2,n3]/n            %计算各事件发生的频率
```

例12.2 事件 $A_i(i=1,2,\cdots,10)$ 发生的概率如表12.2所示,求在10000次模拟中,事件 $A_i(i=1,2,\cdots,10)$ 发生的频数。

表12.2 事件 A_i 发生的概率分布

事件	A_1	A_2	A_3	A_4	A_5	A_6	A_7	A_8	A_9	A_{10}
概率	0.2	0.05	0.01	0.06	0.08	0.1	0.3	0.05	0.03	0.12

模拟的MATLAB程序如下:

```
clc, clear, n=10000;
a=[0.2,0.05,0.01,0.06,0.08,0.1,0.3,0.05,0.03,0.12];
b=cumsum(a);              %求累加和
c=[0,b(1:end-1)];         %所有小区间的左端点
m=zeros(1,10);            %计数器初始化
d=rand(1,n);              %产生n个随机数
for i=1:n
    ind=find(d(i)>c,1,'last');  %从后往前找满足d(i)大于c中第一个数的地址
    m(ind)=m(ind)+1;
end
m                         %显示频数数据
```

2. 连续型随机变量的模拟

利用[0,1]区间上的均匀分布随机数可以产生具有给定分布的随机变量数列。

我们知道,若随机变量 ξ 的概率密度函数和分布函数分别为 $f(x),F(x)$,则随机变量 $\eta=F(\xi)$ 的分布就是区间[0,1]上的均匀分布。因此,若 R_i 是[0,1]中均匀分布的随机数,那么方程

$$\int_{-\infty}^{x_i} f(x)\mathrm{d}x = R_i \tag{12.1}$$

的解 x_i 就是所求的具有概率密度函数为 $f(x)$ 的随机抽样。这可简单解释如下。

若某个连续型随机变量 ξ 的分布函数为

$$F(x) = \int_{-\infty}^{x} f(x)\mathrm{d}x,$$

不失一般性,设 $F(x)$ 是严格单调增函数,则存在反函数 $x=F^{-1}(y)$,下面证明随机变量 $\eta=F(\xi)$ 服从 $[0,1]$ 上的均匀分布,记 η 的分布函数为 $G(y)$,由于 $F(x)$ 是分布函数,它的取值在 $[0,1]$ 上,因此当 $0<y<1$ 时,有

$$G(y)=P\{\eta\leqslant y\}=P\{F(\xi)\leqslant y\}=P\{\xi\leqslant F^{-1}(y)\}=F(F^{-1}(y))=y,$$

因而 η 的分布函数为

$$G(y)=\begin{cases}0, & y\leqslant 0,\\ y, & 0<y<1,\\ 1, & y\geqslant 1.\end{cases}$$

η 服从 $[0,1]$ 上的均匀分布。

R 为 $[0,1]$ 区间上均匀分布的随机变量,则随机变量 $\xi=F^{-1}(R)$ 的分布函数为 $F(x)$,概率密度函数为 $f(x)$,这里 $F^{-1}(x)$ 是 $F(x)$ 的反函数。

所以,只要分布函数 $F(x)$ 的反函数 $F^{-1}(x)$ 存在,由 $[0,1]$ 区间上均匀分布的随机数 R_t,求 $x_t=F^{-1}(R_t)$,即解方程

$$F(x_t)=R_t,$$

就可得到分布函数为 $F(x)$ 的随机抽样 x_t。

例 12.3 求具有指数分布

$$f(x)=\begin{cases}\lambda e^{-\lambda x}, & x>0,\\ 0, & x\leqslant 0.\end{cases}$$

的随机抽样。

设 R_i 是 $[0,1]$ 区间上均匀分布的随机数,利用式(12.1),得

$$R_i=\int_{-\infty}^{x_i}f(x)\mathrm{d}x=\int_0^{x_i}\lambda e^{-\lambda x}\mathrm{d}x=1-e^{-\lambda x_i}.$$

所以

$$x_i=-\frac{1}{\lambda}\ln(1-R_i)$$

就是所求的随机抽样。

由于 $1-R_i$ 也服从均匀分布,所以上式又可简化为

$$x_i=-\frac{1}{\lambda}\ln R_i.$$

MATLAB 工具箱中常用分布的随机数都可以产生,因此不需要去生成各种分布的随机数。

12.1.2 随机模拟的例子

例 12.4 设计随机试验求 π 的近似值。

在单位正方形中取 1000000 个随机点 (x_i,y_i),$i=1,2,\cdots,1000000$,统计点落在 $x^2+y^2\leqslant 1$ 内的频数 n。则由几何概率知,任取单位正方形内一点,落在单位圆内部(如图 12.1 第一象限部分)的概率为 $p=\dfrac{\pi}{4}$,由于试验次数充分多,频率

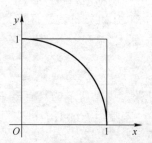

图 12.1 求几何概率的示意图

近似于概率,有 $\frac{n}{1000000} \approx \frac{\pi}{4}$,所以 $\pi \approx \frac{4n}{1000000}$。

模拟的 MATLAB 程序如下:

```
clc, clear, N = 10^6;
x = rand(1,N); y = rand(1,N);    %生成随机点的 x,y 坐标
n = sum(x.^2+y.^2<=1);            %统计落在单位圆内部的点数
s = 4*n/N                         %计算 pi 的近似值
```

例 12.5 蒲丰投针问题。蒲丰(Buffon)是法国著名学者,他于 1977 年提出了用随机投针试验求圆周率 π 的方法。在平面上画有等距离为 a 的一些平行直线,向平面上随机投掷一长为 $l(l<a)$ 的针。设投针次数为 n,针与平行线相交次数为 m。试求针与一平行线相交的概率 p,并利用计算机模拟求 π 的近似值。

(1) 问题分析与数学模型。令 M 表示针的中点,针投在平面上时,x 表示点 M 与最近一条平行线的距离,φ 表示针与平行线的交角,如图 12.2 所示。显然 $0 \leq x \leq a/2, 0 \leq \varphi \leq \pi$。

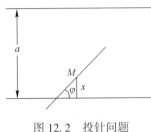

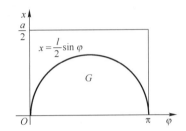

图 12.2 投针问题　　　　图 12.3 样本空间及事件的几何表示

随机投针的概率含义:针的中点 M 与平行线的距离 x 均匀地分布于区间 $[0, a/2]$ 内,针与平行线交角 φ 均匀分布于区间 $[0, \pi]$ 内,x 与 φ 是相互独立的。而针与平行线相交的充分必要条件是 $x \leq \frac{l}{2}\sin\varphi$。

将针投掷到平面上理解为向样本空间 $\Omega = \left\{(x, \varphi) \mid 0 \leq x \leq \frac{a}{2}, 0 \leq \varphi \leq \pi\right\}$(如图 12.3)内均匀分布地投掷点,求针与一平行线相交的概率 p,即求点 (x, φ) 落在

$$G = \left\{(x, \varphi) \mid 0 \leq x \leq \frac{l}{2}\sin\varphi, 0 \leq \varphi \leq \pi\right\}$$

中的概率,显然,这一概率为

$$p = \frac{\int_0^\pi \frac{l}{2}\sin\varphi\,\mathrm{d}\varphi}{\frac{a}{2}\pi} = \frac{2l}{a\pi}.$$

这表明,可以利用投针试验计算 π 值。当投针次数 n 充分大,且针与平行线相交 m 次,可用频率 m/n 作为概率 p 的估计值,因此可求得 π 的估计值为

$$\pi \approx \frac{2nl}{am}.$$

历史上曾经有一些学者做了随机投针试验,并得到了 π 的估计值。表 12.3 列出了

两个最详细的试验情况。

表 12.3 历史上蒲丰投针试验

试 验 者	a	l	投针次数 n	相交次数 m	π 的近似值
Wolf(1853)	45	36	5000	2532	3.1596
Lazzarini(1911)	3	2.5	3408	1808	3.1415929

(2) 蒲丰随机投针试验的计算机模拟。真正使用随机投针试验方法来计算 π 值,需要做大量的试验才能完成。可以把蒲丰随机投针试验交给计算机来模拟实现,具体做法如下:

① 产生互相独立的随机变量 Φ 和 X 的抽样序列 $\{(\varphi_i, x_i) | i=1, \cdots, n\}$,其中 $\Phi \sim U(0, \pi)$,$X \sim U(0, a/2)$。

② 检验条件 $x_i \leqslant \dfrac{l}{2}\sin\varphi_i (i=1,2,\cdots,n)$ 是否成立,若上述条件成立,则表示第 i 次试验成功,即针与平行线相交 $((\varphi_i, x_i) \in G)$,如果在 n 次试验中成功次数为 m,则 π 的估计值为 $\dfrac{2nl}{am}$。

下面是蒲丰投针的 MATLAB 程序,其中的 a、l、n 的取值与 Wolf 实验相同。

```
clc, clear
a=45; L=36; n=5000;
x=unifrnd(0,a/2,1,n);         %产生 n 个[0,a/2]区间上均匀分布的随机数
phi=unifrnd(0,pi,1,n);        %产生 n 个[0,pi]区间上均匀分布的随机数
m=sum(x<=L*sin(phi)/2);       %统计满足 x<=L*sin(phi)/2 的次数
pis=2*n*L/(a*m)               %计算近似值
```

其中的一次运行结果,求得 π 的近似值为 3.1583。

(3) 说明。随机模拟方法是一种具有独特风格的数值计算方法。这一方法是以概率统计理论为主要基础,以随机抽样为主要手段的广义的数值计算方法。它用随机数进行统计试验,把得到的统计特征(均值和概率等)作为所求问题的数值解。

12.2 二 分 法

众多的科学和工程技术问题常常可以归结为求解关于连续函数 $f(x)$ 的方程

$$f(x) = 0, \tag{12.2}$$

满足该方程的 ξ 称为方程的根,或称为函数 $f(x)$ 的零点。我们知道,许多这类方程的实数根都无法用一个解析式来表达,即使能表示成解析式,也会因为比较复杂而不便使用。因此,当实数根存在时,需要求数值解。

求方程实数根的数值解有很多方法,如二分法、不动点迭代法、牛顿法和拟牛顿法等,本节只介绍二分法,二分法不仅可以用于求方程的近似实根,还可以用于一些优化问题。

求式(12.2)的根,首先应该知道根所在的近似位置或大致范围,即要确定一个区间

(a,b),使式(12.2)在这个区间内只有一个根,称区间(a,b)为有根区间。有根区间(a,b)内的任何一个值都可以作为方程根的初始近似值。

确定式(12.2)的有根区间,主要根据连续函数的一个性质:设$f(x)$在$[a,b]$上连续,$f(a)f(b)<0$,则式(12.2)在(a,b)内至少有一个实根,即(a,b)是式(12.2)的一个有根区间,如图12.4所示。

用二分法求实根ξ的思路,就是反复将含有ξ的区间一分为二,通过判断函数在各小区间端点处的符号,逐步对折缩小有根区间,直到区间缩小到容许误差范围之内,然后取最终小区间的中点作为实根ξ的近似值。其具体做法如下:

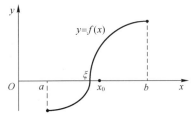

图12.4 方程的实数根

取$[a,b]$的中点$x_0=(a+b)/2$,计算函数值,根据$f(x_0)$的值,有以下三种可能性。

(1) 若$f(x_0)=0$,则x_0就是所求的实根,计算停止。

(2) 若$f(a)f(x_0)<0$,取$a_1=a,b_1=x_0$,新的有根区间为$[a_1,b_1]$,在$[a,b]$的左半部。

(3) 若$f(x_0)f(b)<0$,取$a_1=x_0,b_1=b$,新的有根区间为$[a_1,b_1]$,在$[a,b]$的右半部。

经过一次这样对原区间的二分对折处理,可得到一个新有根区间$[a_1,b_1]$,且

$$[a_1,b_1]\subset[a,b],b_1-a_1=(b-a)/2.$$

将上述做法重复n次,得到n个小的有根区间,且

$$[a_n,b_n]\subset[a_{n-1},b_{n-1}]\subset\cdots[a_1,b_1]\subset[a,b],b_n-a_n=(b-a)/2^n.$$

每次二分对折后,若取有根区间$[a_k,b_k]$的中点$x_k=(a_k+b_k)/2$作为式(12.2)的根的近似值,则在二分对折过程中获得了一个近似根序列$\{x_n\}$,由极限理论可以证明,它必收敛,即

$$\lim_{n\to+\infty}x_n=\xi,$$

且ξ为式(12.2)的根,由于

$$|\xi-x_n|\leq\frac{1}{2}(b_n-a_n)=b_{n+1}-a_{n+1}=\frac{1}{2^{n+1}}(b-a),\tag{12.3}$$

故在实际计算中不必无限次重复该过程,对于预先给定的精度δ,若有$|b_{n+1}-a_{n+1}|\leq\delta$,则可认为$x_n$就是满足要求的近似根。

从式(12.3)可得误差估计式,即

$$|\xi-x_n|\leq\frac{1}{2^{n+1}}(b-a),\tag{12.4}$$

可以推出,为达到指定的计算精度,需要计算次数应该是

$$N=\left[\frac{\ln(b-a)-\ln\delta}{\ln 2}\right].\tag{12.5}$$

式中:$[x]$为不超过x的最大整数。

例12.6 求方程$x^3+1.1x^2+0.9x-1.4=0$实根的近似值,使误差不超过10^{-4}。

记$f(x)=x^3+1.1x^2+0.9x-1.4$,做出函数$f(x)$的图形如图12.5所示,可知函数在区间$(0,1)$有一个零点。利用上述算法,迭代14次,求得方程的近似根为$\xi=0.6707$。

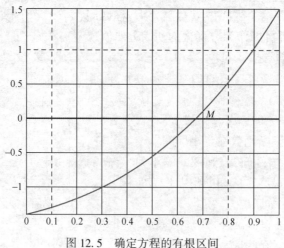

图 12.5　确定方程的有根区间

画图及计算的 MATLAB 程序如下：
```
clc, clear, close all
y=@(x)x.^3+1.1*x.^2+0.9*x-1.4;
fplot(y,[0,1]), grid on                          %画函数图形并加网格线
text(0.7,0.05,'$M$','Interpreter','Latex')
hold on,fplot(0,[0,1],'LineWidth',1.5)           %画横轴
a=0; b=1;ya=y(a); yb=y(b); d=0.0001;
n=0;                                             %迭代次数的初始值
while b-a>=d
    c=(a+b)/2; yc=y(c);
    if yc==0, break
    elseif ya*yc<0
        b=c;yb=yc;
    else
        a=c;ya=yc;
    end
    n=n+1;
end
c,yc,n                                           %显示根的近似值,对应函数值及迭代次数
```

12.3　差　分　方　程

差分方程反映的是关于离散变量的变化规律。针对要解决的实际问题，引入系统或过程中的离散变量，根据实际背景的规律、性质和平衡关系，可建立离散变量所满足的平衡关系等式，从而建立差分方程。通过求出和分析方程的解，或者分析得到方程解的性质，如平衡性、稳定性、渐近性、振动性和周期性，可以把握这个离散变量的变化过程的规律。

12.3.1 差分方程的概念

定义 12.1 设函数 $y_t = y(t)$,t 只取非负整数,称改变量 $y_{t+1} - y_t$ 为函数 y_t 的差分,也称为函数 y_t 的一阶差分,记为 Δy_t,即 $\Delta y_t = y_{t+1} - y_t$ 或 $\Delta y(t) = y(t+1) - y(t)$。

一阶差分的差分称为二阶差分 $\Delta^2 y_t$,即

$$\Delta^2 y_t = \Delta(\Delta y_t) = \Delta y_{t+1} - \Delta y_t = (y_{t+2} - y_{t+1}) - (y_{t+1} - y_t) = y_{t+2} - 2y_{t+1} + y_t.$$

类似地,可定义三阶差分、四阶差分、……,分别为

$$\Delta^3 y_t = \Delta(\Delta^2 y_t), \Delta^4 y_t = \Delta(\Delta^3 y_t), \cdots.$$

定义 12.2 含有未知函数 y_t 的差分的方程称为差分方程。

差分方程中所含未知函数差分的最高阶数称为该差分方程的阶。n 阶差分方程的一般形式为

$$F(t, y_t, \Delta y_t, \Delta^2 y_t, \cdots, \Delta^n y_t) = 0,$$

或

$$G(t, y_t, y_{t+1}, y_{t+2}, \cdots, y_{t+n}) = 0.$$

差分方程的不同形式可以相互转化。

定义 12.3 满足差分方程的函数称为该差分方程的解。

如果差分方程的解中含有相互独立的任意常数的个数恰好等于方程的阶数,则称这个解为该差分方程的通解。

我们往往要根据系统在初始时刻所处的状态对差分方程附加一定的条件,这种附加条件称为初始条件,满足初始条件的解称为特解。

定义 12.4 若差分方程中所含未知函数及未知函数的各阶差分均为一次的,则称该差分方程为线性差分方程。

n 阶常系数线性差分方程的一般形式为

$$y_{t+n} + a_1 y_{t+n-1} + a_2 y_{t+n-2} + \cdots + a_n y_t = f(t), \tag{12.6}$$

其中,$a_1, a_2, \cdots, a_n$ 是常数,且 $a_n \neq 0$。其对应的齐次方程为

$$y_{t+n} + a_1 y_{t+n-1} + a_2 y_{t+n-2} + \cdots + a_n y_t = 0. \tag{12.7}$$

12.3.2 差分方程的解法

本节主要介绍常系数线性差分方程的解法。

1. 一阶常系数线性差分方程的迭代解法

一阶常系数线性差分方程的一般形式为

$$y_{t+1} + a y_t = f(t), \tag{12.8}$$

其中,常数 $a \neq 0$,$f(t)$ 为 t 的已知函数,当 $f(t)$ 不恒为零时,式(12.8)称为一阶非齐次差分方程;当 $f(t) \equiv 0$ 时,差分方程

$$y_{t+1} + a y_t = 0 \tag{12.9}$$

称为是式(12.8)对应的一阶齐次差分方程。

下面给出差分方程的迭代解法。

1) 求齐次差分方程的通解

把式(12.9)写为 $y_{t+1} = (-a) y_t$,假设在初始时刻,即 $t = 0$ 时,函数 y_t 取任意常数 c。分

别将 $t=0,1,2,\cdots$ 代入方程,得

$$y_1=(-a)y_0=c(-a),$$
$$y_2=(-a)y_1=(-a)^2y_0=c(-a)^2,$$
$$\vdots$$
$$y_t=(-a)^ty_0=c(-a)^t.$$

最后一式就是齐次差分方程式(12.9)的通解。特别地,当 $a=-1$ 时,齐次差分方程式(12.9)的通解为 $y_t=c,t=0,1,2,\cdots$。

2) 求非齐次差分方程的通解

(1) $f(t)=b$ 为常数。此时,非齐次差分方程式(12.8)可写为

$$y_{t+1}=(-a)y_t+b.$$

分别以 $t=0,1,2,\cdots$ 代入上式,得

$$\begin{cases} y_1=(-a)y_0+b, \\ y_2=(-a)y_1+b=(-a)^2y_0+b[1+(-a)], \\ \vdots \\ y_t=(-a)^ty_0+b[1+(-a)+(-a)^2+\cdots+(-a)^{t-1}]. \end{cases} \quad (12.10)$$

若 $-a\neq 1$,则由式(12.10)用等比级数求和公式,得

$$y_t=(-a)^ty_0+b\frac{1-(-a)^t}{1+a},t=0,1,2,\cdots,$$

或

$$y_t=(-a)^t\left(y_0-\frac{b}{1+a}\right)+\frac{b}{1+a}=c(-a)^t+\frac{b}{1+a},t=0,1,2,\cdots,$$

其中,$c=y_0-\dfrac{b}{1+a}$ 为任意常数。

若 $-a=1$,则由式(12.10)得

$$y_t=y_0+bt=c+bt,t=0,1,2,\cdots,$$

其中,$c=y_0$ 为任意常数。

综上讨论,差分方程 $y_{t+1}+ay_t=b$ 的通解为

$$y_t=\begin{cases} c(-a)^t+\dfrac{b}{1+a}, & a\neq -1, \\ c+bt, & a=-1. \end{cases} \quad (12.11)$$

上述通解的表达式是两项之和,其中第 1 项是齐次差分方程式(12.9)的通解,第 2 项是非齐次差分方程式(12.8)的一个特解。

例 12.7 求解差分方程 $y_{t+1}-\dfrac{2}{3}y_t=\dfrac{1}{5}$。

解 由于 $a=-\dfrac{2}{3},b=\dfrac{1}{5},\dfrac{b}{1+a}=\dfrac{3}{5}$,因此,由通解公式(12.11),得差分方程的通解为

$$y_t=c\left(\frac{2}{3}\right)^t+\frac{3}{5}(c\text{ 为任意常数}).$$

(2) $f(t)$ 为一般情形。此时,非齐次差分方程可写为

$$y_{t+1}=(-a)y_t+f(t).$$

分别将 $t=0,1,\cdots$ 代入上式,得

$$y_1=(-a)y_0+f(0),$$
$$y_2=(-a)y_1+f(1)=(-a)^2y_0+(-a)f(0)+f(1),$$
$$\vdots$$
$$y_t=(-a)^ty_0+(-a)^{t-1}f(0)+(-a)^{t-2}f(1)+\cdots+(-a)f(t-2)+f(t-1) \qquad (12.12)$$
$$=c(-a)^t+\sum_{k=0}^{t-1}(-a)^kf(t-k-1),$$

其中,$c=y_0$ 是任意常数。

式(12.12)就是非齐次差分方程式(12.8)的通解,其中第 1 项是齐次差分方程式(12.9)的通解,第 2 项是非齐次线性差分方程式(12.8)的一个特解。

例 12.8 求差分方程 $y_{t+1}+y_t=2^t$ 的通解。

解 由于 $a=1,f(t)=2^t$。由通解公式得非齐次线性差分方程的特解为

$$y^*(t)=\sum_{k=0}^{t-1}(-1)^k2^{t-k-1}=2^{t-1}\sum_{k=0}^{t-1}\left(-\frac{1}{2}\right)^k=2^{t-1}\frac{1-\left(-\frac{1}{2}\right)^t}{1+\frac{1}{2}}=\frac{1}{3}2^t-\frac{1}{3}(-1)^t.$$

于是,所求通解为

$$y_t=c_1(-1)^t+\frac{1}{3}2^t-\frac{1}{3}(-1)^t=c(-1)^t+\frac{1}{3}2^t,$$

其中,$c=c_1-\dfrac{1}{3}$ 为任意常数。

2. 常系数线性齐次差分方程的解法

对于 n 阶常系数线性齐次差分方程 $y_{t+n}+a_1y_{t+n-1}+a_2y_{t+n-2}+\cdots+a_ny_t=0$,它的特征方程为

$$\lambda^n+a_1\lambda^{n-1}+\cdots+a_n=0. \qquad (12.13)$$

根据特征根的不同情况,求齐次方程的通解。

(1)若特征方程式(12.13)有 n 个互不相同的实根 $\lambda_1,\lambda_2,\cdots,\lambda_n$,则对应的齐次差分方程的通解为

$$c_1\lambda_1^t+c_2\lambda_2^t+\cdots+c_n\lambda_n^t(c_1,c_2,\cdots,c_n\text{ 为任意常数}).$$

(2)若 λ 是特征方程式(12.13)的 k 重实根,则通解中对应于 λ 的项为 $(c_1+c_2t+\cdots+c_kt^{k-1})\lambda^t$,$c_i(i=1,2,\cdots,k)$ 为任意常数。

(3)若特征方程式(12.13)有单重复根 $\lambda=\alpha+\beta i$,则通解中对应的项为 $c_1\rho^t\cos\varphi t+c_2\rho^t\sin\varphi t$,其中 $\rho=\sqrt{\alpha^2+\beta^2}$ 为 λ 的模,$\varphi=\arctan\dfrac{\beta}{\alpha}$ 为 λ 的幅角,c_1,c_2 为任意常数。

(4)若 $\lambda=\alpha+\beta i$ 是特征方程式(12.13)的 k 重复根,则通解中对应的项为

$$(c_1+c_2t+\cdots+c_kt^{k-1})\rho^t\cos\varphi t+(c_{k+1}+c_{k+2}t+\cdots+c_{2k}t^{k-1})\rho^t\sin\varphi t,$$

其中 $\rho=\sqrt{\alpha^2+\beta^2}$,$\varphi=\arctan\dfrac{\beta}{\alpha}$,$c_i(i=1,2,\cdots,2k)$ 为任意常数。

例 12.9 求斐波那契数列

$$\begin{cases} F_n = F_{n-1} + F_{n-2}, \\ F_1 = F_2 = 1 \end{cases}$$

的解。

解 差分方程的特征方程为

$$\lambda^2 - \lambda - 1 = 0,$$

特征根 $\lambda_1 = \dfrac{1-\sqrt{5}}{2}, \lambda_2 = \dfrac{1+\sqrt{5}}{2}$ 是互异的。所以,通解为

$$F_n = c_1 \left(\dfrac{1-\sqrt{5}}{2}\right)^n + c_2 \left(\dfrac{1+\sqrt{5}}{2}\right)^n.$$

利用初值条件 $F_1 = F_2 = 1$,得到方程组

$$\begin{cases} c_1 \left(\dfrac{1+\sqrt{5}}{2}\right) + c_2 \left(\dfrac{1-\sqrt{5}}{2}\right) = 1, \\ c_1 \left(\dfrac{1+\sqrt{5}}{2}\right)^2 + c_2 \left(\dfrac{1-\sqrt{5}}{2}\right)^2 = 1. \end{cases}$$

由此方程组解得 $c_1 = -\dfrac{\sqrt{5}}{5}, c_2 = \dfrac{\sqrt{5}}{5}$。最后,将这些常数值代入方程通解的表达式,得初值问题的解是

$$F_n = \dfrac{\sqrt{5}}{5} \left[\left(\dfrac{1+\sqrt{5}}{2}\right)^n - \left(\dfrac{1-\sqrt{5}}{2}\right)^n\right].$$

计算的 MATLAB 程序如下:

```
clc, clear, syms c1 c2 n
a=[1 -1 -1]; a=sym(a);            %转换为符号多项式
r=roots(a)                         %求符号多项式的根
ft=c1*r(1)^n+c2*r(2)^n             %写出齐次差分方程的通解
eq1=subs(ft,1)-1, eq2=subs(ft,2)-1
[c10,c20]=solve(eq1,eq2)           %求符号代数方程组的解
c10=simplify(c10), c20=simplify(c20)
ft0=subs(ft,{c1,c2},{c10,c20})     %写出齐次差分方程的特解
```

3. 常系数非齐次线性差分方程的解法

若 y_t 为齐次方程式(12.7)的通解,y_t^* 为非齐次方程式(12.6)的一个特解,则非齐次方程式(12.6)的通解为 $y_t + y_t^*$。

求非齐次方程式(12.6)的特解一般要用到常数变易法,计算较复杂。对特殊形式的 $f(t)$ 也可使用待定系数法。例如,当 $f(t) = b^t p_k(t), p_k(t)$ 为 t 的 k 次多项式时,可以证明:若 b 不是特征根,则非齐次方程式(12.6)有形如 $b^t q_k(t)$ 的特解,$q_k(t)$ 也是 t 的 k 次多项式;若 b 是 r 重特征根,则方程式(12.6)有形如 $b^t t^r q_k(t)$ 的特解。进而可利用待定系数法求出 $q_k(t)$,从而得到方程式(12.6)的一个特解 y_t^*。

例 12.10 求差分方程 $y_{t+1} - y_t = 3 + 2t$ 的通解。

解 特征方程为 $\lambda-1=0$,特征根 $\lambda=1$。齐次差分方程的通解为 $y_t=c$。

由于 $f(t)=3+2t=\rho^t p_1(t)$,$\rho=1$ 是特征根。因此非齐次差分方程的特解为
$$y_t^* = t(b_0+b_1 t),$$
将其代入已知差分方程,得
$$(t+1)[b_0+b_1(t+1)]-t(b_0+b_1 t)=3+2t,$$
即
$$(b_0+b_1)+2b_1 t=3+2t,$$
比较该等式两端关于 t 的同次幂的系数,可解得 $b_1=1$,$b_0=2$。故 $y_t^*=2t+t^2$。于是,所求通解为
$$y_t=c+2t+t^2 \ (c \text{ 为任意常数})。$$

12.3.3 常系数线性差分方程的 Z 变换解法

常系数线性差分方程,采用 Z 变换求解比较方便。Z 变换求解差分方程,实际上是把差分方程变换为代数方程去求解。

定义 12.5 设有离散序列 $x(k)$,$(k=0,1,2,\cdots)$,则 $x(k)$ 的 Z 变换定义为
$$X(z)=Z[x(k)]=\sum_{k=0}^{\infty} x(k) z^{-k}, \tag{12.14}$$
式中:z 为复变量。显然式(12.14)右端的级数收敛域是某个圆的外部。

$X(z)$ 的 Z 逆变换记作
$$x(k)=Z^{-1}[X(z)]. \tag{12.15}$$

1. 几个常用离散函数的 Z 变换

1) 单位冲激函数 $\delta(k)$ 的 Z 变换
$$Z[\delta(k)]=\sum_{k=0}^{\infty}\delta(k)z^{-k}=[1\times z^{-k}]_{k=0}=1,$$
其中
$$\delta(k)=\begin{cases}1, & k=0,\\ 0, & k\neq 0.\end{cases}$$
即单位冲激函数的 Z 变换为 1。

2) 单位阶跃函数 $U(k)$ 的 Z 变换
$$Z[U(k)]=\sum_{k=0}^{\infty}U(k)z^{-k}=\sum_{k=0}^{\infty}1\times z^{-k},$$
其中
$$U(k)=\begin{cases}1, & k\geqslant 0,\\ 0, & k<0.\end{cases}$$
即
$$Z[U(k)]=\frac{z}{z-1} \ (|z|>1).$$

3) 单边指数函数 $f(k)=a^k$ 的 Z 变换(a 为不等于 1 的正常数)
$$Z[a^k]=\sum_{k=0}^{\infty}a^k z^{-k}=\frac{z}{z-a} \ (|z|>a).$$

2. Z 变换的性质

1) 线性性质

设 $Z[f_1(k)] = F_1(z), Z[f_2(k)] = F_2(z)$，则
$$Z[af_1(k) + bf_2(k)] = aF_1(z) + bF_2(z),$$
式中：a, b 为常数。收敛域为 $F_1(z)$ 和 $F_2(z)$ 的公共区域。

2) 平移性

设 $Z[f(k)] = F(z)$，则
$$Z[f(k+1)] = z[F(z) - f(0)],$$
$$Z[f(k+N)] = z^N \left[F(z) - \sum_{k=0}^{N-1} f(k) z^{-k}\right],$$
$$Z[f(k-1)] = z^{-1}[F(z) + f(-1)z],$$
$$Z[f(k-N)] = z^{-N}\left[F(z) + \sum_{k=-N}^{-1} f(k) z^{-k}\right].$$

3. MATLAB 的 Z 变换及 Z 逆变换

MATLAB 工具箱关于 Z 变换及 Z 逆变换的命令使用格式如下：

ztrans(f)　　%求 f 的 Z 变换，f 默认的自变量(也称为离散时间变量)为 n，变换变量(也称为复域变量)为 z，如果 f 不包含 n，则使用函数 symvar 确定自变量。

ztrans(f, var, transVar)　　%使用自变量 var 和变换变量 transVar 分别代替 n 和 z。

iztrans(F)　　%求 F 的 Z 逆变换，F 默认的自变量为 z，变换变量为 n，如果 F 不包含 z，使用函数 symvar 确定自变量。

iztrans(F, var, transVar)　　%使用自变量 var 和变换变量 transVar 分别代替 z 和 n。

例 12.11　求差分方程 $y_{t+1} - 2y_t = 3 + 2t$ 的通解。

解　令 $Z[y_t] = Y(z)$，对差分方程两边取 Z 变换，得
$$zY(z) - zy(0) - 2Y(z) = \frac{3z}{z-1} + \frac{2z}{(z-1)^2},$$
$$Y(z) = \left[\frac{3z}{z-1} + \frac{2z}{(z-1)^2} + y(0)z\right] \bigg/ (z-2),$$

对上式取 Z 逆变换，便得差分方程的解为
$$y_t = 2^t y_0 - 2t + 5 \times 2^t - 5.$$

计算的 MATLAB 程序如下：

```
clc, clear, syms y(n) z Yz
eq = y(n+1) - 2*y(n) - 3 - 2*n              %定义差分方程
Zeq = ztrans(eq)                             %求 Z 变换
Zeq = subs(Zeq, {ztrans(y(n),n,z)}, {Yz})    %为了下面解代数方程把像函数替换为 Yz
Yz = solve(Zeq, Yz)                          %求像函数
y = iztrans(Yz)                              %求 Z 逆变换
y = simplify(y)                              %化简 y
```

例 12.12　求差分方程 $y(t+2) - 3y(t+1) + 2y(t) = t \cdot 3^t, y(0) = 0, y(1) = 1$ 的解。

解 利用 Z 变换法求得差分方程的解为

$$y(t) = \frac{3^t \cdot t}{2} + 4 \times 2^t - \frac{9 \times 3^t}{4} - \frac{7}{4}.$$

计算的 MATLAB 程序如下：

```
clc, clear, syms y(t) z Yz
eq = y(t+2)-3*y(t+1)+2*y(t)-t*3^t        %定义差分方程
Zeq = ztrans(eq,t,z)                      %求Z变换
Zeq = subs(Zeq,{ztrans(y(t),t,z),y(0),y(1)},{Yz,0,1})   %为了下面求像函数
把 ztrans(y(t),t,z) 替换为 Yz,并代入初值条件
Yz = solve(Zeq,Yz)                        %求像函数
y = iztrans(Yz,z,t)                       %求Z逆变换
y = simplify(y)                           %化简 y
```

12.3.4 Leslie 模型

研究人口问题最简单和常用的 Malthus 和 Logistic 模型简单方便,对人口数量的发展变化可以给出预测。但这两类模型的两个明显的不足是：①仅有人口总数,不能满足需要；②没有考虑社会成员之间的个体差异,即不同年龄、不同体质的人在死亡、生育方面存在的差异,完全忽略这些差异是不合理的。但我们不可能对每个人的情况逐个加以考虑,故可以把人口适当分组,考虑每一组人口的变化情况。年龄是一个合理的分类标准,相同年龄的人口在生育、死亡方面可能大致接近。所以可以按年龄对人口进行分组来建立模型。在讨论其他生物的数量变化时,也可以根据生物的体重、高度、大小等因素进行分组,建立更加仔细的模型,给出更丰富的预测信息。下面介绍 Leslie 模型的一些结论。

下面以人口为例来进行叙述,其方法和思路适用于类似生物种群数量变化规律的研究。

由于男、女性人口通常有一定的比例,因此,简单起见,只考虑女性人口数。现将女性人口按年龄划分成 m 个年龄组,即 $1,2,\cdots,m$ 组。每组年龄段可以是 1 岁,亦可是给定的几岁为一组,如每 5 年为一个年龄组。现将时间也离散为时段 $t_k,k=1,2,3,\cdots$。

记时段 t_k 第 i 年龄组的种群数量为 $x_i(k)$,第 i 年龄组的繁殖率为 α_i;第 i 年龄组的死亡率为 $d_i,\beta_i=1-d_i$ 称为第 i 年龄组的存活率。基于上述符号和假设,在已知 t_k 时段的各值后,在 t_{k+1} 时段,第一年龄组种群数量是时段 t_k 各年龄组繁殖数量之和,即

$$x_1(k+1) = \sum_{i=1}^{m} \alpha_i x_i(k),$$

t_{k+1} 时段第 $i+1$ 年龄组的种群数量是时段 t_k 第 i 年龄组存活下来的数量,即

$$x_{i+1}(k+1) = \beta_i x_i(k), i=1,2,\cdots,m-1.$$

记 t_k 时段种群各年龄组的分布矢量为

$$\boldsymbol{X}(k) = \begin{bmatrix} x_1(k) \\ \vdots \\ x_m(k) \end{bmatrix},$$

并记

$$L = \begin{bmatrix} \alpha_1 & \alpha_2 & \cdots & \alpha_{m-1} & \alpha_m \\ \beta_1 & 0 & \cdots & 0 & 0 \\ 0 & \beta_2 & \cdots & 0 & 0 \\ \vdots & \vdots & & \vdots & \vdots \\ 0 & 0 & \cdots & \beta_{m-1} & 0 \end{bmatrix}, \tag{12.16}$$

则有

$$X(k+1) = LX(k), k = 0,1,2,\cdots.$$

当第 t_0 时段各年龄组的人数已知时,即 $X(0)$ 已知时,可以求得 t_k 时段的按年龄组的分布矢量 $X(k)$ 为

$$X(k) = L^k X(0), k = 0,1,2,\cdots.$$

由此可算出各时段的种群总量。

例 12.13 养殖场养殖一类动物最多 3 年(满 3 年将送往市场卖掉),按 1 岁、2 岁和 3 岁将其分为 3 个年龄组。一龄组是幼龄组,二龄组和三龄组是有繁殖后代能力的成年组。二龄组平均一年繁殖 4 个后代,三龄组平均一年繁殖 3 个后代。一龄组和二龄组动物能养殖成为下一年龄组动物的成活率分别为 0.5 和 0.25。假设刚开始养殖时有 3 个年龄组的动物各 1000 头。

(1) 求 5 年内各年龄组动物数量。

(2) 分析种群的增长趋势。

(3) 如果每年平均向市场供应动物数 $C = [s,s,s]^T$,考虑每年都必须保持有每一年龄组的动物前提下,s 应取多少为好。

解 (1) 由题设,出生率矢量 $\boldsymbol{\alpha} = [\alpha_1,\alpha_2,\alpha_3]^T = [0,4,3]^T$,成活率矢量 $\boldsymbol{\beta} = [\beta_1,\beta_2]^T = [0.5,0.25]^T$,记幼龄组、二龄组和三龄组动物第 k 年的数量分别为 $x_1(k),x_2(k),x_3(k)$,$X(k) = [x_1(k),x_2(k),x_3(k)]^T$,根据出生率和成活率的题设条件,建立如下差分方程模型:

$$\begin{cases} x_1(k+1) = 4x_2(k) + 3x_3(k), \\ x_2(k+1) = 0.5x_1(k), \\ x_3(k+1) = 0.25x_2(k), \end{cases} \tag{12.17}$$

写成矩阵形式为

$$X(k+1) = \widetilde{L}X(k), \quad k=0,1,2,\cdots, \tag{12.18}$$

其中

$$\widetilde{L} = \begin{bmatrix} 0 & 4 & 3 \\ 0.5 & 0 & 0 \\ 0 & 0.25 & 0 \end{bmatrix}.$$

利用初值条件 $X(0) = [1000,1000,1000]^T$,求得 5 年内各年龄组动物数量如表 12.4 所示,各年龄组动物数量的柱状图如图 12.6 所示。

表 12.4 五年内各年龄组动物数量

年 份	幼 龄 组	二 龄 组	三 龄 组
1	7000	500	250
2	2750	3500	125

(续)

年 份	幼 龄 组	二 龄 组	三 龄 组
3	14375	1375	875
4	8125	7188	344
5	29781	4063	1797

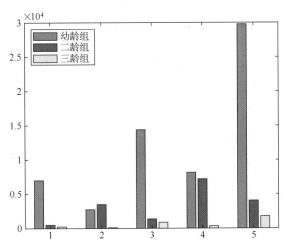

图 12.6　5 年内各年龄组动物数量柱状图

计算及画图的 MATLAB 程序如下：
```
clc, clear, close all
format long g                %长小数的显示格式
L=[0,4,3;0.5,0,0;0,0.25,0];
X{1}=1000*ones(3,1);         %初值,MATLAB下标从1开始
for i=2:6
    X{i}=L*X{i-1};           %求第1年到第5年的值
end
X2=cell2mat(X)               %细胞数组转换为矩阵
X3=X2(:,[2:end])'            %X2每一列是一个年龄组的取值
bar([1:5],X3)                %画柱状图
legend('幼龄组','二龄组','三龄组','Location','northwest')
xlswrite('gdata12_13.xlsx',X3)
format                       %恢复到短小数的显示格式
```

（2）为估计种群增长过程的动态趋势，首先研究一般的状态转移矩阵 Leslie 矩阵（即式(12.16)）的特征值和特征矢量

令 $p(\lambda)$ 为式(12.16)的特征多项式，则

$$p(\lambda)=|\lambda I-L|=\lambda^m-\alpha_1\lambda^{m-1}-\alpha_2\beta_1\lambda^{m-2}-\alpha_3\beta_1\beta_2\lambda^{m-3}-\cdots-\alpha_m\beta_1\beta_2\cdots\beta_{m-1}.$$

则有下述两个定理。

定理 12.1　Leslie 矩阵 L 有唯一的正特征根 λ_1，它是单根，且相应的特征矢量 v 的所有元素均为正数。

定义 12.6 设 λ_1 是方阵 L 的一个正的特征根,若对 L 的其他特征根 λ,恒有 $|\lambda| \leq \lambda_1$ ($|\lambda| < \lambda_1$),则称 λ_1 为 L 的占优特征根(严格占优特征根)。

定理 12.2 如果 Leslie 矩阵 L 的第 1 行中有两个相邻的元素 α_i 和 α_{i+1} 不为零,则 L 的正特征根是严格占优的。

于是,如果种群有两个相邻的有生育能力的年龄类,则它的 Leslie 矩阵有一个严格占优的特征根。实际上,只要年龄类的区间分得足够小,就总会满足这个条件。以后均假设定理 12.2 的条件满足。

下面研究种群年龄分布的长期性态。为使讨论简单,设 L 可对角化,且有 m 个特征根 $\lambda_1, \lambda_2, \cdots, \lambda_m$,以及对应于它们的线性无关的特征矢量 $v_1, v_2, \cdots, v_m$,这些特征矢量组成矩阵 $P = [v_1, v_2, \cdots, v_m]$,则 L 的对角化可由下式给出:

$$L = P \begin{bmatrix} \lambda_1 & & \\ & \ddots & \\ & & \lambda_m \end{bmatrix} P^{-1},$$

由此推得

$$L^k = P \begin{bmatrix} \lambda_1^k & & \\ & \ddots & \\ & & \lambda_m^k \end{bmatrix} P^{-1},$$

对于任何一个给定的初始年龄分布矢量 $X(0)$,有

$$X(k) = L^k X(0) = P \begin{bmatrix} \lambda_1^k & & \\ & \ddots & \\ & & \lambda_m^k \end{bmatrix} P^{-1} X(0),$$

由于 λ_1 为严格占优的特征根,故 $|\lambda_i / \lambda_1| < 1, i = 2, 3, \cdots, m$。从而

$$\lim_{k \to +\infty} \left(\frac{\lambda_i}{\lambda_1} \right)^k = 0, i = 2, 3, \cdots, m,$$

由此知

$$\lim_{k \to +\infty} \frac{X(k)}{\lambda_1^k} = P \begin{bmatrix} 1 & 0 & \cdots & 0 \\ 0 & 0 & \cdots & 0 \\ \vdots & \vdots & & \vdots \\ 0 & 0 & \cdots & 0 \end{bmatrix} P^{-1} X(0),$$

记列矢量 $P^{-1} X(0)$ 的第 1 个元素为 c,即 $P^{-1} X(0) = [c, *, \cdots, *]^T$,则

$$P \begin{bmatrix} 1 & 0 & \cdots & 0 \\ 0 & 0 & \cdots & 0 \\ \vdots & \vdots & & \vdots \\ 0 & 0 & \cdots & 0 \end{bmatrix} P^{-1} X(0) = [v_1, v_2, \cdots, v_m] \begin{bmatrix} c \\ 0 \\ \vdots \\ 0 \end{bmatrix} = c v_1,$$

式中:c 为常数,仅与初始年龄分布有关,则

$$\lim_{k \to +\infty} \frac{X(k)}{\lambda_1^k} = c v_1,$$

因此当 k 很大时,有

$$X(k)\approx c\lambda_1^k v_1,$$

而 $X(k-1)\approx c\lambda_1^{k-1}v_1$,所以对充分大的 k,有

$$X(k)\approx \lambda_1 X(k-1),$$

这意味着对于充分大的时间,每一个年龄分布矢量就是它前一期年龄分布矢量的 λ_1 倍。

进一步得出,对时间充分大时种群的年龄分布有三种可能情况:①若 $\lambda_1>1$,则种群最终为增加;②若 $\lambda_1<1$,则种群数量最终为减少;③若 $\lambda_1=1$,则种群为稳定。

本题中 Leslie 矩阵

$$\widetilde{L}=\begin{bmatrix} 0 & 4 & 3 \\ 0.5 & 0 & 0 \\ 0 & 0.25 & 0 \end{bmatrix},$$

$\widetilde{L}$ 的最大特征值为 $\lambda_1=1.5$,对应的特征矢量

$$v_1=[0.9474,0.3158,0.0526]^T.$$

计算得 $c=3000$。

因而,当 $k\to+\infty$ 时,该种群的数量趋于无穷。

计算的 MATLAB 程序如下:

```
clc, clear
L=[0,4,3;0.5,0,0;0,0.25,0];
X0=1000*ones(3,1);                %初值
[vec,val]=eig(L)                  %求特征值和特征矢量
cv=inv(vec)*X0, c=abs(cv(1))      %提取 c 的值,取正值
```

(3) 如果每年平均向市场出售动物 $C=[s,s,s]^T$,则分析动物分布矢量变化规律可知

$$X(k+1)=\widetilde{L}X(k)-C,\quad k=0,1,2,\cdots,$$

所以有

$$X(k)=\widetilde{L}^k X(0)-(\widetilde{L}^{(k-1)}+\widetilde{L}^{(k-2)}+\cdots+\widetilde{L}+I)C,\quad k=1,2,3,\cdots.$$

考虑每年都必须保持有每一年龄的动物,因此应该有 $X(k)$ 的所有元素都要大于零。利用 MATLAB 程序,输入不同的参数 s,观察数据计算结果,由实验结果可知,当取 $s=100$ 时,能保证每一年龄动物数量不为零。

模拟的 MATLAB 程序如下:

```
clc, clear, close all
L=[0,4,3;0.5,0,0;0,0.25,0];
X{1}=1000*ones(3,1);              %初值,MATLAB 下标从 1 开始
s=input('请输入 s 的值:\n')
m=10;                             %计算 10 年
for i=2:m+1
    X{i}=L*X{i-1}-s*ones(3,1);    %求第 1 年到第 m 年的值
end
X2=cell2mat(X)                    %细胞数组转换为矩阵
```

```
X3 = X2( : ,[ 2:end ] )'              %X2 每一列是一龄组的取值
plot([ 1:m ]',X3)                     %同时画 3 条折线
legend('幼龄组','二龄组','三龄组','Location','northwest')
```

12.4 灰色系统建模方法

灰色系统理论(grey system theory)的创立源于 20 世纪 80 年代。邓聚龙教授在 1981 年上海中美控制系统学术会议上所作的"含未知数系统的控制问题"的学术报告中首次使用了"灰色系统"一词。1982 年,邓聚龙发表了"参数不完全系统的最小信息正定""灰色系统的控制问题"等系列论文,奠定了灰色系统理论的基础,他的论文在国际上引起了高度的重视,美国哈佛大学教授、《系统与控制通信》杂志主编布罗克特(Brockett)给予灰色系统理论高度评价,因此,众多的中青年学者加入到灰色系统理论的研究行列,积极探索灰色系统理论及其应用研究。

事实上,灰色系统的概念是由英国科学家艾什比(W. R. Ashby)所提出的"黑箱"(black box)概念发展演进而来,是自动控制和运筹学相结合的产物。艾什比利用黑箱来描述那些内部结构、特性、参数全部未知而只能从对象外部和对象运动的因果关系及输出输入关系来研究的一类事物。邓聚龙系统理论则主张从事物内部,从系统内部结构及参数去研究系统,以消除"黑箱"理论从外部研究事物而使已知信息不能充分发挥作用的弊端,因此,被认为是比"黑箱"理论更为准确的系统研究方法。所谓灰色系统是指部分信息已知而部分信息未知的系统,灰色系统理论所要考查和研究的是对信息不完备的系统,通过已知信息来研究和预测未知领域从而达到了解整个系统的目的。灰色系统理论与概率论、模糊数学一起并称为研究不确定性系统的三种常用方法,具有能够利用"少数据"建模寻求现实规律的良好特性,克服了资料不足或系统周期短的矛盾。

灰色预测的主要特点是模型使用的不是原始数据序列,而是生成的数据序列,即对原始数据作累加生成(或其他方法生成)得到近似的指数规律再进行建模的方法。其优点是不需要很多的数据,一般只需要 4 个数据就够,能解决历史数据少、序列的完整性及可靠性低的问题;能利用微分方程来充分挖掘系统的本质,精度高;能将无规律的原始数据进行生成得到规律性较强的生成序列,运算简便,易于检验,不考虑分布规律,不考虑变化趋势。其缺点是只适用于中短期的预测,只适合指数增长的预测。

12.4.1 GM(1,1)预测模型

GM(1,1)表示 1(第 1 个 1)阶微分方程,且只含 1(第 2 个 1)个变量的灰色模型。

定义 12.7 已知参考数据列 $\boldsymbol{x}^{(0)} = (x^{(0)}(1), x^{(0)}(2), \cdots, x^{(0)}(n))$,1 次累加生成序列(1—AGO)

$$\boldsymbol{x}^{(1)} = (x^{(1)}(1), x^{(1)}(2), \cdots, x^{(1)}(n)) = (x^{(0)}(1), x^{(0)}(1)+x^{(0)}(2), \cdots, x^{(0)}(1)+\cdots+x^{(0)}(n)),$$

其中 $x^{(1)}(k) = \sum_{i=1}^{k} x^{(0)}(i) \ (k=1,2,\cdots,n)$。$x^{(1)}$ 的均值生成序列

$$z^{(1)} = (z^{(1)}(2), z^{(1)}(3), \cdots, z^{(1)}(n)),$$

其中 $z^{(1)}(k) = 0.5x^{(1)}(k) + 0.5x^{(1)}(k-1), k=2,3,\cdots n$。

1. GM(1,1)模型预测步骤

1) 数据的检验与处理

首先,为了保证建模方法的可行性,需要对已知数据列作必要的检验处理。设参考数据为 $\boldsymbol{x}^{(0)}=(x^{(0)}(1),x^{(0)}(2),\cdots,x^{(0)}(n))$,计算序列的级比

$$\lambda(k)=\frac{x^{(0)}(k-1)}{x^{(0)}(k)}, k=2,3,\cdots,n.$$

如果所有的级比 $\lambda(k)$ 都落在可容覆盖 $\Theta=(\mathrm{e}^{-\frac{2}{n+1}},\mathrm{e}^{\frac{2}{n+2}})$ 内,则序列 $x^{(0)}$ 可以作为模型 GM(1,1)的数据进行灰色预测。否则,需要对序列 $x^{(0)}$ 做必要的变换处理,使其落入可容覆盖内。即取适当的正常数 c,作平移变换

$$y^{(0)}(k)=x^{(0)}(k)+c, k=1,2,\cdots,n,$$

使序列 $y^{(0)}=(y^{(0)}(1),y^{(0)}(2),\cdots,y^{(0)}(n))$ 的级比

$$\lambda_y(k)=\frac{y^{(0)}(k-1)}{y^{(0)}(k)}\in\Theta, k=2,3,\cdots,n.$$

2) 建立模型

建立微分方程模型

$$\frac{\mathrm{d}x^{(1)}(t)}{\mathrm{d}t}+ax^{(1)}(t)=b, \qquad (12.19)$$

该模型是1个变量的一阶微分方程,记为 GM(1,1)。

为了辨识模型参数 a,b,在区间 $k-1<t\leq k$ 上,令

$$x^{(1)}(t)=z^{(1)}(k)=\frac{1}{2}[x^{(0)}(k-1)+x^{(0)}(k)],$$

$$\frac{\mathrm{d}x^{(1)}(t)}{\mathrm{d}t}=x^{(1)}(k)-x^{(1)}(k-1)=x^{(0)}(k).$$

则式(12.19)化为离散模型

$$x^{(0)}(k)+az^{(1)}(k)=b, \quad k=2,3,\cdots,n. \qquad (12.20)$$

式(12.20)称为灰色微分方程,式(12.19)称为对应的白化方程。

记 $\boldsymbol{u}=[a,b]^{\mathrm{T}}, \boldsymbol{Y}=[x^{(0)}(2),x^{(0)}(3),\cdots,x^{(0)}(n)]^{\mathrm{T}}, \boldsymbol{B}=\begin{bmatrix}-z^{(1)}(2) & 1\\ -z^{(1)}(3) & 1\\ \vdots & \vdots\\ -z^{(1)}(n) & 1\end{bmatrix}$,则由最小二乘法,求得使 $J(\boldsymbol{u})=(\boldsymbol{Y}-\boldsymbol{B}\boldsymbol{u})^{\mathrm{T}}(\boldsymbol{Y}-\boldsymbol{B}\boldsymbol{u})$ 达到最小值的 $\boldsymbol{u}$ 的估计值

$$\hat{\boldsymbol{u}}=[\hat{a},\hat{b}]^{\mathrm{T}}=(\boldsymbol{B}^{\mathrm{T}}\boldsymbol{B})^{-1}\boldsymbol{B}^{\mathrm{T}}\boldsymbol{Y}. \qquad (12.21)$$

于是求解式(12.19),得

$$\hat{x}^{(1)}(t)=\left(x^{(0)}(1)-\frac{\hat{b}}{\hat{a}}\right)\mathrm{e}^{-\hat{a}t}+\frac{\hat{b}}{\hat{a}}.$$

即得到预测值

$$\hat{x}^{(1)}(k+1)=\left(x^{(0)}(1)-\frac{\hat{b}}{\hat{a}}\right)\mathrm{e}^{-\hat{a}k}+\frac{\hat{b}}{\hat{a}}, k=0,1,2,\cdots.$$

而且 $\hat{x}^{(0)}(k+1) = \hat{x}^{(1)}(k+1) - \hat{x}^{(1)}(k), k=1,2,\cdots$。

3) 误差检验

可以使用如下两种检验方式。

(1) 相对误差检验。计算相对误差,即

$$\delta(k) = \frac{|x^{(0)}(k) - \hat{x}^{(0)}(k)|}{x^{(0)}(k)}, k=1,2,\cdots,n,$$

这里 $\hat{x}^{(0)}(1) = x^{(0)}(1)$。如果 $\delta(k)<0.2$,则可认为达到一般要求;如果 $\delta(k)<0.1$,则认为达到较高的要求。

(2) 级比偏差值检验。先由参考数据 $x^{(0)}(k-1), x^{(0)}(k)$ 计算出级比 $\lambda(k)$,再用发展系数 $\hat{a}$ 求出相应的级比偏差,即

$$\rho(k) = \left| 1 - \left(\frac{1-0.5\hat{a}}{1+0.5\hat{a}} \right) \lambda(k) \right|, k=2,3,\cdots,n,$$

如果 $\rho(k)<0.2$,则可认为达到一般要求;如果 $\rho(k)<0.1$,则认为达到较高的要求。

4) 预测预报

由 GM(1,1) 模型得到指定时区内的预测值,根据实际问题的需要,给出相应的预测预报。

2. GM(1,1)模型预测实例

例 12.14 某大型企业 1997—2000 年 4 年产值资料如表 12.5 所示。试建立 GM(1,1) 模型预测该企业 2001—2005 年的产值。

表 12.5 某大型企业 4 年产值数据

年 份	1997	1998	1999	2000
产值/万元	27260	29547	32411	35388

解 (1) 级比检验。建立该企业 4 年产值数据时间序列如下:

$$\boldsymbol{x}^{(0)} = (x^{(0)}(1), x^{(0)}(2), x^{(0)}(3), x^{(0)}(4)) = (27260, 29547, 32411, 35388).$$

求级比 $\lambda(k) = \frac{x^{(0)}(k-1)}{x^{(0)}(k)}$,得

$$\lambda = (\lambda(2), \lambda(3), \lambda(4)) = (0.9226, 0.9116, 0.9159).$$

作级比判断,由于所有的 $\lambda(k) \in (0.6703, 1.3956), k=2,3,4$,故可以用 $\boldsymbol{x}^{(0)}$ 作满意的 GM(1,1) 建模。

(2) GM(1,1) 建模。对原始数据 $\boldsymbol{x}^{(0)}$ 作一次累加,得

$$\boldsymbol{x}^{(1)} = (x^{(1)}(1), x^{(1)}(2), x^{(1)}(3), x^{(1)}(4)) = (27260, 56807, 89218, 124606).$$

构造数据矩阵 $\boldsymbol{B}$ 及数据矢量 $\boldsymbol{Y}$,得

$$\boldsymbol{B} = \begin{bmatrix} -\frac{1}{2}(x^{(1)}(1)+x^{(1)}(2)) & 1 \\ -\frac{1}{2}(x^{(1)}(2)+x^{(1)}(3)) & 1 \\ -\frac{1}{2}(x^{(1)}(3)+x^{(1)}(4)) & 1 \end{bmatrix}, \boldsymbol{Y} = \begin{bmatrix} x^{(0)}(2) \\ x^{(0)}(3) \\ x^{(0)}(4) \end{bmatrix}.$$

计算得

$$\hat{u} = \begin{bmatrix} \hat{a} \\ \hat{b} \end{bmatrix} = (B^T B)^{-1} B^T Y = \begin{bmatrix} -0.089995 \\ 25790.28 \end{bmatrix},$$

于是得到 $\hat{a} = -0.089995, \hat{b} = 25790.28$。

建立 GM(1,1) 模型的白化方程

$$\frac{dx^{(1)}}{dt} + \hat{a} x^{(1)} = \hat{b},$$

求解得

$$\hat{x}^{(1)}(t) = \left(x^{(0)}(1) - \frac{\hat{b}}{\hat{a}}\right) e^{-\hat{a}t} + \frac{\hat{b}}{\hat{a}} = 313834.0 e^{0.0899952t} - 286574.0.$$

即时间响应函数为

$$\hat{x}^{(1)}(k+1) = \left(x^{(0)}(1) - \frac{\hat{b}}{\hat{a}}\right) e^{-\hat{a}k} + \frac{\hat{b}}{\hat{a}} = 313834.0 e^{0.0899952k} - 286574.0. \quad (12.22)$$

求生成序列预测值 $\hat{x}^{(1)}(k+1)$ 及模型还原值 $\hat{x}^{(0)}(k+1)$，令 $k = 0,1,\cdots,8$，由式(12.22) 的时间响应函数可算得 $\hat{x}^{(1)}$，其中取 $\hat{x}^{(1)}(1) = \hat{x}^{(0)}(1) = x^{(0)}(1) = 27260$，由 $\hat{x}^{(0)}(k+1) = \hat{x}^{(1)}(k+1) - \hat{x}^{(1)}(k)$，取 $k = 0,1,\cdots,8$，得 $\hat{x}^{(0)} = (\hat{x}^{(0)}(1), \hat{x}^{(0)}(2), \cdots, \hat{x}^{(0)}(9))$ 的值见表 12.6 的第 3 列，即 2001—2005 年的预测值为

$(\hat{x}^{(0)}(5), \hat{x}^{(0)}(6), \hat{x}^{(0)}(7), \hat{x}^{(0)}(8), \hat{x}^{(0)}(9)) = (38713, 42359, 46348, 50712, 55488)$。

（3）模型检验。计算相对误差

$$\delta(k) = \frac{|x^{(0)}(k) - \hat{x}^{(0)}(k)|}{x^{(0)}(k)}, k = 1,2,3,4,$$

得到的检验值见表 12.6 的第 5 列，计算级比偏差

$$\rho(k) = \left|1 - \left(\frac{1 - 0.5\hat{a}}{1 + 0.5\hat{a}}\right)\lambda(k)\right|, k = 2,3,4,$$

得到的检验值见表 12.6 的第 6 列。经验证，该模型的精度较高，进行预测和预报是可行的。

表 12.6　GM(1,1) 模型预测值及检验

序号	年份	原始值	预测值	相对误差	级比偏差
1	1997	27260	27260	0	
2	1998	29547	29553	0.0002	0.0095
3	1999	32411	32336	0.0023	0.0025
4	2000	35388	35382	0.0002	0.0022
5	2001		38713		
6	2002		42359		
7	2003		46348		
8	2004		50712		
9	2005		55488		

计算的 MATLAB 程序如下：

```
clc, clear, syms x(t), format long g      %长小数的显示格式
x0 = [27260 29547 32411 35388]';          %注意这里为列矢量
n = length(x0);
lamda = x0(1:n-1)./x0(2:n);               %计算级比
range = minmax(lamda')                    %计算级比的范围
st = [exp(-2/(n+1)), exp(2/(n+2))]        %计算级比的容许区间
x1 = cumsum(x0)                           %累加运算
B = [-0.5*(x1(1:n-1)+x1(2:n)), ones(n-1,1)]; Y = x0(2:n);
u = B\Y                                   %拟合参数 u(1)=a, u(2)=b
x = dsolve(diff(x)+u(1)*x==u(2), x(0)==x0(1));  %求微分方程的符号解
xt = vpa(x,6)                             %以小数格式显示微分方程的解
yuce1 = subs(x,t,[0:n+4]);                %求已知数据和未来5期的预测值
yuce1 = double(yuce1);                    %符号数转换成数值类型，否则无法作差分运算
yuce = [x0(1), diff(yuce1)]               %差分运算，还原数据
epsilon = x0'-yuce(1:n)                   %计算已知数据预测的残差
delta = abs(epsilon./x0')                 %计算相对误差
rho = abs(1-(1-0.5*u(1))/(1+0.5*u(1))*lamda')  %计算级比偏差值, u(1)=a
yhat = yuce(n+1:end)                      %提取未来5期的预测值
format                                    %恢复默认的短小数显示格式
```

12.4.2 GM(2,1)预测模型

GM(1,1)模型适用于具有较强指数规律的序列，只能描述单调的变化过程，对于非单调的摆动发展序列或有饱和的 S 形序列，可以考虑建立 GM(2,1)，DGM 和 Verhulst 模型。本节只介绍 GM(2,1)模型。

定义 12.8 设原始序列

$$x^{(0)} = (x^{(0)}(1), x^{(0)}(2), \cdots, x^{(0)}(n)),$$

其 1 次累加生成序列(1-AGO) $x^{(1)}$ 和 1 次累减生成序列(1-IAGO) $\alpha^{(1)}x^{(0)}$ 分别为

$$x^{(1)} = (x^{(1)}(1), x^{(1)}(2), \cdots, x^{(1)}(n)),$$

和

$$\boldsymbol{\alpha}^{(1)}\boldsymbol{x}^{(0)} = (\alpha^{(1)}x^{(0)}(2), \cdots, \alpha^{(1)}x^{(0)}(n)),$$

其中

$$\alpha^{(1)}x^{(0)}(k) = x^{(0)}(k) - x^{(0)}(k-1), k=2,3,\cdots,n,$$

$x^{(1)}$ 的均值生成序列为

$$z^{(1)} = (z^{(1)}(2), z^{(1)}(3), \cdots, z^{(1)}(n)),$$

其中 $z^{(1)}(k) = 0.5x^{(1)}(k) + 0.5x^{(1)}(k-1), k=2,3,\cdots n$，则称

$$\alpha^{(1)}x^{(0)}(k) + a_1 x^{(0)}(k) + a_2 z^{(1)}(k) = b$$

为 GM(2,1)模型。

定义 12.9 称

$$\frac{d^2x^{(1)}}{dt^2}+a_1\frac{dx^{(1)}}{dt}+a_2x^{(1)}=b$$

为 GM(2,1)模型的白化方程。

定理 12.1 设 $x^{(0)},x^{(1)},\alpha^{(1)}x^{(0)}$ 如定义 12.8 所述,且

$$B=\begin{bmatrix}-x^{(0)}(2) & -z^{(1)}(2) & 1\\ -x^{(0)}(3) & -z^{(1)}(3) & 1\\ \vdots & \vdots & \vdots\\ -x^{(0)}(n) & -z^{(1)}(n) & 1\end{bmatrix},Y=\begin{bmatrix}\alpha^{(1)}x^{(0)}(2)\\ \alpha^{(1)}x^{(0)}(3)\\ \vdots\\ \alpha^{(1)}x^{(0)}(n)\end{bmatrix}=\begin{bmatrix}x^{(0)}(2)-x^{(0)}(1)\\ x^{(0)}(3)-x^{(0)}(2)\\ \vdots\\ x^{(0)}(n)-x^{(0)}(n-1)\end{bmatrix},$$

则 GM(2,1)模型参数序列 $\boldsymbol{u}=[a_1,a_2,b]^T$ 的最小二乘估计为

$$\hat{\boldsymbol{u}}=(\boldsymbol{B}^T\boldsymbol{B})^{-1}\boldsymbol{B}^T\boldsymbol{Y}.$$

例 12.15 已知 $x^{(0)}=(41,49,61,78,96,104)$,试建立 GM(2,1)模型。

解 $x^{(0)}$ 的 1-AGO 序列 $x^{(1)}$ 和 1-IAGO 序列 $\alpha^{(1)}x^{(0)}$ 分别为

$$x^{(1)}=(41,90,151,229,325,429),\alpha^{(1)}x^{(0)}=(8,12,17,18,8),$$

$x^{(1)}$ 的均值生成序列

$$z^{(1)}=(65.5,120.5,190,277,377)$$

$$B=\begin{bmatrix}-x^{(0)}(2) & -z^{(1)}(2) & 1\\ -x^{(0)}(3) & -z^{(1)}(3) & 1\\ \vdots & \vdots & \vdots\\ -x^{(0)}(6) & -z^{(1)}(6) & 1\end{bmatrix}=\begin{bmatrix}-49 & -65.5 & 1\\ -61 & -120.5 & 1\\ -78 & -190 & 1\\ -96 & -277 & 1\\ -104 & -377 & 1\end{bmatrix},$$

$$Y=[8,12,17,18,8]^T,$$

$$\hat{\boldsymbol{u}}=\begin{bmatrix}\hat{a}_1\\ \hat{a}_2\\ \hat{b}\end{bmatrix}=(\boldsymbol{B}^T\boldsymbol{B})^{-1}\boldsymbol{B}^T\boldsymbol{Y}=\begin{bmatrix}-1.0922\\ 0.1959\\ -31.7983\end{bmatrix},$$

故得 GM(2,1)白化模型

$$\frac{d^2x^{(1)}(t)}{dt^2}-1.0922\frac{dx^{(1)}(t)}{dt}+0.1959x^{(1)}(t)=-31.7983.$$

利用边界条件 $x^{(1)}(0)=41,x^{(1)}(5)=429$,解之得

$$x^{(1)}(t)=203.85e^{0.22622t}-0.5325e^{0.86597t}-162.317,$$

于是 GM(2,1)时间响应式

$$\hat{x}^{(1)}(k+1)=203.85e^{0.22622k}-0.5325e^{0.86597k}-162.317.$$

所以

$$\hat{\boldsymbol{x}}^{(1)}=(41,92,155,232,325,429).$$

做 IAGO 还原,有

$$\hat{x}^{(0)}(k+1)=\hat{x}^{(1)}(k+1)-\hat{x}^{(1)}(k),$$

$$\hat{\boldsymbol{x}}^{(0)}=(41,51,63,77,92,104).$$

计算结果如表 12.7 所示。

表 12.7　误差检验表

序号	实际数据 $x^{(0)}$	预测数据 $\hat{x}^{(0)}$	残差 $x^{(0)}-\hat{x}^{(0)}$	相对误差 Δ_k
1	41	41	0	0
2	49	51	−2	4.1%
3	61	63	−2	3.3%
4	78	77	1	1.3%
5	96	92	4	4.2%
6	104	104	0	0

计算的 MATLAB 程序如下：

```
clc,clear
x0=[41,49,61,78,96,104];              %原始序列
n=length(x0);
x1=cumsum(x0)                         %计算1次累加序列
a_x0=diff(x0)'                        %计算1次累减序列
z=0.5*(x1(2:end)+x1(1:end-1))';       %计算均值生成序列
B=[-x0(2:end)',-z,ones(n-1,1)];
u=B\a_x0                              %最小二乘法拟合参数
syms x(t)
x=dsolve(diff(x,2)+u(1)*diff(x)+u(2)*x==u(3),x(0)==x1(1),x(5)==x1(6));
                                      %求符号解
xt=vpa(x,6)                           %显示小数形式的符号解
yuce=subs(x,t,0:n-1);                 %求已知数据点1次累加序列的预测值
yuce=double(yuce)                     %符号数转换成数值类型,否则无法作差分运算
x0_hat=[yuce(1),diff(yuce)];          %求已知数据点的预测值
x0_hat=round(x0_hat)                  %四舍五入取整数
epsilon=x0-x0_hat                     %求残差
delta=abs(epsilon./x0)                %求相对误差
```

12.5　坐标系统模型

物体在空间的位置通常用该物体在某个空间坐标系中的坐标来描述。在导航和雷达侦察定位中，经常会用到不同的测量装备及系统，因此会涉及不同的坐标系，利用 GPS 时，涉及大地坐标系和空间直角坐标系，而在雷达侦察应用中，涉及球坐标系和直角坐标系，且为了进行雷达侦察定位的性能分析，常常需要在不同坐标系之间进行坐标变换。

坐标位置的表示通常有以下三种形式。

(1) 空间直角坐标形式，用 (x,y,z) 表示。
(2) 大地坐标形式，用纬度 B、经度 L、大地高 H 表示。
(3) 球坐标形式，用 (θ,φ,r) 表示。

12.5.1 常用坐标系

1. 大地坐标系

在大地坐标系中,目标的位置用纬度 B、经度 L 和大地高 H 表示。如图 12.7 所示,P 点的大地子午面与起始大地子午面之间的夹角 L 称为 P 点的经度;在经度的表示中,以起始大地子午面为基准,向东为正向,向西为负向,即该点在东半球称为东经,在西半球称为西经。穿越 P 点的椭球法线与椭球赤道面之间的夹角 B 称为 P 点的纬度,在纬度的表示中,以赤道面为基准,向北为正向,向南为负向,即该点在北半球称为北纬,在南半球称为南纬。以法线与椭球面的交点 Q 为基准,P 点与 Q 点之间的距离 H 称为 P 点的大地高度,向外为正,向内为负。P 点的大地坐标表示为 (B,L,H)。

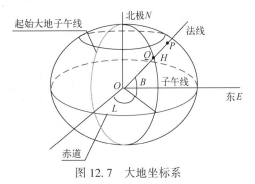

图 12.7 大地坐标系

2. 地心直角坐标系

地心作为原点 O,X 轴指向水平面正东方,Z 轴垂直于 X 轴指向天,Y 轴垂直于 OXZ 平面指向北,符合右手原则。

WGS-84 坐标系(World Geodetic System-1984)是一种国际上采用的地心坐标系。建立 WGS-84 坐标系的一个重要目的是在世界上建立一个统一的地心坐标系,GPS 广播星历是以 WGS-84 坐标系为基础的。WGS-84 是一个地球椭圆模型的坐标系,坐标原点为地球质心。WGS-84 椭圆的基本参数如下:

长半轴:$a = 6378137.0$m;

短半轴:$b = 6356752.3142$m;

扁率倒数:$\dfrac{1}{f} = 298.257223563$;

卯酉圆曲率半径:$N = \dfrac{a}{\sqrt{1-e_1^2 \sin^2 B}}$;

第一偏心率:$e_1 = \sqrt{\dfrac{a^2-b^2}{a^2}} = 8.1819190842622 \times 10^{-2}$;

第二偏心率:$e_2 = \sqrt{\dfrac{a^2-b^2}{b^2}} = 8.20944337949696 \times 10^{-2}$。

WGS-84 参考框架精度高于分米级水准,可以满足坐标精度的要求。但要注意的是,在使用 WGS-84 参考框架时要考虑一些因素对坐标精度的影响,如影响最大的板块构造运动和潮汐变换对地壳的影响等。

3. 本地直角坐标系

一般地,其原点 O 可选为(地面或载体上)任意一固定点,X,Y,Z 轴分别指向北、东、地(下)方向,且符合右手原则,即 X 轴指向水平面正北方,Y 轴指向水平面正东方,Z 轴垂直于 OXY 平面指向下方。

也可以建立本地直角坐标系,其原点 O 可选为(地面或载体上)任意一固定点,X、Y、Z 轴分别指向东、北、天方向,也符合右手原则。

4. 载体坐标系

对于飞机、舰船这样的载体,其往往是群体运动中的一员。特别是在其协同作战时,需要知道自己与其他成员及敌方目标之间的相对位置关系,以便采取相应的动作。

载体坐标系以载体质心 O 为原点,坐标系与飞机(或舰船)固联;OX 轴在飞机(或舰船)对称平面内并平行于飞机(或舰船)的设计轴线指向机头(或舰首);Z 轴在载体对称平面内,与 OX 轴垂直并指向载体下方;Y 轴指向飞机的右翼方向或舰艇的右舷方向,并与 X 轴、Z 轴构成右手坐标系。

所谓载体的姿态,指的是载体坐标系 $OXYZ$ 相对于地面直角坐标系 $O_gX_gY_gZ_g$(以地面上的一点 O_g 作为坐标原点的本地直角坐标系)的方位关系,由偏航角(Yaw)ψ、滚转角(Roll)ϕ、俯仰角(Pitch)θ 三个姿态角来定义。

下面以飞机作为载体,说明三个姿态角。

偏航角:机体坐标系 X 轴在水平面上投影与地面直角坐标系 X_g 轴之间的夹角,由 X_g 轴逆时针转至机体 X 轴的投影线时,偏航角为正,即机头右偏航为正,反之为负。

滚转角:机体坐标系 Z 轴与通过机体 X 轴的铅垂面间的夹角,机体向右滚为正,反之为负。

俯仰角:机体坐标系 X 轴与水平面的夹角,当 X 轴的正半轴位于过坐标原点的水平面之上(抬头)时,俯仰角为正,否则为负。

12.5.2 坐标系的转换

1. 大地坐标 (B,L,H) 转换为地心直角坐标 (X,Y,Z)

假设已知空间一点目标在大地坐标系中的坐标为 (B,L,H),在地心直角坐标系中的坐标为 (X,Y,Z),则有如下变换公式:

$$\begin{cases} X = (N+H)\cos B\cos L, \\ Y = (N+H)\cos B\sin L, \\ Z = [N(1-e_1^2)+H]\sin B, \end{cases} \quad (12.23)$$

式中:$e_1 = \sqrt{\dfrac{a^2-b^2}{a^2}}$ 为子午椭圆的第一偏心率;$N = \dfrac{a}{\sqrt{1-e_1^2\sin^2 B}}$;$a$ 为地球参考椭球的长半轴;b 为地球参考椭圆的短半轴。

变换公式推导如下。

由于大地坐标系的参考模型为椭球模型,且该椭球模型为旋转对称模型,所以先考虑二维模型,再进行三维拓展即可。如图 12.8 所示,建立子午面直角坐标系 XOZ,设空间任一点为 $P(X_0,Z_0)$,由 P 作椭圆的法线与椭圆交于 $P'(X_1,Z_1)$,由于 P' 点在椭圆上,显然该点满足椭圆方程

$$\frac{X_1^2}{a^2} + \frac{Z_1^2}{b^2} = 1. \quad (12.24)$$

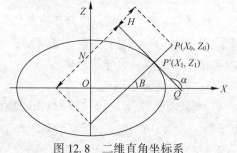

图 12.8 二维直角坐标系

在图 12.8 中作过 P' 点的椭圆的切线与横轴交于 Q 点,依据斜率定义,有

$$\tan\alpha = -\cot B = -\frac{b^2 X_1}{a^2 Z_1}. \tag{12.25}$$

联立式(12.24)和式(12.25)可解出

$$\begin{cases} X_1 = \dfrac{a\cos B}{\sqrt{1-e_1^2 \sin^2 B}}, \\ Z_1 = \dfrac{a(1-e_1^2)\sin B}{\sqrt{1-e_1^2 \sin^2 B}}. \end{cases} \tag{12.26}$$

由图 12.8,可知

$$X_1 = N\cos B. \tag{12.27}$$

将式(12.26)与式(12.27)比较可得

$$N = \frac{a}{\sqrt{1-e_1^2 \sin^2 B}}, \tag{12.28}$$

式中:N 为卯酉圆曲率半径。因此,P 点坐标为

$$\begin{cases} X_0 = X_1 + H\cos B = (N+H)\cos B, \\ Z_0 = Z_1 + H\sin B = [N(1-e_1^2)+H]\sin B. \end{cases} \tag{12.29}$$

最后,再考虑经度的影响,将横坐标 X_0 分别投影到地心坐标系的 X 轴和 Y 轴,则可得大地坐标系转换为地心直角坐标系的公式,即式(12.23)。

2. 地心直角坐标系转换为大地坐标系

假设空间一点目标在地心直角坐标系和大地坐标系中的坐标分别为 (X,Y,Z) 和 (B,L,H),则在已知目标的地心直角坐标时,求解目标的大地坐标公式要稍微复杂一些,现分述如下。

1) 迭代法

$$\begin{cases} L = \arctan \dfrac{Y}{X}, \\ B = \arctan \dfrac{(N+H)Z}{(N+H-e_1^2 N^2)\sqrt{X^2+Y^2}}, \\ H = \dfrac{\sqrt{X^2+Y^2}}{\cos B} - N. \end{cases} \tag{12.30}$$

2) 直接法

下面给出的直接法并不是精确公式,但在 $H<1000\text{km}$ 时,可以提供好于厘米级的精度。

$$\begin{cases} L = \arctan \dfrac{Y}{X}, \\ B = \arctan \dfrac{Z+be_2^2 \sin^3 \theta}{\sqrt{X^2+Y^2}-ae_1^2 \cos^3 \theta}, \\ H = \dfrac{\sqrt{X^2+Y^2}}{\cos B} - N. \end{cases} \tag{12.31}$$

式中:$\theta = \arctan\dfrac{aZ}{b\sqrt{X^2+Y^2}}$,或 $\theta = \arctan\dfrac{Z}{\sqrt{1-e_1^2}\sqrt{X^2+Y^2}}$;$e_1 = \sqrt{\dfrac{a^2-b^2}{a^2}}$ 为子午椭圆的第一偏心率;$e_2 = \sqrt{\dfrac{a^2-b^2}{b^2}}$ 为子午椭圆的第二偏心率。

3. 地心直角坐标系转换为本地直角坐标系

这里的本地直角坐标系是"北东地"坐标系。

本地坐标系的原点在地心直角坐标系中的坐标为 (X_0, Y_0, Z_0),在大地坐标系中的坐标为 (B_0, L_0, H_0),则目标在地心直角坐标系中的坐标 (X, Y, Z) 与在本地直角坐标系中的坐标 (x, y, z) 满足如下关系:

$$\begin{bmatrix} x \\ y \\ z \end{bmatrix} = \begin{bmatrix} -\sin B_0 \cos L_0 & -\sin B_0 \sin L_0 & \cos B_0 \\ -\sin L_0 & \cos L_0 & 0 \\ -\cos B_0 \cos L_0 & -\cos B_0 \sin L_0 & -\sin B_0 \end{bmatrix} \begin{bmatrix} X-X_0 \\ Y-Y_0 \\ Z-Z_0 \end{bmatrix}. \tag{12.32}$$

例 12.16 已知 8 个点的大地坐标数据如表 12.8 所列,以第 1 个点作为本地直角坐标系的原点,求这 8 个点的本地直角坐标。

表 12.8 大地坐标数据

序号	1	2	3	4	5	6	7	8
纬度(N)	40.0614	40.0613	40.0487	39.9310	39.8429	39.6983	39.6140	39.6482
经度(E)	78.6817	78.6814	78.6396	77.9549	76.6504	76.1164	75.9389	75.7390
高程(m)	1135	1139	1153	1167	1228	1342	1513	1737

解 利用式(12.32)求得的本地直角坐标和直接利用 MATLAB 工具箱求得的本地直角坐标差异很大,当然由于算法不同,有些差异是正常的,但是此处的误差太大,因此本书不给出计算结果。

计算的 MATLAB 程序如下:

```
clc, clear
a = 6378137; e = 0.081819190842622;
B = [40.0614, 40.0613, 40.0487, 39.9310, 39.8429, 39.6983, 39.6140, 39.6482]';
%纬度
L = [78.6817, 78.6814, 78.6396, 77.9549, 76.6504, 76.1164, 75.9389, 75.7390]';
%经度
H = [1135, 1139, 1153, 1167, 1228, 1342, 1513, 1737]';    %高程
N = a./sqrt(1-e^2*(sind(B)).^2);
X = (N+H).*cosd(B).*cosd(L);              %计算地心直角坐标系的 X 坐标
Y = (N+H).*cosd(B).*sind(L);              %计算地心直角坐标系的 Y 坐标
Z = (N*(1-e^2)+H).*sind(B);               %计算地心直角坐标系的 Z 坐标
X0 = X(1); Y0 = Y(1); Z0 = Z(1);          %本地直角坐标系的坐标原点
xyz = [-sind(B(1))*cosd(L(1)),-sind(B(1))*sind(L(1)),cosd(B(1))
    -sind(L(1)), cosd(L(1)), 0
```

−cosd(B(1))*cosd(L(1)), −cosd(B(1))*sind(L(1)),−sind(B(1))]*[X
−X0,Y−Y0,Z−Z0]';
xyz2=lla2flat([B L H],[B(1) L(1)],0,−H(1)); %利用工具箱计算,输入顺序:
纬度,经度,高程
check=[xyz;xyz2']　　　　　　　　　　　%两种计算结果比较

习 题 12

12.1 利用蒙特卡罗方法,模拟掷骰子各面出现的概率。

12.2 利用蒙特卡罗方法,求积分 $\int_1^2 \frac{\sin x}{x} dx$,并与数值解的结果进行比较。

12.3 使用蒙特卡罗方法,求椭球面 $\frac{x^2}{3}+\frac{y^2}{6}+\frac{z^2}{8}=1$ 所围立体的体积。

12.4 某家庭从现在着手从每月工资中拿出一部分资金存入银行,用于投资子女的教育,并计划 20 年后开始从投资账户中每月支出 1000 元,直到 10 年后子女大学毕业用完全部资金。要实现这个投资目标,20 年内共要筹措多少资金?每月要向银行存入多少钱?假设投资的月利率为 0.4%。

12.5 某大型企业 1999—2004 年的产品销售额如表 12.9 所列,试建立 GM(1,1)预测模型,并预测 2005 年的产品销售额。

表 12.9　产品销售额数据

年　　份	1999	2000	2001	2002	2003	2004
销售额/亿元	2.67	3.13	3.25	3.36	3.56	3.72

第13章 数学建模案例

13.1 空中多目标威胁程度判别

13.1.1 题目

空袭与反空袭已成为现代战争的主要作战样式之一,现代战争中的空袭手段和武器装备发生了质的飞跃,反空袭作战环境复杂,敌方来袭目标可能分布在高空、中空、低空等不同空域,且目标类型多种多样,包括轰炸机、强击机等大型目标,战术弹道导弹、空地导弹、隐身飞机等小型目标,以及容易辨识的直升机目标,它们将对陆战、海战战场构成巨大威胁。针对这些情况,建立完善空中多目标威胁程度判别体系是防空作战成功的关键因素。因此,在反空袭作战中,及时、准确地计算出敌方目标威胁大小,并根据我方作战方案和武器系统的性能进行科学的火力分配,是提高反空袭作战制胜能力的关键。

假设某次反空袭综合演习中,红方战略要地 A 点受到蓝方(敌方)空袭,通过各类侦察设备和战场传感器探测到 20 批蓝方空袭目标的属性信息,具体数据见表 13.1。为保证红方在反空袭综合演练中取得胜利,请建立数学模型解决以下问题。

问题1:对来袭目标的属性与威胁程度之间的关系进行评价。

问题2:建立判别来袭目标威胁程度的数学模型,并按照威胁程度由高到低对来袭目标进行排序。

问题3:如果在红方战略要地 A 点正北方 80km 处有一个物资要地 B 点,在空袭中需要红方重点保护,A 点装备的战略防空武器的相关数据见表 13.2。已知 20 批蓝方空袭目标的航向在一定时间内始终为正西方,请根据来袭目标对 A、B 点的威胁程度,设计一种最佳打击方案,并对该方案的实施效果进行评价。

表 13.1　蓝方空袭目标的属性信息

序号	目标类型	目标方位角/(°)	目标距离/km	目标速度/(m·s⁻¹)	目标高度/m	目标干扰能力
1	大	103	120	500	8000	强
2	大	110	40	800	4500	中
3	大	82	180	750	4000	中
4	大	40	120	620	7500	强
5	大	89	60	470	7800	中
6	大	70	210	770	4200	强
7	小	79	160	1020	1200	强

(续)

序号	目标类型	目标方位角/(°)	目标距离/km	目标速度/(m·s^{-1})	目标高度/m	目标干扰能力
8	小	85	200	980	1000	中
9	小	50	112	1100	3500	中
10	小	90	150	960	900	强
11	小	108	125	850	3800	强
12	小	65	180	1080	3500	中
13	小	65	120	1140	1000	强
14	小	80	220	1160	200	强
15	小	115	90	1090	300	中
16	小	95	260	970	1200	中
17	直升机	62	59	95	1300	无
18	直升机	74	53	85	200	无
19	直升机	107	56	80	300	弱
20	直升机	80	100	110	1000	无

目标方位角是从战略要地 A 点指北方向线起,以顺时针方向到来袭目标方向线之间的水平夹角。

表 13.2 防空武器数据

防空武器类型	射程/km	发射时间间隔/s	毁伤目标概率	弹头数量/个
X 型	50	15	0.6	10
Y 型	100	20	0.85	8
Z 型	200	25	0.8	7

13.1.2 论文选编 1

1. 摘要

近些年,精确制导武器迅猛发展,各国均努力抢占空间作战制高点,各型导弹、临近空间飞行器、高超声速飞行器等新型武器层出不穷。在未来作战中,空中威胁将是各国重点应对的方向。"矛"越来越强,需要自家的"盾"能与之抗衡。因此,防空系统的建立显得尤为重要。防空系统布设需重点考虑火力分配问题,而其前提是能够对来袭目标威胁情况进行量化,为火力分配提供参考。本文首先对目标 6 个单属性与威胁程度之间的关系进行分析,并确定模糊隶属函数;经分析,某单属性若量值越不确定,越应该重点关注,故选用熵权法确定各属性权重,并利用模糊综合评价法得到来袭目标的威胁度;最后,基于问题一和问题二的求解过程,求解得出目标相对 A、B 点的威胁程度,建立火力分配模型,得出火力分配方案。具体解决了以下问题:

(1) 来袭目标属性既有定性描述,又有定量描述,从不同方面反映了目标的威胁程度,飞行速度直接影响防空武器对其杀伤的概率,目标飞行速度越大,我方进行射击准备和实施的时间越短,目标威胁程度就越大;对于同一目标类型,降低目标飞行高度能使作战目标被发现的概率明显减少,突防概率增大,因此目标威胁程度越大;依据空袭原理,对于同一目标类型,目标相对打击点的距离越小,毁伤概率越大,故目标威胁程度越大;目标类型、抗干扰能力属于定性描述,处理时根据模糊理论,给出模糊威胁度;问题1中方位角对A点威胁度没有贡献,此处将其设定为1,但在问题3中需结合方位角进行综合考虑。为量化不同因素,方便求取综合威胁度,采用连续平滑函数对各属性定性表示,并控制输出结果在0~1,保证各属性威胁程度满足归一化的要求。

(2) 在问题1的基础上,客观分析了单一属性量值的特性,发现可采用熵值大小表征该属性重要性,进而得到了各属性的熵权值,通过综合评估模型,得到20个来袭目标相对A点的威胁程度,并进行排序,对结果进行直观分析,符合预期,目标威胁度排序结果如下:

目标4>目标1>目标6>目标2>目标5>目标13>目标3>目标11>目标10>目标7>目标14>目标15>目标9>目标12>目标8>目标16>目标19>目标17>目标18>目标20。

(3) 通过几何关系,确定B点的属性矩阵,利用问题2的思路求解得到目标相对B点的威胁度,综合考虑A、B两点的情况,得到综合威胁度,确定火力分配模型,利用LINGO软件求出了火力分配方案。

本文细致分析了不同属性对目标威胁度的贡献,并建立了威胁度评价模型和火力分配模型,针对具体情况,设计了火力分配方案。本文数据较少,模型优化求解时直接使用LINGO软件,仍可实时获取火力分配方案。可以考虑采用智能优化算法,如遗传、免疫算法等,优化火力分配方案求解过程,并将其推广。

关键词:模糊隶属;函数熵权法;火力分配模型;优化模型;威胁评估

2. 问题重述

1) 问题背景介绍

空袭与反空袭已成为现代战争的主要作战样式之一,现代战争中的空袭手段和武器装备发生了质的飞跃,反空袭作战环境复杂,敌方来袭目标可能分布在高空、中空、低空等不同空域,且目标类型多种多样,包括轰炸机、强击机等大型目标,战术弹道导弹、空地导弹、隐身飞机等小型目标,以及容易辨识的直升机目标,它们将对陆战、海战战场构成巨大威胁。针对这些情况,建立完善空中多目标威胁程度判别体系是防空作战成功的关键因素。因此,在反空袭作战中,及时、准确地计算出敌方目标威胁大小,并根据我方作战方案和武器系统的性能进行科学的火力分配,是提高反空袭作战制胜能力的关键。

假设某次反空袭综合演习中,红方战略要地A点受到蓝方(敌方)空袭,通过各类侦察设备和战场传感器探测到20批蓝方空袭目标的属性信息。为保证红方在反空袭综合演练中取得胜利,建立数学模型解决以下问题。

问题1:对来袭目标的属性与威胁程度之间的关系进行评价。

问题2:建立判别来袭目标威胁程度的数学模型,并按照威胁程度由高到低对来袭目标进行排序。

问题3:如果在红方战略要地A点正北方80km处有一个物资要地B点,在空袭中需要红方重点保护,A点装备的战略防空武器的相关数据见附件。已知20批蓝方空袭目标的航向在一定时间内始终为正西方,请根据来袭目标对 A、B 点的威胁程度,设计一种最佳打击方案,并对该方案的实施效果进行评价。

2）问题提炼

威胁度评估及火力分配流程见图 13.1。

3）需要解决的问题

问题 1：来袭目标类型多种多样,如弹道导弹、巡航导弹、轰炸机、直升机等,不同类型目标之间属性各异,主要体现在目标距离、高度、移动速度、来袭方向、干扰能力等方面,而来袭目标威胁度与之息息相关。针对单一属性,寻求其与目标威胁度的关系函数是本题主要意图,即图 13.1 流程图中方框①内容。在建立各因素目标威胁计算的数学表达式时,为保证数学表达式的通用性和模型使用方便,计划采用连续平滑函数进行描述。

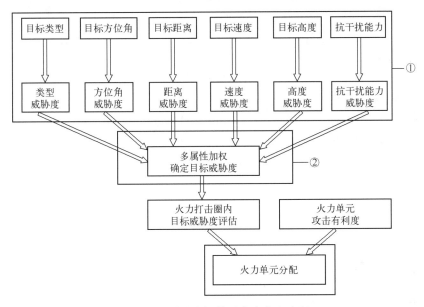

图 13.1　威胁度评估及火力分配流程

同时需保证各因素的目标威胁计算表达式能适应不同类型的目标,并且控制单一属性威胁计算结果为 0~1,以保证各因素计算出的威胁程度满足归一化的要求,以方便综合所有因素的计算结果,即问题 2 的要求。

问题 2：来袭目标属性多样,其威胁度应是对各属性威胁程度的合理综合,因此寻求恰当的综合评估模型,将 6 类属性因素统一纳入考虑,建立判别来袭目标威胁程度的数学模型,是本题重点,也是为后续火力单元分配提供参考的重要一环。

利用问题一得到的单一属性威胁程度量化结果,包括目标类型、方位角、距离、速度、高度、抗干扰能力等 6 个方面。不同属性对目标威胁度贡献量不同,因此,本题是典型的多准则决策问题,考虑采用加权求和的方法将目标各因素的威胁度分别乘以各自的加权系数后再求和,即得到目标相对于某阵地的威胁度,即图 13.1 中方框②内容。目前,常用的权值计算方法有 TOPSIS、信息熵、专家法、AHP 法等。在问题 1 的基础上,计划采用熵权法确定各属性权重,从而得到各目标威胁度评估,进而可以按照威胁程度由高到低对来袭目标进行排序。

问题3：根据问题2威胁度评估模型可确定各目标对A点在某时刻的威胁度,问题3需综合考虑重点保护的B点及A点火力单元特性,确定如何适时、最优地将各火力单元分配给目标,或者说将目标分配给火力单元。经研究,因目标在一定时间内向西飞行,火力单元存在打击范围和时间间隔属性,因此,本题需首先确定火力单元在某时刻的可攻击火力圈,对火力圈内的目标威胁进行重新评估,其次确定火力单元的攻击有利度,将其与可攻击目标的威胁度进行综合考虑,确定火力分配。

3. 问题分析

目标威胁度评价问题,首先需对各个属性对威胁度的关系进行分析,确定模糊隶属函数,量化各属性指标,方便建立威胁度评价模型。建立威胁度评价模型,主要任务是找到合适的权重计算方法,考虑应根据较小样本数据的"信息量",即熵值,关联起各个属性,通过熵反映不同属性对威胁度的贡献,从而可以确定目标威胁度。根据目标威胁度和火力单元特点,可建立火力分配模型,针对具体情况给出火力分配模型。

4. 模型假设

（1）20批蓝方空袭目标的航向在一定时间内始终为正西方。
（2）开炮即完成打击任务,不考虑弹头飞行时间。
（3）一个目标只分配一个火力单元,一个火力单元只对准一个目标。
（4）各型防空武器的毁伤概率不随距目标距离发生变化。
（5）各型防空武器可攻击范围为以正北向初始的180°范围内。

5. 符号说明

a_{ij}：属性矩阵元素；

b_{ij}：属性矩阵元素；

β_i：来袭目标方位角；

TA_i：目标对A点威胁度；

TB_i：目标对B点威胁度；

T_i：目标综合威胁度；

λ：A点重要性系数；

p_k：火力单元发射时间间隔；

d_k：火力单位射程；

t_k：火力单元发射时间间隔；

n_k：火力分配时刻可用k型单元弹头数量；

N：火力分配时刻打击范围内目标数；

d_i：目标距A点距离；

m_k：k型弹头总数。

6. 模型的建立与求解

建立坐标系,针对问题1、2,以A点为坐标原点,正东向为x轴,正北向为y轴,由x,y轴和右手系确定z轴方向,A点、B点及20个来袭目标在坐标系中位置如图13.2所示。

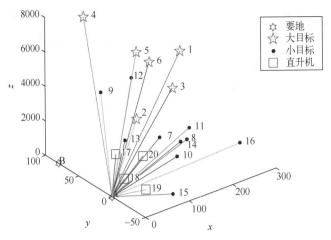

图 13.2 坐标系及目标所处位置

画图的 MATLAB 程序如下：
```
clc,clear,a=load('gdata13_1_1.txt');
b=a(:,1);d1=a(:,2);                        %提出方位角和距离
v=a(:,3);h=a(:,4);                         %提出速度和高度
d2=sqrt(d1.^2-(h/1000).^2);                %计算水平距离
x=d2.*sind(b);y=d2.*cosd(b);               %计算目标点的坐标
c=[6,10,4];                                %各类别目标的数量
cc=cumsum([0,c]),str={'Pr','.k','sb'};
plot3([0,0],[0,80],[0,0],'H','MarkerSize',8)   %画要地 A,B 两点
text([0,0],[0,80],[0,0],{'A','B'})             %标注要地 A,B
hold on
for k=1:3
    plot3(x(cc(k)+1:cc(k+1)),y(cc(k)+1:cc(k+1)),h(cc(k)+1:cc(k+1)),
str{k},'MarkerSize',12)
end
text(x+5,y-5,h,int2str([1:20]'))            %标注 20 个目标点
for i=1:20
    plot3([0,x(i)],[0,y(i)],[0,h(i)])       %画 A 点到 20 个目标点的线段
end
legend('要地','大目标','小目标','直升机')
xlabel('$ x $','Interpreter','latex')
ylabel('$ y $','Interpreter','latex')
zlabel('$ z $','Interpreter','latex')
```

1) 问题 1 的分析与求解

(1) 飞行速度。空中目标的飞行速度直接影响防空武器对其杀伤的概率,若目标类型相同、飞行速度不同,那么它们的威胁程度也不同。一般来说,目标飞行速度越大,我方

进行射击准备和实施的时间越短,目标威胁程度就越大(图 13.3)。模糊隶属函数可选取为

$$\widetilde{\mu}(v) = 1 - e^{\alpha v}, \quad v > 0, \alpha = -0.005.$$

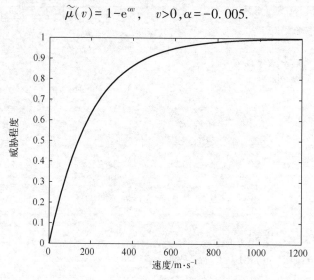

图 13.3　飞行速度威胁模糊隶属函数曲线图

20 批次威胁目标飞行速度与威胁程度如表 13.3 所示。

表 13.3　20 批次威胁目标飞行速度与威胁程度

序号	1	2	3	4	5	6	7	8	9	10
目标速度	500	800	750	620	470	770	1020	980	1100	960
威胁程度	0.9179	0.9817	0.9765	0.9550	0.9046	0.9787	0.9939	0.9926	0.9959	0.9918
序号	11	12	13	14	15	16	17	18	19	20
目标速度	850	1080	1140	1160	1090	970	95	85	80	110
威胁程度	0.9857	0.9955	0.9967	0.9970	0.9957	0.9922	0.3781	0.3462	0.3297	0.4231

由表 13.3 可见,空中威胁目标的威胁度与其飞行速度有很密切的关联,其速度越快,威胁程度越大,反之,则威胁程度小。

(2) 飞行高度。局部战争表明,低空突防是敌方经常采用的空袭模式。对于同一目标类型,降低目标飞行高度能使作战目标被发现的概率明显减少,突防概率增大,因此目标威胁程度增大。当目标高度小于 1000m 时,其威胁值最大为 1;当目标高度为 1000~30000m 时,其威胁值随高度值递减;当目标高度大于 30000m 时,其威胁值最小为 0。因此,飞行高度威胁隶属度函数可取偏小型的降半正态分布函数,其形式为

$$\widetilde{\mu}(h) = \begin{cases} 1, & 0 \leq h \leq 1000, \\ e^{-10^{-8}(h-1000)^2}, & 1000 \leq h \leq 30000, \\ 0, & h > 30000. \end{cases}$$

其曲线如图 13.4 所示。

20 批次威胁目标飞行高度与威胁程度如表 13.4 所示。

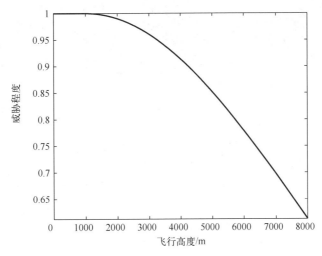

图 13.4 飞行高度威胁模糊隶属度函数曲线图

表 13.4 20 批次威胁目标飞行高度与威胁程度

序号	1	2	3	4	5	6	7	8	9	10
目标高度	8000	4500	4000	7500	7800	4200	1200	1000	3500	900
威胁程度	0.6126	0.8847	0.9139	0.6554	0.6298	0.9027	0.9996	1	0.9394	1
序号	11	12	13	14	15	16	17	18	19	20
目标高度	3800	3500	1000	200	300	1200	1300	200	300	1000
威胁程度	0.9246	0.9394	1	1	1	0.9996	0.9991	1	1	1

(3) 目标距离。依据空袭原理，对于同一目标类型，目标相对 A 点的距离越小，毁伤概率越大，故目标威胁程度越大。因此，目标距离与威胁模糊隶属函数符合指数函数形式。其威胁隶属度函数为

$$\widetilde{\mu}(s) = e^{-0.005s}, 0 < s < 300,$$

其曲线如图 13.5 所示。

20 批次威胁目标距离与威胁程度如表 13.5 所示。

表 13.5 20 批次威胁目标距离与威胁程度

序号	1	2	3	4	5	6	7	8	9	10
目标距离	120	40	180	120	60	210	160	200	112	150
威胁程度	0.5488	0.8187	0.4066	0.5488	0.7408	0.3499	0.4493	0.3679	0.5712	0.4724
序号	11	12	13	14	15	16	17	18	19	20
目标距离	125	180	120	220	90	260	59	53	56	100
威胁程度	0.5353	0.4066	0.5488	0.3329	0.6376	0.2725	0.7445	0.7672	0.7558	0.6065

(4) 目标类型。目标类型可以通过雷达前端初级识别以及网络化情报处理系统的进一步识别确定。空袭目标的类型不同，其战术技术性能、电子干扰能力和攻击能力也不同，对 A 点的威胁程度也不同。本文定义大型目标类型的威慑程度为 1；小型目标类型的

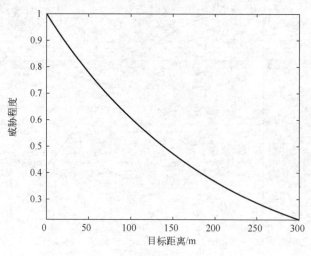

图 13.5 20 批次威胁目标距离与威胁程度

威慑程度为 0.4；容易辨识的直升机威慑程度为 0.1。因此，可得威胁程度由大到小排序为大型目标、小型目标、容易辨识的直升机。20 批次威胁目标类型与威胁程度如表 13.6 所示。

表 13.6 20 批次威胁目标类型与威胁程度

序号	1	2	3	4	5	6	7	8	9	10
目标类型	大	大	大	大	大	大	小	小	小	小
威胁程度	1	1	1	1	1	1	0.4	0.4	0.4	0.4
序号	11	12	13	14	15	16	17	18	19	20
目标类型	小	小	小	小	小	小	直升机	直升机	直升机	直升机
威胁程度	0.4	0.4	0.4	0.4	0.4	0.4	0.1	0.1	0.1	0.1

(5) 目标干扰能力。蓝方空袭目标的干扰能力越强，越能影响红方的雷达和制导的精度，使红方打击能力的杀伤概率下降，因此威胁程度也越大。空袭目标的干扰能力分为强、中、弱、无 4 种，可以量化为：目标干扰能力强的威胁程度为 1；目标干扰能力中的威胁程度为 0.5；目标干扰能力弱的威胁程度为 0.2；目标干扰能力无的威胁程度为 0。20 批次目标干扰能力与威胁程度如表 13.7 所示。

表 13.7 20 批次目标干扰能力与威胁程度

序号	1	2	3	4	5	6	7	8	9	10
干扰能力	强	中	中	强	中	强	强	中	中	强
威胁程度	1	0.5	0.5	1	0.5	1	1	0.5	0.5	1
序号	11	12	13	14	15	16	17	18	19	20
干扰能力	强	中	强	强	中	中	无	无	弱	无
威胁程度	1	0.5	1	1	0.5	0.5	0	0	0.2	0

(6) 目标方位角。由题目可知蓝方空袭目标均对准红方战略要地 A 点，因此在不考虑其他目标属性的情况下，目标方位角对 A 点的威胁程度相同均为 1。根据上述分析，得

到属性威胁矩阵 $\boldsymbol{B}=(b_{ij})_{20\times6}$ 如表13.8所示。各目标属性威胁程度如图13.6所示。

表13.8 各属性威胁矩阵

序 号	目标类型	目标方位角	目标距离	目标速度	目标高度	目标干扰能力
1	1	1	0.5488	0.9179	0.6126	1
2	1	1	0.8187	0.9817	0.8847	0.5
3	1	1	0.4066	0.9765	0.9139	0.5
4	1	1	0.5488	0.955	0.6554	1
5	1	1	0.7408	0.9046	0.6298	0.5
6	1	1	0.3499	0.9787	0.9027	1
7	0.4	1	0.4493	0.9939	0.9996	1
8	0.4	1	0.3679	0.9926	1	0.5
9	0.4	1	0.5712	0.9959	0.9394	0.5
10	0.4	1	0.4724	0.9918	1	1
11	0.4	1	0.5353	0.9857	0.9246	1
12	0.4	1	0.4066	0.9955	0.9394	0.5
13	0.4	1	0.5488	0.9967	1	1
14	0.4	1	0.3329	0.997	1	1
15	0.4	1	0.6376	0.9957	1	0.5
16	0.4	1	0.2725	0.9922	0.9996	0.5
17	0.1	1	0.7445	0.3781	0.9991	0
18	0.1	1	0.7672	0.3462	1	0
19	0.1	1	0.7558	0.3297	1	0.2
20	0.1	1	0.6065	0.4231	1	0

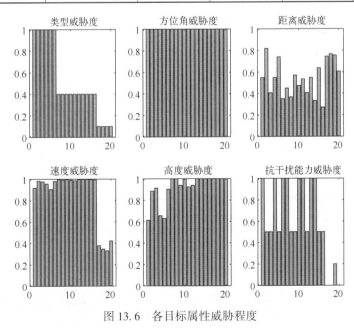

图13.6 各目标属性威胁程度

画图 13.6 的 MATLAB 程序如下：
```
clc, clear, close all
a = xlsread('gdata13_1_3.xlsx')
str = {'类型威胁度','方位角威胁度','距离威胁度',...
    '速度威胁度','高度威胁度','抗干扰能力威胁度'};
for i = 1:6
    subplot(2,3,i), bar(a(:,i)), title(str{i})
end
```

2) 问题 2 的分析与求解

(1) 基于熵权法的评价方法。 经过问题 1 的解答，可得到各属性下的目标威胁度，但是对来袭目标威胁度进行评估，需对所有属性进行综合评估，这就需要寻找恰当的权重计算方法。

观察图 13.6，以类型威胁度和距离威胁度为例。本题中目标类型较少，在目标攻击过程中，地面火力单元判别容易；而多个目标的距离差异较大，随时间推移，目标距离在随时变化，火力单元存在打击范围和转换时间，因此，需时刻推算来袭目标所处位置是否进入可攻击范围、在转火时间内有哪些目标突破外层火力圈进入内层火力圈等（图 13.7）。从以上简单推断可以看出，某属性量值越不确定，越应该重点关注，而描述此类变量的不确定性可以使用"熵"的概念，即"变量的不确定性越大，熵就越大，把它搞清楚所需要的信息量也就越大"，需要火力单元考虑的因素也就越多。

因此，本文通过计算各属性的熵值来确定其在威胁度评价中的权值。由于方位角对威胁度贡献为 0，因此在计算熵值的过程中将方位角属性剔除，将其权值给定为 0。

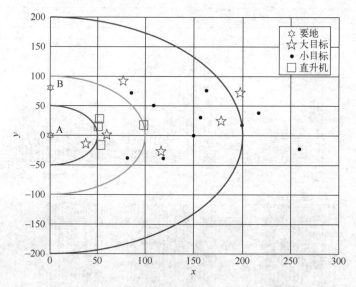

图 13.7 目标分布平面投影及火力打击范围

用 $i=1,2,\cdots,20$ 分别表示 20 个目标，$j=1,2,\cdots,5$ 分别表示目标类型、目标距离、目标速度、目标高度和目标干扰能力 5 个属性，a_{ij} 表示第 i 个目标关于属性 j 的值，即表 13.8 中的数据。构造数据矩阵 $\boldsymbol{A}=(a_{ij})_{20\times 5}$。

基于熵权法的评价方法步骤如下:

第一步,利用数据矩阵 $\boldsymbol{A}=(a_{ij})_{20\times 5}$ 计算 $p_{ij}(i=1,2,\cdots,20,j=1,2,\cdots,5)$,即第 i 个评价对象关于第 j 个属性值的比重,即

$$p_{ij}=\frac{a_{ij}}{\sum_{i=1}^{10}a_{ij}}, i=1,2,\cdots,20, j=1,2,\cdots,5.$$

第二步,计算第 j 项指标的熵值,即

$$e_j=-\frac{1}{\ln 20}\sum_{i=1}^{20}p_{ij}\ln p_{ij}, j=1,2,\cdots,5.$$

第三步,计算第 j 项指标的变异系数 g_j。对于第 j 项指标,e_j 越大,指标值的变异程度就越小。变异系数

$$g_j=1-e_j, j=1,2,\cdots,5.$$

第四步,计算第 j 项指标的权重,即

$$w_j=\frac{g_j}{\sum_{j=1}^{5}g_j}, \quad j=1,2,\cdots,5. \tag{13.1}$$

第五步,计算第 i 个评价对象的综合评价值,即

$$s_i=\sum_{j=1}^{5}w_j p_{ij}, \quad i=1,2,\cdots,20. \tag{13.2}$$

评价值越大越好。

(2) 模型的求解。利用 MATLAB 软件,利用式(13.1)求得权值矢量

$$[w_1,w_2,w_3,w_4,w_5]=[0.3138,0.0968,0.1118,0.0233,0.4543],$$

权值矢量的柱状图如图13.8所示。

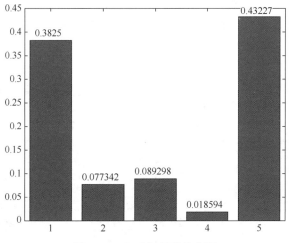

图 13.8 权重矢量的柱状图

利用式(13.2),可得各个目标的威胁度综合评估值如表13.9所示。威胁度综合评估值的柱状图如图13.9所示。

表 13.9 目标威胁程度

序号	1	2	3	4	5	6	7	8	9	10
威胁程度	0.9506	0.7661	0.7343	0.9547	0.7484	0.9460	0.7274	0.5048	0.5197	0.7290
序号	11	12	13	14	15	16	17	18	19	20
威胁程度	0.7319	0.5069	0.7353	0.7186	0.5260	0.4974	0.1482	0.1471	0.2312	0.1415

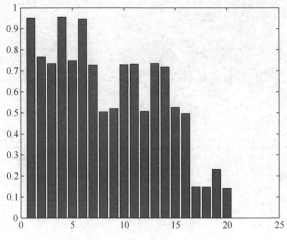

图 13.9 目标威胁度的柱状图

对 20 个目标威胁程度进行排序,得

目标 4>目标 1>目标 6>目标 2>目标 5>目标 13>目标 3>目标 11>目标 10>目标 7>

目标 14>目标 15>目标 9>目标 12>目标 8>目标 16>目标 19>目标 17>目标 18>目标 20。

为了更直观地展示目标威胁程序,用黄色到蓝色渐变程度表示威胁程度高低,黄色最高,蓝色最低,则初始时刻,各目标威胁程度如图 13.10 所示。从图中可以看出,目标 4 已

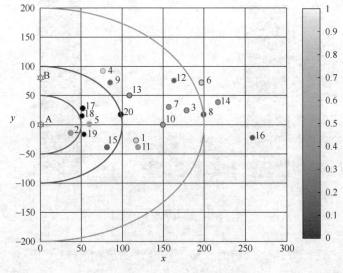

图 13.10 目标威胁"体感图"

进入一种火力单元,威胁度最高,首先进行打击;目标 16 尚未进入任何火力单元的射击范围内,威胁程度较低,分配火力时可先不予考虑。根据本文方法得到的目标威胁度排序结果符合人的直观期望,可靠性较高。

计算威胁度及画图的 MATLAB 程序如下:

```
clc, clear, close all
a=xlsread('gdata13_1_3.xlsx'); a(:,2)=[];      %删除 a 的第 2 列
[m,n]=size(a);
for j=1:n
    p(:,j)=a(:,j)/sum(a(:,j));
    e(j)=-sum((p(:,j)+eps).*log(p(:,j)+eps))/log(m);
end
g=1-e; w=g/sum(g)                              %计算权重
bar(w), text([1:n]-0.4,w+0.01,num2str(w'))
s=w*a'                                         %计算各个评价对象的综合评价值
xlswrite('gdata13_1_4.xlsx',[[1:m];s])
figure, bar(s)
figure, hold on, grid on
b=load('gdata13_1_1.txt');
c=b(:,1); d1=b(:,2);                           %提出方位角和距离
h=b(:,4);                                      %提出高度
d2=sqrt(d1.^2-(h/1000).^2);                    %计算水平距离
x=d2.*sind(c); y=d2.*cosd(c);                  %计算目标点的坐标
plot([0,0],[0,80],'H','MarkerSize',8)
text([4,4],[0,80],{'A','B'})
co=[s',s',zeros(20,1)];                        %构造 colormap 数据
for i=1:20
    plot(x(i),y(i),'o','MarkerSize',6,'MarkerFaceColor',co(i,:))
end
text(x+3,y,int2str([1:20]'))
colorbar
t=-pi/2:0.01:pi/2; x=50*cos(t); y=50*sin(t);
plot(x,y,2*x,2*y,4*x,4*y,'LineWidth',1.6)
xlabel('$x$','Interpreter','latex')
ylabel('$y$','Interpreter','latex','Rotation',0)
```

3) 问题 3 的分析与求解

(1) 修正威胁度模型。 在红方战略要地 A 点正北方 80km 处有一个物资要地 B 点,在空袭中需要红方重点保护,并且已知在一定时间范围内,来袭目标朝正西方向飞行,此时需将目标方位角纳入威胁度考虑范围,对威胁度模型进行修正。在此,引入航向角的概念:目标航向角是目标航向与敌我双方连线的夹角,如图 13.11 所示。

综合目标航向角和方位角的关系,可知,当以 A 点为坐标原点建立的直角坐标系中,在第一象限,来袭目标方位角越大,攻击意图越明显,极端情况即为方位角为 90°时,即是直冲 A 点而来;在第四象限,方位角越小,攻击意图越明显。因此,可用正弦函数表示方位角与目标威胁程度关系,将此关系式加入原威胁度评估模型,从而得到修正威胁度评估模型

$$\widetilde{\mu}(\beta_i) = \sin\beta_i,$$

式中:$\beta_i(i=1,2,\cdots,20)$ 是第 i 个目标的方位角。

综合考虑方位角和航向,并根据 A、B 两点的几何关系,可得到目标对 A、B 点修正后的属性值,如表 13.10 和表 13.11 所示,同时可得到修正后的威胁度排序结果,如图 13.12 所示。

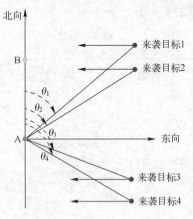

图 13.11 目标航向角示意图

表 13.10 目标对 A 点威胁矩阵

序号	目标类型	目标方位角	目标距离	目标速度	目标高度	目标干扰能力
1	1	0.9744	0.5488	0.9179	0.6126	1
2	1	0.9397	0.8187	0.9817	0.8847	0.5
3	1	0.9903	0.4066	0.9765	0.9139	0.5
4	1	0.6428	0.5488	0.955	0.6554	1
5	1	0.9998	0.7408	0.9046	0.6298	0.5
6	1	0.9397	0.3499	0.9787	0.9027	1
7	0.4	0.9816	0.4493	0.9939	0.9996	1
8	0.4	0.9962	0.3679	0.9926	1	0.5
9	0.4	0.7660	0.5712	0.9959	0.9394	0.5
10	0.4	1.0000	0.4724	0.9918	1	1
11	0.4	0.9511	0.5353	0.9857	0.9246	1
12	0.4	0.9063	0.4066	0.9955	0.9394	0.5
13	0.4	0.9063	0.5488	0.9967	1	1
14	0.4	0.9848	0.3329	0.997	1	1
15	0.4	0.9063	0.6376	0.9957	1	0.5
16	0.4	0.9962	0.2725	0.9922	0.9996	0.5
17	0.1	0.8829	0.7445	0.3781	0.9991	0
18	0.1	0.9613	0.7672	0.3462	1	0
19	0.1	0.9563	0.7558	0.3297	1	0.2
20	0.1	0.9848	0.6065	0.4231	1	0

表 13.11 目标对 B 点威胁矩阵

序号	目标类型	目标方位角	目标距离	目标速度	目标高度	目标干扰能力
1	1	0.4528	0.7372	0.9179	0.6126	1
2	1	0.6039	0.3706	0.9817	0.8847	0.5
3	1	0.3935	0.9556	0.9765	0.9139	0.5
4	1	0.6763	0.9886	0.955	0.6554	1
5	1	0.6091	0.6017	0.9046	0.6298	0.5
6	1	0.3725	0.9991	0.9787	0.9027	1
7	0.4	0.4390	0.9538	0.9939	0.9996	1
8	0.4	0.3520	0.9541	0.9926	1	0.5
9	0.4	0.6499	0.9956	0.9959	0.9394	0.5
10	0.4	0.4274	0.8823	0.9918	1	1
11	0.4	0.4318	0.7078	0.9857	0.9246	1
12	0.4	0.4422	0.9997	0.9955	0.9394	0.5
13	0.4	0.5694	0.9656	0.9967	1	1
14	0.4	0.3318	0.9819	0.997	1	1
15	0.4	0.4880	0.5685	0.9957	1	0.5
16	0.4	0.2483	0.9296	0.9922	0.9996	0.5
17	0.1	0.6913	0.7056	0.3781	0.9991	0
18	0.1	0.6607	0.6146	0.3462	1	0
19	0.1	0.5762	0.4857	0.3297	1	0.2
20	0.1	0.5579	0.8438	0.4231	1	0

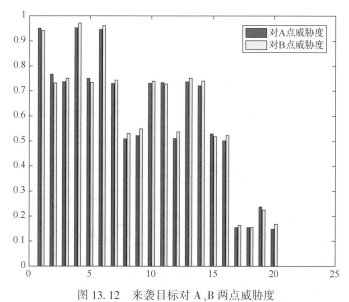

图 13.12 来袭目标对 A、B 两点威胁度

由于仅有 A 点具备火力打击能力,需将目标对 A、B 两点的威胁度进行加权平均,得到综合的威胁度排序,方便 A 点火力单元进行火力配置。记第 $i(i=1,2,\cdots,20)$ 目标对 A

点的威胁度为 TA_i,对 B 点的威胁度为 TB_i,λ 为加权系数,最终得到第 i 个目标对 A、B 的综合威胁度

$$T_i = \lambda TA_i + (1-\lambda) TB_i.$$

由于 A 点负责火力打击,若被敌方目标攻击,则红方完全丧失防御能力,因此,认为 A 点重要性高于 B 点,在计算中,取 $\lambda = 0.6$。

计算威胁度和画图的 MATLAB 程序如下:

```
clc, clear, close all
a=load('gdata13_1_1.txt');
b=a(:,1); d1=a(:,2);                          %提出方位角和距离
h=a(:,4);                                     %提出高度
d2=sqrt(d1.^2-(h/1000).^2);                   %计算水平距离
x=d2.*sind(b); y=d2.*cosd(b);                 %计算目标点的坐标
db1=sqrt(x.^2+(y-80).^2);                     %计算 B 点与目标点的水平距离
db2=sqrt(db1.^2+(h/1000).^2);                 %a 计算 B 点与目标点的距离
bd=exp(-0.005*db2)                            %计算目标对 B 点距离威胁量化值
s=i./(x+(y-80)*i);                            %计算方位角对应的复数
alpha=angle(s);                               %计算相对于 B 点的方位角
bf=sin(alpha)                                 %计算目标对 B 点方位角威胁量化值
c=xlsread('gdata13_1_3.xlsx'); c1=c; c1(:,2)=sind(b);
c2=c; c2(:,2)=bd; c2(:,3)=bf;
xlswrite('gdata13_1_5.xlsx',c1);              %保存目标对 A 点的修改威胁矩阵
xlswrite('gdata13_1_5.xlsx',c2,1,'A22');      %保存目标对 B 点的威胁矩阵
[m,n]=size(c2);
for j=1:n
    p(:,j)=c2(:,j)/sum(c2(:,j));
    e(j)=-sum((p(:,j)+eps).*log(p(:,j)+eps))/log(m);
end
g=1-e; w=g/sum(g)                             %计算权重
s2=w*c2'                                      %计算各目标对 B 点的威胁程度
xlswrite('gdata13_1_4.xlsx',[[1:m];s2],1,'A4')
s1=xlsread('gdata13_1_4.xlsx',1,'A2:T2')
bar([s1',s2']), legend                        ('对 A 点威胁度','对 B 点威胁度')
s=s1*0.6+s2*0.4;                              %计算各目标对 A 和 B 的综合威胁程度
xlswrite('gdata13_1_4.xlsx',s,1,'A7')         %保存综合威胁度
```

(2) 建立火力分配模型。火力分配时除考虑目标威胁度情况外,还应考虑火力单元打击是否有利。经分析,不需考虑火力单元的打击角度问题,认为其可以在以北向起始的 180°内进行无差别打击。只需考虑目标是否进入了其打击射程之内,以及其毁伤效率的大小,再根据此时刻的目标威胁度排序进行火力配置。

用 $k=1,2,3$ 分别表示 X 型、Y 型和 Z 型防空武器,p_k 为 k 型火力单元的毁伤概率,引

进 0—1 决策变量

$$x_{kij_k} = \begin{cases} 1, & \text{第 } i \text{ 个空袭目标被分配给 } k \text{ 型火力单元的第 } j_k \text{ 个发射周期内}, \\ 0, & \text{第 } i \text{ 个空袭目标没有被分配给 } k \text{ 型火力单元的第 } j_k \text{ 个发射周期内}. \end{cases}$$

目标函数为以前面得到的威胁度为权值的总毁伤概率

$$z = \sum_{i=1}^{20} T_i \left(1 - \prod_{k=1}^{3} (1-p_k)^{\sum_{j_k \in J_k} x_{kij_k}} \right)$$

最大化,其中 X 型防空武器最多有 10 个发射周期,$J_1 = \{1,2,\cdots,10\}$,类似地,$J_2 = \{1,2,\cdots,8\}$,$J_3 = \{1,2,\cdots,7\}$。

由于 X 型防空武器弹头数量是 10 枚,发射间隔时间是 15s,看成是 10 个发射周期,类似地,Y 型防空武器有 8 个发射周期,Z 型防空武器有 7 个发射周期,我们引进 3 个矩阵表示 20 个目标是否在某类火力单元的打击范围内。

$C^{(1)} = (c_{ij_1}^{(1)})_{20 \times 10}$,其中 $c_{ij_1}^{(1)} = 1$ 表示第 i 个目标在第 1 类火力单元的第 j_1 个周期内可以打击,$c_{ij_1}^{(1)} = 0$ 表示第 i 个目标不在第 1 类火力单元的第 j_1 个周期的打击范围。

$C^{(2)} = (c_{ij_2}^{(2)})_{20 \times 8}$,其中 $c_{ij_2}^{(2)} = 1$ 表示第 i 个目标在第 2 类火力单元的第 j_2 个周期内可以打击,$c_{ij_2}^{(2)} = 0$ 表示第 i 个目标不在第 2 类火力单元的第 j_2 个周期的打击范围。

$C^{(3)} = (c_{ij_3}^{(3)})_{20 \times 7}$,其中 $c_{ij_3}^{(3)} = 1$ 表示第 i 个目标在第 3 类火力单元的第 j_3 个周期内可以打击,$c_{ij_3}^{(3)} = 0$ 表示第 i 个目标不在第 3 类火力单元的第 j_3 个周期的打击范围。

约束条件分为如下 3 类:

第 1 类:目标由某类火力单元打击的约束条件为

$$\begin{cases} x_{1ij_1} \le c_{ij_1}^{(1)}, & i = 1,2,\cdots,20; j_1 = 1,2,\cdots,10, \\ x_{2ij_2} \le c_{ij_2}^{(2)}, & i = 1,2,\cdots,20; j_2 = 1,2,\cdots,8, \\ x_{3ij_3} \le c_{ij_3}^{(3)}, & i = 1,2,\cdots,20; j_3 = 1,2,\cdots,7. \end{cases}$$

第 2 类:每个目标必须有某个火力单元打击,且最多经过两次打击的约束条件为

$$\sum_{j_1=1}^{10} x_{1ij_1} + \sum_{j_2=1}^{8} x_{2ij_2} + \sum_{j_3=1}^{7} x_{3ij_3} \ge 1, \quad i = 1,2,\cdots,20,$$

$$\sum_{j_1=1}^{10} x_{1ij_1} + \sum_{j_2=1}^{8} x_{2ij_2} + \sum_{j_3=1}^{7} x_{3ij_3} \le 2, \quad i = 1,2,\cdots,20.$$

第 3 类:某个火力单元在一个周期内只能打击一个目标的约束条件为

$$\begin{cases} \sum_{i=1}^{20} x_{1ij_1} \le 1, & j_1 = 1,2,\cdots,10, \\ \sum_{i=1}^{20} x_{2ij_2} \le 1, & j_2 = 1,2,\cdots,8, \\ \sum_{i=1}^{20} x_{3ij_3} \le 1, & j_3 = 1,2,\cdots,7. \end{cases}$$

综上所述,建立如下的 0—1 整数规划模型:

$$\max z = \sum_{i=1}^{20} T_i \left(1 - \prod_{k=1}^{3} (1-p_k)^{\sum_{j_k \in J_k} x_{kij_k}} \right),$$

$$\text{s. t.} \begin{cases} x_{1ij_1} \leq c_{ij_1}^{(1)}, & i=1,2,\cdots,20; j_1=1,2,\cdots,10, \\ x_{2ij_2} \leq c_{ij_2}^{(2)}, & i=1,2,\cdots,20; j_2=1,2,\cdots,8, \\ x_{3ij_3} \leq c_{ij_3}^{(3)}, & i=1,2,\cdots,20; j_3=1,2,\cdots,7, \\ \sum_{j_1=1}^{10} x_{1ij_1} + \sum_{j_2=1}^{8} x_{2ij_2} + \sum_{j_3=1}^{7} x_{3ij_3} \geq 1, & i=1,2,\cdots,20, \\ \sum_{j_1=1}^{10} x_{1ij_1} + \sum_{j_2=1}^{8} x_{2ij_2} + \sum_{j_3=1}^{7} x_{3ij_3} \leq 2, & i=1,2,\cdots,20, \\ \sum_{i=1}^{20} x_{1ij_1} \leq 1, & j_1=1,2,\cdots,10, \\ \sum_{i=1}^{20} x_{2ij_2} \leq 1, & j_2=1,2,\cdots,8, \\ \sum_{i=1}^{20} x_{3ij_3} \leq 1, & j_3=1,2,\cdots,7, \\ x_{1ij_1}, x_{2ij_2}, x_{3ij_3} = 0 \text{ 或 } 1, & i=1,2,\cdots,20; j_1=1,2,\cdots,10; j_2=1,2,\cdots,8; j_3=1,2,\cdots,7. \end{cases}$$

上述模型求解时,先用 MATLAB 软件求出各类火力单元与目标在各个时间周期内的距离,从而确定出矩阵 $\boldsymbol{C}^{(1)},\boldsymbol{C}^{(2)},\boldsymbol{C}^{(3)}$ 的值,再利用 LINGO 软件求解上述数学规划,最后得到的最佳火力分配情况如表 13.12 所示。

表 13.12 火力分配方案

目标\周期	1	2	3	4	5	6	7	8	9	10
1								Y		
2	X	X								
3				Y						
4			Y							
5			X	X						
6						Y				
7			Z						X	
8					Z					
9	Z									
10				Z			X			
11					Y					
12		Z								
13		Y								
14							Y			
15	Y				X					
16				Z						
17										X
18				X						
19							X			
20							Z			

计算的 MATLAB 程序如下：

```
clc, clear, a=load('gdata13_1_1.txt');
b=a(:,1); d1=a(:,2);                    %提出方位角和距离
v=a(:,3); h=a(:,4);                     %提出速度和高度
d2=sqrt(d1.^2-(h/1000).^2);             %计算水平距离
x=d2.*sind(b); y=d2.*cosd(b);           %计算目标点的坐标
C1=zeros(20,10); C2=zeros(20,8); C3=zeros(20,7);
C1(:,1)=d1<=50; C2(:,1)=d1<=100; C3(:,1)=d1<=200;
for j1=1:9
    x=x-v*15/1000; d2=sqrt(x.^2+y.^2);  %计算下一个周期的水平距离
    d1=sqrt(d2.^2+(h/1000).^2);         %计算下一个周期的距离
    C1(:,j1+1)=d1<=50;
end
for j2=1:7
    x=x-v*20/1000; d2=sqrt(x.^2+y.^2);
    d1=sqrt(d2.^2+(h/1000).^2); C2(:,j2+1)=d1<=100;
end
for j3=1:6
    x=x-v*25/1000; d2=sqrt(x.^2+y.^2);
    d1=sqrt(d2.^2+(h/1000).^2); C3(:,j3+1)=d1<=200;
end
xlswrite('gdata13_1_6.xlsx',C1), xlswrite('gdata13_1_6.xlsx',C2,1,'L1')
xlswrite('gdata13_1_6.xlsx',C3,1,'U1')
```

计算的 LINGO 程序如下：

```
model:
sets:
mb/1..20/:T;
num1/1..10/;
num2/1..8/;
num3/1..7/;
link1(mb,num1):x1,c1;
link2(mb,num2):x2,c2;
link3(mb,num3):x3,c3;
endsets
data:
p1=0.6; p2=0.85; p3=0.8;
T=@ole(gdata13_1_4.xlsx,A7:T7); c1=@ole(gdata13_1_6.xlsx,A1:J20);
c2=@ole(gdata13_1_6.xlsx,L1:S20); c3=@ole(gdata13_1_6.xlsx,U1:AA20);
enddata
```

```
max = @sum(mb(i):T(i)*(1-(1-p1)^@sum(num1(j1):x1(i,j1))*(1-p2)^@
sum(num2(j2):x2(i,j2))*(1-p3)^@sum(num3(j3):x3(i,j3))));
    @for(link1:x1<c1); @for(link2:x2<c2); @for(link3:x3<c3);
    @for(mb(i):@sum(num1(j1):x1(i,j1))+@sum(num2(j2):x2(i,j2))+@sum
(num3(j3):x3(i,j3))<2);
    @for(num1(j1):@sum(mb(i):x1(i,j1))<1); @for(num2(j2):@sum(mb(i):x2
(i,j2))<1);
    @for(num3(j3):@sum(mb(i):x3(i,j3))<1);
    @for(link1:@bin(x1)); @for(link2:@bin(x2)); @for(link3:@bin(x3));
end
```

(3) 解的说明。从目标平面分布图中可以看出,在初始时刻,17个目标已不同程度地进入3类火力单元的射程范围之内,仅有3个目标在200km以外。在一定时间内,来袭目标的运动参数(高度、速度、航向)是火力分配的重要参考依据,在实际情况中,来袭目标在由巡航飞行状态进入攻击状态前都要改变运动参数,以增强突防能力,如东风导弹的机动变轨、高超声速飞行器在临近空间的横向机动变轨等,这就需要将火力分配时机尽可能后延,分配时间越晚,方案越合理。本文给出的问题3,来袭目标的运动参数是固定的,且基本都已处于火力射程之内,因此不必考虑推迟分配时机的问题。

7. 模型的评价与推广

本文根据问题分析需要,建立了威胁度评估模型,并根据实际问题进行了二次修正,通过计算,获取的目标威胁度与心理预期一致,可信度高;建立了火力分配模型,为获取最佳火力打击方案,建立了0—1整数规划模型,直接使用LINGO软件求得火力打击方案,该方案切实可行;分析了分配时机问题,说明在本题背景下,该模型切实可行。

因题中给出的数据量较少,因此本文在求解火力分配方案时,直接使用LINGO软件求解,仍可实时获取火力分配方案,但是遇到实际问题时,可能面对的是大量的数据,LINGO软件无法实时求得问题的解,因此可以考虑采用智能优化算法,如遗传算法、免疫算法等,优化火力分配方案求解过程,并将其推广。

参考文献

[1] Heng Zhang. A New Extreme Learning Machine Optimized by Particle Swarm Optimization[A]. Research Institute of Management Science and Industrial Engineering. Proceedings of 2017 International Conference on Computing, Communications and Automation(I3CA 2017)[C]. Research Institute of Management Science and Industrial Engineering, 2017: 6.

[2] 颜骥,李相民,刘立佳,等. 基于Memetic算法的超视距协同空战火力分配[J]. 北京航空航天大学学报,2014,40(10):1424-1429.

[3] 张蛟,王中许,陈黎,等. 具有多次拦截时机的防空火力分配建模及其优化方法研究[J]. 兵工学报,2014,35(10):1644-1650.

[4] 张滢,杨任农,左家亮,等. 基于分解进化多目标优化算法的火力分配问题[J]. 系统工程与电子技术,2014,36(12):2435-2441.

[5] 陈黎,王中许,武兆斌,等. 一种基于先期毁伤准则的防空火力优化分配[J]. 航空

学报,2014,35(09):2574-2582.
[6] 余晓晗,徐泽水,刘守生,等. 复合打击下的火力分配方案评估[J]. 系统工程与电子技术,2014,36(01):84-89.
[7] 刘晓,刘忠,侯文姝,等. 火力分配多目标规划模型的改进 MOPSO 算法[J]. 系统工程与电子技术,2013,35(02):326-330.
[8] 闫冲冲,郝永生. 基于层次分析法(AHP)的空中目标威胁度估计[J]. 计算技术与自动化,2011,30(02):118-121.
[9] 郝兴国,张安,汤志荔. 空战威胁估计系统建模与仿真研究[J]. 现代电子技术,2011,34(02):46-49.
[10] 姚磊,王红明,郑锋,等. 空中目标威胁估计的模糊聚类方法研究[J]. 武汉理工大学学报(交通科学与工程版),2010,34(06):1159-1161+1166.
[11] 李红涛,武文军,舒磊. 要地防空作战中空中目标威胁度估计的数学模型[J]. 指挥控制与仿真,2006(06):35-37,40.

13.2 古塔的变形

13.2.1 2013年全国大学生数学建模竞赛C题

由于长时间承受自重、气温、风力等各种作用,偶尔还要受地震、飓风的影响,古塔会产生各种变形,如倾斜、弯曲、扭曲等。为保护古塔,文物部门需适时对古塔进行观测,了解各种变形量,以制订必要的保护措施。

某古塔已有上千年历史,是我国重点保护文物。管理部门委托测绘公司先后于1986年7月、1996年8月、2009年3月和2011年3月对该塔进行了4次观测。

请你们根据附件1(配套课件)提供的4次观测数据,讨论以下问题:

问题1:给出确定古塔各层中心位置的通用方法,并列表给出各次测量的古塔各层中心坐标。

问题2:分析该塔倾斜、弯曲、扭曲等变形情况。

问题3:分析该塔的变形趋势。

13.2.2 论文选编2

1. 摘要

本文要求根据测绘公司对古塔的4次测量数据,给出确定古塔各层中心位置的通用方法,并分析古塔的变形情况及其变形趋势。为了保证计算的精度,我们首先对各变形量进行了合理的数学定义,并对附录的缺失数据进行了合理的赋值。

对于问题1,我们通过最小二乘法拟合出观测点所在平面,再建立优化模型,在拟合平面上寻找到各观测点距离的平方和最小的点作为古塔该层的中心点。利用MATLAB编程求解,得到了每次观测古塔各层中心坐标的通用方法及各层的中心点坐标。

对于问题2,我们对古塔的倾斜、弯曲和扭曲等变形情况,分别给予合理的数学描述。对于倾斜变形,我们定义了倾斜角,即塔尖与底层中心的水平距离与塔高的比值;对于弯曲变形,我们定义了弯曲率 K,即用中心点所拟合出的空间曲线的曲率来描述古塔各处弯曲率;对于扭曲变形,我们定义了相对扭曲度 θ,利用坐标的旋转变换角度描述古塔的扭曲变形情况。利用空间曲线拟合、坐标变换等方法,以及 MATLAB 程序,分别求出了三个变形刻画量的量化指标。

对于问题 3,我们考虑通过古塔的倾斜、弯曲及扭曲程度来分析古塔的变形趋势。由于数据量较少,我们建立灰色预测模型分析这三种变形因素的变化趋势,利用相应的 MATLAB 程序,得到了倾斜角、弯曲率,以及相对扭曲度的预测函数和误差检验,验证了模型的可靠性,并继而分析古塔的变形趋势。

本文巧妙地将各种变形量给予了合理的数学描述及模型,运用最小二乘法、曲线投影拟合、坐标变换等数学方法实现了求解,并利用灰色预测对未来变形趋势进行了预测,具有较好的实用性和可推广性。

关键词:古塔变形;最小二乘拟合;空间曲线曲率;坐标矩阵变换;灰色预测

2. 问题重述

由于长时间承受自重、气温、风力等各种作用,偶然还要受地震、飓风的影响,古塔产生各种变形,如倾斜、弯曲、扭曲等。为保护古塔,文物部门需适时对古塔进行观测,了解各种变形量,以制订必要的保护措施。

某古塔已有上千年历史,是我国重点保护文物。管理部门委托测绘公司先后于 1986 年 7 月、1996 年 8 月、2009 年 3 月和 2011 年 3 月对该塔进行了 4 次观测。

根据附件 1 提供的 4 次观测数据,我们研究以下问题:

(1) 给出确定古塔各层中心位置的通用方法,并列表给出各次测量的古塔各层中心坐标。

(2) 分析该塔倾斜、弯曲、扭曲等变形情况。

(3) 分析该塔的变形趋势。

3. 模型的假设

1) 由于中国古代建筑物多为对称图形,假设古塔是对称的
2) 假设每次古塔的测量点选取是固定的
3) 假设测量数据都是准确可靠的
4) 假设古塔的变形只由倾斜、弯曲和扭曲变形造成,不考虑其他因素

4. 变量说明

$(x_{ij}(k), y_{ij}(k), z_{ij}(k))$:第 k 次测量时第 i 层第 j 个观测点的观测坐标 ($i=1,2,\cdots,13$, $j=1,2,\cdots,8$, $k=1,2,3,4$);

$(x_i^*(k), y_i^*(k), z_i^*(k))$:第 k 次测量时第 i 层中心点坐标 ($i=1,2,\cdots,13$, $k=1,2,3,4$);

$(\hat{x}_j(k), \hat{y}_j(k), \hat{z}_j(k))$:第 k 次测量时塔尖第 j 个观测点的观测坐标 ($j=1,2,3,4$, $k=1,2,3,4$);

$(x^*(k), y^*(k), z^*(k))$:第 k 次测量时塔尖的中心点坐标 ($k=1,2,3,4$);

$d_{ij}(k)$:第 k 次测量时第 i 层第 j 个观测点与该层中心点的距离 ($i=1,2,\cdots,13$, $j=1,2,\cdots,8$, $k=1,2,3,4$);

$z=A_i(k)x+B_i(k)y+C_i(k)$:第 k 次测量时第 i 层观测点的拟合平面方程 ($i=1,2,\cdots,13$, $k=1,2,3,4$);

$H(k)$：第 k 次测量时古塔的塔高($k=1,2,3,4$)；

$d(k)$：第 k 次测量时古塔的塔尖与塔的底层中心的水平距离($k=1,2,3,4$)；

$\alpha(k)$：第 k 次测量时古塔的倾斜角($k=1,2,3,4$)；

$$\begin{cases} x_k(t)=a_1(k)t^2+b_1(k)t+c_1(k) \\ y_k(t)=a_2(k)t^2+b_2(k)t+c_2(k) \\ z_k(t)=t \end{cases}$$：第 k 次测量时古塔各层中心点的拟合曲线($k=1,2,3,4$)；

K_k：第 k 次测量时古塔的弯曲率($k=1,2,3,4$)；

$\theta_{ij}(k)$：第 k 次测量时古塔第 i 层第 j 个观测点相对于上次测量的扭曲度($i=1,2,\cdots,13, j=1,2,\cdots,8, k=1,2,3,4$)；

$\bar{\theta}_i(k)$：第 k 次测量时古塔第 i 层相对于上次测量的平均扭曲度($i=1,2,\cdots,13, k=2,3,4$)；

$(p_{ij}(k), q_{ij}(k))$：第 k 次测量时古塔第 i 层第 j 个观测点相对于上次测量的水平坐标平移量($i=1,2,\cdots,13, j=1,2,\cdots,8, k=1,2,3,4$)；

$x^{(0)}$：灰色系统原始数据序列；

$x^{(1)}$：灰色系统原始数据一次累加序列；

$\alpha^{(1)}x^{(0)}$：灰色系统原始数据一次累减序列；

$z^{(1)}$：灰色系统原始数据一次累加序列的均值序列。

5. 模型准备

1) 对建筑物变形、倾斜、弯曲、扭曲的理解

根据《中华人民共和国行业标准建筑变形测量规范(JGJ8—2007)》[1]，我们对以下关键概念进行了定义，并给出合理的数学解释。

建筑变形：建筑的地基、基础、上部结构及其场地受各种作用力而产生的形状或位置变化现象。在本文中，我们认为建筑变形主要由建筑物的倾斜、弯曲、扭曲及沉降等现象共同造成。

倾斜：建筑中心线或其墙、柱等，在不同高度的点对其相应底部点的偏移现象。在本文中，我们定义倾斜角 α，其正切值即塔尖与底层中心的水平距离与塔高的比值，即 $\tan\alpha = d/H$。

弯曲：当杆件受到与杆轴线垂直的外力或在轴线平面内的力偶作用时，杆的轴线由原来的直线变成弯曲，这种变形称为弯曲变形。在本文中，我们利用古塔各层中心位置所在空间曲线的曲率定义了古塔的弯曲率 K。

扭曲：建筑产生的非竖向变形。由于扭曲为非竖向的变形，讨论古塔扭曲时只需考虑水平方向的坐标变化，即 x,y 坐标的水平旋转，因此我们用古塔水平旋转角度的扭曲度 θ 来描述。

2) 缺失数据的预处理

第 13 层的缺失数据：由于在第 1 次和第 2 次的观测数据中，第 13 层缺少一个点的观测数据，使得在寻找第 13 层中心点时产生较大误差。因此，我们结合第 12 层与第 11 层第 5 个观测点坐标的相对变化情况，对第 13 层的缺失数据进行了合理地赋值。根据对古塔各观测点散点图观察可见，古塔相邻两层的对应观测点坐标之间具有类似的关系。通

过计算可得第1次测量中第12层第5个观测点相对于第11层第5个点的坐标变化值为(0.055, 0.173, 4.271),从而由第12层第5个观测点坐标加上相对变化值可将第13层的缺失数据赋值为(567.984, 519.588, 52.984)。同理可将第2次测量中第13层的缺失数据赋值为(567.99, 519.5816, 52.983)。

塔尖的数据：在后两次测量中，塔尖仅有一个观测数据。由于塔尖各点坐标变化很小，所以对于只有一个测量点的塔尖数据，我们将其近似处理为塔尖中心点坐标。

6. 模型的建立与求解

1) 问题1模型的建立与求解

(1) 建模思路。问题1要求确定古塔各层中心位置的通用方法。根据建筑变形测量规范，在建筑物变形测量中，为更好地测量出建筑物变形程度的各个指标，我们假设每次测量应选取固定的测量点，且在同一层所选取的测量点在未变形前处于同一个水平面上。而经过对各层观测点三维散点图(图13.13)的绘制发现，各层的8个点近似对称地分布在一个平面上，只是因为年代久远发生变形导致了些许偏差。因此为了更准确地找出各层中心点，先利用最小二乘法拟合出各层观测点所在的平面方程，再建立优化模型在该平面上寻找一点使其到各观测点距离的平方和最小，以此确立古塔各层中心坐标。

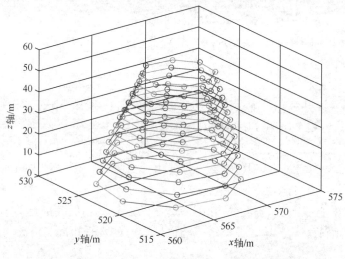

图13.13 古塔测量点分布图

画图的MATLAB程序如下：

```
clc, clear, close all
a=xlsread('gdata13_2_2(附件1补足缺失数据).xls',1,'C4:E107');
hold on, grid on, view(3)    %默认的三维视角
for i=1:13
    plot3(a([8*(i-1)+1:8*i],1),a([8*(i-1)+1:8*i],2),a([8*(i-1)+1:8*i],3),'o-');
    %上面语句画折线(依次画7条线段)
    plot3(a([8*(i-1)+1,8*i],1),a([8*(i-1)+1,8*i],2),a([8*(i-1)+1,8*i],3),'o-')
```

%上面语句画一条线段(第1个点和第8个点相连)
end
xlabel('x 轴/m'), ylabel('y 轴/m'), zlabel('z 轴/m')

(2) 平面拟合。

① 模型分析与建立。 根据假设,在变形前,同层的观测点应处于同一平面上,而由于该层各点发生的变形程度的不同使其与该平面有微小的偏差,因此我们首先根据各层的观测值通过最小二乘法[2]拟合所在平面。

平面方程的一般表达式为

$$Ax+By+Cz+D=0(C\neq 0)\Rightarrow z=-\frac{A}{C}x-\frac{B}{C}y-\frac{D}{C}.$$

因此可设第 k 次测量时第 i 层观测点的拟合平面方程为

$$z=A_i(k)x+B_i(k)y+C_i(k).$$

利用最小二乘法的思想,建立如下优化模型:

$$\min \sum_{j=1}^{8}(A_i(k)x_{ij}(k)+B_i(k)y_{ij}(k)+C_i(k)-z_{ij}(k))^2, \quad i=1,2,\cdots,13; k=1,2,3,4,$$

寻找与各层观测点最接近的平面方程。

② 模型求解。 该问题为无条件极值问题,函数

$$f(A_i(k),B_i(k),C_i(k))=\sum_{j=1}^{8}(A_i(k)x_{ij}(k)+B_i(k)y_{ij}(k)+C_i(k)-z_{ij}(k))^2$$

取得极小值的必要条件是三个偏导数应满足

$$\frac{\partial f}{\partial A_i(k)}=\frac{\partial f}{\partial B_i(k)}=\frac{\partial f}{\partial C_i(k)}=0,$$

即

$$\begin{cases} \sum_{j=1}^{8}2[A_i(k)x_{ij}(k)+B_i(k)y_{ij}(k)+C_i(k)-z_{ij}(k)]x_{ij}(k)=0, \\ \sum_{j=1}^{8}2[A_i(k)x_{ij}(k)+B_i(k)y_{ij}(k)+C_i(k)-z_{ij}(k)]y_{ij}(k)=0, \\ \sum_{j=1}^{8}2[A_i(k)x_{ij}(k)+B_i(k)y_{ij}(k)+C_i(k)-z_{ij}(k)]=0. \end{cases}$$

整理,得

$$\begin{cases} A_i(k)\sum_{j=1}^{8}x_{ij}^2(k)+B_i(k)\sum_{j=1}^{8}[x_{ij}(k)y_{ij}(k)]+c_i(k)\sum_{j=1}^{8}x_{ij}(k)=\sum_{j=1}^{8}[x_{ij}(k)z_{ij}(k)], \\ A_i(k)\sum_{j=1}^{8}[x_{ij}(k)y_{ij}(k)]+B_i(k)\sum_{j=1}^{8}y_{ij}^2(k)+C_i(k)\sum_{j=1}^{8}y_{ij}(k)=\sum_{j=1}^{8}[y_{ij}(k)z_{ij}(k)], \\ A_i(k)\sum_{j=1}^{8}x_{ij}(k)+B_i(k)\sum_{j=1}^{8}y_{ij}(k)+8C_i(k)=\sum_{j=1}^{8}z_{ij}(k). \end{cases}$$

将各层观测值 $x_{ij}(k),y_{ij}(k),z_{ij}(k)$ 代入上式,利用 MATLAB 编程解上述线性方程组,解得每次测量各层的拟合平面系数 $A_i(k),B_i(k),C_i(k)$ 如表 13.13 所示。

表 13.13 拟合后各层的系数

第 i 层	第 1 次测量拟合平面系数			第 i 层	第 2 次测量拟合平面系数		
	$A_i(1)$	$B_i(1)$	$C_i(1)$		$A_i(2)$	$B_i(2)$	$C_i(2)$
1	−0.0008	0.0034	0.4720	1	−0.0015	0.0037	0.6844
2	−0.0008	0.0036	5.8872	2	−0.0005	0.0038	5.6172
3	−0.0009	0.0037	11.3085	3	−0.0013	0.0037	11.5159
4	−0.0009	0.0038	15.6026	4	0.0007	0.0040	14.5559
5	−0.0009	0.0039	20.1568	5	−0.0013	0.0039	20.3858
6	−0.0175	0.0054	33.3104	6	−0.0171	0.0056	32.9971
7	−0.0187	0.0057	37.5021	7	−0.0184	0.0059	37.1682
8	−0.0200	0.0059	41.6201	8	−0.0205	0.0059	41.8913
9	−0.0215	0.0061	45.8258	9	−0.0210	0.0064	45.4379
10	−0.0217	0.0009	52.0039	10	−0.0222	0.0009	52.3141
11	−0.0222	0.0019	56.0483	11	−0.0228	0.0019	56.3805
12	−0.0239	0.0022	61.1217	12	−0.0245	0.0022	61.4813
13	−0.0219	−0.0102	70.5913	13	−0.0222	−0.0102	70.7680
塔尖	1.1448	0.7035	−961.7011	塔尖	1.2695	0.6411	−999.8357
第 i 层	第 3 次测量拟合平面系数			第 i 层	第 4 次测量拟合平面系数		
	$A_i(3)$	$B_i(3)$	$C_i(3)$		$A_i(4)$	$B_i(4)$	$C_i(4)$
1	−0.0024	−0.0038	5.0800	1	−0.0023	−0.0037	5.0406
2	−0.0040	−0.0002	9.6612	2	−0.0026	−0.0025	10.0610
3	−0.0023	−0.0037	15.9778	3	−0.0026	−0.0044	16.5227
4	−0.0044	−0.0001	19.6164	4	−0.0036	−0.0027	20.5184
5	−0.0042	−0.0009	24.6120	5	−0.0043	−0.0014	24.8239
6	−0.0047	−0.0209	39.8196	6	−0.0047	−0.0214	40.0459
7	−0.0068	−0.0186	43.4029	7	−0.0070	−0.0182	43.3057
8	−0.0065	−0.0216	48.3300	8	−0.0065	−0.0216	48.2731
9	−0.0069	−0.0221	52.3117	9	−0.0047	−0.0253	52.7297
10	−0.0015	−0.0228	52.9152	10	0.0004	−0.0262	53.5630
11	−0.0025	−0.0220	57.3630	11	−0.0022	−0.0244	58.3957
12	−0.0028	−0.0239	62.7988	12	−0.0044	−0.0187	60.9187
13	−0.0054	−0.0277	70.3565	13	−0.0052	−0.0284	70.5565

计算拟合平面的 MATLAB 程序如下：

```
clc,clear
    a=xlsread('gdata13_2_2(附件1补足缺失数据).xls',1,'C4:E111');
for i=1:13
    xs=[a([8*(i-1)+1:8*i],1),a([8*(i-1)+1:8*i],2),ones(8,1)];
                                            %构造系数矩阵
    s1=xs\a([8*(i-1)+1:8*i],3);             %拟合第i层的平面
    s11(i,:)=s1';
end
xs=[a([105:end],1),a([105:end],2),ones(4,1)];
```

```
s1 = xs\a([105:end],3);                    %拟合塔尖
s11 = [s11;s1];                            %第 1 次测量的拟合结果
xlswrite('gdata13_2_3.xlsx',s11)           %计算结果写入 Excel 文件,便于制表
b = xlsread('gdata13_2_2(附件 1 补足缺失数据).xls ',1,'I4:K111');
for i = 1:13
    xs = [b([8*(i-1)+1:8*i],1),b([8*(i-1)+1:8*i],2),ones(8,1)];
                                           %构造系数矩阵
    s2 = xs\b([8*(i-1)+1:8*i],3);          %拟合第 i 层的平面
    s22(i,:) = s2';
end
xs = [b([105:end],1),b([105:end],2),ones(4,1)];
s2 = xs\b([105:end],3);                    %拟合塔尖
s22 = [s22;s2'];                           %第 2 次测量的拟合结果
xlswrite('gdata13_2_3.xlsx',s22,1,'E1')    %计算结果写入 Excel 文件,便于制表
c = xlsread('gdata13_2_2(附件 1 补足缺失数据).xls ',1,'O4:Q107');
for i = 1:13
    xs = [c([8*(i-1)+1:8*i],1),c([8*(i-1)+1:8*i],2),ones(8,1)];
                                           %构造系数矩阵
    s3 = xs\c([8*(i-1)+1:8*i],3);          %拟合第 i 层的平面
    s33(i,:) = s3';
end
xlswrite('gdata13_2_3.xlsx',s33,1,'A16')   %计算结果写入 Excel 文件,便于制表
d = xlsread('gdata13_2_2(附件 1 补足缺失数据).xls ',1,'U4:W107');
for i = 1:13
    xs = [d([8*(i-1)+1:8*i],1),d([8*(i-1)+1:8*i],2),ones(8,1)];
                                           %构造系数矩阵
    s4 = xs\d([8*(i-1)+1:8*i],3);          %拟合第 i 层的平面
    s44(i,:) = s4';
end
xlswrite('gdata13_2_3.xlsx',s44,1,'E16')   %计算结果写入 Excel 文件,便于制表
```

(3) 中心点的确定。

① 模型分析与建立。 中心点即与四周距离相等的点。根据各层实际观测点近似对称地分布在一个平面的特征,我们在平面拟合过程中所求得的各层拟合平面中寻找一点,使其到该层各观测点距离的平方和最小,建立如下优化模型:

目标函数:

到该层各观测点距离的平方和最小,即

$$\min \sum_{j=1}^{8} d_{ij}(k) = \sum_{j=1}^{8} \left[(x_{ij}(k) - x_i^*(k))^2 + (y_{ij}(k) - y_i^*(k))^2 + (z_{ij}(k) - z_i^*(k))^2 \right].$$

约束条件:

该中心点在拟合平面上,即
$$z_i^*(k) = A_i(k)x_i^*(k) + B_i(k)y_i^*(k) + C_i(k).$$

② **模型求解**。该问题为条件极值问题,将约束条件 $z_i^*(k) = A_i(k)x_i^*(k) + B_i(k)y_i^*(k) + C_i(k)$ 代入目标函数可将其转换为无条件极值问题:

$$\min \sum_{j=1}^{8} d_{ij}(k) = \sum_{j=1}^{8} [(x_{ij}(k) - x_i^*(k))^2 + (y_{ij}(k) - y_i^*(k))^2 + (z_{ij}(k) - A_i(k)x_i^*(k) - B_i(k)y_i^*(k) - C_i(k))^2].$$

利用 MATLAB 编程求解该无条件极值问题,求得每次各层中心点坐标如表 13.14 所示,将其绘成三维图如图 13.14 所示。

表 13.14 各次各层中心点坐标

第 i 层	第 1 次测量各层的中心坐标			第 i 层	第 2 次测量各层的中心坐标		
	x	y	z		x	y	z
1	566.6647	522.7105	1.7874	1	566.6649	522.7102	1.7830
2	566.7196	522.6684	7.3203	2	566.7206	522.6674	7.3146
3	566.7735	522.6272	12.7552	3	566.7751	522.6256	12.7508
4	566.8161	522.5943	17.0782	4	566.8183	522.5922	17.0751
5	566.8622	522.5591	21.7205	5	566.8649	522.5563	21.7160
6	566.9084	522.5244	26.2351	6	566.9118	522.5209	26.2295
7	566.9468	522.5082	29.8369	7	566.9505	522.5042	29.8323
8	566.9843	522.4924	33.3509	8	566.9884	522.4881	33.3454
9	567.0218	522.4764	36.8549	9	567.0265	522.4714	36.8483
10	567.0569	522.4624	40.1721	10	567.0620	522.4572	40.1676
11	567.1045	522.4230	44.4409	11	567.1103	522.4173	44.4354
12	567.1518	522.3836	48.7119	12	567.1578	522.3775	48.7074
13	567.1973	522.3463	52.8530	13	567.2035	522.3400	52.8491
塔尖	567.2473	522.2437	55.1233	塔尖	567.2544	522.2366	55.1198
第 i 层	第 3 次测量各层的中心坐标			第 i 层	第 4 次测量各层的中心坐标		
	x	y	z		x	y	z
1	566.7268	522.7014	1.7645	1	566.7269	522.7013	1.7633
2	566.7640	522.6693	7.3090	2	566.7642	522.6690	7.2905
3	566.8000	522.6384	12.7323	3	566.8004	522.6388	12.7269
4	566.8293	522.6132	17.0697	4	566.8297	522.6127	17.0520
5	566.8604	522.5867	21.7094	5	566.8610	522.5860	21.7039
6	566.9471	522.5342	26.2110	6	566.9478	522.5334	26.2045
7	566.9792	522.5123	29.8246	7	566.9800	522.5116	29.8170
8	567.0305	522.4797	33.3399	8	567.0313	522.4788	33.3366
9	567.0816	522.4466	36.8438	9	567.0826	522.4457	36.8222
10	567.1370	522.3937	40.1611	10	567.1381	522.3926	40.1441
11	567.1798	522.3547	44.4326	11	567.1809	522.3535	44.4249
12	567.2225	522.3160	48.6997	12	567.2238	522.3147	48.6839
13	567.2712	522.2715	52.8184	13	567.2725	522.2701	52.8131
塔尖	567.336	522.2148	55.091	塔尖	567.3375	522.2135	55.087

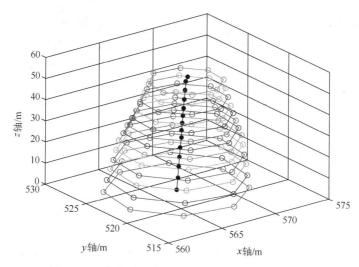

图 13.14 古塔测量点分布图及计算所得的中心坐标

计算中心的 MATLAB 程序如下：

```
clc, clear
a=xlsread('gdata13_2_2(附件1补足缺失数据).xls ',1,'C4:E111');
for i=1:13
    x0=a([8*(i-1)+1:8*i],1);y0=a([8*(i-1)+1:8*i],2);z0=a([8*(i-1)+1:8*i],3);
    xs=[x0,y0,ones(8,1)];              %构造系数矩阵
    s1=xs\z0;                          %拟合第 i 层的平面
    wc=@(t)sum((x0-t(1)).^2+(y0-t(2)).^2+(z0-[t(1),t(2),1]*s1).^2);
    t0=fminsearch(wc,100*rand(1,2));   %求第 i 层平面中心的 x,y 坐标
    x1(i,:)=[t0,[t0,1]*s1];            %把第 i 层平面中心的 x,y,z 坐标保存起来
end
xs=[a([105:end],1),a([105:end],2),ones(4,1)];
s1=xs\a([105:end],3);                  %拟合塔尖平面
wc=@(t)sum((xs(:,1)-t(1)).^2+(xs(:,2)-t(2)).^2+(a([105:end],3)-[t(1),t(2),1]*s1).^2);
t0=fminsearch(wc,100*rand(1,2));       %求塔尖平面中心的 x,y 坐标
x1=[x1;[t0,[t0,1]*s1]];
xlswrite('gdata13_2_4.xlsx',x1)        %计算结果写入 Excel 文件,便于制表
save gdata13_2_5 x1                    %把中心坐标保存起来,供下面画图使用
b=xlsread('gdata13_2_2(附件1补足缺失数据).xls ',1,'I4:K111');
for i=1:13
    x0=b([8*(i-1)+1:8*i],1);y0=b([8*(i-1)+1:8*i],2);z0=b([8*(i-1)+1:8*i],3);
    xs=[x0,y0,ones(8,1)];              %构造系数矩阵
```

```matlab
        s1 = xs\z0;                                %拟合第 i 层的平面
        wc = @(t)sum((x0-t(1)).^2+(y0-t(2)).^2+(z0-[t(1),t(2),1]*s1).^2);
        t0 = fminsearch(wc,100*rand(1,2));         %求第 i 层平面中心的 x,y 坐标
        x2(i,:) = [t0,[t0,1]*s1];                  %把第 i 层平面中心的 x,y,z 坐标保存起来
    end
    xs = [b([105:end],1),b([105:end],2),ones(4,1)];
    s1 = xs\b([105:end],3);                        %拟合塔尖平面
    wc = @(t)sum((xs(:,1)-t(1)).^2+(xs(:,2)-t(2)).^2+(b([105:end],3)-[t(1),t(2),1]*s1).^2);
    t0 = fminsearch(wc,100*rand(1,2));             %求塔尖平面中心的 x,y 坐标
    x2 = [x2;[t0,[t0,1]*s1]];
    xlswrite('gdata13_2_4.xlsx',x2,1,'E1')         %计算结果写入 Excel 文件,便于制表
    c = xlsread('gdata13_2_2(附件 1 补足缺失数据).xls ',1,'O4:Q108');
    for i = 1:13
        x0 = c([8*(i-1)+1:8*i],1);y0 = c([8*(i-1)+1:8*i],2);z0 = c([8*(i-1)+1:8*i],3);
        xs = [x0,y0,ones(8,1)];                    %构造系数矩阵
        s1 = xs\z0;                                %拟合第 i 层的平面
        wc = @(t)sum((x0-t(1)).^2+(y0-t(2)).^2+(z0-[t(1),t(2),1]*s1).^2);
        t0 = fminsearch(wc,100*rand(1,2));         %求第 i 层平面中心的 x,y 坐标
        x3(i,:) = [t0,[t0,1]*s1];                  %把第 i 层平面中心的 x,y,z 坐标保存起来
    end
    xlswrite('gdata13_2_4.xlsx',x3,1,'A16')        %计算结果写入 Excel 文件,便于制表
    xlswrite('gdata13_2_4.xlsx',c(end,:),1,'A29')  %直接写入塔尖数据
    d = xlsread('gdata13_2_2(附件 1 补足缺失数据).xls ',1,'U4:W108');
    for i = 1:13
        x0 = d([8*(i-1)+1:8*i],1);y0 = d([8*(i-1)+1:8*i],2);z0 = d([8*(i-1)+1:8*i],3);
        xs = [x0,y0,ones(8,1)];                    %构造系数矩阵
        s1 = xs\z0;                                %拟合第 i 层的平面
        wc = @(t)sum((x0-t(1)).^2+(y0-t(2)).^2+(z0-[t(1),t(2),1]*s1).^2);
        t0 = fminsearch(wc,100*rand(1,2));         %求第 i 层平面中心的 x,y 坐标
        x4(i,:) = [t0,[t0,1]*s1];                  %把第 i 层平面中心的 x,y,z 坐标保存起来
    end
    xlswrite('gdata13_2_4.xlsx',x4,1,'E16')        %计算结果写入 Excel 文件,便于制表
    xlswrite('gdata13_2_4.xlsx',d(end,:),1,'E29')  %直接写入塔尖数据
```

画图的 MATLAB 程序如下:

```matlab
clc,clear,close all
a = xlsread('gdata13_2_2(附件 1 补足缺失数据).xls',1,'C4:E107');
```

```
hold on, grid on, view(3)    %默认的三维视角
for i = 1:13
    plot3(a([8*(i-1)+1,8*i],1),a([8*(i-1)+1,8*i],2),a([8*(i-1)+1,
8*i],3),'o-')
    plot3(a([8*(i-1)+1:8*i],1),a([8*(i-1)+1:8*i],2),a([8*(i-1)+1:
8*i],3),'o-');
end
xlabel('x 轴/m'), ylabel('y 轴/m'), zlabel('z 轴/m')
load('gdata13_2_5.mat')
plot3(x1(:,1),x1(:,2),x1(:,3),'. k-','MarkerSize',18)
```

(4) 模型的结果分析。通过模型求出的古塔的各层中心点的坐标,给出了确定古塔各层中心点的通用方法,达到了建立本模型的目的。且该模型可以确定各种对称物体的中心位置。

2) 问题 2 模型的建立与求解

(1) 建模思路。问题 2 要求分析古塔的各种变形情况。根据《中华人民共和国行业标准建筑变形测量规范(JGJB—2007)》[1]知,变形是建筑的地基、基础、上部结构及其场地受各种作用力而产生的形状或位置变化现象。在问题 2 中,主要分析古塔三种主要的变形情况:倾斜、弯曲、扭曲。

对于倾斜变形,我们对倾斜角 α 进行描述,其正切值等于塔尖与底层中心的水平距离与塔高的比值,即 $\tan\alpha = d/H$;对于弯曲变形,我们首先通过投影法拟合出古塔各层中心点所在空间曲线的参数方程,再利用空间曲线的曲率来刻画古塔的弯曲度 K;对于扭曲变形,考虑扭曲变形实际为古塔水平面的旋转产生,因此我们采用二维坐标 (x,y) 旋转的矩阵变换,通过各观测量点前后的坐标确定古塔的旋转角度 θ,以此刻画古塔的扭曲度。但是,实际中水平面坐标 (x,y) 不仅发生了旋转变换,还受到倾斜弯曲变形等所引起的平移变化的影响,因此我们在考虑坐标变换的时候加入了平移量 (p,q),使其更加准确、合理。

(2) 倾斜变形。

① **模型分析与建立**。古塔的倾斜变形可用其倾斜角 α 来描述,其正切值等于塔尖与底层中心的水平距离与塔高的比值,即

$$\tan\alpha = \frac{d}{H}.$$

因此,第 k 次测量的倾斜角可以用下式表示:

$$\alpha(k) = \arctan\frac{d(k)}{H(k)}, \tag{13.3}$$

式中:$d(k)$ 为塔尖与底层中心的水平距离;$H(k)$ 为塔高即塔尖与底层中心的纵坐标之差。其中

$$d(k) = \sqrt{[x^*(k) - x_1^*(k)]^2 + [y^*(k) - y_1^*(k)]^2}, \tag{13.4}$$

$$H(k) = z^*(k) - z_1^*(k). \tag{13.5}$$

② **模型求解**。根据问题 1 所求出的塔尖与底层的中心坐标,利用式(13.4)和

式(13.5),可计算出 $d(k)$,$H(k)$ 的值,再将所得 $d(k)$,$H(k)$ 的值代入式(13.3),利用 MATLAB 编程,求解出 $\alpha(k)$ 的值如表 13.15 所示。

表 13.15 各次测量的倾斜角(单位:弧度)

测量次数	第 1 次	第 2 次	第 3 次	第 4 次
倾斜角	0.0140	0.0142	0.0146	0.0147

计算的 MATLAB 程序如下:

```
clc, clear, a1=xlsread('gdata13_2_4.xlsx',1,'A1:C1');
a2=xlsread('gdata13_2_4.xlsx',1,'A14:C14');
H1=a2(3)-a1(3); d1=norm(a1(1:2)-a2(1:2)); alpha1=atan(d1/H1)
b1=xlsread('gdata13_2_4.xlsx',1,'E1:G1');
b2=xlsread('gdata13_2_4.xlsx',1,'E14:G14');
H2=b2(3)-b1(3); d2=norm(b1(1:2)-b2(1:2)); alpha2=atan(d2/H2)
c1=xlsread('gdata13_2_4.xlsx',1,'A16:C16');c2=[567.336,522.2148,55.091];
H3=c2(3)-c1(3); d3=norm(c1(1:2)-c2(1:2)); alpha3=atan(d3/H3)
d1=xlsread('gdata13_2_4.xlsx',1,'E16:G16');d2=[567.3375,522.2135,55.087];
H4=d2(3)-d1(3); d4=norm(d1(1:2)-d2(1:2)); alpha4=atan(d4/H4)
```

③ **模型结果的分析**。根据求解古塔的倾斜模型,我们得到古塔 4 次观测的倾斜角分别为 0.0140,0.0142,0.0146,0.0147。根据数据可以发现古塔倾斜变化的趋势,以制订相应的保护措施,具有较强的参考依据。

(3) 弯曲变形。

① **模型分析与建立**。古塔的弯曲变形是指当杆件受到与杆轴线垂直的外力或在轴线平面内的力偶作用时,杆的轴线由原来的直线变成弯曲。因此,古塔的弯曲率即因为变形致使古塔轴线弯曲的程度。

在本文中,我们把古塔各层中心点拟合出的空间曲线作为古塔的轴线。首先将问题 1 所得到的各层中心点的坐标分别投影到 zOx 平面和 yOz 平面,利用投影法拟合出轴线的参数方程,然后利用拟合出的空间曲线曲率来刻画古塔在各层的弯曲率 K。

首先拟合空间曲线。将第 k 次测量时各层中心点分别投影到 zOx 平面和 yOz 平面,得到其投影点坐标

$(x_i^*(k), 0, z_i^*(k)), (0, y_i^*(k), z_i^*(k))(i=1,2,\cdots,13); (x^*(k), 0, z^*(k)), (0, y^*(k), z^*(k))$。

利用投影点坐标对 x,z 坐标及 y,z 坐标分别进行二次拟合得空间曲线 l_k 的参数方程如下:

$$\begin{cases} x_k(t) = a_1(k)t^2 + b_1(k)t + c_1(k), \\ y_k(t) = a_2(k)t^2 + b_2(k)t + c_2(k), \\ z_k(t) = t. \end{cases} \quad (13.6)$$

其次计算曲率。根据拟合得到的空间曲线的参数方程(13.6)式以及空间曲线的曲率公式

$$K_k = \frac{\sqrt{\left|\begin{matrix} x'_k(t) & y'_k(t) \\ x''_k(t) & y''_k(t) \end{matrix}\right|^2 + \left|\begin{matrix} y'_k(t) & z'_k(t) \\ y''_k(t) & z''_k(t) \end{matrix}\right|^2 + \left|\begin{matrix} z'_k(t) & x'_k(t) \\ z''_k(t) & x''_k(t) \end{matrix}\right|^2}}{\{[x'_k(t)]^2 + [y'_k(t)]^2 + [z'_k(t)]^2\}^{3/2}}, \quad (13.7)$$

即得到第 k 次测量时古塔的弯曲率函数 $K_k(t)$。

② 模型求解。

首先拟合空间曲线。 根据问题 1 得到各层中心点的坐标在 zOx 平面和 yOz 平面的投影坐标。通过投影坐标对 x,z 及 y,z 坐标分别进行二次拟合,拟合出的空间曲线参数方程由式(13.6)表示,利用 MATLAB 编程,可计算得到拟合空间曲线系数 $a_i(k), b_i(k), c_i(k)$ ($i=1,2; k=1,2,3,4$) 如表 13.16 所示。

表 13.16 中心点拟合得到的空间曲线的系数值

	$x_1(t)$	$y_1(t)$	$x_2(t)$	$y_2(t)$	$x_3(t)$	$y_3(t)$	$x_4(t)$	$y_4(t)$
$a_i(k)$	0.00003	-0.00004	0.00003	-0.00004	0.00008	-0.00008	0.00008	-0.00008
$b_i(k)$	0.0090	-0.0049	0.0091	-0.0050	0.0069	-0.0041	0.0070	-0.0042
$c_i(k)$	566.7	522.7	566.7	522.7	566.7	522.7	566.7	522.7

利用中心点拟合空间曲线参数方程的 MATLAB 程序如下:

```
clc, clear, a0 = xlsread('gdata13_2_4.xlsx');    %读入各种中心点数据
a1 = a0([1:14],[1:3]);                           %读入第 1 次测量的中心数据
xz1 = fit(a1(:,3),a1(:,1),'poly2')               %拟合 x 关于 z 的二次函数
yz1 = fit(a1(:,3),a1(:,2),'poly2')               %拟合 y 关于 z 的二次函数
a2 = a0([1:14],[5:7]);                           %读入第 2 次测量的中心数据
xz2 = fit(a2(:,3),a2(:,1),'poly2')
yz2 = fit(a2(:,3),a2(:,2),'poly2')
a3 = a0([16:29],[1:3]);
xz3 = fit(a3(:,3),a3(:,1),'poly2')
yz3 = fit(a3(:,3),a3(:,2),'poly2')
a4 = a0([16:29],[5:7]);
xz4 = fit(a4(:,3),a4(:,1),'poly2')
yz4 = fit(a4(:,3),a4(:,2),'poly2')
```

其次计算曲率。 对拟合空间曲线参数方程式(13.6)对 t 求一阶导数,得

$$\begin{cases} x'_k(t) = 2a_1(k)t + b_1(k), \\ y'_k(t) = 2a_2(k)t + b_2(k), \\ z'_k(t) = 1. \end{cases} \quad (13.8)$$

求二阶导数,得

$$\begin{cases} x''_k(t) = 2a_1(k), \\ y''_k(t) = 2a_2(k), \\ z''_k(t) = 0. \end{cases} \quad (13.9)$$

将表 13.16 所求得的系数 $a_i(k), b_i(k), c_i(k)$ ($i=1,2; k=1,2,3,4$) 代入参数方程 x,y,z,

分别对 t 求一阶导数和二阶导数,再利用空间曲线的曲率公式(13.7),通过 MATLAB 编程,求解得到 K_k 的值如表 13.17 所示。

表 13.17 K_k 的值

第 i 层 \ 年份	1989	1999	2009	2011
1	0.000102999	0.000102201	0.000231505	0.000231332
2	0.000102998	0.0001022	0.000231497	0.000231324
3	0.000102996	0.000102198	0.000231488	0.000231315
4	0.000102994	0.000102197	0.00023148	0.000231307
5	0.000102993	0.000102195	0.000231471	0.000231298
6	0.000102991	0.000102193	0.000231461	0.000231288
7	0.00010299	0.000102192	0.000231453	0.00023128
8	0.000102988	0.000102191	0.000231445	0.000231271
9	0.000102987	0.000102189	0.000231436	0.000231262
10	0.000102986	0.000102188	0.000231427	0.000231253
11	0.000102984	0.000102186	0.000231415	0.000231241
12	0.000102982	0.000102184	0.000231402	0.000231229
13	0.00010298	0.000102182	0.000231389	0.000231216
塔尖	0.000102979	0.000102181	0.000231381	0.000231208

计算 1989 年曲率的 MATLAB 程序如下:

```
clc, clear, format long g
a0 = xlsread('gdata13_2_4.xlsx');     %读入各种中心点数据
a1 = a0([1:14],[1:3]);                %读入第 1 次测量的中心数据
p1 = polyfit(a1(:,3),a1(:,1),2)       %拟合 x 关于 z 的二次函数
p2 = polyfit(a1(:,3),a1(:,2),2)       %拟合 y 关于 z 的二次函数
dx = @(t)2*p1(1)*t+p1(2); dx2 = 2*p1(1);
dy = @(t)2*p2(1)*t+p2(2), dy2 = 2*p2(1);
Kt = @(t)sqrt((dx(t)*dy2-dy(t)*dx2).^2+(-dy2).^2+(dx2).^2)./...
    (dx(t).^2+dy(t).^2+1).^(3/2);
K1 = Kt(a1(:,3))
```

③ **模型结果的分析**。根据表 13.17 数据可知,古塔在各层的弯曲率差距不大,且 1999 年和 2011 年两次观测弯曲现象有"矫正"倾向,可能是由古塔的修复所引起的。

(4) 扭曲变形。

① **模型分析与建立**。扭曲变形是建筑产生的非竖向变形,实际上是由水平坐标(x, y)的旋转变换所致。因此我们考虑对古塔各观测点的水平坐标进行坐标旋转,通过计算其旋转角度 θ 来描述该点相对于上次测量的扭曲度,并对每层各观测点的扭曲度取平均值得到该层相对于上次测量的平均扭曲度。

由于古塔的水平坐标变换不仅由扭曲所导致的旋转变换决定,还与倾斜和弯曲所引起的平移变换有关,因此为了更准确地描述实际的变换规律,我们引入逆时针变换的相对扭曲度 θ 和水平坐标的相对平移量(p, q),综合考虑水平坐标的旋转变换和平移变换,建立如下代数模型:

$$\begin{bmatrix} x_{ij}(k) \\ y_{ij}(k) \end{bmatrix} = \begin{bmatrix} \cos\theta_{ij}(k) & \sin\theta_{ij}(k) \\ -\sin\theta_{ij}(k) & \cos\theta_{ij}(k) \end{bmatrix} \begin{bmatrix} x_{ij}(k-1) \\ y_{ij}(k-1) \end{bmatrix} + \begin{bmatrix} p_{ij}(k) \\ q_{ij}(k) \end{bmatrix}, \tag{13.10}$$

即可求得第 k 次测量时每层各观测点的相对扭曲度 $\theta_{ij}(k)$，再对同一层的 $\theta_{ij}(k)$ 取平均值，即

$$\overline{\theta}_i(k) = \frac{\sum_{j=1}^{8}\theta_{ij}(k)}{8}, \tag{13.11}$$

可求得第 k 次测量时每层的平均相对扭曲度。

② **模型求解**。式(13.10)可以改写为如下形式：

$$\begin{cases} x_{ij}(k-1)\cos\theta_{ij}(k) + y_{ij}(k-1)\sin\theta_{ij}(k) = x_{ij}(k) - p_{ij}(k), \\ -x_{ij}(k-1)\sin\theta_{ij}(k) + y_{ij}(k-1)\cos\theta_{ij}(k) = y_{ij}(k) - q_{ij}(k). \end{cases} \tag{13.12}$$

但考虑到实际中其他因素也可能导致水平坐标的改变及计算误差所带来的影响，上述两个方程不可能同时满足，因此，我们考虑最小二乘的思想，寻找一个 $\theta_{ij}(k)$ 使得

$$[x_{ij}(k-1)\cos\theta_{ij}(k) + y_{ij}(k-1)\sin\theta_{ij}(k) - (x_{ij}(k) - p_{ij}(k))]^2 +$$
$$[-x_{ij}(k-1)\sin\theta_{ij}(k) + y_{ij}(k-1)\cos\theta_{ij}(k) - (y_{ij}(k) - q_{ij}(k))]^2$$

最小，即求解优化模型

$$\min[x_{ij}(k-1)\cos\theta_{ij}(k) + y_{ij}(k-1)\sin\theta_{ij}(k) - (x_{ij}(k) - p_{ij}(k))]^2 +$$
$$[-x_{ij}(k-1)\sin\theta_{ij}(k) + y_{ij}(k-1)\cos\theta_{ij}(k) - (y_{ij}(k) - q_{ij}(k))]^2.$$

为简化该无条件极值的计算，我们令 $s = \sin\theta_{ij}(k)$，$\sqrt{1-s^2} = \cos\theta_{ij}(k)$，将其转换为关于 s 的无条件极值问题，并利用 MATLAB 编程计算出 $\theta_{ij}(k)$，从而得到 $\overline{\theta}_i(k)$ 值如表 13.18 所示。

表 13.18　各层的平均相对扭曲度

第 i 层	各层的平均相对扭曲度		
	1999	2009	2011
1	-3.5E-18	-2.8E-17	1.73E-17
2	1.04E-17	-3.5E-18	1.04E-17
3	-1.4E-17	0	-1.4E-17
4	-1E-17	-3.5E-18	1.39E-17
5	-1.4E-17	0	-3.5E-18
6	-2.1E-17	-1.4E-17	6.94E-18
7	3.47E-18	-2.4E-17	1.04E-17
8	-2.1E-17	1.73E-17	1.04E-17
9	-1E-17	-3.1E-17	-1.7E-17
10	-1.4E-17	3.47E-18	1.73E-17
11	-1.4E-17	0	6.94E-18
12	-1.4E-17	-1E-17	-2.8E-17
13	-6.9E-18	-3.5E-18	1.73E-17

这里 -3.5E-18 表示 -3.5×10^{-18}。

计算 1999 年各层的平均相对扭曲度的 MATLAB 程序如下：

```
clc, clear
a1 = xlsread('gdata13_2_2(附件1补足缺失数据).xls',1,'C4:D107');
a2 = xlsread('gdata13_2_2(附件1补足缺失数据).xls',1,'I4:J107');
b1 = a2-a1;
for i = 1:13
    for j = 1:8
        t = 8*(i-1)+j;
        fs = @(s)(a1(t,1)*sqrt(1-s^2)+a1(t,2)*s-a2(t,1)+b1(t,1))^2+...
            (-a1(t,1)*s+a1(t,2)*sqrt(1-s^2)-a2(t,2)+b1(t,2))^2;
        s1(i,j) = fminbnd(fs,-1,1);    %求区间[-1,1]上的最小值
        theta1(i,j) = asin(s1(i,j));
    end
end
th1 = mean(theta1,2)                   %逐行求均值
```

③ **模型结果的分析。** 由表13.18数据可知,古塔的扭曲变形较小。

3) 问题3模型的建立与求解

(1) 模型的建立与求解。

本题是分析古塔的变形情况。本文中,我们认为建筑物变形由建筑物的倾斜、弯曲、扭曲等因素共同造成。由于附录只给出了4次统计的数据,而我们的目标是分析古塔未来多年的变化趋势,因此我们采用信息不完全、不充分的预测系统——灰色预测对古塔未来的变形趋势进行预测。我们建立灰色预测GM(1,1)模型[4]

$$\frac{dx^{(1)}(t)}{dt}+ax^{(1)}(t)=b \tag{13.13}$$

分别从古塔的倾斜、弯曲、扭曲三个方面来研究古塔的变化趋势。

(2) 模型求解。

由2所得到的数据结果可知三种变形情况的原始数据序列,记为

$$\boldsymbol{x}^{(0)}=(x^{(0)}(1),x^{(0)}(2),\cdots,x^{(0)}(n))$$ (对于倾斜和弯曲情形,$n=4$;对于扭曲情形,$n=3$).

对原始数据序列做一次累加得到的累加序列记为

$$\boldsymbol{x}^{(1)}=(x^{(1)}(1),x^{(1)}(2),\cdots,x^{(1)}(n)),$$

$\boldsymbol{x}^{(1)}$的均值生成序列

$$\boldsymbol{z}^{(1)}=(z^{(1)}(2),z^{(1)}(3),\cdots,z^{(1)}(n)),$$

其中$z^{(1)}(k)=0.5x^{(1)}(k)+0.5x^{(1)}(k-1),k=2,3,\cdots,n,k=2,3,\cdots n$。

建立灰微分方程

$$x^{(0)}(k)+az^{(1)}(k)=b, k=2,3,\cdots,n,$$

称为GM(1,1)模型,式(13.13)称为GM(1,1)模型的白化方程。

GM(1,1)模型(13.13)中参数a,b的最小二乘估计满足

$$\hat{\boldsymbol{u}}=[\hat{a},\hat{b}]^{\mathrm{T}}=(\boldsymbol{B}^{\mathrm{T}}\boldsymbol{B})^{-1}\boldsymbol{B}^{\mathrm{T}}\boldsymbol{Y},$$

其中

$$B = \begin{bmatrix} -\frac{1}{2}(x^{(1)}(1)+x^{(1)}(2)) & 1 \\ -\frac{1}{2}(x^{(1)}(2)+x^{(1)}(3)) & 1 \\ \vdots & \vdots \\ -\frac{1}{2}(x^{(1)}(n-1)+x^{(1)}(n)) & 1 \end{bmatrix}, Y = \begin{bmatrix} x^{(0)}(2) \\ x^{(0)}(3) \\ \vdots \\ x^{(0)}(n) \end{bmatrix},$$

利用 MATLAB 编程,即可得倾斜角的预测函数

$$\alpha = 0.82234 e^{0.0171817t} - 0.80834.$$

以及倾斜角 α 的误差检验,如表 13.19 所示。

表 13.19 倾斜角 α 的误差检验表

序号	原始数据	预测数据	残差	相对误差	级比偏差
2	0.0142	0.0143	-0.00005	0.36%	0.003
3	0.0146	0.0145	0.0001	0.7%	0.0105
4	0.0147	0.0147	-0.00005	0.34%	0.0104

计算倾斜角的 MATLAB 程序如下:

```
clc,clear
x0=[0.0140 0.0142 0.0146 0.0147]';
n=length(x0);
lamda=x0(1:n-1)./x0(2:n)                          %计算级比
range=minmax(lamda')                              %计算级比的范围
st=[exp(-2/(n+1)),exp(2/(n+2))]                   %计算级比的容许区间
x1=cumsum(x0)                                     %累加运算
B=[-0.5*(x1(1:n-1)+x1(2:n)),ones(n-1,1)];
Y=x0(2:n);
u=B\Y                                             %拟合参数 u(1)=a,u(2)=b
syms x(t)
x=dsolve(diff(x)+u(1)*x==u(2),x(0)==x0(1));       %求微分方程的符号解
xt=vpa(x,6)                                       %以小数格式显示微分方程的解
yuce1=subs(x,t,[0:n-1]);                          %求已知数据的预测值
yuce1=double(yuce1);                              %符号数转换成数值类型,否则无法作差分运算
yuce=[x0(1),diff(yuce1)]                          %差分运算,还原数据
epsilon=x0'-yuce                                  %计算残差
delta=abs(epsilon./x0')                           %计算相对误差
rho=abs(1-(1-0.5*u(1))/(1+0.5*u(1))*lamda')       %计算级比偏差值,u(1)=a
```

弯曲率的预测函数如下:

$$K_1 = 0.000379503 e^{0.304258t} - 0.000276684,$$
$$K_2 = 0.000379504 e^{0.304252t} - 0.000276687,$$
$$K_3 = 0.0003795 e^{0.304247t} - 0.000276685,$$

$$K_4 = 0.000379495e^{0.304243t} - 0.000276681,$$
$$K_5 = 0.000379496e^{0.304236t} - 0.000276684,$$
$$K_6 = 0.000379489e^{0.304232t} - 0.000276679,$$
$$K_7 = 0.000379493e^{0.304223t} - 0.000276684,$$
$$K_8 = 0.000379489e^{0.304219t} - 0.000276681,$$
$$K_9 = 0.00037949e^{0.304212t} - 0.000276684,$$
$$K_{10} = 0.000379491e^{0.304204t} - 0.000276686,$$
$$K_{11} = 0.000379489e^{0.304196t} - 0.000276686,$$
$$K_{12} = 0.000379488e^{0.304186t} - 0.000276687,$$
$$K_{13} = 0.000379487e^{0.304177t} - 0.000276688,$$
$$K_{14} = 0.000379487e^{0.304171t} - 0.000276689.$$

弯曲率 K 的误差检验如表 13.20 所示。

表 13.20 弯曲率 K 的误差检验表

	序号	原始数据	预测数据	残 差	相对误差
1	2	0.000102087	0.000134959	−0.000032872	32.20%
	3	0.000231493	0.000182952	0.000048541	20.97%
	4	0.000231313	0.000248014	−0.000016701	7.22%
	序号	原始数据	预测数据	残 差	相对误差
2	2	0.000102086	0.000134956	−0.0000328695	32.20%
	3	0.000231485	0.000182947	0.0000485378	20.97%
	4	0.000231305	0.000248005	−0.0000167000	7.22%
	序号	原始数据	预测数据	残 差	相对误差
3	2	0.000102084	0.000134951	−0.000032867	32.20%
	3	0.000231476	0.000182941	0.000048535	20.97%
	4	0.000231296	0.000247995	−0.000016699	7.22%
	序号	原始数据	预测数据	残 差	相对误差
4	2	0.000102082	0.000134948	−0.000032866	32.20%
	3	0.000231468	0.000182935	0.000048533	20.97%
	4	0.000231288	0.000247986	−0.000016698	7.22%
	序号	原始数据	预测数据	残 差	相对误差
5	2	0.000102081	0.000134944	−0.000032863	32.20%
	3	0.000231459	0.000182929	0.000048530	20.97%
	4	0.000231279	0.000247976	−0.000016697	7.22%
	序号	原始数据	预测数据	残 差	相对误差
6	2	0.000102079	0.000134940	−0.000032861	32.20%
	3	0.000231449	0.000182922	0.000048527	20.97%
	4	0.000231270	0.000247966	−0.000016696	7.22%
	序号	原始数据	预测数据	残 差	相对误差
7	2	0.000102078	0.00013494	−0.000032859	32.20%
	3	0.000231441	0.000182917	0.000048524	20.97%
	4	0.000231261	0.000247957	−0.000016696	7.22%

(续)

	序号	原始数据	预测数据	残 差	相对误差
8	2	0.000102076	0.000134933	-0.000032857	32.19%
	3	0.000231433	0.000182911	0.000048522	20.97%
	4	0.000231253	0.000247948	-0.000016695	7.22%

	序号	原始数据	预测数据	残 差	相对误差
9	2	0.000102075	0.000134930	-0.000032855	32.19%
	3	0.000231424	0.000182905	0.000048519	20.97%
	4	0.000231244	0.000247938	-0.000016694	7.22%

	序号	原始数据	预测数据	残 差	相对误差
10	2	0.000102074	0.000134926	-0.000032852	32.18%
	3	0.000231415	0.000182898	0.000048516	20.96%
	4	0.000231235	0.000247928	-0.000016693	7.22%

	序号	原始数据	预测数据	残 差	相对误差
11	2	0.000102072	0.000134922	-0.000032850	32.18%
	3	0.000231403	0.000182891	0.000048512	20.96%
	4	0.000231223	0.000247914	-0.000016692	7.22%

	序号	原始数据	预测数据	残 差	相对误差
12	2	0.000102070	0.000134916	-0.000032846	32.18%
	3	0.000231390	0.000182881	0.000048508	20.96%
	4	0.000231210	0.000247900	-0.000016690	7.22%

	序号	原始数据	预测数据	残 差	相对误差
13	2	0.000102068	0.000134911	-0.000032843	32.18%
	3	0.000231377	0.000182873	0.000048504	20.96%
	4	0.000231197	0.000247885	-0.000016689	7.22%

	序号	原始数据	预测数据	残 差	相对误差
14	2	0.000102067	0.000134908	-0.000032841	32.18%
	3	0.000231370	0.000182868	0.000048502	20.96%
	4	0.000231190	0.000247878	-0.000016688	7.22%

相对扭曲度的预测函数如下：

$$\theta_1 = 1.73068 \times 10^{-17} e^{-8.46729t} - 2.08068 \times 10^{-17},$$

$$\theta_2 = 8.81295 \times 10^{-19} e^{4.02899t} + 9.51871 \times 10^{-18},$$

$$\theta_3 = -3.08149 \times 10^{-33} e^{2.0t} - 1.4 \times 10^{-17},$$

$$\theta_4 = 7.04023 \times 10^{-19} e^{3.34615t} - 1.0704 \times 10^{-17},$$

$$\theta_5 = -6.16298 \times 10^{-33} e^{2.0t} - 1.4 e^{-17},$$

$$\theta_6 = 9.36008 \times 10^{-18} e^{-5.93201t} - 3.03601 \times 10^{-17},$$

$$\theta_7 = 1.67442 \times 10^{-17} e^{-5.05882t} - 1.32742 \times 10^{-17},$$

$$\theta_8 = 2.23754 \times 10^{-17} - 4.33754 \times 10^{-17} e^{-0.498195t},$$

$$\theta_9 = 6.86429 \times 10^{-17} e^{-0.583333t} - 7.86429 \times 10^{-17},$$

$$\theta_{10} = 8.70636 \times 10^{-19} e^{1.33173t} - 1.48706 \times 10^{-17},$$

$$\theta_{11} = -1.4 \times 10^{-17},$$

$$\theta_{12} = -5.55556\times10^{-18}e^{0.947368t} - 8.44444\times10^{-18},$$
$$\theta_{13} = 5.88942\times10^{-19}e^{3.01449t} - 7.48894\times10^{-18}.$$

上述预测模型的检验效果很差,因此本文不给出相对扭曲度 θ 的误差检验。对于相对扭曲度 θ,无法使用 GM(2,1)模型,但这里 GM(1,1)模型的预测效果也很差。

7. 模型的分析、推广与改进

本文中讨论了古塔的变形特征,围绕着中心点刻画了三种不同变形情况的数学描述,能够较为合理、准确地刻画各种变形量,所得结果对于古塔保护的相关部门制订必要的保护措施具有一定的指导意义,具有较强的实用性。

本文题目给出的确定古塔各层中心点位置的通用方法可以推广至其他建筑物及测量方式。由于问题 3 建立的灰色预测模型相对误差值较大,因此可以考虑建立更合理的灰色预测模型或差分方程模型解决。本模型仍然存在一些不足之处,如在各步骤上,由于数据本身和算法实现都可能对结果产生一定的误差,因此确定古塔中心及古塔变形量也可考虑用其他模型进行刻画,从而尽可能减少误差。

参考文献

[1] 《中华人民共和国行业标准建筑变形测量规范(JGJ8—2007)》.

[2] 百度文库,http://wenku.baidu.com/view/c9d0713710661ed9ac51f305.html.

[3] 褚宝增,齐良平. 平面曲线与空间曲线曲率及其算法[J]. 德州学院学报,2013,4(92):2.

[4] 司守奎,孙玺菁. 数学建模算法与应用[M]. 北京:国防工业出版社,2011.

[5] Giordano F R, Weir M D, Fox W P. 数学建模[M]. 3 版. 北京:机械工业出版社,2005.

[6] 韩中庚. 数学建模实用教程[M]. 北京:高等教育出版社,2011.

附录 A MATLAB 基础

MATLAB 是由美国 Mathworks 公司推出的一个科技应用软件,其名字来源于矩阵(matrix)和实验室(laboratory)两词的前 3 个字母。它是一种广泛应用于工程计算及数值分析领域的高级语言,可以把科学计算、结果可视化和编程都集中在一个使用非常方便的环境中。MATLAB 功能强大、简单易学、编程效率高,深受广大科技工作者的欢迎。在国际学术界,MATLAB 已经被确认为是准确、可靠的科学计算标准软件。

MATLAB 特点如下:

(1) MATLAB 是一个交互式软件系统,输入一条命令,立即可以得出该命令的结果。

(2) 数值计算功能。以矩阵作为基本单位,但无须预先指定维数(动态定维);按照 IEEE 的数值计算标准进行计算;提供了十分丰富的数值计算函数,方便计算,提高了效率;命令与数学中的符号、公式非常接近,可读性强,容易掌握。

(3) 强大的符号运算功能。

(4) 绘图功能。提供了丰富的绘图命令,能实现一系列可视化操作。

(5) 编程功能。具有程序结果控制、函数调用、数据结构、输入输出、面向对象等程序语言特征,而且简单易学、编程效率高。

(6) 丰富的工具箱。工具箱实际上是用 MATLAB 的基本语句编成的各种子程序集,用于解决某一方面的专门问题或实现某一类的新算法。工具箱可分为功能型和领域型。功能型工具箱主要用来扩充 MATLAB 的符号计算功能、图形建模仿真功能、文字处理功能以及与硬件实时交互等功能,能用于多种学科。领域型工具箱专业性很强,如控制系统工具箱(Control System Toolbox)、信号处理工具箱(Signal Processing Toolbox)、符号数学工具箱(Symbolic Math Toolbox)、统计工具箱(Statistics Toolbox)、优化工具箱(Optimization Toolbox)、财政金融工具箱(Financial Toolbox)等。

A.1 MATLAB 语言的数据结构

强大方便的数值运算功能是 MATLAB 语言的最显著特色之一。从计算精度要求出发,MATLAB 最常用的数据为双精度浮点数,占 8B(64 位),遵从 IEEE 计数法,有 11 个指数位、53 位尾数及一个符号位,值域的近似范围为 $-1.7\times10^{308} \sim 1.7\times10^{308}$,其 MATLAB 表示为 double。MATLAB 最基本的数据结构为复数双精度浮点矩阵。考虑一些特殊的应用,如图像处理,MATLAB 语言还引入了无符号的 8 位整型数据类型,其 MATLAB 表示为 uint8,其值域为 0~255,这样可以大大节省 MATLAB 的存储空间,提高处理速度。此外,在 MATLAB 中还可以使用其他的数据类型,如 int8、int16、int32、uint16 和 uint32 等,每个类型后面的数字表示其位数,其含义不难理解。

除了数值运算外,MATLAB 及其符号运算工具箱还可以进行公式推导和解析求解,这时需要使用符号型变量。符号型变量可以由 syms 命令来定义。

为方便编程,MATLAB 还允许其他更高级的数据类型,如字符串、多维数组、结构数组、细胞数组、类和对象等。

A.1.1 常量和变量

1. 变量

MATLAB 中的变量可用来存放数据,并进行各种运算。

变量的命名规则:①变量名区分大小写;②变量名以字母开始,可以由字母、数字、下划线组成,但不能使用标点符号;③变量名长度不超过 63 位,最多只能含有 63 个字符,后面的字符无效。

2. 常量

在 MATLAB 语言中还为特定常数保留了一些名称,虽然这些常量都可以重新赋值,但建议在编程时应尽量避免对这些量重新赋值。

(1) eps:机器的浮点运算误差限。PC 级上 eps 的默认值为 2.2204×10^{-16},若某个量的绝对值小于 eps,则从数值运算的角度可以认为这个量为 0。

(2) i 和 j:若 i 或 j 量不被改写,则它们表示纯虚数单位 i。但在 MATLAB 程序编写过程中经常事先改写这两个变量的值,如在循环过程中常用这两个变量来表示循环变量。如果想恢复该变量,则可以用形式 i=sqrt(-1)设置,即对-1 求平方根。

(3) inf:无穷大量+∞ 的 MATLAB 表示。同样地,-∞ 可以表示为-inf。在 MATLAB 程序执行时,即使遇到了以 0 为除数的运算,也不会终止程序的运行,而只给出一个"除 0"警告,并将结果赋成 inf,这样的定义方式符合 IEEE 的标准。

(4) NaN:不定式(not a number),通常由 0/0 运算、inf/inf 及其他可能的运算得出。

(5) pi:圆周率 π 的双精度浮点表示。

3. 符号变量

在 MATLAB 中进行符号运算时,需要先用 syms 命令创建符号变量和表达式,如:
>>syms x

其中的>>为 MATLAB 的提示符,由软件自动给出,在提示符下可以输入各种各样的 MATLAB 命令。

syms 不仅可以声明一个变量,还可以指定这个变量的类型,如:

声明变量 x,y 为实数类型,可用命令">>syms x y real";

声明变量 x,y 为整数类型,可用命令">>syms x y integer"。

4. 变量的查询与清除

在命令窗口中,只要输入 who,就可以看到工作空间中所有曾经设定并至今有效的变量。如果输入 whos,则不但会显示所有的变量,而且会将该变量的名称、性质等都显示出来,即显示变量的详细资料。输入 clear,将清除工作空间中的所有变量。如果输入 clear 变量名,则只清除工作空间中指定变量名的变量。

A.1.2 赋值语句

MATLAB 的赋值语句有下面两种结构。

1. 直接赋值语句

其基本结构为：

赋值变量=赋值表达式

这一过程把等号右边的表示式直接赋给左边的赋值变量，并返回到 MATLAB 的工作空间。如果赋值表达式后面没有分号，则将在 MATLAB 命令窗口中显示表达式的运算结果。若不想显示运算结果，则应在赋值语句末尾加一个分号。如果省略了赋值变量和等号，则表示式运算的结果将赋给保留变量 ans。所以说，保留变量 ans 将永远存放最近一次无赋值变量语句的运算结果。

2. 函数调用语句

其基本结构为：

[返回变量列表]=函数名(输入变量列表)

其中，函数名的要求和变量名的要求是一致的，一般函数名应该对应于 MATLAB 路径下的一个文件，例如，函数名 myfun 一般对应于 myfun.m 文件。当然，还有一些函数名需对应于 MATLAB 的内置(built-in)函数。

返回变量列表和输入变量列表均可以由若干个变量名组成，它们之间应该用逗号，返回值变量还允许用空格分隔，如[V, D]=eigs(A, 1)，该函数求给定矩阵 A 的模最大的特征值 D 及对应的特征矢量 V，所得的结果由 V 和 D 两个变量返回。如果不想显示函数调用的最终结果，在函数调用语句后仍应该加个分号，如[V, D]=eigs(A, 1);。

A.1.3 矩阵的 MATLAB 表示

1. 矩阵的输入

复数矩阵为 MATLAB 的基本变量单元。例如，矩阵 $A = \begin{bmatrix} 1 & 2 & 3 \\ 4 & 5 & 6 \\ 7 & 8 & 9 \end{bmatrix}$ 可以由下面的语句直接输入到 MATLAB 的工作空间：

\>\>A=[1, 2, 3; 4, 5, 6; 7 8 9]

在该语句中，空格和逗号都可以用来分割同一行的元素，而分号(或换行)用来表示换行。给出了上面的命令，就可以在 MATLAB 的工作空间中建立一个 A 变量。同时，该语句将得出如下显示结果：

A =

   1   2   3

   4   5   6

   7   8   9

在 MATLAB 编程中有一个约定：如果在一个赋值语句后面没有分号，则等号右边的变量将在 MATLAB 命令窗口中显示出来。如果不想显示中间结果，则应该在语句末尾加一个分号，如：

\>\>A=[1, 2, 3; 4, 5, 6; 7 8 9]; %不显示结果，但进行赋值

这里的%表示后面的语句为注释语句。

在 MATLAB 中也可以容易地输入矢量和标量。

学会了矩阵的基本表示方法之后,就可以容易地理解下面矩阵(由三个子矩阵构成)赋值表达式的方式和结果了。

>>A=[[A;[1,3,5]],[1;2;3;4]]   %在矩阵下面先补一行,再补一列

这样,新的 A 矩阵就变成4×4矩阵。可见,利用 MATLAB 环境可以随意修改矩阵的维数。

MATLAB 语言定义了独特的冒号表达式来给行矢量赋值,其基本格式为

a=s1:s2:s3

其中,s1 为起始值,s2 为步长间距,s3 为终止值。如果 s2 的值为负值,则要求 s1 的值大于 s3 的值,否则结果为一个空矢量 a。如果省略了 s2 的值,则步长间距取默认值1。

可以通过下面的语句定义一个行矢量:

>>b=0:0.1:1.05

该语句可以建立起矢量 b=[0,0.1,0.2,0.3,0.4,0.5,0.6,0.7,0.8,0.9,1.0]。

复数矩阵的输入同样也是很简单的,在 MATLAB 环境中定义了两个记号 i 和 j,可以用来直接输入复数矩阵。例如,如果想在 MATLAB 中输入复数矩阵

$$C = \begin{bmatrix} 1+9i & 2+8i & 3+7i \\ 4+6i & 5+5i & 6+4i \\ 7+3i & 8+2i & i \end{bmatrix},$$

则可以通过下面的 MATLAB 语句直接进行赋值:

>>c=[1+9i, 2+8i, 3+7i; 4+6i, 5+5i, 6+4i; 7+3i, 8+2i, i]

2. 数据类型的转换

可以用 B=sym(A)将已知的双精度变量 A 转换成符号型变量。从符号型到双精度型的变量转换可以用 C=double(B)实现。另外,还有其他类型转换函数,如 num2str,int2str 等。

A.1.4　多维数组的定义

除了标准的二维矩阵外,MATLAB 还定义了三维或多维数组。假设有若干个维数相同的矩阵 $A_1, A_2, \cdots, A_m$,那么把这若干个矩阵一页一页地叠起来,就可以构成一个 m 维数组。三维数组在 RGB 式彩色图像描述中十分有用,因为,这样的三维数组可以将图像的红色、绿色和蓝色分量分别用像素矩阵表示,然后把这三个矩阵整合成一个三维数组。

假设可以定义如下 A_1、A_2、A_3 矩阵:

>>A1=[1,2,3;4,5,6;7,8,9]; A2=A1'; A3=A1-A2;

则通过下面的方法就可以定义出一个三维数组 A4:

>>A4(:,:,1)=A1; A4(:,:,2)=A2; A4(:,:,3)=A3

这样可以得出如下的三维数组表示:

$$A_4(:,:,1) = \begin{bmatrix} 1 & 2 & 3 \\ 4 & 5 & 6 \\ 7 & 8 & 9 \end{bmatrix}, \quad A_4(:,:,2) = \begin{bmatrix} 1 & 4 & 7 \\ 2 & 5 & 8 \\ 3 & 6 & 9 \end{bmatrix}, \quad A_4(:,:,3) = \begin{bmatrix} 0 & -2 & -4 \\ 2 & 0 & -2 \\ 4 & 2 & 0 \end{bmatrix}.$$

MATLAB 提供了一个 cat 函数来构造多维数组,该函数的调用格式为

A=cat(n, A1, A2, ⋯, Am)

其中,n=1 和 2 时分别构造[A1；A2；…；Am]和[A1,A2,…,Am],结果是二维数组,而 n=3 可以构造出三维数组。例如,上面的命令可以由下面的简单函数调用语句取代:

>>A5=cat(3,A1,A2,A3)

这样得出的赋值效果和 A4 完全一致。

A.2 MATLAB 的矩阵运算

矩阵是 MATLAB 数据存储的基本单元,而矩阵的运算是 MATLAB 语言的核心,在 MATLAB 语言系统中,几乎一切运算均是以对矩阵的操作为基础的。矩阵的运算是按一定的运算规则进行的,其规则是由运算符决定的。

A.2.1 操作符与运算符

1. 操作符

在编辑程序或命令中,当标点或其他符号表示特定的操作功能时就称其为操作符。表 A.1 列出了操作符。

表 A.1 操作符

操 作 符	使 用 说 明
:	冒号。①m:n 产生一个数组[m, m+1, …, n];②m:k:n 产生一个数组[m, m+k, …, N](这里 N≤n);③A(:,j)取矩阵的第 j 列;④A(k,:)取矩阵 A 的第 k 行;⑤A(:)把 A 矩阵展开成一个长的列矢量
;	分号。①在矩阵定义中表示行与行之间的分隔符;②在命令语句的结尾表示不显示这行语句的执行结果
…	续行号。一个命令语句非常长,一行写不完,可以分几行写,此时在行的末尾加上续行号,表示是一个命令语句
%	百分号。在编程时引导注释行,而系统解释执行程序时,%后面的内容不作处理

2. 运算符

算法运算符是构成运算的最基本的操作命令,可以在 MATLAB 的命令窗口中直接运行。运算符可分为三类:算术运算符、关系运算符与逻辑运算符。不同的运算符及功能说明如表 A.2~表 A.4 所示。

表 A.2 算术运算符

运 算 符	算术运算符
+	加法运算。两个数相加或两个同型矩阵相加。如果是一个矩阵和一个数相加,则这个数自动扩展为与矩阵同维数的一个矩阵
-	减法运算。两个数相减或两个同型矩阵相减
*	乘法运算。两个数相乘或两个可乘矩阵相乘
/	除法运算。对于两个数 a,b,a/b 表示 a÷b;对于两个矩阵 A,B,A/B 表示 A 右乘 B 的广义逆矩阵
\	除法运算。对于两个数 a,b,a\b 表示 b÷a;对于两个矩阵 A,B,A\B 表示 B 左乘 A 的广义逆矩阵

(续)

运 算 符	算术运算符
^	乘幂运算。数的幂次或一个方阵的幂次
.*	点乘运算。两个同型矩阵对应元素相乘
./	点除运算。两个同型矩阵对应元素相除
.\	点除运算。两个同型矩阵对应元素左除
.^	点乘幂运算。A.^B 表示矩阵 A 中每个元素取 B 中对应元素的幂次

表 A.3 关系运算符

运 算 符	功能说明	运 算 符	功能说明
>	判断大于关系	>=	判断大于等于关系
<	判断小于关系	<=	判断小于等于关系
==	判断等于关系	~=	判断不等于关系

表 A.4 逻辑运算符

运 算 符	功能说明	运 算 符	功能说明
&	与运算	~	非运算
|	或运算	xor(a,b)	异或运算

关系运算符主要用于比较数、字符串、矩阵之间的大小或不等关系,其返回值是 0 或 1。

逻辑运算符主要用于逻辑表达式和进行逻辑运算,参与运算的逻辑量以 0 代表"假",以任意非 0 数代表"真"。逻辑表达式和逻辑函数的值以 0 表示"假",以 1 表示"真"。

A.2.2 特殊矩阵和矩阵的操作

1. 特殊矩阵

对于一些比较特殊的矩阵,由于其具有特殊的结构,MATLAB 提供了一些函数用于生成这些矩阵,如表 A.5 所示。

表 A.5 生成特殊矩阵的命令函数

命令函数	功能说明
[ ]	生成空矩阵,当对一项操作无结果时,返回空矩阵,空矩阵的大小为零
zeros(m,n)	生成一个 m 行、n 列的零矩阵
ones(m,n)	生成一个 m 行、n 列的元素全为 1 的矩阵
eye(m,n)	生成一个 m 行、n 列的单位矩阵(注意数学上单位矩阵都是方阵)
rand(m,n)	生成一个 m 行、n 列的 [0,1] 区间上均匀分布的随机数矩阵
randn(m,n)	生成一个 m 行、n 列的标准正态分布的随机数矩阵

2. 矩阵中元素或块的操作

对矩阵中元素或块的常用操作如表 A.6 所示。

表 A.6 矩阵中元素或块的常用操作

表达式或命令函数	功 能 说 明
A(:)	依次提出矩阵 A 的每一列，将 A 拉伸为一个列矢量
A([i1:i2],[j1:j2])	提出矩阵 A 的第 i1~i2 行，第 j1~j2 列，构成新矩阵
A([i1,i2,i3,i4],:)	提出矩阵 A 的指定的第 i1、i2、i3、i4 行，构成新矩阵
A(:,[j1,j2,j3,j4])	提出矩阵 A 的指定的第 j1、j2、j3、j4 列，构成新矩阵
A([i2:-1:i1],:)	以逆序提出矩阵 A 的第 i1~i2 行，构成新矩阵
A(:,[j2:-1:j1])	以逆序提出矩阵 A 的第 j1~j2 列，构成新矩阵
A([i1:i2],:)=[]	删除 A 的第 i1~i2 行，构成新矩阵
A(:,[j1:j2])=[]	删除 A 的第 j1~j2 列，构成新矩阵
[A B]或[A;B]	将矩阵 A 和 B 拼接成新矩阵
diag(A,k)	抽取矩阵 A 的第 k 条对角线元素矢量(主对角线编号为 0，上方的编号依次加 1，下方的编号依次减 1)； 若 A 为矢量，则生成一个以 A 为第 k 对角线元素的方阵
tril(A,k)	抽取矩阵 A 的第 k 条对角线下面的部分
triu(A,K)	抽取矩阵 A 的第 k 条对角线上面的部分
flipud(A)	矩阵 A 进行上下翻转
fliplr(A)	矩阵 A 进行左右翻转
A.'	矩阵 A 的转置
A'	矩阵 A 的共轭转置
rot90(A)	矩阵 A 逆时针旋转 90°

3. 矩阵的基本函数运算

矩阵的函数运算是矩阵运算中最实用的部分，常用的函数运算如表 A.7 所示。

表 A.7 矩阵的函数运算命令

命 令	功 能	命 令	功 能
det(A)	求矩阵 A 的行列式	rref(A)	求矩阵 A 的行最简形
inv(A)	求方阵 A 的逆阵	rank(A)	求矩阵 A 的秩
size(A)	求矩阵 A 的行数和列数	trace(A)	求矩阵 A 的迹
eig(A)	求 A 的特征值及特征矢量	[Q,R]=qr(A)	求正交矩阵 Q 和上三角阵 R 满足 A=QR
orth(A)	将非奇异矩阵 A 正交规范化		

4. 矩阵的数据处理

MATLAB 具有强大的数据处理功能，如数据的排序、求最大值、求和、求均值等。常用的数据处理命令如表 A.8 所示。

表 A.8 常用数据处理的命令

命令	功能	命令	功能
max(A)	求矢量或矩阵列的最大值	min(A)	求矢量或矩阵列的最小值
mean(A)	求矢量或矩阵列的平均值	median(A)	求矢量或矩阵列的中间值
sum(A)	求矢量或矩阵列的元素和	prod(A)	求矢量或矩阵列的元素乘积
var(A)	求矢量或矩阵列的方差	std(A)	求矢量或矩阵列的标准差
cov(A)	矩阵列矢量之间的协方差矩阵	corrcoef(A)	求矩阵列矢量之间相关系数矩阵
length(A)	求矢量所含元素个数	find(A)	求矢量或矩阵中非零元素的地址

A.3 M 文件与编程

A.3.1 M 文件

M 文件是由 MATLAB 语句(命令或函数)构成的 ASCII 码文本文件,文件名必须以".m"为扩展名。M 文件通过 M 文件编辑/调试器生成。在命令窗口调用 M 文件,可实现一次执行多条 MATLAB 语句的功能。M 文件有命令文件和函数文件两种形式。

1. 命令文件

命令文件是 MATLAB 命令或函数的组合,没有输入/输出参数,执行命令文件只需在命令窗口中键入文件名后按回车键或在 M 文件编辑/调试器窗口激活状态下按 F5 键。

当用户要运行的指令较多时,可以直接从键盘上逐行输入指令,但这样做显得很麻烦,而命令文件则可以较好地解决这一问题。命令文件用于将一组相关命令编辑在同一个 ASCII 码文件中,运行时只需输入文件名,MATLAB 就会自动按顺序执行文件中的命令。命令文件类似于批处理文件。命令文件中的语句可以访问 MATLAB 工作空间(Workspace)中的所有数据。在运行的过程中所产生的变量均是全局变量。这些变量一旦生成,就一直保存在工作空间中,除非用户将它们清除(使用 clear 命令)。

2. 函数文件

函数文件是另一种形式的 M 文件,可以有输入参数和返回输出参数,函数在自己的工作空间中操作局部变量,它的第一句可执行语句是以 function 引导的定义语句。在函数文件中的变量除非用 global 声明为全局变量外,都是局部变量,它们在函数执行过程中驻留在内存中,在函数执行结束时自动消失。函数文件不单单具有命令文件的功能,更重要的是它提供了与其他 MATLAB 函数和程序的接口,因此功能更加强大。

MATLAB 函数文件的格式为:

function [返回参数1,返回参数2,…] = 函数名(输入参数1,输入参数2,…)
函数体

注 A.1 function 是区分命令文件与函数文件的重要标志;函数体包含所有函数程序代码,是函数的主体部分;函数文件保存的文件名应与用户定义的函数名一致。在命令窗口中以文件名调用函数。

例 A.1 定义函数 $f(x,y)=xy$,并计算 $f(2,6)$。

在编辑器中写出如下程序:

function f=myfunA1(x,y);

f=x.*y;

保存为 myfunA1.m(这是文件名,与函数名一致),然后在命令窗口中执行

\>\>myfunA1(2,6)

可以求得 $f(2,3)=12$。

3. 匿名函数

函数文件一般存储在一个单独的文件中,调用语句放在其他命令文件中,使用起来有时不太方便。匿名函数不需要存储在一个文件中,匿名函数可以接受输入并返回输出,就像标准函数一样。但是,匿名函数只包含一个可执行语句,可以和调用它的语句写在同一个命令文件中。

例 A.2(续例 A.1) 定义匿名函数 $f(x,y)=xy$,并计算 $f(2,6)$。

编写如下的 MATLAB 程序:

funA1=@(x,y)x.*y;

z=funA1(2,6)

保存在文件 gexA2.m 中,在命令窗口运行 gexA2 就可以求得 $f(2,6)=12$。

A.3.2 流程控制结构

作为一种程序设计语言,MATLAB 提供了循环语句结构、条件控制语句结构和开关语句结构等。

1. 循环语句结构

循环语句有两种结构:for⋯end 结构和 while⋯end 结构。

(1) for⋯end 结构,其调用格式如下:

for 循环变量=初值:步长:终值

  循环体

end

其执行过程为:将初值赋给循环变量,执行循环体;执行完一次循环之后,循环变量自增一个步长的值,然后再判断循环变量的值是否介于初值和终值之间,如果满足,仍然执行循环体,直至不满足为止。

(2) while⋯end 结构,其调用格式如下:

while 表达式

  循环体

end

其执行过程为:若表达式的值为真,则执行循环体语句,执行后再判断表达式的值是否为真,直到表达式的值为假时跳出循环。

while 语句一般用于事先不能确定循环次数的情况。

2. 条件控制语句结构

(1) if…end 结构,其调用格式如下:

if 条件式
    语句体
end

其执行过程为:当条件式为真时,执行语句体,否则不执行。

(2) if…else…end 结构,其调用格式如下:

if 条件式
    语句体 1
else
    语句体 2
end

其执行过程为:当表达式的值为真时,执行语句体 1,否则执行语句体 2。

(3) if…elseif…else…end 结构,其调用格式为:

if 条件式 1,语句体 1
elseif 条件式 2,语句体 2
elseif 条件式 3,语句体 3
……
elseif 条件式 n,语句体 n
else,语句体 n+1
end

其执行过程为:当条件式 i($1 \leq i \leq n$)为真时,执行对应的语句体 i,否则执行语句体 n+1。

例 A.3 用 MATLAB 生成如下的矩阵

$$A = \begin{bmatrix} 2 & -1 & 0 & 0 & 0 & 0 \\ -1 & 2 & -1 & 0 & 0 & 0 \\ 0 & -1 & 2 & -1 & 0 & 0 \\ 0 & 0 & -1 & 2 & -1 & 0 \end{bmatrix}.$$

编写如下的 MATLAB 程序:

```
clc, clear
ncols=6; nrows=4; A(nrows,ncols)=1;        %初始化,赋什么值都可以
for c=1:ncols
    for r=1:nrows
        if r==c, A(r,c)=2;
        elseif abs(r-c)==1, A(r,c)=-1;
        else, A(r,c)=0;
        end
    end
end
```

A   %显示生成的 A 矩阵

3. 开关语句结构

MATLAB 提供的 switch 开关语句结构,其调用格式如下:
switch 开关表达式
 case 表达式 1,语句体 1
 case 表达式 2,语句体 2
 ……
 case 表达式 n,语句体 n
 otherwise,语句体 n+1
end

其执行过程为:开关表达式的值与每一个 case 后面表达式的值比较,若与第 $i(1 \leqslant i \leqslant n)$ 个 case 后面的表达式 i 的值相等,就执行语句体 i;若都不相同,则执行 otherwise 后面的语句体 n+1。

例 A.4 输入成绩 n。$n<60$ 时,输出不及格;$60 \leqslant n<70$ 时,输出一般;$70 \leqslant n<80$ 时,输出良好;$n \geqslant 80$ 时,输出优秀。

```
clc, clear
n = input('请输入成绩:\n');
k = floor(n/10);
switch k
    case {8,9,10}, disp('优秀')
    case 7, disp('良好')
    case 6, disp('一般')
    otherwise, disp('不及格')
end
```

4. 其他流程控制语句

其他流程控制语句包括 continue 语句、break 语句和 return 语句。

(1) continue 语句用于 for 循环和 while 循环中,其作用就是终止一次循环的执行,跳过循环体中所有剩余的未被执行的语句,去执行下一次循环。

(2) break 语句也常用于 for 循环和 while 循环中,其作用就是终止当前循环的执行,跳出循环体,去执行循环体外的下一行语句。

(3) return 语句用于终止当前的命令序列,并返回到调用的函数或键盘。

A.4　MATLAB 绘图

MATLAB 除具有强大的数值分析功能外,还提供了方便的绘图功能。用户只需指定绘图方式,并提供充足的绘图数据,即可以得出所需的图形。MATLAB 还对绘出的图形提供了各种修饰方法,使绘出的图形更美观。

MATLAB 提出了句柄图形学(handle graphics)的概念,为面向对象的图形处理提供了十分有用的工具。在图形绘制时,其中每个图形元素(如其坐标轴或图形上的曲线、文字等)都是一个独立的对象。用户可以对其中任何一个图形元素进行单独修改，而不影响图形的其他部分，具有这样特点的绘图称为矢量化的绘图。这种矢量化的绘图要求给每个图形元素分配一个句柄(handle)，以后再对该图形元素做进一步操作时，只需对该句柄进行操作即可。

A.4.1 二维绘图函数

1. 绘图基本流程

MATLAB 提供了丰富的二维和三维绘图函数和绘图工具，绘制图形一般需要经过 6 个步骤。

(1) 准备数据。绘制二维曲线，先需要准备横坐标(自变量)数据，再通过函数关系定义纵坐标(函数值)数据。

(2) 创建图形窗口，指定绘图位置。MATLAB 默认的图形窗口为 Figure1，可以使用函数 figure 创建图形窗口，作为当前绘图窗口。需要在同一图形窗口绘制多幅图形时，可以使用函数 subplot 选择子图位置，还可以调用函数 set 设置窗口属性。

(3) 绘制图形。调用绘图函数绘制曲线，并设置曲线的样式和标记属性，如线型、颜色、数据点标记符号等。

(4) 设置坐标轴和图形注释。设置坐标轴包括坐标轴的范围、刻度、网格线和坐标轴边框等，图形注释包括图形标题、坐标轴名称、图例、文字说明等。

(5) 修饰三维图形。设置三维图形的着色、光照效果、材质、视角和三度(横、纵、高)比例等。

(6) 保存或导出图形。将绘制的图形保存为 .fig 文件或其他类型的图形文件。

2. 基本绘图函数

plot 函数是绘制二维图形的最基本函数，它是针对矢量或矩阵的列来绘制曲线的，可以绘制线段和曲线。函数 plot 的最典型调用方式是三元组形式：

plot(x, y, 'color-style-marker')

其中 x, y 为同维数的矢量(或矩阵)，x 作为点的横坐标，y 作为点的纵坐标，plot 命令用直线连接相邻两数据点绘制图形。color、style 和 marker 分别是颜色、线型和数据点标记，它们之间没有先后顺序之分。

颜色、线型和数据点符号如表 A.9 所示。

表 A.9 颜色、线型、数据点符号

颜色符号	颜 色	线型符号	线 型	数据点符号	标 记
b(默认)	蓝色	-(默认)	实线	+	十字
r	红色	:	短虚线	*	星号
y	黄色	--	长虚线	o	圆圈
g	绿色	-.	点划线	x	叉号
c	蓝绿色			s	正方形
m	紫红色			d	菱形
k	黑色			p	五角星
w	白色			h	六角形

当知道曲线的函数表达式时，可以使用3种方式画二维曲线图：

（1）用描点画图命令plot。

（2）用函数画图命令fplot。

（3）用"Easy-to-use"函数画图命令ezplot，该命令既可以执行符号函数画图，也可以执行匿名函数画图。

3. 图形窗口的设置

图形窗口是以图形的方式显示绘图函数的运行结果。

1）创建新窗口

图形窗口（figure window）是MATLAB绘制的所有图形的输出专用窗口。当MATLAB没有打开图形窗口而执行了一条绘图命令时，系统会自动创建一个图形窗口，以后再使用绘图命令时，将刷新当前图形窗口，使用figure函数可以创建多个图形窗口。调用格式为：

figure 或 figure(n)

其中n为窗口编号。

2）绘制叠加图形

有时希望将后续图形和前面的图形叠加进行比较，MATLAB中采用函数hold启动（或关闭）图形保持功能，将新产生的图形叠加到已有的图形上。常用的3种调用格式如下：

hold on：启动图形保持功能，允许在当前图形上绘制其他图形。

hold off：关闭图形保持功能，之后再执行绘图命令，自动清除当前窗口中原有的内容，然后绘制新图形。

hold：在以上两个命令之间切换。

3）绘制子图

MATLAB中使用函数subplot可以将同一图形窗口分成多个不同子窗口，调用格式如下：

subplot(m,n,k)：将当前图形窗口分割成m×n个子窗口，并选择第k个子窗口作为当前绘图窗口。子窗口的序号按行优先编号，左上方为第一幅，先从左至右再从上至下排列，子窗口彼此独立，有自己的坐标轴。

4. 图形修饰

1）设置坐标轴和网格线

绘制图形时，系统自动给出图形的坐标轴，利用函数axis可以设置坐标轴的刻度和范围。利用函数grid可以设置网格线。其调用格式和功能如表A.10所示。

表 A.10 设置坐标轴和网格线

类 型	调 用 格 式	功 能 说 明
坐标轴 显示方式	axis('auto') 或 axis auto	将坐标轴设置返回默认状态
	axis('square') 或 axis square	将坐标轴设置为正方形（系统默认为矩形）
	axis('equal') 或 axis equal	将两个坐标轴刻度设定为相等
	axis('off') 或 axis off	不显示坐标轴
	axis('on') 或 axis on	显示坐标轴的所有设置

(续)

类　型	调用格式	功能说明
坐标轴范围	axis([xmin xmax ymin ymax])	设定坐标轴的范围为 xmin≤x≤xmax,ymin≤y≤ymax
网格线	grid on	显示网格线
	grid off	不显示网格线
	grid minor	设置网格线间的间距

2) 命令方式添加标注

MATLAB 提供了一些特殊的图形函数,用于修饰绘制好的图形,如图形标题、坐标轴标记、图例和文字注释等。其调用格式和功能如表 A.11 所示。

表 A.11　图形标注函数

标注类型	调用格式	功能说明
标题标注	title('s')	在当前图形的顶部加上字符串 s,作为该图形的标题
	title('s', Name, Value)	参数 Name、Value 定义标注文本的属性和属性值,包括字体、字体大小、字体粗细等
坐标轴标注	xlabel('s')	用字符串 s 标记 x 轴
	xlabel('s', Name, Value)	参数 Name、Value 定义标注文本的属性和属性值
	ylabel('s')	用字符串 s 标记 y 轴
	ylabel('s', Name, Value)	参数 Name、Value 定义标注文本的属性和属性值
图例标注	legend({'s1', 's2', …, 'sn'})	用指定的字符串 s1,s2,…,sn 在当前图形中添加图例,这里的{}表示使用细胞字符串数组
	legend(labels, 'Location', Value)	在指定位置处添加图例 labels
	legend(labels, Name, Value)	参数 Name、Value 定义标注文本的属性和属性值
文本标注	text(x, y, 's')	在二维图形指定位置(x, y)处添加文本注释
	text(x, y, z, 's')	在三维图形指定位置(x, y, z)处添加文本注释
	text(…, Name, Value)	参数 Name、Value 定义标注文本的属性和属性值
	gtext('s1', …, 'sn')	利用鼠标确定位置添加由 s1,…, sn 组成的一组文本注释
线条、箭头、图框标注	annotation('line', x, y)	添加从点(x(1), y(1))到(x(2), y(2))的线条,x, y 表示的是比例数,取值在[0, 1]区间上
	annotation('arrow', x, y)	添加从点(x(1), y(1))到(x(2), y(2))的箭头
	annotation('doublearrow', x, y)	添加从点(x(1), y(1))到(x(2), y(2))的双箭头
	annotation('textarrow', x, y)	添加从点(x(1), y(1))到(x(2), y(2))的带文本框的箭头
	annotation('textbox', [x, y, w, h])	添加左下角坐标为(x, y)、宽为 w、高为 h 的文本框,x,y,w,h 表示的是比例数,取值在[0, 1]区间上
	annotation('ellipse', [x, y, w, h])	添加左下框坐标为(x, y)、宽为 w、高为 h 的椭圆
	annotation('rectangle', [x, y, w, h])	添加左下角坐标为(x, y)、宽为 w、高为 h 的矩形框
	annotation(…, Name, Value)	参数 Name、Value 定义标注的属性和属性值

例 A.5 在同一图形窗口绘制 $y=\sin x$ 和 $y=\cos x$ 的图形,用 16 号黑体添加标题和图例。

编写 MATLAB 程序如下:

clc, clear, close all
x=-2*pi:0.1:2*pi; y1=sin(x); y2=cos(x);
plot(x,y1,'b-*'), hold on, plot(x,y2,'g--o')
title('y=sinx 和 y=cosx','Fontname','黑体','Fontsize',12)
legend({'sinx','cosx'},'Location','NorthEast')

所绘制的图形如图 A.1 所示。

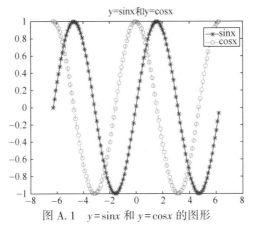

图 A.1　$y=\sin x$ 和 $y=\cos x$ 的图形

例 A.6 在同一图形窗口绘制 $y=\sin x$ 和 $y=\cos x$ 的图形,用箭头对图形进行标注。

编写 MATLAB 程序如下:

clc, clear, close all
fplot(@(x)sin(x),[-2*pi,2*pi],'b-*'), hold on
fplot(@(x)cos(x),[-2*pi,2*pi],'k--o')
annotation('textarrow',[0.25,0.33],[0.49,0.49],'String','y=sinx')
annotation('textarrow',[0.21,0.24],[0.40,0.40],'String','y=cosx')

所绘制的图形如图 A.2 所示。

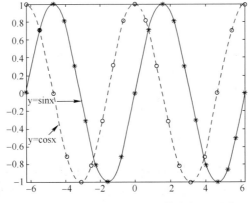

图 A.2　$y=\sin x$ 和 $y=\cos x$ 的箭头标注图形

3）特殊符号的标注

图形文本标注中可以使用希腊字符、数学符号或者上标和下标字体等特殊字符,常用的特殊符号如表 A.12 所示。

表 A.12 特殊符号表

函数字符	代表字符	函数字符	代表字符
\alpha	α	\omega	ω
\beta	β	\Gamma	Γ
\gamma	γ	\Delta	Δ
\delta	δ	\Pi	∏
\epsilon	ε	\Sigma	∑
\zeta	ζ	\Omega	Ω
\eta	η	\infty	∞
\theta	θ	\partial	∂
\lambda	λ	\geq	≥
\mu	μ	\leq	≤
\nu	ν	\leftrightarrow	↔
\xi	ξ	\leftarrow	←
\pi	π	\rightarrow	→
\rho	ρ	\uparrow	↑
\sigma	σ	\downarrow	↓
\tau	τ		

4）双 y 轴标注

MATLAB 提供的函数 yyaxis 可以提供双 y 轴标注。

例 A.7 在同一个图形窗口,分别绘制 $y=\sin(3x)$ 和 $y=e^{0.5x}\sin(3x)$ 的图形,并进行双 y 轴标注。

编写的 MATLAB 程序如下：

clc, clear, close all
x = linspace(0,10); %0 到 10 之间等间距产生 100 个数
y = sin(3*x); plot(x,y), hold on
z = sin(3*x).*exp(0.5*x);
yyaxis right, plot(x,z,'k')

所绘制的图形如图 A.3 所示。

5. 获取图形数据

绘制好图形后,有时需要获取某点的数据。MATLAB 提供了 ginput 函数,能够方便地通过鼠标获取二维平面图中任一点的坐标值。其调用格式和功能如表 A.13 所示。

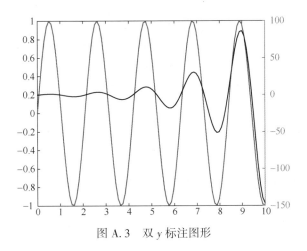

图 A.3 双 y 标注图形

表 A.13 获取图形数据点函数 ginput

调用格式	功能说明
[x,y]=ginput(n)	通过鼠标选取 n 个点,并将其坐标值保存在[x,y]中,按回车键结束选取
[x,y]=ginput	通过鼠标选择点,取点数不受限制,并将其坐标值保存在[x,y]中,按回车键结束取点

6. 图形文件的输出

图形窗口中绘制的图形可以保存为多种类型的图形文件。在图形窗口中选择窗口菜单栏中的"File"菜单,再从下拉菜单中选择"Save as"子菜单,在弹出的对话框中选择文件保存的目录、文件名和文件类型格式,单击"保存"按钮即可。

A.4.2 三维绘图命令

MATLAB 也提供了一些三维基本绘图命令,如三维曲线命令 plot3、三维网格图命令 mesh 和三维表面图命令 surf。

plot3(x,y,z)通过描点连线画出曲线,这里 x,y,z 都是 n 维矢量,分别表示该曲线上点集的横坐标、纵坐标、竖坐标。

命令 mesh(x,y,z)画网格曲面。这里 x,y,z 分别表示数据点的横坐标、纵坐标、竖坐标,如果 x 和 y 是矢量,x 是 m 维的矢量,y 是 n 维的矢量,则 z 是 n×m 的矩阵。x,y,z 也可以都是同维数的矩阵。命令 mesh(x,y,z)将该数据点在空间中描出,并连成网格。

命令 surf(x,y,z)画三维表面图,这里 x,y,z 分别表示数据点的横坐标、纵坐标、竖坐标。已知曲线或曲面的函数关系,提倡使用 ezplot3,ezmesh,ezsurf 等命令画图。

例 A.8 画出三维曲线 $x=t\cos t, y=t\sin t, z=t$ 的图形。

clc, clear, close all
t=0:0.01:100; x=t.*cos(t); y=t.*sin(t);
plot3(x,y,t)

例 A.9 画出以下二次曲面的图形。

(1)(隐函数)椭圆锥面 $\dfrac{x^2}{4}+\dfrac{y^2}{2}=z^2$。

它的参数方程为

$$\begin{cases} x = 2z\cos t, \\ y = \sqrt{2}z\sin t, \\ z = z. \end{cases}$$

画图的 MATLAB 程序如下：

clc, clear, close all
x=@(t,z)2*z.*cos(t); y=@(t,z)sqrt(2)*z.*sin(t);
z=@(t,z)z; ezsurf(x,y,z,[0,2*pi,-6,6]), title('')

（2）（隐函数）椭球面 $\dfrac{x^2}{4}+\dfrac{y^2}{3}+\dfrac{z^2}{2}=1$。

它的参数方程

$$\begin{cases} x = 2\cos t\cos s, \\ y = \sqrt{3}\sin t\cos s, \\ z = \sqrt{2}\sin s. \end{cases}$$

使用 ezsuf 画图的 MATLAB 程序如下：

clc, clear, close all
x=@(t,s)2*cos(t).*cos(s); y=@(t,s)sqrt(3)*sin(t).*cos(s);
z=@(t,s)sqrt(2)*sin(s); ezsurf(x,y,z,[0,2*pi,-pi/2,pi/2]), title('')

使用 surf 画图的 MATLAB 程序如下：

clc, clear, close all
t=0:0.1:2*pi; s=-pi/2:0.1:pi/2;
[t,s]=meshgrid(t,s); %生成二维网格数据
x=2*cos(t).*cos(s); y=sqrt(3)*sin(t).*cos(s);
z=sqrt(2)*sin(s); surf(x,y,z)

（3）（显函数）双曲抛物面或马鞍面 $z=xy$。

ezmesh(@(x,y)x.*y,[-6,6,-5,5]), title('')

标注字符使用 LaTeX 格式时，程序如下：

ezmesh(@(x,y)x.*y,[-6,6,-5,5])
xlabel('x','Interpreter','Latex')
ylabel('y','Interpreter','Latex')
zlabel('z','Interpreter','Latex','Rotation',0)
title('xy','Interpreter','Latex')

例 A.10 莫比乌斯带是一种拓扑学结构，它只有一个面和一个边界，是 1858 年由德国数学家、天文学家莫比乌斯和约翰·李斯丁独立发现的。其参数方程为

$$\begin{cases} x = \left(2+\dfrac{s}{2}\cos\dfrac{t}{2}\right)\cos t, \\ y = \left(2+\dfrac{s}{2}\cos\dfrac{t}{2}\right)\sin t, \\ z = \dfrac{s}{2}\sin\dfrac{t}{2}, \end{cases}$$

其中,$0 \leqslant t \leqslant 2\pi, -1 \leqslant s \leqslant 1$。绘制莫比乌斯带。

画图的 MATLAB 程序如下：

```
clc,clear
x=@(s,t)(2+s/2.*cos(t/2)).*cos(t);
y=@(s,t)(2+s/2.*cos(t/2)).*sin(t);
z=@(s,t)s/2.*sin(t/2);
ezmesh(x,y,z,[-1,1,0,2*pi]),title('')
view(-40,60)
```

例 A.11 已知平面区域 $0 \leqslant x \leqslant 1400, 0 \leqslant y \leqslant 1200$ 步长间隔为 100 的网格节点高程数据如表 A.14(单位:m)所示。

表 A.14 高程数据表

y/x	0	100	200	300	400	500	600	700	800	900	1000	1100	1200	1300	1400
1200	1350	1370	1390	1400	1410	960	940	880	800	690	570	430	290	210	150
1100	1370	1390	1410	1430	1440	1140	1110	1050	950	820	690	540	380	300	210
1000	1380	1410	1430	1450	1470	1320	1280	1200	1080	940	780	620	460	370	350
900	1420	1430	1450	1480	1500	1550	1510	1430	1300	1200	980	850	750	550	500
800	1430	1450	1460	1500	1550	1600	1550	1600	1600	1600	1550	1500	1500	1550	1550
700	950	1190	1370	1500	1200	1100	1550	1600	1550	1380	1070	900	1050	1150	1200
600	910	1090	1270	1500	1200	1100	1350	1450	1200	1150	1010	880	1000	1050	1100
500	880	1060	1230	1390	1500	1500	1400	900	1100	1060	950	870	900	936	950
400	830	980	1180	1320	1450	1420	400	1300	700	900	850	810	380	780	750
300	740	880	1080	1130	1250	1280	1230	1040	900	500	700	780	750	650	550
200	650	760	880	970	1020	1050	1020	830	800	700	300	500	550	480	350
100	510	620	730	800	850	870	850	780	720	650	500	200	300	350	320
0	370	470	550	600	670	690	670	620	580	450	400	300	100	150	250

(1) 画出该区域的等高线。

(2) 画出该区域的三维表面图。

画等高线及三维表面图的 MATLAB 程序如下：

```
clc,clear,close all
a=load('gdata11.txt');  %把表 A.14 中的高程数据保存在纯文本文件 gdata11.txt 中
x0=0:100:1400;y0=1200:-100:0;
subplot(1,2,1),c=contour(x0,y0,a,7);clabel(c) %画7条等高线,并标注等高线
title('等高线图')
subplot(1,2,2),surf(x0,y0,a),title('三维表面图')
```

画出的图形如图 A.4 所示。

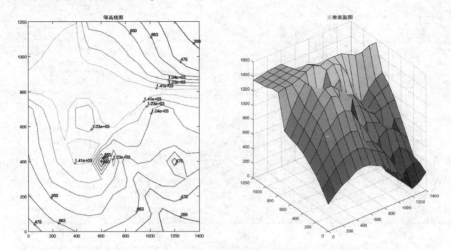

图 A.4　等高线图及三维表面图

例 A.12　已知

$$C(N,M) = h\left[\frac{\rho}{1-\rho} + \frac{\frac{\lambda}{\theta}\left[\frac{\lambda}{\theta}\left(1-\left(\frac{\lambda}{\theta+\lambda}\right)^N\right) - N\left(\frac{\lambda}{\theta+\lambda}\right)^N\right]\left(1-\left(\frac{\theta}{\theta+\lambda}\right)^M\right)}{\left(\frac{\theta}{\theta+\lambda}\right)^M \frac{\lambda}{\lambda+\theta} + \left(1-\left(\frac{\theta}{\theta+\lambda}\right)^M\right)\frac{\lambda}{\theta}\left[1-\left(\frac{\lambda}{\theta+\lambda}\right)^N\right]}\right]$$

$$+ \frac{c_0\lambda(1-\rho)}{\left(\frac{\theta}{\theta+\lambda}\right)^M + \left(1-\left(\frac{\theta}{\theta+\lambda}\right)^M\right)\frac{\lambda+\theta}{\lambda}\left[\frac{\lambda}{\theta}\left(1-\left(\frac{\lambda}{\theta+\lambda}\right)^{N-1}\right) + \left(\frac{\lambda}{\theta+\lambda}\right)^N\right]},$$

其中,$\lambda=0.4, \mu=2.0, \rho=\lambda/\mu, \theta=0.1, h=40, c_0=800, N=1,2,\cdots,11, M=1,2,\cdots,22$,求 $C(N,M)$ 的最小值,并画出 $C(N,M)$ 的图形。

计算及画图的 MATLAB 程序如下:

```
clc, clear, close all
h=40; L=0.4; m=2.0; t=0.1; r=L/m; c0=800;
zN=@(N)(L/(t+L)).^N; zM=@(M)(t/(t+L)).^M;
c=@(N,M)h*(r/(1-r)+L/t*(L/t*(1-zN(N))-N.*zN(N)).*(1-zM(M))./...
    (zM(M)*L/(L+t)+(1-zM(M))*L/t.*(1-zN(N))))+...
    c0*L*(1-r)./(zM(M)+(1-zM(M))*(L+t)/L.*(L/t*(1-zN(N-1))+zN(N)));
N=1:11; M=1:22; [N,M]=meshgrid(N,M);
s=c(N,M), ms=min(min(s))     %求最小值
ezmesh(c,[1,11,1,22]), title('')
xlabel('$N$','Interpreter','Latex'), ylabel('$M$','Interpreter','Latex')
zlabel('$C(N,M)$','Interpreter','Latex')
```

求得的最小值为 145.7182,所画的图形如图 A.5 所示。

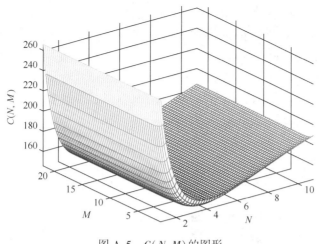

图 A.5　$C(N,M)$ 的图形

A.4.3　四维空间绘图命令

MATLAB 表现复变函数(四维)的方法是用三维空间坐标再加上颜色,类似于地球仪用颜色表示海洋与高山。MATLAB 画复变函数图形的命令主要有以下 3 个。

1. cplxgrid 构建一个极坐标的复数数据网格

z=cplxgrid(m);　%产生极坐标下的(m+1)×(2m+1)复数网格数据,复数模的取值范围为 0~1。

在命令窗口输入 type cplxgrid,屏幕将显示它的源程序,可以参考它来编写用户自己的数据。

2. cplxmap 画复变函数的图形

cplxmap(z,f(z),[optional bound])　%画复变函数的图形,可选项用以选择函数的做图范围。

cplxmap 做图时,以 xy 平面表示自变量所在的复平面,以 z 轴表示复变函数的实部,颜色表示复变函数的虚部。

3. cplxroot 画复数的 n 次根函数曲面

cplxroot(n,m)　%cplxroot(n,m)是使用 m×m 数据网格画复数 n 次根的函数曲面。如果不指定 m 值,则使用默认值 m=20。

例 A.13　画复变函数 $f(z)=z^3$ 的图形。记
$$f(z)=u+iv=(x+iy)^3=x^3-3xy^2+(3x^2y-y^3)i,$$
$f(z)$ 的实部 $u=x^3-3x^2y$,虚部 $v=3x^2y-y^3$。

下面分别使用复函数画图命令和实函数画图命令进行了比较,画图的 MATLAB 程序如下:

```
clc, clear, close all
z=cplxgrid(30);                    %生成网格数据
subplot(121), cplxmap(z,z.^3), colorbar    %直接用工具箱的画图命令
title                              ('工具箱画图效果')
```

```
%以下使用实函数surf命令画图,和上面做对比
r=linspace(0,1,50); t=linspace(0,2*pi,50);
[t,r]=meshgrid(t,r);                    %生成极坐标的网络数据
[x,y]=pol2cart(t,r);                    %极坐标转化为直角坐标
u=x.^3-3*x.*y.^2; v=3*x.^2.*y-y.^3;     %计算复函数的实部和虚部
subplot(122), surf(x,y,u,v), colorbar   %使用实函数画图
title('surf命令画图效果')
```

所画的图形如图 A.6 所示。

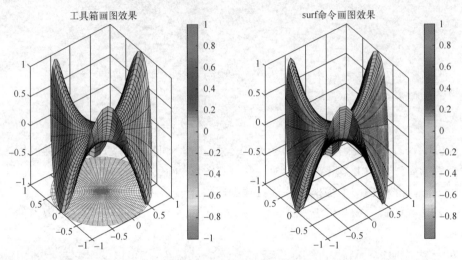

图 A.6 $f(z)=z^3$ 的图形

A.5 代数方程的求解

A.5.1 线性方程组的求解

1. 求线性方程组的一个解

MATLAB 中求解线性方程组 $\boldsymbol{Ax}=\boldsymbol{b}$ 的命令为 x=pinv(A)*b,无论数学上线性方程组 $\boldsymbol{Ax}=\boldsymbol{b}$ 有唯一解、多解或无解,MATLAB 上述命令总是只给出一个解。

(1) $\boldsymbol{Ax}=\boldsymbol{b}$ 有唯一解时,MATLAB 也给出唯一解。

(2) $\boldsymbol{Ax}=\boldsymbol{b}$ 无解时,MATLAB 给出最小二乘解,所谓的最小二乘解是指使得 $\|\boldsymbol{Ax}-\boldsymbol{b}\|^2=[\boldsymbol{Ax}-\boldsymbol{b},\boldsymbol{Ax}-\boldsymbol{b}]$ 达到最小值的 $\boldsymbol{x}$,其中[·,·]表示矢量的内积。

(3) $\boldsymbol{Ax}=\boldsymbol{b}$ 有无穷多解时,MATLAB 给出最小范数解。

注 A.2 当 $\boldsymbol{A}$ 列满秩时,可以使用命令 x=A\b 代替命令 x=pinv(A)*b。

例 A.14 求解下列非齐次线性方程组:

$$\begin{cases} 4x_1+2x_2-x_3=2, \\ 3x_1-x_2+2x_3=10, \\ 11x_1+3x_2=8. \end{cases}$$

解 首先计算系数矩阵 A 的秩和增广矩阵 $[A,b]$ 的秩,两者不相等,线性方程组无解。利用 MATLAB 求最小二乘解的程序如下:

```
clc, clear
a=[4,2,-1;3,-1,2;11,3,0];         %系数矩阵
b=[2;10;8];                       %常数项列
r1=rank(a)                        %计算系数矩阵的秩
r2=rank([a,b])                    %计算增广矩阵的秩
x1=pinv(a)*b                      %求最小二乘解的数值解
x2=pinv(sym(a))*sym(b)            %求最小二乘解的符号解
```

求得最小二乘解的数值解为 $x_1=1.2130, x_2=-1.4478, x_3=1.9565$。

例 A.15 求解下列非齐次线性方程组:

$$\begin{cases} 2x+3y+z=4, \\ x-2y+4z=-5, \\ 3x+8y-2z=13, \\ 4x-y+9z=-6. \end{cases}$$

解 系数矩阵 A 的秩 $\text{rank}(A)$ 与增广矩阵的秩 $\text{rank}([A,b])$ 都等于 2,线性方程组有无穷多解。利用 MATLAB 求最小范数解的程序如下:

```
clc, clear
a=[2 3 1;1,-2,4;3,8,-2;4,-1,9];   %系数矩阵
b=[4;-5;13;-6];                   %常数项列
r1=rank(a)                        %求系数矩阵的秩
r2=rank([a,b])                    %求增广矩阵的秩
x1=pinv(a)*b                      %求最小范数数值解
x2=pinv(sym(a))*sym(b)            %求最小范数符号解
```

求得的最小范数符号解为 $x_1=1/3, x_2=4/3, x_3=-2/3$。

例 A.16 解下列矩阵方程

$$X\begin{bmatrix} 2 & 1 & -1 \\ 2 & 1 & 0 \\ 1 & -1 & 1 \end{bmatrix} = \begin{bmatrix} 1 & -1 & 3 \\ 4 & 3 & 2 \end{bmatrix}.$$

解 记矩阵方程为 $XA=B$,因 $\det A=3\neq 0$,故 A 可逆,用 A^{-1} 右乘方程的两边,得

$$X=BA^{-1}=\begin{bmatrix} -2 & 2 & 1 \\ -\dfrac{8}{3} & 5 & -\dfrac{2}{3} \end{bmatrix}.$$

用 MATLAB 计算的程序如下:

```
clc, clear
a=[2,1,-1;2,1,0;1,-1,1];
b=[1,-1,3;4,3,2];
c=det(a)                          %计算矩阵 a 的行列式
x1=b/a                            %求数值解,或者使用 x=b*inv(a)
```

x2 = sym(b) * inv(sym(a))   %求符号解

为了说明符号矩阵的定义,我们使用下面将要介绍的 solve 命令求解上述线性方程组,当然实际上没有必要使用 solve 命令求解线性方程组。

clc, clear
a = [2,1,-1;2,1,0;1,-1,1];
b = [1,-1,3;4,3,2];
x = sym('x%d%d',[2,3])   %定义 2×3 的符号矩阵
s = solve(x*a == b)   %求符号方程组的解,返回值 s 为结构数组
ss = [s.x11,s.x12,s.x13;s.x21,s.x22,s.x23]   %显示方程组的解

2. 求线性方程组的通解

MATLAB 的函数 rref 可以求得矩阵的行最简形,其调用格式为

[R,jb] = rref(A)

其中,返回值 R 是矩阵 A 的行最简形,jb 是 A 的列矢量组的最大无关组的地址标号。

利用增广矩阵的行最简形,可以写出线性方程组的通解。

例 A.17(续例 A.15) 求非齐次线性方程组

$$\begin{cases} 2x+3y+z=4, \\ x-2y+4z=-5, \\ 3x+8y-2z=13, \\ 4x-y+9z=-6 \end{cases}$$

的通解。

利用如下的 MATLAB 程序:

clc, clear
a = [2 3 1;1,-2,4;3,8,-2;4,-1,9];   %系数矩阵
b = [4;-5;13;-6];   %常数项列
c = rref([a,b])   %求增广阵的行最简形

求得增广阵的行最简形为

$$\begin{bmatrix} 1 & 0 & 2 & -1 \\ 0 & 1 & -1 & 2 \\ 0 & 0 & 0 & 0 \\ 0 & 0 & 0 & 0 \end{bmatrix}.$$

得到同解方程组:

$$\begin{cases} x+2z=-1, \\ y-z=2, \end{cases} \Rightarrow \begin{cases} x=-2z-1, \\ y=z+2, \end{cases}$$

即得通解为

$$\begin{bmatrix} x \\ y \\ z \end{bmatrix} = c \begin{bmatrix} -2 \\ 1 \\ 1 \end{bmatrix} + \begin{bmatrix} -1 \\ 2 \\ 0 \end{bmatrix} (c \in \mathbf{R}).$$

A.5.2 非线性方程的求解

1. 简单非线性方程的符号解

MATLAB 求符号方程的函数为 solve,其调用格式为

s=solve(eqn,var)　　%其中 eqn 为符号方程,var 指定符号变量,s 为求得的符号解。

[y1,…,yN]=solve(eqns,vars,Name,Value)　　%求符号方程组的解。

例 A.18 解方程组

$$\begin{cases} x+2y-z=27, \\ x+z=3, \\ x^2-3y^2=28. \end{cases}$$

MATLAB 程序如下:

clc, clear, syms x y z

[sz,sy,sx]=solve([x+2*y-z==27,x+z==3,x^2-3*y^2==28],[z,y,x])　%[z,y,x]指定返回值的顺序

xx=double(sx), yy=double(sy), zz=double(sz)　　%把符号数转换为浮点数

求得方程组的两组符号解,这里就不具体给出了。

2. 非线性方程(组)的数值解

1) 求非线性方程的零点

roots 求一元多项式的所有零点。

例 A.19 求下列方程的所有解:

$$x^6-3x^2-1=0.$$

MATLAB 程序如下:

clc, clear

p=[1,0,0,0,-3,0,-1];

r=roots(p)

求得方程的 6 个解分别为±1.3709,±1.2378i,±0.5893i。

fzero 求给定初值附近的一个数值解,其调用格式为

x=fzero(fun,x0)　　%fun 为定义方程的函数或匿名函数;x0 为一个值或区间,作为初始条件。

例 A.20(续例 A.19)　求方程

$$x^6-3x^2-1=0$$

在初值 0.2 附近的一个根。

MATLAB 程序如下:

clc, clear

yx=@(x)x.^6-3*x.^2-1;

x=fzero(yx,0.2)

求得的根为 1.3709。

2) 非线性方程组的解

MATLAB 函数 fsolve 求非线性方程组的解,其调用格式为

x = fsolve(fun,x0,options)

其中,fun 是定义非线性方程组的函数或匿名函数,x0 为初值,options 为优化参数设置,返回值 x 是求得的初值 x0 附近的一个解。

例 A.21(续例 A.18) 求方程组

$$\begin{cases} x+2y-z=27, \\ x+z=3, \\ x^2-3y^2=28 \end{cases}$$

在初值 $[x,y,z]=[0.2,2,5]$ 附近的一组解。

clc,clear
f = @(t)[t(1)+2*t(2)-t(3)-27; t(1)+t(3)-3
　　t(1)^2-3*t(2)^2-28]; %定义方程组的匿名函数
s = fsolve(f,[0.2,2,5])

求得的一个解为 $x=10.0601, y=4.9399, z=-7.0601$。

例 A.22 求方程组

$$\begin{cases} 291(x_1-x_2)=1, \\ 347X=x_1+x_2, \\ 134X+x_3=0, \\ 495X=x_4 \end{cases}$$

的解,其中 $X=x_4(x_1+x_2)-2x_3^2$。

clc,clear
X = @(x)x(4)*(x(1)+x(2))-2*x(3)^2;
fx = @(x)[291*(x(1)-x(2))-1
　　347*X(x)-x(1)-x(2)
　　134*X(x)+x(3)
　　495*X(x)-x(4)]
x0 = fsolve(fx,rand(1,4))　　%初值取为一个随机的行矢量

A.5.3 矛盾方程组的最小二乘解

1. 线性方程组的最小二乘解

上面已经给出求线性方程组 $Ax=b$ 的最小二乘解的命令为 x = pinv(A)*b。

例 A.23 为了测量刀具的磨损速度,我们做这样的实验:经过一定时间(如每隔 1h),测量一次刀具的厚度,得到一组实验数据 (t_i,y_i) $(i=1,2,\cdots,8)$ 如表 A.15 所示。试根据实验数据建立 y 与 t 之间的经验公式 $y=at+b$。

表 A.15 实验观测数据

t_i	0	1	2	3	4	5	6	7
y_i	27.0	26.8	26.5	26.3	26.1	25.7	25.3	24.8

解 拟合参数 a,b 的准则是最小二乘准则,即求 a,b,使得

$$\delta(a,b) = \sum_{i=1}^{8}(at_i + b - y_i)^2$$

达到最小值。实际上是求解如下关于 a,b 作为未知数的线性方程组

$$\begin{cases} t_1 a + b = y_1, \\ t_2 a + b = y_2, \\ \vdots \\ t_8 a + b = y_8. \end{cases}$$

上述方程组是两个未知数、8 个方程的超定线性方程组,MATLAB 求解时,刚好就给出最小二乘解。

MATLAB 的求解程序如下:
clc, clear
t=[0:7]';
y=[27.0, 26.8, 26.5, 26.3, 26.1, 25.7, 25.3, 24.8]';
A=[t,ones(8,1)];   %构造线性方程组的系数矩阵
x=A\y   %这里 A 是列满秩,使用 pinv(A)*y 的简化格式

求得 $a = -0.3036, b = 27.1250$。

2. 非线性方程组的最小二乘解

对于非线性方程组

$$\begin{cases} f_1(\boldsymbol{x}) = 0, \\ f_2(\boldsymbol{x}) = 0, \\ \vdots \\ f_n(\boldsymbol{x}) = 0. \end{cases} \tag{A.1}$$

式中:$\boldsymbol{x}$ 为 m 维矢量,一般地,当 $n > m$ 时,方程组(A.1)是矛盾方程组,有时需要求方程组(A.1)的最小二乘解,即求多元函数

$$\delta(\boldsymbol{x}) = \sum_{i=1}^{n} f_i^2(\boldsymbol{x}) \tag{A.2}$$

的最小值。MATLAB 求非线性方程组最小二乘解的命令为

$$\text{lsqnonlin(fun, x0)},$$

其中 fun 是定义矢量函数

$$[f_1(\boldsymbol{x}), \quad f_2(\boldsymbol{x}), \quad \cdots, \quad f_n(\boldsymbol{x})]^\mathrm{T}$$

的匿名函数的返回值,x0 为 $\boldsymbol{x}$ 的初始值。

例 A.24 已知 4 个观测站的位置坐标 $(x_i, y_i)(i=1,2,3,4)$,每个观测站都探测到距未知信号的距离 $d_i(i=1,2,3,4)$,已知数据见表 A.16,试定位未知信号的位置坐标 (x,y)。

表 A.16 观测站的位置坐标及探测到距未知信号的距离数据

	1	2	3	4
x_i	245	164	192	232

(续)

	1	2	3	4
y_i	442	480	281	300
d_i	126.2204	120.7509	90.1854	101.4021

解 未知信号的位置坐标(x,y)满足非线性方程组

$$\begin{cases} \sqrt{(x_1-x)^2+(y_1-y)^2}-d_1=0, \\ \sqrt{(x_2-x)^2+(y_2-y)^2}-d_2=0, \\ \sqrt{(x_3-x)^2+(y_3-y)^2}-d_3=0, \\ \sqrt{(x_4-x)^2+(y_4-y)^2}-d_4=0. \end{cases} \quad (A.3)$$

显然方程组(A.3)是一个矛盾方程组,必须求方程组(A.3)的最小二乘解。可以把问题转化为求如下多元函数

$$\delta(x,y)=\sum_{i=1}^{4}(\sqrt{(x_i-x)^2+(y_i-y)^2}-d_i)^2 \quad (A.4)$$

的最小点问题。

利用MATLAB的lsqnonlin命令求得$x=149.5089,y=359.9848$。

计算的MATLAB程序如下:

```
clc,clear
xi=[245    164    192    232]';
yi=[442    480    281    300]';
d=[126.2204   120.7509  90.1854   101.4021]';
fx=@(x)sqrt((xi-x(1)).^2+(yi-x(2)).^2)-d;  %定义误差矢量函数的匿名函数
x1=lsqnonlin(fx,rand(1,2))
gx=@(x)sum(fx(x).^2);           %定义误差平方和函数的匿名函数
x2=fminsearch(gx,rand(1,2))     %求多元函数的极小点
x3=fminunc(gx,rand(1,2))        %求多元函数的极小点
```

A.6 常微分方程的求解

A.6.1 常微分方程的符号解

在MATLAB中,符号运算工具箱提供了功能强大的求常微分方程符号解命令dsolve。

1. 老版本MATLAB中dsolve函数的使用

在老版本MATLAB中,用符号D表示对变量的求导,如Dy表示对变量y求一阶导数,当需要求变量的n阶导数时,用Dn表示,D4y表示对变量y求四阶导数。

例A.25 求解二阶线性微分方程$y''-2y'+y=e^x,y(0)=1,y'(0)=-1$。

```
clc,clear
y=dsolve('D2y-2*Dy+y=exp(x)','y(0)=1,Dy(0)=-1','x')
```

```
pretty(y)              %用分数线居中的显示格式显示
```
得到二阶微分方程解析解 $y = e^x + \dfrac{x^2 e^x}{2} - 2xe^x$。

注 A.3 dsolve 命令中默认的函数自变量为 t,如果函数的自变量为 x,必须指明。

2. 新版本 MATLAB 中 dsolve 函数的使用

新版本 MATLAB 中使用函数 diff 求符号函数的导数。

新版本中 dsolve 的调用格式如下:

```
S = dsolve(eqn, cond, Name, Value)    %eqn 为符号微分方程,cond 为初值或边值
```
条件。
```
[y1,…,yN] = dsolve(eqns, conds, Name, Value)  %eqns 为符号微分方程组,conds
```
为初值或边值条件。

例 A.26(续例 A.25) 求解二阶线性微分方程 $y'' - 2y' + y = e^x, y(0) = 1, y'(0) = -1$。

```
clc, clear, syms y(x)    %定义符号函数 y,自变量为 x
dy = diff(y);            %定义 y 的一阶导数,目的是下面赋初值
y = dsolve(diff(y,2) - 2*diff(y) + y == exp(x), y(0) == 1, dy(0) == -1)
```

例 A.27 求 Logistic 方程

$$\begin{cases} \dfrac{dx}{dt} = r\left(1 - \dfrac{x}{x_m}\right)x, \\ x(t_0) = x_0 \end{cases}$$

的符号解。

```
clc, clear, syms x(t) r xm x0 t0
x = dsolve(diff(x) == r*(1-x/xm)*x, x(t0) == x0)
x = simplify(x), pretty(x)    %化简,并用分数线居中的显示格式显示
```
求得

$$x(t) = \dfrac{x_0 x_m e^{rt}}{x_0 e^{rt} - x_0 e^{rt_0} + x_m e^{rt_0}}.$$

3. 求线性微分方程组的符号解

例 A.28 试求解下列 Cauchy 问题

$$\begin{cases} \dfrac{d\boldsymbol{x}}{dt} = \boldsymbol{A}\boldsymbol{x}, \\ \boldsymbol{x}(0) = [1,1,1]^T \end{cases}$$

的解,其中 $\boldsymbol{x}(t) = [x_1(t), x_2(t), x_3(t)]^T, \boldsymbol{A} = \begin{bmatrix} 3 & -1 & 1 \\ 2 & 0 & -1 \\ 1 & -1 & 2 \end{bmatrix}$。

```
clc, clear, syms x1(t) x2(t) x3(t)
x = [x1;x2;x3]; A = [3 -1 1;2 0 -1;1 -1 2];
x0 = ones(3,1);              %初值条件
x = dsolve(diff(x) == A*x, x(0) == x0)
s = [x.x1; x.x2; x.x3]       %以矢量的形式显示解
```

pretty(s)
求得的解为

$$x(t) = \begin{bmatrix} \frac{4}{3}e^{3t} - \frac{1}{2}e^{2t} + \frac{1}{6} \\ \frac{2}{3}e^{3t} - \frac{1}{2}e^{2t} + \frac{5}{6} \\ \frac{2}{3}e^{3t} + \frac{1}{3} \end{bmatrix}.$$

A.6.2 常微分方程的数值解

大多数常微分方程(组)是无法求得符号解的,只能求数值解。MATLAB 有多个求数值解的命令,这里只介绍 ode45,ode45 用 4、5 阶龙格库塔方法求一阶微分方程或微分方程组的数值解。

对一阶微分方程或方程组的初值问题

$$\begin{cases} y' = f(t, y), \\ y(t_0) = y_0, \end{cases}$$

其中 y 和 f 可以为矢量。函数 ode45 有如下两种调用格式:

$$[t, y] = \text{ode45}(\text{fun}, \text{tspan}, y_0) \quad \text{或} \quad s = \text{ode45}(\text{fun}, \text{tspan}, y_0)$$

其中 fun 是用 M 函数或匿名函数定义 $f(t,y)$ 的函数文件名或匿名函数返回值,tspan = $[t_0, \text{tfinal}]$(这里 t_0 必须是初值条件中自变量的取值,tfinal 可以比 t_0 小)是求解区间,y0 是初值。返回值 t 是 MATLAB 自动离散化的区间 $[t_0, \text{tfinal}]$ 上的点,y 的列是对应于 t 的函数值;如果只有一个返回值 s,则 s 是一个结构数组。

利用结构数组 s 和 MATLAB 函数 deval,可以计算区间 tspan 中任意点 x 的函数值,调用格式为

$$y = \text{deval}(s, x)$$

其中 x 为标量或矢量,返回值 y 的行是对应于 x 的数值解。

1. 求一阶微分方程(组)的数值解

例 A.29 求微分方程

$$\begin{cases} y' = -2y + 2x^2 + 2x, \\ y(0) = 1 \end{cases}$$

在 $0 \leq x \leq 0.5$ 时的数值解。

```
clc, clear
yx = @(x,y)-2*y+2*x^2+2*x;      %定义微分方程右端项的匿名函数
[x,y] = ode45(yx,[0,0.5],1)     %第 1 种返回格式
sol = ode45(yx,[0,0.5],1)       %第 2 种返回格式
y2 = deval(sol,x)    %计算自变量 x 对应的函数值,这里 y2 为行矢量
check = [y,y2']      %比较两种返回值的结果是一样的,但一个是列矢量,另一个是行矢量
```

例 A.30 Lorenz 模型的混沌效应。

Lorenz 模型是由美国气象学家 Lorenz 在研究大气运动时,通过对对流模型简化,只保留 3 个变量提出的一个完全确定性的一阶自治常微分方程组(不显含时间变量),其方程为

$$\begin{cases} \dot{x} = \sigma(y-x), \\ \dot{y} = \rho x - y - xz, \\ \dot{z} = xy - \beta z. \end{cases}$$

式中:σ 为 Prandtl 数;ρ 为 Rayleigh 数;β 为方向比。Lorenz 模型如今已经成为混沌领域的经典模型,第 1 个混沌吸引子——Lorenz 吸引子也是在这个系统中被发现的。系统中三个参数的选择对系统会不会进入混沌状态起着重要的作用。图 A.7 给出了 Lorenz 模型在 $\sigma=10, \rho=28, \beta=8/3$ 时系统的三维演化轨迹。由图 A.7 可见,经过长时间运行后,系统只在三维空间的一个有限区域内运动,即在三维相空间里的测度为零。图 A.7 所示为蝴蝶效应。

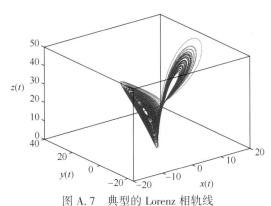

图 A.7 典型的 Lorenz 相轨线

计算及画图的 MATLAB 程序如下:

```
clc, clear, close all
sigma = 10; rho = 28; beta = 8/3;
g = @(t,f)[sigma*(f(2)-f(1)); rho*f(1)-f(2)-f(1)*f(3); f(1)*f(2)-beta*f(3)];    %定义微分方程组的右端项
xyz0 = rand(3,1);                              %初始值
[t,xyz] = ode45(g,[0,100],xyz0);               %求数值解
plot3(xyz(:,1),xyz(:,2),xyz(:,3))
xlabel('$x(t)$','Interpreter','Latex'), ylabel('$y(t)$','Interpreter','Latex'),
zlabel('$z(t)$','Interpreter','Latex','rotation',0)
ax = gca; ax.BoxStyle = 'full';
box on                                         %加盒子线,以突出立体感
```

例 A.31 求下列常微分方程组的数值解。

$$\begin{cases} \dot{x}_i = v_i, \quad i=1,2,3, \\ \dot{v}_i = \sum_{j=1}^{3} a_{ij} \text{sign}(h(v_i)-h(v_j)) |h(v_i)-h(v_j)|^{0.3}, \quad i=1,2,3, \\ [x_1(0),x_2(0),x_3(0),v_1(0),v_2(0),v_3(0)] = [-1,0,1,1,0,-1]. \end{cases}$$

其中 $h(s)=s^3+2$, $\boldsymbol{A}=(a_{ij})_{3\times 3}=\begin{bmatrix} 0 & 1 & 2 \\ 1 & 0 & 3 \\ 2 & 3 & 0 \end{bmatrix}$.

定义微分方程组右端项的 MATLAB 函数(文件名为 gexAfun31.m)如下:

```
function dx=gexAfun31(t,x)
a=[0 1 2;1 0 3;2 3 0]; alpha=0.3;
h=@(s)s.^3+2;
v=zeros(3,1);
for i=1:3
    for j=1:3
        v(i)=a(i,j)*sign(h(x(j+3))-h(x(i+3)))*abs(h(x(j+3))-h(x(i+3)))^alpha;
    end
end
dx=[x(4);x(5);x(6);v(1);v(2);v(3)];
```

求微分方程组数值解的 MATLAB 程序如下:

```
clc, clear
x0=[-1 0 1 1 0 -1]';
[t,x]=ode45(@gexAfun31,[0,2],x0)
subplot(121),plot(t,x(:,[1:3]))    %画 x1,x2,x3 的解曲线
subplot(122),plot(t,x(:,[4:6]))    %画 v1,v2,v3 的解曲线
```

2. 求高阶微分方程(组)的数值解

MATLAB 工具箱无法直接求解高阶方程(组)的数值解,对于高阶常微分方程(组),首先要做变量替换化为一阶方程组,然后再用 MATLAB 的相关命令求数值解。

例 A.32(续例 A.26) 求解二阶线性微分方程 $y''-2y'+y=e^x$, $y(0)=1$, $y'(0)=-1$ 在区间 $[-1,0]$ 上的数值解,并与符号解进行比较。

求数值解时,首先做变量替换;设 $y_1=y$, $y_2=y'$,则把二阶微分方程化成如下两个函数的一阶方程组:

$$\begin{cases} y_1'=y_2, & y_1(0)=1, \\ y_2'=2y_2-y_1+e^x, & y_2(0)=-1. \end{cases}$$

计算和画图的 MATLAB 程序如下:

```
clc, clear, close all
syms y(x)                %定义符号函数 y,自变量为 x
dy=diff(y);              %定义 y 的一阶导数,目的是下面赋初值
y=dsolve(diff(y,2)-2*diff(y)+y==exp(x),y(0)==1,dy(0)==-1)
h=ezplot(y,[-1,0])       %画符号解的曲线
title(''), set(h,'Color','r','LineWidth',2)
hold on
dy=@(x,y)[y(2);2*y(2)-y(1)+exp(x)];
```

s=ode45(dy,[0,-1],[1;-1]);%注意求解区间[0,-1]左端点必须是初始时刻
fplot(@(x)deval(s,x,1),[-1,0],'*')%画第1个分量,即 y 在区间[-1,0]上的数值解
legend('符号解','[-1,0]区间上数值解')

A.7 MATLAB 的数据处理

A.7.1 细胞数组和结构数组

MATLAB 很多函数的返回值是细胞数组或结构数组,下面简单介绍细胞数组和结构数组。

1. 细胞数组

细胞数组是 MATLAB 中的一类特殊的数组。在 MATLAB 中,由于有细胞数组这个数据类型,才能把不同类型、不同维数的数据组成为一个数组。

细胞数组的创建有两种方法:通过赋值语句或 cell 函数创建。

(1) 使用赋值语句创建细胞数组:细胞数组使用花括号"{}"来创建,使用逗号","或空格分隔同一行的单元,使用分号";"来分行。

(2) 使用 cell 函数创建空细胞数组。

MATLAB 提供的与细胞数组有关的函数如表 A.17 所示。

表 A.17 细胞数组的有关函数

函 数	说 明
cell2struct(cellArray,field,dim)	将细胞数组转换成结构数组
iscell(c)	判断指定数组是否是细胞数组
struct2cell(s)	将 m×n 的结构数组 s(带有 p 个域)转换成 p×m×n 的细胞数组
mat2cell(A,m,n)	将矩阵拆分成细胞数组矩阵
cell2mat(c)	将细胞数组合并成矩阵
num2cell(A)	将数值数组转换成细胞数组
celldisp(c)	显示细胞数组内容
cellplot(c)	显示细胞数组结构图

2. 结构数组

有时需要将不同的数据类型组合成一个整体,以便于引用。这些组合在一个整体中的数据是相互联系的。例如,一个学生的学号、姓名、性别、年龄、成绩、家庭地址等项都是和该学生有联系的。

MATLAB 与其他高级语言一样具有结构类型的数据。结构类型是包含一组彼此相关、数据结构相同但类型不同的数据类型。结构类型的变量可以是任意一种 MATLAB 数据类型的变量,也可以是一维、二维或多维的。但是,在访问结构类型数据的元素时,需要使用下标配合域名的形式。

MATLAB 提供两种方法建立结构数组,用户可以直接给结构数组成员变量赋值建立结构数组,也可以利用函数 struct 建立结构数组。

MATLAB 提供的与结构数组有关函数如表 A.18 所示。

表 A.18 结构数组的有关函数

函 数 名	作 用
struct	生成结构数组
fieldnames(s)	获取指定结构数组的所有域名
getfield(s,'field')	获取指定域的值
isfield(s,'field')	判断是否是指定结构数组中的域
orderfields(s)	对结构数组域名按首字符重新排序
setfield(s,'field',value)	设置结构数组指定域的值
rmfield(s,'field')	删除指定结构数组中的域
isstruct	检查数组是否为结构类型

MATLAB 命令

$$f=dir('*.m')$$

可以显示当前目录下所有后缀名为 m 的文件信息,返回值 f 是一个结构数组,包括 5 个域:name,date,bytes,isdir,datenum。通过结构数组的元素个数可以知道当前目录下 M 文件的个数,通过 name 域可以知道当前目录下所有 M 文件的名称。

dir 命令可以读出所有类型文件的信息。

例 A.33 读入当前目录下所有的后缀名为 bmp 的图片文件,并把数据保存在细胞数组中。

clc,clear
f=dir('*.bmp'); %读入当前目录下所有 bmp 图像文件的信息,保存在结构数组 f 中
n=length(f)   %计算 bmp 文件的个数
for i=1:n
    a{i}=imread(f(i).name);%把第 i 个 bmp 图像数据保存在细胞数组的第 i 个元素中
end

A.7.2 一般文件操作

MATLAB 中的关于文件方面的函数和 C 语言相似,见表 A.19。

表 A.19 MATLAB 的文件操作命令

函数分类	函 数 名	作 用
打开和关闭文件	fopen	打开文件
	fclose	关闭文件
读写二进制文件	fread	读二进制文件
	fwrite	写二进制文件

(续)

函数分类	函数名	作　用
格式 I/O	fscanf	从文件中读格式数据
	fprintf	写格式数据
	fgetl	从文件中读行,不返回行结束符
	fgets	从文件中读行,返回行结束符
读写字符串	sprintf	把格式数据写入字符串
	sscanf	格式读入字符串
文件定位	feof	检验是否为文件结尾
	fseek	设置文件定位器
	ftell	获取文件定位器
	frewind	返回到文件的开头

1. 文件的打开和关闭

对文件读写之前应该"打开"该文件,在使用结束之后应"关闭"该文件。

函数 fopen 用于打开文件,其调用格式为

fid = fopen(filename, permission)

fid 是文件标识符(file identifier), fopen 指令执行成功后就会返回一个正的 fid 值,如果 fopen 指令执行失败,则 fid 返回 -1。

filename 是文件名。

permission 是文件允许操作的类型,可设为以下几个值:

'r':只读;

'w':只写;

'a':追加(append);

'r+':可读可写。

与 fopen 对应的指令为 fclose,它用于关闭文件,其指令格式为

status = fclose(fid)

如果成功关闭文件,则 status 返回的值是 0。

注 A.4 一定要养成好的编程习惯,文件操作完之后,要关闭文件,即释放文件句柄,如果不关闭句柄,则占用内存空间,如果打开的文件数量太多,则内存会溢出。

2. 二进制文件的读写操作

读二进制文件的函数 fread,其调用格式为

[A, count] = fread(fileID, sizeA, precision)

其中,A 是用于存放读取数据的矩阵,count 是返回所读取的数据元素个数;fileID 是文件句柄;sizeA 为可选项,若不选用则读取整个文件内容,若选用则它的值可以是 N(读取 N 个元素到一个列矢量)、inf(读取整个文件)、[m, n](读数据到 m×n 矩阵中,数据按列存放);precision 控制所读数据的精度。

写二进制文件的函数 fwrite,其调用格式为

fwrite(fileID, A, precision)

其中 fileID 为文件句柄，A 是要写入文件的数组，precision 控制所写数据的精度。

3. 加载各种类型数据文件命令 importdata

MATLAB 函数 importdata 可以把各种类型文件的数据加载到 MATLAB 工作空间中，其调用格式为：

A = importdata(filename)   %将数据加载到数组 A 中。

A = importdata('-pastespecial')   %从系统剪贴板而不是文件加载数据。

A = importdata(___, delimiterIn)   %将 delimiterIn 解释为 ASCII 文件或剪贴板数据中的列分隔符。

A = importdata(___, delimiterIn, headerlinesIn)   %从 ASCII 文件或剪贴板加载数据，并读取从第 headerlinesIn+1 行开始的数值数据。

1) 图像文件

例 A.34 导出并显示示例图像 ngc6543a.jpg。

A = importdata('ngc6543a.jpg');   %加载 MATLAB 内置图像文件

image(A)

显示的图像如图 A.8 所示。

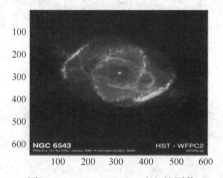

图 A.8　ngc6543a.jpg 对应的图像

2) 文本文件

例 A.35 使用文本编辑器创建一个带有列标题的称为 gdata35.txt 的空格分隔 ASCII 文件。

Day1	Day2	Day3	Day4	Day5	Day6	Day7
95.01	76.21	61.54	40.57	5.79	20.28	1.53
23.11	45.65	79.19	93.55	35.29	19.87	74.68
60.68	1.85	92.18	91.69	81.32	60.38	44.51
48.60	82.14	73.82	41.03	0.99	27.22	93.18
89.13	44.47	17.63	89.36	13.89	19.88	46.60

使用 MATLAB 导入该文件的程序如下：

clc, clear

filename = 'gdata35.txt';

delimiterIn = ' '; headerlinesIn = 1;

A = importdata(filename, delimiterIn, headerlinesIn)   %返回值 A 为结构数组

a = A. data   %提出其中的数值矩阵

3）Excel 文件

例 A.36 Excel 文件 gdata36. xlsx 中存放如图 A.9 所示的数据。

	A	B	C	D	E	F	G
1	日期	开盘	最高	最低	收盘	交易量	交易额
2	2007/6/4	33.76	33.99	31	32.44	282444	921965312
3	2007/6/5	31.9	33	29.2	32.79	329276	1032631552
4	2007/6/6	31.9	32.86	31	32.27	236677	756290880
5	2007/6/7	32.41	34	32.16	32.73	255289	845447232
6	2007/6/8	32.7	32.7	31.18	31.6	272817	862057728

图 A.9 Excel 文件中的数据

使用 MATLAB 导入该文件的程序如下：

clc, clear, format long g   %长小数的显示格式
a = importdata('gdata36. xlsx');   %返回值 a 为结构数组
b = a. data. Sheet1   %提出其中的数值矩阵
format   %恢复到短小数的显示格式

注 A.5 如果 importdata 可识别文件扩展名，则会调用用于导入关联文件格式的 MATLAB 辅助函数（如用于 mat 文件的 load，或用于 Excel 文件的 xlsread）。否则，importdata 会将文件解释为分割的 ASCII 文件。

A.7.3 mat 文件

1. 生成 mat 文件

利用 MATLAB 的 save 函数可以生成 mat 文件，其调用格式为：

save(filename)   %将当前工作区中的所有变量保存在 MATLAB 格式的二进制文件（mat 文件）filename 中。
　save(filename, variables)   %仅保存 variables 指定的变量或字段。
　save(filename, variables, fmt)   %以 fmt 指定的文件格式保存。
　save(filename, variables, '-append')   %将新变量添加到一个现有文件中。
　save filename 是命令形式的语法。命令形式无须输入括号和将输入括在单引号内。例如，要保存名为 test. mat 的文件，下列语句是等效的：

save test. mat X   %命令形式
save('test. mat ', ' X')   %函数形式

在 MATLAB 命令窗口运行

\>\>save matfile1

即可把当前工作空间中的所有变量都保存到 matfile1. mat 文件中。

例 A.37 创建两个变量 p 和 q，并将其保存到名为 pqfile. mat 的文件中。

p = rand(1,10);   q = ones(10);
save('pqfile. mat ', 'p', 'q')

也可使用命令语法保存变量 p 和 q。

save pqfile. mat p q

2. 读取 mat 文件数据

首先把要打开的 mat 文件所在的目录设置为当前工作目录,然后执行命令

load(filename)或 load filename

即可将 filename 中的所有数据加载到当前工作环境中。

例 A.38 加载例 A.37 生成文件 pqfile.mat 中的数据。

加载全部数据,使用命令

load('pqfile.mat')

或

load pqfile.mat

加载变量 p,使用命令

load('pqfile.mat', 'p')

或

load pqfile.mat p

A.7.4 文本文件

1. 读取纯数值型数据的文本文件

读取纯数值型数据的文本文件的命令是 load 或 textread。

例 A.39 读取整行整列纯数值型数据的文本文件。

文本文件 gdata39.txt 存放如下格式的数据,把数据加载到 MATLAB 工作空间。

1 2 3 4
5 6 7 8

MATLAB 调用格式如下:

a = load('gdata39.txt')

或

a = textread('gdata39.txt')

例 A.40 读取非整行整列纯数值型数据的文本文件。

文本文件 gdata40.txt 存放如下格式的数据,把数据加载到 MATLAB 工作空间。

1 2 3 4
5 6 7

MATLAB 调用格式如下:

a = textread('gdata40.txt')

注 A.6 得到的 a 矩阵的值为

1 2 3 4
5 6 7 0

2. 读取混合型数据的文本文件

读文本文件中的混合型数据,除了使用前面介绍的 importdata 命令外,还可以使用命令 textscan,textscan 可以从文本文件或字符串读取格式化数据。textscan 的调用格式为:

C = textscan(fileID, formatSpec)   %将已打开的文本文件中的数据读取到细胞数组 C。该文本文件由文件标识符 fileID 指示。使用 fopen 可打开文件并获取 fileID 值。完成

文件读取后,请调用 fclose(fileID) 来关闭文件。

C = textscan(fileID, formatSpec, N)　　%按 formatSpec 读取文件数据 N 次,其中 N 是一个正整数。要在 N 次后从文件读取其他数据,请使用原 fileID 再次调用 textscan 进行扫描。如果通过调用具有相同文件标识符(fileID)的 textscan 恢复文件的文本扫描,则 textscan 将在上次终止读取的点处自动恢复读取。

C = textscan(chr, formatSpec)　　%将字符矢量 chr 中的文本读取到细胞数组 C 中。从字符矢量读取文本时,对 textscan 的每一次重复调用都会从开头位置重新开始扫描。要从上次位置重新开始扫描,需要指定 position 输出参数。textscan 尝试将字符矢量 chr 中的数据与 formatSpec 中指定的格式匹配。

例 A.41　混合数据的读入。

文本文件 gdata41.txt 存放如下数据,读入其中的数据。

A　1　2　3　4
B　5　6　7　8

使用 importdata 命令的 MATLAB 程序如下:

a = importdata('gdata41.txt')
b = a.data　　%读取其中的数值矩阵

使用 textscan 命令的 MATLAB 程序如下:

fid = fopen('gdata41.txt')
a = textscan(fid,'%s%d%d%d%d','CollectOutput',1)　%把相邻的同类型数据合并
b = a{2}　　%提出数值型数据矩阵
fclose(fid)

例 A.42　混合数据的读入。

文本文件 gdata42.txt 存放如下数据,读入其中的数据。

日期	开盘	最高	最低	收盘	交易量	交易额
2007/06/04	33.76	33.99	31.00	32.44	282444.00	921965312.00
2007/06/05	31.90	33.00	29.20	32.79	329276.00	1032631552.00
2007/06/06	31.90	32.86	31.00	32.27	236677.00	756290880.00
2007/06/07	32.41	34.00	32.16	32.73	255289.00	845447232.00
2007/06/08	32.70	32.70	31.18	31.60	272817.00	862057728.00

MATLAB 程序如下:

clc, clear, format long g　　　　　　　　%长小数的显示格式
fid = fopen('gdata42.txt');
fgetl(fid)　　　　　　　　　　　　　　　%读第 1 行的表头
A = textscan(fid, '%s %f %f %f %f %f %f', 'CollectOutput', true) %A 为 1×2 的细胞数组
B = A{2}　　　　　　　　　　　　　　　%提取数值矩阵
fclose(fid); format　　　　　　　　　　%恢复到短小数的显示格式

或者编写如下 MATLAB 程序:

clc, clear, format long g

```
a = importdata('gdata42.txt')
b = a.data    %提出数值矩阵
format
```

例 A.43 混合数据的读入。

文本文件 gdata43.txt 存放如下数据,读入其中的数据。

Sally 09/12/2005 12.34 45 Yes

Larry 10/12/2005 34.56 54 Yes

Tommy 11/12/2005 67.89 23 No

MATLAB 程序如下:

```
clc, clear
fid = fopen('gdata43.txt');
A = textscan(fid, '%s %s %f %d %s','CollectOutput',1)  %合并细胞数组相邻同类型数据
B1 = A{1,2}, B2 = A{1,3}            %提取需要的数值数据
fclose(fid);
```

例 A.44 输入非长方形文本文件中的数值数据。

文本文件 gdata44.txt 中存放如下数据:

```
begin
v1 = 12.67
v2 = 3.14
v3 = 6.778
end
begin
v1 = 21.78
v2 = 5.24
v3 = 9.838
end
```

MATLAB 读入数值数据的程序如下:

```
clc, clear
fid = fopen('gdata44.txt');
c = textscan(fid, '% * s v1=%f v2=%f v3=%f % * s', 'Delimiter', '\n', 'CollectOutput', 1)
c = cell2mat(c)      %把细胞数组转换成数值矩阵
fclose(fid);
```

注 A.7 这里的"*"表示跳过一个字符串的数据域。

3. 时间序列数据

例 A.45(续例 A.42) 读入 gdata42.txt 中的数据。

```
clc, clear, format long g
a = readtable('gdata42.txt','ReadRowName',false)
b = table2cell(a)              %把表格转换成细胞数组
```

c=cell2mat(b(:,[2:end]))   %把细胞数组转换成矩阵
format   %恢复到短小数的显示格式

4. 字符串的文本数据

例 A.46 统计下列五行字符串中字符 a、c、g、t 出现的频数。

1. aggcacggaaaacgggaataacggaggaggacttggcacggcattacacggagg
2. cggaggacaaacgggatggcggtattggaggtggcggactgttcgggga
3. gggacggatacggattctggccacggacggaaaggaggacacggcggacataca
4. atggataacggaaacaaaccagacaaacttcggtagaaatacagaagctta
5. cggctggcggacaacggactggcggattccaaaaacggaggaggcggacggaggc

把上述五行复制到一个纯文本数据文件 gdata46.txt 中，编写如下程序：

```
clc,clear
fid=fopen('gdata46.txt','r');
i=1;
while (~feof(fid))
    data=fgetl(fid);
    a=length(find(data==97));
    b=length(find(data==99));
    c=length(find(data==103));
    d=length(find(data==116));
    e=length(find(data>=97&data<=122));
    f(i,:)=[a b c d e a+b+c+d];
    i=i+1;
end
f,he=sum(f)
fclose(fid);
```

例 A.47 某计算机机房的一台计算机经常出故障，研究者每隔 15 分钟观察一次计算机的运行状态，收集了 24 小时的数据（共作 97 次观察）。用 1 表示正常状态，用 0 表示不正常状态，所得的数据序列如下：

111001001111111001111011111100111111111110001101101
1110110110101111011101111011111100110111111100111

求在 96 次状态转移中，"0→0" "0→1" "1→0" "1→1"各有几次。

把上述数据序列保存到纯文本文件 gdata47.txt 中，存放在 MATLAB 的当前工作目录下。编写程序如下：

```
clc,clear
fid=fopen('gdata47.txt','r');
a=[];
while (~feof(fid))
    a=[a fgetl(fid)];          %把所有读入的字符组成一个大字符串
end
```

```
        for i=0:1
            for j=0:1
                s=[int2str(i),int2str(j)];    %构造查找的子字符串
                f(i+1,j+1)=length(findstr(s,a));
            end
        end
        f                                      %显示统计矩阵
```
求得96次状态转移的情况是：

0→0,8次；   0→1,18次；
1→0,18次；   1→1,52次.

5. 数据写入文本文件

例A.48 使用dlmwrite命令把矩阵b保存到纯文本文件gdata48.txt。

```
b=randi([1,6],5)        %生成五阶随机整数矩阵
dlmwrite('gdata48.txt',b)
```

例A.49 生成服从标准正态分布随机数的300×200矩阵，然后用fprintf命令保存到纯文本文件gdata49.txt。

```
clc,clear
fid=fopen('gdata49.txt','w');
a=normrnd(0,1,300,200);
fprintf(fid,'%f\n',a');
fclose(fid);
```

注A.8 对于高维矩阵，用dlmwrite构造的文本文件，LINGO软件不识别；为了LINGO软件识别，文本文件必须用fprintf构造，而且数据之间的分割符为"\n"。另外，MATLAB数据是逐列存储的，LINGO数据是逐行存储的，这里把a矩阵的转置矩阵a'写入文本文件供LINGO调用。

A.7.5 Excel文件

1. 读入数据

MATLAB读入Excel文件的命令是xlsread，使用格式为

num=xlsread(filename,sheet,Range)

[num,txt]=xlsread(filename,sheet,Range)

其中第1个返回值是数值矩阵，第2个返回值是字符串的细胞数组，sheet是表单序号，Range是数据域的范围。

例A.50 把Excel文件gdata50.xlsx的表单Sheet1的域"A2:D5"中的数据赋给a，表单Sheet2中的全部数据赋给b。

```
a=xlsread('gdata50.xlsx',1,'A2:D5')
b=xlsread('gdata50.xlsx',2)
```

注A.9 把Excel文件的所有表单数据全部读入也可以使用命令importdata，然后再提出所需要的数据，程序如下：

c=importdata('gdata50.xlsx') %c 为结构数组
a=c.Sheet1([2:5],[1:4]), b=c.Sheet2

例 A.51 已知 11 个地点的位置坐标如表 A.20 所示，画出这 11 个点的位置并进行标注。

表 A.20　地点名称及坐标数据

位置名称	x 坐标	y 坐标	位置名称	x 坐标	y 坐标
基地 R	865	141	无名高地	690	131
基地 S	941	187	山谷 1	254	495
基地 T	711	841	山谷 11	736	443
101 高地	782	726	山谷 01	128	789
12 高地	769	385	山谷 001	349	816
116 高地	453	956			

把表 A.20 中的数据保存在 Excel 文件 gdata51.xlsx 中，编写 MATLAB 程序如下：

```
clc, clear
[a,b]=xlsread('gdata51.xlsx')
c=[a(:,[1,2]);a([1:end-1],[4,5])];        %提取需要的数据
b={b{:,1},b{[1:end-1],4}}                 %提取非空字符串，构造新的字符串细胞数组
plot(c([1:3],1),c([1:3],2),'P')           %画前 3 个点
hold on, plot(c([4:end],1),c([4:end],2),'*')  %画其余点
text(c(:,1)+5,c(:,2),b)                   %对所有的点进行标注
```

画出的 11 个地点的示意图如图 A.10 所示。

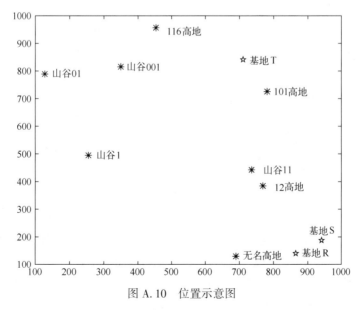

图 A.10　位置示意图

注 A. 10 MATLAB 图形标注中使用的字符串一般要求是细胞字符串数组。

2. 数据写入 Excel 文件

MATLAB 把数据写入 Excel 文件的命令是 xlswrite,调用格式为

xlswrite(filename,A,sheet, Range)

其中 filename 是要写入数据的文件名,A 是要写入的矩阵,sheet 是表单名或表单序号,Range 是数据域的地址或数据域的左上角地址。

例 A. 52 把一个 5×10 矩阵 a 写到 Excel 文件 gdata52. xlsx 表单 Sheet1 中,把一个 3×3 矩阵 b 写入表单 Sheet2 的 B2 开始的域中。

a=rand(5,10);
xlswrite('gdata52. xlsx',a)   %默认写入第 1 个表单,A1 开始的数据域中
b=rand(3);
xlswrite('gdata52. xlsx',b,2,'B2')   % 2 是表单序号,B2 是数据域左上角开始地址

A.7.6 图像文件

例 A. 53 把一个比较大的 bmp 图像文件 gdata53. bmp,转化成比较小的 jpg 文件,命名成 gdata53. jpg,并显示。

a=imread('gdata53. bmp');%非工具箱图像文件,我们自己的一个图像文件
subplot(121), imshow(a), title('原 bmp 图像') %显示原 bmp 图像
imwrite(a,'gdata53. jpg');
subplot(122), imshow('gdata53. jpg'), title('新 jpg 图像') %对比显示新的 jpg 图像

例 A. 54 生成 10 幅彩色 jpg 文件,依次命名成 jpq1. jpg,jpg2. jpg,…,jpg10. jpg。

clc, clear
system('md A54')   %在当前目录下新建子目录 A54
for i=1:10
    str=['A54\:','jpg',int2str(i),'. jpg'];   %文件保存在子目录 A54 下
    a(:,:,1)=rand(500); a(:,:,2)=rand(500)+100; a(:,:,3)=rand(500)+200;
    imwrite(a,str);
end

例 A. 55 碎纸片的拼接复原(2013 年全国大学生数学建模竞赛 B 题附件 1)。

clc, clear, file=dir('附件1*.bmp');   %读 bmp 文件的信息
cd('附件 1')   %改变路径到"附件 1"
tind=1; a=imread(file(1).name);   %读入第 1 个图像
a=double(a); jj=[2:19];
L1=a(:,1); L2=a(:,end);   %拼接的大图形左边界和右边界初始化
for i=1:18
    tcha1=[]; tcha2=[];
    for j=jj
        a2=imread(file(j).name); a2=double(a2);

```
            e1 = a2(:,1); e2 = a2(:,end);
            cha1 = sum(abs(L1-e2)); cha2 = sum(abs(L2-e1));
            tcha1 = [tcha1,cha1]; tcha2 = [tcha2,cha2];        %计算左右边界的差异
        end
        m1 = min(tcha1); m2 = min(tcha2);
        if sum(abs(L1-255))<1
            ind = find(tcha2 = = m2); tind = [tind,jj(ind)];    %右拼接
            tt = imread(file(jj(ind)).name); tt = double(tt);
            L2 = tt(:,end); jj(ind) = [];
        elseif sum(abs(L2-255))<1
            ind = find(tcha1 = = m1); tind = [jj(ind),tind];    %左拼接
            tt = imread(file(jj(ind)).name); tt = double(tt);
            L1 = tt(:,1); jj(ind) = [];
        else
            if m1<m2
                ind = find(tcha1 = = m1); tind = [jj(ind),tind]; %左拼接
                tt = imread(file(jj(ind)).name); tt = double(tt);
                L1 = tt(:,1); jj(ind) = [];
            else
                ind = find(tcha2 = = m2); tind = [tind,jj(ind)]; %右拼接
                tt = imread(file(jj(ind)).name); tt = double(tt);
                L2 = tt(:,end); jj(ind) = [];
            end
        end
end
ta = [];
for k = 1:19
    ta = [ta,imread(file(tind(k)).name)];
end
tind = tind-1, imshow(ta)    %显示拼图顺序及拼接结果
```

习 题 A

A.1 画出 Γ 函数 $\Gamma(x) = \int_0^{+\infty} e^{-t} t^{x-1} dt$ 的图形。

A.2 分别用 mesh 和 ezmesh 画出二元函数 $f(x,y) = (x^2-2x) e^{-x^2-y^2-xy}$ 的图形。

A.3 (配套课件中)附件 A3"区域高程数据.xlsx"给出了某区域 43.65×58.2(km) 的高程数据,画出该区域的三维网格图和等高线图,在 A(30,0) 和 B(43,30)(单位:km) 点处建立了两个基地,在等高线图上标注出这两个点。

A.4 已知
$$\begin{cases} \int_{10}^{20} \dfrac{1}{\sqrt{2\pi}\,\sigma} e^{-\frac{(x-\mu)^2}{2\sigma^2}} dx = 0.6006, \\ \int_{0}^{9} \dfrac{1}{\sqrt{2\pi}\,\sigma} e^{-\frac{(x-\mu)^2}{2\sigma^2}} dx = 0.2661, \end{cases}$$
求 μ, σ 的值。

A.5 求解下列非齐次线性方程组:
$$\begin{cases} 2x+y-z+w=1, \\ 3x-2y+z-3w=4, \\ x+4y-3z+5w=-2. \end{cases}$$

A.6 求解下列非齐次线性方程组:
$$\begin{cases} 4x_1-x_2=1, \\ 2x_1+4x_2-x_3=2, \\ \quad\; 2x_2+4x_3-x_4=3, \\ \quad\quad\quad \vdots \\ \quad\quad\quad 2x_{98}+4x_{99}-x_{100}=99, \\ \quad\quad\quad\quad\quad 2x_{99}+4x_{100}=100. \end{cases}$$

A.7 在研究某单分子化学反应速度时,得到 t 和 y 的观测数据 (t_i, y_i) $(i=1,2,\cdots,8)$ 如表 A.21 所示,其中 t 表示从实验开始算起的时间,y 表示时刻 t 反应物的量。试根据上述数据定出经验公式 $y=ke^{mt}$,其中 k, m 是待定常数。

表 A.21 观测数据

i	1	2	3	4	5	6	7	8
t_i	3	6	9	12	15	18	21	24
y_i	57.6	41.9	31.0	22.7	16.6	12.2	8.9	6.5

A.8 设矩阵 $\boldsymbol{A}=\begin{bmatrix} 1 & -2 & -4 \\ -2 & x & -2 \\ -4 & -2 & 1 \end{bmatrix}$ 与 $\boldsymbol{B}=\begin{bmatrix} 5 & & \\ & -4 & \\ & & y \end{bmatrix}$ 相似,求 x, y。

A.9 已知 $f(x)=(|x+1|-|x-1|)/2+\sin x$,$g(x)=(|x+3|-|x-3|)/2+\cos x$,求下列超定(矛盾)方程组的最小二乘解。
$$\begin{cases} 2x_1=3f(y_1)+4g(y_2)-1, \\ 3x_2=2f(y_1)+6g(y_2)-2, \\ y_1=f(x_1)+3g(x_2)-3, \\ 5y_2=4f(x_1)+6g(x_2)-1, \\ x_1+y_1=f(y_2)+g(x_2)-2, \\ x_2-3y_2=2f(x_1)-10g(y_1)-5. \end{cases}$$

A.10 求下列微分方程组的数值解。

$$\begin{cases} x' = -x^3 - y, x(0) = 1, \\ y' = x - y^3, y(0) = 0.5, \end{cases} \quad 0 \leq t \leq 30.$$

要求画出 $x(t), y(t)$ 的解曲线图形,在相平面上画出轨线。

A.11 求微分方程组(竖直加热板的自然对流)的数值解。

$$\begin{cases} \dfrac{d^3 f}{d\eta^3} + 3f \dfrac{d^2 f}{d\eta^2} - 2\left(\dfrac{df}{d\eta}\right)^2 + T = 0, \\ \dfrac{d^2 T}{d\eta^2} + 2.1 f \dfrac{dT}{d\eta} = 0. \end{cases}$$

已知当 $\eta = 0$ 时,$f = 0, \dfrac{df}{d\eta} = 0, \dfrac{d^2 f}{d\eta^2} = 0.68, T = 1, \dfrac{dT}{d\eta} = -0.5$。要求在区间 $[0, 10]$ 上,画出 $f(\eta), T(\eta)$ 的解曲线。

附录 B LINGO 使用简介

LINGO 软件是美国 LINDO 系统公司开发的一套专门用于求解最优化问题的软件。它为求解最优化问题提供了一个平台,主要用于求解线性规划、非线性规划、整数规划、二次规划、线性及非线性方程组等问题。它是最优化问题的一种建模语言,包含有许多常用的函数供使用者编写程序时调用,并提供了与其他数据文件的接口,易于方便地输入和输出数据,求解和分析大规模最优化问题,且执行速度快。由于它的功能较强,所以在教学、科研、工业、商业、服务等许多领域得到了广泛的应用。

一个 LINGO 程序一般会包括以下几个部分:

(1) 集合段:集部分是 LINGO 模型的一个可选部分。在 LINGO 模型中使用集之前,必须在集部分事先定义。集部分以关键字"sets:"开始,以"endsets"结束。一个模型可以没有集部分,或有一个简单的集部分,或有多个集部分。一个集部分可以放置于模型的任何部分,但是一个集及其属性在模型目标函数或约束条件中被引用之前必须先定义。

(2) 数据段:在处理模型的数据时,需要为集部分定义的某些元素在 LINGO 求解模型之前为其指定值。数据部分以关键字"data:"开始,以关键字"enddata"结束。

(3) 目标和约束段:这部分用来定义目标函数和约束条件。该部分没有开始和结束的标记,主要是要用到 LINGO 的内部函数,尤其是与集合有关的求和与循环函数等。

(4) 初始段:这个部分要以关键字"init:"开始,以关键字"endinit"结束,它的作用是对集合的属性定义一个初值。在一般的迭代运算中,如果可以给一个接近最优解的初始值,则会大大减少程序运行的时间。

(5) 计算段:这一部分是以关键字"calc:"开始,以关键字"endcalc"结束。它的作用是把原始数据处理成程序模型需要的数据,它的处理是在数据段输入完以后、开始正式求解模型之前进行的。在这个段中,程序语句是顺序执行的。注意在计算段中不能有模型的决策变量。

B.1 LINGO 中集合的概念

在对实际问题建模的时候,总会遇到一群或多群相联系的对象,如消费者群体、交通工具和雇工等,LINGO 允许把这些相联系的对象聚合成集(sets)。一旦把对象聚合成集,就可以利用集来最大限度地发挥 LINGO 建模语言的优势。

1. 为什么使用集

集是 LINGO 建模语言的基础,是程序设计最强有力的基本构件。借助于集能够用一个单一、简明的复合公式表示一系列相似的约束,从而可以快速、方便地表达规模较大的模型。

2. 什么是集

集是一群相联系的对象,这些对象也称为集的成员。一个集可能是一系列产品、卡车或雇员。每个集的成员可能有一个或多个与之有关联的特征,这些特征称为属性。属性值可以预先给定;也可以是未知的,有待于 LINGO 求解。

LINGO 有两种类型的集:原始集(primitive set)和派生集(derived set)。一个原始集是由一些最基本的对象组成的。一个派生集是用一个或多个其他集来定义的,也就是说,它的成员来自于其他已存在的集。

3. 原始集的定义

为了定义一个原始集,必须详细声明:集的名称;集的成员(可选的);集成员的属性(可选的)。

定义一个原始集,用下面的语法:

$$\text{setname}[/\text{member\_list}/][:\text{attribute\_list}];$$

注 B.1 用"[ ]"表示该部分内容可选。

setname 是用来标记集的名字,最好具有较强的可读性。集名称必须严格符合标准命名规则:以字母为首字符,其后由字母(A~Z)、下划线、阿拉伯数字(0~9)组成的总长度不超过 32 个字符的字符串,且不区分大小写。

注 B.2 该命名规则同样适用于集合成员名和属性名等的命名。

member_list 是集成员列表。如果集成员放在集定义中,那么对它们可采取显式罗列和隐式罗列两种方式。如果集成员不放在集合定义中,那么可以在随后的数据部分定义它们。

(1) 当显式罗列成员时,必须为每个成员输入一个不同的名字,中间用空格或逗号搁开,允许混合使用。

例 B.1 定义一个名为 friends 的原始集,它具有成员 John、Jill、Rose 和 Mike,属性有 sex 和 age。

sets:
friends/John　Jill,Rose　Mike/:sex,age;
endsets

(2) 当隐式罗列成员时,不必罗列出每个集成员。可采用如下语法:

$$\text{setname}/\text{member1}..\text{memberN}/[:\text{attribute\_list}];$$

这里的 member1 是集合的第 1 个成员名,memberN 是集合的最后一个成员名。LINGO 将自动产生中间的所有成员名。LINGO 也接受一些特定的首成员名和末成员名,用于创建一些特殊的集合,如表 B.1 所示。

表 B.1　隐式罗列成员示例

隐式成员列表格式	示　例	所产生集成员
1..n	1..5	1,2,3,4,5
StringM..StringN	Car2..Car14	Car2,Car3,Car4,…,Car14
DayM..DayN	Mon..Fri	Mon,Tue,Wed,Thu,Fri
MonthM..MonthN	Oct..Jan	Oct,Nov,Dec,Jan
MonthYearM..MonthYearN	Oct2001..Jan2002	Oct2001,Nov2001,Dec2001,Jan2002

(3) 集成员不放在集定义中,而在随后的数据部分来定义。

例 B.2 集定义示例。

sets: !集部分;
friends: sex, age;
endsets
data: !数据部分;
friends, sex, age = John 1 16
Jill 0 14
Rose 0 17
Mike 1 13;
enddata

注 B.3 开头用感叹号"!"表示注释,可跨多行。末尾用分号";"表示语句结束。

在集部分只定义了一个集 friends,并未指定成员。在数据部分罗列了集成员 John、Jill、Rose 和 Mike,并对属性 sex 和 age 分别给出了值。

集成员无论用何种字符标记,它的索引都是从 1 开始连续计数。在 attribute_list 可以指定一个或多个集成员的属性,属性之间必须用逗号隔开。

4. 定义派生集

为了定义一个派生集,必须详细说明集的名称和父集的名称,而集成员和集成员的属性是可选的。

可用下面的语法定义一个派生集:

setname(parent_set_list)[/member_list/][:attribute_list];

setname 是集的名字。parent_set_list 是已定义集的列表,有多个时必须用逗号隔开。如果没有指定成员列表,那么 LINGO 会自动创建父集成员的所有组合作为派生集的成员。派生集的父集既可以是原始集,也可以是其他的派生集。

例 B.3 派生集定义示例。

sets:
product/A B/;
machine/M N/;
week/1..2/;
allowed(product, machine, week): x;
endsets

LINGO 生成了三个父集的所有组合共 8 组作为 allowed 集的成员,如表 B.2 所列。

表 B.2 集合 allowed 的成员

编 号	成 员
1	(A,M,1)
2	(A,M,2)
3	(A,N,1)
4	(A,N,2)

(续)

编 号	成 员
5	(B,M,1)
6	(B,M,2)
7	(B,N,1)
8	(B,N,2)

成员列表被忽略时,派生集成员由父集成员的所有组合构成,这样的派生集合称为稠密集。如果限制派生集的成员,使它成为父集成员所有组合构成的集合的一个子集,这样的派生集称为稀疏集。同原始集一样,派生集成员的声明也可以放在数据部分。一个派生集的成员列表由两种方式生成。

(1) 显式罗列派生集的成员。

allowed(product, machine, week)/A M 1, A N 2, B N 1/;

(2) 设置成员资格过滤器。如果需要生成一个大的稀疏集,那么显式罗列就十分麻烦。但是许多稀疏集的成员都满足一些条件以和非成员相区分。可以把这些逻辑条件看作过滤器,在 LINGO 生成派生集的成员时,把使逻辑条件为假的成员从稠密集中过滤掉。

例 B.4 稀疏集示例。

sets:
!学生集:性别属性 sex,1 表示男性,0 表示女性;年龄属性 age;
students/John, Jill, Rose, Mike/: sex, age;
!男学生和女学生的联系集:友好程度属性 friend,[0,1]之间的数;
linkmf(students, students) | sex(&1) #eq#1 #and# sex(&2) #eq#0: friend;
!男学生和女学生的友好程度大于 0.5 的集;
linkmf2(linkmf) | friend(&1,&2) #gt# 0.5: x;
endsets
data:
sex, age = 1 16, 0 14, 0 17, 0 13;
friend = 0.3, 0.5, 0.6;
enddata

用竖线"|"标记一个成员资格过滤器的开始。"#eq#"是逻辑运算符,用来判断是否"相等"。"&1"可看作派生集的第 1 个原始父集的索引,它取遍该原始父集的所有成员;"&2"可看作派生集的第 2 个原始父集的索引,它取遍该原始父集的所有成员;"&3""&4"等以此类推。注意如果派生集 B 的父集是另外的派生集 A,那么上面所说的原始父集是集 A 向前回溯到最终的原始集,其顺序保持不变,并且派生集 A 的过滤器对派生集 B 仍然有效。因此,派生集的索引个数是最终原始父集的个数,索引的取值是从原始父集到当前派生集所作限制的总和。

总的来说,LINGO 可识别的集只有两种类型:原始集和派生集。

在一个模型中,原始集是基本的对象,不能再被拆分成更小的组分。原始集可以由显式罗列和隐式罗列两种方式来定义。当用显式罗列方式时,需在集成员列表中逐个输入每个成员。当用隐式罗列方式时,只需在集成员列表中输入首成员和末成员,而中间的成员由 LINGO 产生。

另外,派生集由其他的集来创建。这些集称为该派生集的父集。一个派生集既可以是稀疏的,也可以是稠密的。稠密集包含了父集成员的所有组合(有时也称为父集的笛卡儿乘积)。稀疏集仅包含了父集的笛卡儿乘积的一个子集,可通过显式罗列和成员资格过滤器这两种方式来定义,显式罗列方法就是逐个罗列稀疏集的成员,成员资格过滤器方法通过使用稀疏集成员必须满足的逻辑条件从稠密集成员中过滤出稀疏集的成员。不同集类型的关系如图 B.1 所示。

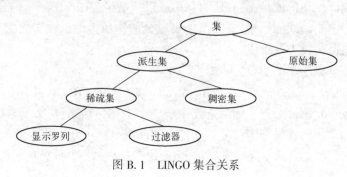

图 B.1　LINGO 集合关系

B.2　LINGO 数据部分和初始部分

在处理模型的数据时,需要为集指派一些成员并且在 LINGO 求解模型之前为集的某些属性指定值。为此,LINGO 为用户提供了两个可选部分:输入集成员和数据的数据部分(data section);为决策变量设置初始值的初始部分(init section)。

B.2.1　模型的数据部分

1. 数据部分入门

数据部分以关键字"data:"开始,以关键字"enddata"结束。在这里,可以指定集成员、集的属性。其语法如下:

object_list = value_list;

对象列(object_list)包含要指定值的属性名、要设置集成员的集名,用逗号或空格隔开。一个对象列中至多有一个集名,而属性名可以有任意多。如果对象列中有多个属性名,那么它们的类型必须一致。

数值列(value_list)包含要分配给对象列中的对象的值,用逗号或空格隔开。注意属性值的个数必须等于集成员的个数。

例 B.5

sets:
　　set1/A,B,C/: X,Y;
endsets
data:

        X = 1,2,3;
        Y = 4,5,6;
    enddata

在集 set1 中定义了两个属性 X 和 Y。X 的三个值是 1,2,3,Y 的三个值是 4,5,6。也可采用如下例子中的复合数据声明(data statement)实现同样的功能。

例 B.6

    sets:
        set1/A,B,C/: X,Y;
    endsets
    data:
        X,Y = 1 4
              2 5
              3 6;
    enddata

例 B.6 中可能会认为 X 被指定了 1,4,2 三个值,因为它们是数值列中前三个,而正确的答案是 1,2,3。假设对象列有 n 个对象,则 LINGO 在为对象指定值时,首先在 n 个对象的第 1 个索引处依次分配数值列中的前 n 个对象,然后在 n 个对象的第 2 个索引处依次分配数值列中紧接着的 n 个对象,……,以此类推。

2. 参数输入

在数据部分也可以指定一些标量变量(scalar variables)。一个标量变量在数据部分确定时,称为参数。例如,假设模型中用利率 8% 作为一个参数,就可以输入一个利率作为参数。

例 B.7

    data:
        interest_rate = 0.08;
    enddata

实际中也可以同时指定多个参数。

例 B.8

    data:
        interest_rate, inflation_rate = 0.08 0.03;
    enddata

3. 实时数据处理

在某些情况下,模型中的某些数据并不是定值。例如,模型中有一个通货膨胀率的参数,如果在 2%~6% 范围内,对不同的值求解模型,观察模型的结果对通货膨胀的依赖程度,那么把这种情况称为实时数据处理。

在本该放数的地方输入一个问号(?)。

例 B.9

    data:
        interest_rate, inflation_rate = 0.08   ?;

enddata

每一次求解模型时,LINGO 都会提示为参数 inflation_rate 输入一个值。在 Windows 操作系统下,将会接收到一个类似图 B.2 的对话框。

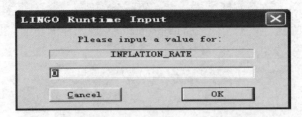

图 B.2 交互式输入对话框

直接输入一个值后单击"OK"按钮,LINGO 就会把输入的值指定给 inflation_rate,然后继续求解模型。

除参数外,也可以实时输入集的属性值,但不允许实时输入集成员名。

4. 指定属性为一个值

在数据声明的右边输入一个值可以把所有的成员的该属性指定为一个值。看下面的例子。

例 B.10

sets:
   days /MO,TU,WE,TH,FR,SA,SU/:needs;
endsets
data:
   needs = 20;
enddata

在例 B.10 中,LINGO 将用 20 指定 days 集的所有成员的 needs 属性。多个属性的情形见下例。

例 B.11

sets:
   days /MO,TU,WE,TH,FR,SA,SU/:needs,cost;
endsets
data:
   needs cost = 20 100;
enddata

5. 数据部分的未知数值表示

有时只想为一个集的部分成员的某个属性指定值,而让其余成员的该属性保持未知,以便让 LINGO 去求出它们的最优值。在数据声明中输入一个逗号(数据之间的逗号分隔符不计入)表示该位置对应的集成员的属性值未知。两个逗号间可以有空格。

例 B.12

sets:
   years/1..5/: capacity;

```
endsets
data:
    capacity = , 34, 20, , ;
enddata
```

属性 capacity 的第 2 个和第 3 个值分别为 34 和 20,其余的未知。这里 34 和 20 之间的逗号是数据分隔符,第 1 个、第 3 个、第 4 个逗号表示未知值。

B.2.2 模型的初始部分

初始部分是 LINGO 提供的另一个可选部分。在初始部分中,与数据部分中的数据声明相同,可以输入初始声明(initialization statement)。在实际问题建模时,初始部分并不起到描述模型的作用,在初始部分输入的值仅被 LINGO 求解器当作初始点,并且仅仅对非线性模型有用。这与数据部分指定变量的值不同,LINGO 求解器可以自由改变初始部分初始化的变量的值。

一个初始部分以"init:"开始,以"endinit"结束。初始部分的初始声明规则和数据部分的数据声明规则相同。也就是说,我们可以在声明的左边同时初始化多个集属性,可以把集属性初始化为一个值,也可以用问号实现实时数据处理,还可以用逗号指定未知数值。

例 B.13

```
init:
    X, Y = 0,0.1;
endinit
Y = @log(X);
X^2+Y^2<=1;
```

好的初始点会减少模型的求解时间。

B.3 LINGO 函数

B.3.1 运算符及其优先级

LINGO 中的运算符可以分为 3 类:算术运算符、逻辑运算符和关系运算符。

1. 算术运算符

算术运算符是针对数值进行操作的。LINGO 提供了 5 种二元运算符:^(求幂)、*(乘)、/(除)、+(加)、-(减)。

LINGO 唯一的一元算术运算符是取反运算"-"。

运算符的运算次序为从左到右按优先级高低来执行。运算的次序可以用小括号"( )"改变。

2. 逻辑运算符

在 LINGO 中,逻辑运算符主要用于集循环函数的条件表达式中,控制在函数中哪些集成员被包含,哪些被排斥。在创建稀疏集时用在成员资格过滤器中。

LINGO 具有9个逻辑运算符,这些运算符分为两类:#and#(与),#or#(或),#not#(非)参与逻辑值之间的运算,其结果还是逻辑值;#eq#(等于),#ne#(不等于),#gt#(大于),#ge#(大于等于),#lt#(小于),#le#(小于等于)是数与数之间的比较运算符,其结果为逻辑值。

3. 关系运算符

LINGO 中有3个关系运算符:<(等价于<=,小于等于),>(等价于>=,大于等于),=(等于)。

注意:LINGO 中优化模型的约束一般没有严格大于、严格小于。在 LINGO 中,关系运算符主要是被用在模型中,来指定一个表达式的左边是否等于、小于等于或大于等于右边,形成模型的一个约束条件。关系运算符与逻辑运算符#eq#、#le#、#ge#截然不同。

运算符的优先级如表 B.3 所示。

表 B.3　运算符的优先级

优先级	运算符
高级	#not#,-(取反)
	^
	*,/
	+,-
	#eq#,#ne#,#gt#,#ge#,#lt#,#le#
	#and#,#or#
最低	<,=,>

B.3.2　LINGO 函数简介

1. 基本数学函数

LINGO 中有相当丰富的数学函数,这些函数的用法简单。表 B.4 对各个函数的用法做了简单介绍。

表 B.4　基本数学函数

函数调用格式	含义
@abs(x)	返回 x 的绝对值
@sin(x)	返回 x 的正弦值(x 的单位是弧度)
@cos(x)	返回 x 的余弦值(x 的单位是弧度)
@tan(x)	返回 x 的正切值(x 的单位是弧度)
@exp(x)	返回 e^x 的值
@log(x)	返回 x 的自然对数值
@lgm(x)	返回 x 的伽玛(Gamma)函数的自然对数值
@mod(x,y)	返回 x 对 y 取模的结果
@sign(x)	返回 x 的符号值
@pow(x,y)	返回 x^y 的值

(续)

函数调用格式	含义
@sqr(x)	返回 x 的平方
@sqrt(x)	返回 x 的正平方根值
@floor(x)	返回 x 的整数部分。当 x>=0 时,返回不超过 x 的最大整数;当 x<0 时,返回不低于 x 的最小整数
@smax(x1,x2,…,xn)	返回 x1,x2,…,xn 中的最大值
@smin(x1,x2,…,xn)	返回 x1,x2,…,xn 中的最小值

例 B.14 给定一个直角三角形,求包含该三角形的最小正方形。

解 如图 B.3 所示。

$$CE = a\sin x, \quad AD = b\cos x, \quad DE = a\cos x + b\sin x,$$

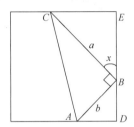

图 B.3 包含三角形的正方形

求最小的正方形就相当于求如下的最优化问题:

$$\min_{0 \leq x \leq \frac{\pi}{2}} \max\{CE, AD, DE\}.$$

LINGO 代码如下:

```
model:
sets:
   object/1..3/: f;
endsets
data:
   a, b = 3, 4;        !两个直角边长;
enddata
   f(1) = a * @sin(x);
   f(2) = b * @cos(x);
   f(3) = a * @cos(x) + b * @sin(x);
   min = @smax(f(1), f(2), f(3));
   @bnd(0, x, 1.57);   !变量 x 的下界为 0,上界为 1.57;
end
```

注 B.4 上述 LINGO 程序中的语句

min = @smax(f(1), f(2), f(3));

可以替换为

min = @max(object(i):f(i));

其中的函数@max 将在下面介绍。

2. 集操作函数

集操作函数是对集进行操作的函数,主要有4种,下面分别介绍它们的一般用法。

1) @in(set_name,primitive_index_1 [,primitive_index_2,…])

这个函数用于判断一个集中是否含有某个索引值,它的返回值是1(逻辑值"真")或0(逻辑值"假")。

例 B.15 全集为 whole,part1 是 whole 的一个子集,part2 是 part1 的补集。

sets:
    whole/1..4/: a;
    part1(whole)/2/: b;
    part2(whole)|#not#@in(part1,&1): c;
endsets

2) @index([set_name,] primitive_set_element)

这个函数给出 primitive_set_element 在集 set_name 中的索引值(即按定义集时元素出现顺序的位置编号)。如果省略集 set_name,则 LINGO 按模型中定义的集顺序找到第一个含有元素 primitive_set_element 的集,并返回索引值。如果找不到,则产生一个错误。

例 B.16

sets:
    girls/debble,sue,alice/;
    boys/bob,joe,sue,fred/;
endsets
I1 = @index(sue);
I2 = @index(boys,sue);

可以看到女孩和男孩中都有一个 sue 的孩子,这时调用函数@index(sue),得到的值是2。因为集 girls 在集 boys 之前,索引函数只对集 girls 检索。若要想查找男孩中的 sue,应该使用@index(boys,sue)。建议在使用@index 函数时最好指定集。

例 B.17 确定集成员(B,Y)是否属于派生集 S3。

sets:
    var1/A B C/;
    var2/X Y Z/;
    var3(var1,var2)/A X, A Z, B Y, C X/;
endsets
X = @in(var3,@index(var1,B),@index(var2,Y));

3) @wrap(index,limit)

该函数返回值 j = index−k∗limit,其中 k 是一个整数,取适当值保证 j 落在区间[1,limit]上。该函数在循环、多阶段计划编制中特别有用。

4) @size(set_name)

该函数返回集 set_name 的成员个数。在模型中,如果没有明确给出集的大小,则使用该函数能够使模型中的数据变化和集的大小改变更加方便。

3. 集循环函数

集循环函数是指对集合上的元素(下标)进行循环操作的函数。其语法为

@ function(setname [(set_index_list) [| condition]] : expression_list) ;

其中, function 是集循环函数 for, max, min, prod, sum 5 种之一; setname 是集名称; set_index_list 是集索引(可以省略); condition 是使用逻辑表达式描述的过滤条件(通常含有索引,可以省略); expression_list 是一个表达式(对@ for 函数可以是一组表达式)。

对集循环函数的含义作如下解释:

@ for(集元素的循环函数): 对集 setname 的每个元素独立生成表达式, 表达式由 expression_list 描述。

@ max(集属性的最大值): 返回集 setname 中的表达式的最大值。

@ min(集属性的最小值): 返回集 setname 中的表达式的最小值。

@ prod(集属性的乘积): 返回集 setname 中的表达式的积。

@ sum(集属性的和): 返回集 setname 中的表达式的和。

例 B.18 求矢量[5,1,3,4,6,10]前 5 个数的和。

model：
sets：
　　number/1..6/:x;
endsets
data：
　　x = 5, 1, 3, 4, 6, 10;
enddata
　　s = @ sum(number(i) | i #le# 5 : x) ;
end

例 B.19 求矢量[5,1,3,4,6,10]前 5 个数的最小值, 后 3 个数的最大值。

model：
sets：
　　number/1..6/:x;
endsets
data：
　　x = 5, 1, 3, 4, 6, 10;
enddata
　　minv = @ min(number(i) | i#le#5 : x) ;
　　maxv = @ max(number(i) | i#ge#4 : x) ;
end

例 B.20(职员时序安排模型)　一项工作一周 7 天都需要有人(如护士工作), 每天(周一至周日)所需的最少职员数为 20、16、13、16、19、14 和 12, 并要求每个职员一周连续工作 5 天, 试求每周所需最少职员数, 并给出安排。

解　用 $i=1,2,\cdots,7$ 分别表示周一、周二、……、周日, 设第 i 天开始工作的人数为

$x_i (i=1,2,\cdots,7)$,

建立如下的线性规划模型：

$$\min\ z = \sum_{i=1}^{7} x_i,$$

$$\text{s.t.} \begin{cases} x_4+x_5+x_6+x_7+x_1 \geq 20, \\ x_5+x_6+x_7+x_1+x_2 \geq 16, \\ x_6+x_7+x_1+x_2+x_3 \geq 13, \\ x_7+x_1+x_2+x_3+x_4 \geq 16, \\ x_1+x_2+x_3+x_4+x_5 \geq 19, \\ x_2+x_3+x_4+x_5+x_6 \geq 14, \\ x_3+x_4+x_5+x_6+x_7 \geq 12. \end{cases}$$

计算的 LINGO 程序如下：

```
model:
sets:
    days/mon..sun/: a,x;
endsets
data:
    a = 20, 16, 13, 16, 19, 14, 12;   !每天所需的最少职员数;
enddata
min = @sum(days: x);                  !最小化每周所需职员数;
@for(days(j): @sum(days(i) | i#le#5: x(@wrap(j+i-5,7))) >= a(j));
end
```

求得需要的总人数最少为 22 人，其中每天的安排如表 B.5 所示。

表 B.5　每天的人数安排

星期	星期一	星期二	星期三	星期四	星期五	星期六	星期日
人数	8	2	0	6	3	3	0

4. 变量界定函数

变量界定函数能够实现对变量取值范围的附加限制，共 4 种：

@bin(x)：限制 x 为 0 或 1。

@bnd(L,x,U)：限制 L≤x≤U。

@free(x)：取消对变量 x 的默认下界为 0 的限制，即 x 可以取任意实数。

@gin(x)：限制 x 为整数。

在默认情况下，LINGO 规定变量是非负的，也就是说下界为 0，上界为 $+\infty$。@free 取消了默认的下界为 0 的限制，使变量也可以取负值。@bnd 用于设定一个变量的上下界，它也可以取消默认下界为 0 的约束。

5. 概率函数

1) @pbn(p,n,x)

二项分布的分布函数在 x 点的取值。当 n 和(或) x 不是整数时，用线性插值法计算。

2) @pcx(n,x)

自由度为 n 的 χ^2 分布的分布函数在 x 点的取值。

3) @peb(a,x)

当到达负荷(平均服务强度)为 a,服务系统有 x 个服务台,且系统容量无限时的 Erlang 繁忙概率。

4) @pel(a,x)

当到达负荷(平均服务强度)为 a,服务系统有 x 个服务台,且不允许排队时的 Erlang 繁忙概率。

5) @pfd(n,d,x)

自由度为 n 和 d 的 F 分布的分布函数在 x 点的取值。

6) @pfs(a,x,c)

当负荷上限为 a,顾客数为 c,平行服务台数量为 x 时,有限源的 Poisson 服务系统的等待或返修顾客数的期望值。a 等于顾客数乘以平均服务时间,再除以平均返修时间。当 c 和(或)x 不是整数时,采用线性插值进行计算。

7) @phg(pop,g,n,x)

超几何(hypergeometric)分布的分布函数在 x 点的取值。pop 表示产品总数,g 是正品总数。从所有产品中任意取出 n(n≤pop)件,取出的正品数为 x。pop,g,n 和 x 都可以是非整数,这时采用线性插值计算。

8) @ppl(a,x)

Poisson 分布的线性损失函数,即返回 max(0,Z-x)的期望值,其中随机变量 Z 服从均值为 a 的 Poisson 分布。

9) @pps(a,x)

均值为 a 的泊松分布的分布函数在 x 点的取值。当 x 不是整数时,采用线性插值进行计算。

10) @psl(x)

单位正态线性损失函数,即返回 max(0,Z-x)的期望值,其中随机变量 Z 服从标准正态分布。

11) @psn(x)

标准正态分布的分布函数在 x 点的取值。

12) @ptd(n,x)

自由度为 n 的 t 分布的分布函数在 x 点的取值。

13) @qrand(seed)

产生 (0,1)区间上的拟随机数矢量。@qrand 只允许在模型的数据部分使用,它将用拟随机数填满集属性。通常,声明一个 m×n 的二维表,m 表示运行实验的次数,n 表示每次实验所需的随机数的个数。在行内,随机数是独立分布的;在行间,随机数是非常均匀的。这些随机数是用"分层取样"的方法产生的。

例 B. 21

model:

sets:

```
        rows/1..4/;
        cols/1..2/;
        table(rows,cols):x;
    endsets
    data:
        x=@qrand();        !@qrand(seed)中没有指明种子,LINGO用系统时间构造种子;
    enddata
end
```

14) @rand(seed)

返回0和1间的一个伪随机数,依赖于指定的种子。典型用法是 U(I+1)=@rand(U(I))。注意:如果 seed 不变,那么产生的随机数也不变。

例 B.22 利用@rand 产生 15 个服从标准正态分布的随机数和自由度为 2 的 t 分布的随机数。

```
model:
sets:
    series/1..15/:u,znorm,zt;
endsets
    u(1)=@rand(0.1234);                  !产生第一个(0,1)区间上随机数;
    @for(series(i)|i#gt# 1:u(i)=@rand(u(i-1))); !产生其余的(0,1)区间上的随机数;
    @for(series(i):
        @psn(znorm(i))=u(i);             !正态分布随机数;
        @ptd(2,zt(i))=u(i);              !自由度为2的t分布随机数;
        @free(znorm(i));@free(zt(i)));   !ZNORM 和 ZT 可以是负数;
end
```

6. 金融函数

目前,LINGO 提供了两个金融函数。

1) @fpa(I,N)

返回如下情形的净现值:单位时段利率为 I,连续 N 个时段支付,每个时段支付单位费用。若每个时段支付 x 单位的费用,则净现值可用 x 乘以@fpa(I,N)算得。@fpa 的计算公式为

$$@fpa(I,N) = \sum_{n=1}^{N} \frac{1}{(1+I)^n} = \left(1 - \left(\frac{1}{1+I}\right)^N\right) / I.$$

例 B.23 贷款总金额 50000 元,贷款年利率 5.31%,采取分期付款方式(每年年末还固定金额,直至还清)。若拟贷款 10 年,则每年需偿还多少元?

解 设贷款的总额为 A_0 元,年利率为 r,总贷款时间为 N 年,每年的等额还款额为 x 元。设第 n 年的欠款为 $A_n(n=0,1,\cdots,N)$,则有递推关系

$$A_{n+1} = (1+r)A_n - x, \quad n=0,1,\cdots,N-1.$$

于是有

$$A_1 = (1+r)A_0 - x,$$
$$A_2 = (1+r)A_1 - x,$$
$$\vdots$$
$$A_N = (1+r)A_{N-1} - x,$$

可以递推地得到

$$A_N = A_0(1+r)^N - x[(1+r)^{N-1} + (1+r)^{N-2} + \cdots + (1+r) + 1]$$
$$= A_0(1+r)^N - x\frac{(1+r)^N - 1}{r},$$

因而得到贷款总额 A_0、年利率 r、总贷款时间 N 年、每年的还款额 x 的关系为

$$A_N = A_0(1+r)^N - x\frac{(1+r)^N - 1}{r} = 0, \tag{B.1}$$

所以每年的还款额为

$$x = \frac{A_0(1+r)^N r}{(1+r)^N - 1}. \tag{B.2}$$

代入数据,计算得每年需偿还 $x = 6573.069$ 元。

计算的 LINGO 程序如下:

A0 = 50000; r = 0.0531; N = 10;
A0 = x1 * @fpa(r, N);   !利用 LINGO 函数解方程计算;
x2 = A0 * (1+r)^N * r/((1+r)^N-1);   !利用式(B.2)计算

2) @fpl(I, N)

返回如下情形的净现值:单位时段利率为 I,第 N 个时段支付单位费用。@fpl(I,N) 的计算公式为

$$(1+I)^{-N}.$$

这两个函数间的关系为

$$@fpa(I, N) = \sum_{k=1}^{N} @fpl(I, k).$$

例 B.24 验证 $@fpa(0.05, 10) = \sum_{k=1}^{10} @fpl(0.05, k)$.

验证的 LINGO 程序如下:

sets:
num/1..10/;
endsets
r = 0.05; a = @fpa(r, 10);
b = @sum(num(i): @fpl(r, i));

B.4 LINGO 与其他文件的数据传递

B.4.1 通过文本文件传递数据

在 LINGO 软件中,通过文本文件输入数据使用的是 @file 函数,输出结果使用的是 @text

函数。下面介绍这两个函数的详细用法。

1. 通过文本文件输入数据

@file 函数通常可以在集合段和数据段使用,但不允许嵌套使用。这个函数的一般用法是

@file(filename);

其中 filename 为存放数据的文件名,文件名可以包含完整的路径名,没有指定路径时表示在当前目录下寻找这个文件。该文件必须是文本(或 ASCII 码文件),可以用 Windows 附件中的写字板或记事本创建,文件中可以包含多个记录,记录之间用"~"分开,同一记录内的多个数据之间用逗号或空格分开。执行一次@file,读入一个记录的数据。下面通过一个简单的例子来说明。

例 B.25 @file 函数的用法示例。

假设存放数据的文本文件 gdataB25.txt 的内容如下:

Seattle,Detroit,Chicago,Denver~
COST,NEED,SUPPLY,ORDERED~
12,28,15,20~
1600,1800,1200,1000~
1700,1900,1300,1100

在 LINGO 模型窗口中建立如下 LINGO 模型:

model:
sets:
myset/@file(gdataB25.txt)/:@file(gdataB25.txt);
endsets
data:
cost=@file(gdataB25.txt);   !LINGO 是不区分大小写字母的;
need=@file(gdataB25.txt);
supply=@file(gdataB25.txt);
enddata
end

运行上述 LINGO 模型的结果为:文本文件 gdataB25.txt 中第 1 行的 4 个字符串赋值给集合 myset 的 4 个成员,第 2 行的 4 个字符串 COST,NEED,SUPPLY,ORDERED(或 cost,need,supply,ordered)成为集合 myset 的 4 个属性,第 3 行的 4 个数值赋值给属性 cost,第 4 行的 4 个数值赋值给属性 need,第 5 行的 4 个数值赋值给属性 supply,未赋值的属性 ordered 作为决策矢量。

显然,当仅仅是输入数据改变时,只需要改变输入文件 gdataB25.txt,而程序无须改变,这是非常有利的,因为这样就做到了程序与数据的分离。

2. 通过文本文件输出数据

@text 函数用于文本文件输出数据,通常只在数据段使用这个函数。这个函数的语法为

@text([filename,['a']])

它用于在数据段中将解答结果输出到文本文件 filename 中,当省略 filename 时,结果送到标准的输出设备(通常就是屏幕)。当有第 2 个参数'a'时,数据以追加(append)的方式输出到文本文件,否则新建一个文本文件(如果文件已经存在,则其中的内容将会被覆盖)供输出数据。

@text 函数的一般调用格式为

@text('results.txt') = 属性名;

其中 results.txt 是文件名,它可以由用户按自己的意愿命名,该函数的执行结果是把属性名对应的取值输出到文本文件 results.txt 中。

例 B.26 已知某种商品 6 个仓库的存货量,8 个客户对该商品的需求量,单位商品运价如表 B.6 所示。试确定 6 个仓库到 8 个客户的商品调运数量,使总的运输费用最小。

表 B.6　商品信息数据表

单位运价＼客户＼仓库	V1	V2	V3	V4	V5	V6	V7	V8	存货量
W1	6	2	6	7	4	2	5	9	60
W2	4	9	5	3	8	5	8	2	55
W3	5	2	1	9	7	4	3	3	51
w4	7	6	7	3	9	2	7	1	43
W5	2	3	9	5	7	2	6	5	41
W6	5	5	2	2	8	1	4	3	52
需求量	35	37	22	32	41	32	43	38	

解 设 $x_{ij}(i=1,2,\cdots6;j=1,2,\cdots,8)$ 表示第 i 个仓库运到第 j 个客户的商品数量,c_{ij} 表示第 i 个仓库到第 j 个客户的单位运价,d_j 表示第 j 个客户的需求量,e_i 表示第 i 个仓库的存货量,建立如下线性规划模型

$$\min \sum_{i=1}^{6}\sum_{j=1}^{8} c_{ij}x_{ij},$$

$$\text{s.t.} \begin{cases} \sum_{j=1}^{8} x_{ij} \leq e_i, & i=1,2,\cdots,6, \\ \sum_{i=1}^{6} x_{ij} = d_j, & j=1,2,\cdots,8, \\ x_{ij} \geq 0, & i=1,2,\cdots,6; j=1,2,\cdots,8. \end{cases}$$

在例 B.26 的运输问题中,使用文本文件输入和输出数据。求得的最小运输费用为 664,求得的最优解为

$x_{12}=19, x_{15}=41, x_{21}=1, x_{24}=32, x_{32}=11, x_{37}=40, x_{46}=5,$
$x_{48}=38, x_{51}=34, x_{52}=7, x_{63}=22, x_{66}=27, x_{67}=3,$ 其他 $x_{ij}=0$。

求解的 LINGO 程序如下:

model:

```
sets:
    warehouses/1..6/: e;
    vendors/1..8/: d;
    links(warehouses,vendors): c,x;
endsets
data:                                          !数据部分;
e = @file(gdataB26_1.txt);
d = @file(gdataB26_1.txt);
c = @file(gdataB26_1.txt);
@text(gdataB26_2.txt) = @table(x);    !把求解结果以表格形式输出到文本文件
                                       gd252.txt 中;
enddata
min = @sum(links(i,j): c(i,j)*x(i,j));         !目标函数;
@for(warehouses(i):@sum(vendors(j): x(i,j))<=e(i));  !约束条件;
@for(vendors(j):@sum(warehouses(i): x(i,j))=d(j));
end
```

其中文本文件 gdataB26_1.txt 中的内容如下:

60 55 51 43 41 52~
35 37 22 32 41 32 43 38~
6 2 6 7 4 2 5 9
4 9 5 3 8 5 8 2
5 2 1 9 7 4 3 3
7 6 7 3 9 2 7 1
2 3 9 5 7 2 6 5
5 5 2 2 8 1 4 3

注 B.5 文本文件 gdataB26_1.txt 必须放在 LINGO 程序所在目录下。

注 B.6 在例 B.26 的数学模型中,$c = (c_{ij})_{6 \times 8}$ 是一个矩阵,即二维矢量,在上述 LINGO 程序中,属性 c 数据(LINGO 中通过 c(i,j) 引用属性的值)的排列方式为

$c(1,1), c(1,2), \cdots, c(1,8), c(2,1), c(2,2), \cdots, c(2,8), \cdots, c(6,1), c(6,2), \cdots, c(6,8)$;

即 LINGO 中的数据是逐行排列的。

B.4.2 LINGO 与 Excel 文件之间的数据传递

LINGO 通过 @ole 函数实现与 Excel 文件传递数据,使用 @ole 函数既可以从 Excel 文件中输入数据,也能把计算结果输出到 Excel 文件。

1. 通过 Excel 文件输入数据

@ole 函数只能用在模型的集定义段、数据段和初始段。使用格式为

object_list = @OLE([spreadsheet_file] [, range_name_list]);

其中 spreadsheet_file 是电子表格文件的名称,应当包括扩展名(如 *.xls, *.xlsx 等),还

可以包含完整的路径名,只要字符数不超过 64 即可;range_name_list 是指文件中包含数据的单元范围(单元范围的格式与 EXCEL 中工作表的单元范围格式一致)。其中 spreadsheet_file 和 range_name_list 都是可以默认的。

具体地说,当从 Excel 中向 LINGO 模型中输入数据时,在集定义段可以直接采用"@ole(…)"的形式读入集成员,但在数据段和初始段应当采用"属性=@ole(…)"的赋值形式。

2. 通过 Excel 文件输出数据

@ole 函数能把数据输出到 Excel 文件,调用格式为

@OLE([spreadsheet_file][, range_name_list]) = object_list;

其中对象列表 object_list 中的元素用逗号分隔,spreadsheet_file 是输出值所保存到的 Excel 文件名,如果文件名默认,则默认的文件名是当前 EXCEL 软件所打开的文件。域名列表 range_name_list 是表单中的域名,所在的单元用于保存对象列表中的属性值,表单中的域名必须与对象列表中的属性一一对应,并且域名所对应的单元大小(数据块的大小)不应小于变量所包含的数据,如果单元中原来有数据,则@ole 输出语句运行后,原来的数据将被新的数据覆盖。

要注意@ole 函数用于输出和输入之间的差异,只要记住

@ole(…) = object_list; ↔ 输出;

object_list =@ole(…); ↔ 输入。

例 B.27(续例 B.26) 在例 B.26 的运输问题中,使用 Excel 文件输入和输出数据。

首先,用 Excel 建立一个名为 gdata27.xlsx 的 Excel 数据文件,如图 B.4 所示。为了能够通过@ole 函数与 LINGO 传递数据,需要对这个文件中的数据进行命名,具体做法:用鼠标选中这个表格的 A1:H6 单元,然后选择 Excel 的菜单命令"插入→名称→定义",这时将会弹出一个对话框,请用户输入名字,可以将它命名为 cost(LINGO 禁止使用 c 作为域名),同理,将 I1:I7 单元命名为 e,将 A7:H7 单元命令为 d,将 A9:H14 单元命名为 x。一般来说,这些单元取什么名字是无所谓的,只要 LINGO 调用时使用对应的名字就可以了。但这些单元的名称(称为域名)最好与 LINGO 对应的属性名同名,以在将来 LINGO 调用时省略域名。

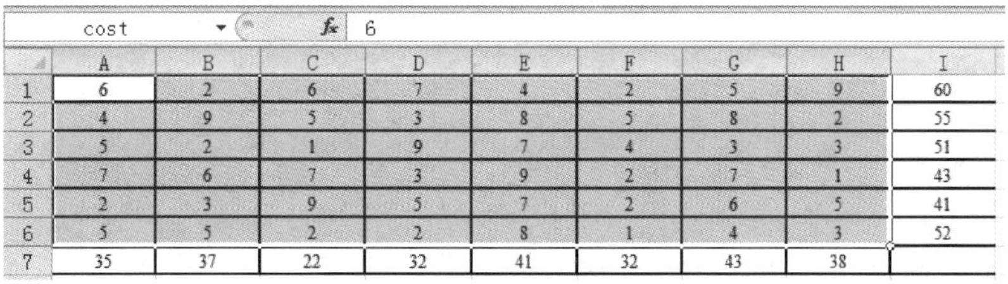

	A	B	C	D	E	F	G	H	I
1	6	2	6	7	4	2	5	9	60
2	4	9	5	3	8	5	8	2	55
3	5	2	1	9	7	4	3	3	51
4	7	6	7	3	9	2	7	1	43
5	2	3	9	5	7	2	6	5	41
6	5	5	2	2	8	1	4	3	52
7	35	37	22	32	41	32	43	38	

图 B.4 运输问题的已知数据

model:
sets:
 warehouses/1..6/: e;
 vendors/1..8/: d;

```
    links(warehouses,vendors):c,x;
endsets
data:                              !数据部分;
e=@ole(gdataB27.xlsx);             !域名与属性名相同时,调用时省略域名;
d=@ole(gdataB27.xlsx);
c=@ole(gdataB27.xlsx,cost);        !域名与属性名不相同时,调用时必须提供域名;
@ole(gdataB27.xlsx)=x;             !把求解结果输出到Excel文件;
enddata
min=@sum(links(i,j):c(i,j)*x(i,j));                          !目标函数;
@for(warehouses(i):@sum(vendors(j):x(i,j))<=e(i));           !约束条件;
@for(vendors(j):@sum(warehouses(i):x(i,j))=d(j));
end
```

求解结果的输出内容如图 B.5 所示。

图 B.5 求解结果的输出数

注 B.7 LINGO 要输入外部 Excel 文件中的数据,必须预先用 Excel 软件把要操作的 Excel 文件打开,否则将无法输入数据。

例 B.28(续例 B.27) 使用 Excel 的单元范围作为域名,输入或输出属性的值。

使用 Excel 的单元范围作为域名,不需要像例 B.27 那样,要预先定义输入或输出数据对应的域名才能向 LINGO 输入或输出数据。

```
model:
sets:
    warehouses/1..6/:e;
    vendors/1..8/:d;
    links(warehouses,vendors):c,x;
endsets
data:                              !数据部分;
e=@ole(gdataB27.xlsx, I1:I7);
d=@ole(gdataB27.xlsx, A7:H7);
c=@ole(gdataB27.xlsx, A1:H6);
@ole(gdataB27.xlsx,A9:H14)=x;      !把求解结果输出到Excel文件;
```

```
enddata
min=@sum(links(i,j): c(i,j)*x(i,j));                    !目标函数;
@for(warehouses(i):@sum(vendors(j): x(i,j))<=e(i));     !约束条件;
@for(vendors(j):@sum(warehouses(i): x(i,j))=d(j));
end
```

B.5 LINGO 子模型

B.5.1 子模型的定义和求解

在 LINGO 9.0 及更早的版本中,每个 LINGO 模型窗口中只允许有一个优化模型,可以称为主模型(MAIN MODEL)。在 LINGO 10.0 及以后的版本中,每个 LINGO 模型窗口中除了主模型外,还可以定义子模型(SUBMODEL)。子模型可以在主模型的计算段中被调用,这就进一步增强了 LINGO 的编程能力。

子模型必须包含在主模型之内,即必须位于以"MODEL:"开头、以"END"结束的模块内。在同一个主模型中,允许定义多个子模型,所以每个子模型本身必须命名,其基本语法是:

SUBMODEL submodel_name:
可执行语句(约束+目标函数);
ENDSUBMODEL

其中 submodel_name 是该子模型的名字,可执行语句一般是一些约束语句,也可能包含目标函数,但不可以有自身单独的集合段、数据段、初始段和计算段。也就是说,同一个主模型内的变量都是全局变量,这些变量对主模型和所有子模型同样有效。

如果已经定义了子模型 submodel_name,则在计算段中可以用语句"@SOLVE(submodel_name);"求解这个子模型。

同一个 LINGO 主模型中,允许定义多个子模型。

例 B.29 用 LINGO 求下列方程组

$$\begin{cases} x^2+y^2=4, \\ x^2-y^2=1 \end{cases}$$

的所有解。

```
model:
submodel maincon:              !定义方程子模型;
x^2+y^2=4;
x^2-y^2=1;
endsubmodel
submodel con1:                 !定义附加约束子模型;
@free(x);x<0;
endsubmodel
```

```
submodel con2:              !定义附加约束子模型;
@free(y); y<0;
endsubmodel
submodel con3:              !定义附加约束子模型;
@free(x); @free(y);
x<0; y<0;
endsubmodel
calc:
@solve(maincon);            !调用子模型,求第一象限中的解;
@solve(maincon,con1);       !调用两个子模型,求第二象限中的解;
@solve(maincon,con2);       !调用两个子模型,求第四象限中的解;
@solve(maincon,con3);       !调用两个子模型,求第三象限中的解;
endcalc
end
```

求上述 LINGO 模型时,需要把求解器设置为全局求解器。依次调用 4 个子模型,求得方程组的解依次为

$x=1.581139, y=1.224745; x=-1.581139, y=1.224745;$
$x=1.581139, y=-1.224745; x=-1.581139, y=-1.224745.$

例 B.30 分别求解以下 4 个优化问题:

(1) 在满足约束 $x^2+4y^2 \leqslant 1$ 且 x,y 非负的条件下,求 $x-y$ 的最大值;
(2) 在满足约束 $x^2+4y^2 \leqslant 1$ 且 x,y 非负的条件下,求 $x+y$ 的最小值;
(3) 在满足约束 $x^2+4y^2 \leqslant 1$ 且 x,y 可取任何实数的条件下,求 $x-y$ 的最大值;
(4) 在满足约束 $x^2+4y^2 \leqslant 1$ 且 x,y 可取任何实数的条件下,求 $x+y$ 的最小值。

可以编写如下 LINGO 程序:

```
model:
submodel obj1:
max=x-y;
endsubmodel
submodel obj2:
min=x+y;
endsubmodel
submodel con1:
x^2+4*y^2<=1;
endsubmodel
submodel con2:
@free(x); @free(y);
endsubmodel
calc:
@write('问题 1 的解:', @newline(1)); @solve(obj1,con1);
```

@write('问题2的解:', @newline(1)); @solve(obj2,con1);
@write('问题3的解:', @newline(1)); @solve(obj1,con1,con2);
@write('问题4的解:', @newline(1)); @solve(obj2,con1,con2);
endcalc
end

这个程序中定义了4个子模型,其中obj1和obj2只有目标(没有约束),而con1和con2只有约束(没有目标)。在计算段,我们将它们进行不同的组合,分别针对问题(1)~(4)的优化模型进行求解。但需要注意,每个@solve命令所带的参数表中的子模型是先合并后求解,所以用户必须确保每个@solve命令所带的参数表中的子模型合并后是合理的优化模型,例如最多只能有一个目标函数。

运行程序后,求得

问题(1)的解为 $x=1, y=0$,目标函数的最大值为1;

问题(2)的解为 $x=0, y=0$,目标函数的最小值为0;

问题(3)的解为 $x=0.8944272, y=-0.2236068$,目标函数的最大值为1.118034;

问题(4)的解为 $x=-0.8944272, y=-0.2236068$,目标函数的最小值为-1.118034。

例 B.31 当参数 $a=0,1,2,3,4; b=2,4,6,7$ 时,分别求下列的非线性规划问题。

$$\min \quad 4x_1^3 - ax_1 - 2x_2,$$

$$\text{s. t.} \begin{cases} x_1 + x_2 \leq 4, \\ 2x_1 + x_2 \leq 5, \\ -x_1 + bx_2 \geq 2, \\ x_1, x_2 \geq 0. \end{cases}$$

解 a 的取值有5种可能,b 的取值有4种可能,(a,b) 的取值总共有20种组合,这就需要求解20个非线性规划问题。利用LINGO的子模型功能,只要编写一个LINGO程序就可以解决问题。

计算的LINGO程序如下:

model:
sets:
var1/1..5/:a0;   !a0用于存放a的取值;
var2/1..4/:b0;   !b0用于存放b的取值;
var3/1 2/:x;
endsets
data:
a0 = 0 1 2 3 4;
b0 = 2 4 6 7;
enddata
submodel sub_obj: !定义目标函数子模型;
[obj] min = 4*x(1)^3-a*x(1)-2*x(2);   !为了引用目标函数的值,这里对目标函数进行了标号;

```
endsubmodel
submodel sub_con:                    !定义约束条件子模型;
x(1)+x(2)<4;
2*x(1)+x(2)<5;
-x(1)+b*x(2)>2;
endsubmodel
calc:
@for(var1(i):@for(var2(j):a=a0(i);b=b0(j);@solve(sub_obj,sub_con);  !调
用目标函数和约束条件子模型,即求解数学规划;
@write('a=',a0(i),',','b=',b0(j),'时,最优解 x1=',x(1),',','x2=',x(2),',','最优值为',
obj,'.',
@newline(2))));                      !输出最优解和最优值;
endcalc
end
```

B.5.2 军事物流运输网络最小时间最大能力流模型

最小费用最大流问题是运筹学中的经典问题,在工程规划、通信、交通运输和物流等领域应用非常广泛。很多实际问题中通常考虑的是费用最小的问题,但在军事物流运输活动中往往并不注重费用,更关注的是军事物流运输的时效性和能力问题。

1. 模型

1) 基本概念

定义 B.1 给定一个有向图 $D=(V,A,W)$,其中 V 是 D 中的节点集合,A 为 D 中的弧集合,W 为道路的通行能力集合,其中 $W=(w_{ij})_{N \times N}$,这里 N 为节点个数。在 D 中指定一点 v_s 称为发点或源点,指定另一点 v_t 称为收点或汇点,其余点称为中间点。从发点 v_s 到汇点 v_t 运送军用物资,则称有向图 $D=(V,A,W)$ 为一个军事物流运输网络。

定义 B.2 军事物流运输网络中弧集合 A 上的任一弧 (v_i,v_j),对应有一实际通行能力 $f(v_i,v_j)$,简记为 f_{ij},如果 f_{ij} 满足:①容量限制条件,即对每一弧 $(v_i,v_j) \in A, 0 \leq f_{ij} \leq w_{ij}$;②平衡条件,即对于中间点,流出量等于流入量,即

$$\sum_{(v_i,v_j) \in A} f_{ij} - \sum_{(v_k,v_i)} f_{ki} = 0, \quad i \neq s,t.$$

对于发点 v_s,即

$$\sum_{(v_s,v_j) \in A} f_{sj} - \sum_{(v_k,v_s)} f_{ks} = v(f).$$

对于汇点 v_t,即

$$\sum_{(v_t,v_k) \in A} f_{tk} - \sum_{(v_j,v_t)} f_{jt} = -v(f).$$

则称函数 $f=\{f_{ij}\}$ 为军事物流运输网络的可行能力流,其中 $v(f)$ 为这个可行能力流的流量。

定义 B.3 军事物流运输网络中流量最大的可能能力流称为最大可行能力流。

2) 最小时间最大能力流问题

最小时间最大能力流问题就是在军事物流运输网络中求一个最大能力流 f,使得从发

点到汇点的总输送时间最小。

所以,军事物流运输网络中的最小时间最大能力流问题的目标函数有两个:①可行能力流f的流量$v(f)$取最大,即$\max v(f)$;②$\sum_{(v_i,v_j) \in A} t_{ij} f_{ij}$取最小,即$\min \sum_{(v_i,v_j) \in A} t_{ij} f_{ij}$。约束条件为

$$\begin{cases} 0 \leqslant f_{ij} \leqslant w_{ij}, \\ \sum_{(v_i,v_j) \in A} f_{ij} - \sum_{(v_k,v_i) \in A} f_{ki} = \begin{cases} v(f), & i = s, \\ 0, & i \neq s,t, \\ -v(f), & i = t. \end{cases} \end{cases}$$

2. 模型的求解

建立的最小时间最大能力流问题的模型,可以应用 LINGO 软件求解。由于目标函数有两个,所以整个求解过程分成两个阶段进行:第 1 阶段求出军事物流运输网络的最大能力流量v^*;第 2 阶段利用最大能力流量v^*,求出军事物流运输网络的最小时间最大能力流。

(1)第 1 阶段:建立最大能力流的线性规划模型,设计 LINGO 程序,求出军事物流运输网络的最大流量。数学模型为

$$\begin{aligned} &\max v(f), \\ &\text{s.t.} \begin{cases} 0 \leqslant f_{ij} \leqslant w_{ij}, \\ \sum_{(v_i,v_j) \in A} f_{ij} - \sum_{(v_k,v_i) \in A} f_{ki} = \begin{cases} v(f), & i = s, \\ 0, & i \neq s,t, \\ -v(f), & i = t. \end{cases} \end{cases} \end{aligned} \quad (\text{B.3})$$

在此阶段可以求出军事物流运输网络可以承载的最大能力流量v^*。

(2)第 2 阶段:利用第 1 阶段求出的v^*,建立最小时间最大能力流问题的数学模型为

$$\begin{aligned} &\min \sum_{(v_i,v_j) \in A} t_{ij} f_{ij}, \\ &\text{s.t.} \begin{cases} 0 \leqslant f_{ij} \leqslant w_{ij}, \\ \sum_{(v_i,v_j) \in A} f_{ij} - \sum_{(v_k,v_i) \in A} f_{ki} = \begin{cases} v^*, & i = s, \\ 0, & i \neq s,t, \\ -v^*, & i = t. \end{cases} \end{cases} \end{aligned} \quad (\text{B.4})$$

利用 LINGO 程序求解式(B.4)所示模型,即可得到军事物流运输网络中的最小时间最大能力流。

3. 模拟算例

例 B.32 某一军事物流运输网络如图 B.6 所示,从军事物流中心v_s发送一批军事物资到某部队v_t,括号里第 1 个数字代表路段的运行时间,第 2 个数字代表路段的通行能力,试求从v_s到v_t的最小时间最大能力流。

(1)第 1 阶段。运用式(B.3)所示模型求此军事物流运输网络的最大能力流量。利用 LINGO 软件求得此运输网络的最大能力流量为 100。

(2)第 2 阶段。运用式(B.4)所示模型及第 1 阶段求得的最大能力流量$v^* = 100$,就

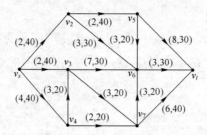

图 B.6 军事物流运输网络

可以求得最小时间最大能力流。利用 LINGO 软件求得的目标函数的最小值为 1140,各弧上的流量为

$$f_{s2}=f_{s3}=f_{7t}=40, f_{25}=f_{5t}=f_{6t}=30,$$
$$f_{s4}=f_{36}=f_{37}=f_{47}=20, f_{26}=10, f_{43}=f_{56}=f_{76}=0.$$

计算的 LINGO 程序如下:
model:
sets:
nodes/s,2,3,4,5,6,7,t/;
arcs(nodes,nodes)/s 2,s 3,s 4,2 5,2 6,3 6,3 7,4 3,4 7,5 6,5 t,6 t,7 6,7 t/:w,f,t;
endsets
data:
w=40,40,40,40,30,30,20,20,20,20,30,30,20,40;
t=2,2,4,2,3,7,3,3,2,3,8,3,3,6;
enddata
submodel maxflow:
[obj1] max = vf;
endsubmodel
submodel con1:
@sum(arcs(i,j)|i#eq#1:f(i,j))=vf;
@sum(arcs(i,j)|j#eq#@size(nodes):f(i,j))=vf;
endsubmodel
submodel con2:
@for(nodes(i)|i#ne#1 #and# i#ne#@size(nodes):@sum(arcs(i,j):f(i,j))-@sum(arcs(k,i):f(k,i))=0);
@for(arcs:@bnd(0,f,w));
endsubmodel
submodel mintime:
min=@sum(arcs:t*f);
endsubmodel
submodel con3:
@sum(arcs(i,j)|i#eq#1:f(i,j))=obj2;

@sum(arcs(i,j)|j#eq#@size(nodes):f(i,j))=obj2;
endsubmodel
calc:
@solve(con1,con2,maxflow); !三个子模型不需考虑先后次序;
obj2=obj1;@solve(mintime,con2,con3);
endcalc
end

B.5.3 数独的数学模型与 LINGO 求解

数独是逻辑性很强的数字智力拼图游戏,它于 1979 年首次在美国的一家数学逻辑游戏杂志——*Dell Pencil Puzzles & Word Games* 上出现,当时称为"Number Place"游戏。数独在 20 世纪 80 年代传入日本,并且正式命名为 Sudoku。

所谓标准数独,就是用 9×9 的方阵构成 81 个格子,其中 9 个用粗线分隔的区域称为宫,在其中的一些格子里已经填上了 1~9 的数字,还留下若干空格,要求数独参与者将这些格子填满,结果满足每行、每列、每宫的 9 个数字都由 1~9 组成,且没有重复数字。数独联盟将标准数独进行变形,推出多种变形数独。数独游戏全面考验做题者的观察能力和推理能力,虽然玩法简单,但数字排列方式却千变万化,所以不少教育者认为数独游戏是训练头脑的绝佳方式。

许多著名的学者分析数独的结构,对数独谜题的生成算法和求解技巧有大量的研究,并取得了一些结论。数独的生成算法有用进化算法并对其进行难度分级从而生成不同难度的数独,和基于最小候选数生成数独的算法。数独的求解算法有回溯法、不动点法、枚举算法等等。

经过发展和创新,涌现出越来越多的变形数独,不断充实着数独家族。变形数独题目大行其道,其趣味性和益智性都有着不同程度的提高,变形数独受到来自世界各地数独爱好者的追捧。所谓"变形数独",是在标准数独(9×9 的数独)的基础上,加入额外的限制条件和规则而得到各种形形色色的新数独谜题,如对角线数独、老板数独、蜂巢数独、金字塔数独、彩虹数独、杀手数独、超级数独等。

1. 标准数独的数学模型与 LINGO 求解

例 B.33 求如图 B.7 所示的标准数独问题。

画图 B.7 的 MATLAB 程序如下:
```
clc,clear
a=[1,1,9;1,3,5;1,7,3;1,8,4;1,9,7;2,6,1
  2,7,2;3,2,3;3,4,9;3,7,1;4,3,3;4,4,4
  4,9,6;5,5,2;6,1,5;6,6,3;6,7,4;7,3,9
  7,6,7;7,8,2;8,3,1;8,4,2;9,1,3;9,2,8
  9,3,2;9,7,9;9,9,1];
%其中 a 矩阵第 1 行元素 1,1,9 表示(1,1)处填入 9
drawSudoku(a)
```

注 B.8 MATLAB2016A 版本有 drawSudoku 函数,MATLAB2018A 版本没有 drawSudoku

函数,我们把 MATLAB2016A 版本的 drawSudoku 函数代码放在当前工作目录下。

9		5				3	4	7
					1	2		
	3		9			1		
		3	4					6
				2				
5					3	4		
		9			7		2	
		1	2					
3	8	2				9		1

图 B.7 标准数独问题

解 对于一般的标准数独问题,建立如下通用的 0—1 整数规划模型。

设每个格子用$(i,j)(i,j=1,2,\cdots,9)$表示该空格所在的行和列。引进 0—1 决策变量

$$x_{ijk}=\begin{cases}1, & \text{空格}(i,j)\text{处填 }k,\\ 0, & \text{空格}(i,j)\text{处不填 }k,\end{cases}\quad i,j,k=1,2,\cdots,9.$$

约束条件分如下 5 类:

(1) 每个空格恰好填一个数字,即

$$\sum_{k=1}^{9} x_{ijk}=1,\quad i,j=1,2,\cdots,9.$$

(2) 每行每个数字恰好填一次,即

$$\sum_{j=1}^{9} x_{ijk}=1,\quad i,k=1,2,\cdots,9.$$

(3) 每列每个数字恰好填一次,即

$$\sum_{i=1}^{9} x_{ijk}=1,\quad j,k=1,2,\cdots,9.$$

(4) 每个九宫格中每个数字恰好填一次。左上角的 3×3 九宫格对应的条件为

$$\sum_{i=1}^{3}\sum_{j=1}^{3} x_{ijk}=1,\quad k=1,2,\cdots,9.$$

类似地,可以写出其他 8 个九宫格的约束条件。全部 9 个九宫格的约束条件可综合为

$$\sum_{i=1}^{3}\sum_{j=1}^{3} x_{i+u,j+v,k}=1,\quad u,v\in\{0,3,6\},k=1,2,\cdots,9.$$

(5) 初值条件。如果(i,j)处填入 k,则有 $x_{ijk}=1$。例如图 B.7 第 1 行对应的初值条件为

$$x_{119}=1,x_{135}=1,x_{173}=1,x_{184}=1,x_{197}=1.$$

求解数独问题,实际上是不需要目标函数,只需求可行解即可。也可以构造一个虚拟的目标函数

$$\min z = \sum_{i=1}^{9}\sum_{j=1}^{9}\sum_{k=1}^{9} x_{ijk}.$$

显然 z 的取值恒等于 81。

综上所述,建立通用数独问题的 0—1 整数规划模型:

$$\min z = \sum_{i=1}^{9}\sum_{j=1}^{9}\sum_{k=1}^{9} x_{ijk},$$

$$\text{s.t.} \begin{cases} \sum_{k=1}^{9} x_{ijk} = 1, & i,j = 1,2,\cdots,9, \\ \sum_{j=1}^{9} x_{ijk} = 1, & i,k = 1,2,\cdots,9, \\ \sum_{i=1}^{9} x_{ijk} = 1, & j,k = 1,2,\cdots,9, \\ \sum_{i=1}^{3}\sum_{j=1}^{3} x_{i+u,j+v,k} = 1, & u,v \in \{0,3,6\}, k = 1,2,\cdots,9, \\ x_{119} = 1, x_{135} = 1, x_{173} = 1, x_{184} = 1, x_{197} = 1, \\ \vdots \\ x_{913} = 1, x_{928} = 1, x_{932} = 1, x_{979} = 1, x_{991} = 1, \\ x_{ijk} = 0 \text{ 或 } 1, & i,j,k = 1,2,\cdots,9. \end{cases}$$

利用 LINGO 软件,求得数独问题的解如图 B.8 所示。

9	1	5	8	6	2	3	4	7
8	6	4	3	7	1	2	5	9
2	3	7	9	5	4	1	6	8
7	2	3	4	9	8	5	1	6
1	4	8	5	2	6	7	9	3
5	9	6	7	1	3	4	8	2
6	5	9	1	3	7	8	2	4
4	7	1	2	8	9	6	3	5
3	8	2	6	4	5	9	7	1

图 B.8 标准数独问题的解

实际上我们只需求解满足所有约束条件的可行解即可。为了进行比较,下面给出求满足约束条件的可行解和数学规划最优解的 LINGO 程序:

```
model:
sets:
num/1..9/;
link(num,num,num):x,x1,x2;
num2/1..27/;          !初值个数为 27 个;
```

num3/1..3/:u,v;
link2(num2,num3):a;　!描述一个初值需要3个数据,(i,j)处为k;
endsets
data:
a=1,1,9　　　　　　　　!该行表示(1,1)处填入9;
1,3,5　1,7,3　1,8,4　1,9,7　2,6,1　2,7,2　3,2,3　3,4,9　3,7,1
4,3,3　4,4,4　4,9,6　5,5,2　6,1,5　6,6,3　6,7,4　7,3,9　7,6,7
7,8,2　8,3,1　8,4,2　9,1,3　9,2,8　9,3,2　9,7,9　9,9,1;
u=0,3,6;
v=0,3,6;
@text(gdataB33_1.txt)=x1;　!输出满足约束条件的可行解,供MATLAB绘图;
@text(gdataB33_2.txt)=x2;　!输出数学规划的最优解,供MATLAB绘图;
enddata
calc:
@for(num2(n):x(a(n,1),a(n,2),a(n,3))=1);　　!赋决策变量的初值条件;
endcalc
submodel obj:
min=@sum(link:x);
endsubmodel
submodel con:
@for(num(i):@for(num(j):@sum(num(k):x(i,j,k))=1));
@for(num(i):@for(num(k):@sum(num(j):x(i,j,k))=1));
@for(num(j):@for(num(k):@sum(num(i):x(i,j,k))=1));
@for(num(k):@for(num3(m):@for(num3(n):@sum(num3(i):@sum(num3(j):x(i+u(m),j+v(n),k)))=1))));
@for(link:@bin(x));
endsubmodel
calc:
@solve(con);　@for(link:x1=x);　!LINGO输出滞后,为了输出只有约束条件的可行解;
@solve(con,obj);　@for(link:x2=x);
@solve();　　　!LINGO输出滞后,这里再加一个求主模型的语句;
endcalc
end

画图 B.8 的 MATLAB 程序如下:
clc,clear
a=load('gdataB33_1.txt');　%这里的数据也可替换为 gdataB33_2.txt
b=[ ]; T=0;
for i=1:9

```
        for j = 1:9
            for k = 1:9
                T = T+1;
                if a(T) = = 1
                    b = [b;i,j,k];
                end
            end
        end
end
drawSudoku(b)
```

2. 对角线数独

对角线数独如图 B.9 所示,不仅要求每行、每列、每个九宫格内所填数字从 1~9 不重复,还要求两条对角线内所填数字从 1~9 不重复,它是在标准数独的基础上添加了两个限制条件。

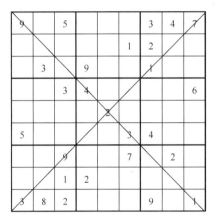

图 B.9 对角线数独

画图 B.9 的 MATLAB 程序如下:
```
clc, clear
a = [1,1,9;1,3,5;1,7,3;1,8,4;1,9,7;2,6,1
    2,7,2;3,2,3;3,4,9;3,7,1;4,3,3;4,4,4
    4,9,6;5,5,2;6,1,5;6,6,3;6,7,4;7,3,9
    7,6,7;7,8,2;8,3,1;8,4,2;9,1,3;9,2,8
    9,3,2;9,7,9;9,9,1];
%其中 a 矩阵第 1 行元素 1,1,9 表示(1,1)处填入 9
drawSudoku(a)
hold on
annotation('line',[0.21,0.82],[0.93,0.11])
annotation('line',[0.21,0.83],[0.11,0.93])
```

例 B.34 求如图 B.9 所示的对角数独问题。

解 使用例 B.33 中同样的决策变量。

约束条件在例 B.33 的基础上,再加如下的两个约束:

(1) 主对角线(从左上到右下)上 1~9 中每个数字只能填一次:
$$\sum_{i=1}^{9} x_{iik} = 1, \quad k = 1,2,\cdots,9.$$

(2) 副对角线(从左下到右上)上 1~9 中每个数字只能填一次:
$$\sum_{i=1}^{9} x_{10-i,i,k} = 1, \quad k = 1,2,\cdots,9.$$

求约束条件

$$\begin{cases} \sum_{k=1}^{9} x_{ijk} = 1, & i,j = 1,2,\cdots,9, \\ \sum_{j=1}^{9} x_{ijk} = 1, & i,k = 1,2,\cdots,9, \\ \sum_{i=1}^{9} x_{ijk} = 1, & j,k = 1,2,\cdots,9, \\ \sum_{i=1}^{3} \sum_{j=1}^{3} x_{i+u,j+v,k} = 1, & u,v \in \{0,3,6\}, k = 1,2,\cdots,9, \\ x_{119} = 1, x_{135} = 1, x_{173} = 1, x_{184} = 1, x_{197} = 1, \\ \vdots \\ x_{913} = 1, x_{928} = 1, x_{932} = 1, x_{979} = 1, x_{991} = 1, \\ x_{ijk} = 0 \text{ 或 } 1, & i,j,k = 1,2,\cdots,9, \\ \sum_{i=1}^{9} x_{iik} = 1, & k = 1,2,\cdots,9, \\ \sum_{i=1}^{9} x_{10-i,i,k} = 1, & k = 1,2,\cdots,9 \end{cases}$$

的可行解,即可得到数独问题的解。

利用 LINGO 软件,求得数独问题的解如图 B.10 所示。

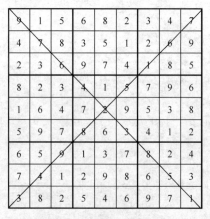

图 B.10 对角数独问题的解

计算的 LINGO 程序如下：

```
model:
sets:
num/1..9/;
link(num,num,num):x;
num2/1..27/;                    !初值个数为 27 个;
num3/1..3/:u,v;
link2(num2,num3):a;             !描述一个初值需要 3 个数据,(i,j)处为 k;
endsets
data:
a=1,1,9                         !该行表示(1,1)处填入 9;
1,3,5   1,7,3   1,8,4   1,9,7   2,6,1   2,7,2   3,2,3   3,4,9   3,7,1
4,3,3   4,4,4   4,9,6   5,5,2   6,1,5   6,6,3   6,7,4   7,3,9   7,6,7
7,8,2   8,3,1   8,4,2   9,1,3   9,2,8   9,3,2   9,7,9   9,9,1;
u=0,3,6;
v=0,3,6;
@text(gdataB34.txt)=x;          !把计算结果输出到文本文件,供 MATLAB 绘图;
enddata
calc:
@for(num2(n):x(a(n,1),a(n,2),a(n,3))=1);    !赋决策变量的初值条件;
endcalc
@for(num(i):@for(num(j):@sum(num(k):x(i,j,k))=1));
@for(num(i):@for(num(k):@sum(num(j):x(i,j,k))=1));
@for(num(j):@for(num(k):@sum(num(i):x(i,j,k))=1));
@for(num(k):@for(num3(m):@for(num3(n):@sum(num3(i):@sum(num3(j):x(i+u(m),j+v(n),k))=1))));
@for(link:@bin(x));
@for(num(k):@sum(num(i):x(i,i,k))=1);
@for(num(k):@sum(num(i):x(10-i,i,k))=1);
end
```

习　题　B

1. 为了破坏敌方海上交通线,根据交通线情况设置了 5 个潜艇活动海域(阵地) $B_j(j=1,2,\cdots,5)$。根据交通线运输频繁程度和海区的开阔程度,确定了各活动海域内潜艇的数量分别为 $b_1=2,b_2=2,b_3=3,b_4=3,b_5=4$。潜艇由 $A_i(i=1,2,\cdots,5)$ 5 个基地派出,各基地能够派出的潜艇数量分别为 $a_1=3,a_2=3,a_3=3,a_4=3,a_5=2$。从海图上可以量取各基地到各阵地之间的航程如表 B.7 所示。求使总航程最短的最优兵力派出方案。

表 B.7 潜艇机动距离(单位:km)

潜艇基地	潜艇阵地	B_1 $b_1=2$	B_2 $b_2=2$	B_3 $b_3=3$	B_4 $b_4=3$	B_5 $b_5=4$
A_1	$a_1=3$	516	645	1290	1204	1634
A_2	$a_2=3$	451	537	1110	989	1505
A_3	$a_3=3$	323	258	688	645	1075
A_4	$a_4=3$	344	278	708	655	1095
A_5	$a_5=2$	1268	1032	1296	796	258

2. 设我水面舰艇编队组织10座相同口径的主炮(双联装,可以双管发射)同时对敌岸上目标实施破坏性炮火射击。目标按其类型与分布(如岸炮群、碉堡群、铁桥、指挥所)分为4组。每组目标被摧毁必须命中炮弹数 $n_i(i=1,2,3,4)$ 及我跑群对其射击的单发命中概率 $p_i(i=1,2,3,4)$ 如表 B.8 所示。我炮弹发射率为单管25发/min,要求每个目标至少有一座主炮去射击,每座主炮只能射击一个目标,则如何进行兵力配置才能使战斗时间最短。

表 B.8 平均必须命中炮弹数与单发命中概率

指标	目标	1	2	3	4
n_i		100	5	9	15
p_i		0.2	0.005	0.03	0.02

3. 求解下列线性规划问题。

$$\max z = 13x_{11} + 13x_{12} + 9x_{21} + 9x_{22},$$

$$\text{s. t.} \begin{cases} x_{11}+x_{12} \leqslant 5, \\ x_{21}+x_{22} \leqslant 5, \\ 6(x_{11}+x_{12})+2(x_{21}+x_{22}) \leqslant 32, \\ 7(x_{11}+x_{12})+8.5(x_{21}+x_{22}) \leqslant 60, \\ x_{11}+x_{21} \leqslant 1.5(x_{12}+x_{22}), \\ 0 \leqslant x_{11} \leqslant 4, 0 \leqslant x_{12} \leqslant 3, 0 \leqslant x_{21} \leqslant 2, 0 \leqslant x_{22} \leqslant 4. \end{cases}$$

4. 求解下列线性规划问题。

$$\max z = x_1 - 3x_2 - 5x_3,$$

$$\text{s. t.} \begin{cases} x_1+2x_2+x_3 \leqslant 4, \\ x_1-6x_2+4x_3 \leqslant 5, \\ -x_1+x_2+2x_3 \leqslant 10, \\ 2x_1+3x_2+3x_3 = -7, \\ x_1 \geqslant 0, x_2 \leqslant 0, x_3 \text{ 可正可负}. \end{cases}$$

5. 求如图 B.11 所示的数独问题。

			3		8			
			1				2	
	6	4						
3								8
4				5	3			
9								7
	9	7						
				5			8	
				2		6		

图 B.11　数独问题

参 考 文 献

[1] 戴明强,宋业新. 数学模型及其应用[M]. 2版. 北京:科学出版社,2015.
[2] 唐焕文,贺明峰. 数学模型引论[M]. 2版. 北京:高等教育出版社,2002.
[3] 杨启帆. 数学建模[M]. 北京:高等教育出版社,2005.
[4] 杜建卫,王若鹏. 数学建模基础案例[M]. 北京:化学工业出版社,2014.
[5] 但琦. 高等数学军事应用案例[M]. 北京:国防工业出版社,2017.
[6] 汪浩. 数学与军事[M]. 大连:大连理工大学出版社,2016.
[7] 孙玺菁,司守奎. MATLAB的工程数学应用[M]. 北京:国防工业出版社,2017.
[8] 邵晶晶,冯波,李波. PageRank排名技术的新算法[J]. 华中师范大学学报(自然科学版),2008,42(4):504-508.
[9] 李柏年,吴礼斌. MATLAB数据分析方法[M]. 北京:机械工业出版社,2016.
[10] 薛定宇,陈阳泉. 基于MATLAB/Simulink的系统仿真技术与应用[M]. 北京:清华大学出版社,2011.
[11] 黄亚群. 基于MATLAB的高等数学实验[M]. 北京:电子工业出版社,2014.
[12] 司守奎,孙玺菁. LINGO软件及应用[M]. 北京:国防工业出版社,2017.
[13] 韩中庚. 运筹学及其工程应用[M]. 北京:清华大学出版社,2014.
[14] 邓华玲. 概率统计方法与应用[M]. 北京:中国农业出版社,2000.
[15] 苑学梅,陈博文,刘真真. 军事物流运输网络最小时间最大能力流的模型求解及LINGO实现[J]. 军事交通学院学报,2014,16(3):61-63.
[16] 杨桂元. 既不离散也不连续的随机变量[J]. 大学数学,2003,19(3):95-96.
[17] 郭培俊. 高职数学建模[M]. 杭州:浙江大学出版社,2016.
[18] 张运杰,陈国艳. 数学建模[M]. 大连:大连海事大学出版社,2015.
[19] 梁进,陈雄达,张华隆,等. 数学建模讲义[M]. 上海:上海科学技术出版社,2014.
[20] 韩中庚. 数学建模实用教程[M]. 北京:高等教育出版社,2013.
[21] 陈汝栋,于延荣. 数学模型与数学建模[M]. 2版. 北京:国防工业出版社,2009.
[22] 李子强,黄斌. 概率论与数理统计教程[M]. 4版. 北京:科学出版社,2015.
[23] 司守奎,孙玺菁. 数学建模算法与应用[M]. 2版. 北京:国防工业出版社,2015.
[24] 赵静,但琦. 数学建模与数学实验[M]. 4版. 北京:高等教育出版社,2014.
[25] 胡运权. 运筹学教程[M]. 4版. 北京:清华大学出版社,2012.
[26] 彭放,杨瑞琰,肖海军,等. 数学建模方法[M]. 2版. 北京:科学出版社,2012.
[27] 李路. 数学建模与数学实验[M]. 上海:东华大学出版社,2013.
[28] 汪晓银,周保平. 数学建模与数学实验[M]. 北京:科学出版社,2011.
[29] 庄楚强,何春雄. 应用数学统计基础[M]. 广州:华南理工大学出版社,2013.
[30] 王正东. 数学软件与数学实验[M]. 2版. 北京:科学出版社,2017.
[31] 曹建莉,肖留超,程涛. 数学建模与数学实验[M]. 西安:西安电子科技大学出版社,2014.
[32] 姜启源,谢金星,叶俊. 数学模型[M]. 4版. 北京:高等教育出版社,2012.
[33] 肖瑜琳,刘新燕,黄龙. 古塔的变形[J/OL]. https://www.docin.com/p-1234619253.html,2013.
[34] 杨俊,黄文德,陈建云,等. 卫星导航系统建模与仿真[M]. 北京:科学出版社,2017.
[35] 田中成,刘聪锋. 无源定位技术[M]. 北京:国防工业出版社,2015.